동물생산의 원리와 이해

박 병 성 저

유한문화사

머 리 말

21세기의 동물산업은 동물복지축산 및 환경친화에 기초한 유기축산 그리고 식품의 안전성을 강조하는 HACCP에 의한 고급 축산식품 생산의 형태로 새로운 변모를 시도하고 있다.

국민소득이 증가함에 따라서 웰빙 식품을 선호하는 소비자의 욕구충족을 위해서는 물론이거니와 밀려오는 수입식품에 대한 품질경쟁력의 제고가 필요한 때이다. 이에 따라 동물산업에 있어서 미래형 축산업을 통한 가축의 효율적인 생산이 더욱 중요하게 되었다.

동물생산을 통한 축산식품의 효율적인 이용을 극대화하려면 동물생산에 관한 기본적인 원리를 이해하고 그 응용방법을 알아야 할 것이다. 즉, 동물의 분류, 소화관의 구조와 기능, 새로운 사양기법의 이해, 영양소와 대사, 사양표준 그리고 산란계, 육계, 돼지, 젖소, 한육우, 토끼, 염소 등과 같은 동물의 실제 생산에 관한 이해가 필요하다. 또한 현실적으로 떠오르는 브랜드 축산식품에 관해서도 약간의 이해가 있어야 할 것이다. 동물산업은 원래 생물을 다루는 응용과학 분야이기 때문에 앞서 언급한 이외에도 다양한 학문과 연계가 필요하고 또한 경험을 필요로 한다.

저자는 한국과학기술연구원(1980～1988)과 한국식품연구원(1988～1995)에서 연구원으로 재직하고 강원대학교 동물생명공학과 교수(1995～)로 재직해오면서 동물산업 분야를 연구하고 다양한 실무경험 그리고 지난 10여 년 동안 대학생들에게 전달했던 동물사양학 강의내용을 바탕으로 해서 이 책의 내용에 심혈을 기울였다.

본 도서는 동물생산에 관한 새로운 내용을 포함하고 있으며 인용된 자료는 모두 2006년도의 자료를 표기하였다. 새롭게 출간되는 이 책이 동물산업 분야를 공부하는 대학생에게 커다란 도움이 될 것으로 생각하며 동물산업의 종사자 및 관심을 갖는 모든 분들에게 참고도서가 될 수 있기를 기대한다.

앞으로 이 책을 이용해 주시는 모든 분들의 의견을 겸허히 받아들여서 미비한

부분은 지속적으로 보완하고 수정해 나갈 것을 다짐한다. 끝으로 이 책이 나올 때까지 자료수집 및 원고정리를 도와준 양주축협 류태기 과장, 대한제당사료 이은석 과장, 조미영, 김겸헌 학생에게 고마움을 드리고, 유한문화사 천승배 사장님과 직원여러분께 깊은 감사를 드린다.

2006년 5월

저 자

차 례

제 1 장 동물의 분류와 생산 / 15

1. 동물의 분류 ······ 15
   1) 축화 및 이용목적에 따른 분류 ······ 15
   2) 식습관에 따른 분류 ······ 17
   3) 소화관 구조에 따른 분류 ······ 18

2. 동물생산 ······ 18
   1) 동물생산의 정의 ······ 18
   2) 동물생산의 목적 ······ 19
   3) 합리적인 생산 ······ 19
   4) 생산효율성 극대화 방안 ······ 20
   5) 동물생산의 토픽 ······ 21

제 2 장 가축사육 현황 / 53

1. 개 관 ······ 53
2. 한육우 ······ 55
3. 젖 소 ······ 56
4. 돼 지 ······ 58
5. 닭 ······ 60

제 3 장 동물의 소화생리 / 63

1. 소화관의 중요성 ······ 63
2. 단위동물의 소화생리 ······ 65
3. 닭과 돼지의 차이점 ······ 69

4. **비반추 초식동물의 소화생리** ······ 72
5. **반추동물의 소화생리** ······ 74
1) 일반적인 특징 ······ 74
2) 반추위의 구조 ······ 76
3) 식도구 ······ 76
4) 반추동물 위의 비율과 발달 ······ 80
5) 양과 소 위의 해부학적 비교 ······ 80
6) 먹이당기기와 저작행위 ······ 81
7) 반추기작과 층화 ······ 82
8) 사료와 물 섭취 행위 ······ 84
9) 타액의 완충효과 ······ 85
10) 루멘 내용물의 성질 ······ 88
11) 루멘 미생물 ······ 89

제 4 장 영양소, 대사와 사양표준 / 97

1. 물 ······ 97
1) 물의 기능과 대사 ······ 97
2) 수 질 ······ 98
3) 미네랄의 급원으로서 물 ······ 99

2. **단백질** ······ 100
1) 단백질의 구성 ······ 100
2) 필수아미노산 ······ 101
3) 단백질의 생물학적 이용성 ······ 103
4) 단백질 요구량 ······ 105
5) 단백질 결핍증 ······ 106
6) 과잉 단백질 ······ 106

3. **탄수화물** ······ 107
1) 사료 내 탄수화물 ······ 107
2) 흡수와 대사 ······ 109

4. 지 질 ··· 111
1) 대사작용 ··· 113
2) 필수지방산 ··· 115
3) 체지방의 구성 ··· 115

5. 미네랄 ··· 116
1) 미네랄의 기능 ··· 116
2) 미네랄 대사 ··· 117
3) 미네랄 요구량과 결핍증 ··· 118
4) 미네랄 독성 ··· 119

6. 비타민 ··· 120
1) 기 능 ··· 121
2) 조직 분포 ··· 121
3) 비타민 대사 ··· 122
4) 비타민 결핍증 ··· 123

7. 에너지 ··· 123
1) 용 어 ··· 124
2) 에너지 대사와 요구량 ··· 126
3) 에너지 결핍증 ··· 127

8. 사양표준 ··· 128
1) 사양표준에 사용된 용어 ··· 128
2) 사양표준의 부정확성 ··· 129
3) 영양소 필요량과 생산 기능 ··· 130

제 5 장 가금의 생산 / 137

1. 닭의 품종 ··· 137
2. 닭의 해부생리 ··· 138
1) 닭의 외모 ··· 138
2) 소화기관의 특징 ··· 142
3) 호흡기의 특징 ··· 142

3. 발육 특징 ······ 144
1) 발 육 ······ 144
2) 환 우 ······ 144

4. 육 추 ······ 146
1) 병아리 도착 전의 소독 ······ 146
2) 육추사료 급여 ······ 147
3) 어린 병아리의 관리 ······ 148
4) 중병아리의 관리 ······ 151
5) 큰 병아리의 관리 ······ 152

5. 산란계 ······ 153
1) 산란의 개시 ······ 153
2) 제한급여 ······ 154
3) 산란의 생리 ······ 155

6. 육 계 ······ 167
7. 사료의 급여 ······ 170
8. 닭의 질병 ······ 171
9. 계사의 시설 ······ 174
10. 사양실제 ······ 175
1) 영양소 요구량 ······ 175
2) 닭 사료 ······ 177
3) 생산 방법 ······ 183
4) 닭에 대한 배합사료 ······ 189

제 6 장 돼지의 생산 / 191

1. 돼지의 품종과 교잡방식 ······ 191
2. 돼지의 일생과 활동 ······ 193
1) 돼지의 특성 ······ 193
2) 돼지의 행동 특성 ······ 194
3) 소화 생리 ······ 197

4) 돼지의 사료급여 ···· 198

3. 육 성 ···· 200
1) 신생자돈의 생리와 초유 ···· 200
2) 포유자돈의 설사 ···· 202
3) 자돈의 영양소 분해능력 ···· 203
4) 사료급여와 거세 ···· 204
5) 육성돈의 사양관리 ···· 205
6) 육성돈의 선발 ···· 207

4. 번 식 ···· 208
1) 발정과 교배개시 ···· 208
2) 암컷돼지의 생식기 ···· 209
3) 수컷돼지의 생식기 ···· 211
4) 수컷돼지의 도입 ···· 212
5) 발정 증상 ···· 213
6) 교배적기 ···· 213
7) 태아의 발육 ···· 215
8) 번식돈의 사양관리 ···· 216
9) 분만 전후의 관리 ···· 218
10) 갓 태어난 돼지의 관리 ···· 219

5. 비 육 ···· 220
1) 도입자돈의 선정 ···· 220
2) 비육돈의 관리 ···· 220
3) 돈사의 여건 ···· 221

6. 돈육과 육질 ···· 222
1) 돈육의 출하적기 ···· 222
2) 사료와 육질 ···· 225
3) 이상돈육의 원인과 대책 ···· 227

제 7 장 젖소의 생산 / 229

1. 젖소의 일생과 활동 ······ 229
1) 발육과 체형・체격 ······ 229
2) 분만과 비유주기 ······ 231

2. 젖소의 특성 ······ 233
1) 소의 소화능력 ······ 233
2) 젖소의 성질과 반응 ······ 234

3. 육 성 ······ 237
1) 젖먹이 송아지 ······ 237
2) 위 발달촉진 ······ 239
3) 조기 이유와 사료급여 ······ 240
4) 포유기의 일상관리 ······ 241
5) 육성의 목표 ······ 242
6) 조사료와 제1위의 기능 ······ 243
7) 방목과 운동 ······ 245

4. 번 식 ······ 246
1) 발정의 구조 ······ 246
2) 종부 ······ 249

5. 비 유 ······ 257
1) 유방의 구조와 비유의 계획 ······ 257
2) 유량에 영향하는 요인 ······ 259
3) 착 유 ······ 260
4) 건 유 ······ 262
5) 우유의 처리와 유질개선 ······ 264

6. 사료급여 ······ 265
1) 영양소 요구량 ······ 265
2) 비유단계와 사료급여 ······ 267

7. 자급사료 저장과 이용 ······ 268

제 8 장 한육우의 생산 / 271

1. 한육우의 품종 ······ 271
2. 발육과 고기생산 ······ 272
1) 육우의 발육 ······ 272
2) 영양을 얻는 구조 ······ 275
3) 육우의 생산방식 ······ 276
4) 한우의 발육단계 ······ 277

3. 한우의 육성 ······ 278
1) 포유・육성기의 사료급여 ······ 278
2) 육성기의 관리 ······ 281

4. 방 목 ······ 284
5. 한우의 번식 ······ 285
1) 첫 종부 ······ 285
2) 분만 후의 발정재귀 ······ 286
3) 일상 관리 ······ 287

6. 한우의 비육 ······ 289
1) 비육방식 ······ 289
2) 입식 전후의 관리 ······ 292
3) 비육기 ······ 293
4) 비육전기의 사양관리 ······ 294
5) 비육후기의 사양관리 ······ 295

7. 젖소의 육성과 비육 ······ 296
1) 젖소의 포육・육성 ······ 296
2) 젖소의 비육 ······ 297

8. 쇠고기와 육질 ······ 297
1) 지육과 부분육의 명칭 ······ 297
2) 한우와 젖소의 육질 차이 ······ 302

제 9 장 염소의 생산 / 303

1. 사양행동 ······ 303
1) 제한된 공간의 사양 ······ 304
2) 식물분포 구역에서 사료 선택과 조성 ······ 305

2. 염소의 생산성 ······ 306
1) 고기 생산용 염소 ······ 307
2) 털 생산용 염소 ······ 308
3) 젖 생산용 염소 ······ 310

3. 영양소 요구량 ······ 311
1) 에너지 요구량 ······ 312
2) 단백질 요구량 ······ 313
3) 미네랄 요구량 ······ 313
4) 비타민 요구량 ······ 315
5) 물 요구량 ······ 316

4. 사양관리 ······ 316

제 10 장 토끼의 생산 / 323

1. 소화계 ······ 323
1) 상대적인 크기 ······ 323
2) 위내 머무름 ······ 324
3) 생성된 분의 형태 ······ 324

2. 사양행동 ······ 325
1) 사료와 물의 섭취 ······ 325

3. 영양소 요구량 ······ 326
1) 물 ······ 326
2) 단백질 ······ 326
3) 에너지와 섬유질 ······ 328

4) 미네랄 ······ 330
5) 비타민 ······ 332
6) 첨가제 ······ 333

4. 토끼의 사료 ······ 334
1) 사료용 곡류 ······ 334
2) 단백질 공급제 ······ 334
3) 조사료 ······ 335
4) 지 방 ······ 336
5) 기타 특수사료 ······ 336

5. 생산관리 ······ 336
1) 사료배합 ······ 337
2) 사양계획 ······ 338
3) 번식 동물 ······ 339
4) 임신한 암 토끼 ······ 340
5) 비유 중인 어미와 새끼 ······ 340
6) 육성토끼(이유에서 도살까지) ······ 342
7) 모피용 토끼 ······ 343
8) 건강문제 ······ 344

부 록 ······ 345
참고문헌 ······ 423
찾아보기 ······ 433
Index ······ 439

제 1 장

동물의 분류와 생산

1. 동물의 분류

1) 축화 및 이용목적에 따른 분류

일반적으로 동물은 축화(domestication) 및 이용목적에 따라서 가축(domestic animal, livestock animal), 야생동물(wild animal), 애완동물(pet animal) 또는 반려동물(companion animal) 그리고 실험동물(laboratory animal, experimental animal)로 나눌 수 있다.

가축은 인간의 경제적 목적을 위해서 야생동물을 집에서 기를 수 있도록 축화시킨 것으로서, 우리나라 축산법(2002년 12월 26일 개정)에서 정의하고 있는 '가축'이라 함은 사육하는 소, 말, 산양, 면양, 돼지, 닭, 기타 농림부령이 정하는 짐승, 가금 등을 말한다. 2006년 현재 우리나라에서 사육되고 있는 가축은 소・돼지・닭 등 12종과 기타의 동물 중 야생습성이 순화되어 사육하기에 적합하며 농가의 소득 증대에 기여할 수 있는 동물로서 농림부장관이 정하여 고시한 짐승, 가금 및 관상용 조류(오소리・타조・애무・십자매 등) 등의 기타 가축 19종을 포함하여 총 31종이다.

가축은 그 용도에 따라서 일반 가축과 기타 가축으로 구분하고 있다. 젖, 고기, 알 등 인간의 식탁 위에 올려지는 고급 축산식품을 공급해 주는 소, 돼지, 닭, 산양(흑염소), 그리고 털을 제공해 주는 면양 등은 일반 가축으로서 널리 사육되고 있다. 일반 가축은 우선 기르기가 쉬워서 사육두수도 많고 축산식품의 생산능력과 관련하고 있는 유전형질 또한 높은 특징이 있다.

그러나 이와 반대로 식량공급 이외의 또 다른 목적을 위해서 기르는 동물을 기타 가축이라고 한다. 기타 가축은 식용 이외의 목적으로 쓰이는 것이 많으며, 용도가 특수하기 때문에 일반 가축에 비해서 사육두수도 적고 야생습성의 순화정도가 아직 덜한 것들이 있으며, 사양방법에도 약간 어려움이 있다. 주요한 기타 가축의 종류를 살펴보면 다음과 같다. 즉 녹용, 녹각, 녹즙 및 고기를 얻으며 관상용으로 키우고 있는 사슴, 제주도 한라산의 조랑말, 그리고 경주용으로서 사육되고 있는 말, 관상용 및 고기, 알, 가죽을 얻을 목적으로 사육되고 있는 타조 등이 있고, 환경친화형 동물로서 유기농법에 이용되는 오리, 이 밖에도 꿀을 얻을 수 있는 꿀벌, 그리고 최근에 오소리, 뉴트리아, 지렁이(2004. 4. 1) 등이 기타 가축에 포함되어 사육되고 있다.

특히, 토양생물인 지렁이(earth warm)는 음식물 찌꺼기와 계분을 처리할 수 있는 능력이 높으며, 동물사료로서의 이용 그리고 지렁이로부터 혈액응고 방지제, 혈전증 예방치료제와 같은 유용성분을 추출·정제하여 치료제로서 이용할 수 있는 고부가가치화 기술이 개발되고 있어 앞으로 널리 활용될 것으로 보인다.

한편, 밍크와 여우 등의 모피동물은 사육환경 조건이 잘 맞시 않고, 국내에서의 가공처리 및 생산 판매되는 제품과 수입되고 있는 모피 사이에 일어날 수 있는 품질 및 경제성 때문에 농가의 사육두수가 현저히 감소하고 있어서 1999년 9월부로 기타가축에서 제외되었다. 한편, 2004년 7월 30일부터 토끼·칠면조·거위·메추리·꿩 등이 제외되고, 당나귀가 추가되었다.

야생동물은 야생에서 자라고 활동하면서 번식활동을 통하여 종족을 유지해 나가고 있는 것으로서 야외에서 포획된 동물이다. 원숭이·조류·설치류·포유류·파충류·양서류·어류 등이 있으며, 이들의 유전적인 능력이나 생활형태 등에 관해서는 아직까지 확실치 않은 것들이 많다. 일부 농가에서 길들여 키우고 있는 멧돼지, 비밀리에 웅담을 채취할 목적으로 사육하고 있는 곰, 비무장 지대의 산양 등은 모두 야생동물이다.

애완동물은 평균수명이 10~15년 정도로서 사람과 함께 생활하면서 생을 마치는 동물이기 때문에 반려동물이라고 하며, 2006년 2월 TV보도된 우리나라의 개·고양이·토끼 등 애완동물은 300만 마리 이상이 사육되고 있으며, 국민생활이 윤택해짐과 동시에 노인인구 증가로 그 사육 숫자는 더욱 늘어날 것으로 보인다.

실험동물이란 생의학(Biomedical science) 연구와 같은 특수한 목적을 위한 연구에서 사람을 대신해서 이용되는 특수동물이다. 약물의 검정, 진단, 제조, 교육, 연구 등의 목적으로 육성·번식·생산된 동물로서, "살아 있는 시약"으로 불리며 생명공학연구에서 필수적으로 이용되는 동물이다. 넓게는 가축을 포함한 모든 척추동물이 여기에 포함될 수 있으나, 일반적으로 생쥐와 흰쥐 등의 설치류가 83% 이상으로서 가장 많이 이용되고 있다. 특히, 최근에 유전자조작을 통한 알츠하이머병, 고혈압, 당뇨병, 비만과 같은 인간질환의 모델동물이 특허를 취득하기 시작함으로써 전 세계적으로 생쥐의 이용이 급격히 증가하고 있다.

생쥐는 가격이 싸고 사육관리비가 적게 들어서 경제적이며, 체구가 작아서 다루기 쉽고, 연간 번식률이 높아서 인기가 있지만, 무엇보다도 과학자들이 생쥐를 가장 좋아하는 이유는 생쥐가 인간과 생리적, 유전학적으로 가장 유사하기 때문이다. 기니픽, 햄스터, 저빌 등의 설치류와 토끼, 조류, 어류, 양서류, 파충류, 면양 그리고 가축이 종종 실험동물로서 이용된다. 유럽의 실험동물 법령에 따르면, 문어와 낙지, 초파리(fruit fly), 태아, 유충, 겨우살이, 특정 발육상태의 배아(embryo) 등도 실험동물에 포함되지만, 특히 수달, 다람쥐, 기타 등등의 야생동물은 제외된다.

영국 등 유럽에서는 실험동물 취급면허증을 부여하여 동물관리 및 실험을 엄격히 규제하고 있다. 실험동물은 연구용으로 잘 적합하도록 조절되어 있는 특징이 있으나, 가축과 야생동물은 연구목적에 이용될 수 있도록 조절되어 있지 않은 점이 크게 다른 특징이다. 2006년 2월 전 세계의 실험동물 사육두수는 5억만 마리 이상으로 추정되며, 영국 1천 3백만 마리 이상, 우리나라 400만 마리 이상이 사육되는 것으로 알려져 있다.

2) 식습관에 따른 분류

동물은 섭취하는 사료 내 주요한 구성분이 무엇인가에 따라서 초식성 동물(herbivore), 육식성 동물(carnivore) 및 잡식성 동물(omnivore)로 나눌 수 있다.

초식성 동물이란 풀을 주로 섭취하는 동물(채식주의자, vegetarian)을 말하며, 말, 노새(암말×수컷 당나귀), 원숭이, 다람쥐, 코끼리, 반추동물(소·사슴·면양·산양·기린), 조류 등이 있다. 육식성 동물이란 다른 동물 또는 동물의 부산물을 이용하여 조제된 식이를 섭취하는 것으로 고양이, 호랑이, 사자, 표범, 주머니말, 승냥이, 독수리, 매, 부엉이가 있다. 그리고 잡식성 동물이란 초식과 육식을 고루 섭취하는 동물을 말하며 주머니쥐, 시궁쥐(집쥐), 노새, 곰, 멧돼지, 원숭이, 가금류, 개, 고양이가 있다.

특히, 조류는 물고기를 먹는 것, 곤충을 먹는 것, 과일을 먹는 것 등 많은 종류가 있다.

3) 소화관 구조에 따른 분류

동물은 소화·생리학적 특징에 따라서 하나의 위(simple stomach)를 갖고 있는 단위동물(monogastric 또는 non-ruminant animal)과 반추행위를 하며 4개의 격실로 구분된 위를 갖고 있는 반추동물(ruminant animal)로 나눌 수 있다.

단위동물은 돼지·닭·개·말·토끼·노새·설치류 등이 있다. 돼지는 단위동물에 속하는 잡식성 동물이고, 닭은 비교적 단순한 장관과 복잡한 전위(fore gut)를 갖고 있는 잡식성 동물이다. 닭의 전위는 3개의 기관(소낭·선위·근위)으로 이루어져 있으며, 이것은 단위동물에서 정상적인 위의 기능을 대신해 주고 있는 특징이 있다.

반추동물이라는 용어는 반추, 즉 되새김질(희랍어, ruminare)이라는 단어에서 유래한 것이다. 반추동물은 초식동물로서 소, 면양, 산양(염소), 사슴, 기린 및 많은 종류의 야생동물이 여기에 속한다. 포유류 중 그 수가 가장 많으며, 그 종류도 다양하여 북극지방의 야크(yalk), 카리보우(caribou)로부터 열대지방의 워터버팔로(water buffalo)나 안텔로프(antelope) 등에 이르기까지 다수가 있다.

말과 노새(암말×수 당나귀)는 초식동물이지만, 한 개의 위와 비교적 크고 복잡한 대장을 갖고 있기 때문에 비반추 초식동물(non-ruminant herbivore)이라 한다. 토끼는 비교적 크고 복잡한 대장과 함께 한 개의 위를 갖고 있는 초식동물이다. 낙타는 3개의 위를 가지고 있으나 반추행위를 하지 않기 때문에 가반추 초식동물(pseudo ruminant)이라 부른다.

2. 동물생산

1) 동물생산의 정의

동물생산이란 동물의 생물학적 특징을 잘 알고 동물에게 적합한 시설환경 속에서 동물이 필요로 하는 영양소를 과부족 없이 사료를 통하여 공급해 주고 잘 관리해 줌으로써 질병에 걸리지 않고 건강한 상태로 생명을 유지하고 정상적인 성장활동을 영위하면서 번식행위 및 생산 효율성을 높이도록 동물을 기르는 것으로서, 일반적으로 동물생산이란 농가 소득증대를 위해서 가축을 효율적으로 사양·관리하여 기르는 것을 말한다.

2) 동물생산의 목적

동물을 생산하는 목적은 첫째, 기초대사(basic metabolism) 상태 유지, 활동열의 발생, 분뇨 배설, 그리고 동물의 정상적인 체온조절과 관련한 항상성의 유지 등 생명을 유지하고 정상적인 성장활동을 영위할 수 있도록 해 주는 유지의 최적화이다. 여기서 기초대사란 25℃에서 사료 영양소의 최종 분해·흡수가 종료되고, 동물이 완전한 휴식을 취하고 있는 상태를 말한다. 즉, 생명유지를 위한 장기의 정상활동상태(순환, 호흡, 내분비선, 세포작용, 근육의 건강유지=근육운동은 않음), 일체의 성장과 생산이 중지된 상태로서 오직 동물이 가장 편안하게 쉬고 있는 휴식상태를 말한다. 둘째, 동물의 조직, 골격, 근육, 피부와 털의 정상적인 발육과 기능을 촉진하며, 번식기관의 정상적인 발육·성장으로 동물이 정상적인 번식행위를 수행할 수 있도록 해 주는 성장의 최적화이다.

마지막으로, 우리 인간에게 필요한 고급 축산식품인 젖·고기·계란 등을 공급해줌과 동시에 양모와 같은 모피를 제공해 주는 등의 생산 효율성을 최대화하여 농가소득 증대에 기여하도록 할 수 있는 생산 효율성의 극대화이다.

3) 합리적인 생산

합리적인 동물생산에 있어서 무엇보다도 중요한 점은 고급 축산식품의 생산에 관한 유전능력이 우수한 동물을 선택하여 기르는 것이다. 그러나 유전능력이 우수한 동물이라 할지라도 공급되는 영양소의 부족, 환경조건 및 질병 등으로 인하여 생산능력이 저하될 우려가 있다. 그러므로 유전능력이 우수한 동물을 선택하여 우리가 필요로 하는 고급 축산식품의 생산성 향상을 위해서는 동물사양에 관한 기초지식을 습득하는 것이 필요하다.

둘째, 충분한 양의 사료를 공급해 줌으로써 동물이 배부름을 느낄 수 있어야 한다. 동물이 배가 고파서 큰소리로 운다든가 몸부림을 치게 하는 행위는 피해야 한다.

셋째, 영양소의 질적 균형유지가 중요하다. 즉, 동물에게 만복감을 주기 위해서 단순히 사료를 먹여서 키우는 것만으로는 합리적인 사양방법이라고 할 수 없으며, 동물이 생명을 유지하고 정상적인 활동을 하면서 번식행위와 생산 효율성을 최대화하기 위해서는 동물이 필요로 하는 영양소를 고르게 충분히 섭취할 수 있도록 해야 한다. 예로서, 볏짚만으로 소를 기르는 것 등은 피해야 한다. 볏짚은 조단백질 3∼4%, 조지방 1∼2%로서 사료영양학적 가치가 매우 낮다. 또한 볏짚은 소, 연양, 산양(흑염소), 사슴 등과 같은 반추동물의 에너지 급원으로 이용될 수 있는 가용성 섬유질인 셀룰로오스(cellulose)가 동물의 소화관내 불용성 물질인 리그닌(lignin)과 강하게 결합되어 있는 리그노셀룰로오스(lignocellulose) 형태를 이루고 있기 때문에 소화율이 매우 낮은 문제점이 있다. 따라서 볏짚을 위주로 해서 소를 기르게 되면 피부가 거칠고 광택이 없으며 살 붙임이 거의 없음을 볼 수 있다.

넷째, 일반관리 및 수의학적인 관점에서의 질병 모니터링을 철저히 하여 건강하게 동물을 유지해 주는 것 역시 합리적인 동물의 사양에 있어서 중요한 부분이다.

마지막으로, 합리적인 경영을 해야 한다. 즉, 동물사양에 따른 생산비를 절감함으로써 농가 소득증대에 더욱 기여할 수 있도록 노력해야 한다.

우리나라는 전 국토의 67% 이상이 삼림면적일 뿐만 아니라 사료원료의 대부분을 수입에 의존하고 있다. 가축을 사육함에 있어서 사료비는 전체 생산비의 60∼80%를 차지하며 양계, 양돈 그리고 낙농업 순으로 사료가 차지하는 비율이 높다. 따라서 옥수수와 같이 기호성이 매우 높고 값싼 에너지를 공급해 줄 수 있는 사료원료를 선택한다든가 또는 콩깍지, 고구마 줄기 등과 같은 국내에서 생산 가능한 농가 부존자원을 최대로 활용한 저비용사료를 공급하는 것이 바람직하며, 이와 함께 소비자 욕구를 충족시킬 수 있는 경제적인 사육이 필요하다.

4) 생산효율성 극대화 방안

인간이 필요로 하는 고급 축산식품의 생산능력을 높이려면 우선 동물의 생물학적 특징, 소화생리, 영양소의 대사 및 사양표준 등과 관련한 사양원리를 이해하는 것이 필요하다.

둘째, 값이 싸고 기호성이 높은 사료원료의 선택이 중요하다. 예로서, 동물의 경제적인 에너지 공급원으로써 우지(tallow)를 선택한다든가 또는 농가 부존자원을 최대한 활용하는 것 등을 들 수 있다. 이러한 측면에서 볼 때 최근 소 사료로서 널리 보급되고 있는 완전배합사료(TMR, total mixed ration 또는 CMR, completed mixed ration)는 국내에서 생산 가능한 농가 부존자원을 위주로 구성된 조사료와 농후사료를 완전히 혼합한 것으로써 좋은 예가 될 수 있다. 그러나 완전배합사료를 이용할 경우 특히 셀레늄과 같은 미량 광물질의 결핍에 유의할 필요가 있다.

완전배합사료는 조사료, 농후사료 및 미량 광물질로써 구성된 사료로서 미량 광물질의 적절한 혼합이 잘 이루어지지 않을 수 있기 때문이다. 한편, 동물의 소화장해를 일으킬 수 있는 중독성 물질이 혼입된 사료와 수은(silver, Ag, 미나미따 병), 카드뮴(cadmium, Cd, 이따이이따이 병), 납(lead, Pb), 크롬(chromium, Cr) 및 비소(arsenic, As)와 같은 중금속의 사료 내 혼입여부도 생산 효율성의 극대화 측면에서 대단히 중요하다.

생대두에 들어있는 트립신 효소분해 억제제(trypsin inhibitor), 면실박(목화씨박)의 고시폴(gossypol), 채종박(유채씨박)의 글루코시놀레이트(glucosinolate), 수수의 탄닌(tannin), Aspergillus flavus 곰팡이에 오염된 낙화생박(땅콩박)과 곡류의 아플라톡신(aflatoxin), 그리고 살모넬라균(*Salmonella*) 오염 등은 동물의 사료 섭취에 대한 기호성을 떨어뜨리는 원인물질이다. 이와 동시에 생체 내에서 사료 영양소의 이용성 및 소화율을 떨어뜨리는 등 동물에게 소화장해 및 중독증을 일으킬 수 있으므로 주의가 필요하다. 특히, 채종박의 경우 돼지사료 내 함유량이 높을 경우 심각한 사료 섭취량 감소에 기인한 체중 감소가 나타날 수 있다. 또한 닭·돼지와 같은 단위동물의 사료 내 단백질을 공급해 줄 목적으로 요소(urea)를 첨가해 주거나, 볏짚의 단백질 함량을 높일 목적으로 암모니아가 처리된 볏짚을 소에게 주는 사양방법은 주의가 필요하다. 그 이유는 섭취된 요소가 물과 함께 결합하여 분해되면서 생성되는 혈액 내 암모니아 농도의 급격한 증가 및 암모니아 볏짚을 섭취한 소에서 갑자기 운동장을 몇 바퀴 계속하여 돌다가 툭 쓰러지는 심각한 암모니아 중독 증상이 나타날 수 있기 때문이다.

그리고 컴퓨터를 이용한 경제적인 사료배합으로써 이루어진 저비용사료(low cost feeds)의 공급, 경제적이고 위생적인 동물사육장과 동물관리에 의한 질병예방 등의 시설환경 관리가 중요하며, 마지막으로 무엇보다도 중요한 것은 동물복지(animal welfare), 즉, 동물에게 불필요한 학대와 고통을 줄이며 편안한 사육환경을 조성해줌과 동시에 사랑과 애정으로써 보살펴 주는 것이라 하겠다.

5) 동물생산의 토픽

축산물의 수입 자유화와 함께 참살이(웰빙, well-being)시대가 도래하면서 식품의 맛과 건강을 지향하는 소비자 기호도가 증진되었다. 이에 국내에서 생산된 축산물의 소비를 한층 더 높임으로써 수입축산물에 대한 국제경쟁력을 강화하려는 노력이 계속되고 있다.

우선 생리활성 물질이 강화된 기능성 축산물 생산을 들 수가 있고, 브랜드화 축산물 생산, 동물복지 축산(animal welfare feeding)을 들 수 있을 것이다. 그리고 농장에서 환경친화형으로 생산된 저농약, 무공해 축산식품을 소비자의 식탁에 이르도록 하는 환경친화형 유기축산과 함께 식품의 위생안전성에 기초한 HACCP(식품 위해성분 중점관리기준, hazard analysis critical control points) 사양방법이 도입되기 시작하였다.

(1) 기능성 축산물 생산

노령인구의 증가, 암, 비만, 심장혈관계 및 뇌혈관계 질환, 고혈압 등의 현대적 식생활 습관에 기인한 질병으로 사망률이 높아져 가고 있으며, 이에 섭취되는 음식물에 기능성을 부여해서 적극적으로 건강을 유지하려는 노력이 집중되고 있다.

기능성 축산물(novel functional animal food)이란 동물의 사료 내 기능성 물질의 첨가 급여에 의해서 체조성이 변환되어 인체 생리활성을 갖는 것으로 평가된 축산물을 말한다.

식품의 기능은 다음과 같이 3가지로 나눌 수 있다.

첫째, 식품의 1차 기능(primary function)은 생명을 유지하기 위해서 생제에 영양소를 공급해 주는 가장 기본적인 식품의 기능을 말한다.

둘째, 식품의 2차 기능(secondary function)은 기호성을 말한다. 즉, 색·모양 등의 시각, 입 속에서 느낄 수 있는 혀의 미각, 씹는 촉각, 온도감, 지글지글 고기를 구울 때 나는 소리 등의 청각, 배부름을 느낄 수 있게 하는 만복감, 그리고 고기를 구울 때 나는 특유한 향, 우유를 마실 때 느낄 수 있는 취각(flavor) 등의 맛(taste)과 관련한 기능을 말한다.

마지막으로, 식품의 3차 기능(tertiary function)이란 식품을 섭취함으로써 나타날 수 있는 생체방어기능(면역작용), 생체리듬의 조절 및 질병의 예방기능 등을 포함한 생체 전반의 기능을 조절해 주는 생리활성 작용을 말한다.

지금까지 알려진 기능성 축산물의 종류로는 n-3 지방산 강화 계란 및 돼지고기, DHA 우유, DHA 닭고기, CLA 강화 계란 및 돼지고기, 콜레스테롤 함량이 낮아진 계란 및 돼지고기, 감마지방산이 강화된 계란 및 돼지고기, 계피향을 함유한 감마지방산이 강화된 닭고기 등을 들 수가 있다.

n-3 지방산이란 지방산 사슬의 맨 끝 메칠기(CH_3)로부터 탄소원자 번호를 부여하였을 때 세 번째 탄소와 네 번째 탄소 사이에 최초 이중결합이 존재하는 지방산을 말하며, 혈액 지질대사를 개선하여 줌으로써 성인병을 예방하는 효과가 매우 높은 생리활성 지방산 소재이다. n-3 지방산은 아마인유에 가장 많으며, 들기름,

채종유 및 콩기름에 함유되어 있다.

DHA(docosahexaenoic acid, 22:3n-6)는 오메가 3계열 지방산의 대사물로서 등푸른 생선 및 고등어와 같은 바다고기에 풍부하게 함유되어 있다. 그러나 가축사료 내 생선을 직접 첨가·급여하여서 생산된 축산물의 경우에는 축산물에서 발생하는 어취(fish odor) 문제로 인하여 소비자 기호도가 급격히 떨어진다. 이러한 문제점을 해결하기 위해서 최근에는 생선으로부터 DHA 만을 추출·정제한 것으로 대치하고 있다.

한편, 쇠고기와 우유 내 n-3 지방산을 강화하거나 또는 DHA 우유를 생산하기 위해서 일반 식물성 기름 또는 정제된 DHA를 소 사료에 그대로 첨가·급여하여 주면 반추위(제1위와 제2위, rumino-reticulum) 미생물 작용에 의한 생체경화(biohydrogenation)가 일어나서 대부분이 포화지방산 또는 트란스지방산(trans fatty acids)으로 바뀌진다.

이러한 이유 때문에 DHA가 강화된 우유를 생산하기 위해서는 반추위 내 미생물의 공격으로부터 보호될 수 있는 보호지방의 형태로 코팅하거나(protected fat) 또는 반추위를 우회하여서 소장으로 유입되게 한 다음 소장에서 분해·흡수 이용될 수 있도록 해주는 우회지방(bypass fat)의 형태로 코팅하는 개념이 도입되었다.

트란스 지방은 낙농제품에 많이 함유되어 있지만, 일반적으로 기름을 튀길 때 생성되며 발암의 원인이 되기 때문에 인간의 건강을 위해서 이의 섭취를 줄여야 한다. CLA(공역화 리놀레인산, conjugated linoleic acid, cis-9, trans-11과 trans-10, cis-12 CLA)는 리놀레인산(linoleic acid, 18:2n-6)의 트란스 지방산 이성체로써 쇠고기를 구울 때 발생되는 지방산으로 최초에 밝혀졌으며, 리놀레인산을 섭취한 젖소의 반추위 내 미생물의 생체 경화현상에 의해서 발생되며, 따라서 자연계에는 낙농 유제품에 많이 함유되어 있다. CLA는 항암효과가 특히 높아서 영국을 비롯한 선진 여러 나라에서 기능성 축산물 소재로써 널리 이용되고 있다.

감마지방산(gamma linolenic acid, 18:3n-6, GLA; dihomo gamma linolenic acid, 20:3n-6, DHGLA)은 리놀레인산의 생체대사과정에 의한 중간 대사물로서 혈액 지질대사를 개선하는 효과가 매우 높으며, 아토피성 피부염과 여성의 생리통 격감 효과 그리고 피부노화 방지 등과 같은 생리활성 효과들이 새롭게 밝혀지고 있는 기능성 지질 신소재이다. 감마지방산은 달맞이꽃 종자유, 서양자초유, 까막까치밥나무 종자유 및 삼씨유 등에 함유되어 있다.

기능성 축산물을 생산하려면 가능한 최소비용의 범위 내에서 생리활성 물질의 최적 첨가 수준을 결정하는 것이 매우 중요하다. 즉, 축산물에 과잉 존재할 경우 사람에게 해가될 수 있는 콜레스테롤과 같은 성분을 최소화할 수 있거나, 또는 수퇘지 냄새 발현물질(5-α-androsterone, skatole)의 최소화로 수퇘지 냄새가 거의 없는 돼지고기를 생산하거나 DHA, CLA 및 감마지방산과 같은 유익한 생리활성 물질의 성분을 최대로 유지하면서 가축의 생산 효율성을 극대화하는 사양방법이 필요하다.

(2) 웰빙-브랜드 축산물 생산

축산물 분야에서 브랜드화(brand)는 1992년부터 시작되어 이제 그 수는 700개를 넘어서고 있다. 농림부는 우수 축산물 브랜드 육성사업을 지속적으로 추진하는 한편, 국내 축산물에 대한 소비자 신뢰도를 향상하기 위해 홍보를 추진하고 있다.

일반적으로 브랜드라 함은 타제품과 차별이 되는 상징성을 나타내는 것으로 생각할 수 있으나, 브랜드 축산물의 경우 고품질, 균일성, 위생·안전성, 안정된 물량 공급능력 등 기본적인 요건을 충속시켜야 한다.

가) 우수 브랜드

생산된 축산식품의 품질이 우수하고 식품의 위생 안전성을 높인 차별화된 축산물 브랜드(high quality brand)의 보급이 널리 퍼져 가고 있다.

우수 브랜드 인정을 위한 주요 항목과 심사기준은 다음과 같다.

① 우수 브랜드 고유의 품질을 설정·유지하는 혈통 등록(종돈 통일), 급여사료 및 사료급여 체계, 출하시기 등 통일된 사양관리에 따른 품질의 균일성(45점).

② 브랜드 축산물의 고품질(15점)과 브랜드 경영체의 물량 공급능력 및 사육두수 등의 생산기반(20점).

③ 농장단계의 방역상태나 동물약품 안전사용 준수 여부와 같은 질병예방 활동과 사육밀도·조경상태 등의 사육환경(20점).

④ 출하·도축 시 HACCP 운용수준과 광우병 검사 등 축산물 위생·안전성 준수 여부(20점).

⑤ 브랜드육 유통실태 및 소비자 피해보상 규정 등 브랜드 관리실태, 소비자 모니터링과 홍보 등 종합적인 브랜드 경영활동(30점)을 심사하여 선정한다.

나) 브랜드 축산물의 개선점

현재 알려진 브랜드 축산물의 가장 큰 문제점은 차별성이 없다는 점이다. 즉, 이름만 브랜드일 뿐 비브랜드와 품질이 비슷하거나 거의 차이가 없다. 또한 생산·판매되고 있는 브랜드 축산물의 품질에 대한 균일성이 없다는 점도 지적할 수 있다. 즉, 브랜드 축산물로서 팔리고 있는 제품의 가격만 턱없이 높을 뿐 같은 등급이라도 좋은 고기와 나쁜 고기가 있다는 점이다. 따라서 브랜드 축산물의 신뢰도가 떨어지고 있어서 균일한 제품생산이 요구된다.

또한 소비자가 만족할 만한 브랜드 축산물을 생산하여서 시중에 판매하기 위해서는 사양체계 및 사료급여 계획이 통일화된 체계적인 사양이 필요하다. 마지막으로 브랜드 축산물의 위생성과 안전성을 높여서 소비자 신뢰도를 구축하는 것도 중요하다. 따라서 브랜드 축산물의 보다 많은 소비를 위해서는 가축을 기르는 생산자 뿐만 아니라 도축, 가공 및 유통 업체들의 유기적인 협력이 HACCP과 함께 시행되어야 할 것이다.

농림부는 2006년 1월 17일 우수 축산물 브랜드로 한우 13개, 돼지 12개를 선정했다고 발표하였다. 우수 축산물 브랜드로 인정받은 한우 브랜드는 남해화전 한우, 대관령 한우, 물 맑은 양평 개군 한우, 상주 감 먹는 한우, 순한 한우, 섬진강 뜨레 한우, 안성맞춤 한우, 장수 한우, 팔공 상강우, 함평 천지 한우, 합천 황토 한우, 홍천 한우 늘푸름, 횡성 한우 등이다. 돼지 우수 브랜드는 도드람 포크, 동설맥 포크, 문경 약돌 돼지, 보성 회천 녹돈, 실라리안 소백산 쑥돈, 의성 마늘 포크, 유채꽃 도새기, 포크밸리, 프로포크, 크린포크, 하이포크, 한라산 도야지 등이다.

한우 브랜드의 특징은 다른 가축보다는 사육규모가 훨씬 작아도 브랜드를 시작하고 있으며, 작은 농장끼리 함께 집단적으로 브랜드를 공유하는 데 있다. 그러나 소규모 생산자 단체에서 자체 브랜드를 갖는다면 소비홍보 및 마켓팅 분야에 많은 취약성을 가질 수밖에 없으므로 생산자 단체들이 균일한 축산물을 생산할 수 있는 적정 사육규모를 유지하는 것이 중요하다.

돼지의 경우 전체 사육두수의 약 40% 정도가 브랜드로 판매되고 있으며, 대단위 양돈조합을 위주로 한 농가의 대부분이 브랜드화에 참여하는 규모화를 이루고 있다. 육계의 브랜드화는 다른 가축과 달리 소규모 사육농가보다 대규모 사육집단에 의한 계열화된 회사의 제품이 시장에서 소비자들의 관심을 끌고 있다. 계란의 브랜드화는 대규모 사육조합을 중심으로 브랜드 계란의 출시가 시작되고 있다. 즉, 대규모 수집상이나 사료회사 등에서 다양한 브랜드를 붙여서 판매하는 수준을 벗어나고 있다. 계란 브랜드화에서 특히 지적할 부분은 한 농장에서 다양한 브랜드 계란을 생산·판매할 경우 브랜드로서의 차별성을 잃기 쉽다는 점이다.

요약하면, 한우와 계란의 브랜드 수는 많은 편이지만 군소 브랜드 위주로 운영되고 있고, 특히 대규모 브랜드가 거의 없는 것으로 볼 수 있으며, 닭과 돼지의 브랜드 산업은 계열화 체계로 운영되고 있다.

브랜드 축산물에 대한 자료는 축산물등급판정소(www.kormeat.co.kr)를 통해서 보다 많은 정보를 얻을 수 있다.

(3) 동물복지 축산

동물의 기본적인 행동욕구와 생리적인 습성을 잘 알고 이해한 다음에 각각의 동물에게 적절한 환경조건 및 사육방법을 제공하여 동물을 키움으로써 동물에게 가해지는 스트레스를 줄여 주고 생산 효율성을 높임과 동시에 안전하고 우수한 품질의 축산물을 생산하는 것을 동물복지 축산(animal welfare feedings)이라 한다. 인간에세 고급축산물을 제공해 주는 축산업의 기술향상으로 집약적인 축산업이 가능하게 되었지만, 동물복지에 대한 여러 문제점들이 지적되면서 소비자들은 동물복지 기준에 기초하여 생산된 축산물을 선호하기 시작하였다.

가) 동물복지의 정의

영국의 실험동물 취급면허 교재에서 정의된 동물복지(animal well-being)란 동물이 필요한 욕구를 즉시 해결할 수 있고 주위로부터 위협이 없는 상태를 말하며, 최근의 개념은 동물의 출생에서부터 희생(안락사)까지 확대되었다.

또한 동물복지(animal welfare)란 동물과 인간을 수직적이 아닌 수평적인 관계로 보며, 동물에게 불필요한 학대와 고통을 최소화하고 사람을 위해서 필요한 경우라도 고통을 최소화하며, 동물에게 충분한 영양과 편안한 휴식을 제공하고 위생, 질병예방 및 치료에서도 적절히 해야 한다는 것을 말하기도 한다.

미국 수의사협회는 동물복지를 다음과 같이 정의하고 있다. 즉, 동물복지란 동물에게 적절한 주거환경의 제공, 관리, 영양제공, 질병예방 및 치료, 책임감 있는 보살핌, 인도적인 취급, 그리고 필요한 경우 안락사 등 동물의 복리와 관련한 모든 것을 제공하는 인간의 의무를 나타낸다. 이들 모두를 요약하면, 동물복지란 동물의 기본적인 욕구가 충족되고, 고통이 최소화되는 행복한 상태(health and well-being)에 놓여 있음을 말한다.

그림 1-1. 한우 우수브랜드

그림 1-2. 돼지 우수브랜드

그림 1-3. 생의학 연구에서 생쥐 이용의 급격한 증가

그림 1-4. 동물복지와 닭

나) 동물의 욕구

동물은 기본적으로 자연적인 행동을 취하려는 욕구가 있다. 동물도 우리 인간처럼 충분한 햇볕을 받으면서 마음껏 뛰어다니는 것이 필요하고, 스트레스로 인한 고통을 받지 않으며 넓은 사육공간에서 암수가 자유롭게 사육되기를 원할 것이다. 동물은 사료와 물의 섭취, 동료와 함께 어울림 등 모든 것을 편하게 즐길 수 있는 권리와 복지가 있다.

코뚜레를 하면 소는 얼마나 아프고 괴로워할까? 말뚝에 묶여 있는 소와 염소 등은 얼마나 답답할까? 스톨 내에서 사육되는 돼지, 케이지에서 사육되는 닭은 얼마나 답답할까? 부부싸움으로 인해서 동물에게 사료와 물을 제공해 주지 않고 부부가 함께 동물을 무관심하게 대한다면 동물은 얼마나 배고픔과 갈증에 목말라할까? 강제 환우를 하기 위해서 물과 사료를 주지 않는다면 닭은 얼마나 고통스러울까? 더위와 추위에 동물은 얼마나 힘들고 괴로워할까? 좁은 수송차량 안에서 많은 동물이 비좁은 공간에서 움직일 수 없을 때 그리고 장거리 수송시간을 견뎌야 할 때 얼마나 힘들까? 등을 생각해야 한다.

따라서 이러한 부분을 생각한다면 우리가 동물을 사육할 때 넓은 사육공간이 제공되어야 할 것이고, 여름철의 무더위, 겨울철의 추위, 비·바람·눈과 같은 불량한 날씨 속에서 이를 피할 수 있는 안전한 사육환경을 제공해 주어야 한다. 축사 주위에 잎이 넓고 커다란 활엽수를 많이 심어서 여름철 고온을 피할 수 있는 그늘을 만들어 준다든가, 임신 또는 분만 모돈의 사육실 및 양계장에 에어콘을 설치해서 시원한 환경을 조성해 줄 필요가 있다.

특히 고온 환경조건에서 산란계의 경우 시원한 물을 섭취할 수 있도록 냉각 급수관을 설치해 주면 산란율을 높일 수 있다. 또한 닭의 경우 홰(perches)에 올라가서 충분한 휴식을 취하며, 돼지의 경우 푹신한 톱밥과 같은 깔짚의 제공이 있어야 한다.

하루 종일 따사로운 태양 빛을 즐기면서 맘껏 활동할 수 있는 넓은 운동장, 즉 옥외사양(out door feeding)과 편하게 쉬거나 잠을 잘 수 있는 옥내 공간, 즉 옥내사양(in door feeding)의 제공이 필요하다. 이런 사육환경 속에서 충분한 사료와 물을 섭취함으로써 만복감을 느낄 수 있도록 해야 한다. 이를 위해서 우수한 품질의 사료를 충분히 공급해 주는 것이 필요하고, 오염되지 않은 신선한 물을 섭취할 수 있도록 해야 한다.

다) 주위의 위협

동물은 인간으로부터의 불필요한 학대나 상처, 사랑과 애정이 부족한 관리, 질병에 대한 두려움과 고통 및 포식자로부터의 공격, 그리고 도축장에서의 희생에 대한 공포를 느낄 수 있다. 동물을 관리할 때 불필요하게 구타하는 행위, 몸이 더럽고 지저분함에도 불구하고 동물은 원래 그렇지... 하는 비인간적인 생각과 행동을 사랑과 애정으로 바꿔야 한다. 도축장에서 먼저 희생되는 동료를 보면서 얼마나 초조하고 긴장된 마음일까? 등을 생각해야 한다.

따라서 동물을 사양할 때 관리자는 동물을 자주 씻어 주고, 뿔・발톱・볏・꼬리 자르기(단미), 부리 자르기, 털깎기(면양), 털 고르기 등의 일반적인 동물관리를 철저하게 해주는 것이 좋다. 동물사육장에서 일어날 수 있는 매, 독수리, 야생고양이, 뱀과 같은 포식자(predator)로부터의 공격을 피할 수 있도록 울타리를 철저하게 만들어야 한다. 또한 시끄러운 소음을 피하고 동물이 좋아하는 음악을 들려 주며, 향기(aroma)를 제공해 주면 동물의 생산 효율성은 극대화하게 될 것이나. 위생적이고 청결한 사육장에서 계절별로 기생충 빛 파리, 보기 등의 곤충을 구제하고, 인간의 식탁까지도 위협하는 광우병, 구제역, 조류독감 및 돼지의 임신 중 태아가 사망하는 새로운 질병을 수시로 모니터링한다.

사육이 종료된 동물을 도축장으로 수송할 때는 짧은 거리를 짧은 시간에 이동해야 하며, 너무 덥거나 추운 날씨는 피하고 적정밀도를 유지해야 한다. 도축장에 도착하게 되면 좁은 공간에서 힘들게 이동한 동물의 스트레스를 풀어 주고, 도축 전에는 최대한의 안정을 유지해 주기 위해서 수송 후 일정시간 계류시키는 것이 좋다. 도축 시에는 동물이 고통을 받지 않도록 기절 후 도축하되 이 때에도 전기충격에 의한 도살은 금지해야 한다. 동물을 희생할 때는 반드시 안락사를 실시해야 하며, 잔인한 도축행위 역시 근절해야 한다.

최근 유럽, 미국을 비롯한 선진 여러 나라는 동물의 고통을 최소화하기 위하여 흡입가스 즉, 이산화탄소 가스(carbon dioxide gas, CO_2) 주입에 의한 안락사법이 권장되고 있다. 불량한 환경조건에서 사육되면서 비인도적인 학대로 고통을 받고 잔인하게 희생된 축산물을 섭취하게 되면 인간의 성격 역시 거칠어질 수 있음을 기억해야 한다.

라) 동물이용의 논쟁

동물의 도덕적 지위에 대한 인간의 우월성 논쟁은 오랫동안 지속되어 왔으며,

동물이용에 관해서도 철학자들의 견해는 서로 다른 점이 많다.

고대 그리스 철학자 아리스토텔레스는 "동물은 감각적 지각력은 가지고 있으나 이성적 판단능력은 부족하기 때문에 인간이 동물을 다루는 것은 정의의 문제가 아니다"라고 주장하여 인간이 목적 달성을 위해 동물을 사용할 수 있다는 것에 대한 자신의 영향력을 그 후에도 오랫동안 유지하였다. 중세의 기독교 철학자 아우구스틴과 토마스 아퀴나스는 "동물의 이성적 능력의 결핍이 인간에 대한 동물의 복종을 정당화할 수 있다"는 당시의 주장을 확실히 하였다. 동물이 사람보다 하위라는 사실에는 동의하면서도 동물에게 나타날 수 있는 고통을 최소화하는 데 있어서 고대 유대교의 전통이 기독교보다도 더 중요한 위치를 차지하였다.

17세기 프랑스 철학자 데카르트는 "동물은 말할 수 없기 때문에 감각이나 감정이 없는 로봇과 같다"고 주장하여 동물을 기계적인 용어로 개념화하였다. 그러나 동물이 통증조차 느낄 수 없다는 데카르트의 주장은 일반 상식에 반대되는 것으로서 대부분의 철학자들에게 충격을 주었다. 한편, 당시의 철학자 토마스 호비스, 존 로크 그리고 임마뉴엘 칸트 등은 "동물이 이성(reason)은 가지고 있지 않지만 지각능력과 감성은 가지고 있다"고 생각하였다.

칸트의 도덕철학에서 자율, 또는 자연의 인간관계적 결정에서의 자유(freedom from the causal determinism)는 인간의 동물 이용을 정당화하는 데 탁월한 능력을 보였다. 18세기 영국의 철학자 데이비드 흄은 "동물은 사고와 이성을 가지고 있다"고 주장하였으며, 당시 영국의 철학자 제레미 벤담은 "중요한 점은 동물이 사고할 수 있느냐도 아니고, 동물이 말할 수 있느냐도 아니다. 중요한 점이란 동물이 고통을 겪을 수 있는 능력이 있느냐는 점이다"고 주장하였으며, 벤담은 인간의 횡포로서 동물에게 고통을 가하는 통상적인 일들을 혹독하게 비난하였다.

후반기 공리주의 철학자 스튜어트 밀은 "인간의 우월성에 기초하기보다는 동물을 이용하는 현실과 동물의 이익을 함께 고려해야"한다는 도덕적 기준을 강조하였다. 19세기 찰스 다윈은 인간이 다른 동물로부터 진화하였다는 '진화론'을 발표하면서 "동물과 사람들의 능력은 주로 정도의 차이에서 다를 뿐 태생에서 다른 것은 아니다"라고 강력하게 주장하였다. 주의 깊은 관찰을 바탕으로, 다윈은 "많은 동물이 일반적인 개념과 어느 정도의 이성적인 능력, 도덕적인 감각의 기본, 그리고 복잡한 감성을 가지고 있다"고 논쟁하였다.

그러나 최근 까지도 과학자들은 다윈의 이러한 주장을 무시하였으며 동물이용 연구에 대한 반대가 20세기 초에 침체되었다. 20세기 공리주의자 피터 싱어는 그가 쓴 책 「동물해방(animal liberation)」에서 “동물의 사용이 모든 사람이나 동물에게 주는 이익보다 더 큰 고통을 유발할 수 있기 때문에 동물을 먹거나 연구에 사용해서는 안 된다”고 주장하여 많은 사람들이 동물을 대신하여 동물보호 운동가가 되는 계기를 마련하였다. 20세기 톰 레간은 “동물은 살아 있는 생명체이기 때문에 권리를 갖는다”는 동물권리를 주장하였다.

마) 동물권리

대부분의 사람들은 인간의 반려자로서 동물도 인간과 동등한 권리를 가졌으며, 동물은 인간과 유사한 점이 많기 때문에 인간과 유사한 윤리적 및 법적 권리를 행사할 수 있다고 생각한다. 철학자 스티브 시몬스는 “동물은 고통을 당하지 않을 권리가 있으므로 인간이 이를 존중해야 할 의무가 있다”고 주장하였다. 2002년 5월 우리나라에서 열린 동물복지 심포지움 ‘동물의 권리와 복지(animal right and welfare)’에 관한 영국의 동물학대방지협회는 표 1-1과 같이 발표하였다.

바) 현대적 동물복지 운동

현대적 동물복지 운동은 1964년 영국의 러쓰 하리손의 책 「동물기계(animal machines)」가 발표되면서 시작되었다. 이후 현대적 의미의 동물복지 운동이 시작되었으며, 2차 세계대전 이후에 일반화된 집약적 축산에 비판이 가해졌다. 동물복지는 물론 약품사용, 생산물의 품질 및 윤리에 관심이 집중되었다. 그러나 동물행

표 1-1. 동물의 권리론과 복지관점의 차이

동물권리론	동물복지
· 동물은 고유한 가치를 가지고 있다. · 인간의 목적을 충족시키기 위해 존재하는 것이 아니다. · 동물은 인간의 목적을 충족시키기 위해 사용되어서는 안 된다. · 동물은 생존권과 학대받지 않을 권리 등을 포함하여 권리를 가지고 있다. · 동물은 인간이 부여한 체계적인 억압으로부터 자유로워져야 한다.	· 동물을 인간의 목적을 충족시키기 위해 사용하는 것은 도덕적으로 허용되나, 이것은 동물의 복지와 안녕이 동물의 삶의 모든 단계에서 가능한 최대로 확보될 경우에만 그러하다. · 동물에 대한 대우는 동물이 존중받아야 하는 존재라는 점에서 중요하다. · 학대는 인간이 권리를 가지고 있다는 주장의 토대를 훼손한다.

동에 관해서는 적게 언급되었다. 1965년 러쓰 하리손의 주장에 따라 영국 정부는 브람벨 위원회(brambell committee)를 설립하였고, 동물이 고통과 스트레스를 받으며 불안, 두려움, 좌절 및 기쁨 등을 느낀다는 점을 인정하고 동물복지에 대한 대책을 수립하였다. 1979년 영국의 농장동물복지위원회(FAWC, the farm animal welfare council)는 가축사육, 수송, 도축, 시장, 정부의 입법 등에서 동물복지에 대한 자문을 하였다. 1990년 영국은 송아지 우리사육 금지법을 발표하였고, 1993년에는 동물복지의 기본으로서 5가지 자유와 필요조건을 제시(표 1-2)하여 축산 관련 업자에게 이를 준수하도록 지도하였다.

동물의 복지를 위한 5가지 필요조건으로는 ① 생리적 필요인 먹이, 물, 온도, 빛, ② 환경적 필요인 적절한 공간, 쉼터, 포식자로부터 안전, ③ 행동적 필요인 보금자리(둥지) 만들기, 겨울잠, 풀 뜯기, ④ 심리적 필요인 지루함 방지, 놀이, 자극, ⑤ 사회적 필요조건으로서 독립생활 또는 사회생활, 짝짓기 등을 들고 있다.

1996년 영국은 동물복지법을 제정하여 농장동물 뿐만 아니라 실험동물에 대한 학대를 금지하였고, 1999년에는 모돈의 스톨(stall) 사육을 금지하였다. 1992년 유럽연합의정서는 동물복지에 관한 조항을 포함하였고, 1995년에는 유럽연합(EU, european union)은 동물복지규정을 제정하였으며, 2001년부터 2012년까지 케이지 사육, 임신모돈 스톨, 좁은 송아지 상자 등을 없애도록 하였고, 2006년 1월부터 성장촉진제, 항생제 사용을 전면 금지토록 하였다.

표 1-2. 동물복지를 위한 5가지 자유

항 목	주요 내용
· 배고픔, 갈증, 영양결핍으로부터의 자유	· 동물의 충분한 건강과 활력을 유지할 수 있도록 신선한 물과 사료에 쉽게 접근할 수 있어야 한다.
· 불편함으로부터의 자유	· 잠자리와 편안한 휴식공간을 포함한 적절한 환경을 제공해야 한다.
· 고통, 상처, 기생충감염을 포함한 질병으로부터의 자유	· 신속한 대응과 처치를 통하여 고통, 상처 및 질병을 제거해야 한다.
· 정상적인 행동 표현의 자유	· 충분한 공간, 적절한 시설, 그리고 동료들과 어울림을 유지해야 한다.
· 공포와 스트레스로부터의 자유	· 정신적 고통과 스트레스를 피할 수 있는 환경을 유지해야 한다.

미국의 동물복지는 1906년 업톤 신클레어가 자신의 책 「정글(the jungle)」을 발간하면서 동물복지에 관한 논란이 지속되었다. 1975년 호주 피터 싱어의 「동물해방」이 발표되면서 동물권리와 복지에 대한 인식을 새롭게 하기 시작하였다. 1985년 미국은 영장류 실험동물에 대한 동물복지법을 개정하여 인도적으로 도살하도록 하였으며, 2001년 미국 의회는 농장안전에 대한 규정과 동물보호에 대한 수정안을 통과시켜 질병이나 부상으로 걸을 수 없는 가축을 수송하거나 판매하는 것을 금지하였고, 농무성은 동물의 고통을 경감시키기 위한 연구와 인도적 도살에 대해 지원하고 있다. 우리나라에서는 1991년 '동물보호법'을 제정하였고, 1997년까지 수차례에 걸쳐 개정하였다. 그러나 동물복지 축산에 관한 법규는 아직 제정되지 않았고 이제 시도단계에 있다.

사) 동물복지에 영향하는 요인들

동물복지 축산에 영향하는 가장 중요한 요인이 스트레스이다. 스트레스란 동물에게 긴장·압박·자극을 주는 것이다. 즉, 생물체에 가해진 위험인자가 어떤 형태이든 자극을 주고, 생물체가 이에 대응하는 과정을 갖게 되는데, 이 자극과 이에 대응하는 방어력 모두를 합쳐 스트레스라 한다. 아미스(1980년)는 환경스트레스는 동물의 타고난 생산능력 극대화를 방해하는 물리적·생리적인 주변 요인들이라 하였고, 던칸(1981년)은 부정적인 여건에 노출된 동물에게 생리학적 또는 행동적 변화가 발생할 경우를 설명하는 용어라고 하였다.

웹스터(1993년)는 동물의 생명유지와 생산 활동에 부정적으로 작용하는 환경적 자극요인과 생체활동에 영향하는 환경적 교란(추위, 더위, 영양 불균형, 과로, 두려움 등 심리적 위축 등)을 의미한다. 스트레스는 직접적으로 질병 감수성을 증가시키거나 저항력이 약화되는 경우라고 하였다. 따라서 스트레스는 동물의 생명유지와 생산 활동에 부정적으로 작용하는 환경적 자극인자로 볼 수 있다. 스트레스는 환경요인(열, 물리적·화학적·사회적 환경 등), 동물의 행동반응 및 생리적 변화와 밀접한 관련이 있으며, 동물의 생산성(성장, 증체, 상처, 질병, 사고, 폐사율 등)과 품질 및 안전성에도 영향한다.

동물복지에 영향하는 환경요인은 열 환경으로서 온도, 습도, 공기흐름, 방사열 그리고 물리적 환경으로서 빛, 소리, 축사시설의 구조 및 사육밀도가 있다. 화학적 환경요인으로 공기, 물, 산소, 이산화탄소, 황화수소, 암모니아, 먼지 등이 있으며, 사회적 환경은 동료, 관리자, 암수, 어미와 새끼가 있고, 토양 환경은 위도, 고도,

지형, 지세 그리고 생물적 환경은 야생동식물, 유해미생물, 목초, 야초 등이 있다.

아) 동물복지의 예

동물사양에 있어서 가축들의 환경을 보다 좋은 환경으로 만들어 주려는 노력이 시작되었다. 2002년 8월 러시아는 젖소에게 박하와 멜리싸(melissa)의 안정 효과가 있는 피톤치드나 유칼리나무(eucalyptus)의 향(aroma)이 젖소의 원기를 북돋아 주며, 다양한 약용식물 중 몇몇의 아로마는 젖소 사육에서 성장과 우유 생산능력을 나타내는 데 항생제보다 나쁘지 않다고 하였다. 이 지역에서는 매우 희귀한 유칼리나무통을 젖소의 축사에 설치하거나, 약용 식물즙을 스프링쿨러를 이용하여서 뿌려 주거나 또한 약용 수목을 심은 특별한 목장을 조성하였다. 아로마 이외에도 가축에게 음악을 틀어주면 젖소의 유량이 증가하는 것으로 알려졌으며, 특히 젖소는 트위스트 음악을 틀어주면 우유를 많이 생산한다고 한다.

1994년 영국은 텔레비전 방송을 통해서 돼지가 하루 종일 돈방에서 먹고 배설하며 악취를 풍기는 지저분한 동물이 아니라 놀랄 만한 지능을 가지고 있음을 보여주었다. 깨끗하고 푹신한 돈사에서 자유스럽게 뛰어다니는 모습, 수영과 축구를 하는 모습을 시청자에게 알려서 돼지를 사랑하라는 메시지를 남겼다. 2002년 영국 정부는 돼지 사육 시 반드시 장난감을 공급할 것을 위주로 하는 축산법규가 제정되었다. 동물에게 놀이기구를 제공해 줄 수 있다는 점에서 중요시 되었고, 위반 시

그림 1-5. 수영, 축구하는 돼지

500만원 이하의 벌금과 90일 이하의 구류에 처한다는 내용이다.

2002년 덴마크의 「인도적 돼지고기」가 발표되었다. 그 내용은 돼지도 인도적으로 살다가 죽을 권리가 있으며, 따라서 도살장으로 가는 돼지는 8시간 이상 이동해서는 안 된다는 것이다. 동물복지에 대한 관심과 요구가 커지면서 특히, 영국 등 유럽 각국의 소비자들이 '인도적으로 도살한 돼지고기'를 찾기 시작하면서 덴마크가 수출 시장을 잃지 않기 위해 스스로 취한 조치였다.

영국의 대형 마켓인 테스코(tesco)는 자체적으로 설정한 동물복지 기준에 의해서 사육된 닭으로부터 생산된 자연 선택란(nature's choice eggs)을 판매하고 있다. 그 기준에 의하면, 닭은 한 마리당 제공되는 304 m^2 넓은 사육공간에서 자유방사(free range farm) 사육되며, 하루 종일 풀밭을 거닐고 햇빛을 즐기며 동료와 어울림을 즐길 수 있는 충분한 운동장(out door)을 자유스럽게 드나들 수 있다. 사육 운동장의 주위는 포식자로부터 암탉을 보호하기 위한 울타리가 있으며, 어두운 밤과 비, 바람, 무더위와 같은 나쁜 날씨에 피할 수 있고 편히 쉴 수 있는 깔짚과 홰가 풍부하게 갖춰진 계사가 있다. 테스코에 자연선택 방사란을 납품하는 모든 농부는 모두 특별하게 선발되며, 동물복지의 엄격한 기준을 지키고 있다.

2003년 미국의 KFC는 새로운 동물복지 기준을 만들어 발표하였다. KFC는 연간 7억 마리 이상의 닭을 소비하고 있으며, 전 세계에 1만 천 개 이상의 체인점을 운영하고 있다. 그동안 KFC의 닭들은 환기가 잘 되지 않는 사육장 안으로 억지로

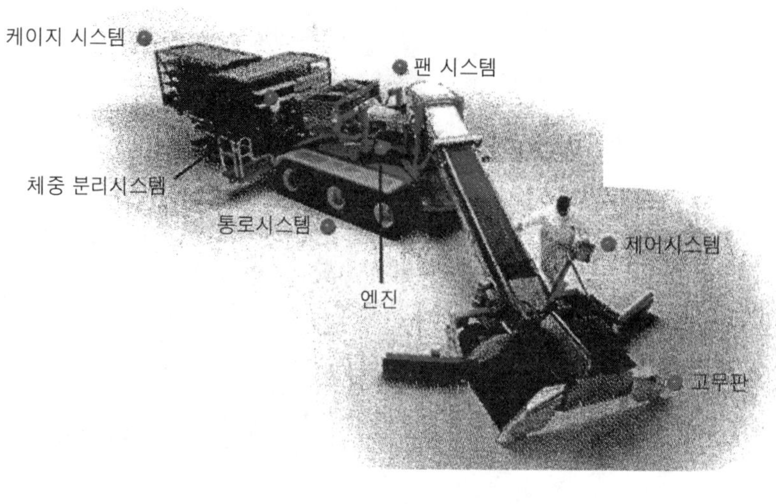

그림 1-6. 스트레스 주지 않고 닭 잡는 기계

밀어 넣어서 사육하였으며, 도계 시에도 전기충격에 의해 기절하지 않아 의식이 있는 닭들도 그대로 희생하였다. KFC는 닭의 부화장에서 도계장까지 인도주의적 처리를 보장하는 새로운 복지기준을 만들었다. KFC에 의해 채택된 새로운 가금류의 기준은 닭 사육장, 사료, 잡는 방법, 도계장으로 이동하는 과정에 적용된다. 또한 도계시 이산화탄소(CO_2)를 이용한 안락사를 검토하고 있다. 새로운 기준에서는 닭이 물과 사료를 먹기 위해 직접 움직일 수 있도록 해야 하고, 사육장은 깨끗하고 환기가 잘 되어야 한다. 닭 공급업자들은 닭에게 상처를 주지 않고 다룰 수 있도록 적절히 교육시켜야 한다.

2003년 영국의 폴 베리 박사는 '사람 대신 닭을 잡아 주는 기계'를 개발하였다. 기계는 분당 150마리의 닭을 잡을 수 있는데, 이는 여덟 명의 숙련된 관리자가 손으로 잡을 때 가능한 숫자이다. PH 2000이란 이름으로 출시된 이 기계의 뒤편에는 출하용 트럭에 연결되어 있다. 기계가 일단 닭장 안에 들어가면 마치 커다란 낫처럼 이곳저곳을 천천히 휘저으면서 입구로 닭을 인도한다. 기계 속으로 들어간 닭은 일정한 공간에 한 마리씩 나눠져 컨베이어벨트를 통해 출하용 트럭까지 이동한다. 일단 컨베이어벨트 안으로 들어가면 공기를 얼굴에 분사해 잠시 동안 정신을 잃게 한다. 닭은 선 자세 그대로 정신을 잃고 아무런 상처 없이 출하차량으로 옮겨진다. 사람이 닭을 잡으려 할 때 닭은 날개 짓을 하면서 심하게 저항하거나 또는 사람이 닭의 발을 잡은 뒤 거꾸로 든 채 이동하기 때문에 닭은 매우 흥분상태에 있고, 결국 스트레스를 받게 된다.

(4) 환경친화형 유기축산물 생산

가) 필요성

국제 유기축산 기준법이 실현되고 있으며 웰빙 시대를 맞이하면서 친환경 축산물(무공해, 무농약, 무항생제)을 선호하는 쪽으로 소비자 기호도가 달라지고 있다. 이와 동시에 최근 확산되고 있는 광우병, 구제역, 조류독감 등의 가축질병, 다이옥신 및 항생물질의 존재로 인한 건강 위협으로부터 안전한 축산물에 관한 소비자 욕구가 증가하고 있다. 따라서 이에 대응하고 국제 경쟁력을 강화하기 위해서 환경친화형 유기축산물 생산이 새롭게 시작되었다.

전 세계적으로 유기축산물의 비중은 유럽에서 가장 높으며, 전체 축산물의 40%를 차지하고 있다. 미국의 경우 전체 축산물의 35%를 유기축산물이 차지하고 있으며, 일본과 우리나라는 아직까지 유기축산물의 비중은 극히 미비하다.

나) 유기축산의 규정

Codex(국제식품규격위원회, codex alimentarius commission)는 2000년 5월 캐나다에서 국제적인 유기축산의 규정을 제시하였다. Codex에서 제시한 유기축산이란 토양, 작물, 가축 간의 조화를 유지(환경오염을 억제)하고, 가축의 생리적 욕구를 존중(복지증진)하는 것으로 유기농업과 공존을 말한다. 따라서 유기축산은 유기영농과 복합체계의 구축에 따른 상호간의 유기적 연결이 핵심이라고 할 수 있다.

다) 유기축산물의 생산지침

Codex에서 규정한 유기축산(organic livestock farming)의 일반 원칙은 다음과 같다.

가축은 유기농업의 일부분으로서 유기농업에 기여해야 하며, 가축생산은 토양과 연계하여 자유방목 사육관리와 충분한 운동장이 있어야 한다. 지역 환경영향을 고려한 가축의 적정밀도를 유지(사료생산, 가축건강, 환경영향 등)하고 가축복지를 위해 노력해야 한다. 동물 사양단계 즉, 축산물의 생산과정에 있어서 수정란이식과 유전자조작을 거치지 않은 가축을 입식해야 하고, 비유기 가축은 도입할 수 없다. 자연교배를 권장하며 인공수정도 가능하다. 유기사료를 100% 공급해야 하고, 유전자조작을 거치지 않은 사료를 급여해야 하며, 사료의 50% 이상을 유기농장 내에서 생산해야 한다.

보조사료는 석회석(limestone)과 같은 자연(천연)산 등 허용품목만 급여해야 한다. 각종 화학비료, 농약을 사용하지 않으며 사육중인 동물에게 백신, 항생물질, 성장호르몬, 동물약품, 가축의 대사촉진을 위한 합성화합물, 합성질소, 호르몬제, 성장촉진제, 비유촉진제를 사용하지 않아야 한다. 질병 발생시 휴약기간을 법적인 요구기간의 2배를 요구하며 번식호르몬은 치료용으로만 사용할 수 있다. 우유, 유제품, 어류, 어류제품을 제외한 동물성 사료 그리고 암모니아, 요소, 비우렛과 같은 비단백태 질소화합물(NPN, non-protein nitrogen)을 사용하지 않은 사료를 급여해야 한다. 가축부위의 일부 제거는 금지하지만 가축의 건강과 복지를 위한 가축부위의 일부 제거는 예외적으로 인정한다.

수송, 도축 시에 가축의 스트레스와 고통을 최소화해야 하며 전기봉 사용을 금지하고 있다. 집약 공장형 사육을 하지 않고 자유로운 운동, 충분한 휴식 공간 및 방목초지가 겸비된 환경에서 사육해야 한다. 자연적인 방법으로 분뇨처리와 깨끗한 환경에서 사육, 가공, 유통, 평가, 표시된 가축사육 체계를 이용해야 한다. 집약 공장형 축산(factory type livestock)이란 동물에게 사육조건을 맞추는 것이 아니라 사육조건에 동물을 맞추는 방식으로, 최소 공간에서 최단 기간에 최대 생산을 목표로 하는 집약적 사육방식을 의미하며, 이에 따른 수송, 도축 방식도 포함된다.

Codex 규격에서는 유기농업에서 허용되지 않는 각종 동물약품과 농장 외부에서 생산한 사료에 상당부분 의존하는 산업적 관리시스템이라 정의하고 있다. 축산업은 기술향상, 노동력 절감, 시설의 현대화를 통하여 우리에게 동물성 고급단백질을 공급해 왔으며 인류복지에 기여해 왔다. 그러나 축산업의 집약화로 인하여 발생되는 축산분뇨는 악취와 환경오염을 일으켜 혐오산업으로 인식되고 있다.

또한 항생제 등 동물약품의 과다 사용으로 인한 식품위생 문제를 일으키고 있다. 집약사육은 동물의 질병에 대한 저항력을 감퇴시켰고 전염성 질병에 의한 피해를 증대시켰다. 결국, 가축의 피해가 커졌고 축산물에 대한 불신이 확산되면서 소비가 위축되어 농가와 국가적 손실이 커지게 되었다.

유럽과 미국은 가축에 대한 비인간적 대우와 학대를 금지하는 조치를 취하고 있으며, 환경친화적이고 안전한 가축 사육제도를 마련하였다. 이에 우리도 웰빙 시대를 맞이하면서 건강에 대한 관심이 높아졌고, 위생적이고 안전한 유기농산물이 확대되기 시작하였으며, 유기축산물의 생산을 서두르고 있다. 따라서 건강한 가축을 생산하기 위해서 쾌적한 사육환경과 동물복지가 요구된다.

라) 유기축산의 원칙

Codex에서 규정한 유기축산의 원칙을 요약하면, 반드시 유기적으로 생산한 사료를 급여하고, 가축에게 적절한 사육 공간, 환경과 사양관리 체계를 유지하되 가축의 행동양식을 고려하여 관리해야 한다. 사육중인 동물의 스트레스를 최소화하고 건강증진을 위한 동물복지를 고려하면서 화학적인 약품의 사용을 금지해야 한다.

따라서 Codex 유기축산의 가장 중요한 원칙은 가축의 적절한 사육 공간을 확보하고 양질의 유기사료를 공급하는 것이 기본 과제로 볼 수 있다. 유기축산물을 생산하기 위해서는 2005년부터 유기사료를 반추가축과 비반추가축 모두에게 100% 급여해야 한다. 유럽연합은 자체 농장에서 50%(조사료, 농후사료 포함) 이상을 공급할 것을 규정하였다.

마) 유기축산의 주요 기능

유기축산을 실행하게 되면 유기축산물을 생산할 수 있고, 유기질비료의 공급 및 동물복지를 구현할 수 있다. 환경의 자연정화, 물질의 자연 순환을 지속적으로 영위할 수 있으므로 친환경 창출과 친환경 지속성을 유지할 수 있다. 환경오염 부과량을 낮추어 축산환경에 의한 오염과 난분해를 유발하지 않는다.

바) 유기축산 모델설정

유기축산은 반드시 유기농업과 연결체계 하에서 완전 순환되어야 한다. 동물의 질병예방 시스템 조성과 동물복지로 스트레스를 최소화해야 한다. 유기사료를 개발해야 하며 이는 유기농장 및 유기초지로 충족할 수 있다. 현재 일본은 중국, 동남아시아, 필리핀에서 유기사료를 수입하고 있으며, 우리나라는 중국, 호주, 미국에서 수입하고 있다. 유기사양 기술을 개발해야 하며, 이때 유기농장 내에서 사육 및 가축사육 비율은 동물의 건강, 복지, 초지, 사료공급 능력, 발생 분뇨량에 의해서 결정할 수 있다. 가축 분뇨의 토양으로 재순환(recycling)에 의한 퇴비화가 이루어져야 한다.

사) 유기축산물 인증사례

유기축산의 인증기관은 국립 농산물 품질관리원이며, 국내 최초의 유기계란은 2005년 5월 농협 안성목장에서 수정란이식 및 유전자변형을 거치지 않은 닭에게 유기농사료를 급여하면서 항생제를 사용하지 않았으며, 자연방사(동물복지) 환경에서 생산하였다. 유기계란은 유정란 고유의 맛과 냄새를 가지며 화학약품, 성장촉진제 등을 일체 사용하지 않아서 일반 계란보다 안전성이 높은 특징을 갖는다.

유기닭고기는 2005년 7월 농협 안성목장에서 산란계를 사육할 때 가축생리를 고려하여 케이지 사육을 하지 않았고, 넓은 사육 공간(충분한 활동)을 제공하여 생산하였다. 이렇게 생산된 유기닭고기는 육질이 쫄깃쫄깃하며 씹는 맛이 좋은 것으로 평가되었다. 유기닭고기는 유기농 사료를 급여하면서 일체의 화학약품이나 성장촉진제를 사용하지 않았기 때문에 일반 닭고기에 비해서 식품위생에 관한 안전성이 높다.

유기돼지고기는 2005년 8월 농협 안성목장에서 넓은 사육 공간(분만돈 4 m^2 이상)과 청결한 환경조건에서 화학비료, 합성항균제, 항생제 등을 일체 사용하지 않았으며, 인공교배를 거치지 않고 자연교배에 의해서 최초 생산하였다.

아) 동물복지 축산과 유기축산의 차이점

동물복지 축산과 유기축산의 차이점은 표 1-3에 요약된 바와 같다. 유기축산을 위해서는 기본적으로 동물복지 생산체계를 전제로 한다. 그 이유는 위생적이며 건강한 가축을 사육하기 위해서는 스트레스를 받지 않는 생산, 수송, 도축시스템, 즉, 동물복지형 체계가 갖추어져야 하기 때문이다. 동물복지 축산에서는 충분한 먹이

표 1-3. 동물복지 축산과 유기축산의 비교

항 목	동물복지 축산	유기축산
· 일반지침	· 동물 스트레스 방지를 위한 사육, 도축 수송 시스템 · 동물에 대한 5가지 자유 중심	· 유기농업의 일부분으로 토양과 연계 · 자유 방목, 동물복지 보장
· 가축의 출처 및 전환	· 약품을 사용 안 하거나 적게 사용하고 적용할 수 있는 품종 · 전환기가 필요 없음	· 유기축산으로 사육된 축군에서 확보 · 전환기간 필요
· 시설, 환경	· 축종별 사육밀도 기준 준수 · 축사 바닥 틈이 동물에게 위협을 가하지 않을 것 · 깔짚 등으로 편안한 잠자리 · 제한사육 가급적 억제 · 군사(群飼) 유지 · 케이지, 스톨 억제	· 축종별 사육밀도 엄격 · 시멘트 바닥구조 허용안됨 · 편안한 잠자리 · 제한사육 금지 · 군사(群飼) 유지 · 케이지, 스톨 금지
· 영양, 관리	· 충분한 영향, 깨끗한 물 급여 · 질병과 부상이 발생하지 않도록 조치 · 포식자로부터 보호 · 백신접종 허용, 일반 호르몬제 허용 · 일반요법에 의한 치료 · 항생제, 성장촉진제 금지 · 단미, 거세, 부리와 뿔 자르기 제한적 허용 · 동물 놀이시설 설치	· 유기사료 100% 급여 · 보조사료는 자연산 등 급여 (석회석, limestone) · 백신 항생제, 성장촉진제, 호르몬제 금지 · 자연요법에 의한 치료 · 자연교배 권장 · 단미, 거세, 부리 자르기 등 억제
· 분뇨처리	· 토양, 수질오염 방지	· 토양, 수질오염 방지
· 수송, 도축	· 스트레스 방지	· 스트레스 방지
· 기록	· 생산, 수송, 도축 기록	· 생산, 수송, 도축, 가공 등 기록 및 표시

와 물을 동물이 쉽게 이용하도록 하는데 반해, 유기축산에서는 농후사료와 조사료가 유기적으로 생산한 것을 급여하도록 하였다.

유기축산에서는 그것도 가급적 자체 농장 내에서 생산한 유기사료를 급여하도록 하였기 때문에 보다 안전한 축산물을 생산할 수 있다. 동물복지 축산에서는 질병예방과 신속한 치료를 함으로써 통증, 부상, 질병으로부터의 자유를 추구(치료보다 예방)하나, 유기축산에서는 근본적으로 자연(천연 또는 대체)요법을 제외한 질병예방과 치료를 금지하기 때문에 백신 등 예방접종을 하지 않는다. 이 때문에 유기축산에서는 건강한 가축을 사육해야 하며 유기축산으로의 전환기가 필요하다. 항생제나 성장촉진제 등은 동물복지 축산이나 유기축산에서 모두 금지하고 있으나, 사료 첨가제는 유기축산에서 천연재료만을 허용하고 있다.

유기축산에서 인공적 화학약품의 사용을 억제함에 따라 기생충과 유방염 등이 큰 문제가 되고 있다. 초식가축의 경우 유기축산에서는 방목을 원칙으로 하나 동물복지 축산에서는 충분한 휴식공간과 운동 공간으로 규정되어 방목에 대한 의무사항이 없다. 축사시설, 분뇨처리, 수송, 도축 등에서는 유기축산에서도 인도적 처리를 중심으로 한 동물복지 시스템으로 하기 때문에 차이가 없다. 유기축산을 하기 위해서는 값 비싼 유기사료를 급여하고 백신 등 약품 사용을 억제하기 때문에 생산비가 높을 수밖에 없으며 생산물 가격을 높게 할 수밖에 없다. 따라서 영국, 독일 등 축산 선진국에서도 경종작물의 경우 유기농산물이 시장의 10% 내외를 유지하고 있으나, 유기축산물은 2%를 넘지 못하고 있다. 반면 동물복지 축산물은 유기축산물과 다른 라벨(자유농장, 방목형 농장, free range, freedom foods)로 표시하며, 가격도 일반 축산물보다 10～20% 비싸지만 유기축산물보다는 싸다.

(5) 안전축산물 생산

가) 식품 위해요소 중점관리 기준이란

식품 위해요소 중점관리 기준(HACCP, hazard analysis critical control points)이란 원료의 생산에서부터 최종 제품의 생산, 저장 및 유통의 각 단계에 최종 제품의 위생 안전성 확보에 반드시 필요한 관리점을 설정하고, 적절히 관리함으로써 식품의 위생 안전성(safety)을 확보하는 예방적 차원의 식품위생 관리방법을 말한다.

피어슨과 도날드(1992년), NSF(미국의 위생국, national sanitation foundation)의 2004년 식품안전시스템 HACCP-9000 규격집은 HACCP을 생산 및 공급 체인

에서 조절에 실패할 경우 나타날 수 있는 소비자의 질병 발생 및 건강에 위험이 될 수 있는 생물학적·화학적·물리적 위해요인을 사전에 예방하는 식품안전시스템이라고 정의하였다.

나) 위해분석과 중점 관리점 결정

HACCP은 위해분석(hazard analysis, HA)과 중점관리(critical control points, CCP)로 구성되어 있으며, 위해분석이란 위해 가능성이 있는 요소를 찾아서 분석·평가하는 것이고, 중점관리란 해당 위해요소를 사전에 예방·제거하고 안전성을 확보하기 위하여 중점적으로 다루어야 할 관리점을 말한다.

위해분석을 위해서는 우선 위해분석에 필요한 자료를 역학정보, 원재료, 제조환경 등의 오염실태 조사, 제조가공 조건의 측정, 종사자로부터의 청문조사, 종사자 작업실태의 육안 확인, 보존시험, 미생물 접종시험, 예측모델의 사용 등을 이용하여 수집하는 것이 중요하다. 원부재료 및 가공공정에서 유래하는 위해를 열거하고, 열거된 위해에 대해 위험도 평가모델을 이용한 위해평가를 실시하여 위해의 발생 요인과 예방조치를 기술한다. 중요 관리점을 결정하기 위해서 위해분석 결과 확인된 위해요소에 대한 중요 관리점 결정도를 이용하여 결정하는 것이 필요하고, 동일한 생산제품을 생산하는 가공장일지라도 가공장의 설계, 시설, 장비, 원료성분의 선택, 생산공정의 차이 등으로 인하여 CCP수가 달라질 수 있음에 유의해야 한다. 다음은 쇠고기 포장육에 대한 가공공정별 HACCP 적용 예이다.

① 쇠고기 포장육에 대한 가공공정별 미생물 현장분석

지육반입, 포장재 보관, 지육보관, 지육출고, 절단, 발골, 정형, 포장, 표시, 완제품 출고 시 지육에 대한 미생물검사 실시 또는 검사 성적서(기록)를 확인한다. 운반차량 및 지육 중심부 온도가 냉장 5℃ 이하, 냉동 -18℃ 이하로 유지되었는가를 조사한다. 방충·방서를 실시하고, 포장재를 바닥에 직접 접촉되지 않도록 보관한다. 지육 보관장 온도를 냉장 -2~5℃, 냉동 -18℃ 이하가 되도록 유지한다. 도체간 간격을 10 cm 이상 유지하여 관리하고, 보관장 반입 후 3일 이내에 처리하도록 한다.

지육운반 통로 및 레일의 청결상태를 유지하며, 작업자의 장갑에 대하여 청결하게 관리한다. 육류와 접촉된 기구(칼·도마·컨베이어 등) 및 손(목장갑)에 의한 오염 가능을 배제하며, 작업 전·중·후 세척 및 소독을 실시하고, 칼의 경우 수시로 소독을 실시한다. 가공실 온도는 15℃ 이하로 유지하며, 월 2회 이상 정기적인 미생물검사(낙하균 포함)를 실시한다. 포장불량과 제품에 관한 sealing상태, 진공압, 열냉수온도를 확인하고, 완제품 보관장의 온도를 냉장 -2～5℃, 냉동 -18℃ 이하로 유지 관리한다. 출고 및 상차 시 온도 및 시간관리를 철저하게 한다.

② 포장육의 HACCP 계획 작업표

가공공정별로 구분한 CCP와 위해요소를 조사할 경우 다음과 같이 실시할 수 있다. 지육 반입단계를 CCP 1로 하고 병원미생물(*Salmonella* 등)의 오염 여부를 확인한다. 지육 보관공정을 CCP 2로 하고, 이 단계에서는 병원미생물(*Salmonella* 등)의 증식 여부를 조사해야 한다. 포장 및 표시단계를 CCP 3으로 하고 이물질(바늘・금속 등)의 혼입 여부를 조사한다. 완제품 보관단계를 CCP 4로 하고 병원미생물(*Salmonella* 등) 증식 여부를 조사한다.

다) HACCP의 역사적 배경

1960년대 초 미국 항공우주국(NASA, national aeronautics and space administration)이 미생물학적으로 100% 안전한 우주식량을 개발할 목적으로 최초 시도하였으며, 그 내용이 1971년 미국 식품보호위원회에서 처음으로 공표되었다. 1973년 미국 식품의약국(FDA, food and drug administration)에 의해서 저산성 통조림 식품의 우량 제조기준(GMP, good manufacturing practices)에 도입되었으며, 이후 미국 전체의 식품업계에서 집중적인 논의가 시작되었다.

1987년 미국 국립과학아카데미(NAS, national academy of sciences)의 식품보호위원회로부터 HACCP의 채택을 권고받아 미국 농무부 식품안전검사국, 수산국, FDA, 미국 보스턴 네이틱(natick) 지역의 육군 네이틱 기술개발연구소 및 대학과 민간인 전문가로 구성된 식품미생물 기준 전국 자문위원회가 설치되어 검토를 한 결과, 1989년에 HACCP의 지침이 설정되어 HACCP의 7원칙을 제시하였다. 7원칙은 다음과 같다.

제 1 원칙 - 위해요소 분석(HA)을 수행, 제 2 원칙 - 중점관리점(CCP)을 파악, 제 3 원칙 - 한계허용치를 설정, 제 4 원칙 - 감시절차를 설정, 제 5 원칙 - 개선조치를 설정, 제 6 원칙 - 검증절차를 설정, 제 7 원칙 - 기록유지 절차를 설정하는 것이다. 1993년 7월 Codex 제 20차 총회에서 "HACCP의 적용지침"을 채택하여 현재 전 세계적으로 널리 확산되고 있다.

라) HACCP 도입의 필요성

최근 수입식육, 냉동식품, 아이스크림 등에서 살모넬라, 병원성 대장균 O-157, 리스테리아, 캄필로박터 등의 식중독 세균이 빈번하게 검출되고 있으며, 농약, 잔류 동물약품, 항생물질, 화학물질(포장재 가소제의 DOP, dioctyl phthalate), 식물성 가수분해단백질(MCPD, monochloro propane 1,2-diol), 다이옥신 등에 의한 위해발생도 번져 가고 있다. 비닐포장재 가소제를 소각할 때 발생되는 DOP는 암을 발생할 수 있으며, 양조간장 즉, 대두를 염산으로 가수분해에 의해서 조제된 산분해간장에서 생성된 MCPD는 정자수를 줄이며 정자기능을 감퇴시켜 불임을 일으킬 수 있으며, 암 발생에도 관계하는 것으로 알려져 있다.

또한 광우병, 구제역, 조류독감 등의 질병에 의한 위해발생이 광역화되어 축산물에 대한 소비가 위축되고 있다. 따라서 이와 같은 위해요소를 효과적으로 제어할 수 있는 새로운 식품위생관리법인 HACCP의 도입이 필요하게 되었다. 미국과 유럽연합 등에서는 이미 수입식품에 대한 HACCP 적용을 요구하고 있으므로 축산물의 수출경쟁력 확보를 위해서도 HACCP의 도입은 필요하다.

마) 축산물 사건

축산물에 관한 국제적인 사건은 1986년 영국에서 발생한 광우병을 시작으로 우리에게 큰 충격을 주고 있다. 1989년 미국산 호르몬 비육쇠고기가 국내 수입이 금지되었다. 가축에 사용된 성장촉진 호르몬은 progesterone, testosterone, 17 β-estradiol, bovine somatotropine(BST)가 있으며, 내분비, 성장, 면역학적 및 신경생물학적 독성을 나타내는데, 특히 17 β-estradiol은 발암이 확인되어 사용이 금지되었다.

1996년 일본에서 병원성 대장균 O-157(*Escherichia coli* O-157:H7)에 의한 식중독이 발생하여 사회적으로 큰 이슈가 되었다. 1997년에 미국산 수입쇠고기에서 역시 병원성 대장균 O-157:H7이 검출되었고, 1998년과 1999년에는 호주산 쇠고기에서 엔도설판 농약이 검출되었고, 미국 소시지에서 식중독을 일으키는 리스테리아균이 검출되었다.

또한 벨기에산 돼지고기와 유럽산 닭고기 및 계란에서 다이옥신(dioxin) 오염이 밝혀졌으며, 미국산 수입쇠고기에서 납탄이 발견되었다. 2000년 일본에서는 가공우유를 섭취한 사람이 황색포도상구균에 노출되어 식중독을 일으켰고, 2001년 일본에서 광우병이 발생하였고, 2003년 2월 네델란드에서 조류독감이 발생하였다.

2003년 5월 캐나다에서 광우병이 발생하였고, 2003년 12월 충북 음성지역에서 고병원성 조류독감이 발생하였다. 또한 같은 해 미국 워싱턴주에서 광우병이 발생하였고, 일본에서 조류독감이 발생하였다. 2004년 베트남・대만・타이・중국 등의 아시아 지역에서 조류독감이 발생, 확산되었고, 2005년 1월 캐나다에서 광우병이 발생하였다.

① 광우병

광우병(mad cow disease)이란 병원성 프리온 단백질(prion protein)에 건강한 단백질이 접촉함으로써 정상적인 뇌 조직의 단백질 세포가 유해한 병원성 단백질 세포로 변환되어 소의 뇌가 스폰지형으로 되면서 희생되는 것이다. 광우병은 1996년 영국에서 동물성 사료인 면양의 육골분(meat and bone meal)을 초식동물(herbivores)인 소에게 급여하여 최초 발생이 보고되었다. 프리온 단백질이 소의 뇌에 나타나면 광우병(소 해면상 뇌증, BSE, bovine spongiform encephalopathy), 프리온 단백질이 양의 뇌에 나타나면 진전병(scrapie), 그리고 사람에게 감염되면 크로이츠펠트 야콥병 또는 쿠루병(kuru)이라고 한다.

② 다이옥신

다이옥신(dioxin)이란 탄소원자로 구성된 2개의 육각형 고리(benzene)가 산소원자에 의해서 서로 이어지며, 각각의 육각형 고리에 2개의 염소원자가 결합된 화합물로서 내분비를 교란시키는 환경호르몬이다.

1999년 벨기에에서 닭, 돼지사료에 다이옥신이 오염되었음을 확인하였고, 국내와 국외로 수출된 오염된 돼지고기를 전량 회수하는 파동이 일어났다. 2004년 네델란드, 독일, 벨기에를 비롯한 유럽국가에서 다이옥신이 가축사료에 오염되었음이 알려지면서 이슈가 되었다. 같은 해 독일에서는 가축사료용 감자를 분류하여 등급을 매기는 데 사용된 진흙(고령토, kaolinitic clay)이 다이옥신에 오염되었음이 판명되었고, 네델란드 우유에 오염이 확인되어 유럽국가에 큰 충격을 주었다.

다이옥신은 비분해성, 비수용성이며 생물체의 지방조직에 주로 축적되고, 암을 일으키거나 정자수를 줄여서 불임의 원인이 되는 것으로 알려졌다. 사람은 어패류와 축산식품으로부터 97% 이상 섭취될 수가 있으며, 다이옥신은 농약을 뿌린 수풀이나 산림의 화재 발생시 또는 쓰레기(pvc, polyvinyl chloride, 염화비닐) 소각시 주로 발생한다.

③ 조류독감

조류독감(avian influenza)의 정확한 병명은 '가금 인플루엔자'로서 닭 · 오리 · 거위 · 칠면조 · 야생조류 등 여러 조류에서 감염되는 질병으로서, 법정 제1종 가축전염병으로 분류되었다.

조류독감을 일으키는 병원체는 바이러스(virus)의 일종으로서 전파가 빠르고 병원성이 다양한 것으로 알려져 있다. 조류독감은 급성 바이러스성 전염병으로 감염된 조류의 배설물이 바람을 타고 확산되어 정상적인 조류에 감염된다. 1997년 조류독감 바이러스의 변종에 감염되어 사망한 희생자가 홍콩에서 발생한 이후로 이 바이러스가 조류의 배설물을 통하여 사람에게도 감염될 수 있다는 사실이 밝혀졌다. 2003년 충북 음성 지역에서 조류독감이 발생되었고, 2004년에 이어 2005년에도 중국과 태국, 인도네시아 등 동남아시아에서 조류독감이 빠르게 확산되면서 인간 감염사례와 사망자도 속출하고 있다. 뿐만 아니라 영국 · 스웨덴 · 러시아 등 유럽에서도 조류독감이 발견되고 중동, 아프리카, 미주 지역에까지 확산이 우려되는 등, 전 세계가 조류독감의 공포에 휩싸이고 있다. 2005년 국내에 조류독감 경보가 발령되었으나 겨울동안 다행히 발생되지는 않았다.

조류독감 바이러스의 변종 중에서 'H5N1'은 인간에게도 감염되어 수십 명의 사망자를 낸 바 있다. 1918년 제1차 세계대전이 끝난 직후 참전한 군인들에 의해 전염된 스페인 독감으로 2,500만명 이상의 사망자를 낸 인류 역사상 최악의 전염병인 독감의 바이러스인 'H1N1'과 조류독감의 바이러스가 동일한 종류라는 것이 밝혀지면서 이 바이러스가 다시 변이를 일으켜 사람과 사람 사이에서 전염될 가능성을 염려하고 있다. 사람에게 감염될 경우 엄청난 재앙을 가져올 것으로 알려지고 있으며 감염 시 확실한 치료법이 없다. 따라서 감염 조류로부터 사람에게 감염을 막기 위한 예방적 차원에서 백신의 개발이 시급한 질병이다.

바) 축산물의 안전성에 영향을 미치는 요인

국제적으로 HACCP은 도축장, 가공공장을 중심으로 법제화되기 시작하였으며, 국내에서는 도축장을 중심으로 시작하였다. 농림부고시 제1999-29호에 의하여 2003년 7월 1일 이후 국내의 모든 소, 돼지, 닭 도축장에서 HACCP 적용을 의무화하였다. 최근 농장에서 식탁으로, 안전한 축산물을 식탁으로(farm to table, stable to table) 개념의 위해요소 관리시스템이 강조되기 시작하였다.

축산물의 안전성에 영향하는 요인으로는 생물학적 위해요소로서 가축의 질병,

병원성 미생물, 곰팡이 독소를 들 수 있고, 화학적 위해요소로서 농약, 항생물질, 동물약품, 주사제, 중금속(Ag, Pb, Cd, Cr, As), 환경물질(dioxin, 환경호르몬), 물리적 위해요소로서 쇠붙이, 유리조각, 주사바늘, 그리고 병리학적 요소로서 병변과 외상을 들 수 있다.

① 생물학적 위해요소

㉠ 가축의 질병 : 조류 인플루엔자, 광우병(소 해면성 뇌증), 브루셀라증, 구제역, 돼지콜레라 등의 가축에 치명적인 전염병이 확산되고 있으며, 사람에게 감염될 수 있는 위험성 때문에 축산물의 식품안전성에 관한 전 세계 소비자들의 불안이 가중되고 있다. 따라서 이에 대한 감염예방 및 방역관리가 반드시 필요하다.

㉡ 병원성 미생물 : 식중독을 일으키는 병원성 미생물, 특히 살모넬라균(*Salmonella enteritidis, S. typhimurium* 등), 병원성 대장균(*Escherichia coli* O157:H7), 황색포도상구균(*Staphylococcus aureus*), 리스테리아균(*Listeria monocytogenes*), 바실러스균(*Bacillus sereus*), 캄필로박터균(*Campylobacter jejuni/coli*), 크로스트리디움균(*Clostridium botulinum* 및 *Clostrdium perfringens*), 여시나아균(*Yersinia enterocolitica*) 등에 의한 식중독으로 사망률이 높게 나타났다. 한편 국내 도축장 세균수로는 호기성균(aerobic bacteria), 대장균(*E. coli*), *Coli* form이 높게 검출되었고, 2004년 소비자보호원의 축산물 안전성을 조사한 결과 유가공품류에서 항생물질, 합성항균제, 대장균이 검출되었고, 식육에서 살모넬라균, *Coli* form, 다이옥신, 설파메타진, 엔로플록사신 농약 등이 검출되었다. 식육가공품에서는 대장균, 리스테리아균, 황색포도상구균 등이 검출되었다.

㉢ 곰팡이 독소 : 2005년도 한국동물자원과학회 학술발표회 자료에 따르면, 농장단계의 HACCP 설정을 위한 CCP 자료조사를 하였다. 사료 빈과 사료 급이기를 조사하였는데, 그 결과 사료 중금속으로서 수은, 납, 카드뮴, 비소는 위해요인이 낮게 평가되었고, 마이코톡신 즉 아플라톡신(aflatoxin), 오크라톡신(ochratoxin), 푸모니신(fumonisin), 지랄레논(zearalenone)의 위해요인이 높아서 CCP 대상으로 평가되었다. 아플라톡신의 중요성은 아플라톡신 B_1이 오염된 땅콩박을 섭취한 칠면조가 대량 희생됨으로써 최초 보고되었으며, 이 물질이 오염된 사료를 섭취한 동물은 심각한 간장장애 및

장관출혈을 일으키는 특성이 있다. 국내 사료법규에서는 배합사료용 곡물 및 땅콩박 원료에 아플라톡신 10 ppb(part per billion) 이하의 B_1이 함유되어야 하며, 아플라톡신 총량(B_1, B_2, G_1, G_2)으로는 배합사료용 곡물 10 ~20 ppb, 땅콩박 원료 50 ppb 이하, 그리고 병아리, 송아지, 돼지새끼는 10 ppb 이하의 섭취로 규제하고 있다. 오크라톡신에 중독되면 역시 간장장애와 신장장애를 나타내며, 옥수수・밀・보리 등에 오염될 수 있다. 푸사리움(Fusarium) 독소는 미국 FDA에서 사료용 밀과 밀 제품에 대하여 4,000 ppb 이내로 규제하고 있다.

② 화학적 위해요소

식품의 위생 안전성에 영향하는 화학적 위해요소는 표 1-4와 같다. 화학적 요소 가운데서 동물약품, 특히 항생물질, 합성항균제 등의 오남용은 약제에 대한 내성(registance)을 가진 새로운 변이종(mutants)인 '슈퍼내성균(superbugs)'의 출현 가능성이 높아질 수 있다. 최근 MRSA(methicillin이라는 항생제에 내성을 보이는 *Streptococcus aureus*)・VRE(반코마이신 내성 장구균) 등의 항생제 내성균이 출현하였으며, 적절한 치료제 부재로 사회적인 이슈가 되고 있다.

축산용 항생제의 사용량 변화는 2001년 1,595톤, 2003년 1,439톤, 2004년 1,368톤, 2005년 9월까지는 1,119톤으로 약간씩 감소하고 있다.

축산용 항생제는 자가치료 및 예방용으로 가장 많은 양이 사용되었는데, 2003년까지는 배합사료 제조용이 53% 이상으로 가장 많이 사용되었으나, 2004년에는 자가치료 및 예방용으로 49%, 2005년에는 52%로 증가하였다. 축종별로는 돼지용으로 항생제를 가장 많이 사용하였고, 돼지・닭・수산 및 소 순으로 사용되었다.

표 1-4. 식품안정성의 화학적 위해요소

구 분	위 해 요 소
・원료	농약, 향균물질, 호르몬제, 독소, 중금속, 착색제, 잉크류, 포장재, 동물약품(항생물질 등)
・공정	축산물 첨가제 : 보존료, 향신료
・건물 및 장비	윤활유, 페인트, 표면 코팅물질
・위생	농약, 소독약, 세척제
・저장 및 유통	화학제, 교차오염

항생물질은 테트라사이클린(tetracycline), 페니실린(penicillin), 설폰아미드(sulfonamide) 계열 순으로 많이 사용되었다.

한편, 살모넬라균, 대장균, 황색포도상구균 등은 축종에 관계 없이 테트라사이클린(tetracyclines)에 높은 내성을 나타내고 있다. 2005년 한국동물자원과학회 학술발표회 보고에 따르면 농장단계 HACCP 설정을 위한 CCP 자료조사에서 사료 빈, 사료 급이기에서 사료 중금속을 측정한 결과 수은, 납, 카드뮴, 비소의 위해요인이 낮게 평가되었다.

③ 물리적 위해요소

식품의 위생안전성에 영향하는 물리적 위해요소는 표 1-5와 같다. 물리적 위해요소는 금속탐지기를 이용하거나 육안검사에 의해서 예방 및 제거할 수 있다.

사) 사육단계의 HACCP

농림부는 2006년부터 사육단계의 축종별 HACCP을 도입할 예정이며, 돼지(2006년), 젖소(2007년), 한육우(2008년), 산란계(2009년), 육계(2010년)를 대상으로 단계적으로 시행할 계획이라고 발표하였다.

사육단계의 HACCP이란 축사시설, 밀사정도, 가축입식 요령, 안전사료 확보, 사육환경을 기본으로 하고, 생물학적 · 물리적 · 병리학적 위해요소를 관리하는 것으로서 가축의 건강상태를 증진시키고 병원성 미생물에 의한 질병을 감소시켜 축산물의 안전성을 확보하는 데 그 목적이 있다. 농가 또는 목장단계에서 CCP 설정은 축종별로 약간씩 차이가 있으나, 일반적으로 다음과 같은 10단계 내외로 구성되어

표 1-5. 식품안정성의 물리적 위해요소

위 해 요 소	원 인 물 질
유리	병, 항아리
금속	너트, 볼트, 철사, 못
돌	원료
플라스틱류	포장재
뼈	원료
탄알/주사바늘	동물포획 및 예방 · 치료 시에 사용되는 물질
장신구/휴대품	펜, 연필, 단추
기타 이물질	원료, 취급자

있다. 즉, ① 가축구입 및 이동관리, ② 차단 방역관리, ③ 사료의 안전성 확보, ④ 개체 건강관리, ⑤ 동물의약품의 사용기준 및 관리, ⑥ 질병 예방 및 치료, ⑦ 올바른 주사, ⑧ 휴약기간 준수, ⑨ 기록보관, ⑩ 출하관리 등이다.

가축사육에 있어서 위해요소는 질병 발생과 병원성 미생물로부터의 오염이라고 할 수 있다. 병원성 미생물(*E. coli* O157)의 오염은 반추동물을 사육하는 농가에서 일어나며 부패된 사료, 가축분의 오염 및 급수상태 불량이 원인일 수 있다. 따라서 병원성 미생물의 오염은 축산의 형태, 농장의 환경적 상태 및 관리자에 따라 크게 영향을 받는다고 할 수 있다. 이와 함께 도축, 가공과정, 유통판매 및 소비단계의 비위생적인 취급으로 인하여 살모넬라, 캄필로박터, *E. coli* O157: H7와 같은 독성이 매우 높아 사망원인이 될 수도 있는 병원성 미생물의 오염이 되고, 결국 질병발생 위험을 증가시킬 수 있다.

가축에 적용되어야 할 CCP는 가축의 출생, 부화, 도입단계, 성장단계, 사료급여 및 출하시점까지 포함되어야 한다. 축사는 동시 입식・출하가 가능하도록 생물학적 차단방역(biosecurity) 관리를 실시하며, 젖소나 도축되는 가축은 병원성 미생물의 오염을 최소화해야 한다. 사료에 대한 병원성 미생물의 오염과 중금속, 농약 등의 잔류물질을 제거하는 것과 야생동물에 의한 오염방지를 차단하는 것이 중요하다. 농장단계 HACCP의 중요 관리점은 축산물에 잔류하여 소비자의 건강에 해를 줄 수 있는 동물의약품과 항생물질의 관리에 있다.

① 사료공장의 HACCP

2005년 1월부터 사료공장에서의 HACCP이 도입되었다. 사료내 항생물질과 중금속의 잔류문제, 살모넬라균과 같은 병원성 미생물의 오염, 아플라톡신 등의 곰팡이 독소 오염 및 잔류농약과 같은 중점관리점(CCP)을 설정, 관리함으로써 사료의 안전성을 확보하는 것이다. 국내 사료공장들은 국립수의과학검역원으로부터 HACCP 인증을 받을 수 있으며, 브랜드 축산물은 HACCP 적용 사료만을 사용해야 한다.

사료공장에서의 HACCP은 동물사료 원료의 교차오염, 항생물질의 교차오염, 살모넬라 및 아플라톡신 오염문제가 관심을 끌기 시작하면서, 농장에서 식탁까지(farm to table) 즉, 축산물의 안전성은 사료를 먹인 동물에서 시작된다는 점에 집중하여 시작되었다. 농림부는 2007년 농장단계에서의 HACCP을 시행하여, 2010년까지 축산관련 식품의 생산, 도축, 가공, 유통, 판매로 확대 적용할 예정이다.

사료공장 HACCP 인증을 위한 평가항목은 14개의 중결함과 63개의 경결함 항목으로 나누며, 그 내용을 요약하면 다음과 같다. 주요 중결함 항목으로는 약제 및 프리믹스 라인, 집진시설 및 별도 관리 여부, 동물약품 교차오염 방지 프로그램 수립 및 준수 여부, 단백질사료에 대한 살모넬라균 검사 여부, CCP 관리사항 등이며, 경결함 항목은 원료사료 투입시설, 천장의 조류 서식문제, 배합기의 청소문제, 제철기의 정기적인 관리 여부, 톤백의 소독 여부 등이다.

제 2 장

가축사육 현황

1. 개 관

2005년 12월 30일 기준으로 우리나라에서 사육되고 있는 가축 사육두수는 다음과 같다. 한육우는 182만 8천두로서 2005년 9월의 182만 5천두(한우가 163만두로서 89.8%, 육우 18만 7천두로서 10.24%, 육우는 젖소육우가 97%, 육용우 3% 정도를 차지하였다)보다 약간 증가하였다. 젖소 49만 7천두, 돼지 890만 8천두, 닭 10,670만수(산란계 5,140만수, 육계 5,012만수)가 사육되었다.

가축 통계자료는 농수산물무역정보(www.kati.net) → 통계자료, 생산통계는 → 국내 생산통계 · 가축통계를 클릭하면 쉽게 알 수 있고, 가축 사육현황은 한국농촌경제연구원(www.krei.re.k) → 농업관측월보 → 축산관측월보를 클릭하면 연도별 · 분기별 사육동향을 알 수 있다.

농림부에서 조사된 가축통계의 용어를 해설하면 다음과 같다. 즉, 한육우는 젖소 암컷을 제외한 모든 소를 말하며, 한우 · 고기소 · 젖소 수컷 등을 나타낸다. 젖소는 젖을 얻기 위하여 사육하는 소로서 홀스타인, 저지, 건지, 기타 유용종의 암컷만을 말하며, 젖소 수컷은 한육우에 포함 조사하였다. 경산우란 한번이라도 분만을 경험한 건유우와 착유우를 말하며, 착유우란 조사시점에서 젖을 짜고 있는 젖소를 나타낸다.

닭은 용도에 따라서 구분하였으며, 애완용 닭은 조사에서 제외하였다. 종계란 병아리 부화용 종란을 채취하기 위하여 기르는 닭을 말하며, 산란계는 식용 계란을 생산하기 위하여 기르는 닭을 말한다. 육계는 고기를 이용할 목적으로 기르는 닭(토종닭 포함)을 말하며, 겸용계는 사육규모 200수 미만의 닭은 사육자의 목적에

표 2-1. 가축 사육두수의 변화 (단위 : 두, 수)

년 월	한육우	젖 소	돼 지	닭
1999.12	1,951,989	534,506	7,863,655	94,587,267
2000. 3	1,819,329	536,773	7,886,932	99,890,583
2000. 6	1,800,905	542,518	8,126,351	118,773,113
2000. 9	1,712,509	541,933	8,371,453	95,799,010
2000.12	1,590,020	543,708	8,214,369	102,546,783
2001. 3	1,475,514	540,173	8,197,681	98,916,856
2001. 6	1,506,553	544,010	8,395,508	125,264,148
2001. 9	1,485,229	550,040	8,767,298	105,409,972
2001.12	1,405,849	548,176	8,719,851	102,392,943
2002. 3	1,371,246	548,483	8,719,021	110,100,199
2002. 6	1,488,058	545,350	8,791,358	129,958,464
2002. 9	1,460,732	543,161	9,033,473	104,920,882
2002.12	1,410,228	543,587	8,974,403	101,692,903
2003. 3	1,377,471	551,890	9,026,575	101,369,346
2003. 6	1,423,269	541,640	9,051,055	122,124,364
2003. 9	1,464,067	526,239	9,286,508	97,933,374
2003.12	1,480,291	518,645	9,230,677	99,018,605
2004. 3	1,520,755	517,031	9,005,600	88,821,854
2004. 6	1,626,692	509,136	9,016,745	122,742,989
2004. 9	1,677,207	506,205	9,045,841	102,111,101
2004.12	1,665,704	497,261	8,908,456	106,736,000
2005. 3	1,653,883	496,606	8,838,226	109,666,496
2005.12	1,818,549	478,865	8,961,505	109,627,646

관계 없이 겸용계로 간주하였다. 브로일러는 육계로 판매할 목적으로 사육하는 5개월 미만의 닭을 말하며, 부화장 등에서 출하할 목적으로 일시적으로 사육하고 있는 닭은 제외하였다. 성계(폐계)는 부화 후 5개월 이상 된 닭을 말하며, 폐계라 함은 산란계(종계 포함)가 노화 등의 사유로 사육목적에 부적합하여 처분한 것을 나타낸다.

1999년 12월부터 2005년 12월까지의 가축의 사육현황 및 동향을 살펴보면 표 2-1 및 그림 2-1, 그림 2-2, 그림 2-3, 및 그림 2-4에서 보는 바와 같다.

2. 한육우

한육우 사육동향은 그림 2-1에서 보는 바와 같다. 최근 한육우 사육두수와 사육농가의 감소세가 한풀 줄어들면서 안정을 찾게 된 것은 정부의 사육기반 안정정책의 실시와 더불어 시장개방의 충격이 흡수되고 새로운 환경에서의 브랜드 개발 등 농가의 노력 덕분이다. 1999년 IMF 이후의 경기가 호전되고 소비심리가 점차적으로 회복되면서 쇠고기에 대한 기호도가 높아지면서 한육우 사육두수는 200만두를 넘어섰고, 국내 자급률은 70%를 넘어섰다. 2000년 정부의 쇠고기 수입 자유화 정책의 발표로 쇠고기 수입량이 증가하면서 한육우 사육두수가 감소되었고, 이에 따라 국내산 쇠고기 공급이 감소하였다. 2001년부터 세계무역협정에 의하여 쇠고기뿐 아니라 생축까지 전면 개방되면서 한육우 사육농가의 경제성에 대한 불투명성과 국내산 쇠고기 가격 경쟁력의 부재로 2003년까지 꾸준한 감소를 하였다.

즉, 수입쿼터제가 폐쇄되는 등 관세를 제외한 모든 국경제한 조치가 없어지면서 사육농가의 감소로 한육우 사육두수가 감소하였다. 게다가 2001년 광우병 발생으로 쇠고기의 수입이 금지되었으나 소비자들의 광우병에 대한 두려움을 떨치지 못하고 국내산 쇠고기에 대한 불신마저 커지면서 소비가 급격하게 위축되어 한육우 사육두수는 점차 감소하였다. 2003년 말 미국에서 광우병이 발생함에 따라 미국산

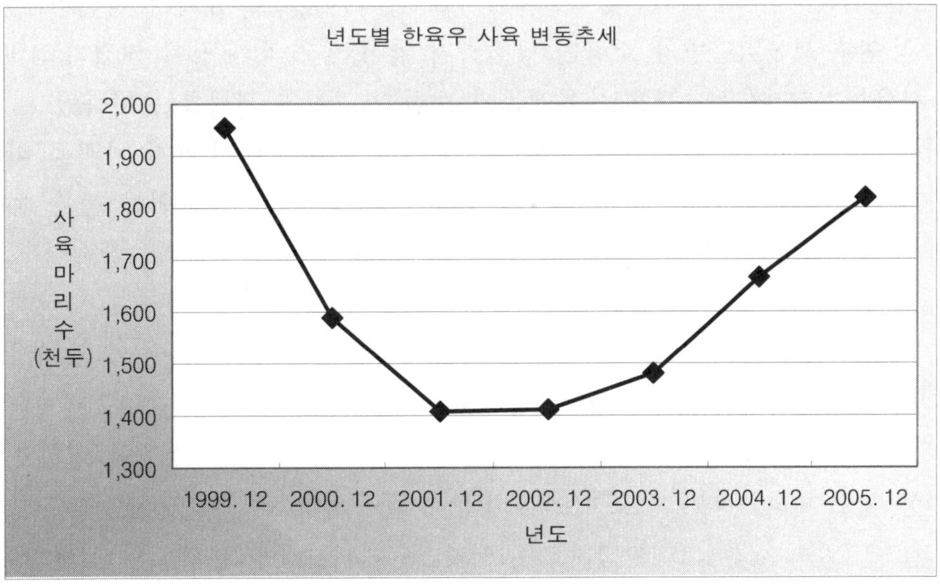

그림 2-1. 한육우 사육의 변동 추세

쇠고기 수입이 전면 금지되었고, 그로 인한 소비 불안심리로 상반기에 쇠고기 값이 크게 하락하였으나 하반기에 소비심리가 회복되어 한육우의 산지가격이 상승하면서 한육우 사육두수가 늘어나기 시작했다.

2004년 '원산지 표시제' 도입과 '생산 이력제'의 의무화 및 시범시행으로 한육우 가격을 차별화하였으며, 소비자들에게 안심하고 우리 고기를 먹을 수 있다는 인식을 심어 주어 사육두수는 점차 증가하였다. 2005년 한우번식 기반이 확장되어서 인공수정 두수가 증가하였고, 이에 따라 송아지 생산이 많아져서 한육우 사육두수 역시 약간 증가하였다. 2005년 6월 미국에서 제2차 광우병 발병이 확인됨에 따라 미국과 진행 중인 쇠고기 협상 일정이 불투명해졌으나, 2006년 3월부터 다시 미국산 쇠고기(뼈 없는 살코기) 수입이 재개되었다. 따라서 앞으로 한육우의 철저한 품질관리와 외국산 쇠고기와의 차별화 및 그에 알맞은 가격경쟁력을 갖춰 줄 때 한육우 생산과 소비의 전망은 매우 밝을 것으로 기대된다.

3. 젖 소

젖소 사육동향은 그림 2-2에서 보는 바와 같다. 젖소는 한육우와 반대로 1999년부터 2003년 전반기까지는 증가하였으나, 후반기로 접어들면서 감소를 보였다. 원유생산 쿼터제와 원유가격 동결, 배합사료 가격인상으로 농가의 생산비는 상승하고, 상승한 생산비만큼의 소비는 상승하지 않아 농가의 부담이 커졌다. 1999년 젖소 사육농가의 여건 호전으로 유제품에 대한 가격이 안정세를 유지하였고, 경기가 회복세를 보이면서 유제품의 소비량이 크게 증가하여서 송아지 가격을 비롯한 젖소 가격의 상승세 유지, 분유 재고량 감소, 계속된 사료가격 인하 등은 농가의 사육의욕을 회복시켜 사육두수가 약간 증가하였다.

또한 1999년 10월 체세포수 페널티가 완화되었고, 도태우 가격도 낮아지면서 도태가 지연되었기 때문으로 생각할 수 있다. 2000년 역시 사육두수가 증가하였는데, 이는 사료가격이 안정되어 원유 생산비가 하락하는 등 낙농여건이 호전되었기 때문이다. 2002년 인공수정 실적 및 사육의향이 높지만 정부 정책의 영향으로 2세 이상 젖소 사육두수가 감소하였다. 정부의 우유생산 쿼터제 도입, 즉 농가별로 젖을 짤 수 있는 생산량을 할당하고 쿼터를 초과하는 물량은 제값의 절반밖에 못 받는 잉여 원유 차등가격제로 원유 생산량이 감소하였으며, 이 때 외국산 분유가

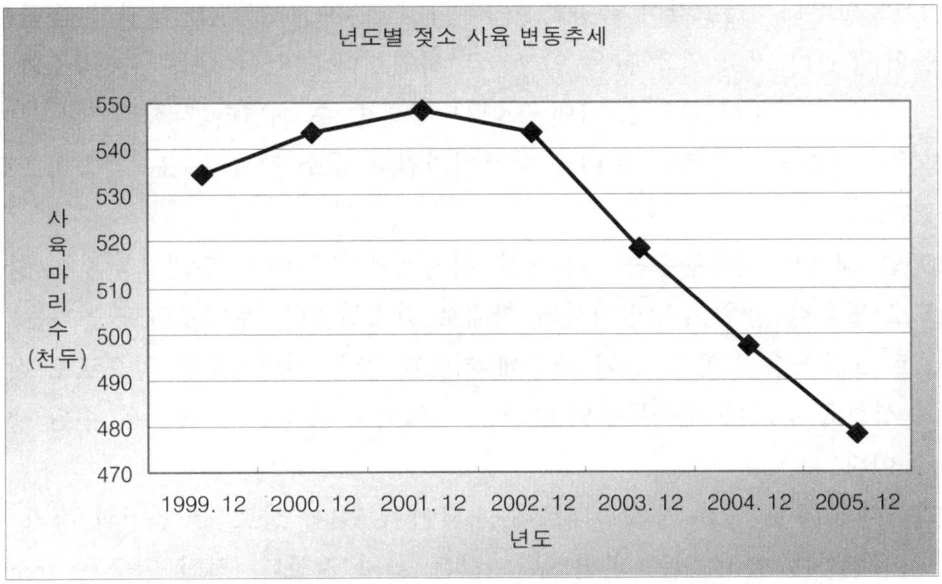

그림 2-2. 젖소 사육의 변동 추세

밀려오면서 우유 재고는 쌓이고, 낙농산업의 불안심리가 가중되어 젖소 사육두수의 감소추세가 계속되었다.

2002년 이후 우리 낙농업계는 원유 과잉 생산과 우유 소비의 감소로 인한 어려움에 직면하였다. 원유 값이 6년째 동결되다시피 한데다 사료 값 폭등으로 생산비 부담이 크게 증가하는 등 낙농경영이 예전만 못하며, 정부에서 추진하고 있는 등록제와 친환경 직불제 등도 낙농규제로 인식하여 사육두수가 감소하였다. 2002년의 착유우 도태정책, 잉여 원유 차등 가격제, 그리고 2003년의 유업체별 원유생산 쿼터제 시행으로 인하여 농가에서 아무리 많은 젖소에서 착유를 하여 우유를 생산해내도 정해진 양 이상은 가격을 제대로 받을 수 없기 때문에 농가에서는 젖소를 많이 사육할 필요를 느끼지 못하게 되었다. 낙농폐업, 분유 재고문제를 해결하기 위한 방편으로 원유 감산정책 등을 실시하면서 사육두수는 계속 감소하였다.

또한, 2003년의 한우의 가격상승으로 한우정액을 젖소에 주입하거나 젖소에 이식하는 행위 및 인공수정 두수 감소로 젖소의 송아지 생산이 감소하는 원인이 발생하여 엎친데 겹친 격으로 생산을 회복할 수 있는 여건이 만들어지지 않았다. 2003년 낙농가의 사육의향은 높지만 2세 이상 두수의 감소로 송아지 생산이 감소하고, 원유 폐업・감산정책으로 경산우 도태가 증가하여 사육두수가 감소하였다.

2003년 말부터 사료 값이 폭등하고 기름값 상승으로 물류비 부담이 늘면서 낙농가들의 불만이 커져 원유 값을 인상키로 하였으나 젖소의 사육두수 감소와 함께 원유 소비량이 감소하였다. 2004년 들어서 체세포 수 패널티 강화로 생산성이 낮은 경산우 위주의 자발적인 도태가 이루어지면서 젖소 사육두수는 계속적으로 감소하였다.

2005년 젖소의 사육두수는 원유생산 쿼터제와 저능력우 도태 및 젖소 암소를 대리모로 활용한 한우 수정란이식의 확대로 감소하였다. 무엇보다도 농가는 최저비용으로 고소득을 목표로 하기 때문에 지금과 같은 전망이라면 앞으로도 젖소의 송아지 생산율 증가나 사육두수의 증가는 어렵다고 예상된다. 젖소의 주된 생산물은 우유이다.

우리나라의 우유 값은 동결상태로 유지되어 있었다. 사료 값 인상과 물가 인상으로 사육원가는 늘고 있는 반면 우유 값은 늘지 않았다. 점점 인구가 감소하고 정부가 출산 장려정책까지 내놓는 지경에 이르러 아동인구는 점점 감소하고 있다. 대체 음료도 음료시장에서 우위를 점하면서 우유가 설 지리는 점점 좁아지고 있었다. 결국 농민들은 길가에 우유를 쏟아 버리고 항의를 하게 되었다. 젖소의 사육두수의 감소가 이대로 진행된다면 원유 부족현상이 초래될 수도 있으므로 정부의 정책적 지원과 원유 소비를 위한 대책 마련이 시급한 실정이라 판단된다.

4. 돼 지

돼지의 사육동향은 그림 2-3에서 보는 바와 같으며, 돼지농가의 사육 의향이 높아지면서 1999년부터 현재까지 꾸준한 사육두수의 증가세를 보이고 있다. 가장 큰 원인으로는 다른 축산업과 같이 경제성을 생각해 볼 수 있다. 돼지의 산지가격이 꾸준히 증가세를 보인데다가 수요량 또한 안정되어서 사육농가들의 사육 의향이 늘어난 것이다. 1997년 IMF(international monetary found, 국제통화기금) 이후 빠른 속도로 경제회복이 실현되면서 육류의 소비량 역시 이에 따라 늘어남으로 수요의 창출로 인한 효과라고 생각할 수 있다.

수입 돈육의 다이옥신과 같은 여러 문제점이 지적되면서 국내산 돼지고기의 국내 소비가 활성화되어 돼지 사육두수의 증가에 영향을 미친 것으로 보인다. 각종 질병(구제역, 콜레라 등 소모성 질병)이 발생하여 돼지가격 폭락과 수요량의 하락

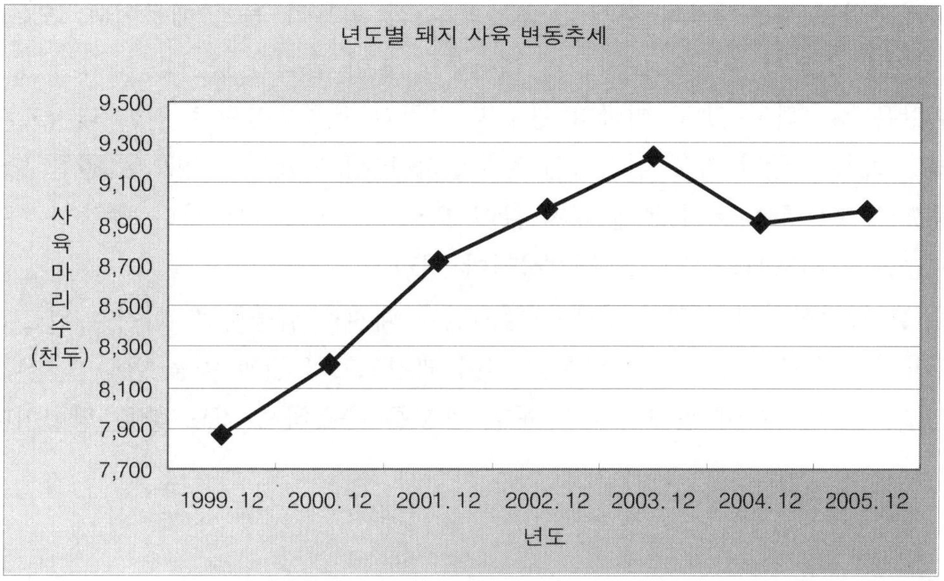

그림 2-3. 돼지 사육의 변동 추세

으로 사육두수가 약간 감소한 경향도 있었지만 소의 광우병, 닭의 조류독감의 영향을 입어 돼지의 소비량은 계속해서 증가하였다. 2001년 이후 미국에서 발생한 광우병의 여파로 쇠고기 소비가 감소하면서 상대적으로 돼지고기 소비가 증가하였으며, 2003년 충북 음성에서 발생한 조류독감의 영향으로 돼지고기 소비가 더욱 증가하여 사육두수는 계족 증가 추세에 있다. 산지가격의 상승과 소비량의 증가 그 외 각종 주위의 환경 경제적 요건으로 인해 돼지 사육두수는 2004년까지 꾸준히 증가세를 보였으나, 2005년부터는 약간의 감소세를 나타내고 있다.

그 이유로는 사료비의 증대, 분뇨처리 시설문제 등 생산비의 증가와 소모성 질병의 증가, 돼지고기 가격 상승으로 인한 수입량의 확대를 들 수 있겠다. 하지만 앞으로 출하가격 전망 또한 나쁘지 않고 돼지 사육의 대규모화가 점차 증대됨에 따라 기타 질병, 분뇨처리 문제 또한 원활히 해결될 것으로 보아 사육두수는 점차 늘어날 전망으로 보인다. 돼지 사육두수는 전반적으로 증가하는 모습을 나타낸다. 2004년 폭염 등으로 어미 돼지의 생산 능력이 떨어진데다 겨울철 모돈의 유사산, 소모성 질병인 유행성 설사병, 전신소모성 증후군 등의 발생이 급증하면서 폐사돈이 사상 최고였다. 이러한 피해로 인해 사육두수는 감소하였다.

2005년 돼지 사육두수가 늘어난 것은 2004년 9월 이후 감소를 보인 이후 처음으로 계속되는 돼지가격의 강세로 농가의 입식 의욕이 높기 때문이다. 모돈수는 증가하지만 소모성 질병으로 자돈의 폐사율이 높아 급격한 증가는 보이지 않았다. 돼지 값은 상승하고 있다. 미국의 광우병 파동과 조류독감으로 인한 돼지고기 대체수요 증가, 세균성 가축 전염병인 브루셀라 발생과 돼지 질병으로 인한 도살처분 등으로 수요를 따르지 못해 돼지 값이 오르는 것으로 나타났다. 주춤한 사육두수를 늘리기 위해서는 소비를 증가시켜야 한다.

소비를 증가시키기 위해서 구매 대행기관에 돼지를 납품하고, 인기가 없는 부위를 사용한 음식을 만들거나 시식회를 열어 돼지고기의 맛과 질을 알려야 한다. 또한 성수기를 이용하여 판매를 확대하고, 재고를 축소하는 것도 좋은 방법이다.

5. 닭

닭 사육수수는 그림 2-4에서 보는 바와 같으며, 2005년 12월 전체 닭의 사육수수 109,627,534 가운데 산란계 48.70%(53,391,534수), 육계 45.99%(50,421,787수)의 비율을 차지한다. 닭은 다른 가축에 비해서 사육수수가 많고 변동 폭이 큰 것 같다. 닭은 치킨을 비롯하여 여름철 보양음식으로 먹기도 하며, 소비량이 가장 많은 축산식품 중 하나이다. 그 이유는 가격이 싸면서도 맛있게 먹을 수 있는 식품이기 때문으로 볼 수 있다.

IMF 이후 소비량이 안정세로 돌아서면서 1999년부터 2002년까지 소폭 상승한 경향을 보이고 있다. 소비하기에 안정된 계란 가격과 닭고기의 산지 가격도 이에 동조한 것으로 생각된다. 2003년 충청북도 음성에 조류독감이 발생하였다. 약병원성으로 인명의 피해는 없었지만 닭 사육수수에 많은 영향을 끼친 급성 바이러스 전염병이었다. 조류독감이 발생하면 전 세계 대부분의 국가에서는 전량 도살 처분하며, 발생 국가에서는 양계산물을 수출할 수 없게 된다. 이로 인해 닭 사육수수는 급격한 감소를 보였고, 2004년 무더위로 인해 산란계 수수가 감소하고, 그 때문에 산란율이 저하되는 현상이 발생하게 되었다. 산란율이 저하되어 계란 공급량이 감소되고, 자연히 계란 가격이 상승하게 되었다. 사료비의 상승도 계란 가격 상승에 영향을 끼친 요인이었다.

2004년 이후에는 병아리 생산 잠재력과 농가들의 입식 의향이 높아져 닭의 사육수수가 증가하는 추세를 보였으며 영양이 풍부한 사료 등의 공급으로 닭의 산란

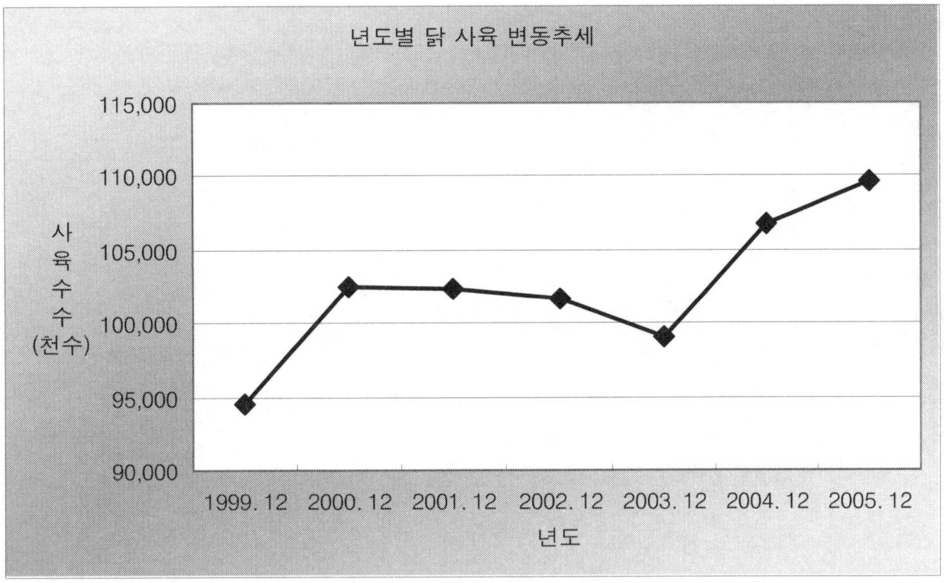

그림 2-4. 닭 사육의 변동 추세

율 생산성도 회복하고 있는 실정이었다. 조류독감에 대한 소비자 불신이 해소되고 수요량은 증가하였으나, 이에 따른 공급량의 부족으로 계란 및 닭고기 가격이 계속되어 상승함에 따라 사육 의향의 상승으로 사육수수가 급격하게 늘어나는 경향을 보였다. 하지만 급격히 늘어난 사육 의향과 사육수수로 인하여 앞으로의 계란 가격은 약세를 보일 전망이다. 육계가격 또한 미국 수입의 정상화와 국내 생산량의 증대로 약세를 보일 것으로 예상되며, 앞으로의 사육수수는 현재보다 줄어들 것으로 판단된다.

2004년 가금인플루엔자(조류독감)에 대한 두려움으로 인하여 농민들의 사육 의지가 낮아지면서 사육수수는 급격하게 하락했다. 조류독감 파동으로 인해 단기간 가격 폭등과 이로 인한 농가의 입식 과열, 수입육 공급 중단으로 갈피를 잡지 못했을 것으로 보인다. 일반적으로 조류독감 파동 이후 닭고기 소비 홍보가 진행되고 파동이 잠잠해질 때 쯤 닭 사육수수는 증가하는 경향이었다. 2005년 10월 또다시 발령된 국내 조류독감 경보로 인해 닭 사육수수가 감소할 것으로 보이지만 아직까지 국내에서 조류독감이 발생하지 않고 있어 그 여파가 클 것으로 생각하지 않는다.

제 3 장

동물의 소화생리

1. 소화관의 중요성

동물의 소화관(gastrointestinal tract, GI tract)은 사료, 영양소의 분해, 흡수와 관련한 동물의 생체기관(organs)으로서 중요하다. 소화관의 해부학적, 기능적인 지식의 이해는 사료의 평가 및 사료배합에 유용하게 쓰일 수 있다. 또한 소화율 감소가 사료의 이용성에 큰 영향을 하므로 소화관에서 사료의 분해과정, 사료의 이용성에 영향하는 요인을 이해하는 것이 중요하다. 많은 사료 관련 인자가 동물의 정상적인 기능을 바꿀 수 있으므로 동물소화관의 생리를 안다는 것은 동물의 실제 사양과 문제를 해결하는 데 큰 도움을 줄 수 있다.

동물의 소화관은 입과 관련하고 있는 구조, 타액선(salivary glands), 식도(esophagus), 위(stomach), 소장 및 대장(small and large intestines), 췌장(pancreas), 간(liver)을 포함한다. 소화관의 기능은 사료를 입 안으로 당겨서 넣기(procuring), 씹어서 소화가 쉽도록 사료 입자를 잘게 부수는 저작행위(chewing, mastication), 삼키는 과정(swallowing foods), 영양소의 분해・흡수 및 배설이다. 또한 소화관은 많은 복합물질을 분비하는 중요한 경로이며, 특히 간에서 생성된 담즙을 분비한다. 간은 동물에게 공급될 수 있는 미생물과 약물 또는 식물에서 발견되는 많은 독성물질을 해독해 주는 활성부위이다. 간은 또한 많은 대사원소들을 분비하며, 호르몬과 같은 많은 신체 물질을 분해 및 분비하는 부위이다. 이러한 서로 다른 복합물질 또는 해독된 화학물질은 담즙을 경유하여 체외로 배설된다.

분해(digestion)란 영양소의 흡수를 위해 사료 입자를 잘게 부수거나 용해도(solubility)를 낮추는 과정으로서 기계적인 힘이라고 할 수 있다. 즉, 사료를 입 안에서 씹는 저작행위, 소화관 근육의 수축, 펩신(pepsin)에 의한 단백질의 1차적인 가수분해를 돕기 위하여 위에서 분비되는 염산(HCl, hydrogen chloride)의 화학적인 작용, 간에서 합성된 다음 소장으로 분비되어서 지방분해를 쉽도록 하기 위한 담즙(bile)의 유화작용(emulsification), 소화관에서 생성된 효소 또는 소화관내 여러 부위에서 미생물로부터 분비되는 효소의 작용에 의한 영양소의 가수분해 과정 등을 말한다. 흡수(absorption)란 잘게 부서진 작은 분자들이 소화관의 막(membranes)을 통해서 림프와 혈액으로 이동하는 과정이다.

돼지, 설치류 등의 잡식성 단위동물은 사료를 섭취할 때 앞니를 이용하고, 위턱과 아래턱의 수직운동에 의해 어금니로서 사료를 잘게 부순다. 육식성 동물은 송곳니로서 근육과 뼈를 찢고, 어금니는 부분적인 저작행위 및 뼈를 부수는 데 이용한다. 말과 같은 초식동물은 앞니를 이용하여 사료를 입 안으로 당겨 넣고 어금니로서 잘게 부순다. 턱은 수직과 수평으로 움직여서 섬유질을 잘게 부순다. 반추동물은 위 앞니가 없고, 위 앞니받침과 아래 앞니가 풀을 뜯는 데 이용된다. 조류는 이빨이 없기 때문에 부리 또는 발톱을 이용하여서 식이 입자도를 잘게 부수어서 먹이를 삼킬 수 있도록 한다.

위에서 분비되는 염산은 위의 pH를 산성으로 조절해주며, 효소는 단백질의 가수분해 및 어린 동물에서 지방의 가수분해를 시작하게 한다. 위에서 부분적으로 분해된 식이를 카임(chyme)이라고 부르며, 카임은 십이지장으로 들어가게 되어 소화액과 담즙의 작용을 받게 된다. 담즙은 지방의 용해 및 흡수를 촉진해주는 유화작용을 돕는다.

췌장에서 분비되는 효소는 단백질·지방·탄수화물의 가수분해를 계속하며, 십이지장벽에 존재하는 소화샘에서 만들어진 부가적인 효소에 의해서 완성된다. 사료가 공장(jejunum)과 회장(ileum)에 이를 때까지 효소의 분해작용은 계속하며, 소장 말단부인 회장에 이르러서 영양소의 분해 및 흡수가 최종적으로 완료된다. 회장 이후 맹장과 대장에서는 미생물분해가 일어나게 되는데, 여기서는 일부 유기산 및 암모니아와 같은 유기물의 흡수가 일어날 뿐 실질적인 영양소의 흡수는 일어나지 않는다.

또한 대장에서는 많은 양의 수분흡수가 일어나는데 이것이 맹장, 대장 및 주머니 모양의 결장에서 중요한 기능 중 하나일 것을 보고 있다. 대장에서 일부 미량원소, 특히 칼슘, 마그네슘 및 인과 같은 원소들의 순 배설이 일어난다. 기타 대장에서 일어나는 중요한 활력의 하나는 영양소를 합성한다는 점이다. 맹장과 대장내 미생물 집단에 의해서 굉장한 수용성 비타민(water soluble vitamin), 특히 비타민

B 그룹의 합성이 일어나며, 미생물의 체조직을 이루는 기타 유기물(아미노산과 단백질, 서로 다른 당질, 일부 지질)의 합성이 일어난다. 소화관의 합성, 특히 비타민의 일부는 사료공급에 관한 동물의 의존성을 낮추거나 제거한다.

동물의 대장에서 유기분자의 아주 적은 양의 흡수가 일어나는 것으로 가정되긴 하지만, 비타민과 같은 생명에 필수적인 영양소의 흡수가 일어나는지에 관해서는 명확하게 알려져 있지 않다. 일부 동물, 특히 쥐와 같은 설치류에서 자신의 분을 섭취하는 자가분식성(coprophagy, feces eating)의 실행은 흡수의 잠재적 부족을 충족한다. 밤에 배설하는 분(night feces)은 맹장에서 주로 만들어지며, 비타민과 아미노산의 함량이 높기 때문에 공급되는 사료 내 충분한 비타민과 필수아미노산을 함유하지 않더라도 동물이 생존할 수 있다.

2. 단위동물의 소화생리

단위동물은 전체 소화관에서 미생물 집단의 작용이 약하다. 위내 미생물이 없기 때문에 반추동물과 비교할 때 소화용량이 낮고 영양소 요구량이 높다. 풀과 같은 조사료에 풍부하게 들어있는 값싼 에너지 공급원인 구조화 탄수화물에 관한 분해율이 낮아서 소화용량이 줄어들어 결국 배합사료 내 모든 아미노산과 비타민 공급이 필요하다. 따라서 경제적인 면에서 볼 때 사료 내 모든 필수아미노산과 비타민이 포함되어야 하고, 에너지원으로서 구조화 탄수화물의 활용도가 낮기 때문에 단위잡식성 동물의 영양소 요구량은 고비용이다.

동물의 종류에 따라서 위의 모습은 다양하게 나타나고 있는데, 품종 내에서는 물론 품종 간에도 상대적인 위의 크기는 서로 다른 점이 특징이다. 그림 3-1과 그림 3-2는 각각 돼지의 소화관과 돼지의 위의 모습을 나타낸 것이다.

대표적인 단위동물에 속하는 돼지의 경우를 살펴보면 위가 비교적 큰 편이어서 성축이 되면 6∼8 L의 용량을 채울 수 있다. 위와 내용물의 무게는 사람이 체중의 1%인데 반하여 돼지는 체중의 약 4%를 차지한다. 대부분의 위에는 점막세포(mucosal cell)가 있는데, 여기서는 점액성의 물질(mucous)이 만들어진다. 점액성 물질은 위의 분비액(gastric juice)으로부터 위를 보호하는 역할을 한다. 위의 중심부에는 위액을 분비하는 선(gastric gland)이 있으며, 여기서는 점액성 물질, 효소 및 염산 등의 혼합분비액을 만들어 낸다. 위의 분비액들은 위에서 영양소의 가수

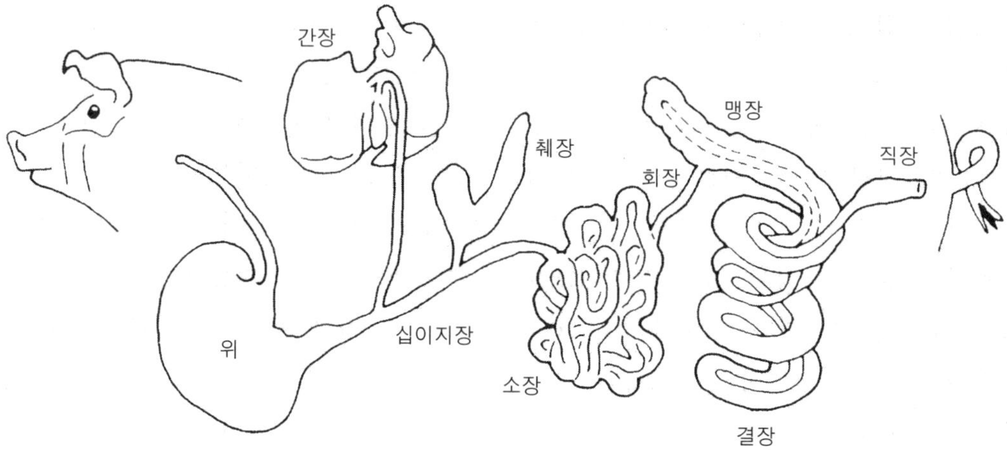

그림 3-1. 돼지의 소화관

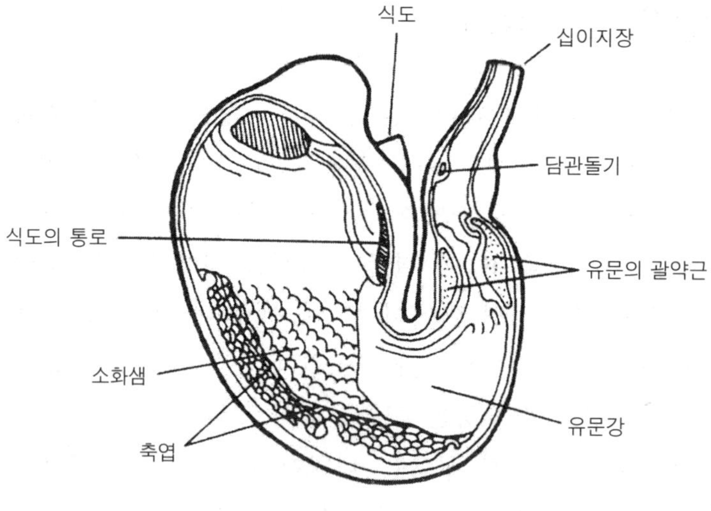

그림 3-2. 돼지의 위

분해를 개시하는 데 있어서 효과적으로 사용되고 있다.

돼지에서 소장(small intestine)은 비교적 긴 15～20 m 정도이며, 십이지장(duodenum), 공장(jejunum) 및 소장 끝부분인 회장(ileum)으로 구분된다. 돼지의 소장은 일반적으로 육식성 동물에 비해서 짧다. 소장의 상부에 위치한 첫 번째의 짧은 부위인 십이지장은 여러 가지 소화액을 만드는 장소이며, 담관(bile duct)에서 십이지장으로 들어가는 다른 소화액을 만드는 장소이다.

후자의 소화분비액은 간장(담즙) 또는 췌장(pancreas)으로부터 유도된다. 소장에는 융모(villi)가 손가락처럼 돌출되어 조그맣게 이어져 있는데, 융모는 표면적을 넓혀 주어 영양소의 흡수를 잘 할 수 있도록 해준다. 소장을 통과하는 동안 영양소의 효소분해 및 흡수가 일어나는데, 분해된 유기영양소의 대부분은 소장 말단부인 회장에 이르는 동안 흡수가 종료된다.

대장(large intestine)은 맹장(cecum), 결장(colon) 그리고 직장(rectum)으로 구성되어 있으며, 상대적인 길이, 직경 및 용량은 서로 다른 동물의 품종에 따라서 다른 특징이 있다. 이러한 기관들은 초식동물에서 상대적으로 더욱 커지려는 경향이 있다.

대장에는 여러 종류의 미생물이 서식하고 있으며, 미생물의 양과 형태는 동물의 품종 및 섭취되는 사료의 종류에 따라 달라진다. 맹장과 대장에서는 일부 유기산 및 암모니아와 같은 기타 유기물질이 흡수된다. 또한 많은 양의 수분이 대장에 의해서 흡수되며, 이것이 바로 맹장과 크고 길며 주머니 모양으로 채워진 결장의 중요한 기능 중의 하나이다.

집에서 기르는 조류를 가금(poultry)이라고 하며 닭·오리·거위·칠면조·메추리·꿩 등이 이에 속한다. 그림 3-3은 닭의 소화관을 나타낸 것이다. 가금을 포함한 조류(avian species)에서 소낭(crop, 모이주머니), 선위(proventriculus) 그리고 근위(gizzard, 닭똥집)는 단위동물에서 나타나고 있는 위의 기능을 대신하고 있다.

조류의 위는 서로 다른 조류에서 약간씩의 차이가 있을 수 있는데, 곤충이나 물고기를 잡아먹는 대부분의 조류는 소낭이 전혀 없는 점이 특징이다. 소낭은 조류가 식이를 섭취했을 때 곧바로 이 부분으로 들어가서 일시적으로 저장하는 역할을 수행하며, 커다란 용적으로 팽창될 수 있기 때문에 식이의 저장창고로서 중요한 작용을 한다.

조류의 선위는 소화액을 만들어 내는 곳이며, 근위는 거칠은 조직으로 이어진 아주 단단한 근육조직이다. 근위는 정상적으로 모래, 조그마한 돌과 기타 단단한 물질을 함유하고 있으며, 식이 내 입자도를 잘게 부수어서 소장에서 영양소의 효소적 분해를 용이하게 해주는 포유동물에서의 이빨과 같은 기능을 수행한다. 조류는 비교적 긴 소장을 가지며, 2개의 약간 긴 맹장 그리고 아주 짧은 부위의 결장을 갖는다. 조류의 뇨는 뇨관을 통하여 총배설강(cloaca)으로 분과 함께 섞여서 뇨산(uric acid)으로 배설된다는 점에서 포유동물과 다른 특징이 있다.

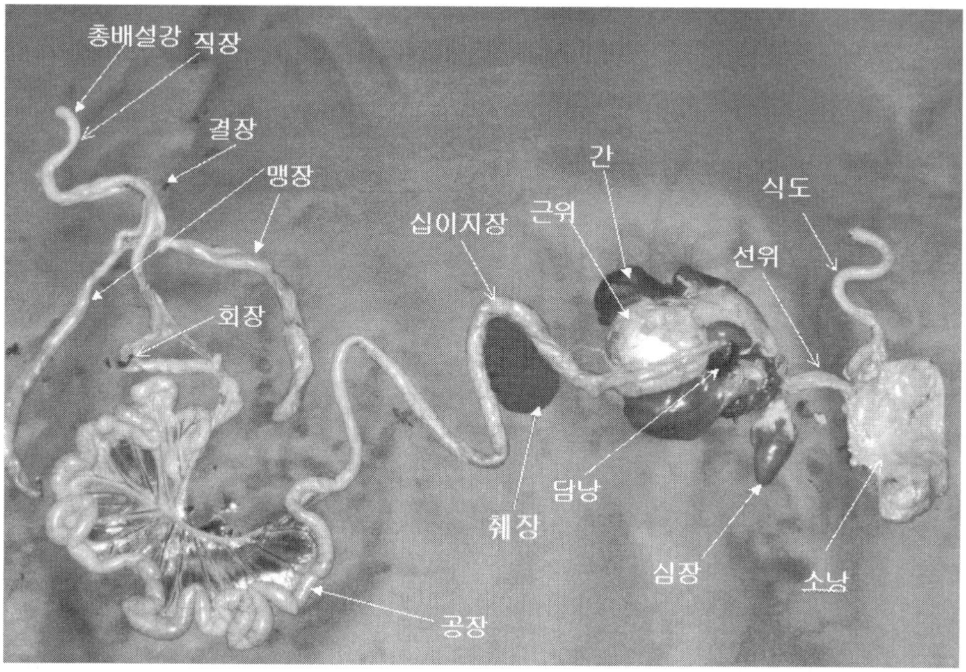

그림 3-3. 닭의 소화기관

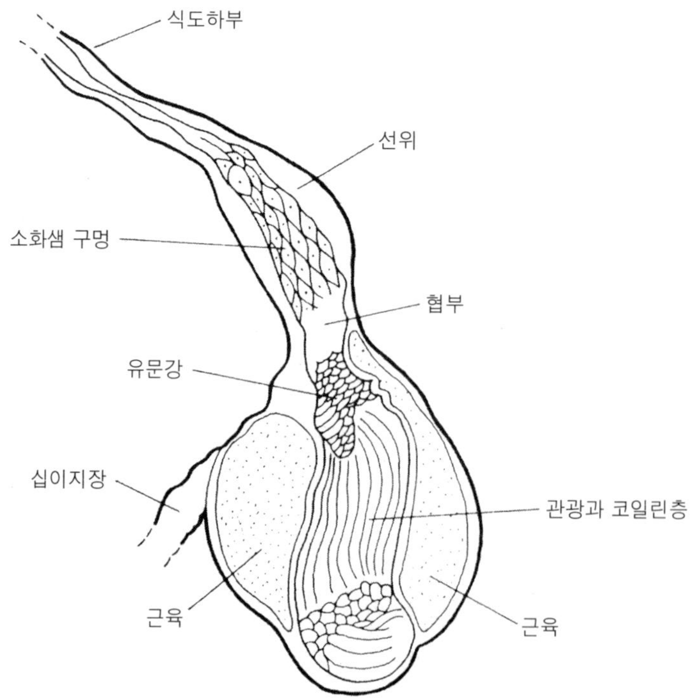

그림 3-4. 닭의 근위

3. 닭과 돼지의 차이점

닭과 돼지는 둘 다 단위잡식성 동물이고, 영양소의 분해산물은 동일하지만 영양소 회수방법은 소화관의 각 주요 부위에 따라 현저한 차이가 있다. 먹이 탐색에 있어서 돼지에 비해서 닭은 정확한 시각을 갖고 있으나 후각(냄새 감각)은 아주 낮다. 돼지의 시각은 닭에 비해서 뒤떨어지지만 잘 발달된 후각을 이용하여 먹이를 쉽게 탐색할 수 있다. 구강구조(oral complex)는 동물이 사료와 최초로 물리적 접촉을 한다는 점에서 중요하다. 닭은 단단한 조직의 입을 가지며, 미각(taste)이 아주 낮은 고정된 치수로 되어 있다.

돼지는 사료를 저작하고, 후각(alfaction)과 맛의 조화된 작용으로 쉽게 감각평가를 할 수 있다. 닭은 3개의 위(crop, proventriculus, gizzard)를 갖지만, 돼지는 하나의 위를 갖는다. 소장, 간, 체장을 포함한 기관구조의 복잡성은 해부학적인 측면에서 명백한 차이가 없지만 기능은 차이가 있다. 우선, 닭은 돼지보다 더 짧은 장을 갖지만 흡수율을 높이기 위해서 앞뒤로 연동운동(peristalsis)을 한다. 둘째, 돼지는 장의 운동과 협력하여 간을 통한 혈액 흐름을 변화시키는 능력이 있다. 그러나 연속적인 환경은 닭에서도 원래 필요한 것이다. 셋째, 췌장의 외분비 양상은 둘 다 비슷하지만 내분비 극단성은 우세하다. 즉, 닭은 인슐린(insulin)에 대한 저항성이 강하고 글루카곤(glucagon)에는 민감하지만, 돼지는 그 반대이다.

닭의 대장은 두 개의 긴 맹장(large ceca)과 짧은 결장(colon)으로 구성되어 있으나 돼지는 비교적 맹장이 짧고 확장된 결장을 갖는다. 닭은 액상물질(fluids)과 미세한 입자(fine particles)가 맹장으로 들어오는 것을 제한하며 맹장에서 미생물 작용의 대부분이 일어나지만, 돼지는 맹장(cecum)으로 모든 내용물이 들어오는 것을 조장하지만 대장 미생물에 의한 발효는 결장(colon)에서 상당히 제한적으로 일어난다. 닭의 총배설강(cloaca)은 저장 및 배설되는 분에 의해서 나타나는 돼지의 직장(rectum)과 비교될 수 있다. 그러나 총배설강 역시 뇨의 방광(urinary bladder)으로서 기능하며, 상황이 요구될 때 부가적인 물과 미네랄의 보존을 수행할 수 있다.

눈은 돼지에서 보다도 닭에서 머리의 대부분을 차지하고 있다. 포유동물에서와 달리 조류의 눈은 기본적으로 구형이 아니며, 품종과 밀접한 관계를 갖는 서로 다른 모양이다. 닭의 눈은 머리에서 옆으로 위치해 있으나 돼지는 정면을 향해 있다. 닭은 돼지보다도 더 멀리 넓게 바라볼 수 있지만 대부분이 단안(monocular)이고

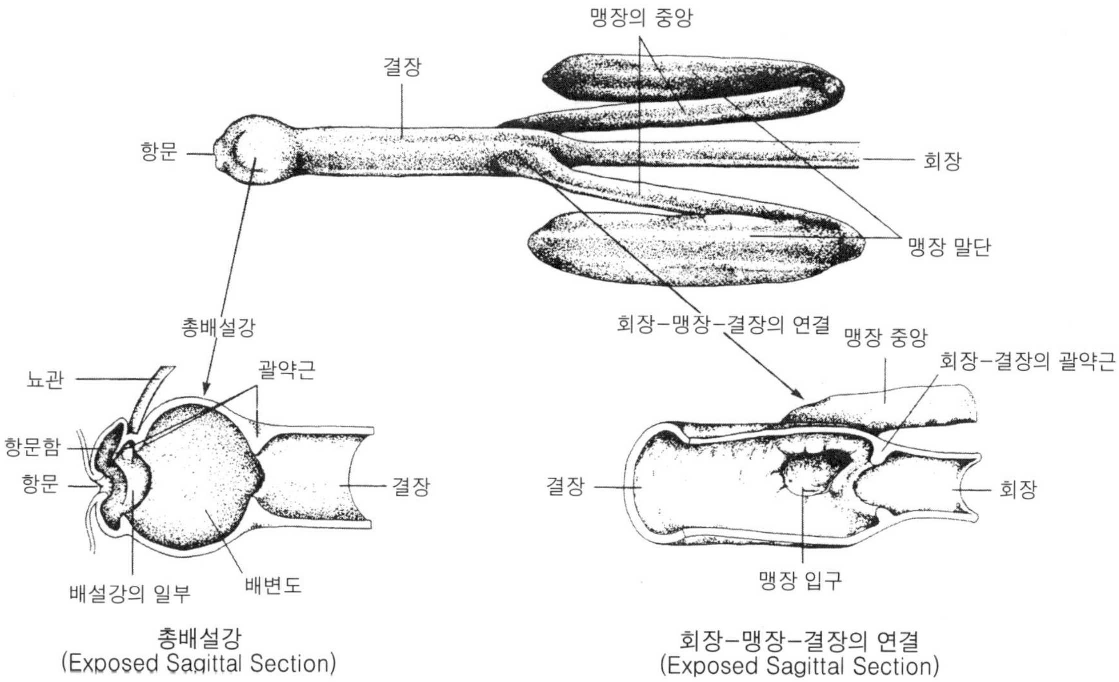

그림 3-5. 닭의 대장과 총배설강

그림 3-6. 닭과 돼지의 눈

깊이 있는 감지능력이 부족하다. 닭에서 폭이 좁은 정면의 쌍안(binocular)은 아주 정확하고 깊은 감지능력을 가지며, 주로 먹이를 끌어당기는 현상 즉, 'prehension'을 돕는다. 따라서 쌍안의 억압시 먹이를 쪼는 'pecking'의 정확도가 떨어진다. 돼지의 정면을 향한 눈은 쌍안이라고 하더라도 사물을 보는 정확성은 미미하다.

돼지의 눈은 오목하고 눈꺼풀이 아래쪽으로 내려와 있기 때문이며, 그 이유는 일반적으로 먹이 탐색에 있어서 굴토성(burrowing)으로부터 일어나는 진화적 보호기전의 결과라고 할 수 있다. 닭은 일반적으로 돼지보다도 더욱 더 뛰어난 시력을 갖는 것으로 생각할 수 있다. 닭의 머리에는 큰 비율을 차지하는 눈이 있고 또한 커다란 망막이 있을 뿐만 아니라 포유동물에 비해서 더욱 시각세포가 농축되어 있다. 닭과 돼지의 망막은 간상세포(rod cell)와 추상세포(cone cell)를 갖기 때문에 색을 볼 수 있다. 추상세포에 의해서 변형될 수 있는 닭에 의한 색깔의 인식은 포유동물에서도 찾아볼 수 있다. 3가지 형태의 추상세포는 서로 다른 크기의 적색(red), 황색(yellow), 황초록색의 지방과립(yellowish-green oil droplets)이 있으며 지방과립은 눈으로 들어오는 빛과 시각색소 사이에 있기 때문에 색깔 변형에 중요한 역할을 수행한다. 닭은 400～700 mμ의 색깔을 식별하는 것이 가능하며, 일반

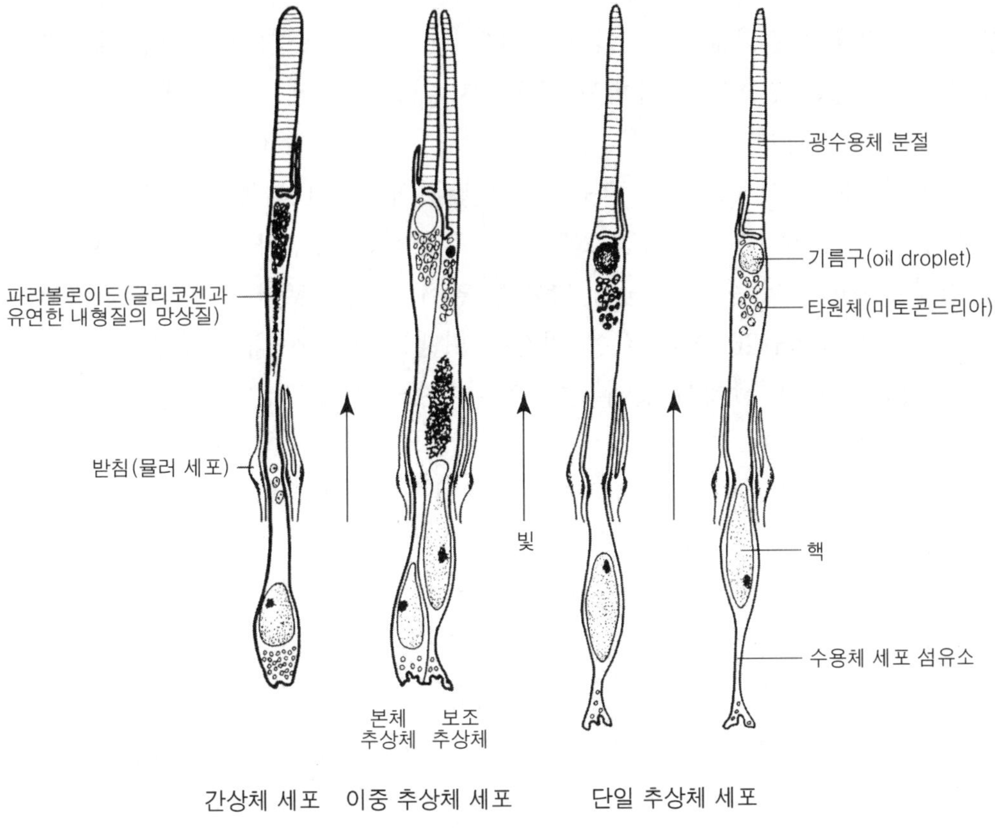

그림 3-7. 닭의 망막 수용체(retinal visual receptor)

적으로 570 mμ의 초록색(green color)의 식별력이 가장 높은 것으로 알려져 있다. 검정과 흰색의 시각은 색깔 감지가 멈췄을 때 여분의 빛 하에서 지속된다.

4. 비반추 초식동물의 소화생리

토끼는 아주 용적이 큰 맹장으로 채워진 대장을 가지며, 한 개의 위를 갖는 초식동물이다. 토끼의 맹장과 결장은 커다란 주머니 모양으로 되어 있다. 말은 비교적 커다란 주머니 모양으로 된 맹장과 매우 큰 주머니 모양의 결장을 갖는 또 다른 초식동물의 예이다. 이러한 초식동물들의 대장(맹장 또는 결장)에서는 굉장한 미생물 발효가 일어난다.

말과 토끼 등과 같은 비반추 초식동물은 발효가 장흡수 이후에 일어나기 때문에(postgastric microbial fermentation) 소장에서 효소에 의한 분해·흡수가 가능한 고품질 사료의 유익한 활용이 발생할 수 있다. 우선, 천연 사료단백질과 전분 등이 대장미생물 작용의 변화를 받지 않고 분 배설에 앞서서 소장에서 직접 흡수될 수 있다. 둘째, 미생물 발효는 소장에서 흡수되지 않은 미분해 내용물에 작용하여 일어난다. 그러나 불행히도 단위잡식성 동물(simple stomached omnivores)에서처럼 비반추 초식동물 역시 사료 내 필수아미노산과 비타민에 의존하게 된다.

그 이유는 대장에서 이들 영양소에 대한 직접적인 흡수가 제한되기 때문이다. 말은 결장(colon)에서 주로 미생물 발효가 일어나지만, 토끼는 맹장(cecum)에서 미생물 발효가 일어난다. 이와 같이 굉장한 미생물 발효에 대한 하부장관 변형의 한 가지 이점은 돼지, 닭에서 일어나는 것 이상으로 사료로부터 에너지 공급에 기여할 수 있다는 점이다.

즉, '섬유소(fiber)'라고 알려진 구조화 탄수화물(structural carbohydrates)이 결장과 맹장에서 발효되기 위하여 장의 상부를 통과하여 하부장관인 대장으로 이동한다. 루멘의 작용에 상응하는 대장 내 혐기적 발효는 숙주에 의해서 쉽게 흡수·이용될 수 있는 휘발성지방산(VFA, volatile fatty acids)을 생성한다. 휘발성지방산이란 탄소수 2~5개로 구성된 짧은사슬지방산(SCFA, short chain fatty acids)을 말하며, 상온에서 쉽게 휘발되는 성질을 갖는다. 휘발성지방산의 종류는 탄소수 2개의 초산(acetic acid), 3개의 프로피온산(propionic acid), 4개의 뷰티릭산(butyric acid), 5개의 발레릭산(valeric acid)이 있다.

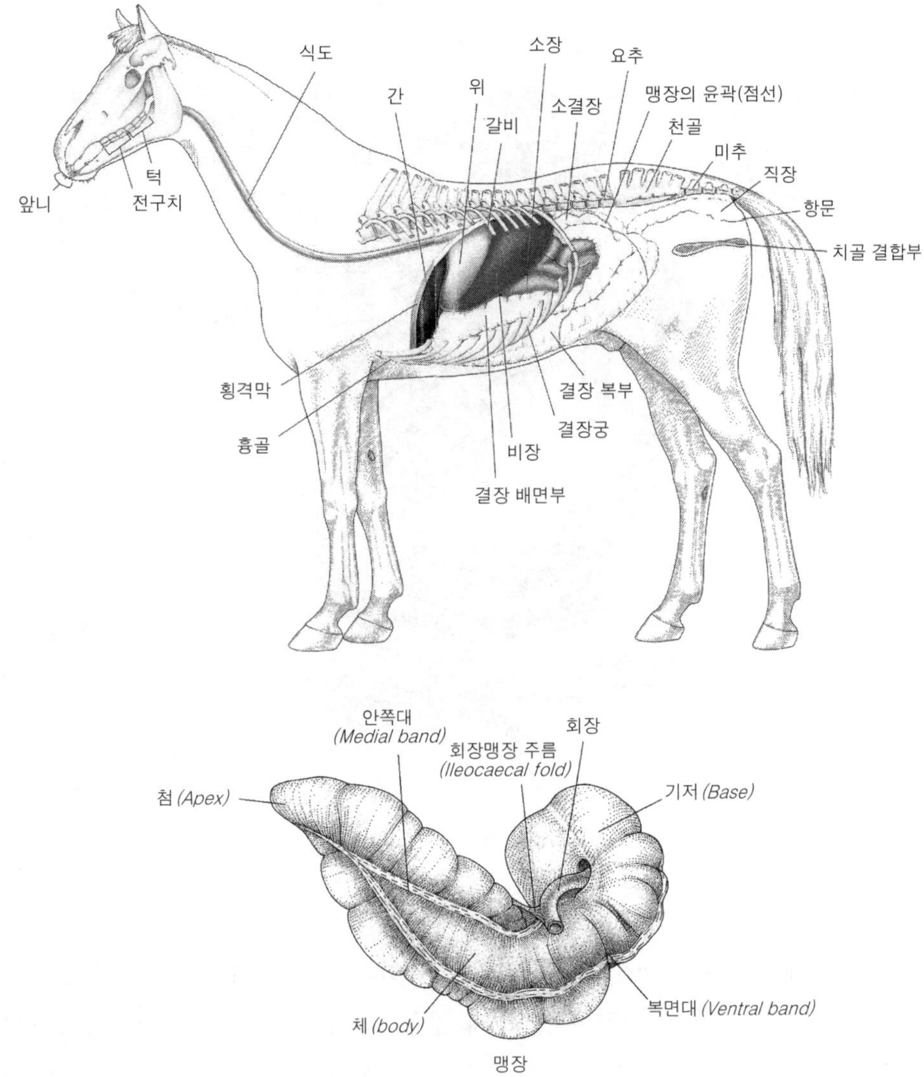

그림 3-8. 말의 소화관과 맹장

휘발성지방산은 반추동물이 풀 사료를 섭취하였을 때 풀 속에 들어있는 셀룰로오스(cellulose)와 당지질로부터 반추위내 미생물 작용에 의해서 분해 · 생성되고 반추위벽을 통하여 흡수되어 숙주 동물에게 에너지 급원으로 사용된다. 또한 휘발성지방산은 비반추 초식동물의 대장(말의 결장, 토끼의 맹장) 내 미생물 작용에 의해서 생성되어 대장벽을 통하여 흡수 · 이용된다.

풀 사료를 섭취할 때 주로 생성되는 초산은 유량 증가에 쓰이며, 농후사료를 섭

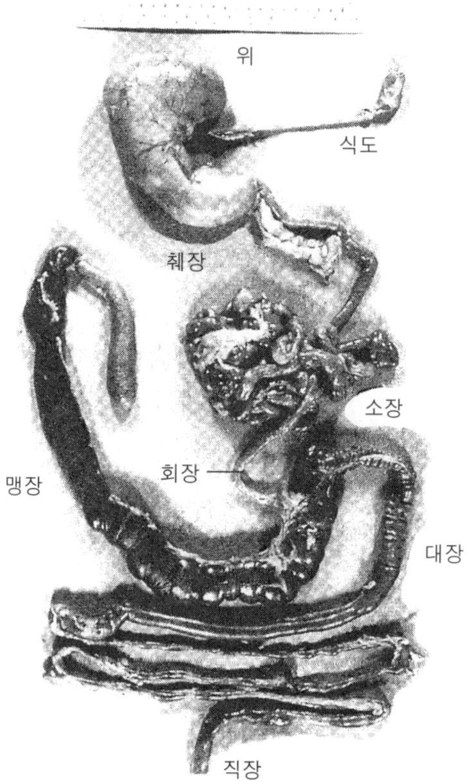

그림 3-9. 토끼의 소화관

취할 때는 프로피온산의 생성이 높아지고, 프로피온산은 비육을 위해 주로 쓰인다. 따라서 젖소 사양에서는 풀 사료를 공급해 주는 것이 좋으며, 비육우 사양 시에는 농후사료를 공급해 주는 것이 좋다. 일반적으로 젖소 사양에 있어서 조사료와 농후사료의 공급비율을 7 : 3 또는 6 : 4 정도로 유지해 주면 유량증가를 꾀할 수 있는데, 그 이유는 바로 초산과 프로피온산의 적정비율을 유지해 주기 때문이다.

5. 반추동물의 소화생리

1) 일반적인 특징

반추동물(ruminants)은 미생물 작용에 의한 발효가 소화관의 개시부분에서 일어난다(pregastric microbial fermentetion). 섭취된 사료 영양소가 소장에서 분해,

흡수되기 이전에 반추위내 미생물 작용을 받게 되어서 동물에게 유익하게 이용된다. 반추위내 미생물은 모든 아미노산과 대부분의 비타민 B 그룹을 합성하는 것이 가능하기 때문에 반추동물의 영양소 요구량을 충족할 수 있다. 또한 원래 동물에서 발견되지 않은 반추위내 미생물이 분비하는 소화효소의 다양성은 사료의 이용효율을 높여 줌으로써 셀룰로오스와 같은 베타-결합을 이루는 다당류(β-linked polysaccharides)를 분해하여 이용할 수 있다.

반추동물은 조사료 영양소의 활용효율이 높으나 단위동물에서는 낮다. 루멘 발효의 단점은 열 발생, 이산화탄소와 메탄가스 같은 최종 발효부산물의 생성 및 소장 이전의 복잡한 영양소의 합성과 분해 등의 과정을 통과하기 때문에 미생물 집단의 유지비용이 높다는 점이다. 대부분의 사료단백질이 루멘 미생물에 의해서 부분적으로 분해되고 생성된 암모니아는 미생물의 체단백질(microbial protein)을 재합성하는 데 이용되며, 이것은 단백질의 낭비과정이라고 할 수 있다. 또한, 쉽게 이용될 수 있는 설탕, 전분과 같은 당질이 빠르고 완전하게 분해되어, 최종 대사물인 휘발성지방산을 생성하여 동물의 조직에 의해서 쉽게 이용될 수 있다.

그러나 이러한 방법은 원래의 당질과 비교할 때 에너지 효율성이 더욱 낮다. 게다가 발효과정에서 섭취된 에너지의 8~10%가 메탄가스로 전환되며, 생성된 메탄가스는 동물이 활용할 수 없으며, 미생물 발효의 결과로서 버려지는 가스이다.

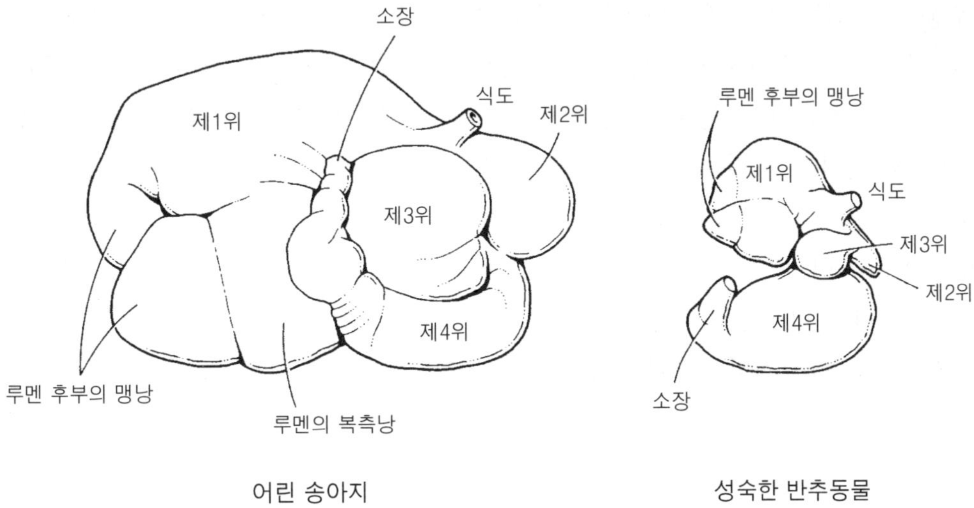

그림 3-10. 반추동물의 위

반추동물은 단위동물과 반대로 섭취된 고품질 사료를 미생물 집단 유지에 우선 이용하기 때문에 고기, 젖으로 전환 효율성이 낮다.

2) 반추위의 구조

반추동물에서 소화관의 중요한 변형은 위에서 찾아볼 수 있으며, 반추동물의 위는 독특한 운동성과 물리적인 구조를 갖고 있다. 대부분 반추동물에서 위는 4개 부위의 격실로 구분되고 있으며 제1위(혹위, rumen, paunch), 제2위(벌집위, reticulum, honeycomb), 제3위(겹주름위, omasum) 그리고 제4위(주름위, abomasum)로 구분하고 있다.

한편, 반추동물의 위를 전위(fore stomach)와 진위(true stomach)로 부르는 경우도 있는데, 전위는 제1위, 제2위, 제3위를 말하며, 진위는 제4위로서 단위동물의 위와 비슷한 기능을 갖고 있다. 제1위는 7~8번 갈비(rib)에서 13번 갈비까지 꽉 채워져 있다. 반추위(rumino-reticulum 또는 reticulo-rumen)란 제1위와 제2위를 말하며, 제1위와 제2위는 서로 한곳에서 다른 곳으로 내용물(digesta)이 자유롭게 통과할 수 있도록 제1위와 제2위의 주름(reticulo-ruminal fold)에 의해서 연결되어 있다. 반추위에는 무수한 미생물들이 서식하고 있으며, 활발한 미생물의 작용으로 영양소의 발효가 일어나는 곳이다. 반추위의 외부는 구(groove)와 주머니 모양의 낭(sac)으로 구분된다. 반추동물의 위는 총 소화관에 기초하거나 또는 체중에 기초하여 측정했을 때 아주 큰 용량을 갖는다.

반추동물의 위는 체적에 비하여 대단히 커서 복강의 3/4를 차지하며, 축우의 경우 전체 위의 용적은 100~200리터에 이르며, 그 중 70~80%는 반추위가 차지한다. 돼지의 위와 그 내용물은 체중의 약 4%인데 반하여, 면양과 소의 위는 체중의 25~28%에 달하고 있다. 만일 소화관의 무게%로 나타낼 경우 돼지의 위는 총 소화관의 약 14%인 반면에 면양과 소의 위는 각각 37%, 45%에 이르고 있다. 다른 초식동물에서처럼 반추동물의 장관은 상대적으로 길고 대체로 복잡하다. 맹장은 크지만 토끼나 말과 같은 기타 초식동물에서보다도 비교적 작다. 대장 역시 말에서보다는 비교적 작지만, 잡식성 동물과 비교하면 상대적으로 길다.

3) 식도구

식도구(reticular groove, esophageal groove)는 식도의 하단 끝부위인 카르디아

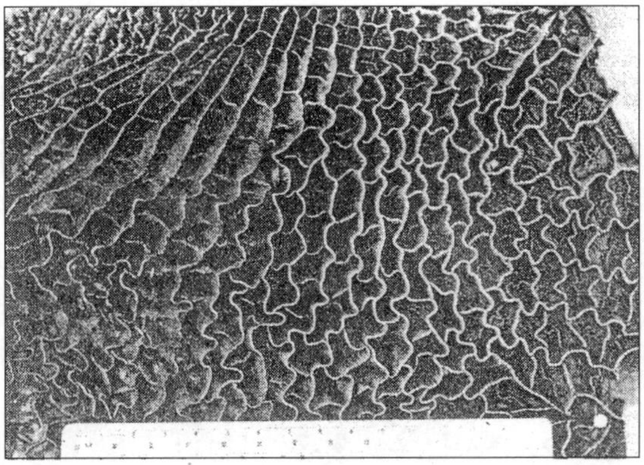

소(cattle)의 제2위

면양(sheep)의 제2위

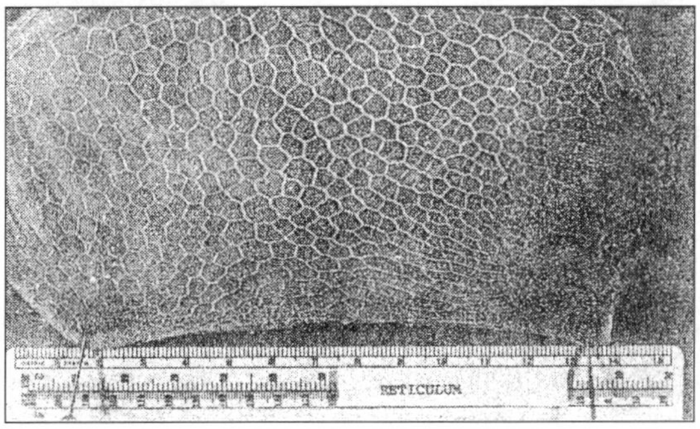

사슴(black-tailed deer)의 제2위

그림 3-11. 소, 면양, 사슴의 제2위

(cardia)에서 시작하여 제2위와 제3위를 연결해 주는 통로(reticulo-omasal orifice)에서 끝나는 구조로서, 식도가 변해서 제2위가 되었음을 입증해 주고 있다. 식도구가 닫히면 식도로부터 제3위까지 하나의 관(tube)이 형성된다.

식도구의 기능은 젖을 먹는 어린 동물이 섭취한 우유가 루멘을 우회하여서 미생물에 의한 분해작용을 피할 수 있도록 해 주는 것이다. 즉, 젖을 먹는 어린 가축에서 식도를 통하여 섭취된 젖이 반추위를 통과하지 않고 직접 제3위와 제4위로 우회하도록 하는 것이다. 식도구가 열리면 루멘을 통하여 제2위로 사료가 들어오고, 흡유자극으로 식도구가 닫히면 제1위와 제2위가 폐쇄되고 제3위로 우유가 들어가기 때문에 반추위로 우유가 들어오는 것을 막는다.

송아지가 우유를 섭취할 때 흡유자극이 달라서 니플을 통해 우유를 급여하게 되면 모유를 섭취할 때와 똑같이 식도구가 닫힘으로써 관을 형성하게 되어 제3위와 제4위로 직접 우회(by-pass)된다. 그러나 니플이 아니면 열리게 되어 우유가 제1위로 새어나가 반추작용을 되풀이함으로써 영양가의 손실을 초래하게 된다. 따라서 송아지 때 우유기 반추위로 들어가면 미생물 분해가 일어나서 영양가의 이용률이 낮게 되므로 식도구는 우유를 제3위와 제4위로 우회하는 데 대단히 중요한 의의를 갖는다. 한편, 식도구는 동물이 나이가 들어서 액상사료를 섭취하는 행위를 계속하지 않는 한 그 기능은 유지되지 않는다.

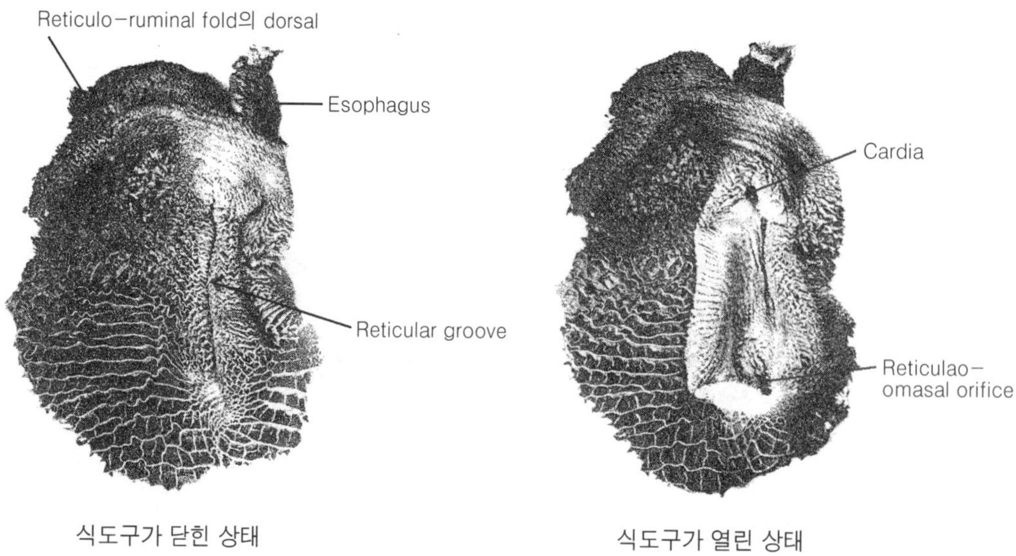

그림 3-12. 소의 제2위와 식도구(reticular groove)

(a) 식도구가 열림

동물이 흡유자극을 받지 않았을 때 식도로 주입된 액상물질은 제1위(R, rumen) 속으로 들어갈 것이다. 표시제(marker)는 직접 제4위(A, abomasum)로 들어가지 않는다.

(b) 식도구가 닫힘

동물이 흡유자극을 받았을 때 식도로 주입된 액상물질은 직접 제4위로 들어갈 것이다. 표시제는 루멘 속으로 들어가지 않는다.

그림 3-13. 식도구의 흡유자극에 대한 작용

4) 반추동물 위의 비율과 발달

반추동물 위의 용적비율은 양(sheep)과 소(cattle)에서 각각 제1위 62%, 50~55%, 제2위 11%, 5~7%, 제3위 5%, 26~30% 그리고 제4위 22~23%, 13~14%로서 제1위가 차지하는 비율이 가장 높다. 반추위의 내용물은 체중의 10~20%이다. 반추위는 태아 즉, 배자(embryo) 발육 시에 4개의 격실로 구분되며 발달은 상당히 빠르다.

갓난송아지의 제1위는 용적이 전체 위의 30%에 불과하며 기능도 거의 발휘되지 않는다. 소는 출생 후 56일(8주), 양은 출생 후 43일(6주)이면 반추위의 구별과 기능이 가능하며, 동일한 품종(species) 내에서는 거의 일정하다. 반추위는 출생 후 성장일수가 증가함에 따라서 점차 증가 후 일정수준을 유지한다. 제3위는 출생 후 성장일수가 증가함에 따라서 점차 증가하나 큰 차이는 없고, 제4위는 출생 후 성장일수가 증가함에 따라서 점차 감소한다. 이러한 반추위의 발육변화는 모든 반추동물에서 비슷한 양상을 보인다. 배자발육 시에 4개의 격실이 결정된 다음 출생 후에는 조직 무게, 모양, 위치, 용량, 내용물의 무게 변화가 있다.

반추위의 발육에 영향을 주는 인자는 주로 급여사료이며 다음과 같다. 첫째, 동물의 품종·나이·체중 등이 위 발달에 영향을 줄 수 있다. 둘째, 조사료 섭취는 조직의 무게, 두께, 반추위 내면 벽의 수많은 유두돌기(papilla)의 발달에 자극적이다. 셋째, 갓난송아지 때 짧은 기간 동안 농후사료의 급여는 조사료보다 유두돌기의 발달에 큰 자극제이다.

소에서 조사료 급여는 소장, 대장을 길게 하고 많은 소화액을 분비케 한다. 액상사료는 위 발달을 늦추며, 고형사료를 섭취하면서 빠르게 발달한다. 암모니아, 휘발성지방산 등의 위 발효 대사물은 유두돌기의 발달에 필수요소이다.

5) 양과 소 위의 해부학적 비교

양과 소 위의 해부학적 차이점을 이해하는 것은 반추동물의 소화·생리학적 특징을 알고 반추행위를 학습하는 데 큰 도움이 될 수 있다. 양과 소 위의 해부학적 차이점을 정리하면 다음과 같다.

① 양의 위는 용적, 모양, 섭취사료의 종류, 위 내용물의 조성이 소와 비슷하다.

② 양의 위는 소와 비교할 때 배면낭(dosal sac)이 복부낭(ventral sac)에 비해 길고, 정중선 우측에 배면낭이 위치한다.

③ 양의 위는 복부낭이 배면낭보다 뒤에 나가 있다.

④ 양의 위는 2개의 종단배면구(longitudinal dosal groove)가 동맥과 같이 한다.

⑤ 양의 경우 배면관상구(dosal coronary groove)가 없고, 복부관상구(ventral coronary groove)는 뚜렷하다.

⑥ 양의 제2위 세포의 직경은 소에 비해서 작고 깊이도 얕다.

⑦ 양의 위는 돌기(papillae)에 색소가 없다.

⑧ 양의 위 외부 두개낭(cranial sac)은 소와 비교할 때 비교적 작다.

⑨ 양의 제3위는 제2위보다 작다.

⑩ 양의 배면구(dosal groove)는 동맥을 함유하며, 복부구(ventral groove)는 기둥(주, pillar)에 해당한다.

6) 먹이당기기와 저작행위

반추동물이 먹이를 섭취하기 위해서 풀 또는 사료를 끌어 잡아 입 안쪽으로 당기는 행위를 먹이당기기(prehension)라 하며, 입 안에 들어온 사료를 소화관에서 분해하기에 알맞도록 작은 입자로 만드는 행위를 저작 또는 씹는 행위(mastica-

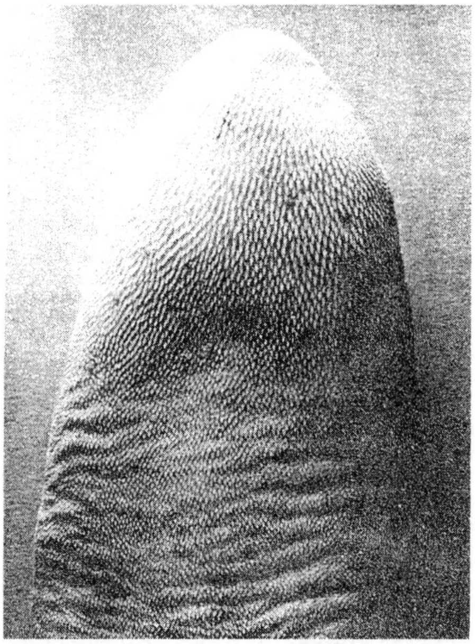

그림 3-14. 치밀한 유두돌기(papillae)를 보여 주는 소의 혀끝

tion, chewing)라고 한다. 먹이당기기에 관여하는 기관은 입술, 이, 혀가 있으나 이들 중요성은 동물의 종류, 나이, 사료형태 등에 따라 다르다. 소에서 혀는 중요한 'prehension' 기관이며, 특히 소의 '혀 돌기'는 안쪽을 향해 있어서 먹이를 입 안으로 당기는 데 있어서 중요한 작용을 한다.

소의 치식은 0033/4033으로 위 앞니(incisor)와 위 송곳니는 없고, 아래 앞니가 4개 있고, 아래 송곳니는 없으며, 위 아래 앞어금니와 뒤어금니가 각각 3개씩 존재한다. 위 앞니가 없기 때문에 아래 앞니가 압력을 받게끔 견고한 '위 앞니의 이받침(위턱)'으로 대치되어 있다. 그러므로 소가 사료를 먹을 때 아래 앞니, 위 앞니의 이 받침, 어금니 등을 작용해서 사료입자를 잘게 부순다.

소는 삼키기에 알맞은 정도의 입자로만 섭취된 사료를 저작하는 특성이 있으며, 저작행위 기간 동안 턱의 움직임 수는 소 일일 15,000~20,000회, 양 일일 10,000~45,000회 정도이다. 반추기간 동안 턱의 움직임 수는 소와 양이 각각 일일 25,000~40,000회 정도이다. 일일 총 저작행위의 수는 양 35,000~85,000회, 소 40,000~45,000회 정도이다. 저작행위는 일부 영양소의 소화관에서의 용해도를 높여 주며, 저작행위의 횟수는 동물의 배고픔과 사료의 성질에 따라 다르다.

7) 반추기작과 층화

반추행위의 생리적 의의는 초식동물이 육식동물의 공격을 피하기 위한 작용이며, 먹이에 대한 산소의 축적을 하기 위한 것이다. 제2위의 수축 시 외부 근육의 수축에 따른 제4위의 운동이 상승한다. 반추 전에 섭취된 사료는 미 완전분해로 입자가 크므로 소화장해가 일어난다. 그러므로 큰 입자를 작은 입자로 하여 미생물에 의해 완전히 소화시키기 위하여 반추행위를 한다. 반추행위는 타액의 분비를 촉진하며, 체내 에너지 이용상의 경제적 효율을 향상시킨다. 반추행위에 영향하는 인자로는 사료의 물리적 형태, 사료 중 세포벽 구성물질과 농후사료의 비율, 사료의 급여횟수, 물 급여 등이다.

반추(rumination)는 위의 내부를 둘러싸고 있는 근대(pillar)의 수축기작에 의해 발생한다. 수축은 2단계 기작으로 일어나며, 1차 수축은 섭취된 내용물을 혼합하는 과정으로서 생체기관에서 섭취된 내용물이 순환하도록 여러 근대와 낭(sac)의 대등한 수축·팽창으로 일어나고, 액상부분이 배면 쪽으로 이동한다. 2차 수축은 가스를 토출(eructation)하는 과정으로서 거친 사료가 복부 쪽으로 서로 반대로 순환되어 섞이게 된다.

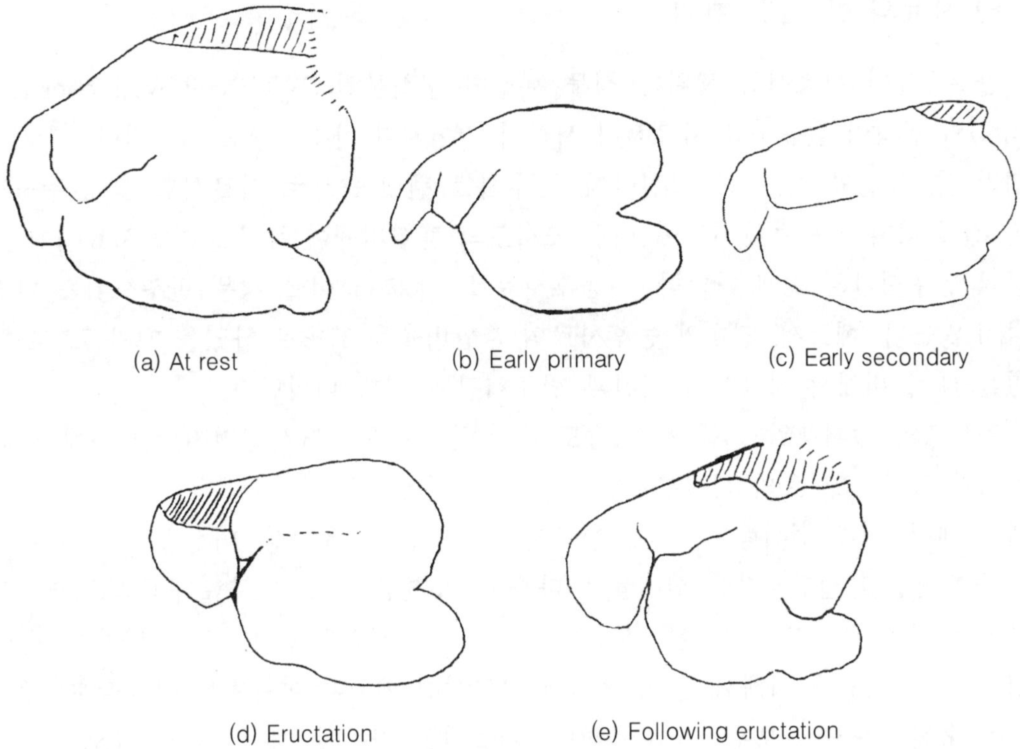

그림 3-15. 반추행위의 기작

토출은 위에서 가스압력으로 자극받아 미생물 발효산물인 가스를 배출하는 기작이다. 2차 수축으로 식도를 통해 입으로 토출이 일어나며, 이것은 수축과 관련이 있다. 내용물은 다시 저작(mastication)되어 제2위와 제3위를 통해 제4위로 간다. 이것을 통틀어 반추(ruminating)라 하며, 따라서 반추는 제2위의 수축으로 시작된다. 반추행위 시 위의 운동양상의 실제 변화는 동물의 품종, 사료섭취, 반추, 절식, 수분손실에 관여하여 일어날 수 있다.

반추위내 섭취된 내용물(ingesta)은 층을 이루며(층화, stratification), 섭취된 사료의 내용물은 제2위에 이른다. 제2위의 수축으로 반추가 시작되고, 제1위와 제 2위 사이의 주름과 두개 낭이 섬유질을 제1위의 배면낭속으로 이동시켜 머무르게 된다. 건초를 급여 후 루멘 배면낭의 상부가 꽉 채워진다. 여러 낭의 수축으로 액상부분이 복부와 두개 쪽으로 이동하고, 루멘의 수축으로 액상부위가 상부로 이동한다. 복부낭 쪽으로 이동된 액상 및 고운 입자들은 곧 바로 제3위로 통과한다.

8) 사료와 물 섭취 행위

반추동물의 사료섭취 행위는 식물 세포벽 구성물질(CWC, cell wall constituents)의 함량이 높을수록 사료섭취 시간이 길어지며 반추시간도 길어진다. 예로서, 귀리 짚, 양질의 건초, 풀 사일리지, 농후사료 펠렛 순으로 사료섭취 및 반추시간은 길게 나타난다. 농후사료에 대한 조사료의 혼합비율이 증가할수록 사료섭취 시간과 반추시간은 길게 나타나며, 농후사료를 100% 급여할 경우 반추행위는 나타나지 않는다. 예로서, 건초와 농후사료의 혼합비율을 67%로 하였을 때가 7%로 하였을 때에 비해서 사료섭취 시간과 반추시간이 길게 나타난다.

조사료의 섭취행위는 품종, 성숙도(목질화), 보존형태(사일리지, 건초)에 따라 차이가 있다. 조사료의 섭취횟수는 다즙성, 유연성, 미성숙 사료가 CWC 함유사료에 비해서 높고, 섭취량은 CWC 함유사료가 다즙성, 유연성, 미성숙 사료에 비해서 높다. 실제 섭취시간당 섭취율은 다즙성, 유연성, 미성숙 사료가 CWC 함유사료에 비해서 높으며, 실제 섭취시간당 소비시간은 CWC 함유사료가 다즙성, 유연성, 미성숙 사료에 비해서 높다. 계절별 사료섭취 행위는 여름철은 서늘할 때 주로 섭취(오전 6~8시, 오후 6~8시)하며, 겨울철은 따뜻할 때 주로 섭취(오전 8시, 오후 2~6시)하는 경향이 있다.

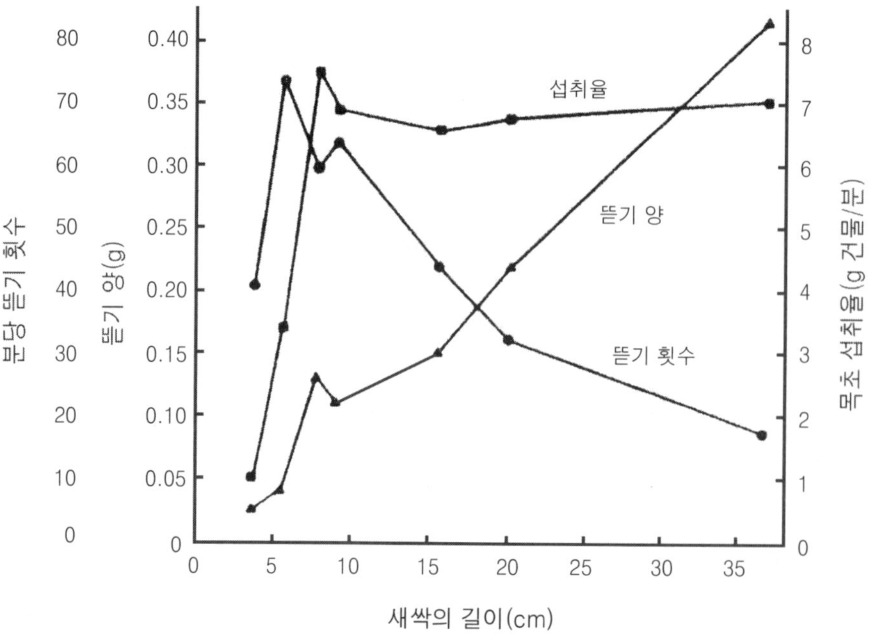

그림 3-16. 새싹의 길이와 사료섭취

물 섭취행위는 여름철과 겨울철 모두 한낮에 주로 섭취(오전 10시～오후 4시)하는 경향이 있다. 목초 새싹(tiller)의 길이가 길수록 풀을 뜯어먹는 횟수(biting number)는 줄어들고, 풀을 뜯어 먹는 양(biting size)은 많아짐으로써 사료 섭취량을 일정하게 조절한다. 방목(grazing)하는 동안에는 이른 아침, 저녁 늦게 풀을 뜯어 먹는 것을 관찰할 수 있으며, 이것은 온도, 환경, 생리적 요인에 영향 받는다. 방목 후의 반추행위는 소의 경우 저녁에 주로 이루어진다.

소화관 속으로 내용물의 통과, 즉 소화관의 통과속도(passage rate)는 섭취된 사료가 분으로 배설되는 시간의 정도로서 사료의 소화율에 영향한다. 통과속도는 사료의 종류, 사료의 물리적인 형태, 사료 섭취량 등에 의해 영향을 받는다. 특히 섭취된 사료량의 증가는 장내 머무는 시간(retention time)을 낮추고, 통과시간을 빠르게 함으로써 사료의 소화율을 떨어뜨린다. 액상물질의 통과율(flow rate)은 장내용물의 통과속도를 빠르게 하며 머무르는 시간을 짧게 하여 소화율을 떨어뜨린다.

농후사료는 일반적으로 조사료에 비해 섭취시간이 빠르며 반추가 필요 없고, 반추위내 미생물의 작용을 적게 받으므로 통과속도가 빠르다. 건초, 볏짚과 같이 식물세포벽 구성물질의 함량이 높은 사료는 청초, 농후사료에 비해 통과속도가 길다. 소에서 분 배설량은 사료급여 후 20시간째부터 급속히 증가하고, 40시간째에 최대수준에 도달한다. 분 배설량은 사료를 섭취한 다음 40시간 이후부터 감소하기 시작하여 90시간(4일)째에 90% 이상이 배설되며, 120시간(5～6일)째가 되면 100%가 배설된다.

9) 타액의 완충효과

타액(침, saliva)은 유기산의 흡수가 증가하면 위내 유기산의 농도를 낮춰줌으로써 완충작용을 한다. 섭취된 사료의 50% 이상이 루멘 내에서 미생물 발효에 의해서 소화된다. 이때 미생물 활력에 적합한 환경조성(pH, 수분)이 중요한데 여기에 타액이 직접 영향을 한다. 반추동물의 타액은 pH 8.2 정도의 알칼리성을 띠며, 각종 무기이온, 중탄산염 및 인산염을 함유하고 있다.

타액은 반추위 미생물 발효에 의해 생성되는 유기산을 중화하여 위내 미생물의 환경조성에 필요한 적정산도인 pH 6.5～7.8을 유지해 준다. 루멘의 pH가 6.0 이하일 때는 타액에 존재하는 중탄산염(bicabonate, HCO_3^-)이 작용하고, pH 6.0 이상일 때는 휘발성지방산이 완충제로서 작용하여 루멘의 적정 pH를 유지해 주는

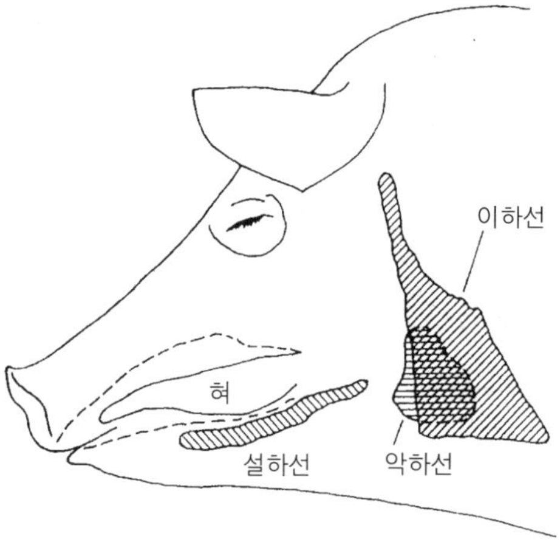

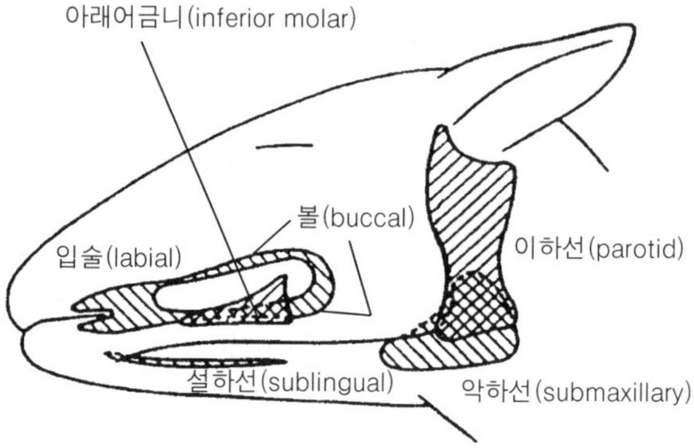

그림 3-17. 돼지와 면양의 타액선

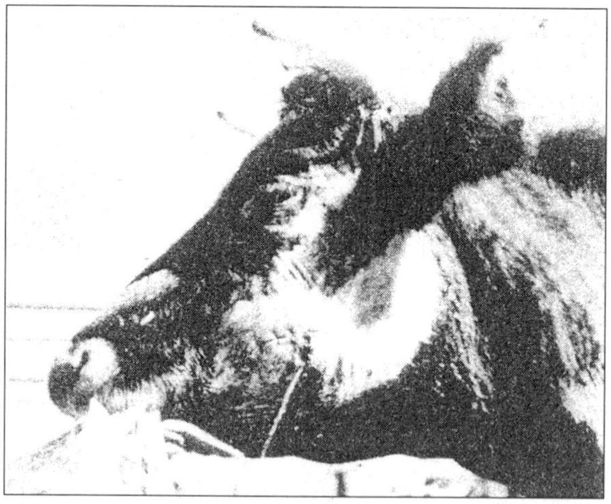

그림 3-18. 이하선 캐뉼라가 부착된 젖소에서 저작기간 동안 분비되는 타액의 흐름

완충효과(buffering effect)를 갖는다. 타액은 반추행위 ↔ 타액분비 ↔ 사료조건과 깊은 관계가 있다.

타액을 분비하는 타액선은 위치 및 세포의 형태에 따라서 다음과 같이 분류한다.

(1) 위치에 따른 분류

쌍으로 된 5개의 타액선(paired gland)과 하나로 된 3개의 타액선(unpaired gland)이 있다. 우선, 'paired gland'로는 이하선(귀밑샘, parotid gland)이 있고, 이 부위는 총 타액 분비량의 40∼50%를 생산한다. 턱 밑에 위치한 악하선(submaxilly gland), 혀 밑의 설하선(sublingual gland), 볼선(buccal gland), 볼 주위의 하구치선(inferior molar gland)이 있다. 그리고 'unpaired gland'로는 입술선(labial gland), 구개선(paratine gland), 인두선(pharyngeal gland)이 있다.

(2) 세포의 형태에 따른 분류

장액성(serous)은 묽은 장액성이고 단백질을 함유하지만, 점액성 물질인 뮤신(mucin)은 없다. 이하선과 하구치선에서는 장액성 타액을 주로 생산한다. 점액성(mucus)은 진한 점액성으로 당단백질과 뮤신을 함유하고, 구개선, 볼선, 인두선에서 점액성 타액을 생산한다. 혼합액(mixed)은 장액성과 점액성 타액의 조환을 나타내는 것으로서 분비액은 상당히 혼탁하다. 혼합액은 악하선, 설하선, 입술선에서 생산한다.

(3) 타액의 기능

단위동물에서 타액은 구강을 청결하게 하고, 맛을 돋구어 주며, 타액의 이온들이 체내 이온균형을 유지해 준다. 또한 반추동물의 타액에는 없는 당질 분해효소인 알파-아밀라아제(α-amylase)를 함유하고, 타액은 수분이 많아 건조한 먹이를 목구멍으로 넘길 수 있도록 해준다. 반추동물에서 타액은 앞서 언급한 단위동물의 기능을 포함하고, 건조하고 분말화된 사료를 저작하여 삼킬 수 있도록 해준다.

반추동물의 타액은 단위동물의 타액 효소인 알파-아밀라아제가 없으며, 지방을 분해하는 효소 리파아제(lipase)를 함유한다. 장액성, 점액성, 혼합 타액을 가지며, 당단백질로 구성된 뮤신의 작용으로 반추위내 거품발생을 억제하여 고창증(bloat)을 방지하는 효과(anti-forming property)를 갖는다. 루멘 내 수분공급으로 가수분해를 도와 주며, 각종 이온(Na^+, HCO_3^-, HPO_4^-, K^+)의 공급으로 루멘 내 완충작용을 돕는다. 따라서 루멘 내에서 발효기간 동안 생성된 산에 대항하는 완충효과를 갖는다.

반추동물에서 타액의 또 다른 기능은 반추위와 간 문맥의 재순환에 대한 매체역할을 함으로써 비단백태질소화합물(NPN, nonprotein nitrogen) 등 요소(urea) 이용에 관여한다. 즉, 뮤신(mucin), 요소, 인, 마그네슘, 염소 등으로부터 미생물의 영양소를 공급해 준다. 침 중의 질소 함량은 0.1～0.2%이며, 이 중 60～80%가 요소태질소이다.

(4) 타액 분비량

침의 분비는 여러 가지 요인에 의하여 영향을 받으나 특히 사료의 물성이 중요한 역할을 한다. 타액은 1% 정도의 건물을 함유하고, 소는 하루에 25～190리터의 타액을 분비한다. 이 중 46%가 반추 도중에 분비되고, 휴식 시 33%, 그리고 21%가 사료섭취 시 분비된다.

(5) 타액분비에 영향하는 요인

타액은 사료가 건조할수록, 입자가 클수록 분비량이 증가하고, 구강 내 산성을 띨수록, 위내 휘발성지방산의 농도가 높을수록 타액 분비량이 많아진다. 건초, 엔실리지, 알팔파 등의 조사료 급여 시 또는 반추 시에 많은 양의 타액을 분비하며, 반추시간도 길어진다. 분쇄한 건초나 건초에 대한 농후사료 비율이 증가할수록 반추시간은 감소하며, 타액의 분비량도 감소한다.

10) 루멘 내용물의 성질

루멘의 혐기성 발효에 적합한 환경조성이 중요하며, 그 조건은 다음과 같다. 첫째, 반추위의 온도를 일정하게 유지해야 한다. 둘째, 미생물의 성장에 필요한 사료 영양소가 계속 공급되어야 한다. 셋째, 미생물의 성장·발육을 저해할 수 있는 대사산물을 제거하기 위한 사료 영양소의 흡수 및 통과가 계속되어야 한다. 넷째, 침에 의한 완충작용 및 휘발성지방산과 암모니아의 흡수가 일어나야 한다. 다섯째, 미생물의 적절한 분포를 위한 반추위내 계속적인 사료의 혼합이 일어나야 한다. 루멘 내용물은 미생물, 발효 대사물, 섭취된 사료 및 타액으로 구성된다.

루멘 내용물은 건물 10～15%, 비중 1.022～1.055, 온도 38～41℃, pH는 일반적으로 5.5～7.1이며, 사료종류, 섭취사료, 타액 분비량 등에 따라 다르다. 루멘의 완충능력(buffering capacity)은 소의 경우 pH 6.8～7.8에서 가장 잘 맞으나 이 범위를 넘게 되면 완충능력은 감소하게 된다.

완충능력은 사료급여 후 시간, 사료성질, 물 급여에 따라 달라진다. 루멘의 주요한 완충제는 bicarbonate(HCO_3^-), phosphate(HPO_4^-), VFA를 들 수가 있다. 가장 효과적인 완충능력은 rH 6.8～7.8의 범위에서 나타난다. 산화-환원 전위는 루멘 내를 환원상태로 유지할 수 있어야 하며, 루멘 용액에서의 pH는 8 정도가 적당하다. 루멘 내용물은 표면장력과 점도를 가지며, 삼투압도 존재하는데 루멘의 삼투압은 VFA, sodium ion 등에 따라서 좌우된다. 루멘 용액내의 용질은 sodium, potassium, ammonia, 무기염 등이 중요하다.

11) 루멘 미생물

반추동물의 기본적인 소화생리를 이해하기 위해서는 제1위에 서식하는 박테리아(bacteria)와 원생동물(protozoa)에 대해 그 종류 및 기능을 아는 것이 중요하다. 박테리아 중에서 중요한 것은 약 28종이며, 원생동물도 여러 종류가 있다. 이들 미생물은 각 영양소에 선택적으로 작용하여 분해하며 발효산물을 생성한다.

(1) 분류와 기본조건

루멘 미생물의 대부분은 박테리아(microflora, bacteria)와 섬모충(microfauna, protozoa)이 주종을 이룬다. 이 외에도 상당수의 곰팡이(fungus), 효모(yeast)와 같은 미생물이 있으며, 미생물을 잡아먹는 파지(phage)가 있다. 특히 송아지에는 많은 편모충(flagellated protozoa)이 서식하며, 이러한 미생물의 유래는 사료로부터 기원하였다.

제1위는 혐기적 상태이며, 미생물은 다음과 같은 조건을 가춰야 한다. 루멘 미생물의 기본조건은 혐기성이고, 루멘 내에서 미생물 작용에 의해 최종 분해산물을 생성할 수 있어야 하며, 루멘 내용물 1g당 100만 마리 이상이어야 한다.

(2) 루멘 박테리아

루멘의 박테리아는 형태학적으로 분류하며, 루멘 내용물 g당 $\times 10^{9\sim10}$, 루멘 액몰 당$\times 10^9$ 또는 위액 1 ml당 대략 150～800억 마리가 서식하고 있다. 루멘 미생물의 서식 기원은 무균(SPF, specific pathogen free)돼지에게 사료를 급여하는 시험을 통하여 사료로부터 유래된다는 것이 판명되었다.

루멘 미생물 bacteria의 영양학적 분류는 특징, 기질, 생성물에 따라서 다음과 같이 분류한다.

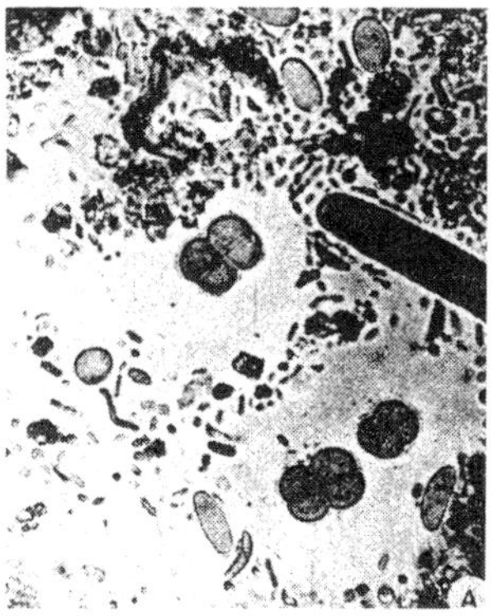

(a) 사연구균, 타원형

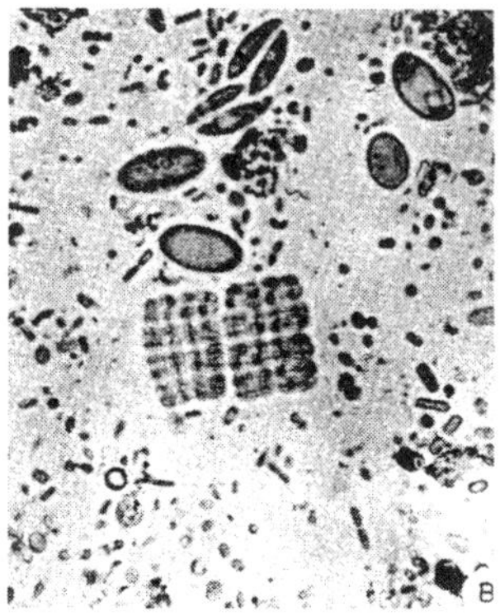

(b) 달걀형(oval forms)균

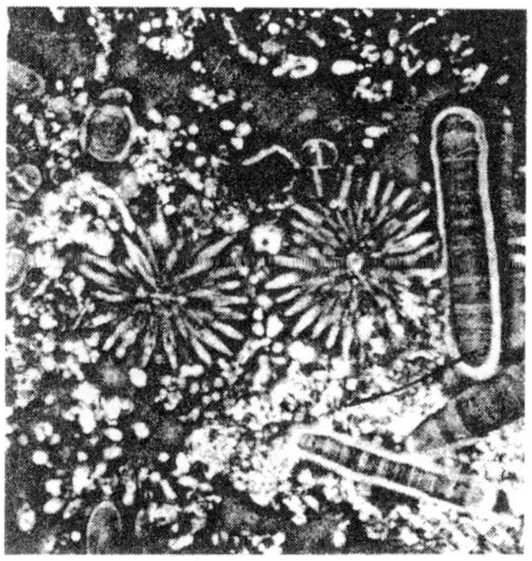

(c) 로제트(rosettee), 타원형

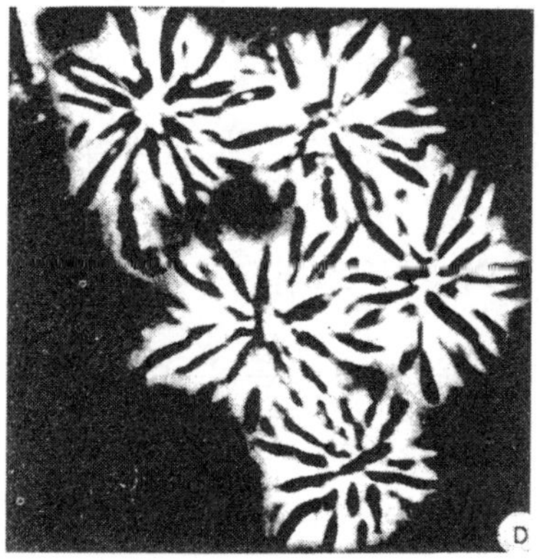

(d) 로제트 형성균

그림 3-19. 루멘 박테리아

가) 셀룰로오스를 분해하는 celluolytic bacteria

셀룰로오스를 분해하는 celluolytic bacteria는 셀룰로오스를 분해하여 글루코오스를 형성할 수 있다. 천연 셀룰로오스(celulose)를 분해할 수 있는 셀룰라아제(cellulase) 효소를 생화학적으로 합성할 수 있으며, β-결합의 글루코오스를 함유하는 이당류인 셀로비오스(cellobiose)를 활용할 수 있다.

셀룰로오스를 분해하는 bacteria는 섬유질 사료를 섭취하는 반추동물의 제1위 내에 아주 많으며, 중요한 것으로는 *Bacteroides succinogenes*, *Ruminococcus flavefaciens*, *Ruminococcus albus*, *Clostridium loch headii*, *Cillobacterium cellulosolvens* 등이 있다.

나) 헤미셀룰로오스를 분해하는 bacteria

헤미셀룰로오스(hemicellulose)는 펜토오스(5탄당, pentose)와 헥소오스(6탄당, hexose) 당 그리고 보통 우론산(uronic acid)을 함유하는 점에서 cellulose와 차이가 있다. Hemicellulose는 중요한 식물체의 구성성분이고, cellulose를 가수분해하는 유기체는 hemicellulose를 활용할 수 있다. 그러나 hemicellulose를 활용할 수 있는 미생물은 cellulose를 활용할 수 없다. 헤미셀룰로오스를 분해하는 bacteria는 *Butyrivivrio fibrisolvens*, *Lachnospira multiparus*, *Bacteroides ruminicola* 등이 있다.

다) 전분을 분해하는 amylolytic bacteria

전분을 분해하는 bacteria는 식물성 사료의 β-와 α-결합을 분해하는 bacteria이다. Cellulose를 분해하는 미생물은 전분을 분해할 수 있지만, 아밀로오스(amylose)를 분해하는 일부의 미생물은 cellulose를 분해하지 못한다. 아밀로오스를 분해하는 미생물은 소에게 전분 함량이 높은 사료를 급여하였을 때 총 미생물 중의 차지하는 비율이 높아진다. 중요한 bacteria는 *Bacteroides amylophilus*, *Succinimonas amylolytica*, *Butyrivivrio fibrisolvens* 등이 있다.

라) 설탕을 활용하는 bacteria

다당류(polysaccharides)를 활용할 수 있는 bacteria의 대부분은 이당류(disaccharides) 또는 단당류(monosaccharides) 역시 활용할 수 있다. 식물성 재료, 특히 부드러운 청초는 비교적 다량의 수용성 당질을 함유하며, 이러한 물질은 bacteria가 활용할 수 있다. 죽거나 분해되는 박테리아로부터 얻어지는 당을 이용하기도 한다. 이러한 수용성 당질의 미생물에 의한 발효가 일어나지 않는다면 당류를 에너지원으로 이용하는 박테리아를 유지할 수 없다.

마) 유기산을 이용하는 bacteria

루멘 내 적절한 양이 존재하지 않는다고 하더라도 무수한 미생물들이 젖산(lactic acid)을 활용하는 것으로 알려져 있다. 기타 미생물들은 숙시닉산(succinic acid), 말릭산(malic acid) 또는 퓨마릭산(fumaric acid)을 활용한다. 개미산(formic acid)은 일부 미생물에 의해 활용되며, 일차적인 에너지원은 아닐지라도 기타 미생물에 의해서 초산(acetic acid)이 활용된다. 옥살산(oxalic acid)은 루멘 미생물에 의해서 분해되는 또 다른 하나의 산이다. 젖산을 이용하는 박테리아는 *Veillonella gazogenes*, *Peptostreptococcus elsdenii* 등이 있다.

바) 단백질을 가수분해하는 proteolytic bacteria

무수한 루멘 미생물이 제1차적인 에너지원으로서 아미노산을 활용하는 것으로 알려져 있다. 단백질을 가수분해하는 미생물은 설탕을 활용하지 못한다. 아미노산을 주 에너지원으로 이용하는 박테리아는 *Bacteroides amylophilus*, *Clostridium sporogenes*, *Bacillus licheniformis*가 있다.

사) 암모니아를 생성하는 미생물

암모니아를 생성하는 미생물의 종류는 단백질을 가수분해하는 bacteria의 2배 정도가 된다. 그러나 무수한 미생물들이 여러 급원으로부터 암모니아를 생성하는 것으로 알려져 있으며, 암모니아의 생성은 루멘에서 일어나는 중요한 반응임을 나타내며, 루멘 액에서 거의 일정하게 발견된다. 암모니아의 생성은 제1위의 중요한 기능 중의 하나이며, 이러한 박테리아로는 *Bacteroides ruminicola*, *Peptostreptococcus elsdenii* 등이 있다.

아) 메탄을 생성하는 bacteria

메탄을 생성하는 methanogenic bacteria는 체외(in vitro)배양하는 것이 어렵다. 루멘에서 생성된 가스의 25%가 메탄으로서 상당한 양이지만 이것을 활용하는 미생물은 거의 알려져 있지 않다. 중요한 메탄생성 박테리아는 *Methanobacterium ruminantium*, *Methanobacterium formicicum* 등이 있다.

자) 지방을 분해하는 lipolytic bacteria

지방으로부터 글리세롤(glycerol)을 분해하여 활용할 수 있는 bacteria이다. Glycerol과 지방산(fatty acid)을 생성·분해함으로써 숙주동물에게 에너지원으로 이용할 수 있도록 해준다. 기타 미생물들은 불포화지방산을 경화(hydrogenation)하며, 일부는 긴사슬지방산을 케톤(ketones)으로 대사한다.

차) 비타민을 합성하는 bacteria

반추위내 미생물 가운데는 비타민 B군과 K를 합성하는 bacteria가 있다. 이와 같이 무수한 종류의 bacteria가 반추위 내에 서식하고 있으며, 이러한 미생물들은 한 가지 영양소만을 분해하는 것이 아니라 2가지 이상의 영양소를 동시에 분해·생성할 수도 있다.

카) 루멘 원생동물

루멘 프로토조아(rumen protozoa)는 박테리아보다도 크며 현미경을 통하여 쉽게 관찰할 수 있다. 프로토조아는 수적으로는 박테리아보다 훨씬 적으나 반추위내 미생물 전체 용적의 40∼50%를 차지한다. 루멘 내에서 프로토조아는 기본적으로 가느다란 털로 이루어진 섬모 종(ciliates)이며, 약 30종으로서 루멘 내용물 g당 $10^{5\sim6}$이 서식하고 있다.

프로토조아는 섬모의 형태 및 모양에 따라서 전섬모충(holotrichia)과 부분섬모충(oligotricha)으로 구분한다. 전섬모충은 빠르게 움직이며 크기가 크다. 짚신벌레와 비슷하며, 타원형으로서 몸 전체에 섬모를 가지고 있다. *Isotricha*, *dasytricha*가 주종을 이루며, 쉽게 분해 가능한 전분을 기질로 한다. 부분섬모충은 종류가 많고 크기나 모양, 기관이 다양하다. 타원형 및 긴 타원형이며, 앞면에만 섬모가 있다. Diplodinium이 주종을 이루고, *eudiplodinium*, *ostracodinium*, *entodinium*, *ophryoscolex*가 있으며 cellulose를 기질로 한다. 원생동물은 비교적 크기가 큰 편이어서 38μ×15μ에서 195μ×109μ까지 있다. 숫자는 위액 1 ml당 대략 20만∼200만 마리이다. 한편, 원생동물은 박테리아를 섭취하는 것으로 알려져 있다. 프로토조아는 bacteria와 함께 위 내용물을 발효하여 최종 대사물인 VFA, CO_2, H_2, 아밀로펙틴(amylopectin), 젖산(lactic acid) 등을 생성하여 숙주동물이 이용할 수 있도록 해준다. 사료의 성분에 따라 protozoa는 크게 영향을 받는다.

미생물 체단백질의 숙주동물에 대한 영양학적 가치는 표 3-1에서 보는 바와 같다. 결국, bacteria와 protozoa 세포단백질의 아미노산 조성은 우수하며 생물가가 높아 사료로 섞인 일부의 미생물이 제4위로 넘어가게 되어 제4위의 펩신(pepsin)에 의해서 분해되어 숙주에게 중요한 단백질 급원이 될 수 있다. 따라서 미생물로

표 3-1. 미생물 체단백질의 영양학적 가치

건 물	조단백질 %	소화율 %	생물가
박테리아 단백질	41.8	74	81
프로토조아 단백질	26.5	91	80

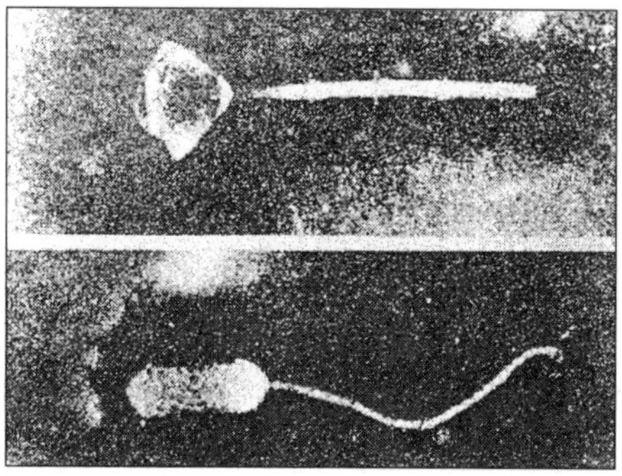

박테리오파지(bacteriophage)

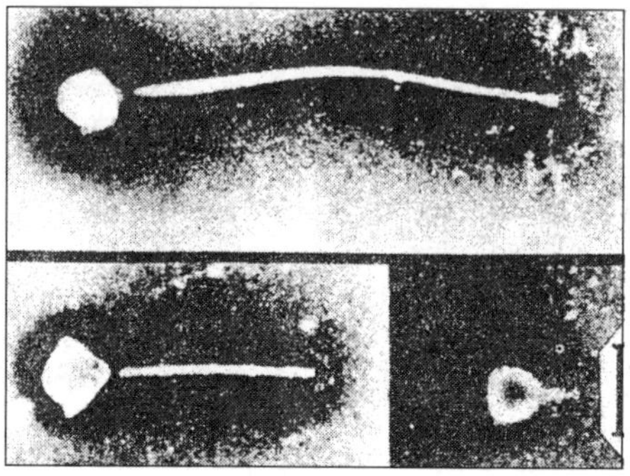

박테리오파지(bacteriophage)

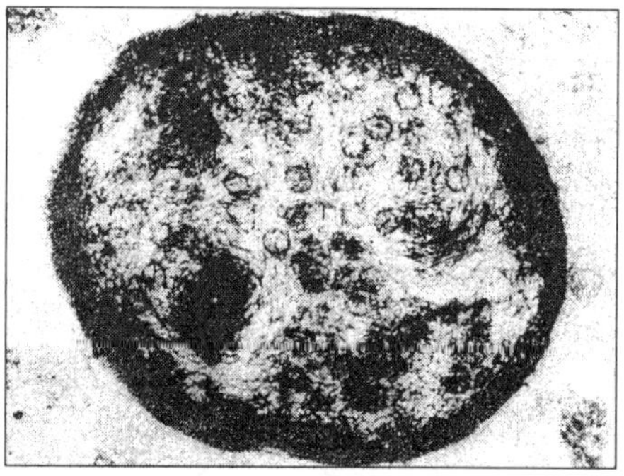

루멘 박테리움(rumen bacterium)

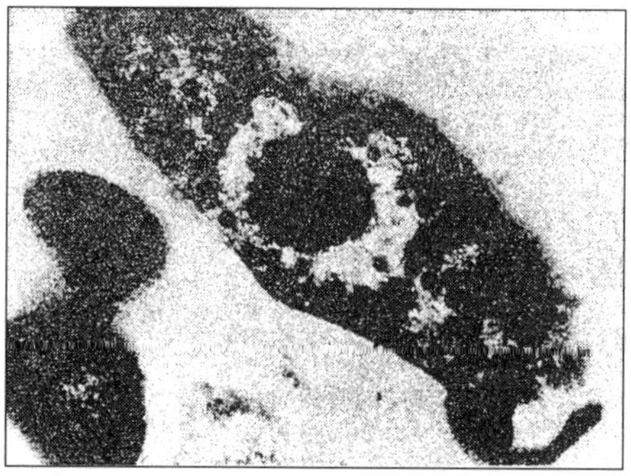

박테리오파지에 감염된 루멘 박테리움

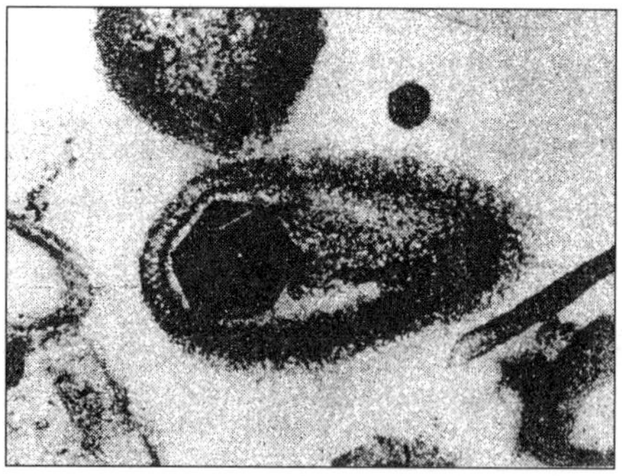

박테리오파지에 감염된 루멘 박테리움

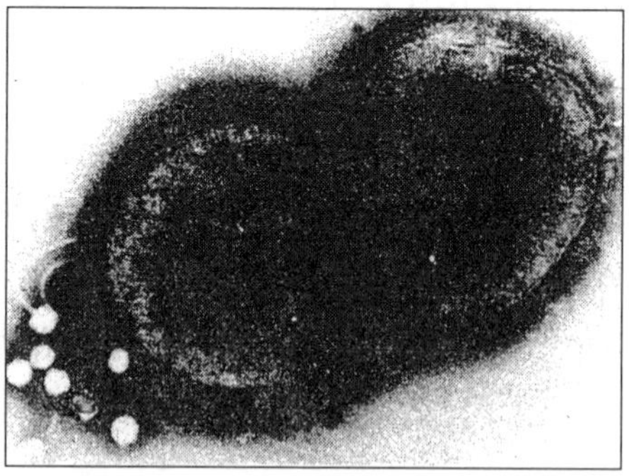

박테리오파지에 감염된 루멘 박테리움

그림 3-20. 루멘 프로토조아

부터 생산된 단세포단백질(SCP, single cell protein)의 사료적 가치가 높음을 고려할 때, 돈분의 생물학적 처리과정에서 발생될 수 있는 SCP의 고단백 사료화도 가능하다.

타) 루멘 미생물에 영향 요인

반추위내 미생물의 크기와 숫자는 양적 인자와 질적 인자에 의해서 영향받을 수 있다. 주간적 변화인 낮 동안에 나타난 동물 행동양상의 차이에 따라서 달라질 수 있고, 사양빈도 즉 일일 급여횟수에 따른 차이를 나타내며, 루멘 내 채취부위, 즉 루멘의 부위에 따라 미생물이 자라는 것이 다르다.

예로서, 배면낭 쪽이 복부낭 쪽에 비해서 미생물이 더욱 잘 자란다. 계절변이로서 계절에 따라 섭취하는 사료가 다르기 때문에 나타날 수 있는 사육환경, 즉 청초를 급여하는지 또는 건초를 급여하는지에 따라서 달라질 수 있고, 섭취되는 사료의 종류에 따라서 큰 차이가 나타난다. 양질의 조사료가 미생물의 성장에 좋으나 우리나라는 조사료와 농후사료의 급여비율이 7 : 3으로서 양질의 조사료를 확보할 수 있는 방법의 마련이 시급한 실정이다. 사료급여는 위내 pH 변화를 가져와 미생물 활력에 크게 작용하는데, 양적으로 사료를 많이 준다고 해서 미생물의 수가 늘어나는 것은 아니다. 이것은 통과속도가 빨라져서 미생물의 작용이 덜하기 때문이다.

제 4 장

영양소, 대사와 사양표준

동물이 필요로 하는 영양소는 물 · 단백질 · 탄수화물 · 지질 · 미네랄 · 비타민이다. 대부분의 경우 서로 다른 동물의 품종 간 영양소 요구량에 있어서 차이가 있지만, 실제 상황에서 섭취된 일반사료는 대부분의 영양소를 적절하게 공급할 수 있기 때문에 가축 사육자들은 어떠한 주어진 상황에서 문제가 되는 심각한 영양소에 관하여 염려할 필요가 없다.

1. 물

물은 동물에서 지방을 제외한(fat free animal) 체중의 71～73%를 구성하기 때문에 가축에 대한 극히 중요한 영양소이다. 물은 생명유지에 필수적인 여러 가지 기능을 가지며, 일반적으로 물은 어떠한 다른 영양소가 부족한 것보다도 동물의 생리작용에 관하여 더욱더 즉각적이고 극적인 효과를 가질 수 있기 때문에 동물에 의해서 섭취된 가장 필수불가결한 물질이다.

1) 물의 기능과 대사

물은 여러 가지 기능을 가지며, 많은 다른 화합물의 용매로서 작용한다. 물은 액상과 반고체 상태의 섭취된 내용물이 소화관을 통하여 수송할 수 있도록 도움을 준다. 또한 혈액과 기타 신체의 조직에 있는 물질을 수송해 주며, 결국 영양소를 세포로 이동하고 노폐물을 세포로부터 제거해 준다. 물은 소변을 경유하여 신체의 노폐물을 제거하며, 일부는 동물의 체온이 급격히 올라갔을 때 체온을 떨어뜨리는 데 이용된다.

동물의 체조직에서 이용 가능한 물은 음수(drinking water), 사료에 함유된 수분, 그리고 동물의 체조직에서 유기물의 화학반응(산화작용)에 의해 생성된 대사수(metabolic water)로부터 기인한다. 이와 같이 서로 다른 물 급원의 중요성은 동물의 품종에 따라서 다르다. 건조한 기후에 적응된 동물은 축축한 기후에 적응된 동물보다도 더 많은 양의 물을 음수 이외의 다른 급원으로부터 얻는다.

물은 신체로부터 신장을 통하여 소변으로 손실되며, 소화관으로부터 분 및 수증기로서 폐와 피부를 통하거나 땀 분비선을 통하여 땀으로서 체외로 손실된다. 물의 손실은 따뜻한 환경에서 크게 증가하는데, 그 이유는 동물의 생존을 허용하는 범위 내에서 체온을 유지하기 위하여 폐와 신체의 표면으로부터 수분증발에 의한 손실이 높아지기 때문이다.

물의 손실은 고단백질 사료의 섭취량이 많을수록 증가될 수 있으며(보다 많은 물이 소변 배설을 위해 필요하다), 여러 종류의 염분이 높은 사료, 고섬유질 사료, 그리고 사료 섭취량 증가에 의해서 높아질 수 있다. 결국 물의 이용이 제한된다면 물이 심각하게 제한되기 전에 사료 섭취량이 더욱 줄어들 것이다. 확실히 물의 공급이 줄어들면 사료섭취가 줄어들며, 특히 생산성이 높은 동물에서는 생산량이 줄어들 것이다.

물은 일년 중 따뜻하거나 더운 시기와 생산성이 높은 시기에 가장 중요하다는 것을 기억해야 한다. 경우에 따라서 동물은 요구된 물의 양을 다소 낮출 수 있다. 그러나 줄어든 물 섭취가 장기간에 걸친 가뭄동안 동물의 생존하는 문제가 아닌 이상 물 요구량을 낮추는 것은 바람직하지 않다.

2) 수 질

질이 낮은 물은 정상적으로 물과 사료섭취를 감소시키는 결과를 초래하기 때문에 물의 품질과 섭취량은 사료섭취와 동물의 건강에 영향할 수 있다. 일반적으로 정의된 것으로서 좋은 품질의 물이란 ℓ 당 총고형분 2,500 mg 이하를 함유해야 한다. 비록 ℓ 당 고형분 15,000 mg(1.5%)에서도 동물이 견딜 수 있지만, 이 수준은 동물의 생산성이 떨어질 수 있다.

물의 기호성(palatability)을 낮출 수 있는 물질은 여러 가지 염분(saline salts)을 포함하고 있다. 물론 이러한 염분의 섭취량이 많으면 독성이 나타날 수 있다. 많은 영향을 주지 않으면서 독성이 있는 물질, 예컨대 기호성은 질산염(nitrate)과 불소

(fluorine)는 물론 여러 가지 중금속(heavy metal)에 의해서 영향을 받는다. 기호성에 영향을 주거나 독성이 있는 기타 물질은 다양한 종류의 병원성 미생물, 조류(algae), 원충류(protozoa), 탄화수소(hydrocarbon)와 기타 지용성물질, 여러 형태의 살충제(pesticide), 그리고 때때로 물의 공급을 오염시키는 많은 산업용 화학물질들이 포함된다.

물에서 발견될 수 있는 여러 가지 염분(salt)은 염소(chloride), 황산염(sulfate)과 나트륨(sodium, Na), 칼슘(calcium, Ca), 마그네슘(magnesium,Mg), 칼륨(pota-ssium, K)의 중탄산염(bicarbonate) 등이 있다. 물 속의 염에 대한 동물의 내성(tolerance)은 물의 요구량, 동물의 품종, 나이, 생리적인 조건, 계절, 그리고 전체 사료에 들어있는 염의 함량은 물론 물에 존재하는 염의 형태와 양에 따라 달라진다.

만약 좋은 품질(저염, low salt)의 물을 선택할 기회가 주어진다면 동물은 정상적으로 염분이 있는 물(saline water)을 마시는 것을 선택하지 않을 것이지만, 제한된 범위 내에서 조절할 수 있고, 처음에는 거부할 염분이 있는 물을 마실 것이다. 그러나 갑작스런 수질 변화는 급성의 염 중독과 빠른 희생의 원인이 될 수 있다. 일반적으로 1% 이상의 소금(sodum chloride, NaCl)을 함유하는 물은 좋은 품질의 물이라고 생각하지 않는다.

그 이유는 소(cattle)와 면양(sheep)은 더운 기후에서 생산성의 감소 없이 약 1%의 소금농도를 유일하게 견딜 수 있고, 그리고 닭이나 돼지와 같은 일부 동물은 이렇게 많은 염을 견뎌낼 수 없기 때문이다. 100～200 ppm(parts per million, mg/kg)의 질산염(nitrate)은 잠재적 독성이 있으며, 그리고 물 ℓ 당 1 g의 황산염은 설사(diarrhea)를 일으킬 수 있다. 그러므로 수질이 의심된다면 물의 공급, 특히 젖소(dairy), 육계(broiler), layer(산란계) 또는 돼지(swine)에 대한 수질검사를 해야 한다.

3) 미네랄의 급원으로서 물

물은 정상적으로 물에 용해될 수 있는 영양소의 급원으로서 여긴다. 알려진 물에 용해된 물질은 급원(지하수, 지표수, 개방호수, 폐쇄호수, 기타 등)과 토양의 미네랄 함량에 따라서 상당히 다양하다. 만약 물의 평균 가치가 미네랄의 함량에 사용된다면 산정수치는 소의 경우 소금 요구량의 20～40%, 칼슘 요구량의 7～28%, 마그네슘 요구량의 6～9%, 유황 요구량의 20～45%를 물에서 얻을 수 있음을 나타낸다. 미네랄의 불균형이 문제 될 수 있는 지역에서 물 공급이 과잉 미네랄의 급원으로서 충분하게 활용될 수 없음을 기억해야 한다.

2. 단백질

단백질은 동물과 모든 생물 유기체의 조직을 구성하는 필수 구성성분이고, 물을 제외한 기타 다른 구성성분보다 근육조직이나 기관(organ)에서 높게 함유되어 있다. 모든 세포는 그들 생활주기의 전체 또는 일부를 위해서 단백질을 합성하며, 그리고 단백질 합성 없이는 생명은 존재 할 수 없다. 1,000여 개의 서로 다른 단백질이 여러 조직에서 발견된다. 단백질은 깃털(feather), 털(hair, wool), 뿔(hoove)과 같은 아주 불용성인 형태와 혈장 글로불린(plasma globulin)과 같은 높은 용해성을 갖는 단백질로 나눌 수 있다.

단백질은 35,000에서 수십만의 분자량을 갖는 고분자이다. 각 단백질은 동물의 신체(또는 다른 생물체)에서 신체 표면을 보호(머리카락, 피부)하는 것에서부터 병원체의 침입을 방어하는 작용까지 특유의 기능을 갖는다. 구조적으로 단백질은 근육, 세포막, 피부, 머리카락, 그리고 뿔의 구성성분으로서 중요한 기능을 갖는다.

대사적으로 중요한 단백질은 모두가 신체에서 중요한 특이적 기능을 갖는 혈청 단백질(blood serum protein), 효소(enzyme), 호르몬, 면역항체(immune antibody)가 있다. 단백질은 동물세포와 식물세포의 핵(nucleus)에서 합성되며, 세포핵은 새롭게 합성된 단백질의 성질을 결정하는 유전물질을 함유하고 있다. DNA (deoxyribonucleic acid)라고 하는 유전물질은 한 세대에서 다른 세대로 전환된다. 핵 DNA는 단백질의 기능과는 관계 없이 모든 단백질의 합성을 제어한다. 그러므로 단백질은 동물의 생명유지에 필수적이며, 한 가지 또는 다른 형태로 사료 내에 공급되어야 한다.

1) 단백질의 구성

모든 단백질의 특성은 아미노산의 긴사슬로 구성되어 있다. 하나의 아미노산은 기본 분자에 붙어있는 한개 혹은 둘 이상의 아미노기(amino group, $-NH_2$)를 함유하는, 초산(acetic acid)과 같은 하나의 유기산(organic acid)이다. 단백질의 물리・화학적 특성은 아미노산 비율의 차이, 염기배열(sequence), 교차결합(cross-linking), 기타 비아미노기의 존재 또는 구성물질에 의해서 변한다.

예로서, 일부 단백질은 금속원소를 함유할 수 있다(철을 함유하는 헤모글로빈, hemoglobin). 또 다른 단백질은 탄수화물(당단백질, glycoprotein)이나 지질(지단백질, lipoprotein)을 함유할 수 있다. 우유 내 중요한 단백질인 카제인(casine)과 같은 일부 단백질은 오히려 많은 량의 인(phosphorus, P)을 함유한다.

비록 아미노산으로서 분류된 200개의 이상의 자연적으로 발생된 복합물이 있지만, 단백질이 식물성 또는 동물성인지에 관계없이 대부분의 단백질은 약 20개의 서로 다른 아미노산을 함유하고 있다.

식물은 이러한 아미노산들을 암모니아(ammonia)나 질산염(nitrate)과 같이 무기태질소(inorganic nitrogen) 급원으로부터 또는 여러 가지 유기물로부터 합성시킬 수 있는 능력이 있다. 많은 미생물 역시 단백질을 합성할 수 있는 능력을 가지고 있지만, 고등동물에서는 여러 조직에 의해서 필요한 모든 아미노산을 합성할 수 있는 능력이 없다. 그 결과 일부 아미노산이 대부분 동물의 사료에서 필요하다. 간은 아미노산 합성의 중요한 장소이다.

2) 필수아미노산

동물의 사료 내 반드시 필요한 아미노산을 필수(또는 없으면 안 되는) 아미노산(essential, nondispensable amino acid)이라 부른다. 사료 내 특별히 요구되지 않

표 4-1. 필수 및 비필수아미노산의 분류

필수아미노산	비필수아미노산
arginine	alanine
histidine	aspartic acid
isoleucine	citrulline
leucine	cystine
lysine	glutamic acid※
methionine	glycine※
phenylalanine	hydroxyproline
threonine	proline※
tryptophan	sernine
valine	tyrosino

※아미노산은 병아리의 적정 성장을 위한 추가 필수아미노산

는 아미노산을 비필수(없어도 되는) 아미노산(nonessential, dispensable amino acid)이라고 부른다. 두 그룹은 표 4-1에서 보는 바와 같다.

쥐, 생쥐, 개, 돼지, 병아리 및 인간에 대한 광대한 연구가 이러한 다른 품종들의 요구량을 평가하기 위하여 수행되었다. 각각의 연구는 전분, 당, 돼지기름 또는 옥수수기름, 정제된 비타민과 미네랄 급원, 그리고 개개 아미노산의 여러 조합을 함유하는 정제사료(purified diet)를 이용하여 수행되었다.

이러한 연구결과, 알지닌(arginine)은 일부 품종의 사료에서 동물의 최대성장을 위하여 필요하지만 유지를 위해서는 필요하지 않으며, 어린 송아지(calve)에 의해 요구되지 않은 것으로 나타났다. 아스파르틴산(aspartic aicd)의 유도체인 아스파라긴(asparagin)은 결정아미노산사료(crystalline amino acid diet)를 섭취하는 처음 몇 일 동안 동물의 최대성장을 위해서 필요하다.

사료에 포함되었을 때, 하나 혹은 그 이상의 아미노산이 필수적이거나 또는 성장 또는 기타 생산에서 추가된 반응을 줄 수 있는 상황이 있기 때문에 일부 저자들은 필수, 준필수(semiessential), 비필수아미노산의 목록을 작성하는 것을 선호한다. 만일 위와 같이 나눈다면 목록은 표 4-2와 같을 것이다.

실제 동물 영양에서 가장 결핍되기 쉬운 아미노산은 라이신(lysine), 함유황(sulfur) 아미노산을 포함한 메치오닌(methionine), 그리고 트립토판(tryptophan)이다. 옥수수와 수수(milo) 같은 제 1차 에너지 사료는 이러한 아미노산이 아주 낮고, 이들 곡류를 고비율로 하여 제조되는 사료는 보통 이러한 아미노산을 높게 함유하는 단백질의 공급이 필요하다.

반추동물(그리고 일부 다른 초식동물들)은 단위동물에서처럼 동일하게 사료 내

표 4-2. 필수, 준필수 및 비필수아미노산의 분류

필수아미노산	준필수아미노산	비필수아미노산
isoleucine	arginine	alanine
leucine	cystine	aspartic acid
lysine	glycine	citrulline
methionine	histidine	glutamic acid
phenylalanine	proline	hydroxproline
threonine	tyrosine	serine
valine		
tryptothan		

아미노산을 요구하지 않는다. 반추동물의 제1위(rumen)와 장내 미생물(intestinal microorganism)은 탄수화물 대사로부터 생성된 유기산(organic acid) 및 요소(urea) 또는 암모니아와 같은 단순한 복합물질로부터 필수(비필수) 아미노산을 합성하는 능력이 있기 때문이다. 비록 반추동물이 요소와 같은 질소급원의 적절한 수준에서 생존할 수 있고 생산할 수 있을지라도 최적 생산성은 각 사료를 이용하여 얻어질 수 없다. 생산성이 높은 동물, 특히 고능력 젖소에서는 기본적으로 라이신이나 메치오닌의 적정량을 공급받지 못할 수도 있으므로 생산능력을 극대화해 주기 위해서는 이들 아미노산의 추가적인 공급이 필요하다.

3) 단백질의 생물학적 이용성

사료단백질의 생물학적 이용성은 단백질을 아미노산으로 분해하고, 분해된 아미노산을 흡수하며, 새로운 단백질의 합성을 위해서 체내에서 흡수된 아미노산을 활용할 수 있는 동물의 능력에 의해서 영향을 받는다. 단위동물에서 사료단백질은 위에서 염산(HCL)과 펩신(pepsin)에 의해서 분해된다.

본격적인 단백질의 분해는 췌장(pancreas)으로부터 분비되는 효소[트립신(trypsin), 키모트립신(chymotrypsin)]와 십이지장(duodenum)에서 분비되는 효소(펩티다아제, peptidases)로부터 분해과정이 완료됨으로써 소장하부, 즉 회장(ileum)에 이르러서 종료된다. 단백질은 흡수되기 전에 보다 작은 아미노산 입자로 가수분해되어야 한다. 이 설명은 매우 어린 포유동물의 경우에는 예외가 된다. 어린 포유동물은 여러 가지 질병에 대한 수동면역(passive immunity)을 얻기 위하여 출생 직후에 일부 우유단백질을 흡수할 수 있는 능력이 있다.

체조직의 단백질대사는 새로운 단백질의 일정한 합성과 죽은 세포의 일정한 분해로 이루어진 매우 활성적인 과정이다. 단백질의 대사과정 동안에 아미노기(amino group)는 아미노산으로부터 제거될 것이다(탈아미노 과정, deamination). 떨어져 나간 아미노기는 비필수아미노산의 합성에 사용될 수 있거나, 또는 너무 많을 경우 배설을 위해 더욱더 대사될 것이다. 포유동물에서 단백질 이화작용(catabolism, 분해작용, degradation)의 최종 대사물은 소변을 통과하여 배설된 요소이다. 조류에서 요산(uric acid)은 질소가 신장(콩팥, kidney)으로부터 배설된 주요한 형태이다.

다른 급원으로부터 단백질의 소화율은 전혀 다르고 동물의 품종 가운데서도 다양하다. 엄지의 법칙(a rule of thumb)으로서, 우리는 동물의 사료로서 이용되는 대부분의 단백질 급원은 70～80% 정도가 분해될 것이라고 말할 수 있다. 하지만 다양한 조건들이 이 값에 영향을 끼칠 수 있다. 예로서, 많은 식물성 단백질 급원이 하나 혹은 둘 이상의 억제제(inhibitor)를 함유하고 있으며, 동물성 단백질의 적절한 공정은 일반적으로 높은 소화율을 보장하기 위해서 엄격하다.

체단백질의 재합성을 위한 흡수된 아미노산의 효율적인 활용은 필수아미노산의 분포와 기본적으로 관계가 있다. 사료단백질은 동물에 의해서 분해될 수 있는 정도에 있어서 상당히 다양하다. 동물에 의해서 필요한 수준의 필수아미노산을 함유하는 단백질을 고품질 단백질(high quality protein)이라고 한다. 각 단백질은 정상적으로 높은 소화율을 가지고 있으나 많은 예외가 있다.

사료단백질의 등급과 스스로 동물의 활용에 관한 정보를 제공하지 못하는 아미노산 함량의 등급은 여러 가지 의미가 있다. 단백질의 양(농도)은 하나의 방법이다. 사료단백질의 소화율은 사료를 배합할 때 단백질 급원을 선택하는 데 있어서 가끔씩 사용되는 두 번째 방법이다. 생물가(biological value, BV)는 또 다른 방법이다. 생물가는 생산기능을 위하여 신체 내에서 유지된 분해된 질소와 흡수된 질소(단백질)의 백분율로서 정의된다.

즉, 생물가는 특수한 단백질이 필수아미노산을 얼마나 잘 공급하는가를 나타내는 간접적인 평가방법이다. 전란(whole egg)의 단백질은 약 100의 생물가를 가지며, 육류 단백질 72～79, 곡류 단백질 50～65, 그리고 젤라틴은 12～16의 생물가를 갖는다. 물론, 실제로 동물은 정상적으로 어떠한 주어진 사료에서 몇몇 급원으로부터 단백질을 섭취할 수 있다. 따라서 저질 단백질의 부족한 부분은 다른 우수한 품질의 단백질에 의해서 균형을 유지해 주는 것이 적절하다. 이렇게 해주지 않을 때 동물의 조직은 합성될 수 있는 새로운 단백질의 양이 제한을 받게 된다.

예로서, 만약 흡수된 라이신이 부족하게 공급되지만 합성될 단백질들을 위해서 필요하다면 합성량은 유효 라이신(available lysine)에 의해서 제어될 것이다. 다른 필수아미노산이 너무 많다면 라이신과 함께 사용될 수 있는 양 이상은 에너지원으로서 기본적으로 사용될 수 있고, 아미노산으로서 작용하지 않을 것이다. 만약 이런 상황이 어떤 장기간 동안 계속 된다면 성장능력(performance)이 낮아지고, 사료효율(feed efficiency)의 감소가 나타난다.

단백질의 적정성을 측정하는 기타 방법은 단백질 효율성 비율(protein efficiency ratio, PER)과 순 단백질가(net protein value, NPV)이다. PER은 섭취된 단백질 단위당 동물 체중 증가량의 그램 수로서 정의한다. NPV는 동일한 기간 동안

무단백질 사료를 급여한 동물로부터 나타나는 결과와 시험단백질 사료를 급여해서 나타나는 동물로부터의 신체 질소를 비교해서 성장효율성을 측정하는 것이다. NPV는 또한 생물가에 의한 단백질의 소화율을 곱해서 계산될 수 있다.

일반적으로 단백질의 품질은 단위동물에서 보다 반추동물에게는 중요하지 않다. 루멘에서 사료단백질의 비율이 높으면 루멘 미생물에 의해서 아미노산으로 가수분해되고, 아미노산의 대부분은 유기산, 암모니아, 이산화탄소로 더욱 분해된다. 루멘 액내 유리암모니아는 미생물의 작용에 필요한 새로운 아미노산을 합성하기 위하여 미생물에 의해서 활용된다.

또한, 박테리아는 단백질의 분해와 재합성 주기의 동일한 형태를 통해서 진행되는 원생동물(protozoa)에 의해서 섭취될 수 있다. 궁극적으로 박테리아, 원생동물, 미분해된 사료단백질은 루멘 이후의 소화관으로 통과하게 되고, 소화관에서 그들은 어느 정도 분해되어 아미노산으로 흡수된다.

박테리아와 원생동물의 단백질은 일반적으로 달걀과 우유에서 발견된 고품질의 단백질에 비해서 BV가 더욱 낮지만, 많은 식물성 단백질 급원보다는 높은 품질이다. 따라서 반추동물에서 이러한 경향은 아주 우수한 품질의 단백질가를 분해하는 것이며, 저품질 사료단백질의 가치를 향상시키는 것이다. 이러한 여러 가지 기전은 사용에 일부 제약이 있긴 하지만, 반추동물의 사료내 사료원료로서 요소(urea)와 같은 비단백태 질소화합물(nonprotein nitrogen compound, NPN)의 사용을 허용한다.

반추동물에 대한 단백질가는 루멘 내 얼마만큼의 가용성 단백질이 있는가와 가용성 단백질의 얼마가 루멘 미생물에 의해서 분해될 수 있을까와 관련하고 있다. 어분(fish meal)과 같은 일부 고품질의 단백질 급원은 루멘 내에서 크게 분해되지 않는다. 만일 각 단백질이 소화관을 통과해서 오히려 완전하게 분해된다면 제한될 수 있는 라이신, 메치오닌과 같은 많은 양의 아미노산을 동물에게 공급할 수 있다. 물론, 루멘 미생물에게 영양소를 공급해 주기 위한 가용성이면서 분해될 수 있는 단백질의 적절한 공급이 반드시 있어야 한다.

4) 단백질 요구량

단위동물과 조류에 대한 요구량은 필수아미노산이다. 모든 주요 사료의 아미노산 함량에 관한 자료가 충분하게 있다고 하지만, 화학분석에 의해서 제시된 자료는 주어진 얼마만큼의 아미노산이 동물의 생체에서 분해되고 흡수될 수 있을까를 나타내지 못한다. 따라서 아미노산의 요구량은 보통 일부 제한 아미노산에 관한 부가적인 정보와 함께 전체 단백질의 양으로 나타낸다.

요구량은 어린 동물이나 빠르게 성장하고 있는 동물에서 항상 가장 높다. 요구량은 성장률이 떨어짐으로써 낮아지는데, 요구량은 유지상태에 있는 성숙한 동물에서 가장 낮다. 요구량은 임신기간 동안에 증가하며, 최고 비유기 또는 계란 생산시기에 급격하게 증가된다.

5) 단백질 결핍증

단백질 결핍증은 한 가지 또는 그 이상의 보다 많은 제한아미노산(limiting amino acid) 또는 불충분한 단백질 섭취의 결과일 수 있다. 단백질 결핍증의 증상은 낮은 성장률과 신체에 의해서 줄어든 질소 축적률(N retention), 사료의 낮은 활용 및 더욱 낮아진 사료섭취, 종종 발생될 수 있는 높은 새끼의 사망률을 수반하는 낮은 출생 체중, 줄어든 우유 또는 달걀의 생산, 그리고 암·수 양쪽의 불임(infertility)을 포함한다.

증상의 심각성은 결핍증의 심각성과 높은 관계가 있을 것이다. 단백질 섭취의 부족은 어린 동물, 급속하게 성장 중인 동물, 비유 중인 암컷, 또는 산란계에 대하여 가장 현저하게 영향할 것이다. 정상적으로 단백질 결핍증은 한 가지 또는 더 많은 다른 영양소, 초식동물에 대해서는 특히 에너지 결핍이 수반될 수 있다. 잠복결핍증(subclinical deficiencies, 동물의 검사에 의해서 진단될 수 없는)은 어쩌면 많은 나라에서 비교적 일반적으로 나타나는 특성일 수 있다.

하나의 이유는 단백질은 구입 가격이 비싼 사료원료라는 점이고, 그리고 가축사육자들이 가능하면 섭취된 사료의 수준과 품질을 낮추려는 경향을 보이기 때문이다. 종종 가벼운 결핍증은 낮아진 혈액 단백질, 성장률 감소, 기타 등등에 의해서 파악될 수 있다. 그러나 동물이 단백질 결핍증이라고 확실하게 확인할 수 있음은 보통 어려운 일이다. 라이신의 경우에서만 유일하게 특수한 결핍증상이 있다. 검은 깃털을 갖는 칠면조에서 라이신 결핍증은 주익우 날개 깃털(primary flight feathers)에 흰색 줄무늬(white barring)를 생성한다.

6) 과잉 단백질

자연 서식지에서 방목하는 초식동물은 봄철(또는 열대지방에서는 장마철에 일찍)에 풀이 급속하게 자라나는 시기 동안에만 정상적으로 과잉 단백질을 조장할 수도 있다. 제한된 공간에서 사육되는 가축에서 과잉 단백질은 단백질 공급과 관련한 비용 때문에 흔히 있는 문제는 아니다. 이루어진 대부분의 연구는 특히 단백질이 적절한 품질이고, 섭취가 오랫동안 계속되지 않는다면 과잉 단백질 섭취로부터 어떠한 현저하게 뚜렷한 역효과가 없음을 시사하고 있다. 그러나 고수준의 단백질을 섭취하는 젖소에서 수정률(fertility) 감소를 나타내기도 한다.

전분 또는 설탕과 같은 탄수화물의 적절한 공급 없이 질소 급원으로서 요소(urea)를 섭취한 반추동물에서 독성과 희생이 일어날 수 있다. 이러한 상황은 동물이 루멘 내 비교적 높은 pH를 초래하는 저질 조사료를 섭취할 때 높아진다. 이 상태에서 요소는 암모니아로 빠르게 가수분해된다.

암모니아는 빠르게 흡수되고, 암모니아를 해독하는 간에 부담을 주며, 혈액과 조직에 축적되는 결과를 초래하여 만일 충분한 양이 존재한다면 독성 또는 희생을 초래할 수 있다. 암모니아(요소) 중독은 동물이 요소에 적응되지 않았거나 또는 사료가 잘 혼합되지 않아서 과잉의 요소 섭취를 허용하는 또 다른 상태에서 역시 일어날 수 있다.

3. 탄수화물

비록 식물이 많은 서로 다른 탄수화물을 합성한다고 하더라도 기본적인 화합물은 보다 복잡한 화합물 또는 서로 다른 탄수화물을 합성하는 포도당(glucose)이다. 식물조직 내에서 탄수화물은 조사료(forage) 건물(dry matter) 양의 50%, 그리고 일부 곡류의 낟알(grain kernel)에 80%를 구성하고 있다. 따라서 탄수화물은 모든 초식동물을 위한 주요한 사료성분이다. 동물에 대하여 탄수화물은 에너지의 공급원으로서 또는 사료 내 부피를 채우는 용적물질(bulk)로서 사용될 수 있으나, 개개 탄수화물 복합체에 대한 특수한 요구량은 없다.

1) 사료 내 탄수화물

화학적으로 탄수화물은 각 분자가 가지고 있는 탄소(carbon, C) 원자의 수 또는 더욱 복합한 물질에 함유된 단당류 분자의 수를 기초로 하여 분류된다. 탄수화물의 여러 가지 분류는 표 4-3에서 볼 수 있다.

표 4-3. 탄수화물의 분류

단당류	
Pentose(5탄당)	Hexose(6탄당)
Arabinose	Fructose
Ribose	Galactose
Xylose	Glucose
	Mannose
이당류	
Cellobiose	glucose+glucose※
Lactose	glucose+galactose※
Maltose	glucose+glucose※
Sucrose	glucose+fucusose※
삼당류	
Raffinose	glucose+fructose+galactose※
다당류	
Pentosan(pentose 당을 함유)	
Araban	arabinose※
Xylan	xylose※
Hexosan(Hexose 당을 함유)	
Cellulose	glucose※
Glycogen	glucose※
Inulin	fructose※
Starch	glucose※
혼합다당류	
Gums	pentose+hexose※
Hemicellulose	pentose+hexose※
Pectins	Pentose+hexose※

※구성당을 나타낸다.

포도당(glucose, 또는 dextrose라고 한다)과 과당(fructose)은 사료와 식품원료에서 가장 일반적인 단당류(단순당, simple sugar)이다. 포도당과 과당은 식물과 동물조직 모두에서 단당류로서 발생하지만, 낮은 농도로만 단당류로서 생겨난다. 과당은 동물체내에서 쉽게 포도당으로 바뀌기 때문에 포도당으로서 체내대사에 이용될 수 있다. 표에 나타난 바와 같이 다른 단당류도 사료에 존재하지만, 앞에서 언급한 포도당과 과당보다 더욱 소량으로 존재한다.

이당류(단순당의 2개 단위를 포함하는 당)와 다당류(단순당의 매우 많은 단위를 포함하는 당)는 단순당보다도 훨씬 더 높은 농도로 식물조직에 존재한다. 설탕(sucrose, 일반 식탁 위에 쓰이는 당)은 포도당과 과당의 결합이고 사탕수수(sugar cane)나 사탕무(sugar beet)와 같은 식물조직에서 높은 농도로 발견된다. 젖당(유당, lactose)은 포도당과 갈락토오스(galactose)를 함유하며 우유에서만 발견된다. 포도당과 전분(starch) 사이의 중간 혼합물인 맥아당(maltose)은 2개의 포도당 단위로 구성된다.

전분은 식물, 특히 곡류(grain)와 괴경(tuber) 또는 기타 근채류(root crop)에서 발견된 비섬유성의 가장 중요한 다당류이다. 전분은 포도당의 단위로 구성된다. 전분에는 아밀로오스(amylose)와 아밀로펙틴(amylopectin)이라는 2개의 중요한 형태가 있다. 그들 사이의 중요한 차이는 포도당 단위의 기본 사슬에 부착된 옆 사슬의 양이다. 서로 다른 식물 급원으로부터의 전분은 아밀로오스와 아밀로펙틴의 비율이 다르며, 그들의 미세한 물리적 구조에서 차이를 보이는데, 이는 어쩌면 축적된 전분 내 단백질 기질의 차이 때문으로 볼 수 있다. 비록 이러한 차이가 존재할지라도 전분은 동물에 의해서 일반적으로 대단히 소화가 잘 된다.

섬유성 식물의 다당류는 식물조직에 대한 구조적인 지탱을 제공해 준다. 조사료에서 가장 중요한 섬유성 식물의 다당류(구조화탄수화물)는 셀룰로오스(cellulose)와 헤미셀룰로오스(hemicellulose)이다. 목재조직(woody tissue)은 자일란(xylan)의 함량이 높다.

전분처럼 셀룰로오스는 포도당 분자로부터 합성되지만, 포도당 분자는 포도당을 오히려 용해되지 않고(불용성, insoluble) 분해를 어렵게 하는 방법으로 결합되어 있다. 헤미셀룰로오스는 5탄당과 6탄당의 긴사슬인 식물성분의 폭넓은 기(group)을 포함하며, 비록 헤미셀룰로오스가 셀룰로오스에 비해서 몇 가지 용매에 더욱 용해될 수 있다고 하지만 역시 분해에 대한 저항성이 있다.

2) 흡수와 대사

사료 내 탄수화물은 단위동물에게 흡수되기 전에 단당류로 분해되어야 한다. 아밀라아제(amylase, 전분을 가수분해하는 효소)의 아주 적은 양이 일부 동물의 타액(침, saliva)에 존재한다. 췌장(pancreas)은 전분과 기타 비슷한 다당류를 분해할 수 있는 잠재적인 효소(췌장의 아밀라아제, pancreatic amylase)를 생성한다. 이당류를 가수분해할 수 있는 기타 효소는 십이지장(duodenum)의 점막세포(mucosal cell)에 의해서 생성된다.

단당류는 소장[십이지장, 공장(jejunum)]에서 빠르게 흡수되며, 포도당과 갈락토오스가 가장 빨리 흡수되는 반면, 크실로오스(xylose)나 아라비노오스(arabinose)와 같은 일부 5탄당은 늦은 비율로 흡수된다. 단당류의 높은 비율이 소장의 벽에서 포도당으로 바뀌질 것이다. 이러한 당은 간에 의해서 변형될 수 없거나 또는 기타 방법으로 대사될 수 없다. 따라서 모든 흡수된 당은 에너지 또는 기타 대사 과정을 위해서 체세포에 이용될 수 있다.

동물의 신체는 탄수화물로서 아주 적은 에너지를 저장하지만, 일부 글루코오스가 소량으로서 간과 근육 내에 저장된 전분의 형태, 즉 글리코겐(glycogen)으로 전환되어 생체조직에서 쉽게 이용할 수 있는 빠른 에너지원을 공급해 준다. 글리코겐의 쉬운 이용성은 동물이 상대적으로 좁은 범위 내에서 혈당의 수준을 유지할 수 있는 이유 중의 하나이다. 글루코오스와 글리코겐은 비교적 용해가 잘 되며 쉽게 분해될 수 있기 때문에 단당류, 이당류 및 전분은 빈번히 쉽게 이용할 수 있는 탄수화물(readily available carbohydrate)로서 생각하고 있다.

몇 가지 이유로 인해서 동물은 셀룰로오스, 헤미셀룰로오스, 그리고 기타 섬유성 탄수화물을 분해할 수 있는 효소를 생산하려는 능력을 결코 발전하지 않았다. 이러한 복합물질의 분해가 일어난다고 하더라도 실제로 동물의 소화관에서 일어나며, 그것은 미생물 작용의 결과이다. 미생물의 폭넓은 변이성은 섬유성 탄수화물을 분해하는 능력이 있다는 것이며, 그리고 이러한 미생물 종류의 수는 대장(large intestine), 맹장(cecum), 결장(colon)에서 발견될 수 있을 것이다. 여러 단위동물의 종류 가운데서 말은 대부분의 섬유소를 분해한다. 가금(poultry)은 아주 적은 양을 분해한다. 돼지와 토끼는 중간 정도의 분해력을 갖는다.

어린 반추동물이 고형사료(solid food)를 먹기 시작할 때, 반추동물의 제1위(rumen) 내에 박테리아와 프로토조아 집단이 점차적으로 발육한다. 또한, 이러한 미생물은 사료의 탄수화물을 분해할 수 있다. 쉽게 이용할 수 있는 탄수화물과 관련하여 미생물은 빠르게 공격하고, 그리고 이산화탄소(carbon dioxide, CO_2), 물, 열, 및 휘발성지방산[(volatile fatty acid, VFA : 주로 초산(acetic acid), 프로피온산(propionic acid), 뷰틸산(butyric acid)]으로 거의 완전하게 대사된다. 휘발성지방산은 제1위의 벽 또는 장을 통해서 흡수되며, 동물에게 에너지원을 제공한다. 높은 수준의 곡류사료를 섭취한 동물의 경우, 가끔씩 충분한 전분의 양이 위를 거쳐 장으로 통과할 수 있다. 여기서 전분의 일부는 단위동물에서와 같이 분해될 것이다.

그러나 반추동물의 췌장에서 생성된 아밀라아제의 양은 아주 낮으며, 전분의 분해를 제한하는 요인이다. 결국, 높은 수준의 전분이 반추동물의 위로 들어간다면 일부는 맹장과 결장의 미생물에 의해서 분해될 것이고, 일부는 분으로 배설될 것이다. 또한, 이당류의 분해에 필요한 기타 효소는 젖을 빨고 있는 흡유동물(suckling animal)에서의 락타아제(lactase)를 제외하면 적다. 반추동물은 설탕의 분해에 필요한 효소, 수크라아제(sucrase)를 생산하지 않는다.

반추동물은 섬유성 탄수화물의 분해에서 가장 효율적인 초식동물(herbivore)이다. 섬유성 탄수화물은 얼마 동안 루멘 내에서 유지되는데, 고품질의 조사료(예, 알팔파 건초)가 짧은 기간 동안 머무를 수 있다고 하더라도 긴 짚(long straw)을 섭취한 축우(cattle)에 의해서는 보통 6～10일 정도 머무른다. 어떤 비율에서 조사료는 미생물에 의한 작용을 위해서 충분히 오래 머무른다. 반추행위(rumination) 동안 미생물의 작용과 씹는 행위(chewing)의 조환은 입자도(particle size)를 작게 하는 작용을 하며, 그래서 명백하게 섬유성 입자를 루멘 밖, 즉 소장으로 통과할 수 있는 점까지 분해되거나 씹게 된다. 섬유성 탄수화물의 루멘(또는 장, gut) 분해에 대한 최종 생성물은 초산이 높고 프로피온산이 낮은 수준의 특징을 나타낸다는 것을 제외하면 쉽게 이용할 수 있는 탄수화물에서와 동일하다.

리그닌(lignin)은 식물조직 내 구조적 성분으로서 존재하는 긴사슬 중합체(long-chain polymer, 일부 플라스틱과 비슷한)이다. 리그닌은 탄수화물은 아니지만, 리그닌은 필수적으로 비소화성(undigestible)이고 동시에 식물조직의 분해를 방해하는 면에서 영양학적인 관점으로부터 중요하다. 리그닌 함량은 일반적으로 저질 조사료에서 높다. 두과식물(legume)에서, 예로서 잎보다 줄기에 리그닌 함량이 높으며, 그리고 전체적인 함량은 풀보다 두과식물에서 더 높은 경향을 나타낸다.

4. 지 질

지질은 물에는 녹지 않지만 유기용매에는 녹는 유기물이다. 화학적으로 지질은 지방(fat) 또는 기름(oil)에서부터 복합 스테롤을 포함한다. 지단백질(lipoprotein)은 모든 세포 구조의 중요한 성분이다. 지방은 저장된 에너지의 농축된 형태로서

표 4-4. 지방산의 분류

분 류		구조식	지방산 이름	
			일반명 (Common name)	계통명(Systemic name)
포화 지방산 (SFA)	짧은사슬지방산 (SCFA) 휘발성지방산 (VFA)	2:0	Acetic acid	–
		3:0	Propionic acid	–
		4:0	Butyric acid	–
		5:0	Valeric acid	–
	중간사슬지방산 (MCFA)	6:0	Caproic acid	–
		8:0	Caprylic acid	–
		10:0	Capric acid	–
	긴사슬지방산 (LCFA)	12:0	Lauric acid	Dodecanoic acid
		14:0	Myrisitic acid	Tetradeecanioc acid
		15:0	–	Pantadecanoic acid
		16:0	Palmitic acid	Hexadecanoic acid
		17:0	Margaric acid	Heptadecanoic acid
		18:0	Stearic acid	Octadecanoic acid
불포화 지방산 (UFA)	단일, 단쇄 또는 일가 (MUFA)	14:1n-9	Myristleic acid	Δ^{9}-tetradecenoic acid
		16:1n-7	Palmitoleic acid	Δ^{9}-hexadecenoic acid
		17:1	Magaroleic acid	–
		18:1n-9	Oleic acid	Δ^{9}-Octadecenoic acid
	고도, 장쇄 또는 다가 (PUFA)	18:2n-6	Linoleic acid	$\Delta^{9,12}$-Octadecadienoic acid
		18:3n-6	γ-Linolenic acid (GLA)	$\Delta^{6,9,12}$-Octadecatrienoic acid
		18:3n-3	Linolenic acid	$\Delta^{9,12,15}$-Octadecatrienoic acid
		18:4n-3	–	$\Delta^{6,9,12,15}$-Octadecatetraenoic acid
		20:3n-6	Dihomo-γ-linolenic acid(DHGLA)	$\Delta^{8,11,14}$-Eicosatrienoic acid
		20:4n-6	Archidonic acid	$\Delta^{5,8,11,14}$-Eicosatetraenoic acid
		20:4n-3	Eicosatetraenoic acid	$\Delta^{8,11,14,17}$-Eicosatetraenoic acid
		20:5n-3	Eicosapentaenoic acid(EPA)	$\Delta^{5,8,11,14,17}$-Eicosapentaenoic acid
		22:4n-6	Docosatetraenoic acid	$\Delta^{7,10,13,16}$-Docosatetraenoic acid
		22:5n-3	Docosapentaenoic acid(DPA)	$\Delta^{7,10,13,16,19}$-Docosapentaenoic acid
		22:6n-3	Docosahexaenoic acid(DHA)	$\Delta^{4,7,10,13,16,19}$-Docosahexaenoic acid

- SCFA: Short chain fatty acid.
- VFA: Volatile fatty acid.
- MCFA: Medium chain fatty acid.
- LCFA: Long chain fatty fattyacid.
- SFA: Saturated fatty acid.
- UFA: Unsaturated fatty acid.
- MUFA: Monounsaturated fatty acid.
- PUFA: Polyunsaturated fatty acid.

봉사하며, 완전히 연소되었을 때 1 g의 탄수화물이 약 4.1 kcal(kilocalorie)의 열량을 발생하는 데 비하여, 지방 1 g은 약 9.45 kcal의 열을 발생한다. 인지질(phospholipid)과 당지질(glycolipid)은 지방산과 인 또는 탄수화물을 각각 함유하는 복합물질이다. 인지질과 당지질은 생물계에서 무수한 생화학 기능에 포함된다. 스테롤(sterol)은 콜레스테롤과 같은 복합물질에서부터 비타민 D를 포함하며, 동물조직에서 무수한 기능이 포함된다.

영양학적으로 중요한 지질은 지방과 기름이며, 이들은 융점(melting point)에 기초하여 구별된다. 지방은 실온에서 고체이지만, 기름은 액체이다. 지방은 글리세롤(glycerol)의 한 분자와 다양한 길이와 구조의 지방산으로 구성된다. 지방은 존재하는 지방산의 수에 따라서 단일(mono-), 두 개(di-), 그리고 중성지방(triglyceride)으로 부른다. 지방산은 2∼24개에 이르는 탄소원자의 사슬로 구성되거나 또는 말단에 카르복실기(carboxyl group)를 갖는 길이에 있어서 더욱 많은 탄소원자의 사슬로 구성된다. 탄소원자에 관해서 이용될 수 있는 위치의 모두가 수소로 채워진다면 지방산은 포화상태(saturated)로 부른다. 한 개 또는 그 이상의 이중결합이 존재한다면(수소의 위치에서) 지방산은 불포화상태(unsaturated)이다. 지방에서 발견되는 가장 일반적인 지방산은 표 4-4에 제시된 바와 같다.

동물조직에서 발견되는 대부분의 지방산은 직선사슬모양(straight-chained)이며, 짝수의 탄소원자를 포함하고 있다. 가지사슬 지방산(branched-chain fatty acid)과 홀수의 탄소원자를 가진 지방산은 종종 미생물에 의해서 생성되며, 그리고, 반추동물의 경우에 있어서 체지방은 충분한 양의 지방산을 함유할 것이다. 지방산은 이중결합의 구조와 위치에서 서로 다른 차이점들이 있다. 식물의 씨앗에서 발견되는 기름은 일반적으로 중성지방이다. 그러나, 조사료에서 지질은 글리세롤 분자에 부착된 갈락토오스(galactose, 단당류) 분자를 가지고 있는 디글리세라이드(diglyceride)가 높은 비율을 차지한다.

1) 대사작용

단위동물에서 지방은 지방을 유화하여서 표면적을 크게 증가시키는 담즙작용의 결과로서, 글리세롤 분자로부터 지방산을 가수분해하는 효소인 췌장의 리파아제(pancreatic lipase)에 의해서 기본적으로 소장에서 분해된다. 일부 디글리세라이드(diglyceride)가 흡수되지만, 대부분은 모노글리세라이드(monoglyceride)와 지방산으로서 흡수된다. 긴사슬지방산의 대부분은 림프계 속으로 락틸(lacteal)에 의해서 흡수된다. 그리고 심장으로 들어가는 정맥(vena cava vein) 바로 앞의 혈류로 들어간다.

반추동물에서 루멘 미생물은 사료 지방산을 변화시키는 능력이 있다. 지방이 일반사료 구성분의 함유량(2～6%)으로 분해될 때 불포화지방산의 높은 비율이 루멘 미생물에 의해서 포화될 것이다. 만일 지방의 비정상적인 양이 섭취된다면 많은 불포화지방산이 분해되지 않을 것이고, 비정상적인 루멘 발효가 일어날 수 있다. 사료 내 지방은 개미산(formaldehyde)과 같은 알데하이드(aldehyde)를 이용하여 사료를 처리함으로써 루멘작용으로부터 보호될 수 있다. 각 물질은 단백질의 루멘대사를 억제하며, 또한 식물성 또는 동물성 사료원료 내 지방을 보호한다.

지방산의 흡수는 일반적으로 사료 내 함유된 지방량에 따라서 아주 높다. 예로서, 병아리(chick)에 의한 서로 다른 지방의 흡수율은 대두유(soybean oil) 96%, 옥수수유(corn oil) 94%, 돼지기름(lard) 92%, 우지(beef tallow) 70%, 그리고 청어유(menhaden oil) 88%이다. 일반적으로, 기름은 고도로 포화된 지방에 비해서 더욱 완전히게 흡수된다. 사료 내 지방은 또한 지용성 비타민(fat-soluble vitamin, A, D, E, K)과 기타 지용성 물질의 흡수를 자극한다.

지방산 또는 모노글리세라이드로서 흡수된 이후에 중성지방이 장의 점막조직에서 재합성된다. 그 다음에 지방은 여러 조직, 특히 간으로 수송되며, 간에서 지방은 신체에 필요한 여러 가지 물질의 합성에 사용되며, 또한 지방은 지방조직(fat depot)에 저장되거나 또는 에너지원으로서 대사된다. 에너지 대사의 최종 생성물은 이산화탄소, 물, 그리고 열이다. 동물이 절식상태(fasting)에 있거나 또는 비정상적인 상태의 진행[당뇨(diabetes), 젖소의 케토시스(ketosis)]에서 케톤(ketone)이라고 하는 중간대사물질이 높을 수 있다.

만일 중간대사물질이 존재한다면, 이러한 물질은 대부분 조직에 의해서 에너지 발생을 위해 더욱 대사될 수 있다. 그러나 너무 많은 양이 존재한다면 케톤은 동물에게 해로울 수 있으며, 그리고 뇨, 젖, 또는 폐를 경유하여서 정상적으로 배설될 것이다.

동물은 비록 사료를 통한 지방의 섭취량이 아주 낮은 상태에서조차도 많은 양의 체지방을 합성할 수도 있다. 합성을 위한 기전은 비교적 복잡하지만, 간단한 용어로 아세틸 단위(acetyl unit, 초산과 유사한 구조)가 대부분 체지방 합성의 기본이라고 말할 수 있다. 각 단위는 탄수화물 대사 또는 아미노산의 일부 대사에 의해서 제공될 수 있다.

2) 필수지방산

리놀레익산(linoleic acid)과 리놀레닉산(linolenic acid)은 사료 내 에너지의 약 1% 수준으로 단위동물의 사료에 요구된다. 세 번째 필수지방산인 아리키도닉산(arachidonic aicd)은 리놀레익산으로부터 합성될 수 있지만, 만일 리놀레익산의 수준이 최소라면 사료에 요구될 수도 있다. 필수지방산은 세포막 지질-단백질 구조의 통합적인 부분이기 때문에 중요하며, 그리고 신체 생화학에 관하여 몇 가지 중요한 효과를 갖는 호르몬과 같은 프로스타글란딘(prostaglandin)의 구조에 있어서 중요하다. 필수지방산의 결핍증은 돼지, 닭, 송아지(calve), 개, 생쥐(mice), 및 기니피그(guinea pig)에서 설명되어 왔다.

결핍증상으로는 피부염, 꼬리의 괴사, 성장과 번식실패, 부종(edema), 피하출혈, 그리고 우모(깃털, feather) 발육부족(병아리)이 관찰되었다. 필수지방산의 결핍증은 루멘 미생물이 이러한 지방산을 포화시킬 수 있는 능력이 있기 때문에 지방을 전혀 첨가하지 않은 정제사료(purified diet)를 섭취한 성축 반추동물에서 볼 수 없다는 것은 오히려 당황스러운 일이다.

대부분의 경우 필수지방산의 결핍증은 정제사료 또는 지방이 낮은 천연사료 원료로 구성된 사료에서 나타났다. 따라서 필수지방산의 결핍증은 보통의 문제가 아니며, 가금(poultry)을 제외한 가축에 대하여 사료 내 의미는 없다. 다행히도 필수지방산은 대부분의 지방과 사료 보충제 가운데 널리 분포되어 있다. 옥수수유, 대두유 및 동물성 지방은 리놀레익산과 리놀레닉산의 우수한 급원이다.

3) 체지방의 구성

단위동물에서 체내 저장지방은 섭취된 지방의 양과 형태에 의해서 현저하게 영향을 받을 수 있다. 10% 또는 그 이상의 고수준 지방의 급여는 정상적인 체내 저장지방의 성질을 바꿀 수 있다는 것은 오랫동안 알려져 왔다. 만약 기름이 땅콩(peanut), 잇꽃(safflower), 또는 물고기와 같은 급원으로부터 섭취된다면 체지방은 덜 포화될 것이고, 더욱 부드러워지며, 동물의 전형적인 지방보다 더 낮은 융점(melting point)을 가질 것이다. 돼지고기에 관해서는 특히, 체지방은 부드럽고 기름진 돼지기름과 고기의 절단이 될 수 있기 때문에 방해가 된다. 만약 어유를 섭취하게 되면 기름과 관련된 향이 역시 고기에 존재할 것이다.

사료 내 적은 변화는 기본적으로 사료 지방에 관한 루멘 미생물의 효과 때문에 반추동물의 체지방 축적에 관하여 현저한 영향을 갖지 않는다. 그러나 알데히드(aldehyde)를 이용해서 처리된 보호지방(protected fat)을 급여하여 체 조직 또는 우유 지방산 조성을 충분히 바꾸는 것은 가능하다.

5. 미네랄

미네랄(광물질, mineral) 영양소는 고체이며, 일반 화학반응에 의해서 분해되거나 합성될 수 없는 결정체 원소이다. 동물 영양과 관련하여 사료 내 필수적인 미네랄은 많은 또는 다량 미네랄(major, macromineral)과 적은 또는 미량 미네랄(trace, micromineral)로서 분류된다. 다량 미네랄은 정상적으로 동물의 도체(carcass) 내에 100 ppm 이상의 수준으로 존재한다.

다량 미네랄은 칼슘(calcium, Ca), 염소(chlorine, Cl), 마그네슘(magnesium, Mg), 인(phosphorous, P), 칼리(potassium, K), 소디움(sodium, Na), 그리고 황(sulfur, S)이 포함된다. 미량 미네랄은 보통 동물의 도체 내에 100ppm 미만의 수준으로 존재한다. 미량 미네랄은 크롬(chromium, Cr), 코발트(cobalt, Co), 구리(copper, Cu), 불소(fluorine, F), 철(iron, Fe), 요드(iodine, I), 망간(manganese, Mn), 몰리브덴(molibdenum, Mo), 니켈(nickel, Ni), 셀레늄(selenium, Se), 실리콘(silicon, Si), 그리고 아연(zinc, Zn)이 포함된다.

1) 미네랄의 기능

체내에서 광물질의 가장 명백한 기능은 골격(skeleton)의 형성에 있어서 구조적 지탱을 제공하는 것이다. 뼈는 단백질 기질의 복합 염에서 Ca, P의 축적을 통해 형성된다. Mg, Na와 같은 일부 원소들이 소량으로 존재하며, Zn, Mo, 그리고 Mn과 같은 미량원소의 일부가 소량으로 존재한다. 구조적인 기능 중 또 다른 예는 난각(알 껍질, egg shell)을 만들기 위한 조류에 의한 칼슘의 이용이다.

미네랄 원소의 대부분은 또한 복잡한 생화학적인 반응에 관여를 한다. Ca, Mg, Fe, Co, Mn, Mo, 그리고 Zn는 효소활성도에 관여를 한다. Fe은 물론 혈액 안의 헤모글로빈(hemoglobin)과 근육조직 내 미오글로빈(myoglobin)을 구성하는 필수 요소이다. Co는 비타민 B_{12}의 구성 요소이다. 요드는 갑상선 호르몬(thyroid hormone)의 구성성분이다. 또한 Ca, K, Mg, Na와 같은 기타 미네랄은 신경계의 활성에 관여한다. Na, K, Cl은 삼투압(osmotic pressure)을 조절하는 데 필요하며, 그리고 장과 조직액의 pH를 조절하는 데 필요하다.

2) 미네랄 대사

미네랄은 능동적(active) 또는 수동적인(passive) 방법에 의해서 소화관으로부터 흡수된다. 능동적인 흡수는 미네랄이 소화관 내용물(digesta)로부터 장 세포 속으로 장벽(intestinal wall)에 의해서 펌프(pump)되는 것을 말한다. 능동적으로 흡수되는 미네랄은 Ca, P, Na이다. 그러나 대부분의 미네랄은 수동적인 방법으로 흡수된다. 이러한 원소들은 단순히 내용물과 장점막세포의 양쪽 미네랄의 농도에 의해서 결정된 비율로 섭취된 내용물로부터 장벽을 가로질러서 확산(diffuse)된다. 따라서 수동적인 흡수의 경우에는 사료와 체내 미네랄의 농도가 흡수된 양에 상당한 영향을 미친다.

미네랄 원소는 기본적으로 이온형태로 흡수된다. 그러므로 결합(bind, chelate) 미네랄인 사료성분은 미네랄의 흡수를 낮출 것이다. 피틴산(phytate), 옥살산(oxalate), 그리고 지방은 다른 원소를 결합할 수 있고 흡수를 낮출 수 있다. Ca는 이러한 방법으로 특히 영향을 받는다. 한편, 칼슘과 젖산이 결합된 칼슘-락테이트(Ca-lactate)로서 Ca는 더욱 효과적으로 흡수된다.

기타 원소에 의한 일부 필수미네랄의 흡수방해는 가축사료 배합에서 반드시 고려해야 할 중요한 영양학적 문제이다. 미네랄은 때때로 다른 필수원소의 활용을 방해한다. 과잉의 Ca은 P의 활용과 Zn의 흡수를 방해하는 것으로서, 특히 문제가 된다.

기타 요인들이 미네랄의 흡수를 바꿀 수 있다. 필수원소를 흡수하는 데 있어서 어린 동물은 효율적이고, 늙은 동물은 비효율적이다. 원소의 형태[유기태(organic)와 비유기태(inorganic)] 및 소화관의 pH 역시 흡수에 영향을 미칠 수 있다.

동물 도체내의 회분(ash, 총 미네랄 함량)은 도체중(carcass weight)의 약 3.5%이거나, 또는 소(cattle) 도체중 500 kg당 미네랄은 17.5 kg이다. Ca는 전체의 약 46%이고, P은 약 24%이다. K, S, Na, Cl, 그리고 Mg는 모두 합쳐서 약 24%이고, 한편 필수 미량미네랄은 전체의 0.3% 이하이다.

체내 조직의 이러한 광물질의 분포는 일부 조직이 선택적으로 특수한 원소를 농축하고 있기 때문에 균일하지 않다. 뼈는 Ca, P, Mg, K, Na, Mn, Mo, 그리고 Zn를 포함하는 많은 필수원소에 대한 제1의 저장부위이다. 일부 기관, 특히 간

(liver), 신장(kidney), 그리고 비장(spleen)은 Mg, Co, Cu, Fe, Mn, Ni, Se, 및 Na에 대한 주요 저장소 역할을 한다. 갑상선(thyroid gland)은 요드에 대한 가장 특수한 저장부위이며, 갑상선은 체내 전체 요드의 60～80%를 함유하고 있다.

3) 미네랄 요구량과 결핍증

가축사료에서 가장 부족하기 쉽거나 또는 불균형되기 쉬운 필수 다량미네랄은 칼슘, 마그네슘, 나트륨 및 인이다. 임상적인 증상은 동물의 품종에 따라서 약간씩은 다르며, 여기에서는 일반적인 증세에 대해 언급할 것이다. Ca 또는 P(또는 비타민 D)의 결핍증 또는 불균형(Ca : P의 비율이 약 3～5 : 1을 벗어난 비율)은 뼈의 불충분한 미네랄화, 구부러진 다리, 늘어난 관절은 물론 기타 비대사물(abnormalities)에 의해서 나타나는 어린 동물에서 구루병(ricket)을 초래할 수도 있다. 나이 많은 동물의 경우 미네랄은 뼈로부터 빠져 나오고, 미네랄 함량이 낮고 뼈에 구멍이 있으며, 더욱 부서지기 쉬운 상태의 골다공증(osteoporosis)을 초래한다. 방목하는 동물에서 특히, 가볍고 심각한 P의 결핍증은 특별한 일이 아니다.

P의 결핍증은 뼈, 암석, 판자 및 기타 비정상적인 목표물을 씹는 행위에 의해서 나타나는 나쁜 식욕(이식증, pica)을 초래한다. 번식과 성장은 현저하게 영향을 받을 수 있을 것이다. Na의 경우, 가축은 소금의 첨가를 필요로 한다는 것은 널리 알려져 있다. 소금이 섭취되지 않을 때와 토양과 물이 Na를 함유하지 않을 때 결핍증이 일어날 수 있다.

임상적인 증상은 소금을 먹고 싶어하는 행동과 수척함, 생기가 없거나 성장능력의 감소이다. K의 결핍증은 매우 높은 농후사료를 섭취하는 동물에서 예외일 수 없다. 결핍증상은 Na의 결핍시 나타나는 증상과 비슷하다. Mg의 결핍증은 방목중인 반추동물을 제외한 대부분의 가축에서 흔한 일은 아니다.

여러 가지 요인이 늦겨울과 이른 봄 또는 가을에 비슷한 빛과 온도조건을 갖는 춥고 구름이 있는 날씨 동안에 풀을 섭취함으로써 나타나는 근육 강직성 경련(grass tetany)으로 불리는 대사적인 결핍증을 초래하면서 Mg의 정상적인 활용을 방해한다. 이 상태는 발작, 경련, 혼수상태, 그리고 많은 경우에 있어서 죽음(조치하지 않을 경우)을 초래한다. 성숙한 동물, 특히 비유중인 암컷은 더욱 영향을 받을 수 있다.

미량 미네랄과 관련하여 Fe은 아주 어린 돼지에게서 항상 결핍된다. 결핍증은 갓 태어난 돼지에서 Fe의 생체 내 저장량이 적고, 어린 돼지가 아주 빠르게 자라며, 그리고 젖에는 Fe의 함량이 많지 않기 때문이다. 만약 돼지가 Fe의 일부 급원을 공급받지 않는다면, 그 결과 빈혈(anemia, 혈액의 헤모글로빈 부족)이 일어날 것이다. 병아리 및 기타 가금류에 관하여 Mn이 결핍될 수 있으며, 결핍증세는 무릎관절이 늘어나고, 움직이는 것이 굉장히 어려울 정도로 변형된 상태인 각약증(perosis)이 나타난다.

요드는 사료 급원에 따라 대부분의 동물에서 부족되기 쉽다. Co는 일부 토양에서 부족하다. Co는 비타민 B_{12}의 필수 구성성분이기 때문에 Co 결핍증은 비타민 B_{12}의 결핍증을 초래한다. 동물은 피로함을 나타내며 빈혈이 일어날 것이다. 일부의 경우 Cu가 결핍될 것이고, 그리고 다른 경우는 과잉의 Mo와 S가 Cu의 이용률 감소 및 결핍증세를 초래할 수도 있다.

전형적인 증상으로는 희미한 털색, 뒷다리의 부분적 마비 및 영향을 받은 동물의 나이에 따라서 다른 증상이 있다. Se는 가축에 대하여 많은 지역에서 결핍이 일어난다. 임상적인 결핍증은 어린 동물에서 백색근육질병(white muscle disease, 또는 영양학적인 근육의 영양실조증, dystrophy라고 부름)으로 나타난다. 돼지에 있어서 Se 결핍증은 또한 간에 영향을 준다.

Se 결핍증에 의해서 영향을 받은 동물의 근육은 정상적인 동물보다 엷아지고, 높은 수준의 Ca-P가 결합된 형태의 염을 함유할 수도 있다. 높은 치사율은 심각한 결핍증을 갖는 갓 태어난 동물에게서 일반적이다. Zn의 결핍증 역시 비교적 일반적이고, 높은 수준의 Ca 섭취에 의해서 더욱 심각해질 수 있다. Zn의 결핍증은 암퇘지에서 특히 많은 피부의 붉은 발진과 비후층이 나타나고, 이것이 각화되어 딱지가 생기는 부전각화증(parakeratosis)이다.

모든 결핍증은 동물의 외모가 일부의 경우 크게 영향을 받지 않는 경우에서조차도 점점 동물의 성장능력(성장, 비유, 난생산성 등등)에 영향을 줄 것이다. 일부의 경우 단백질과 에너지, 에너지와 미네랄, 에너지와 비타민 등과 같은 복합적인 영양소 결핍증이 발생할 수 있다. 가벼운 결핍증은 생산성 면에서 기대했던 것보다 약간 낮을 수 있기 때문에 알아내는 것이 어려울 수 있다. 각 상황은 일어날 수 있는 가능한 문제가 무엇인가를 조사하기 위해서 각 어려움에서 훈련된 사람들에 의한 조심스러운 평가를 요구한다.

4) 미네랄 독성

일반적인 규칙으로서, 미네랄 독성은 미네랄 결핍증에 비해서 다소 가벼운 문제이다. 약간의 알칼리염을 높은 수준으로 함유하는 물은 독성이 나타날 수 있지만, 더욱 품질이 우수한 물을 이용할 수 있다면 언급한 앞의 물은 정상적으로 섭취되지 않을 수 있다. 다량 미네랄(macro mineral) 가운데서 소금(sodium chloride, NaCl)은 가금과 돼지에게는 문제가 될 수 있으나, 다른 동물에서 잦은 문제는 아니다.

미량 미네랄(micro mineral)과 관련하여서 불소(fluorine, F)는 수개월 또는 수년에 걸친 독성을 생성하려는 인광석(rock phosphate)에서 충분한 양이 얻어질 수 있다. 불소가 높은 제분소의 가공 광석으로부터 바람 불어 가는 쪽으로 병적증식의 오염 역시 만성적인 독성을 초래할 수 있다. 불소 독성은 정상적인 상태보다 더욱 뼈가 확장되고, 뼈가 연해지며, 치아가 빠르게 닳는 증상을 초래할 수 있으며, 걷는 것이 힘들고, 일반적으로 성장능력이 떨어질 수 있다.

구리 독성은 어린 양(lamb)에서 특히 사료가 오염되었거나 또는 몰리브덴과 황의 섭취가 낮을 경우 문제가 될 수 있다. 구리 독성은 간, 그리고 명백하게 혈액에 영향을 줄 수 있으며, 영향받은 동물에서 높은 사망률을 초래할 수 있다. 만싱직인 독성의 원인이 되는 셀레늄은 일부 지역에서 높고 충분한 수준으로 토양과 채소에 존재하며, 독성으로는 꼬리와 갈기(mane, 말의 목덜미에서 등까지 난 긴 털)의 손실, 보행의 어려움 및 기타 등등으로 나타난다.

어떤 미네랄이 과량으로 섭취된다면 약간의 독성이 일어날 수 있다는 점을 기억해야 한다. 그러나 언급된 것을 제외하면 각 조건은 흔한 것은 아니며, 보통 부주의하거나 또는 사료배합 또는 동물 사양관리에서 오는 분명한 실수이다.

6. 비타민

비타민은 아주 소량으로서 정상적인 성장과 생식을 위해서 동물조직에게 필요한 유기물질이다. 모든 비타민이 동물조직에 필수적이지만, 일부 동물은 그들의 조직에서 어떤 비타민을 합성할 수 있거나, 또는 동물의 소화관 내 미생물에 의해서 합성된 비타민을 이용할 수 있다. 결국, 사료에 필요한 비타민은 동물에 따라서 다양하다. 예로서 사람, 기니피그, 원숭이, 그리고 일부 다른 동물은 비타민 C(ascorbic acid)를 필요로 하지만, 대부분의 동물들은 그들 스스로 비타민 C를 합성할 수 있으므로 필요로 하지 않는다.

비타민은 수용성 비타민(water-soluble vitamin)과 지용성 비타민(fat-soluble vitamin) 물질로 나눈다. 수용성 비타민은 비타민 C(아스코르빈 산, ascorbic acid)와 B-복합체 비타민(B-complex vitamin), 이름으로는 티아민(thiamin, B_1), 리보플라빈(riboflavin, B_2), 나이아신(niacin), 피리독신(pyridoxine, B_6), 판토테닌산(pantothenic acid), 폴라신(folacin), 시아노코발라민(cyanocobalamin, B_{12}), 비오틴(biotin), 콜린(choline), 이노시톨(inositol), 파라아미노벤조인산(paraaminobenzoic acid, PABA)이 있다.

지용성 그룹은 비타민 A[레티날(retinal) 혹은 레티노인산(retinoic acid)] 또는 비타민 A의 전구물질(precursor)인 카로틴(carotene), 여러 가지 형태의 비타민 D, 비타민 E인 a-tocopherol, 그리고 몇 가지 활성 형태를 가지는 비타민 K를 포함하고 있다. 영양학적 사용에 있어서 비타민 A, D 그리고 E는 비타민의 활성도를 갖는 몇 가지 서로 다른 물질이 있기 때문에 자주 국제단위(internal unit)로 계량화된다. 기타 비타민들은 중량 단위(weight unit)로 계량화된다.

1) 기 능

많은 수용성 비타민의 중요한 기능은 조효소(coenzyme, 효소와 결합되거나 효소를 활성화하는 물질)로서의 기능이다. 조효소로서 작용하지 못하는 수용성 비타민은 choline, ascorbic acid, inositol, PABA(para-aminobenzoic acid, 엽산=folic acid를 합성하는 데 사용)를 포함하고 있다. 지용성 비타민은 조효소로서의 역할을 하지 못한다.

예로서, 비타민 A는 시력과 관련하고 있고, 그리고 상피세포(epithelial cell, 체강 표면의 주름인 세포와 신체의 표면을 덮고 있는 세포)와 관련하고 있다. 비타민 D는 Ca의 흡수와 대사 및 뼈 대사에서 중요하다. 비타민 E는 대사적 항산화로서의 기능이 있고, 그리고 비타민 K는 혈액응고(blood clotting)기작과 관련하고 있다.

2) 조직 분포

대부분의 비타민에 대한 주요 저장부위는 간이고, 신장(kidney), 비장(spleen), 및 기타조직(tissue) 또는 기관(organ)에 더 적은 양을 저장한다. 대부분의 비타민은 특수 단백질과 화학적으로 결합되어 저장된다. 조직에 저장된 비타민은 혈액에서 비교적 일정한 수준을 유지해 주기 위하여 필요한 비율로 방출된다.

젖에 비타민의 존재는 젖이 갓 태어난 동물에 대하여 유일한 식품급원을 자주 공급해 주기 때문에 중요하다. 초유(colostrum)는 모든 비타민이 특히 높으며, 따라서 일생에서 일찍 어린 포유동물에게 높은 섭취량을 유지하는 것이 좋다.

3) 비타민 대사

비타민은 소장으로부터 주로 흡수된다. B-복합체 비타민과 비타민 K는 단위동물의 대장과 반추동물의 루멘 미생물에 의해서 합성된다. 한두 종을 제외하고 반추동물은 충분한 양이 루멘에서 생성되며, 그리고 소화관으로부터 흡수되기 때문에 이러한 비타민에 대한 사료 내 요구량을 갖지 않는다.

단위동물의 소화관에서 합성된 비타민을 흡수하기 위한 단위동물의 능력은 비타민에 따라서 다르며, 그리고 동물의 종류에 따라서 변한다. 비타민 K는 가금 이외의 다른 동물에서는 결핍증의 생성이 거의 불가능한 양으로 합성되고 흡수된다. 판토테닌산과 비타민 B_{12}는 장에서 합성되지만, 합성된 비타민의 적은 양이 흡수되기 때문에 결국 단위동물은 이러한 비타민을 사료 공급원에 의존한다. 돼지는 그들 요구량의 대부분을 충족시키기 위해서 장(gut)으로부터 폴라신(folacin)의 충분한 양을 흡수하고, 한편 가금은 폴라신의 흡수가 없으며, 전적으로 사료급원에 의존한다. 소화관의 상부에서 지용성 비타민의 흡수율은 수용성 물질의 흡수율보다 낮다. 일부 사료 내 지질과 담즙염의 존재는 흡수를 위해 필요하다.

현재의 지식에 기초하면, 비타민 D는 진귀한 비타민이다. 식물은 약간의 자외선에 노출할 경우 동물의 체내에서 비타민 D_2(칼시페롤, calciferol)로 전환할 수 있는 전구물질인 에르고스테롤(ergosterol)을 함유한다. 대부분의 포유동물은 이러한 형태를 이용할 수 있지만, 조류는 주로 동물에서 기원한 비타민 D_3(7-디히드로콜레스테롤, 7-dehydrocholesterol)를 요구한다. 그러나 동물의 신체에서 비타민 D_2와 D_3는 더욱 활성화된 형태로 간에 의해서 전환되고, 다음으로 신장에서 또 다른 물질로 대사되며, 그리고 후자의 물질(1,25-디히드록시콜레칼시페롤, 1,25-dihydroxycholecalciferol)은 조직에서 Ca 대사에 관하여 직접적인 영향을 갖는다.

비타민 A와 관련하여서 식물은 많은 서로 다른 카로티노이드(carotinoid) 색소를 만들지만, 단지 적은 양이 비타민 A로 전환될 수 있다. 이것은 소장의 벽이나 간에서 일어난다. 식물은 스스로 비타민 A를 함유하지 않는다.

4) 비타민 결핍증

여러 가지 비타민 결핍증에 있어서 많은 증세가 비슷하다. 이러한 증세는 식욕감소(anorexia, poor appetite), 성장률 감소, 피부염(dermatitis), 허약함, 근육이상(muscular incoordination)을 포함한다. 일부 비타민 결핍증은 추가적인 특별한 증후를 일으키기도 한다.

예를 들어, 비타민 A의 결핍증은 야맹증(night blindness), 색맹(color blindness) 및 전체적인 시각장애(total blindness)를 포함하는 여러 종류의 시각장애의 원인이 될 수 있을 것이다. 비타민 D 결핍증은 구루병(riket) 및 관련한 뼈 이상의 원인이 될 수 있으며, 비타민 K의 결핍증은 조직에서 출혈(hemorrhaging)의 원인이다. 만약 나이아신(niacin)이 결핍되면 그 손상이 혀, 입술, 입으로 발전된다.

특정한 조건에서 결핍될 수 있는 비타민은 가축의 종류 및 동물의 나이에 따라서 다르게 나타난다. 반추동물에 관한 주요한 관심은 비타민 A이며, 비록 최근의 증거가 카로틴이 소에서 정상적인 난소의 기능을 위해서 요구된다는 것을 나타내긴 하더라도 어쩌면 비타민 E일 수도 있고, 특수한 상황에서는 비타민 D일 수도 있다.

돼지 사육자는 리보플라빈, 나이신, 판토테닌산, 비타민 B_{12}, 그리고 B-복합체의 콜린과 지용성 그룹의 비타민 A, D 및 E에 관심을 가져야 한다. 가금 사육자는 아스코르빈산, 이노시톨 및 PABA를 제외한 모든 비타민의 섭취를 모니터해야 한다.

7. 에너지

양적으로, 에너지는 동물의 사료에서 가장 중요한 항목이며, 그리고 모든 사양표준과 배합표는 단백질 또는 아미노산, 필수지방산, 비타민, 미네랄에 관한 추가적인 투입과 함께 에너지의 일부 측정에 기초하고 있다.

동물은 아미노산이 일부 또는 지방을 포함하고 있는, 소화관으로부터 흡수된 유기분자의 부분적 또는 완전한 산화에 의해서 에너지를 얻는다. 실제로 개개의 영양소는 무시되고 동물의 요구량을 계산하거나 또는 사료배합을 할 때 에너지의 일부 형태가 활용된다. 따라서 에너지 용어를 이해하는 것이 필요하다.

1) 용 어

에너지는 일을 할 수 있는 능력으로써 정의된다. 영양학적인 활용에 있어서 에너지는 체내 생화학적 산화로부터 나타나는 열 생산을 측정하거나, 또는 신체 배설로 인한 에너지의 손실을 측정함으로써 정량화된다.

에너지는 칼로리(calorie), 영국의 열량 단위(british thermal unit, BTU), 또는 줄(joule)과 같은 단위로 나타낼 수 있다. 미국에서는 칼로리(calorie, cal), 킬로칼로리(kilocalorie, kcal), 메가칼로리(megacalorie, Mcal)가 동물영양에서 일반적으로 사용된다. 유럽 국가들은 줄의 사용으로 바뀌었지만, 칼로리가 기본적인 측정이든지 또는 줄이 기본적인 측정이든지간에 차이는 없다.

칼로리는 물 1g의 온도를 1℃ 높이는 데 필요한 열량이다(=4.1855 joules). kcal=1,000 cal이며, Mcal(또는 therm)=1,000 kcal이다. 동물에 의한 에너지의 이용은 다음 방법으로 구분된다.

(1) 총 에너지

총 에너지(gross energy, GE)는 산소 연소식의 열량계(oxygen bomb calorimeter)라고 부르는 기기에서 사료의 산화로부터 생기는 열량이다. 이것은 사료에 얼마나 많은 에너지가 있는가를 말해 주는 참고점이지만, 짚(straw)과 같은 분해율이 낮은 그리고 저질조사료의 에너지 값은 설탕(sucrose)과 같은 소화율이 매우 높은 원료와 비슷할 수 있기 때문에 이 값은 거의 이용되지 않는다. 그러나 이 용어는 사람 식이내 에너지를 위해 사용되고 있다. 사람에 대해서는 평균 식이의 소화율이 높기 때문에 더욱 적절하다.

(2) 가소화에너지

가소화에너지(digestible energy, DE)는 특별한 사료(feed) 또는 식이(diet)를 섭취한 이후에 동물에 의해서 흡수된 에너지의 양이다. 가소화에너지 값은 섭취된 GE로부터 분에너지(fecal energy)를 빼서 얻어진다. 가소화에너지는 분 배설에너지의 일부가 분해되지 않은 사료보다는 오히려 신체조직으로부터 얻어지기 때문에 엄격하게 흡수된 에너지의 측정은 아니다. 그러나 DE는 미국과 다른 나라에서 잘 사용되는 일반적인 에너지의 기본이다.

(3) 대사에너지

대사에너지(metabolizable energy, ME)는 섭취된 DE로부터 뇨(urine)와 연소가스(combustible gas)로 손실된 에너지를 빼서 측정된다. ME는 DE보다 조금 더 정확하지만, 조류를 제외한 대부분의 동물에 관한 자료를 얻기 위해서는 더욱 비용이 든다. ME는 조류의 사양표준과 사료배합을 위해 사용되는 일반적인 기준이며, ME는 다른 가축에 대하여 유럽의 국가에서 이용되는 일반적인 표준이다.

(4) 정미에너지

정미에너지(net energy, NE)는 ME로부터 루멘 발효와 조직대사에서 에너지의 손실을 빼서 측정된다. NE는 유지(maintenance)를 위해서 이용될 수 있는 에너지 또는 일(work) 또는 비유(lactation)와 같은 생산의 일부 형태를 위해서 이용될 수 있는 에너지이다. 이론적으로 NE는 DE 또는 ME보다 더 정확하다. 실제로 NE의 정보는 아주 많은 사료 또는 생산의 상황에서 이용할 수 없다.

만일 동물이 동물의 정상적인 안락지대(comfort zone, 영양소가 신체를 따뜻하게 하거나 또는 차갑게 유지하기 위해서 산화되지 않는 온도범위)를 벗어나 있다면, NE 값은 안락지대 내에서 결정된 것 보다 다를 것이다. 그럼에도 불구하고 NE 값은 현재 인기가 있고, 사료배합 또는 동물의 성장능력을 평가하는 데 자주 사용된다. 또한 NE는 NEm(유지를 위한 NE)와 NEg(증체를 위한 NE)로 나눌 수 있거나, 또는 비유 중인 동물에게 적용할 때는 NEℓ(비유, lactation)로 표현할 수 있다.

(5) 가소화 영양소 총량

가소화 영양소 총량(total digestible nutrients, TDN)은 에너지를 계산하는 낡은 방법이며, 소화가 가능한 가소화조단백질(digestible crude protein), 조섬유(crude fiber), 가용무질소물(nitrogen-free extract, 탄수화물), 플러스 조지방(에테르 추출물, ether extract)×2.25의 합이다. 조지방(지질)은 증가된 값을 지방의 높은 칼로리 값과 동일하게 해주기 위해서 2.25를 곱해 준다.

TDN의 주 비평은 TDN을 ME 또는 NE의 방법과 비교했을 때 조사료(forage)를 과대 평가하려는 경향이 있다는 점이다. 그럼에도 불구하고 TDN은 여전히 널리 이용되며, 그리고 일부 영양학자들은 TDN이 일을 수행함은 물론 ME 또는

NE의 기본이라는 점을 느끼고 있다. TDN은 DE와 매우 비슷하지만, 미국에서는 DE와 NE가 점차적으로 TDN을 대체하고 있다.

2) 에너지 대사와 요구량

에너지 분해와 대사과정에서 커다란 소실은 분해되지 않은 물질이 분으로 배설된다는 것이다. 그러나 이러한 일반적인 진술은 많이 변형되는 주제이다. 예로서, 단위동물은 일반적으로 초식동물이 섭취하는 것 보다 더욱 소화될 수 있는 사료를 섭취하고, 따라서 에너지의 소화율은 보통 더 높을 것이다. 어린 동물, 특히 포유동물은 역시 성축동물이 섭취하는 것 보다 더욱 소화되기 쉬운 사료를 섭취하고, 그래서 소화율이 더 높을 것이다. 가금과 돼지에게 급여된 높은 품질의 사료는 85% 이상이 분해될 수 있으나, 반추동물에게 급여된 짚과 같은 낮은 품질의 사료는 35% 미만이 분해될 수 있다. 반추동물에서 소화율은 사료 섭취수준이 증가함으로써 낮아질 수 있지만, 다른 동물에서는 거의 영향이 없다.

정상적인 장이나 위의 기능을 방해하는 요인, 즉 설사(diarrhea), 독소, 기생충 감염, 기타 등등은 정상적으로 소화율 감소를 초래할 것이다. 소화율은 보통 적절한 사료가공에 의해 많은 동물에서 증가를 꽤할 수 있다.

다른 손실이 에너지 대사과정에서 발생한다. 소화관에서 뇨와 메탄 생성을 통해서 손실되는 에너지는 반추동물에서 GE의 약 10% 양일 수 있지만, 대부분의 단위동물에서는 덜하다. 흡수 이후 손실은 섭취수준, 사료의 품질 및 기타 요인에 따라서 크게 달라질 수 있다.

열은 위나 장(발효 열)의 미생물 발효의 결과로써 생성된다. 한편, 열은 필요할 경우 몸을 따뜻하게 하는데 사용될 수 있지만, 동물은 지방의 합성과 같은 화학적 수단에 의해서 열을 저장할 수 있는 능력은 없다. 또한, 열은 영양소(특히 아미노산)의 산화에 의해 생성되며, 이것을 열 증가(heat increment)라고 한다. 단백질은 가장 큰 열 손실을 가져오고, 그 다음으로는 탄수화물, 그리고 지방이다. 발효에 의한 열은 몸을 따뜻하게 하는데 이용될 수 있지만, 저장은 될 수 없다. 그러므로 발효열과 열 증가는 동물이 열 스트레스를 받는 상황에서는 해롭다.

에너지 요구량은 나이, 동물의 품종, 동물의 활동성, 생산수준, 환경온도, 영양소 결핍, 그리고 여러 가지 다른 요인과 같은 많은 서로 다른 요인에 의해서 영향을 받는다. 그러나 건강한 동물에 대한 에너지 요구량은 체표면적과 직접적인 관계가 있는데, 이것은 열이 노출된 체표면적과 비례하여 손실되거나 또는 증가되기 때문에 그러하다. 만일 체중을 분수 힘(fractional power, 일반적으로 0.75가 사용된다)으로 곱한다면, 이것은 서로 다른 동물의 품종 및 체구의 크기에 대하여 표면적과 관련하고 있는 체중의 합리적으로 좋은 의미를 준다. 다양한 가축에 대하여 에너지 요구량을 계산하는 이러한 방법은 현재의 모든 사양표준에서 사용되고 있다.

효율적인 체표면적은 서로 다른 방법으로 바꿀 수 있다. 양(sheep)의 예로서, 양털을 깎으면 추운 온도에 대한 민감성은 높아지겠지만, 열 스트레스는 줄어든다. 겨울철 양털은 피부아래 지방의 두꺼운 층 그대로 더욱 열의 절연상태를 제공한다. 건조한 지역에서, 무더위 동안에 동물에게 물을 뿌리면 체표면으로부터 수분증발이 높아질 것이고, 그 결과로서 열 스트레스를 줄이는 데 도움이 될 것이다.

모든 항온동물(homotherm, 일정한 체온을 유지하는 품종)은 안락지대(comfort zone) 이내에서 움직인다. 이 온도범위 내에서 동물은 스스로 서늘하게 하거나 또는 따뜻하게 하기 위해서 영양소의 산화 증가를 필요로 하지 않는다. 안락지대는 습도가 높을 때 그리고 수분증발이 열 손실 증가의 가장 효율적인 의미일 때 체표면 또는 폐로부터 수분증발이 줄어들 수 있기 때문에 습도에 의해서 크게 영향을 받을 것이다. 한편, 바람은 추운 기후에 열 손실을 크게 높일 것이며, 아주 더운 상황, 특히 습도가 높은 경우라면 고통은 더할 것이다.

정상적인 활동이나 급여수준의 증가는 체열 생산을 높일 것이고, 동물이 편안한 온도로 더 낮아질 것이다. 추운 날씨의 계속은 상당히 열 손실을 강하게 한다. 만약 체표면 보호가 되지 않는 사람과 같은 동물이 추운 날씨에 계속 노출된다면 체온은 동물이 생존할 수 없는 점으로 급격하게 떨어질 것이다.

3) 에너지 결핍증

많은 야생동물은 계절의 변화 또는 열대지역의 건조한 시기에서 장마철로 들어가면서 에너지 과잉, 적당함 및 결핍증의 변화기를 거친다. 이것은 또한 자유방사 가축에서도 일어날 수 있지만, 보통 에너지 결핍증의 심각성은 가축 사육자들에 의해서 공급된 보충사료(supplementary feed) 때문에 덜 심각하다. 에너지 결핍의 심각성은 옥내사육 동물에게 발생해서는 안 된다.

만일 에너지 부족이 심하다면 체지방 손실, 체중 손실 및 쇠약을 초래할 수 있다. 임신(pregnancy)은 재흡수 또는 유산(abortion)에 의해서 방해될 것이며, 젖 또는 계란 생산은 극적으로 감소할 것이고, 동물의 수정(fertility)은 역으로 낮아질 것이다. 에너지 결핍증은 보통 다른 영양소의 결핍증에 의해서 수반될 것이지만, 신체 에너지 필요의 지배적인 중요성은 다른 결핍증의 증세를 방지할 수도 있을 것이다.

8. 사양표준

사양표준(feeding standard)은 동물에 의해서 필요한 영양소 양의 양적 설명을 나타낸 것이다. 각 표준의 사용은 1800년대 초로 거슬러 올라간다. 농장동물에 대한 영양소 요구량은 육성중인 병아리와 개에 대하여 특히, 정확성의 합리적인 정도를 이용하여서 명확히 말할 수 있는 점에 대하여 수년에 걸쳐서 점차적으로 발전되었다. 동물의 영양소 요구량은 우수한 정확성으로 명확히 말할 수 없는 많은 상황이 아직도 있다고 하지만, 일부 가축의 영양소 요구량은 사람의 영양소 요구량보나 너 완전하세 정의되었다. 이것은 사람이 좋은 양적인 자료를 수집하기 위해서 필요한 실험의 형태에 스스로 참여하지 않는다는 단순한 사실에 기인한다.

미국에서 가장 널리 사용되고 있는 표준은 국립과학원(National Academy of Science, NAS)의 후원을 받고 있는 국가연구위원회(National Research Council, NRC)의 여러 위원회에 의해서 공표된다. 이러한 표준은 몇 년의 간격을 두고 수정되고 재발행된다. 영국에서는 사용에 있어서 표준은 농업연구회의(Agricultural Research Counil, ARC)에 의해서 발표된다. 다른 나라는 정보를 갱신하는 비슷한 기구를 가지며, 동물의 영양소 요구량에 관한 건의안을 만든다.

1) 사양표준에 사용된 용어

사양표준은 보통 일당 요구되는 영양소의 양 또는 사료의 백분율로서 표현되며, 동물에게 사용된 전자는 사료의 정확한 양을 주며, 후자는 배합사료가 무제한 섭취될 때 더욱 일반적이다. 여러 가지 영양소와 관련하여서 대부분은 무게 단위, 백분율, 또는 ppm(part per million, 백만분의 1)으로 나타낸다. 일부 비타민 A, D, E는 종종 국제적인 단위로 주어진다.

단백질 요구량은 적절한 정보가 있을 때 조단백질(crude protein)이 보통 사용되며, 아미노산이 단위동물에서 가소화단백질(digestible protein, DP)을 대체될 수 있다고 하더라도 가끔씩 DP의 용어로 주어진다.

에너지는 서로 다른 다양한 형태로 표현된다. NRC는 닭과 칠면조에 대하여는 ME를 사용하고, 돼지는 DE, ME 또는 TDN, 양은 DE, ME 그리고 TDN, 육우에서는 육성(growing) 및 비육 중인 소(fattening cattle)에 대해서 NEm 및 NEg의 선택적인 사용과 함께 ME와 TDN을 사용한다. 젖소(dairy cattle)에 대해서 에너지 값은 비유 중인 젖소(lactating cow)에 대하여 NEℓ로서 추가적인 값과 함께 DE, ME, TDN, NEm과 NEg로 주어진다.

ARC는 Mcal(megacalories) 보다는 오히려 MJ(megajoules)의 용어로 표현된 에너지와 함께 ME를 거의 배타적으로 사용한다. 기타 유럽의 표준은 전분가(starch equivalent), 스칸디나비아의 사료단위(feed unit), 기타 등등에 기초하고 있다. 사용된 단위에 관계 없이 사양표준은 동물이 필요로 하는 양의 몇 가지 평가에 기초하고 있으며, 사료원료의 다양한 목록과 함께 조건의 폭넓은 변이 하에서 이루어진 많은 우수한 실험연구들로부터 얻어진 자료로부터 유도되었다.

2) 사양표준의 부정확성

사양표준은 영양학자에게 사료를 배합하는 것에서부터 동물의 사료 요구량을 평가하는 데 이르기까지 유용한 기초를 제공해 준다. 그러나 사양표준은 영양소 요구량에 관한 최종 해답으로 생각해서는 안 되며, 단지 지침서로서 사용해야 된다. 현재의 NRC 권장량은 주어진 동물 품종의 집단・나이・체중・생산 상태에 대한 최소 요구량을 신뢰하는 용어로 위원회에 의해서 명확히 말하고 있다. 초기 견해의 일부는 할당량(allowances)이라고 불러졌으며, 할당량이 요구될 것으로 믿어진 표준에 안전인자(safety factor)를 포함하였다. 동물의 요구량은 비교적 일정한 축군(herd) 내에서조차도 상당히 다양하다는 것은 잘 알려져 있다.

예로서, 주어진 상황에서 대부분의 동물에게 만족할 만한 단백질 섭취량은 더 빨리 체중이 증가하거나 또는 생산능력이 높은 동물에 대해서는 어쩌면 충분하지 못할 것이다. 역으로, 축군의 일부는 과잉 섭취할 수 있을지도 모를 것이다. 현재의 생산방법을 이용하면, 이것은 보통 동물 사양의 가장 가능한 기초이다. 생산능력이 낮은 동물은 골라내야 하며, 생산능력이 높은 동물은 여분의 할당량을 줄 수 있다.

관리와 사양방법은 영양소의 대사와 요구량에 있어서 알려진 품종 차이로부터 멀리 떨어진 사료 활용 효율성 또는 동물의 요구량을 바꿀 수도 있을 것이다. 게다가, 최근의 권장(recommendation)은 아주 나쁜 날씨에서의 섭취량 증가나 온화한 기후에서의 섭취량 감소를 위한 기본을 제공하지 못한다. 기후의 효과는 대단히 클 수 있다. 예로서, 피난처가 전혀 없는 임신한 암소는 피난처를 갖고 있는 암소보다 18~36%의 더 높은 대사율을 갖는다.

질병, 기생충, 수술, 기타 등등과 같은 다른 스트레스 효과에 대해서 만들어진 어떠한 할당량도 없다. 게다가 사양표준에서 양적 요구량을 고안해 낼 때 첨가제, 호르몬, 또는 사료 제조방법의 유익한 효과는 항상 고려되지 않았다. 따라서 많은 변수가 영양소의 필요량과 영양소의 활용을 바꿀 수 있으며, 이러한 변수들이 사양표준 속으로 정상적으로 포함되지 않았다.

3) 영양소 필요량과 생산 기능

(1) 유지

유지(maintenance)는 동물이 증체(gaining)도 체에너지 손실(또는 기타 영양소)도 하지 않는 상태로서 정의될 수 있다. 생산적인 동물에 대하여 순수한 유지 상황이 가까워질 때는 극소수의 시간이 있다. 유지 상황은 번식계절 동안 보다는 다른 성축 수컷 번식동물에서 밀접하게 가깝거나 또는 도달되며, 그리고 어쩌면 비유 중지와 임신 전으로 이어지는 성축 암컷에서 몇 일 혹은 몇 주 동안 요구량을 충분하게 증가시킨다. 그러나 영양소 요구량의 평가를 위한 참고점으로서 유지는 일반적으로 수준점(bench mark)이 사용된다.

영양소 요구량은 유지 동안 최소이다. 일년 중 건조기 또는 겨울철 동안 현장에서, 우리는 방목하는 동물이 조사료가 왕성하게 자라고 있을 때 소비된 에너지의 양과는 반대로 그들의 필요를 위해 충분한 식물성 재료를 얻기 위해서 상당한 에너지 소비를 필요로 한다는 것을 발견할 수 있을 것이다. 그러나 이것은 영양소의 요구량은 동물이 일부 생산기능을 수행하고 있을 때보다 유지 동안에 낮다는 사실을 바꾸지 않는다.

(2) 성장과 비육

체중 증가에 의해서 측정된 성장(growth)은 일생에 있어서 초기에 가장 빠른 비율을 보인다. 체중 증가의 백분율로서 나타냈을 때, 성장률은 사춘기(puberty)까지 점차적으로 기울며, 성성숙(maturity)할 때까지 느린 성장률을 나타낸다. 동물이 성장함으로써 다른 조직과 기관들이 서로 다른 비율로 발달하며, 그리고 대부분의 갓 태어나는 동물의 형태가 성축의 형태와 다르다는 점은 아주 명확하다.

즉, 이러한 차별적인 발육은 변화하는 영양소 요구량에 관하여 의심의 여지없이 약간의 효과를 갖는다. 성장률은 성장에 대한 생물학적 자극이 덜 하기 때문에 줄어들 수 있고, 어린 동물은 대사체중 단위당, 그리고 체중 증가에 의해서 측정된 것으로서 그만큼 먹는 것을 계속할 수 없기 때문에 줄어들 수 있으며, 노령 동물의 조직은 상대적으로 근육 조직보다 높은 칼로리를 갖고 있는 지방을 더 많이 함유하고 있기 때문에 어쩌면 줄어들 것이다.

체중의 단위 또는 대사체중(체중, body weight, $B.W^{0.75}$)당 영양소 요구량은 아주 어린 동물에 대해서는 가장 크다. 이것은 성장률이 기울어짐으로써 그리고 동물이 성숙에 도달함으로써 점차적으로 차차 작아진다. 어린 포유동물에서 영양소 요구량은 소화관의 능력이 공간과 기능에 있어서 상대적으로 제한받기 때문에 너무 크며, 어린 포유동물은 최고의 성장률에 도달하기 위해서 젖(또는 대용유, milk replacer) 또는 젖과 부가적인 소화율이 높은 사료를 가져야 한다. 어린 포유동물이 자람으로서 사료의 품질은 동물이 점점 소화율이 낮고, 사료의 건물이 비효율적으로 사용되는 결과를 갖는 젖이 아닌 급원(nonmilk source)으로 바뀌게 됨으로써 일반적으로 낮아진다.

모든 어린 동물에 대한 건물(dry matter) 섭취는 보통 후기보다 일생의 초기 동안에 체중 단위당 훨씬 더 크다. 이렇게 높은 수준의 사료 섭취는 유지 요구량 이상으로 많은 여유를 제공해 주며, 따라서 성장과 발육을 위해서 사용될 높은 비율을 허용한다. 사료의 활용을 위한 소화관의 능력에 있어서 차이에 기인하거나 그리고 체 성장의 비율, 지속성 및 특성은 나이와 동물의 품종에 따라서 다양하기 때문에 영양소 요구량은 서로 다른 동물에 대해서는 완전히 다를 수 있다. 그럼에도 불구하고 영양소 요구량(영양소 농도/사료단위)은 아주 어린 동물에서 가장 높으며, 그리고 동물이 성숙함으로써 점점 기울어진다. 자연적으로 총 사료와 영양소의 섭취는 그들의 보다 작은 체구 때문에 어린 동물에게서 덜하다.

영양소 결핍증은 어린 동물, 특히 어미의 뱃속에서의 성장기간 동안 얻어진 조직 내 저장된 영양소에 의존하여 생활하는 어린 동물의 생활 초기단계에서 아주 빠르게 나타난다. 몇 가지 예외적으로, 갓 태어난 동물에서 조직 내 저장된 영양소는 낮다. 젖 또는 다른 사료는 부적절한 영양소를 공급할 수 있기 때문에 사료 공급을 바꾸거나 또는 어린 동물에서 제공되는 사료를 섭취할 수 있는 능력이 발육될 때까지 결핍증은 자주 발생할 수 있을 수 있다. 어린 돼지는 하나의 예가 된다.

어린 돼지의 생체 내 저장된 철분의 양은 낮고 빠른 성장은 곧 체내 저장된 철분을 고갈시킨다. 돼지 젖의 철분 함량은 낮기 때문에 어린 돼지는 철분이 공급되지 않으면 자주 빈혈이 일어난다.

어린 포유동물은 일생의 초기를 초유(colostrum)의 섭취에 의존한다는 것은 명백하다. 아주 어린 초기의 생활에 있어서 소화관은 거대 단백질 분자를 통과시킬 수 있다. 초유는 영양소의 공급은 물론 많은 질병에 대한 저항력을 크게 높여 주는 항체(antibody)를 일시적으로 공급해 주는 다량의 글로불린(globulin)과 다른 단백질을 갖고 있다. 또한, 초유는 대부분의 비타민과 미량 미네랄이 풍부한 공급원이고, 그리고 어린 동물의 조직은 어미의 뱃속에서 공급되지 않았던 필요한 영양소와 함께 공급받을 수 있다.

생산이란 관점에서 보면, 동물이 최고의 비율로 성장할 때 증체 단위당 영양소 요구량은 최소이며, 그리고 총 효율성(gross efficiency, 총 생산을 총 사료섭취량으로 나눈 것)은 가장 크다. 그러나 순 효율성(net efficiency, 총 생산을 유지 이상의 영양소 요구량으로 나눈 것)은 크게 변하지 않을 수 있다. 몇 가지 예에서, 최고의 증체를 얻기 위해서 시도하는 것은 바람직하지 않거나 비경제적일 수 있다. 예로서, 어린 나이에 우유를 섭취한 송아지의 고기(veal calf)를 시장에 팔고 싶어한다면 최고의 증체(gain)와 비육(fattening)이 바람직하다. 한편, 송아지가 축군의 대체용으로 자란다면 최고 증체 이하가 만족스러울 것이다.

성장에 대한 생물학적 자극은 자극의 결과로서 생기는 영구적인 성장저해가 없는 어린 동물에서 시장출하 정도까지 억압될 수 없다. 어린 동물이 신체에너지 저장물을 증가시키지 않으면서 다른 영양소는 적절하고, 성장에 있어서 증가를 계속할 수 있는 동안에 그 시기 동안 어린 동물을 유지하는 것이 가능하다. 신체의 에너지 제한에 기인한 비정상적인 성장 기간 이후에는 대부분의 어린 동물은 적절한 사료가 주어졌을 때 정상적인 속도보다 훨씬 빠르게 증체할 것이다. 이러한 반응을 보상성장(compensatory growth)이라고 한다.

이러한 현상은 어린 송아지가 보통 수준으로 겨울을 보낼 때 실제로 적용될 수 있다. 봄철에 새로운 풀을 이용할 수 있을 때 또는 송아지가 비육장(feedlot)에 놓여진다면 체중 증가는 초기에 아주 빠른 속도로 일어난다. 전체 기간에 대한 효율성, 특히 주어진 증체량에 대한 효율성은 더욱 크다. 그러나 동물이 최고 속도에 가깝게 사료를 섭취한다면 보다 낮은 수준의 사양은 더욱 값이 싼 사료의 활용 또는 서로 다른 마켓팅을 허용할 수 있거나, 그 결과로서 이익이 될 수 있는 관리 절차를 허용할 수 있다.

(3) 비유

대량의 비유(lactation)는 근육운동으로 유지된 아주 살찐 동물을 제외하면 어떤 다른 생산 상황에서 보다도 성숙한 동물에서 더욱 영양학적 스트레스를 초래한다. 일년 동안 고능력 젖소(high-producing cow) 또는 염소(goat)는 전형적으로 동물 신체 건물의 4~5배에 해당하는 건물함량을 갖는 우유를 생산하며, 그리고 일부 동물은 신체 건물의 7배에 해당하는 우유생산 수준에 도달하고 있다. 고능력 젖소는 최고 비유기 동안의 체중 손실을 방지하기 위하여 충분한 사료를 섭취하는 것이 불가능한 정도로 너무 많은 우유를 생산한다.

대부분 가축의 젖은 80~88%가 물이다. 따라서 물은 비유를 지속시키는 데 필요한 중요한 영양소이다. 모든 영양소 요구량은 비유기 동안에 증가되지만, 젖으로서 성분은 혈액을 경유하여 직접 공급되거나 또는 유선(mammary gland)에서 합성되고, 따라서 동물의 체조직으로부터 또는 섭취된 사료로부터 유래된다. 모든 알려진 영양소는 비록 우유의 중요한 성분이 주로 칼슘과 인으로 구성된 회분(ash)의 충분한 양, 지방, 단백질, 유당(lactose)이라고 하더라도 우유에서 어느 정도 분비된다.

유량(milk yield)은 동물의 품종 간이나 품종 내에서도 상당한 변이가 있다. 젖소에서 최고 유량(peak yield)은 보통 분만(parturition) 후 60~90일 사이에 발생하며, 이후부터 점점 떨어지기 시작한다. 따라서 영양소를 요구하는 피크는 집약적인 품종에 대한 전형적인 우유의 흐름 특성이 뒤따라온다. 반추동물에서 우유의 조성과 양은 사료의 형태에 의해서 바꿀 수 있다. 지방의 함량은 확실하게 바꿀 수 있으며, 단백질과 유당의 함량은 어느 정도까지는 바꿀 수 있다. 단위동물에서 사료는 젖의 지방, 미네랄, 그리고 비타민 조성에 영향을 줄 수 있다.

비유 중인 젖소(다른 품종도 해당될 수 있음)에게 제한급수 또는 에너지 섭취량의 제한은 유량의 급격한 감소를 초래할 수 있으나, 반면에 단백질의 제한은 특히 단기간 동안에 적은 효과를 갖는다. 비록 미네랄의 결핍증이 우유의 조성에 현저하게 영향하지는 않는다고 하지만, 비유 중인 동물체 내 저장물의 빠른 고갈을 초래할 것이다. 우유 내 매우 적은 농도로 존재하는 미네랄이지만 구리, 철분, 그리고 셀레늄과 같은 원소에 대한 비유 동안의 요구량은 증가될 것이다. 비유 동안의 현저한 영양 결핍증은 임신 및 다음 비유기에 걸쳐서 종종 이행할 것이다.

(4) 번식

번식(reproduction)에 대한 동물의 영양소 요구량은 일반적으로 빠른 성장 또는 많은 양의 비유 동안 만큼 상당히 부족하지 않으며, 유지를 위한 요구량 보다는 확실히 부족하다. 만약 영양소 결핍증이 번식에 앞서서 일어난다면 그 결과는 불임(sterility), 낮은 수정률(fertility), 침묵의 발정(둔성발정=silent estrus, 뚜렷한 발정 징후가 없는 배란), 또는 임신(pregnancy)을 유지하거나 발생시키는 데 실패할 수 있다.

성장하는 동안에 단백질과 에너지의 섭취 부족은 성성숙(sexual maturity)을 늦출 수 있을 것이며, 보통 에너지의 섭취 부족이나 과잉섭취는 적절하게 섭취한 동물과 비교할 때 수정률 감소를 초래할 것이다. 둘 가운데 보통 과잉섭취는 수정률에 대하여 더욱 해로울 수 있다.

임신기간 동안에 대부분 동물에 대한 에너지 요구량은 임신의 마지막 1/3 기간 동안에 더욱 부족하다. 태아 조직 내 영양소의 축적에 관한 정보는 이러한 기능을 위해서 필요한 전체적인 동물 요구량의 비교적 적은 비율임을 시사한다. 그러나 다른 정보는 다소 커다란 필요성을 나타낸다. 임신한 동물은 보다 큰 식욕을 가지며, 그리고 임신하지 않은 동물에 비해서 풀을 뜯거나 먹이를 찾는 데 더 많은 시간을 소비할 것이다. 게다가, 임신한 동물의 기초대사율(basal metabolic rate)은 더 높다. 임신 말기에 젖소의 기초대사율은 임신하지 않은 동일한 쌍둥이의 약 1.5 배이다.

임신의 생산물인 태아에 있어서 단백질의 축적은 에너지와 동일한 경향을 나타내지만, 상대적으로 단백질은 칼슘, 인, 기타 미네랄 및 비타민이 필요한 임신 초기보다 임신 말기 단계에서 태아의 발육에 더욱 부족하다. 임신기간 동안에 어미의 부적절한 영양은 동물의 품종, 영양불량의 정도, 포함된 영양소 및 임신 단계에 따라서 다양한 결과를 가져올 수 있다. 영양소 결핍증은 예외가 있기는 하지만, 보통 임신말기에 더욱 심각하다.

일반적인 결핍증에서 보면, 태아의 조직은 어미의 조직에 관해서 우선권을 가지려는 경향이 있으며, 따라서 어미의 체 저장물을 태아에게 영양을 공급해 주기 위해서 꺼내 이용할 수 있다. 그러나 매우 심각한 결핍증은 보통 어미 조직 내 저장된 영양분의 부분적인 고갈과 태아의 재흡수, 유산, 기형, 사산, 허약, 왜소증으로서 해로운 효과를 초래할 수 있을 것이다. 어미의 조직이 부족한 영양소가 고갈되면 어린 동물에서 조직저장은 거의 항상 낮으며, 젖 생산도 아주 낮고, 그리고 어린 동물의 생존율은 어미의 영양소가 적절한 수준일 때보다 훨씬 낮다.

(5) 일

일(work, 물리적인 노력)은 수행된 일 및 일이 성취된 효율성에 비례하여 요구된 에너지 증가를 초래한다. 탄수화물은 지방보다 일에 쓰이는 더욱 효율적인 에너지원일 수 있다. 단백질에 관해서는 균형 연구가 적으며, 가령 있다고 할지라도 근육운동의 결과로서 말 또는 사람에서 질소 배설량이 증가하고, 공급된 에너지 섭취는 적절하고, 그리고 단백질은 에너지를 위해서 대사를 필요로 하지 않는다는 정도이다. 비록 이러한 증거가 무수한 연구에서 얻어졌다고 하더라도 사람에 관한 자료는 단백질 섭취가 낮으면서, 그러나 유지 수준의 이상에 있으면 일의 질과 양이 떨어진다는 것을 나타내고 있다.

만일 땀이 발생한다면 일은 특히, Na와 Cl의 요구량을 증가시키는 것으로 기대될 수 있다. 인의 섭취는 많은 에너지 생성 반응에서 생명에 필수적인 요소로서, 일을 하는 동안에 증가해야 한다. 한편, 에너지 대사에 포함된 비타민 B, 특히 티아민, 나이아신, 리보플라빈 등은 일의 생산이 증가함으로써 증가해야 할 필요가 있다.

제 5장

가금의 생산

닭의 영양과 사양에 관한 상대적인 중요성의 일부는 모든 상업적으로 조제된 사료의 약 43%가 가금에게 급여된다는 사실로 나타난다. 물론, 이 수치는 동물에게 급여되는 농장에서 재배한 사료와 상업적인 계분 제거과정을 거치지 않은 막대한 용량을 포함하는 것은 아니다. 또 다른 관점은 닭의 유지와 사양에 있어서 생산비용의 약 75%가 사료비용이라는 것이다. 사료비용의 3/4은 유지를 위해서 사용되며, 나머지는 생산의 목적으로 쓰인다.

1. 닭의 품종

닭(Gallus gallus domesticus)의 품종이 성립된 것은 1800년대 후반으로, 주로 유럽과 미국에서 시작되었다. 1965년부터 활약한 대표적인 품종은 산란계인 백색레그혼종, 계란과 닭고기 생산을 겸용한 뉴햄프셔종, 횡반프리머스록종, 로드아일랜드레드종 등이 있다. 현재에는 이러한 품종 중에서 더욱 많은 계통이 확립되어 여러 계통의 교배종을 만들었고, 그 중에 확립한 계통의 교배종이 실용종으로 보급되었다.

이러한 실용종은 만들어진 육종장의 이름을 따서 명칭으로 부르는데, 난용종으로는 갈색레그혼종・로드아일랜드레드종, 브로일러 품종으로는 코니시종・백색프리머스록종 등의 계통이 주류를 이룬다.

① 난용종 : 난용종에 속하는 품종은 갈색레그혼종, 미노르카종, 햄버그종, 안달루시안종이 있다. 난용종은 동작이 활발하고 경쾌하며 신경이 예민하다. 체

질적으로 열에 강하며 취소성이 없고, 사료효율 및 산란수가 높아서 경제적이다.

② 난육겸용종 : 난육 겸용종의 품종은 로드아일랜드레드종, 플리머스록종, 뉴햄프셔종이 있으며, 깃털이 풍부하고 성질은 온순하다. 추위에는 체질적으로 강하다.

③ 육용종 : 육용종(브로일러)의 품종에는 코니시종, 브라마종, 코친종이 있다. 성질이 온순하고 산육능력이 우수하며, 산란능력도 높다.

④ 재래닭 : 재래닭은 산란율, 육질이 좋지만 병아리를 품는 취소성이 높은 단점이 있다.

⑤ 오골계 : 오골계는 까마귀처럼 온몸이 새까맣게 되어 있으며, 닭고기 역시 검정색을 나타낸다.

⑥ 싸움닭 : 싸움닭(투계)은 경기용으로 사육하며 반탐계 등이 있고, 특히 며느리발톱은 싸움닭에서 중요하게 이용할 수 있다.

2. 닭의 해부생리

1) 닭의 외모

닭의 깃털(feathers)은 피부가 발달한 것이기 때문에 추위와 더위, 비, 외부의 손상으로부터 몸을 보호해 준다. 또, 날개와 꼬리의 커다란 깃털은 날 수 있도록 도와 주는 역할을 한다. 깃털(우모)은 날개깃(정깃, feather), 솜깃(down), 털깃(hair)의 3종류가 있다. 깃털의 색은 품종에 따라 다르지만 깃털의 종류는 같다. 피부는 얇고 부드럽다. 한선(sweat gland)과 지선(oil gland)이 없어서 피부의 표면은 건조하다. 그러나 유일하게 꼬리 끝에 미지선(preen gland)이 있어 여기에서 지성의 분비물이 분비된다.

볏(comb)과 고기수염(wattles)은 피부가 발달한 것으로서 암수를 구별하는 중요한 부분이다. 그것은 모세혈관이 발달되어 있어 혈액이 풍부하며, 기온이 높은 계절에는 체온을 방산시켜 준다. 귓불(earlobe) 색은 품종에 따라 다르며, 백색과 적색이 있다. 수컷의 다리 외측 하부에는 커다랗고 단단한 며느리발톱(spur)이 있는데 암컷에는 흔적만 있다.

그림 5-1. 플리머스록

그림 5-2. 백색 레그혼종

그림 5-3. 재래닭

그림 5-4. 오골계

그림 5-5. 싸움닭

그림 5-6. 닭 싸움

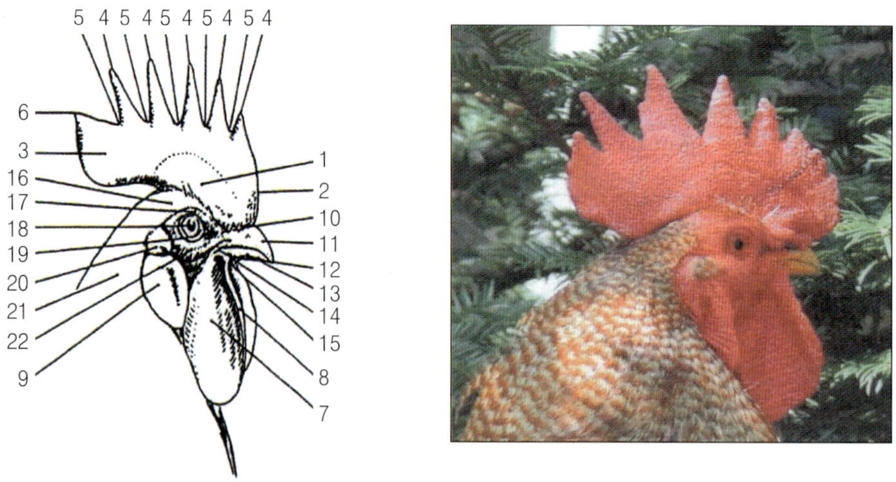

그림 5-7. 머리부위의 명칭

볏 Comb
1. 관기 *Base of Comb*
2. 관전 *Front of Comb*
3. 관엽 *Blade of Comb*
4. 관첨 *Point of Comb*
5. 관차 *Serration between Points*
6. 관엽첨 *Point of Blade*

7. 고기수염 *Wattle*
8. 육염연 *Edge of Wattle*
9. 귀뿔 *Ear-lobe*
10. 콧구멍 *Nostril*

부리 Beak
11. 상부리 *Upper Mandible of Beak*
12. 부리끝 *Point of Beak*
13. 하부리 *Lower Mandible of Beak*
14. 부리각 *Corner of Beak*

15. 목구멍 *Throat*
16. 머리 *Head or Crown of Head*
17. 눈썹 *Brow*
18. 눈 *Eye*
19. 눈꺼플 *Eyelid*
20. 귀 *Ear*
21. 목(목깃털) *Neck(Neck-Hackle)*
22. 얼굴 *Face*

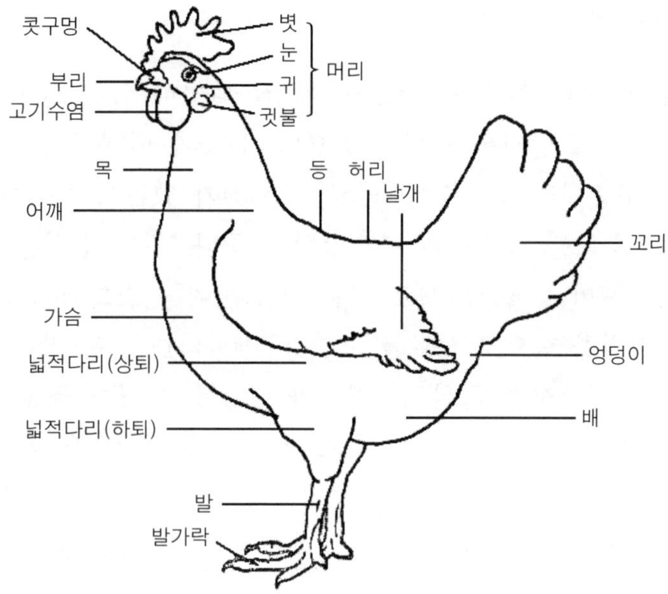

그림 5-8. 닭의 외모

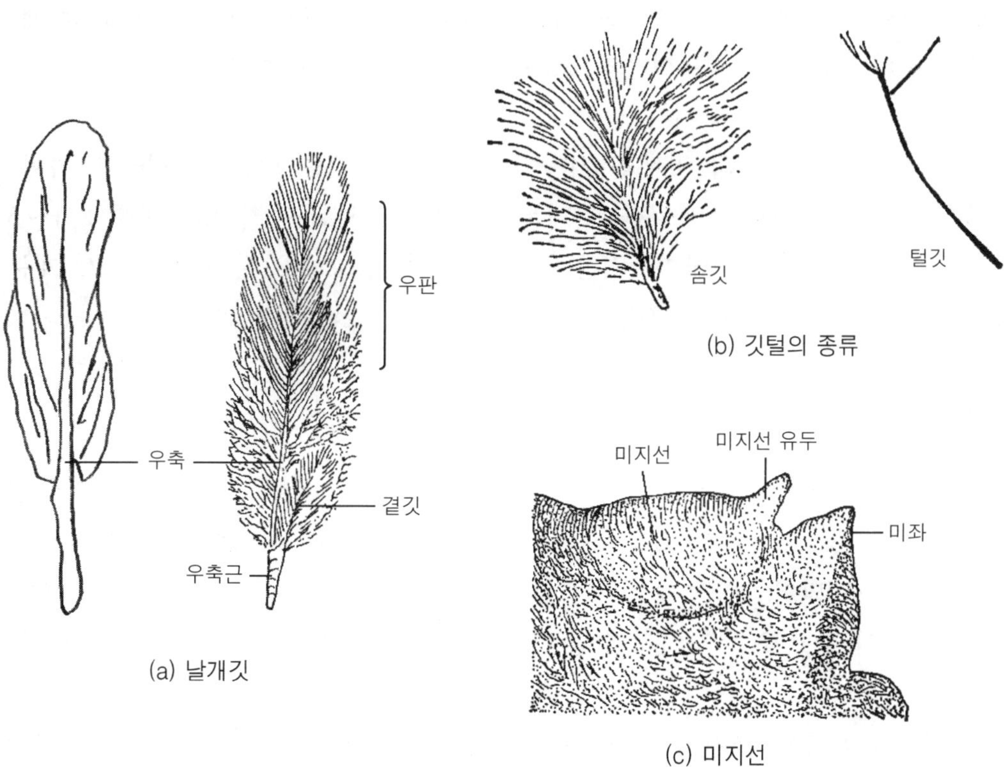

그림 5-9. 닭의 깃털과 미지선

2) 소화기관의 특징

닭의 소화기관은 이미 언급한 그림 3-3에 잘 나타나 있다. 닭의 입에는 이빨이 없다. 부리는 단단하고 날카롭게 되어 있으며, 씨앗과 벌레 등을 쪼기에 적합하게 되어 있다. 식도 도중에는 모이주머니(소낭, crop)가 있는데 섭취한 사료를 일시적으로 저장시키고 수분을 줌으로써 부드럽게 해준다. 위는 선위(proventriculus)와 근위(닭똥집, 모래주머니, gizzard)로 구분한다. 선위는 소화액(위산, pepsin)을 분비하고, 근위는 강력한 힘으로 사료를 으깬다. 방사되는 닭은 작은 돌을 쪼아 먹어서 그것을 근위에 저장시켜 곡식 등 딱딱한 사료를 으깨는 역할을 한다.

이러한 이유 때문에 실내 사육 시에는 모래 및 보다 작은 돌을 줄 필요가 있지만, 근래에는 분말사료를 주기 때문에 근위에서 마쇄의 필요가 적어져 작은 돌을 주지 않는 것이 일반적으로 되고 있다. 따라서 근위의 발달은 방사한 것 보다 뒤떨어진다.

소화기관은 몸에 비해 짧아서 사료는 단기간에 소화기관을 통과하여 배설된다. 배합사료를 먹은 후 2.5시간 안에 배설이 시작되고, 7시간에 전부 배설된다. 그러므로 섬유질처럼 장시간을 필요로 하는 성분의 소화는 다른 가축과 비교할 때 많이 떨어진다. 그러나 다른 성분의 소화는 소·돼지 등과 큰 차이가 없고, 곡류의 소화는 오히려 우수한 편이다.

맹장(cecum)은 사료의 일부를 거두어 들여서 비교적 장시간을 머물게 하여 충분히 소화·흡수시킨 뒤 배설한다. 계분은 갈색으로서 끈적거리고, 하루에 4～5회 배설되어지며 악취가 심하다. 결장(colon)과 직장(rectum)은 몹시 짧고, 계분은 일단 총배설강(cloaca)에 축적된 후 뇨(요산, uric acid)와 같이 배설된다.

3) 호흡기의 특징

닭은 폐로 호흡하지만 별도의 보조기관으로서 기낭(air sac)이 있는데 폐와 연결되어 있다. 기낭은 기관지 일부의 가지가 폐를 관통해서 부풀어진 것으로서 얇고 투명한 막으로 되어 있다. 폐로부터 공기를 받아서 부풀거나 줄어들거나 한다. 기낭은 몇 개의 낭으로 나누어져서 근육, 내장의 사이 뿐만 아니라 뼈 속에도 들어가 있다.

기낭은 숨쉴 때의 공기의 양과 온도를 적당하게 조절할 수 있는 기능을 가지고 있다. 체온 조절에도 도움을 주고 있다고 생각되지만 폐처럼 가스교환은 하지 않

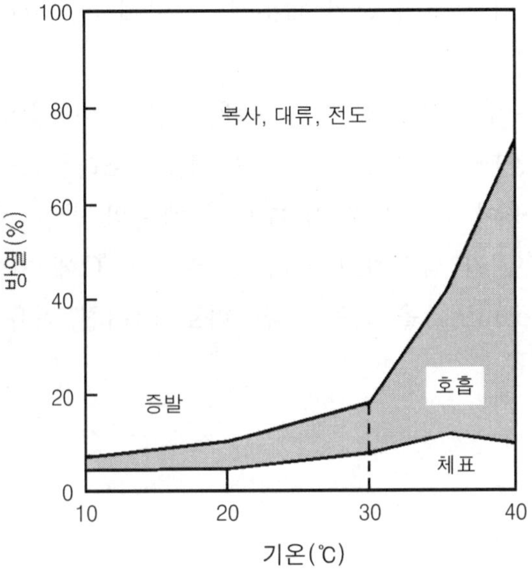

그림 5-10. 기온과 닭의 체온방열

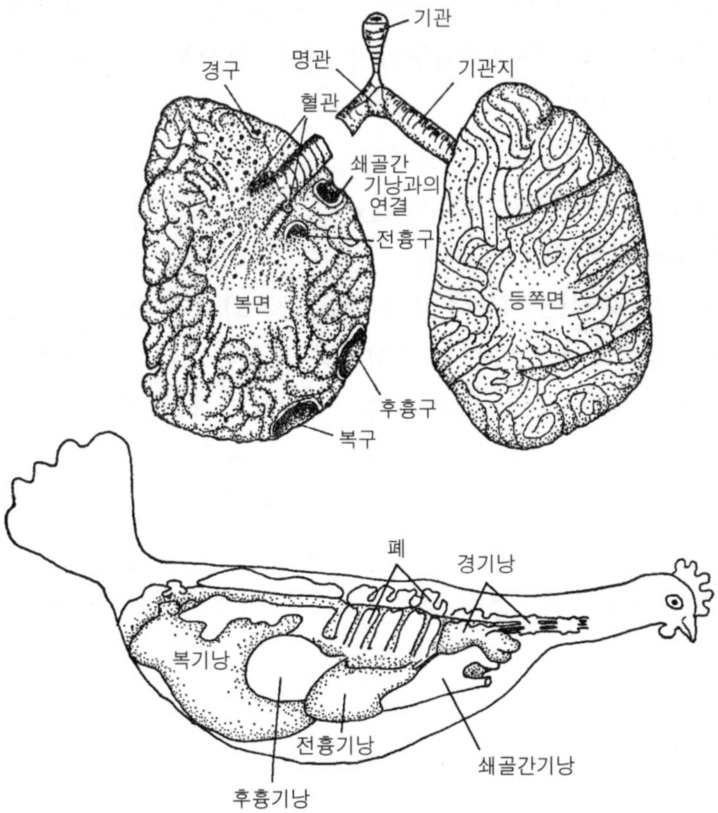

그림 5-11. 닭의 폐와 기낭분포

는다. 한편, 기낭은 혈관의 분포가 작기 때문에 그 안에 병원균이 침입하면 질병에 노출되기 쉽고 치료하기 어렵다.

기관지가 좌우에 나누어진 부위에 명관(울대, syrinx)이 있어 소리를 낼 수 있다. 그 기관은 나팔의 공명장치와 같은 기능을 하고 소리를 크게 낼 수 있다.

닭은 한선이 없어서 땀이 나오지 않기 때문에 체온의 방산, 수분 배출 등 땀의 생리적 작용까지도 호흡기가 담당하고 있다. 기온이 30℃에 가깝게 되면 입을 벌려 헐떡거리면서 호흡(panting)을 하는 것은 바로 이러한 이유 때문이다.

3. 발육 특징

1) 발 육

발육 체중은 품종, 성별, 부화시기, 영양 등에 따라 차이가 있다. 특히 산란계와 브로일러 간에 차이가 나타난다. 하지만 어느 쪽이든지 간에 일령이 어리면 어릴수록 체중의 증가율이 크다. 특히 7일령까지 크게 나타나고, 이 시기에는 혈액 중의 성장호르몬의 양도 많다.

산란계의 경우 체중이 20주령까지 매주 70～80 g 정도씩 증가하고, 그 후 서서히 둔화되어 70주령 이후에는 증가되지 않는다. 보통 40주령 이후에 체중 증가는 지방축적으로 보이며 발육과는 다르다.

내장의 모든 기관도 대체로 체중에 비례하여 발육되지만, 패브리셔스 낭과 생식기는 그렇지 않다. 패브리셔스 낭은 총배설강의 뒤쪽에 있고, 닭의 면역기구를 맡아 중추기관의 작용을 받는다. 이 낭은 부화 후 10주령 때까지는 발육이 이어지다가 그 후에는 차츰 위축되어 20～27주령에는 소실된다.

생식기는 난용계의 경우 15주령까지는 그다지 발육되지 않다가 17～18주령부터 점차 발육해서 21～22주령에는 성성숙에 도달한다. 생식기의 발육과 더불어 볏, 고기수염도 점차 성장한다. 또한 얼굴, 눈의 색이 붉은색을 띠며, 우는 소리도 성계처럼 된다.

2) 환 우

암탉의 깃털은 오래 되면 새로운 깃털이 생기는데, 매년 1회 가을에 털갈이를 한다. 이것을 환우(molting)라고 한다. 환우는 우모의 노화 및 난소의 에스트로겐(estrogen) 분비 감소에 기인하여 발생한다. 오래된 깃털이 빠지면 그 우근부에서 새로운 깃털의 발육이 시작된다. 성장 중 깃털은 우축(shaft, rachis) 안으로 혈액이 통해서 이 혈액으로부터 영양을 보급받아 성장한다. 성장이 끝나면 우축 안은 텅 비어서 혈액이 통하지 않게 된다.

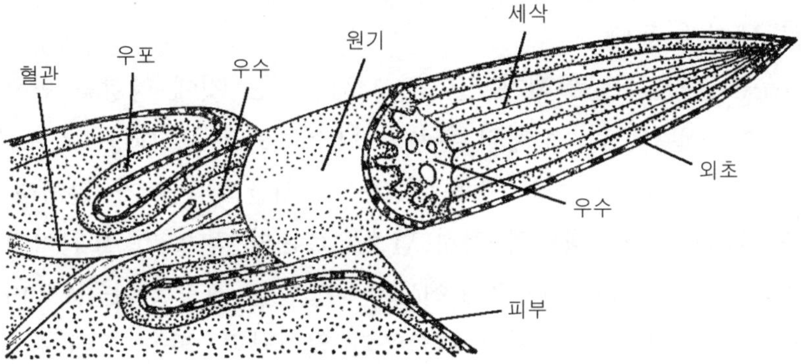

그림 5-12. 깃털의 발생

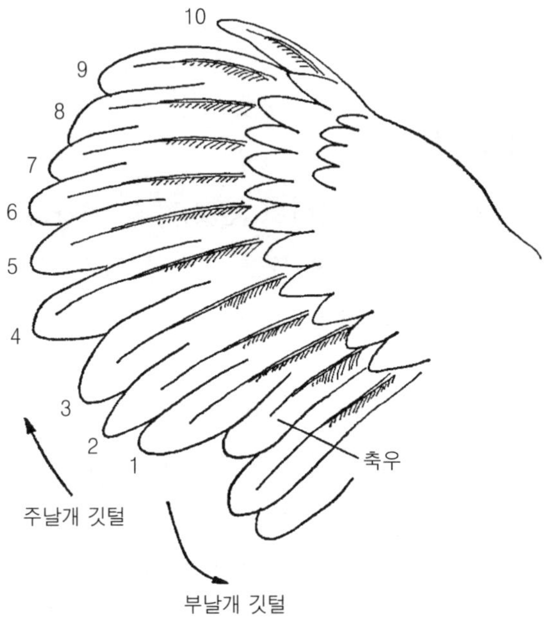

그림 5-13. 주날개 깃털의 환우순서

(날개 깃털은 10매로 1부터 10의 순서로 환우됨)

초생추의 깃털을 초생우라고 부르며, 부화과정 중 13일째부터 나기 시작된다. 그리고 초생우는 부화 후 24시간을 지날 때부터 예전의 깃털이 변하기 시작한다. 가장 빨리 생기는 깃털은 주로 날개 깃털이고, 시간이 지나면 등 · 꼬리 · 어깨 · 가슴 순으로 생겨난다. 가장 늦게 생기는 깃털은 머리부분이고, 40일령을 지나면서부터 끝난다.

초생우로 생긴 예전의 깃털도 35일령부터 완전한 깃털이 생기기 시작한다. 이 환우도 주로 날개에서부터 시작되고, 순서대로 생겨나다가 150일령에는 전신이 완전한 깃털로 덮이게 된다.

성계의 환우는 자연적으로 해가 길어지고 짧아지는 것에 영향을 받으며, 가을부터 겨울에 걸쳐서 일어난다. 성계의 환우는 난소로부터 분비되는 호르몬 에스트로겐(estrogen)의 감퇴에 기인하는 것으로, 가을 · 겨울에 환우가 일어나는 것은 해의 길이가 단축되면서 난 생산의 저하(난소호르몬의 감소)가 요인이다. 그러므로 현재처럼 점등이 있는 가을이나 겨울에도 난 생산을 계속할 수 있으며, 계절과는 상관없이 난 생산이 저하되는 시기에 환우가 일어난다. 환우 중에 휴신하는 것은 약 1～1.5개월로 난 생산을 재개한다.

4. 육 추

1) 병아리 도착 전의 소독

육추(brooding)란 갓 부화된 어린 병아리(초생추)를 건강하고 튼튼하게 키우는 것으로서, 닭의 일생 동안 생산성을 좌우하는 중요한 과정이다. 초생추는 특히 청결한 장소에서 사육하는 것이 중요하므로 사육장 건물, 기구는 반드시 들어오기 전에 소독한다.

소독은 우선 청소, 물로 닦는 것부터 시작된다. 더러운 상태에서 소독약을 분무해도 그다지 효과가 없다. 물로 닦는 것은 소독작업 중에서 가장 효과가 있는 방법으로 솔(brush)로 문지르면서 물을 흘려 보내는 것이 가장 좋다. 높은 장소에서는 분무기에 철사망으로 된 분무구를 붙여 강한 수압으로 닦아 낸다. 작은 기구들은 물에 담가서 닦는다. 그 후 햇볕이 나고 건조해지면 소독효과를 높일 수가 있다. 다음에 소독약을 분무한다.

양계용은 포르말린 등이 사용된다. 희석한 약액을 충분히 분무해서 가능하면 장

시간 작용시키는 것이 중요하다. 포르말린은 가스를 발생시켜서 소독하는 방법으로 구석구석까지 소독할 경우 금속에도 안전하다. 보통 밀폐되지 않은 장소에서는 사용할 수 없다. 또한 공기 중에 수분이 없으면 소독효과가 일어나지 않기 때문에 동시에 수분을 유지하는 것이 중요하다. 닭 등의 기생충이 발생하는 계사에는 특별히 살충제의 분무도 해줘야 한다.

2) 육추사료 급여

병아리 사육상자는 미리 따뜻하게 해주고, 병아리가 들어오면 병아리의 상태를 잘 관찰해서 사육상자 안에 수용한다. 가능하면 1마리씩 손으로 잡아서 옮긴다. 그 때 허약한 것이나 상태가 안 좋은 것은 도태시킨다.

병아리의 수용수수는 배터리(battery)와 평사가 다르지만, 사육상자일 경우 80% 정도를 수용하는 것이 적당하다. 평사의 방식으로는 1,000수가 적당하고, 배터리 방식일 때는 100수 정도가 적당하다.

상자 내 수용하는 병아리는 사료급여 시각까지 조금 밝게 하고 몸을 따뜻하게 해줘야 한다. 그 사이 미리 설치되어 있는 음수기로 물을 급여해 준다. 사료를 주는 시각은 부화 후 48시간 정도 경과해야 하며, 난황이 대부분 소화될 때쯤에 급여해 준다. 이 시각은 미리 부화장에서 지정해 준다. 사료는 시판 병아리용 사료(입질사료)를 이용한다. 이것을 물로 적셔 주고 온원부 위에 종이상자를 설치하여 그 위에 뿌려서 먹게 한다. 급여횟수는 3일간 1일 5~6회, 그 후에는 횟수를 감소

(a) 건강한 병아리

- 잡으면 탄력이 있다.
- 눈에 활력이 있다.
- 깃털과 다리의 광채가 좋다.
- 건강해 보인다.

(b) 허약한 병아리

- 눈을 감고 있다.
- 깃털이 더럽다.
- 다리에 광채가 없다.
- 건강해 보이지 않는다.

그림 5-14. 건강한 병아리와 허약한 병아리의 구별법

시켜 1일 4회로 한다. 사료를 섭취한 후의 병아리는 추위가 오기 때문에 온도를 높여 줘야 한다.

3) 어린 병아리의 관리

(1) 온도

초생추는 37～38℃의 부화기에서 부화된다. 초생추는 몸이 작고 체온은 낮으며, 환경온도에 대응하는 힘이 약해서 따뜻하게 사육해 주어야 한다. 사육 시 상자 내 적정온도는 35℃ 정도이며, 그 후 매주 3～5℃ 온도를 낮추어 준다. 3～4주령 후에는 실온에서도 생활할 수 있게 되며, 봄과 가을은 21일령, 여름은 16일령, 겨울은 28일령쯤에 해준다. 이 경우 상자 내 온도는 온원부를 중심으로 서서히 실온으로 이동해서 온도를 분포시켜 주는 것이 이상적이다.

또한 사육실내 온도를 최근에는 상자 내 급온부보다 10～15℃ 정도 낮추는 것이 좋다. 단 실내온도가 낮아지면 상자 내의 적정온도를 지키는 것이 곤란해져서 그 후 병아리가 발육해도 급온부에 밀집하게 된다.

이와는 반대로 여름에는 실온과 실내온도와의 차이가 적어져서 상자 내의 환기가 나쁘게 된다. 온도는 온도계를 보는 것도 중요하지만 병아리의 상태 또한 관찰

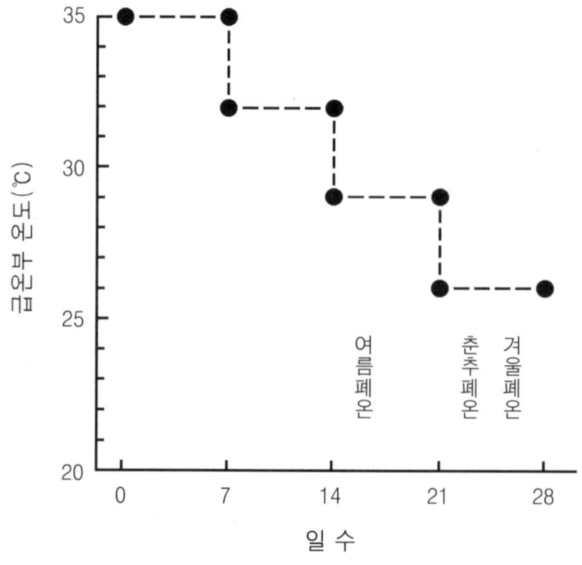

그림 5-15. 급온부의 온도와 일령

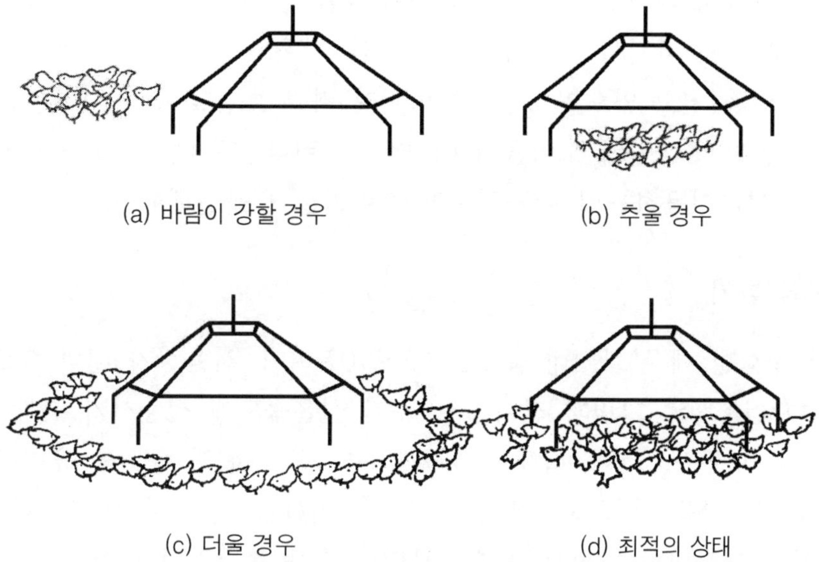

A. 우산형 사육기의 경우

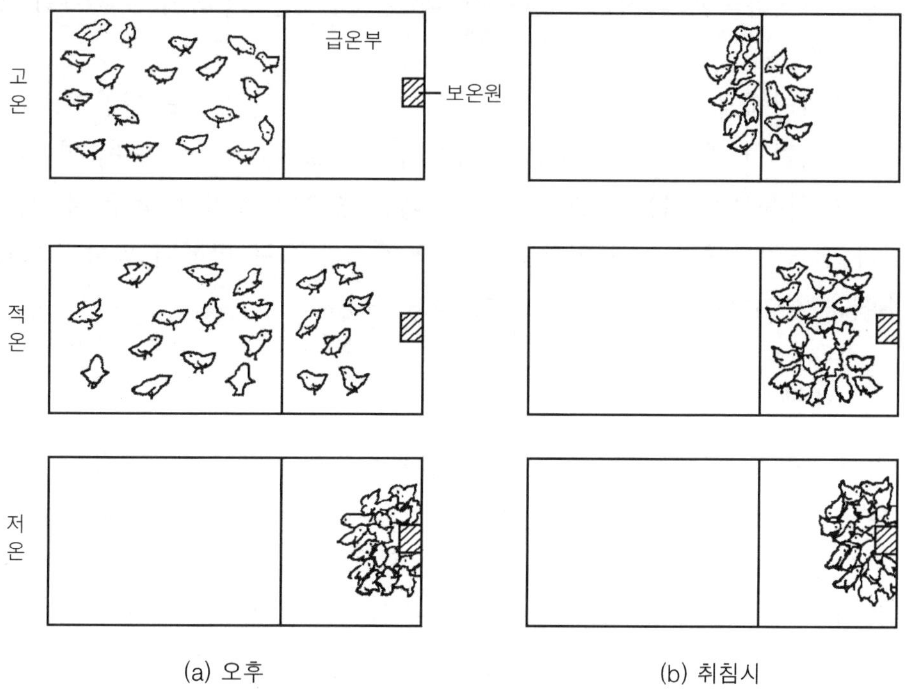

B. 배터리식의 경우

그림 5-16. 온도와 병아리의 상태

해주지 않으면 안 된다. 들어올 때 온도가 적당할 경우에는 대부분의 병아리가 적당한 간격으로 넓게 퍼져서 안심하고 잘 수 있다. 온도가 높을 경우에는 온원부에서 떨어지고 입을 열고 있으며, 숨을 헐떡거려 빠른 호흡을 한다. 또한 온도가 낮은 경우에는 온원부 주위에 모여들어 삐약삐약거린다. 온원부는 그다지 밝지 않은 5 왓트의 전구를 사용하는데 어두워지면 병아리들이 불안해한다.

(2) 습도와 환기

병아리가 부화할 때 부화기내 습도는 65～70%이며, 사육상자 내의 습도도 65%인데, 천천히 건조시켜 그림과 같이 3～4주간 실온습도에 적응시켜 줘야 한다. 들어올 때 상자 내 온도 35℃, 습도는 65%를 유지하기 위해 습도를 유지하는 것이 필요하며, 배터리사육 시 온원부에 급수기를 설치하는 것이 좋다. 그러나 1주령이 되면 배설하는 분량이 증가되고, 분으로부터의 수분 증발량이 많아지게 되므로 급수량을 감소시켜 준다.

사육상자 내의 온도가 높아지고 실온과의 온도 차이가 생기면 자연적으로 환기를 시켜주는데, 과도한 환기는 사육상자 내 온도를 떨어뜨리며 보온과의 조화에 주의한다.

환기는 병아리에게 신선한 공기를 보급하고, 호흡에 대해서도 탄산가스와 수분, 분으로 발생되는 유해가스와 수분을 사육상자 밖으로 배출시켜 주며, 병아리의 건강에는 물론 사육상자 내를 건조시켜 주는 데도 중요한 일이다. 폐온 후 사육상자 내 온도가 떨어지고 환기하면 역으로 유해한 가스와 수분 발생이 많아지기 때문에 폐온 후에는 환기하는데 주의하는 것이 중요하다.

(3) 사료급여

병아리는 급온부에서 실온부로 나와 채식과 음수를 하게 되면 2일령부터는 실온부에서의 사료와 급수가 쉬워진다. 대부분의 병아리가 실온부에서 채식을 하면 급온부에서 사료급여를 그만 둔다. 이 경우 실온이 낮으면 병아리는 실온부에 나오지 않기 때문에 난로 등을 실내에 설치하여 실온을 높여 주는 것이 필요하다.

병아리는 사료와 음수를 자유롭게 섭취할 수 있도록 해 준다. 먹이통에 들어간 사료의 양은 섭취할 때 사료가 넘치지 않게 해준다. 그리고 그 사료가 떨어지면 다시 사료를 넣어 준다. 급수통에 사료와 분이 들어가서 더러워지면 하루에 한 번 물을 갈아준다.

(4) 계분 치우기

배터리사육 시 계분 치우기는 매일 하는 것이 좋다. 분은 하루가 지나도 암모니아 등 유해한 가스의 발생이 많아지게 된다. 평사방식으로 사육할 때는 끝날 때까지 계분제거를 할 수 없는데, 비교적 건조되기 쉬워서 그대로 두어도 좋다. 하지만 음수기 주위 등은 분이 쌓여 있기 때문에 이 부분은 가끔 계분을 제거해 주고 건조시켜 준다. 이처럼 사육실내의 환경을 적당하게 유지시켜 주는 것이 중요하다.

4) 중병아리의 관리

중병아리가 되면 가능한 운동을 시켜서 외부에 나가도 괜찮을 수 있도록 해준다. 베터리사육 시 4주령의 중병아리를 배터리로 이동시킨다. 중병아리 배터리는 보온력이 없어서 추운 계절에는 보온을 해주는 것이 좋다. 중병아리를 배터리로 이동할 때 큰 스트레스를 받기 때문에 신중히 이동하는 것이 중요하며, 좋은 날씨를 선택해야 한다. 스트레스의 완화, 질병을 예방하기 위해 비타민제 등을 음수에 용해시켜 2～3일 급여해 줘도 좋다.

중병아리가 되면 다른 병아리를 쪼아 상처가 나는 일이 발생되기 때문에 그 전에 부리자르기(디비킹, debeaking)를 시켜 이를 예방해야 한다. 디비킹은 초생추에 해도 되지만 정확히 40일령이 좋다. 디비킹하는 전용 기구를 사용하며, 보통 상단 부리를 2분의 1, 하단 부리를 그보다 조금 짧게 잘라 낸다.

디비킹한 후에 화상을 입을 수 있기 때문에 급이기·급수기에는 사료와 물을 충분히 넣어 줘야 한다. 보통 4주령부터 중병아리용 사료로 교체해 준다. 그 후 조금씩 중병아리용 사료를 증가하다가 5일이 되면 전부 다 교체시켜 주는 것이 좋다. 사료급여는 1일 1회, 하루에 전부 다 먹을 양만큼 급여해 준다.

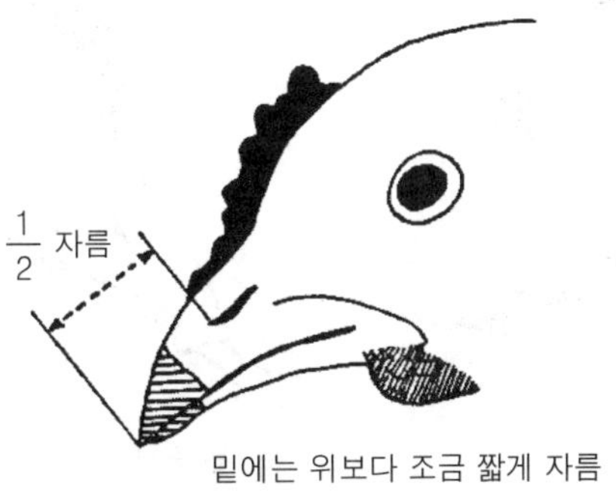

그림 5-17. 디비킹의 정도

5) 큰 병아리의 관리

큰 병아리의 사육목표는 장기간의 산란에도 충분히 대응하게 만드는 것과 적당한 일령에 산란을 시작하게 육성시키는 것이다. 큰 병아리는 보통 옥외의 간단한 배터리에 사육한다. 큰 병아리 배터리는 간단한 시설로 기후의 변화를 직접 받게 된다. 큰 병아리는 이러한 변화에도 대응할 수 있는 체력을 가지고 있어야만 추위와 더위, 강풍으로부터도 몸을 지킬 수 있다.

중병아리를 큰 병아리 배터리로 이동시킬 때는 발육이 같은 정도의 것을 같은 배터리에 수용하는 것이 중요하다. 이것은 초생추를 중병아리 배터리로 이동시킬 때도 같다. 배터리 1개당 수용수도 중병아리와 같으며, 급수기에 떨어져서 나란히 늘어놓아야 한다.

사료는 중병아리용을 큰 병아리용으로 교체해 줘야 한다. 급이, 급수, 계분제거 등은 중병아리 기간에 사용한 것을 준비해도 된다.

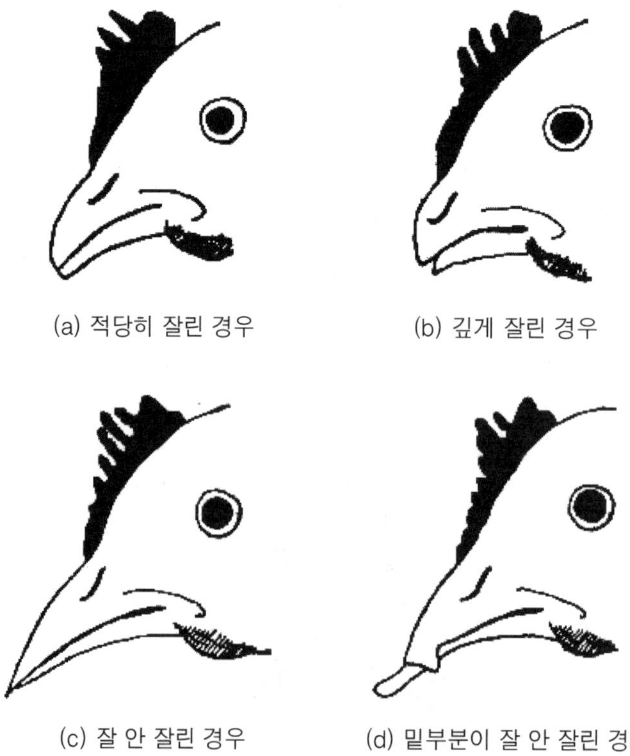

(a) 적당히 잘린 경우 (b) 깊게 잘린 경우

(c) 잘 안 잘린 경우 (d) 밑부분이 잘 안 잘린 경우

그림 5-18. 디비킹의 정도와 그 후 부리의 신장

큰 병아리 배터리에 수용간 병아리 사이에 싸움이 일어날 수 있는데, 이것은 그 군중의 순위를 결정하기 위한 것으로 곧 해결된다. 한편, 이것과는 별도로 병아리의 호기심과 욕구불만 등의 이유로 쪼는 버릇이 발생한다. 쪼는 버릇이 발생되어도 디비킹이 적당히 되면 상처가 나는 일이 없지만, 디비킹이 불충분한 개체도 있기 때문에 다시 한번 디비킹을 해주는 일이 필요하다.

5. 산란계

1) 산란의 개시

산란계는 일반적으로 18~19주령에 성성숙을 하고, 20주령부터 산란을 시작하여 28~42주령에 최고 산란기에 이른다.

큰 병아리는 18~19주령에 성계사로 이동시킨다. 또한 체중, 성성숙의 정도가 맞는 것을 동거시키는 것이 중요하다. 성계용 사료의 교체는 20주령에 한다. 사료는 아침과 저녁에 급여하고, 오후에는 먹이통을 바르게 하고 사료를 고르게 펼쳐지도록 하여서 사료의 낭비를 막아야 한다. 급여 시 닭의 채식상태, 계분의 색·양 등을 보고 닭의 건강상태를 알아봐야 한다. 급여량은 부족하지 않은 범위에서 그날 다 먹을 수 있는 양을 급여해 준다. 음수는 매일 아침 갈아주고, 여름에는 부드러운 변이 나오지 않기 때문에 음수제한을 해줘도 되지만 실온이 28℃ 이상이 되면 자유 음수시켜서 고온으로 인한 폐사를 막아야 한다.

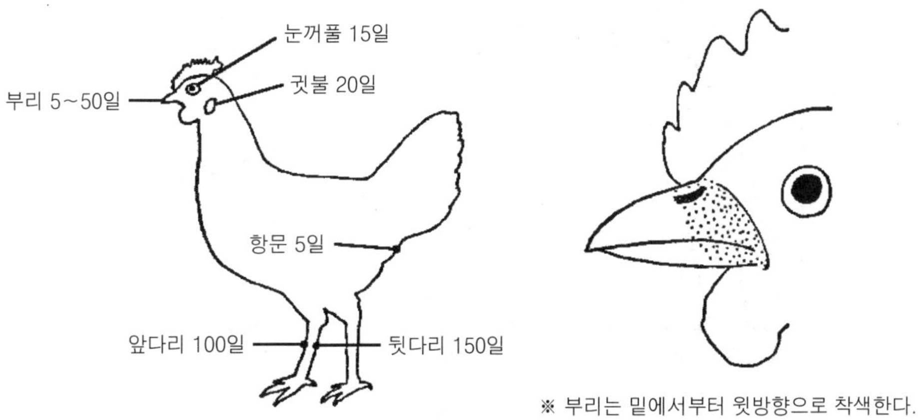

그림 5-19. 휴산 후 황색으로 착색 시작 일수

계사 내 기온은 가능한 적당한 온도를 유지해 줘야 하며, 계사 내 환기는 병아리 시기보다 더 필요하다. 계사 내 환기가 좋으면 계분의 건조도 잘 된다. 집란은 하루에 한 번 오후에 해주고, 여름에는 직사일광이 적당한 장소에서 오전에 집란한다. 집란 시 케이지별 산란 여부를 확인하는 것이 좋다. 휴산하는 닭은 부리와 다리가 황색이 되고 분의 양도 적지 않다. 산란이 나쁜 닭은 신속히 도태시킨다.

2) 제한급여

최근 닭들은 초산일령이 좋은데, 이는 성성숙의 기간에 따른 차이 때문이다. 성성숙의 빠르고 늦음은 그 후의 산란 성적에도 큰 영향을 미친다. 즉 너무 조숙하게 되면 초기의 연란과 이중란이 증가하고, 정상란의 경우 난중이 작아지게 되며, 빠른 시기에 산란율의 저하가 시작된다. 한편 늦게 성숙하게 되면 그만큼의 결점이 발생하므로 적당한 일령에 성성숙하는 것이 중요하다.

성성숙의 빠르고 늦음은 유전적인 소질보다는 영양공급과 계절(일장)의 영향을 더 받는다. 그 때문에 육성기에 사료급여와 광선관리를 조절(점등 조절)하여 적당한 일령에 성성숙이 일어나게 해줘야 한다. 그리고 일반적으로 일장의 영향으로 인해 조숙이 되면 가을과 겨울에 부화된 병아리는 성성숙의 진행을 억제하는 것이 좋고, 봄에 부화된 병아리도 억제하는 것이 유리하다는 설도 있다.

제한급여는 중병아리 때에 사료의 급여량을 70～80% 제한하고 성성숙을 억제하는 방법이다. 또한 이렇게 하면 발육도 억제되어 사료도 절감할 수도 있지만 아

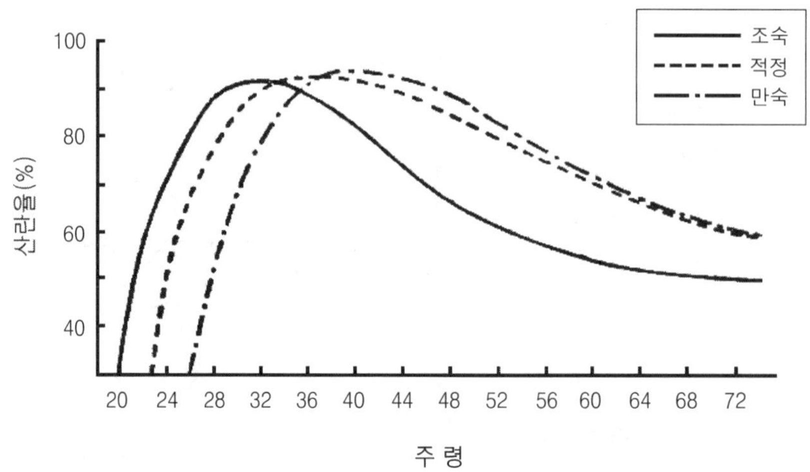

그림 5-20. 성성숙의 조만과 그 후의 산란능력

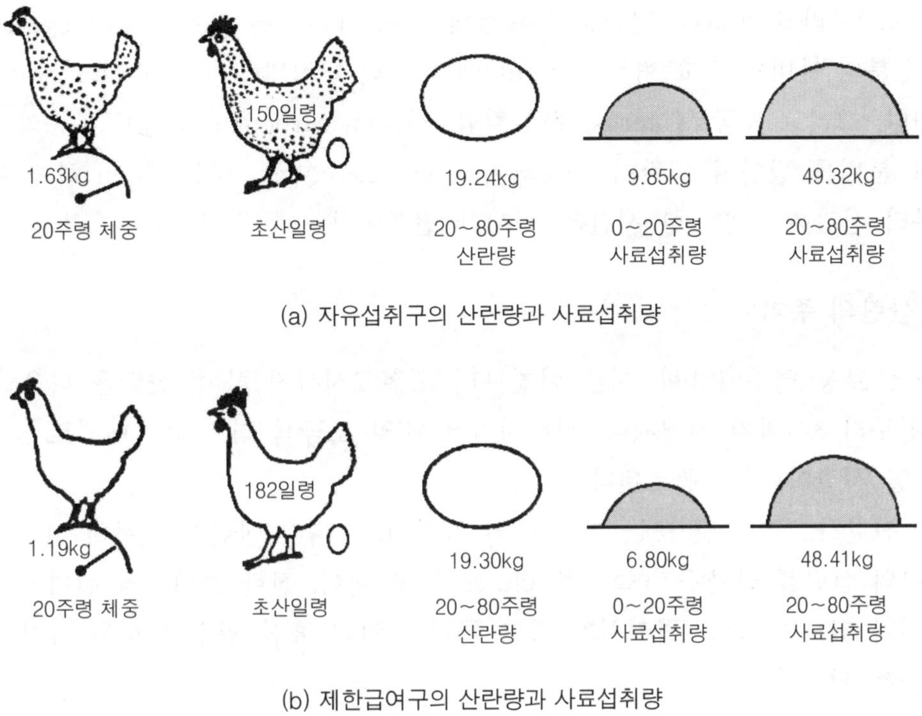

그림 5-21. 자유섭취구와 제한급여구의 산란량과 사료섭취량 비교

직 확립된 기술은 아니다. 또한 표준체중을 정하고, 그 체중을 목표로 체중을 측정하여 급여량을 제한하는 방법도 있다.

3) 산란의 생리

(1) 계란의 형성

암탉의 생식기는 그림 5-24에서 보는 바와 같이 난소와 난관으로 되어 있고, 복강의 좌측에 위치하며, 우측은 퇴화되어 없다. 산란 중의 난소에는 직경 1 mm에서 35mm 정도 되는 크고 작은 황색의 동그란 형태의 난포가 많이 보인다.

이러한 난포는 난황물질을 축적해서 점점 발육하고, 성숙한 난포의 외막이 파괴되어서 내측의 난자는 난소를 떠나 난관(oviduct)의 상부 즉, 난관누두부(나팔관, infundibulum)에 들어가며, 이것을 배란(ovulation)이라고 한다.

난포의 외막에는 많은 수의 혈관이 분포되어 있다. 난관에 들어간 난자는 난황

(egg yolk)이라고 불리며, 난백분비부(팽대부, magnum)에 이르러 난백(egg albumin) 성분의 분비를 받고 협부(isthmus)에 이르러 난각막(egg shell membrane)이 형성된다. 그리고 자궁부(uterus)에서 칼슘(calcium carbonate, $CaCO_3$) 등의 난각 성분의 분비를 받아서 계란이 완성되어 산란(egg laying, oviposition)하게 된다. 배란부터 산란까지 필요한 시간은 25시간 전후이다.

(2) 산란의 주기

배란은 보통 하루에 1회, 이른 아침부터 오후 2시까지 하며, 산란은 다음날 이른 아침부터 3시까지 진행된다. 산란시각은 매일 조금씩 다르지만 대체로 오후 3시쯤이면 산란이 거의 종료된다.

오늘 산란하고 다음날 또는 그 다음날 휴산하고, 다시 산란이 반복하는데, 이러한 일련의 산란을 산란주기(클러치, clutch)라고 한다. 산란 클러치의 길이에는 여러 가지가 있으며, 산란 클러치가 길고 클러치 간의 휴산 일수가 적은 닭이 산란율이 높은 닭이다.

(3) 산란의 계절적 변화

매달 산란율을 곡선 그래프로 그려서 산란패턴을 읽을 수 있다. 자연환경이 변화하면서 부화는 계절에 따라 다르고, 봄 병아리와 가을 병아리, 여름 병아리와 겨울 병아리는 각각 대조적인 패턴을 보인다.

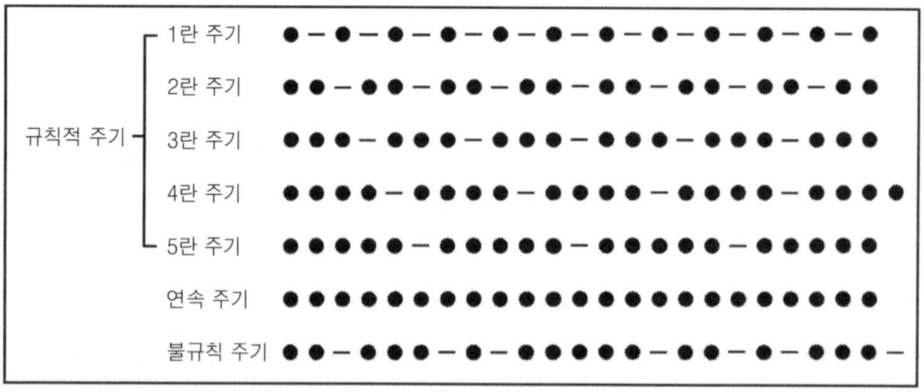

그림 5-22. 산란주기의 여러 가지 형태

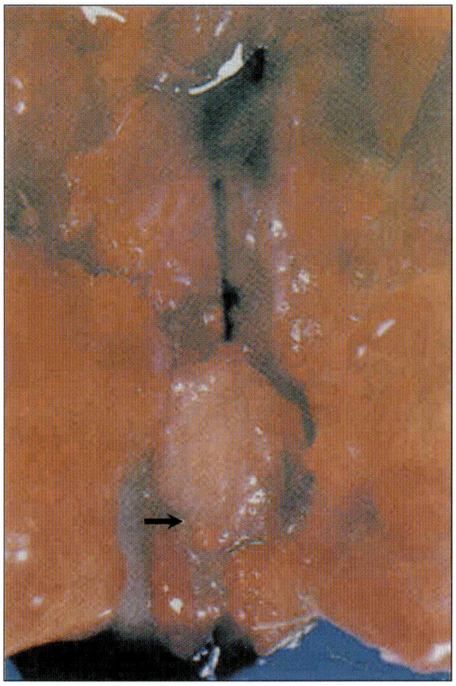

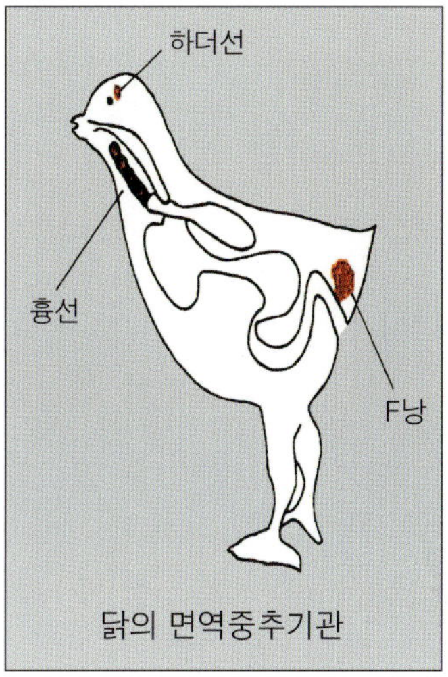

※ 패브리셔스낭(F낭)

총배설강(항문) 바로 위쪽에 위치한
구슬모양의 낭상물 형태

그림 5-23. 패브리셔스낭

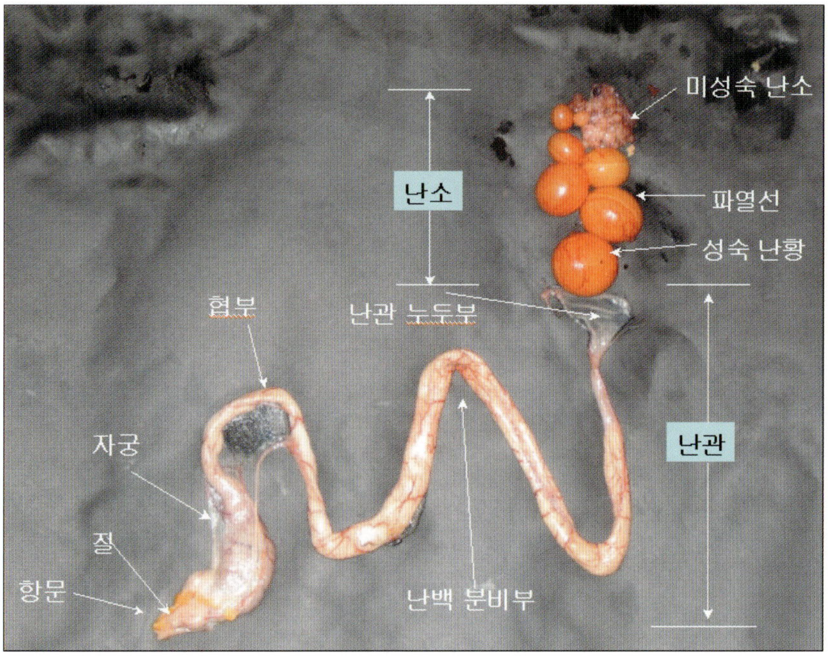

그림 5-24. 닭의 난소와 난관

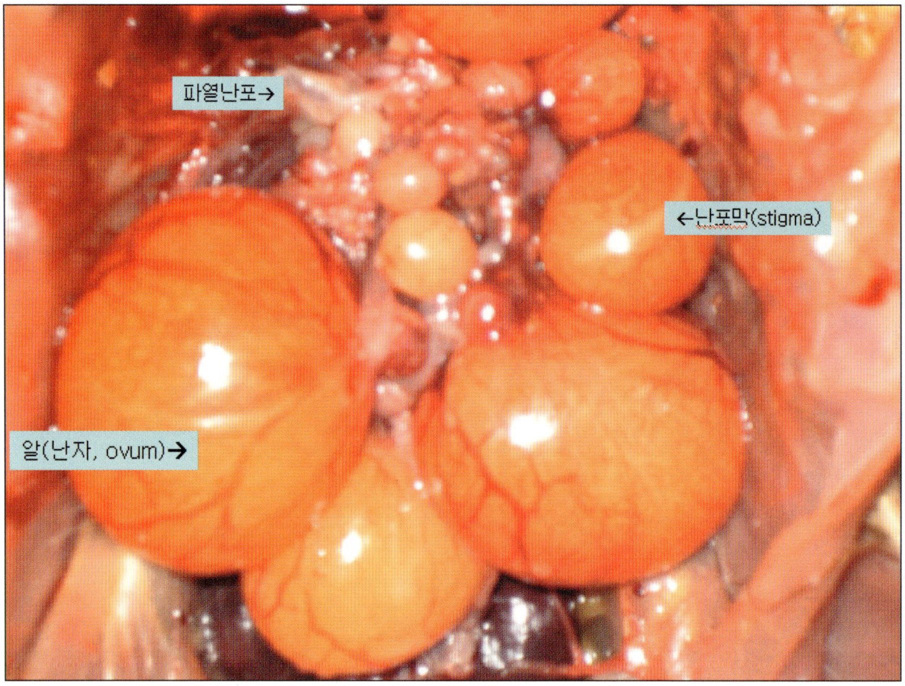

그림 5-25. 산란계 암탉의 난소

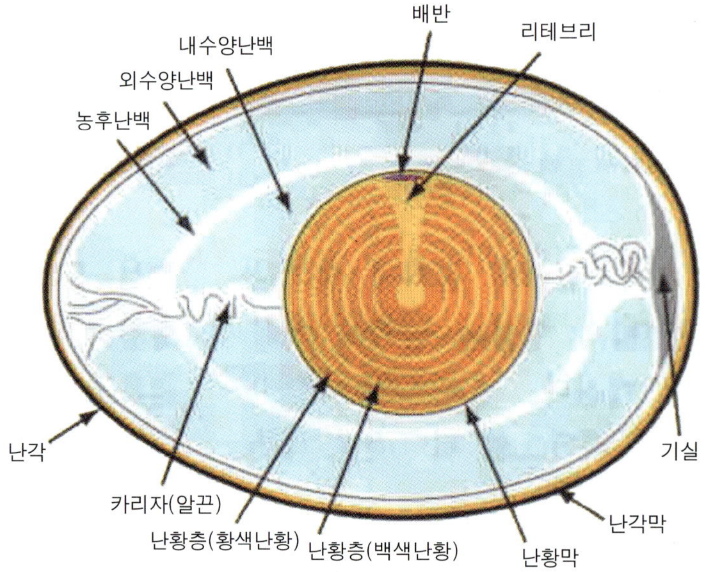

그림 5-26. 계란의 구조

(4) 빛의 활동

빛(light)은 뇌의 시상하부를 제어함으로써 난포를 제어하는 호르몬의 분비를 촉진한다. 이 호르몬의 분비가 촉진되면 큰 병아리에서는 산란개시(성성숙)가 빨라지고, 산란계에서는 산란이 촉진된다.

빛의 제어는 조도, 색조(파장), 조명시간을 구별하는 일을 한다. 이 중에서 가장 강한 영향을 하는 것은 조명시간이다. 조명시간은 시간의 장단과 날이 경과되는 변화에 영향을 받으며, 전자보다는 후자 쪽이 강한 제어를 받는다. 만약 3월과 9월에 일장시간이 같다면 일장이 긴 3월에는 산란이 촉진되고, 일장이 짧은 9월에는 산란이 감소한다. 자연일장 하에서 가을과 겨울에 부화된 병아리의 성성숙이 빠르고, 봄과 여름에 부화된 병아리의 성성숙이 늦은 것은 이러한 이유 때문이다. 조도에 관한 영향의 차이는 광선이 5 룩수 이상이면 자연광선과 동일해지고, 빛의 색조에 관한 차이도 거의 없다.

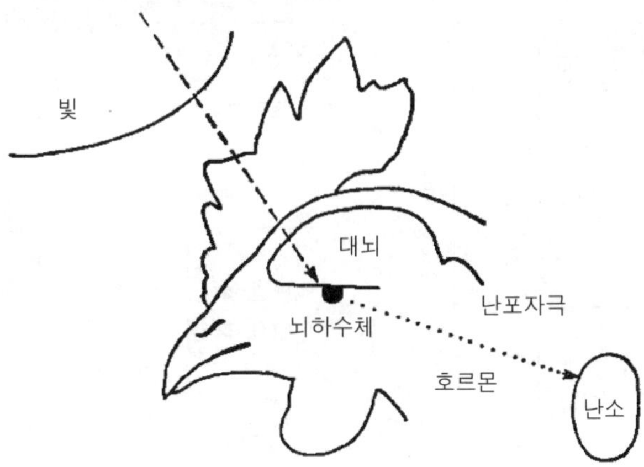

그림 5-27. 빛의 자극과 산란의 촉진

(5) 호르몬의 활동

계란이 일정한 간격으로 1개씩 산란되는 것은 다수의 난포가 1개씩 일정한 간격으로 차례대로 발육을 하기 때문이다. 그 난포의 발육은 혈중 난황물질의 공급을 받아서 진행되며, 이 시기의 혈중에는 난황물질이 증가한다. 또한 난 형성에 필요한 각종 성분도 혈액으로 보급되어 혈중에는 난백 성분(단백질)과 난각 성분(칼

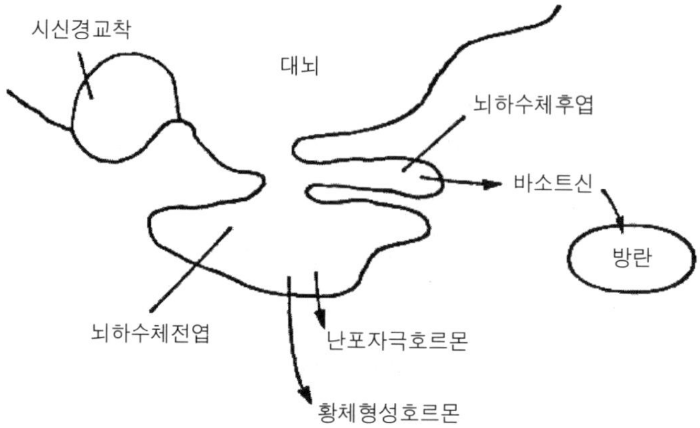

그림 5-28. 뇌하수체와 산란에 관계한 호르몬의 분비

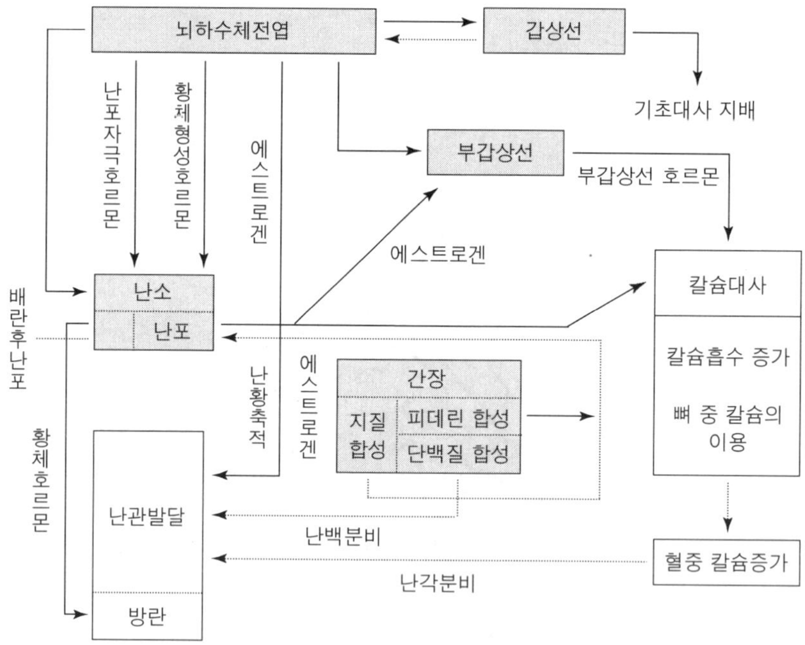

그림 5-29. 산란에 관계하는 호르몬

슘)의 증가가 보인다. 이처럼 산란에 관계하는 일련의 생리를 조절하고 있는 것은 호르몬이다. 난포의 발육은 뇌하수체에서 분비되는 난포제어호르몬에 의해 지배되고, 그 발육하는 난포의 배란은 같은 뇌하수체에서 분비되는 황체형성호르몬에 의해 지배된다.

한편, 발육 중의 난포에서는 난포호르몬의 분비가 이루어지고, 이것을 통해 간장에서 단백질의 합성이 이루어지며 혈액으로 보내진다. 또한 난포호르몬은 부갑상선에도 활동하여 호르몬의 분비를 촉진시키고, 칼슘대사를 통해 혈중 칼슘량을 증가시킨다. 난각은 뼈에서 혈액으로 방출되는 칼슘과 사료에서 섭취한 칼슘의 일부로 형성된다. 그 외 뇌하수체의 호르몬은 갑상선에서 활동하여 대사에 관여하고, 사료 섭취량을 증가시켜 난 형성에 필요한 영양소를 확보한다.

(6) 산란과 환경

가) 더위의 영향

① 더위와 산란

산란계의 적당한 온도는 13～24℃ 범위이다. 닭은 기온이 높아지면 입을 벌려서 헐떡거리는 호흡(panting)을 하고, 호흡수가 증가하며, 음수량이 증가하는 등 체온 방출기능을 해서 체온의 상승을 막는다. 하지만 기온이 35℃ 이상이 되면 이러한 기능으로는 체온조절에 한계가 있다.

따라서 체온의 상승이 현저하게 되면 결국 고온으로 인하여 폐사하게 된다. 여름철 계사 내 온도는 외부보다 5℃ 이상 높기 때문에 외부온도가 32～33℃가 되어도 고온폐사하는 닭이 있다. 음수량은 25℃ 정도에서 급격히 증가한다.

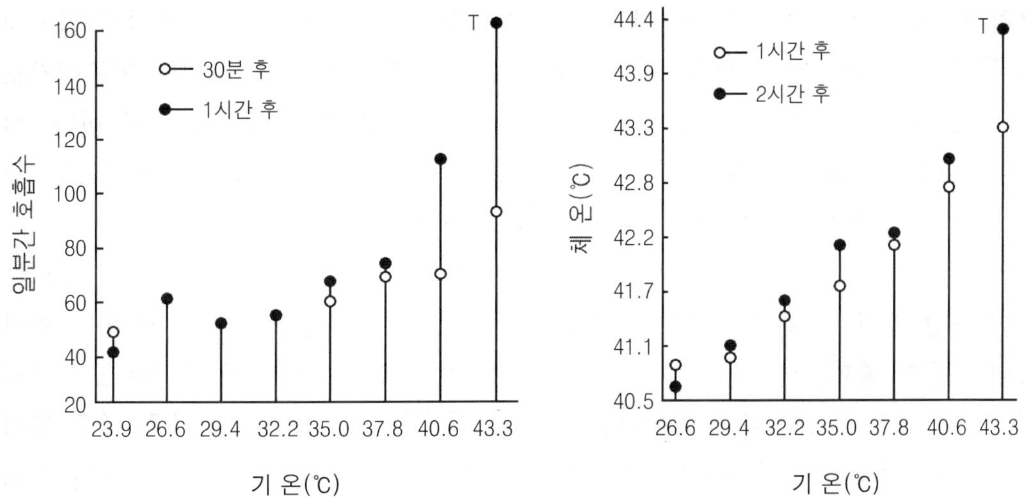

그림 5-30. 기온과 호흡수 및 체온의 관계

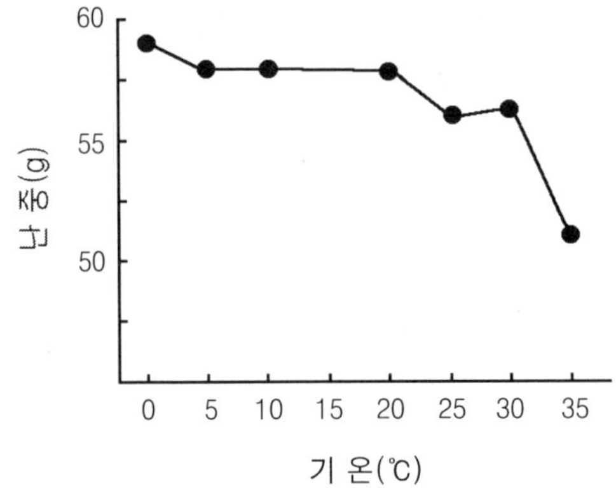

그림 5-31. 기온과 난중

시원한 물의 공급은 직접 체온을 내려 주지만, 음수량의 증가는 호흡수의 증가에 따른 폐로부터의 수분 증발량이 증가하는 것과 대응해서 의미가 크다고 생각한다. 고온이 되면 사료 섭취량이 감소하는데 이것은 체내의 열 발생을 제어하기 때문이다. 또한 고온이 되면 난중이 작아지게 되고, 난각이 얇아지는 경향을 보이는데, 이는 사료 섭취량의 감소와 관계하고 있다.

② 방서대책

여름철 계사 내는 벽이 햇볕으로 뜨거워지고 또한 계사 바닥이 복사열을 받아 고온이 된다. 이러한 이유 때문에 여름철에는 계사 내를 서늘하게 해주는 것이 중요하다. 계사 내의 통풍을 잘 해 주는 일은 계사의 서늘한 공기를 유입시키는 것과 동시에 바람이 닭의 체온 상승을 내려 주는 역할을 해준다. 하지만 여름이라도 풍속 1.5m/초의 바람이 불기 때문에 산란을 감소시킬 수 있어 주의해야 한다. 비닐형의 닥트를 닭의 머리 위에 설치해서 송풍기와 연결하면 바람이 들어오고, 닥트에 설치된 구멍으로 바람이 나가서 효과적이다.

벽, 계사바닥 등의 열과 직사광선을 방지하기 위해서 수목으로 그늘을 만드는 것이 가장 좋다. 나무의 종류는 겨울에도 가지가 있고 재생력이 강한 낙엽수, 플라타너스 등이 좋다. 직사광선이 계사 내 들어오는 것은 오전 10시 이전과 오후 2시 이후이기 때문에 동쪽과 서쪽에 나무를 심는다. 음수는 가능한 차가운 것을 급여하는 것이 중요하며, 음수량의 증가에 대한 부드러운 변의 배설을 방지하기 위해 음수제한을 해야 한다. 아침 · 점심 · 저녁으로 3회 30분쯤 음수를 실시한다. 하지

그림 5-32. 여름철 그늘을 만들기 위한 나무

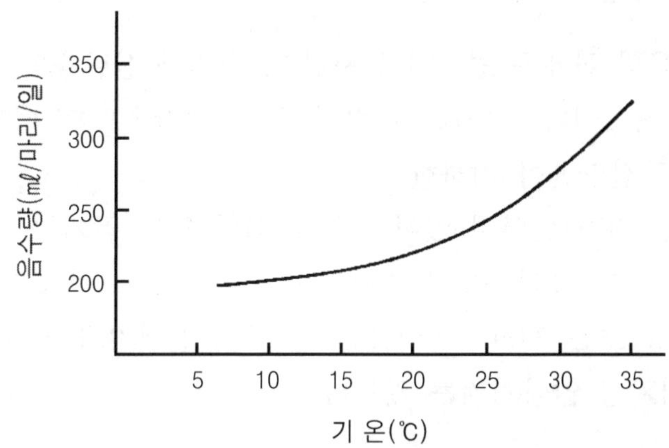

그림 5-33. 기온과 음수량

만 기온이 28℃를 넘게 되어 물을 마시지 못 하면 고온폐사하는 경우가 생긴다.

나) 추위의 영향

① 추위와 산란

닭은 기온이 떨어지면 사료 섭취량이 증가해서 체내 열 생산이 발생한다. 한편 체온의 손실을 방지하기 위해 깃털을 반대로 세워 몸의 보온층을 두껍게 해서 몸을 둥글게 말아 체표면적을 작게 한다. 기온이 더욱 저하되어서 -9℃가 되면 닭의 활동은 느려지고, -12℃에는 볏이 얼기 시작한다. 그리고 닭의 체온조절 기능이

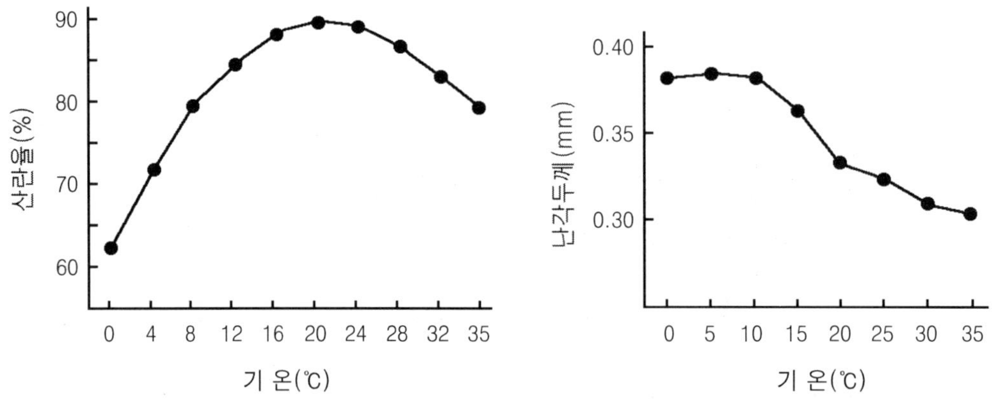

(a) 기온과 산란율　　(b) 기온과 난각두께

그림 5-34. 기온과 산란율, 난각두께의 관계

대응할 수 없어 -20℃의 한계를 넘으면 동사한다. 추위가 산란율의 저하에 영향을 미치는 온도는 0℃ 정도이다. 하지만 바람이 불면 체감온도가 떨어지기 때문에 0℃ 이상의 기온에도 산란율이 저하한다.

닭은 보온력이 있는 깃털로 덮여 있어 피부에 직접 닿는 공기는 따뜻하다. 바람에 직접 냉기가 닿게 되면 체감온도가 저하되는 것은 다른 가축보다도 크며, 풍속 0.5 m/초는 2.1℃, 1 m/초는 3.0℃, 2m/초는 4.2℃로 떨어지게 된다. 또한 난각은 저온 시에도 고온 시처럼 얇아지지는 않는다.

② 방한대책

겨울에는 바람의 영향을 크기 받아 방한대책을 세우는 것이 중요하다. 방풍에는 먼저 계사의 북쪽 또는 서쪽에 방풍림과 방풍벽을 설치하고, 방풍벽은 작은 가지를 연결하여 만드는 것이 좋다. 냉풍이 계사에 들어오면 닭의 체감온도가 떨어지고 계사 내 더운 공기가 밖으로 나가 계사 내의 기온이 떨어진다. 이것을 방지하기 위해서 계사의 개방 부분에 비닐 커튼을 설치하는데, 환기를 위해 위쪽과 아래쪽에 조금 공간을 남겨 둔다. 가을에는 돌연 냉기가 오는데 이로 인하여 갑자기 기온이 떨어지고 산란이 감소한다.

또한 10개월령 이상의 닭은 이 기간에 환우를 해서 1개월 이상 휴산을 하기 때문에 방한대책을 일찍 세우는 것이 중요하다. 그 밖에 주의할 것으로 음수는 가능한 따뜻한 것으로 급여해 주고, 얼음물을 급여해서는 안 된다. 식수기의 동결을 방지하기 위해 밤에 소등 전에는 음수기의 물을 없게 해 주고, 다음날 아침 따뜻한 물을 급수해 준다. 일찍 수도의 동결 방지대책을 세우는 것이 중요하다.

(7) 산란의 조절

가) 점등

계사 내의 점등으로 적당한 조명시간(일장시간과 점등시간)을 유지하고 성성숙을 조절해 산란을 촉진시키는 것은 중요한 관리기술이다. 육성기 점등은 적절한 일령에 성성숙(산란개시)시키기 위해서 실시한다.

적절한 성성숙 일령은 닭에 따라 다르기 때문에 그 닭의 품종에 대해서 기록하여 성성숙 일령을 아는 것이 좋다. 하지만 일반적으로 개방형 계사에는 성성숙이 늦은 봄과 여름 병아리에 대해서 18～20주령부터 14～15시간 정도의 일정한 조명시간을 유지해 준다. 또한 성성숙이 빠른 가을 및 겨울 병아리는 70일령 이후 14～14.5시간의 일정한 조명을 유지한다.

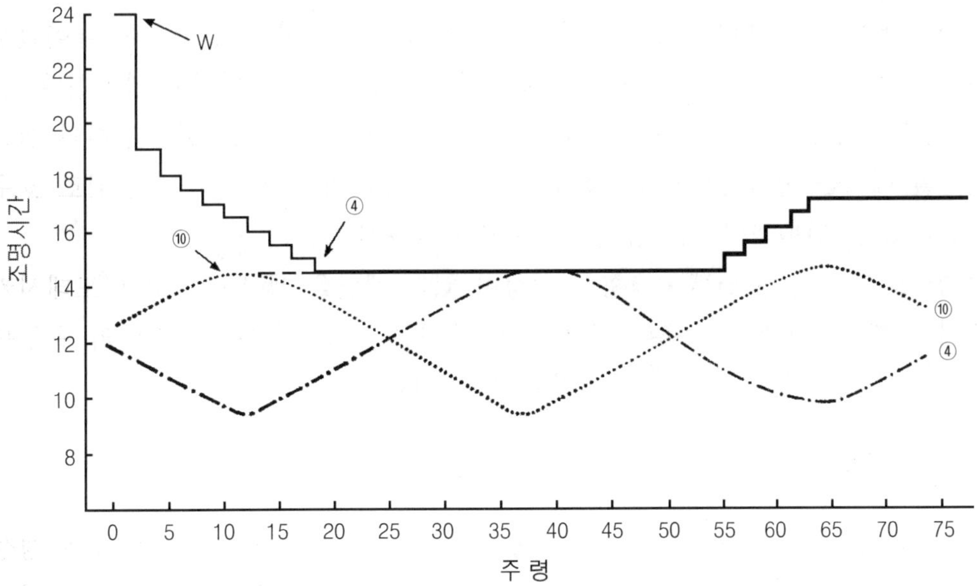

그림 5-35. 광선관리의 원칙

성계기 초기에는 전부 14～15시간의 일정시간 조명해 주고 산란이 감소될 때에는 점차 늘려서(2주에 30분) 17시간에 도달하면 이 수준으로 일정시간 조명을 유지시킨다. 그 이상 조명시간을 늘려도 산란이 촉진되는 일은 없다.

또한 무창계사는 2주간 24시간 조명, 2주령이 되면 19시간 조명해 주고, 그 후 2주간 30분씩 조명시간을 점차 감소시켜 18주령에는 14.5시간 조명을 유지한다. 그 후에는 개방형 계사와 같게 해준다. 육성기에 6시간 정도 단시간 조명을 해주는 방법도 있는데 성성숙의 억제효과는 약한 편이다.

(8) 계란의 품질

좋은 품질의 계란은 다음과 같은 상태로 알 수 있다. 즉, 난각의 모양이 바르고, 청결하며, 표면이 매끄럽다. 난백은 색이 무색투명하고, 농후난백이 많고 수양난백이 적으며, 혈액이 섞여 있지 않고, 이상한 냄새가 없다. 난황의 색깔은 황색으로 짙거나 묽은 것이 없고, 탄력이 있으며, 이상한 냄새가 없다. 좋은 품질의 계란은 건강한 닭에게 양질의 사료를 급여하고 잘 관리해 주면 얻을 수 있다.

난각의 오염은 케이지 밑이나 집란 시 취급자 손의 청결상태, 집란 용기의 오물, 깨어진 계란에서 새어나온 난백·난황의 부착 등으로 일어난다. 월령이 늘어날수록 난간이 거칠어지고, 여름철 난각은 얇아져서 계란이 깨지는 일이 많아진다. 난백·난황의 품질은 저장온도·일수에 따라서도 차이를 갖는다. 10℃ 전후의 실온에 저장할 때에는 빨리 출하하는 것이 중요하다. 계란의 품질을 보는 단위로 호우유니트가 있다. 난백의 높이만큼 높은 수치가 나오게 된다.

이상한 모양의 계란, 난백·난황이 이상이 있는 계란을 생산하는 닭은 도태시키는 것이 좋다. 하지만 모든 닭들이 이상한 계란을 보일 경우에는 질병의 유무를 파악하고, 사료의 내용을 검토하는 일이 중요하다.

(9) 산란능력과 사육기간

경제적인 사육기간을 결정하는 가장 중요한 지표는 산란율이다. 산란율은 성성숙 후 급속하게 상승해서 4～5개월 간 고수준의 산란이 이어진 후 점점 떨어져서 13～14개월이 지나면 급속히 저하되어 휴산하고 환우를 시작한다.

보통 휴산하기 직전까지 대략 13～14개월간 산란하는데, 그 후 2년간 사육해도 괜찮다. 2년간 더 사육할 경우에는 10～12개월 정도 산란하는 시점으로 강제환우를 시키는 편이 좋다.

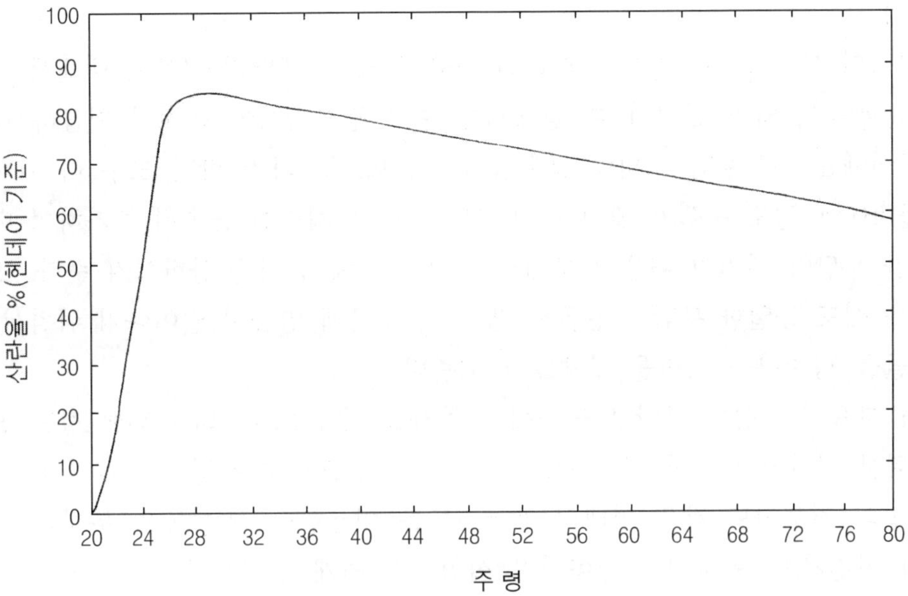

그림 5-36. 산란계의 산란곡선

강제 환우를 시킬 때는 점등을 멈추고 여름에 약 2주간, 겨울에는 약 1주간 절식시킨다. 이렇게 하면 닭들이 일제히 휴산하고 환우한다. 사료를 줄 때는 조금씩 증가시켜 주고 1개월 후 점등을 재개하면 절식 후 5~6주간 산란을 시작한다. 1년간 더 사육할 때보다는 산란율이 낮고 산란지속도 짧다. 3년간 더 사육할 경우의 산란은 경제성을 기대하기 힘들어진다.

난중은 첫 1개월 정도 급속하게 증가하고 그 후 점점 증가하게 된다. 월령이 증가할수록 난중은 커지고 계란의 품질은 떨어지게 된다. 강제 환우 후에는 난질이 좋아진다. 계군의 1일 총 산란한 계란 무게를 그 계군의 수로 나눈 수치를 산란일량이라고 한다. 많은 수수의 닭 사육에서는 산란율보다는 산란일량을 더 쉽게 조사할 수 있다.

6. 육 계

육계(브로일러, broiler)의 사육은 기본적으로 난용계의 사육과 다르지 않다. 브로일러의 사육은 비육이 목적이기 때문에 단위 면적당 생산량을 늘리기 위해 사육밀도를 높이고, 비육시키기 위해 운동을 제한하여 고단백질, 고칼로리 사료를 급여해 준다.

브로일러의 사육방식도 평사와 베터리 사육이 있다. 베터리 사육에 대해서는 산란계 부분에 서술되어 있어서 본 항에서는 주로 평사방식에 대해서 언급하겠다.

평사방식에는 우산형법과 위쪽 급온법이 있는데, 두 가지 방법 모두 다 가벼운 부재료를 10 cm 정도 두껍게 깔아 준다. 브로일러는 체중이 급속히 증가하여 다리에 과중한 부담이 생기기 쉬운데 부재료는 그럴 때에 충격을 완화시켜 준다. 또한 앉아 있을 때도 동일한 부담이 흉골에 생겨 이 부분에 염증이 일어나기 쉬워서 이러한 것들을 방지하는 역할을 부재료가 해준다.

우산형 사육기는 상의 중앙부 근처에 설치하고, 우산으로부터 0.5 cm 정도 떨어뜨려 주위를 병아리 보호판(체크가드, check guard)으로서 원형으로 둘러싼다. 위쪽 급온법의 경우에도 같은 형태의 체크가드를 이용한다. 먹이통은 부재료 위에 위치해야 안전하고, 음수기는 병아리가 섭취하기 쉽게 설치한다.

사육기의 온도는 특히 중요한데, 온도가 낮으면 병아리가 한 곳으로 몰려들어 압사하는 경우가 발생한다. 사육밀도는 사육실의 면적 1 m^{2}당 15수 정도가 적당하다. 병아리는 암・수 함께 사육해도 좋지만 암수를 따로 사육하는 쪽이 사육하기 쉽고 성적도 오른다.

평사에는 급온 중 습도를 유지하기 위해 건조시켜 주거나 가끔 중앙부의 부재료 밑에 물을 주입한다. 브로일러는 급온 중의 습도가 그 후 발육하는 데 큰 영향을

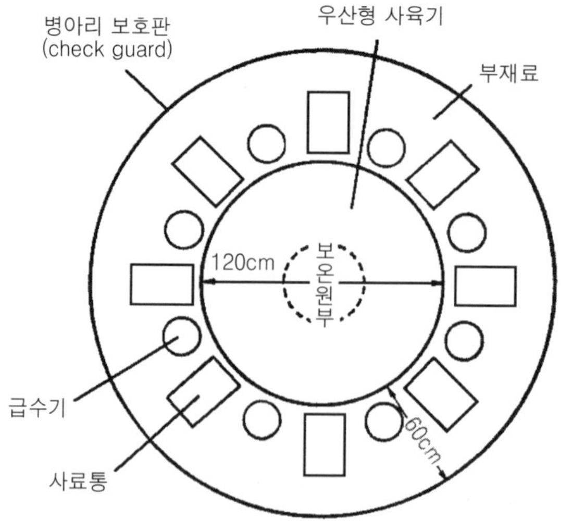

그림 5-37. 우산형 사육기와 급이기, 급수기, 체크카드의 배치도

미친다. 체크가드는 4일령부터 병아리의 성장에 대해 매일 조금씩 넓혀 주는데, 여름에는 10일령, 겨울에는 13일령에 취해 준다.

급온을 그치는 시기는 여름에는 2주령, 겨울에는 3주령이다. 실내온도는 20℃ 전후가 가장 발육에 좋고, 사료효율도 좋으며, 실온이 떨어질 때는 급온기간을 조금 늘려 주는 것이 좋다.

조명은 1주령까지는 5룩스의 조도로 24시간 조명, 2～3주령은 3룩스, 그 이후는 0.5룩스 정도의 낮은 조도로써 23시간 조명을 실시한다. 개방형 계사는 오후에는 자연광선, 밤에는 이러한 조도로 점등을 실시한다. 사료급여, 급수, 환기 등은 난용계의 경우를 기준으로 하며, 사육밀도가 높거나 닭의 수가 많을 경우에는 환기에 특히 주의한다.

4주령이 되면 사료를 육계 전기사료에서 후기사료로 교체해 준다. 사료와 음수는 적당히 급여해 주고 사료의 허실에 주의한다. 4주령이 되면 병아리의 발육이 빨라지고 사료 섭취량이 증가하면서 분배설량이 많아진다. 또한 이 때부터 환기에 특히 신경을 써야 한다. 평사에는 공기가 위쪽으로 흐르는데, 그 때문에 부재료가 건조해지고 유해한 가스의 발생도 적어지게 된다.

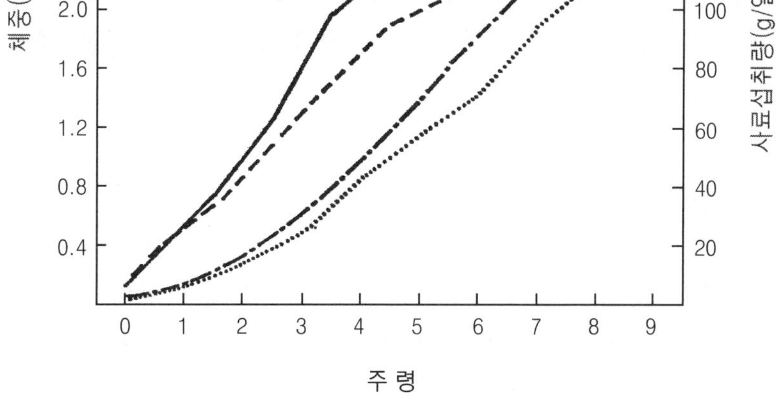

그림 5-38. 브로일러의 사료섭취량과 발육

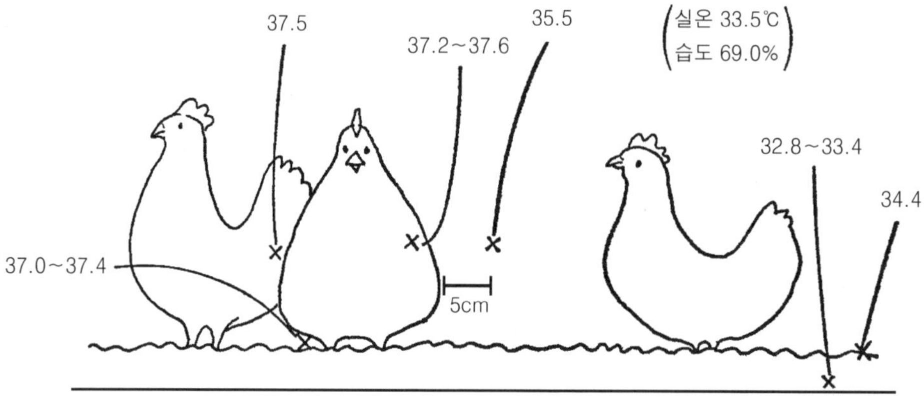

그림 5-39. 평사에서의 브로일러 체온과 주위 온도(℃)

여름철 더위 방지는 브로일러의 사육에 있어서 가장 중요한 관리이다. 그 때문에 더운 기간에는 송풍기에 닥트를 연결하여 직접 계사 내로 송풍하는 방법이 좋다. 또한 가장 더운 시간에는 물을 분무해서 그 기화열로 계사 내 온도를 떨어뜨린다. 이 방법으로 5℃ 정도 실온이 낮아지게 되는데 가능하면 분무는 높은 곳에서 뿌리는 것이 좋다.

더위로 인한 고온폐사는 곧 출하되는 성숙한 닭에게서도 발생되기 쉽다. 그 때 닭 신체의 주변은 실온보다도 5℃ 높게 나타난다. 그리고 고온폐사는 갑자기 발생하기 때문에 기온이 높아지는 날은 빨리 대책을 마련하는 것이 중요하다.

6~7주령 된 암컷병아리를 출하시키는데, 이는 암컷이 그 후 발육이 둔화되기 때문이다. 남은 공간으로 수컷의 사육장소를 넓혀 준다. 그 후 9주령 된 병아리 전부를 출하시키는데, 1 m^2당 생체중 32~35 kg 출하하는 것이 표준적이다. 출하 후 다음 병아리가 들어올 때까지 20일 이상 공간을 남겨 두는 것은 중요하다.

7. 사료의 급여

사료 중 영양소는 소화・흡수되는 부분과 소화되지 않는 부분으로 나눈다. 소화・흡수되는 영양소는 다시 닭에게 이용되는 것과 이용되지 않고 분으로 배설되는 것으로 나눈다. 닭에게 이용되는 것은 닭의 유지, 성장, 그리고 계란의 생산에 이용되며, 남은 부분은 지방으로 축적된다.

닭은 영양소 가운데서 필요한 에너지를 우선적으로 섭취하기 때문에 사료의 섭취량은 에너지의 섭취량에 의해 결정된다. 그 외의 영양소는 섭취량의 범위 내에서 과부족이 생기지 않을 정도로 함유해야 한다. 닭의 사료 섭취량이 에너지의 요구량에 따라 결정되는 것은 앞부분에서 이미 언급하였지만 그것은 개체의 능력·체중과 환경온도에 따라 달라진다.

닭은 자신이 필요한 에너지의 양을 본능적으로 알아서 사료 섭취량을 조절한다. 대사에너지(metabolizable energy, ME)가 낮은 사료는 다량 섭취로, 높은 사료는 소량 섭취에 의해서 요구량을 충족시킨다. 또한 같은 ME 수준의 사료를 급여할 경우에는 에너지 필요량이 높은 겨울철에는 섭취량이 증가하고, 필요량이 적은 여름철에는 섭취량을 감소시킨다.

사양표준은 이러한 닭의 사료 섭취량의 변동에 따른 다른 영양소의 요구량에 과부족이 생기지 않게 영양소의 비율을 감안하고 있지만, 그래도 겨울철 저온일 경우는 섭취량이 현저히 증가하기 때문에 다른 영양소 함량은 과잉될 수밖에 없다. 반대로, 여름철 고온 시 섭취량이 감소하여 에너지 이외의 영양소가 부족하게 된다. 이러한 이유 때문에 산란계는 겨울에 옥수수를 사료에 첨가하여 ME를 보충해 주고, 여름에는 어분을 첨가해서 조단백질이 높은 사료를 급여하는 등의 방법이 있다.

또한 산란계는 전기에 조단백질 요구량이 많아서 조단백질이 높은 사료를 급여해 주고, 후기에는 조단백질이 낮은 사료를 급여해 주는 급여방법도 있다. 조단백질을 공급해 주는 사료는 ME를 공급해 주는 사료에 비해서 값이 비싸기 때문에 합리적으로 사용하는 것이 필요하다.

8. 닭의 질병

최근 닭에서 많은 종류의 질병이 발생하고 있다. 질병 중에는 좋은 환경에서 사육하면 없어질 수도 있지만 감염력이 강력해서 막지 못하는 것도 있다. 하지만 어느 것이라도 병원체를 없애고 미리 예방하는 것이 제일 좋다.

그러기 위해서 어린 중병아리는 물론 큰 병아리, 성계의 경우라도 계사 내로 새롭게 들어올 때는 반드시 계사, 기구, 기자재를 소독하고 병원체를 미리 예방하는 것을 습관화해야 한다.

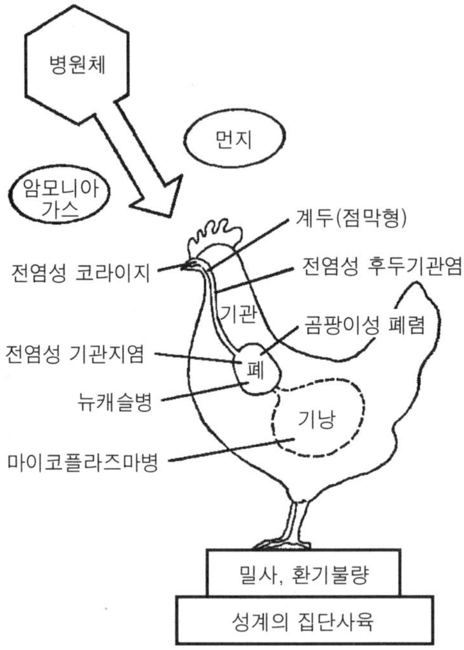

그림 5-40. 닭에서 발생하는 호흡기병과 발생부위

닭의 질병 중 특히 호흡기 질병이 많이 발생하는 것은 많은 수의 닭을 높은 밀도에서 사육하여 환경이 나빠진데 기인하여 감염 발병을 조장하고 있기 때문이다. 닭의 질병 중 마렉스병(marek's disease, MD), 뉴캐슬병(newcastle disease, ND), 계두(fowl pox)는 감염력이 강해서 닭에게 면역이 없으면 발병될 수 있기 때문에 미리 접종을 해줘야 한다.

이러한 예방접종은 어린 중병아리 때 해주는 것이 중요한 의미를 갖는다. 특히 마렉스병은 병원체가 가장 넓게 퍼져 있어서 감염되기 전에 접종할 필요가 있기 때문에 부화장에서 접종해 줘야 한다. 뉴캐슬병은 법정 전염병으로 병원체의 존재가 특정할 경우에(유행시) 예방해 준다. 감염력이 강한 위험한 질병이므로 소홀하게 다루면 안 된다. 계두는 피부 근처 점막에 발생하는 병으로 넓게 분포되어 있으며, 특히 여름철에 예방·접종해 주지 않으면 100% 발병한다.

큰 병아리는 콕시듐증(coccidiosis)이 발생되기 쉽다. 물론 중병아리에서도 걸리지만 중병아리용 배합사료에는 예방약제가 첨가되어 있어 발병이 적다. 그러나 이 예방약제는 큰 병아리용 배합사료에는 법적으로 첨가가 금지되어 있다. 그 때문에 발생이 큰 병아리 때 집중되기 쉽다. 닭의 콕시듐증은 콕시디움(ciccidium)이라고 부르는 원충이 닭의 장을 침범하는 감염병으로 원충은 계사와 그 주변에 분, 흙, 먼지 등에 있다. 분이 밑으로 떨어지는 배터리 사육에서는 발생이 적지만, 평사에서는 많이 발병되어 피해를 입힌다. 원충이 닭의 분으로 함께 배출되는 것도 있지만 원충은 장기간 감염력을 가지고 있어 닭의 입으로 들어와 장내에서 활동을 시작하며, 장점막에 기생하여 증식(무성생식)한다.

원충이 있는 닭은 식욕이 없어지고, 음수량이 증가하며 설사를 한다. 급성설사는 혈변, 만성은 백색을 띤 물 모양이다. 이처럼 병상이 다른 이유는 원충의 종류에 따라 증식되는 장의 부위와 조직의 깊이가 다르기 때문이다. 닭의 콕시듐에는 9종류가 있는데 급성의 경우는 대부분 사망하고, 만성의 경우에도 사망률이 높다. 치료는 설파제를 음수에 녹여 3일간 복용시키고 3일간 쉬게 한 다음 다시 3일간 복용시킨다. 설파제는 예방에도 이용되는데, 닭의 건강상태를 관찰하고 소량의 농도를 음수와 함께 2일간 복용시킨다.

닭 이(chicken lice)는 일생을 닭의 피부와 깃털 중에서 생활하지만 건강한 닭에

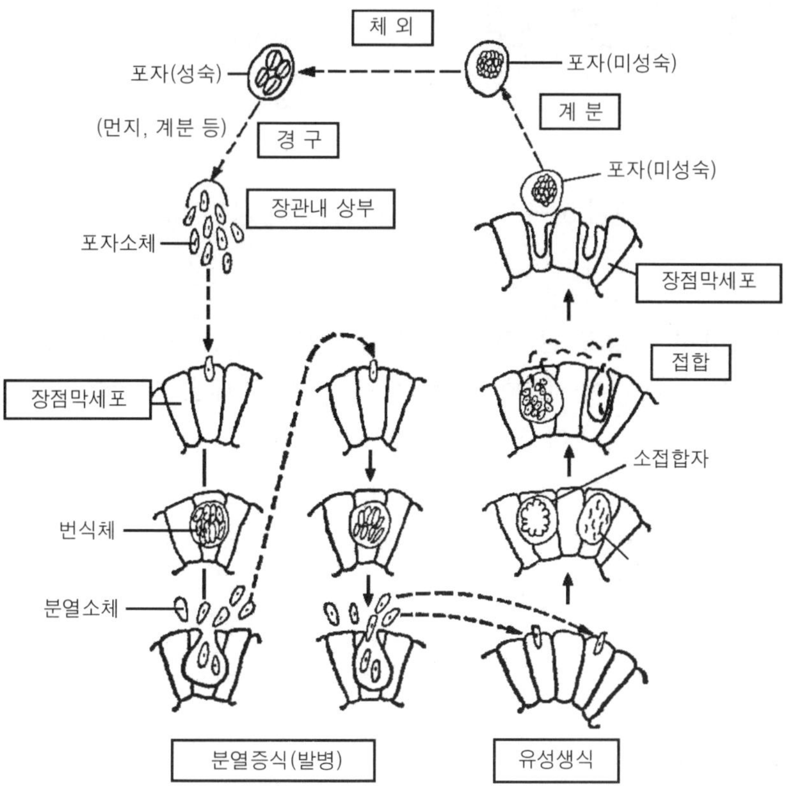

그림 5-41. 닭 콕시듐의 발육환경

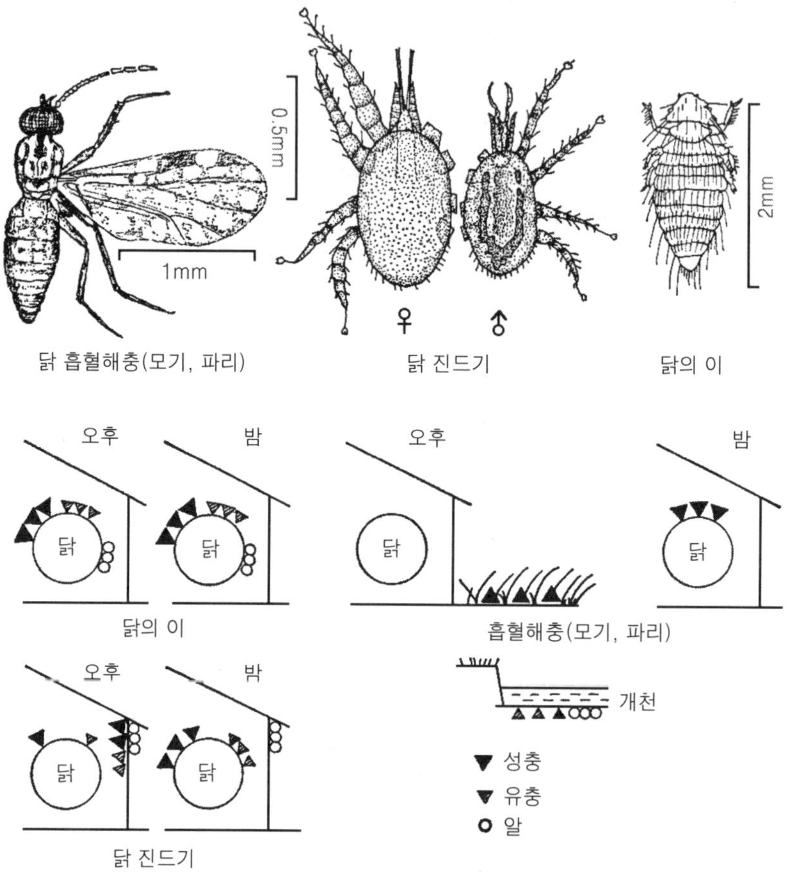

그림 5-42. 닭의 외부 기생충과 생활장소

서는 많이 기생하지는 않고 큰 피해도 없다. 진드기(chicken mite)도 일생을 닭의 몸에서 생활하지만 번식기(겨울철)에는 닭에서 계사 내로 돌아간다. 이렇게 되면 닭은 빈혈과 가려움으로 체력이 손실되어 산란이 감소된다. 진드기를 구제하려면 독성이 낮고 잔효성이 높은 살충제를 1주간 2～3회, 닭과 계사에 분무해 준다. 한편, 빈대·벼룩·모기·파리 등의 외부 해충 역시 닭의 피부를 자극하거나 흡혈함으로써 빈혈을 일으킬 수 있다.

9. 계사의 시설

계사는 외부의 구조에 따라 개방형 계사와 무창 계사로 나눈다. 또한 계사 내부

구조에 따라 평면사육과 입체사육으로 구분된다. 평면사육에는 슬레이트 사육이 있고 입체사육에는 베터리 사육과 케이지 사육이 있는데 사육목적에 따라 육성사, 성계사, 브로일러계사, 종계사로 부른다.

계사를 설비할 때에는 다음의 4가지를 기초로 하는 것이 중요하다.

① 계사 내 환경을 잘 조절해 준다.
② 노동효율을 크게 한다.
③ 안정성을 확보한다.
④ 과대한 시설비를 투자하지 않는다.

원래 계사는 개방형 밖에 없었으나, 1960년대 미국 북부에서 방한을 주목적으로 무창계사를 만들었고 널리 보급되었다. 이처럼 무창 계사는 추운지역에 설계되며, 겨울철에 방한을 주목적으로 하고 있다. 창문이 없어 환풍기를 이용하여서 강제적인 환기를 하며, 지붕과 벽은 단열구조로 되어 있고, 광선은 전구 빛으로 되어 있다. 하지만 그 후의 경험으로 이러한 사육방식이 고밀도 사육과 사육의 기계화를 가능하게 만들었고, 대형양계가 가능하게 되어 무창 계사를 더운 지방에도 보급하게 되었다.

10. 사양실제

닭의 영양과 사양에 관한 상대적인 중요성의 일부는 모든 상업적으로 조제된 사료의 약 43%가 가금에게 급여된다는 사실로 나타난다. 물론, 이 수치는 동물에게 급여되는 농장에서 재배한 사료와 상업적인 제분과정을 거치지 않은 막대한 용량을 포함하는 것은 아니다. 또 다른 관점은 닭의 유지와 사양에 있어서 생산비용의 약 75%가 사료비용이라는 것이다. 사료비용의 3/4는 유지를 위해서 사용되며, 나머지는 생산의 목적으로 쓰인다.

1) 영양소 요구량

닭의 영양소 요구량, 특히 브로일러 병아리(broiler chicken)와 산란계 암탉(layer hen)의 영양소 요구량은 다른 가축들의 영양소 요구량보다 더 세밀하게 정의되어있다. 이는 특수한 조건하에서 생산되는 조류의 자연적인 특성 때문으로 생각할 수 있다. 닭(chicken), 칠면조(turkey), 꿩(pheasant), 메추리(quail), 오리(duck) 및 거위(geese)를 포함하는 조류의 영양소 요구량에 관한 정보는 NRC 사양표준에 제시되어 있다.

영양소 요구량을 이용할 때 주의할 점은 각각의 영양소에 대한 권장사항이 안전성의 어떠한 한계점도 제공하지 않는다는 사실을 명심해야 한다. 안전성에 대한 한계점이 표시되어 있으면 그 숫자는 할당량으로 간주된다. 영양소 할당량은 일반적으로 사료의 가공과 저장 기간 동안의 잠재적인 파괴가 일어나기 쉬운 영양소, 특히 비타민에 대해서 적용된다. 여러 가지 비타민의 공급에 대한 안정된 정보의 부재에서, 이러한 것들의 제안된 할당량의 요인은 비타민 A 66%, 비타민 D 그리고 E 50%, 비타민 K 25%, 그리고 모든 비타민 B군 15～20%이다.

조류의 영양소 요구량과 관련하여, 조류는 일반적으로 그들의 에너지 요구량을 충족시키기 위해서 사료를 섭취한다는 사실을 숙지해야 한다. 게다가, 에너지 요구량은 조류를 포함하고 있는 외부 환경적 조건에 의해서 영향을 받는다.

특히 온도는 주요한 요소이다. 기온이 증가함에 따라서 에너지를 생산하는 사료의 요구량은 감소할 것이며, 섭취된 사료의 양은 감소할 것이다. 이와 같은 현상이 적절하게 나타나는 동안에 성장과 달걀 생산을 위해서 요구되는 특수한 영양소는 여전히 제공되어야 하며, 만약 사료 섭취가 줄어들었다면 필수 영양소의 양은 사료내 농도를 높여 줌으로써 증가시켜야 한다. 그러므로 단백질과 아미노산 요구량은 어떤 범위 내에서 다양해질 수 있는 사료 내 에너지 농도와 관련하여 정확하게 정의될 수 있다. 브로일러(broiler)와 대체 병아리(replacement pullet), 일반 산란계(commercial layer)와 육용종계 암탉(broiler breeder hen) 및 성장단계별 칠면조에 대한 사료내 에너지 함량이 높아지면 단백질 함량을 높여야 한다.

기타 고려할 사항은 특수한 영양소 사이에 상호작용이 존재한다는 사실이다. 예로서, 시스틴과 티로신의 두 가지 아미노산은 각각 요구된 사료내 메치오닌과 페닐알라닌의 총량을 더욱 낮추려는 사료배합에서 고려되어야 한다. 이는 메치오닌이 시스틴을, 페닐알라닌이 티로신으로 전환될 수 있기 때문이다. 그러나 시스틴이나 티로신은 메치오닌과 페닐알라닌으로 바뀌어질 수 없음을 강조해야 한다.

게다가 시스틴은 실제로 특정한 조건하에서 필요할 수 있고, 조류는 시스틴을 적당한 양으로 항상 합성할 수 있는 것이 아니기 때문에 필수아미노산으로 고려되어야 한다. 이와 같이 트립토판은 나이아신의 요구량을 줄일 수 있다. 따라서 이러한 비타민으로 트립토판의 전환율을 낮추고 조직 합성을 위한 트립토판의 이용을 허용하기 위해 사료내 적절한 양의 나이아신을 포함하는 것이 필요하다. 비슷하게 메치오닌은 콜린의 요구량을 낮추며, 따라서 메치오닌의 수준이 경제적 이유로 한계에 도달했을 때 사료 내보다 많은 콜린을 포함하는 것이 적절하다.

현재 물에 대한 양적인 요구량은 고정되어 있지 않다. 조류에게 필요한 물의 확실한 요구량을 설정하는 데 영향하는 요소는 너무 많다. 여기에는 사료내 요인, 사료의 물리적 형태, 사료 조성에 있어서 억제제(inhibiter), 탄수화물 급원, 나이, 번식, 생산 비율, 외부환경, 그리고 사료와 물 공급 시스템의 오염 등이 포함된다. 또한 물의 급원도 하나의 요소이며, 음수, 사료내의 수분, 그리고 대사수를 포함하고 있다. 엄지의 편리법칙(a convenient rule of thumb)은 조류는 섭취할 수 있는 물의 1.5～2배를 소비한다는 것이다.

영양소 요구량은 가금의 종류, 특히 어린 조류에서 다르게 나타나므로 브로일러 병아리의 영양소 요구량은 산란계의 요구량보다 사료배합에 있어서 더욱 정밀하고 넓게 고려된다. 최소비용 선형 프로그램(least-cost linear programing)에 대한 컴퓨터와 소프트웨어의 출현으로 이는 다소 일반화가 되었다.

대체 병아리 군에 대한 주요하게 고려되는 영양소는 단백질과 알지닌, 시스틴, 라이신, 메치오닌 및 트립토판 등 아미노산, 비타민 A・D, 리보플라빈, 판토테닉산, 나이아신, 칼슘, 인, 나트륨 및 망간 등을 포함한다. 일반 계란 또는 부화용 계란을 생산하는 성계(adult layer)는 계란 생산을 위해 단백질 요구량과 앞서 언급된 5가지 아미노산, 비타민과 미네랄에 대한 특별한 관심이 주어진다. 더 나아가 닭 육종사료가 포함될 때 비타민 E, 리보플라빈, 판토테닉산, 피리독신, 비오틴, 폴라신, 망간, 칼슘, 철 및 아연 등의 첨가로 인한 강화가 필요하다.

기타 조류 또는 경기용 조류(싸움닭, game bird)에 대한 영양소 요구량이 알려져 있지 않을 때에는 종종 가장 적절한 조류의 영양소 요구량과의 비교로 평가된다. 단백질 요구량이 알려져 있다면 수준점(bench mark)으로 이용될 수 있을 것이다. 자연방사 조류를 사육할 때, 천연사료에서 발생할 수 있는 결핍증을 방지하기 위하여 고도로 영양소가 강화된 사료를 제공해야 할 것이다. 앞서 설명한 바와 같이 개별적인 영양소 요구량에 대한 많은 주의를 요한다. 오늘날 사료배합에 있어서 컴퓨터가 이용되고 있다.

2) 닭 사료

닭 사료와 화학조성에 대하여 이용할 수 있는 정보가 많다. 비록 많은 다른 사료가 소량으로 이용되긴 하지만, 현재 닭의 사료배합에 사용되는 주요한 구성 물질은 에너지 공급을 위한 옥수수(corn)와 단백질 공급을 위한 대두박(soybean meal)이다. 일반적으로 주어진 배합사료에서 사용된 원료의 다양성은 대부분의 다른 동물들에 비해 보다 더 큰 경향이 있다.

(1) 일반적인 고려사항

닭의 사료배합에서 사용할 사료를 선택하는 데 있어서는 많은 요소들을 고려해야 한다. 사료의 기호도가 중요하며, 사료의 기호도에 영향요인은 일부 수수(milo)에서 탄닌(tannin)이 존재하는 것과 같이 본래 타고난 것일 수도 있으며, 또한 수분 함량, 원료의 다양성 및 곰팡이와 같은 오염에 의해서 영향받을 수 있다.

조류의 습관은 또한 사료 섭취를 변화시킬 수 있다. 예로서, 알곡 형태 또는 파쇄된 옥수수(cracked corn)를 섭취하는 습관이 있는 조류는 곡류 사료급원으로서 보리 알곡(whole barley)에 갑자기 노출되었을 때 이것을 먹는데 실패할 수도 있다. 조류 특히 갓 부화한 어린 칠면조 사양에 있어서 고려해야 할 요인으로서 화강암으로부터의 빛의 반사 또는 색의 차이에 의하여 사료를 섭취할 수 있다.

입자의 분말화 또는 수분 특성과 같은 사료의 물리적 상태 역시 사료 섭취에 영향할 수 있다. 또한 조류 또는 조류가 생산하는 축산물들에 관한 생리적인 요인들도 고려해야 한다. 예로서, 성장 억제제를 함유하는 사료의 과잉 사용 또는 종종 일반 식물성 단백질 급원에서 발견되는 기타 부적절한 물질들의 사료 내 과도한 첨가는 피해야 한다. 유사하게 황색 옥수수와 알파파는 난황색을 고려하는 한 과잉으로 존재할 때 부적절할 수도 있지만, 브로일러 피부의 색소형성에는 적당한 잔토필 색소(xanthophyll pigment)를 함유하고 있다.

영양소의 이용성(availability) 역시 영향을 받는 하나의 요소이다. 영양소의 이용성은 사료 구성물질 간의 차이, 섬유질 함량, 지방의 존재, 아미노산의 균형, 그리고 다른 요소들에 의해서 영향을 받게 된다. 시장에서 충분한 양의 사료 존재 여부는 부가적인 항목이다. 만일 주어진 사료의 양이 적다면 각 사료원료를 활용하여서 당장 배합사료를 바꾸는데 경제적이지 못할 것이다. 결국 사료원료의 가격은 매우 중요한 요소가 된다.

(2) 사료용 곡류

닭에게 적절한 고에너지 곡류는 옥수수, 수수(milo), 밀(wheat), 쌀(rice) 그리고 알곡 귀리(oat groat)이다. 중간 정도의 에너지 곡류는 보리(barely)와 중귀리(heavy oat)이며, 반면에 저에너지의 곡류는 귀리(oat)와 스펠트 밀(spelt)이다. 옥수수, 수수, 밀, 그리고 보리는 닭 사료에 최근 이용되고 있는 가장 중요한 곡류들이다. 분쇄된 옥수수(hominy)를 제외한 곡류를 제분한 부산물은 닭의 저에너지 공급원이다.

닭에 대한 표준사료 공급원으로서 옥수수와 여러 가지 곡류의 상대적인 가치는 서로 다르다. 브로일러와 산란계에서 옥수수의 성장률(산란능력), 사료 섭취량 및 사료 효율성 값을 각각 100으로 볼 때, 수수는 각각 95(99), 97, 100이며, 밀은 각각 96(100), 102, 93, 보리는 각각 92(99), 106, 83, 귀리는 각각 78(97), 107, 89로 알려져 있다. 밀, 보리, 그리고 귀리는 사료 섭취를 증가시키지만 상대적인 효과는 낮으며, 달걀의 생산에 관한 산란능력은 곡류 급원에 의하여 크게 영향을 받지 않는다.

(3) 단백질 공급제

식물성 단백질 사료 급원으로는 식물의 종자로부터 기름을 뺀 나머지 부분을 압착한 대두박(soybean meal), 목화씨박(면실박, cotton seed oil meal), 해바라기씨박(sunflower oil meal), 홍화씨박(safflower oil meal), 땅콩박(peanut oil meal) 등이 널리 이용되며, 옥수수 글루텐 밀(corn gluten meal), 유채씨박(채종박, 평지씨박, rape seed 또는 canola meal), 완두콩박(pea meal)과 같은 제한된 양의 다른 식물성 단백질 사료들이 이용되고 있다. 이들 중 이제까지 닭에 대하여 가장 중요한 것은 대두박과 고시폴 함량이 없는 목화씨박(degossypolized cottonseed meal)이다.

대두박은 뛰어난 단백질 공급원이다. 즉 대두박은 콩 껍질의 제거로 나오는 높은 수치, 44~50%의 단백질을 함유한다. 껍질이 적은 대두박은 섬유소 함량이 낮고 에너지 함량이 높기 때문에 종종 브로일러 사료에 사용된다. 메치오닌은 대두박이 주요 단백질 공급원으로 구성되는 사료에서 약간 제한될 수 있다. 생 대두(raw soybean)는 트립신 억제제(trypsin inhibitor)와 성장 억제제(growth inhibitor)인 기타 물질을 함유하고 있다. 적절한 열 처리과정은 이러한 복합물질을 비활성화한다.

일부 환경에서 추출되지 않은 콩이 브로일러 사료에 이용될 수도 있지만, 콩은 굽거나 또는 압출성형에 의해서 가공되어야 한다. 굽는 것(roasting) 또는 압출성형(extruding) 과정으로 19%의 지방과 38%의 단백질을 가금이 이용할 수 있는 제품을 만들 수 있다. 콩을 과열하지 않는 주의가 반드시 필요한데, 이는 라이신의 손실과 기타 아미노산을 이용할 수 없도록 만들기 때문이다.

목화씨박은 성장하는 닭 사료 내 대두박의 반 이상을 대체하는 데 사용될 수 있다. 그러나 많은 양의 사용은 고시폴(gossypol)과 스테르컬린산(sterculic acid)의 함량 때문에 제한해야 한다. 0.04% 이상의 고시폴 수준은 특히 계란의 저장 시 올리브-녹황색(olive-green yellow color)을 일으키는 원인이 될 수 있다.

따라서 보다 낮은 수준의 고시폴을 함유한다고 하더라도 산란계에 대한 목화씨박의 사용 가능한 최대 허용량은 사료의 10%로 제한된다. 0.05~0.1%의 철 황산염(iron sulfate)의 첨가는 부분적으로 고시폴의 문제를 완화시킬 수 있을 것이다. 목화씨 기름에는 계란 난백을 분홍색으로 변하게 하는 원인물질인 스테르컬린산, 사이클로프로페노이드 지방산(cyclopropenoid fatty acid)이 존재한다.

아마씨박(linseed meal)은 닭 사료 내 2~3% 이상 첨가하여 급여할 경우 독성이 있다. 아마씨박에 존재하는 억제제 리나틴(linatine)은 닭의 성장률을 낮춘다. 아마씨박을 적시고 건조에 의한 수분의 처리는 높은 수준의 피리독신(pyridoxine)이 하는 것처럼 억제제를 상당히 비활성화하지만, 비용이 많이 들기 때문에 이와 같은 방식으로 가공된 아마씨박은 사용되지 않는다.

채종박은 닭 사료 내 단백질 공급원으로 사용된다. 채종박은 글루코시놀레이트(glucosinolate) 함량이 낮기 때문에 약간의 갑상선 유발물질(goitrogenic)이 있다. 게다가 초기의 추출과정에서의 충분한 열은 채종박에 존재하는 본래의 갑상선 유발물질원, 즉 프로고이트린(progoitrin)이 고이트린(goitrin)으로 전환되는 역할을 담당하는 효소 미로시나제(mysironase)을 파괴한다. 미로시나제의 불완전한 파괴나 곡물의 오염으로서 혼합사료 내의 미로시나제의 혼입은 가금에게 심각한 영향을 주지 않는다.

채종박의 가금 사료 내 첨가수준은 산란 종계닭(laying-breeding chicken) 10%, 브로일러 15%, 칠면조 종계 15%, 시장 출하용 칠면조 20%, 물새(water fowl) 20%를 초과해서는 안 된다. 갈색 산란계에 대한 사료 내의 채종박 함유는 권장되지 않고 있다. 갈색 산란계는 일반적으로 계란의 비린 맛(어취, fishy odor)을 내는 트리메칠아민(trimethylamine, TMA)을 비린 맛이 없는 TMA 산화물로 산화시킬 수 있는 능력이 없다.

알파파는 비타민, 단백질, 그리고 피부 또는 난황 색소(xanthophylls)의 급원으로서 닭 사료에 사용된다. 알팔파는 또한 사료내 10% 이상을 함유할 때 병아리의 성장과 희생에 영향을 끼치는 독성물질을 포함하고 있다. 이 독성물질은 사포닌(saponin)과 관련되어 있다. 알파파는 상대적으로 높은 수준의 섬유질을 포함하고 있기 때문에 닭 사료내 2～3% 이상으로 사용되지 않는다.

일반적으로 사용되는 동물성 단백질 공급원으로는 어분(fish meal), 육분(meat meal), 육골분(meat and bone meal), 가금부산물(poultry by-products meal), 그리고 가수분해된 우모분(feather meal)이 있다. 우모분을 제외한 이러한 사료는 가격, 인 또는 염분 함량의 정도에 따라 사용이 제한되며, 아미노산의 뛰어난 공급원으로 좋은 평가를 받고 있다.

어분은 부화율에 관여 인자(hatchability factors), 미지성장 인자(unidentified growth factor) 급원 및 양질의 우수한 아미노산 공급원으로서 닭 사료 내 2~5% 수준으로 빈번하게 사용된다. 어분의 가격은 때때로 높을 수도 있다. 가끔씩 육제품은 가격에 따라서 사료내 대두박 단백질의 약 10%까지 동등한 양으로 대체될 수 있다. 이는 너무 많은 인 또는 염분을 제공할 수 있는 높은 수준일 수도 있다.

(4) 기타 사료원료

특히 비타민, 아미노산, 그리고 미네랄이 풍부한 사료원료들이 공급제의 분류에서 빠질 수 있다. 비타민 공급제는 햇볕에 말리고 탈수시킨 알파파, 옥수수 글루텐밀, 증류와 맥주 양조장의 부산물(distillery and brewery by-products), 어즙(fish soluble), 주정효모(brewery yeast)는 물론 개개 비타민의 결정체 또는 고농축물 형태를 포함한다. 현재 합성아미노산 급원은 메치오닌, 메치오닌수산화물, 라이신, 트레오닌, 트립토판을 포함한다. 미네랄 공급제의 다양성은 칼슘, 인, 나트륨, 그리고 아연을 함유하고 있는 구성요소들을 포함하는 데 이용되기도 한다.

식물성 혹은 동물성 지방은 빈번하게 에너지원으로서 사용되며, 곡류에 의해 제공되는 에너지를 대체하는 것으로 이용될 수 있다. 지방을 사료에 첨가시켰을 때 지방은 단지 에너지와 필수지방산을 공급한다는 사실을 숙지해야만 한다. 따라서 다른 영양소들은 희석되고 영양소 농도의 적절한 조절이 각 사료에서 만들어져야 한다.

종종 이용되는 기타 사료원료는 당밀을 포함한다. 비록 당밀이 에너지의 우수한 공급원일지라도 닭에게 설사효과를 발휘하기 때문에 사료내 2% 이상의 사용을 제한하고 있다. 다양한 크기의 모래(grit)는 특히 조류가 곡류 난알을 섭취하였을 때

모래주머니(gizzard)에서 사료를 분쇄하는 데 쓰일 수 있으나, 오늘날의 상업적인 사료 내에서 모래의 사용은 선택적이다.

알려진 영양소에 덧붙여서 기타 미지성장 인자들이 일부 사료에 존재할 수 있다. 어즙(fish solubles), 생선육분(fish and meat meal), 증류기에서 건조된 가용성 물질(distillers dried solubles), 유청(whey), 그리고 녹색의 조사료와 같은 사료 원료들이 종종 병아리의 성장, 부화율, 또는 일부 예에서 달걀 생산에 이용된다. 이와 같은 이유로 많은 영양학자들은 닭 사료 내에 이러한 원료들의 적은 양을 포함하고 있다. 그러나 이러한 사료가 영양소의 최적의 조합을 제공할 수도 있고, 혹은 함유된 영양소가 조류에게 보다 많이 이용될 수 있다.

몇몇의 자극적인 비영양 첨가제 역시 효율적인 성장, 즉 성장과 사료 효율성을 개선하는 소화관에서 유익한 변화를 일으킴으로써 닭의 효율적인 성장을 촉진하는 데 이용된다. 브로일러 병아리와 시장 출하용 칠면조에 대하여 이러한 것들은 항생물질(antibiotics), 유기비소화합물(organic arsenicals), 니트로퓨란(nitrofuran)과 같은 물질을 포함한다. 달걀 생산에서의 반응은 보다 디 다양하며, 각 사료에서 이들의 사용은 제한된다. 게다가 이들의 사용과 다른 혼합물의 사용은 FDA (미국의 식품의약국, food and drug administration)에 의해서 면밀히 규제되고 있다.

단백질을 가수분해하는 효소가 아닌 전분을 가수분해하는 효소의 공급 역시 보리(barley)를 함유하고 있는 사료에 첨가했을 때 성장에 유익한 효과를 갖는다. 이러한 보리는 대부분의 다른 곡류에도 존재하는 비분해성 단일 다당인 베타-글루칸 (β-glucan)을 분해할 수 있는 효소, 베타-글루카나제(β-glucanase)의 함량이 부족한 것으로 알려져 있다.

닭 사료의 공정은 곡류를 분쇄하고 사료 전체 또는 일부를 펠렛팅(pelleting)하는 것이 주를 이룬다. 파쇄(크럼블링, crumbling)에 의한 많은 실례로 이어진 펠렛팅과 크럼블링은 밀도의 증가를 초래하며, 조류에 의한 사료원료의 성질을 방해하려는 경향이 있다. 펠렛팅은 사료의 섭취가 증가하여 병아리나 브로일러의 성장을 향상시키려 할 때 특히 유용하다.

펠렛팅의 장점은 다음과 같은 것을 포함한다. 사료의 낭비가 최소화되며, 각각의 펠렛은 완전한 식이이고, 펠렛은 쉽게 자동화 설비에 적용될 수 있으며, 적은 사료 저장과 급여공간이 필요하고, 기호성의 증가, 살모넬라균은 열에 의해 파괴될 수 있다. 몇 가지 단점은 다음과 같다. 즉 사료비용이 증가하고, 영양소가 열에 의하여 파괴될 수 있으며, 식우성(엉덩이 쪼기, 닭이 다른 닭을 부리로 쪼아서 출혈 또는 출혈부위를 계속 쪼아서 내장 등을 쪼아내는 행동, 카니발리즘=canibalism)의 발생이 증가될 수 있고, 사료원료의 숨김이 일어날 수 있고, 달걀 생산의 증가 없이 물과 사료의 섭취가 증가된다.

서로 다른 나이의 조류사양에 있어서, 펠렛의 크기를 약 1/8인치(0.32 cm)에서 3/8인치(0.95 cm)로 사용하는 것이 일반적인 관례이다. 펠렛은 너무 길면 조류가 섭취할 수 없기 때문에 펠렛의 길이 역시 고려되어야 한다. 크럼블링은 사료 제조업자들이 더욱더 커다란 직경의 다이(die size)를 사용할 수 있도록 하기 때문에 펠렛기계의 용적이 커지며, 따라서 추가적인 공정이 포함된다고 하더라도 생산비용을 낮출 수 있다.

3) 생산 방법

닭고기와 계란의 생산 방법은 사양체계(사양 시스템, feeding system)와 사양실제(feeding practice)로 구분하여 생각할 수 있다. 사양 시스템은 포함된 실질적인 방법을 기술하며, 사양실제는 보통 사양 시스템에 대하여 여러 가지 변형과 관련한 용어이다. 사양 프로그램의 성공 여부는 상당부분이 닭의 특별한 분류에 포함된 사료와 영양소 요구량, 영양소의 양계업자들에 의한 지식 수준에 달려 있다.

(1) 사양체계

과거나 현재에 일반적으로 이용되고 있는 사양 시스템은 알곡(whole grain), 분말-스크래취(mash-scratch, grain) 및 모두-분말(all-mash) 사료 급여방법을 포함하고 있다. 알곡 사양방법은 유일한 역사적 관심의 하나이며, 닭고기와 계란 생산에 포함된 최초의 시스템이었다. 곡류사료는 곤충, 벌레, 주방의 음식 찌꺼기, 녹색채소 등과 같은 영양소의 천연급원에 의하여 공급되는 것이 필요하였다. 여러 해를 지나면서 곡류사료는 탈지우유(skim milk), 육분(meat meal), 혹은 다른 생산물의 공급을 포함하는 것으로 바뀌게 되었다.

한때 매쉬-스크래치 사양방법은 특히 성계(adult poultry)에서 가장 인기 있는 시스템이었다. 특정한 상황에서 매쉬-스크래치 사양방법은 여전히 양계업자의 이익을 위해서 사용되는데, 특히 가까운 지역에서 자란 곡류를 이용하려고 하는 양계업자에게 유익한 것으로 사용된다. 매쉬-스크래치 사양방법은 때때로 시장 출하용 칠면조, 대체 병아리, 성장한 닭과 칠면조를 위해서 사용된다.

산란계(layer)에 대해서 매쉬-스크래치 사양방법은 자유선택(free-choice basis)에 의해서 분말사료를 조류가 이용할 수 있도록 유지할 것을 포함하고, 스크래치 곡류의 비율은 암탉(hen)의 총 일일 섭취량의 약 절반으로 제한할 것을 포함하고 있다. 일반적으로 관행 시스템은 20%의 단백질을 함유한 분말사료를 포함하고 있다. 따라서 대부분의 곡류는 10%의 단백질을 함유하고 있기 때문에 전체 단백질의 섭취는 산란계의 단백질 요구량인 동일한 15%가 될 것이다.

매쉬-스크래치 시스템의 장점은 다음과 같다. 양계업자는 생산단계, 생산능력 및 환경온도에 의한 영향으로서 사료 단백과 에너지 함량을 변화시킬 수 있다. 즉 지역에서 자라거나 또는 지역에서 이용 가능한 곡류의 사용을 어느 정도 허용한다. 그리고 계사 바닥의 펜(floor pen)을 작동하는 데 있어서 매쉬-스크래치 사양방법은 우수한 깔짚(litter)의 상태를 유지하는 데 보조로서 이용될 수 있다.

단점 가운데 한 가지는 곡류사료를 분쇄사료 섭취량으로 조절하는 것이 일부 양계업자에게는 가끔씩 어려움이 있고, 그래서 이 경우 곡류사료를 과잉 섭취하려는 경향이 있음으로써 조류의 요구량이 일치된다. 또 다른 단점은 곡류의 구성과 섭취가 다를 수 있기 때문에 닭고기와 계란의 생산이 일정하지 않을 수 있다는 것이다. 하나의 곡류 혼합이 최선의 방법이 아니라는 것 역시 알려져 있다. 보통은 조류가 혼합사료를 구성하는 서로 다른 곡류에 대한 어느 정도의 친숙함을 갖고 선택할 수 있도록 적어도 둘 또는 그 이상의 곡류를 활용할 것이 권장되고 있다.

더 나아가 생산자가 종종 이를 간과하는 동안에 위에서 언급한 바와 같이 스크래치 곡류의 사용은 에너지 섭취를 조절하기 위한 한 가지를 허용한다. 추운 날씨 동안에 높은 에너지를 함유한 곡류 혼합사료는 쉽게 에너지 요구량을 충족하며, 여름과 기온이 높은 기간 동안 사료의 섭취가 일반적으로 감소하는 경향을 보일 때 낮은 에너지의 곡류 사용은 사료 섭취를 자극할 수 있을 것이다.

모두-매쉬의 사양체계는 현재 북미지역에서 사용되고 있는 가장 일반적인 방법이다. 모두-매쉬 사양체계는 일일령 병아리(day-old chick)를 시작으로 산란계(layer)와 종계(breeder)에게 이르기까지 가금의 모든 형태에 이용되고 있다. 이 사양체계는 육계(broiler)에게는 선택적이며, 그리고 산란 중인 암탉(laying hen)과 칠면조(turkey)에게는 가장 많이 이용되고 있다.

이미 언급된 바와 같이 몇 가지 경우에서 사료는 매쉬(mash) 형태로서 보다는 오히려 펠렛(pellet) 또는 크럼블(crumble) 형태로 급여될 수 있다. 장점은 다음과 같다. 한 가지 완전한 사료가 급여되는 모든 형태이기 때문에 간단하고, 적은 숙련이 필요하며, 균일한 제품을 생산할 수 있고, 그리고 기계적인 급여체계(feeder)에 적용할 수 있다. 몇 가지 단점은 모든 곡류를 분쇄할 필요가 있고, 가격 상승을 초래하며, 고정된 불변의 형태이고, 그리고 깔짚의 상태가 요인이라면 이 시스템을 이용하는 아무런 도움이 없다.

(2) 사양실제

앞에서 언급한 바와 같이 사양실제란 일반적으로 논의된 바로 그 시스템의 변형이다. 이들은 다음과 같이 간략하게 기술된다.

가) 단백질 농축사료

단백질 농축사료(protein concentrate)는 20 이상에서 40퍼센트까지 단백질 수준을 함유하는 분말사료(mash)를 말한다. 각 농축사료는 지역적으로 이용할 수 있는 곡류에 접근하려는 양계업자에게 일반적으로 활용된다. 단백질 농축사료는 곡류에 의해서 만들어진 에너지 요구량과 함께 조류의 단백질, 비타민, 그리고 미네랄 요구량을 충족시키도록 설계되어 있다. 단백질 농축사료는 산란계(layer), 발육 중인 암병아리(pullet) 및 육성 중인 칠면조에게 이용할 수 있다. 단백질 농축사료를 활용하는 데 있어서 곡류와 분말사료의 적당한 비율을 급여하는 것이 중요하다. 곡류는 알곡 또는 분말형태일 수 있기 때문에 매쉬-스크래취(mash-scratch) 혹은 적절하게 혼합되었다면 모두-매쉬 사양체계를 적용할 수 있다.

나) 자유채식 사양

자유채식 또는 카페테리아 사양(free choice, cafeteria feeding)은 이미 언급한 조절된 사양체계의 변형이다. 예로서, 이 경우에 있어서 산란계는 매쉬와 스크래취 모두를 자유롭게 섭취한다. 이 시스템에 관하여 많은 논쟁이 있으며, 만일 적용할 수 있다면 자유채식 사양은 백색 레그혼에 의해서만 활용될 수 있으며, 육용계의 대체 계군으로서 이용되는 살찐 미국형 품종에게는 활용될 수 없음을 나타내고 있다. 가벼운 품종이라도 자유채식 사양의 활용은 30% 또는 그 이상의 단백질을 함유하는 단백질 농축사료와 함께 유일하게 권장되고 있다.

다) 보충사양

보충사양(supplemental feeding)은 사료 섭취량을 자극하여서 산란계의 높은 사료 섭취량을 유지하기 위하여 활용되고 있으며, 그리고 그 과정에서 계란 생산주기 동안에 갑작스런 산란율 하락을 최소화할 수 있다. 지금까지 가장 일반적인 실제 보충사양 방법의 하나는 계란생산의 감소가 관찰되었을 때 2~4일 동안 높은 수준의 항생제(antibiotic, 50~100 g/ton)를 활용하는 것이었다. 그러나 항생제의 사용은 질병에 감염되었을 때 치료제로서 수의사의 지시 하에서 투여하는 것이 바람직하며, 기타 성장률 및 생산성 향상을 목적으로 절대 사용해서는 안될 것이다.

일반적인 보충사양 방법은 펠렛(pellet, 2 lbs/100수/일일)을 이용하거나 또는 비슷한 비율로 젖은 분말사료를 이용하는 것이다. 오늘날 일반적으로 이용되지는 않지만, 또 다른 보충사양 방법의 실제는 녹색사료(green feed)를 사용하는 것이다. 펠렛, 젖은 분말사료, 또는 녹색사료의 보충을 한번 시작하면 산란계는 이러한 실제 사양에 익숙해질 수 있기 때문에 계속해야 한다.

라) 제한사양

육성중인 조류, 특히 비만 품종(heavy breed)의 제한사양(restricted feeding)은 현재 굉장히 이용하고 있다. 제한사양 방법은 성장기 동안에 몇 가지 방식으로 사료 섭취를 제한하는 것을 포함하고 있다. 제한사양의 성공 여부는 조류에게 부과된 사료제한을 극복하기 위한 영양소 요구량을 충족하기 위해서 고도로 강화된 사료의 활용에 달려 있다.

펠렛으로 대체하는 병아리의 성장에 있어서 제한사육은 다음과 같은 이유로 적절하게 이용될 수 있다. 펠렛 대체 병아리의 제한사양은 성성숙의 속도를 늦추고, 커다란 최종 체중의 발육을 허용하며, 산란 초기에 대란을 생산할 수 있고(부화란의 생산을 위해서 바람직할 수 있음), 사망률을 낮추며, 달걀 생산을 증가시킨다. 게다가 완전히 증명되지는 않았지만 발육기간 동안 전체 사료 섭취량의 감소가 일어날 수 있다.

일부 예에서, 고섬유질 사료(high-fiber diet)의 이용을 포함하는 제한사양 프로그램의 몇 가지 형태가 있다. 초기방법의 한 가지는 퀘이커 귀리 프로그램(quaker oat program)으로서 알려져 있다. 2개월령에 조류는 일 주일에 5일은 아침 1~2시간 동안 그들이 섭취할 수 있는 만큼 해당 양의 분말사료와 귀리를 준다. 일 주일에 7일은 늦은 오후 시간에 조류는 10분 이내에 섭취할 수 있는 귀리의 모든 것을 섭취한다. 아침 사료의 제공은 보통 일요일과 수요일은 생략한다.

텍사스의 연구자에 의해서 나중에 개발된 또 다른 프로그램은 귀리껍질(oat

hull)을 이용하는 15～20%의 섬유질을 함유하는 사료를 급여하는 사양방법이다. 이 프로그램의 단점 중 하나는 조류가 에너지 요구량을 만족시키기 위하여 과잉 섭취하려는 경향이 있으며, 그리고 50%까지 더 많은 사료를 섭취할 수 있다는 점이다. 이 프로그램의 보완은 역시 텍사스 농업실험청에서 개발하였으며, 정상사료를 섭취하는 조류가 자유선택 섭취하는 양의 70%로 적절히 강화된 사료를 급여하는 관행 사양방법을 포함하고 있다. 이러한 프로그램은 적당한 기록, 첨가적인 노동 및 조심스러운 감독을 필요로 한다.

하루를 건너뛰는 사양 프로그램(skip-a-day feeding program) 역시 나중에 개발된 아보에이커 프로그램(arbor acres program)으로서 알려져 있다. 이 프로그램은 육성기에서 24주령의 기간 동안에 실시된다. 성성숙을 지연시키기 위한 방법으로서 라이신이 부족한 사료(lysine-deficient ration)를 이용하는 사양방법이 있다. 이 방법은 1960년대 중반에 미국의 콘넥티컷(connecticut)에서 처음으로 시작되었고, 라이신이 부족한 사료를 0～12주령으로부터 병아리에게 급여하는 것을 포함하고 있으며, 그 후 조류는 관행의 분말사료를 섭취하였다. 체중의 균일성에 관하여 상당한 변이가 일어났으며, 산란계의 성장능력에 해로운 영향이 알려졌다.

텍사스의 연구자는 처음 6～7주 동안 적절한 사료를 이용하고, 그 후 초산일령에 따라서 19～22주까지 라이신이 부족한 사료로 사양하는 방법을 수정하였다. 한편, 이 변화는 사료 제한이 궁극적으로 산란계의 성장 능력에 관한 역효과를 갖지 않는 것으로 나타났다. 일반적으로 이러한 프로그램은 일정하게 성성숙 지연 및 얻어진 부화 가능한 계란의 수를 증가시킨다.

마) 비만 품종의 제한사양

최근 에너지 섭취를 조절하고 브로일러 병아리의 대체를 위하여 유지된 수컷과 비만 산란종계(heavy breed layer)에서 과식을 방지하는 방법이 만들어졌다. 주어진 계군의 체중 상태를 관찰하여 조류의 사료 섭취량을 제한함으로써 과잉 지방으로부터 비만을 방지할 수 있다. 조류에 대한 환경조건의 노출은 물론 포함된 조류의 계통을 고려하는 것은 이 프로그램을 사용할 때 중요하다. 적절하게 이 프로그램이 이용되었을 때 15%까지의 사료를 절약할 수 있다.

바) 단계사양

단계사양(phase feeding)은 산란계의 생산주기를 통해서 경제적 이익을 높이기 위하여 다양한 영양밀도의 사료를 활용하는 시스템으로서 특성화 될 수 있을 것이다. 단계사양은 일반적으로 조절 역할을 수행하는 에너지와 함께 단백질 섭취와 관련이 있다. 이 사양실제는 생산단계와 생산율, 체중 및 사료 섭취를 포함하고 있는 생산자에 의한 상세한 기록 유지가 필요하다. 사료의 에너지와 단백질 함량, 환경온도 및 관리의 형태를 포함하고 있는 기타 자료 역시 필요하다. 이 시스템은 생산주기에서 3가지의 단계(phase)를 포함하고 있다.

단계 I은 암탉이 여전히 성장하면서 최고의 계란 생산을 나타내는 시기로 약 20～42주령으로서 정의될 수 있을 것이다. 단계 II는 약 42주령부터 약 65% 산란율까지 혹은 80주령까지이다. 이 단계의 기간 동안 단백질 요구량은 현재 일일 가금 마리당 17 g으로 평가되며, 사료는 이러한 변화를 반영하여 배합된다. 에너지 요구량은 환경온도와 사료 내의 에너지 수준에 의해서 영향을 받는다. 이 시스템은 배합사료(ration)가 아주 특수한 요구량을 채울 수 있도록 제조되어야 한다는 것을 필요로 한다. 단계사양에 대한 연구는 상가적인 결과와 마이너스의 결과 모두를 보여 주있다.

사) 브로일러에 대한 복합 대 단순 단계사료

브로일러에게 사용되는 복합단계사료(multiple stage ration)는 많은 면에서 산란 중인 암탉에게 사용되는 단계사양(phase feeding)과 유사하다. 이 시스템은 다양한 에너지와 단백질 함량을 갖는 사료의 급여를 포함하고 있으며, 그리고 나이와 관련하고 있다. 사료의 단백질 수준은 둘, 셋으로 구성될 수 있으며, 일부 예에서는 종종 예비스타터(prestarter) 단계로서 부르는 첫 단계와 함께 네 단계로 구성될 수도 있다. 사료내 단백질은 예비스타터에 대해서는 24%까지의 범위일 수 있고, 브로일러 후기(finisher)에 대해서는 18～20%로 감소할 수 있다.

예비스타터는 사료 제조가의 권장에 따라서 섭취된 사료의 처음 0.5～1.0파운드를 급여할 수 있을 것이다. 일반적으로 조류는 3～4주와 5～6주의 나이에 기초하여 서로 다른 단계로 전환된다. 단백질 함량이 감소함으로써 에너지 함량은 일정하게 유지되거나 또는 약간의 증가를 유지해 준다.

단순 단계사료가 브로일러 시기의 전체를 통하여 이용되면 그들은 보통 예비스타터 또는 스타터 사료만큼의 총단백질 함량을 함유하지 않지만, 브로일러의 최종 후기사료(final finisher feed) 보다는 단백질 함량이 약간 높다. 어느 형태를 사용할 것인가는 경제성에 달려 있다.

아) 다른 기타 사양실제

언급된 닭의 사양과 직접적으로 관련될 수도 있고 또는 관련되지 않을 수도 있는 수많은 실제 사양방법이 있다. 이러한 사양실제는 인위적인 빛의 이용(인공조명, artificial light), 부리 자르기(beak trimming), 볏 자르기(dubbing of comb), 및 알을 품는 암탉(broody hen)의 관리가 있다.

4) 닭에 대한 배합사료

닭에게 급여되는 사료배합의 대부분은 NRC 사양표준을 주요한 지침으로 이용하고 있다. 산란계용 배합사료는 온화하고 따뜻한 기후 모두에서 제공된다. 이러한 사료의 배합은 기본적으로 사료원료의 이용성과 가격에 기인하여 여러 지역에서 실제 이용정도는 약간 다를 수 있다. 사용되는 비타민과 미량 미네랄의 공급은 최소한 사양표준에서 언급된 최소 수치를 충족시켜야 한다.

현재 브로일러는 7주령 정도에서 시장에 출하된다. 7주령 시의 암수 평균 체중은 약 2.0 kg이고, 사료 섭취량은 약 3.9 kg이다.

백색 난각의 달걀을 낳는 어린 암탉(백색 산란계)은 약 7.5 kg의 사료가 22주령에 필요한 반면에, 갈색 난각의 달걀을 낳는 어린 암탉(갈색 산란계)은 9.3 kg의 사료가 필요하다. 브로일러 생산을 위한 암컷 종계 계군(pullet breeder flock)은 25주령까지 약 11.34 kg의 사료를 필요로 하지만, 반면에 수컷(cockerel)은 15.88 kg까지의 사료가 필요하다.

상세한 표준은 산란계에 대한 부록의 표에 제시되어 있다. 산란계에 의해서 섭취된 사료의 3/4은 유지의 목적을 위해서 이용되기 때문에 신체 크기는 사료 섭취와 사료효율에 의해서 현저하게 영향을 받는다. 계란 60～90%의 생산율을 위한 사료 섭취와 계란 12개당 사료는 각각 약 9.52～13.15 kg, 2.22～1.50 kg 범위이다.

제 6장

돼지의 생산

1. 돼지의 품종과 교잡방식

돼지 개량의 역사를 보면 그 시대 소비자의 욕구, 이용하는 사료, 양돈의 사육환경, 나라에 따라서 시대적인 배경 등 여러 가지 형태로 품종이 형성되고 개량되었다.

돈육의 이용면을 보면 최초에 발달한 멧돼지와 야생돼지의 형태에서부터 등심, 베이컨, 햄의 비율이 높은 형태로 개량되었다. 또한 소비자들이 돈육에 대한 기호의 변화에 따라 라드형(지방형)·베이컨형(가공형)·포크형(정육형)·미트형(정육·가공형)으로 체형과 산육형질이 개량되고, 그 결과 품종이 소멸되어서 새로운 품종이 나오게 되었다.

현재 국내에서 사육되고 있는 돼지의 품종은 랜드레이스, 요크셔, 햄프셔, 듀록 등의 4품종이 있다. 랜드레이스·요크셔는 뛰어난 번식력 때문에 모계로서 사용되고, 햄프셔·듀록은 뛰어난 산육성 때문에 부계로서 사용되고 있다. 또한 발육은 뒤떨어지지만 육질에 특색이 있는 버크셔 등도 일부에서는 사용되고 있다. 같은 랜드레이스라도 산지에 따라서 약간의 형태와 성장 능력에 차이가 있고, 그 특징이 각각 이용되고 있다. 최근에는 이러한 교잡으로 한국적인 랜드레이스가 만들어졌다.

현재 국내 시장에 출하되고 있는 돈육의 90% 이상이 삼원교잡종이다. 이것은 교잡종의 강건성, 환경 적응능력, 사료섭취 능력 및 발육률, 사료 요구율 등이 일반 순종보다 좋고, 교잡종의 산자수, 자돈의 활력, 육성률, 이유 시 자돈의 총 체중 등이 순종과 비교해 뛰어나기 때문이다.

교잡방식에는 일대잡종, 퇴교배, 사원잡종, 윤환교배, 그리고 일대잡종의 수컷과

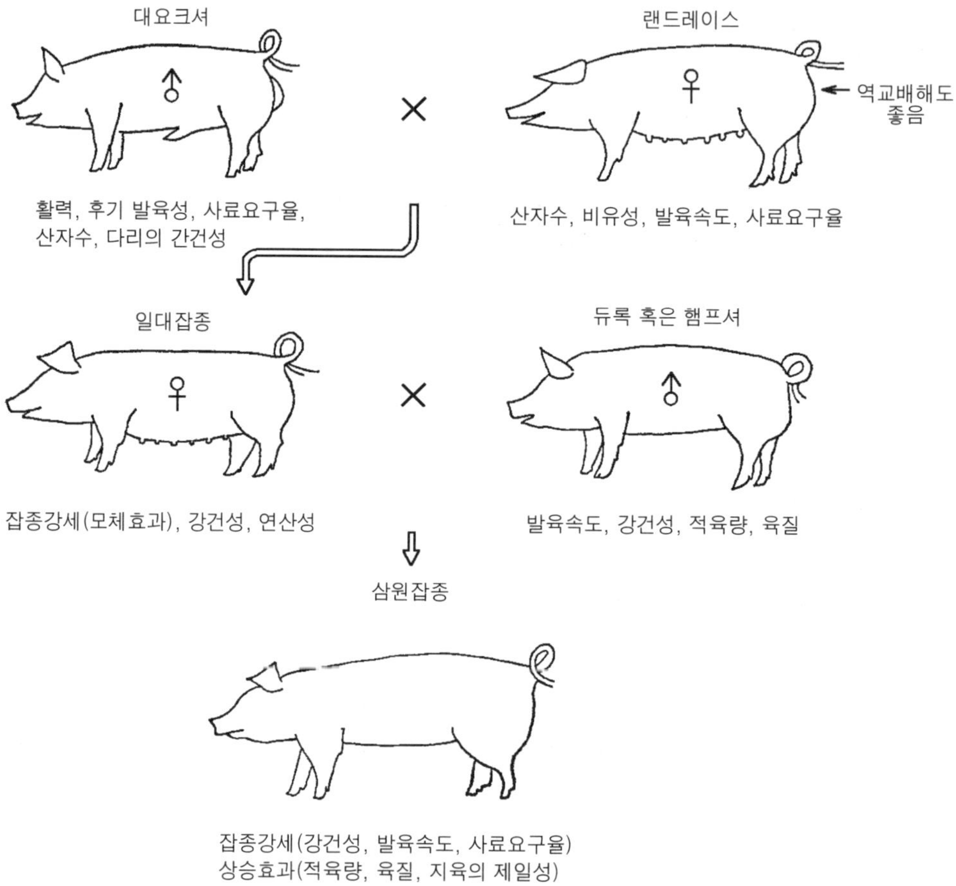

그림 6-1. 삼원교잡

암컷을 교배하는 사원교배와 2품종의 윤환교배(십자교배) 암컷돼지에 이 품종의 수컷돼지를 교배하는 방식 등이 있다.

잡종강세가 크게 나타나는 것은 유전력이 낮은 형질에 있다. 근친교배에 대한 번식능력의 저하, 활력의 저하 등과는 반대의 관계에 있는 것이 잡종강세이다. 또한 교잡이용의 또 다른 한 가지 이유로 하나의 품종에서 기대할 수 없는 여러 가지 뛰어난 형질을 여러 품종에서 구할 수 있고, 그 형질이 조환된 효과를 얻는 장점이 있다.

우리나라에서 가장 많이 이용하는 교잡방식은 랜드레이스 암컷에 요크셔 수컷을 교배하여 일대잡종의 암컷돼지를 만들어서 그것에 듀록 또는 햄프셔의 수컷을 교배하는 육용자돈을 만드는 삼원교잡종 방식이다.

2. 돼지의 일생과 활동

1) 돼지의 특성

개량된 현재 돼지의 특성을 보면 다른 포유동물에 비해 산자수가 많고, 연간 번식할 수 있으며, 임신기간이 114일 전후로 1년에 2.3～2.5회의 분만이 가능하다. 한 배당 산자수는 10～12두, 연간 이유 자돈수는 20～25두로 뛰어난 번식능력을 가지고 있다. 또한 발육이 빨라서 돈육은 5～6개월에 100～110 kg이 되고, 식품으로 이용된다. 더욱이 체중 1 kg 증가하는 데 필요한 사료는 2.5～3.0 kg으로 사료효율이 브러일러와 비슷하고, 고기생산을 목적으로 하는 가축으로 세계 각국에서 사육되고 있다.

돼지는 잡식성으로 곡류, 당류, 서류, 청초, 각종 식품제조 부산물, 잔반류 등을 사료로 이용할 수 있어 그 나라와 지역의 농산물을 효율적으로 고기로 전환할 수 있는 특성을 가지고 있다. 근육은 근섬유가 묶여서 되어 있고, 생후 80～90일 정도부터는 근섬유의 수가 증가하며, 그 후 생후 120～130일 정도부터는 근섬유가 점점 커지게 된다. 생후 130일 이후가 되면 근속 사이에 지방이 만들어진다.

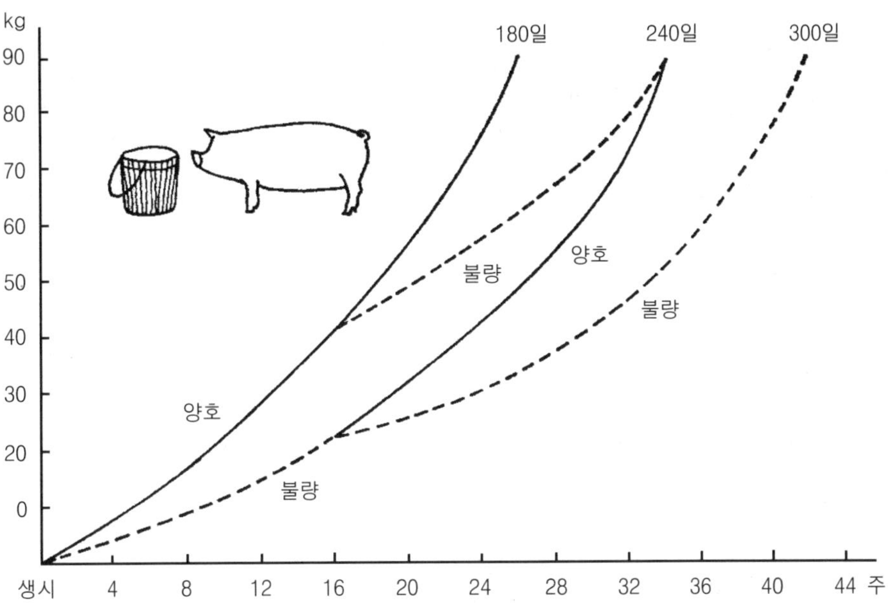

그림 6-2. 사료의 영양과 돼지의 발육 관계

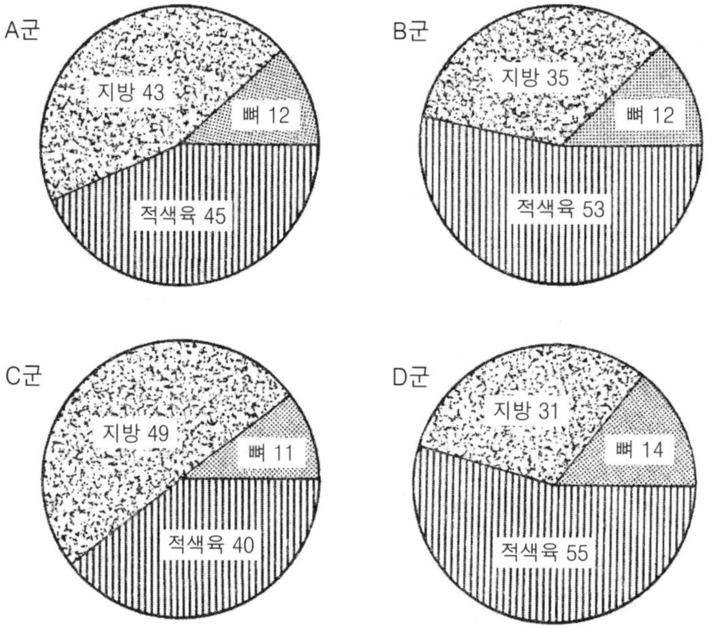

사육시기

생후 112일까지	112일 이후
A군 영양 양호	영양 양호
B군 영양 양호	영양 불량
C군 영양 불량	영양 양호
D군 영양 불량	영양 불량

그림 6-3. 사료의 영양에 다른 육질의 차이

육성 초기단계에는 근섬유가 세로로 찢어지는 형태로 인해 수가 늘어나고, 이것을 위해 고단백, 고칼로리의 사료가 필요하다. 또한 근섬유의 비대해지는 단계에서부터 근섬유 간의 지방이 침착하는 비육말기 단계까지 단백질 수준을 줄일 필요가 있다. 과도한 지방 축적을 피하기 위해서는 에너지 수준도 낮춰줄 필요가 있다.

2) 돼지의 행동 특성

(1) 사람에 대한 태도

돼지는 성질이 온순하고 사람을 잘 따르는 동물이다. 반면 예민한 성격이므로 돼지가 놀랄 만한 음악과 행동은 피하고 온화하게 대하는 일이 중요하다. 또한 매일 보는 사람을 잘 기억해서 특히 모돈의 관리는 가능하면 같은 사람이 담당하는 것이 필요하다.

(2) 사육장의 행동

돼지는 흙을 좋아하지만 섭취하는 일은 거의 없고 코로 굴을 파는 습성(굴토성)

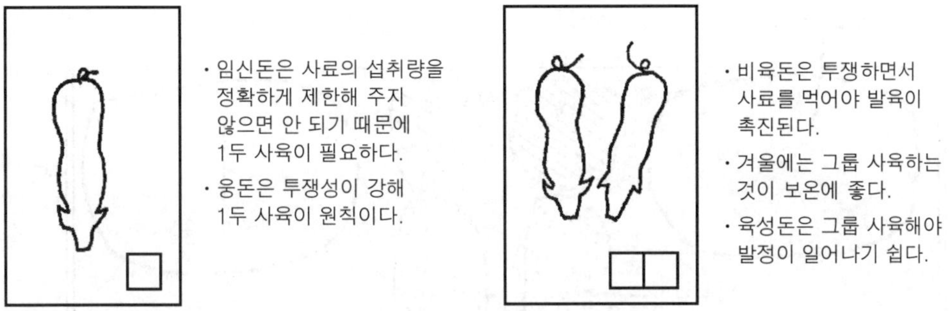

그림 6-4. 한 마리 사육과 그룹 사육

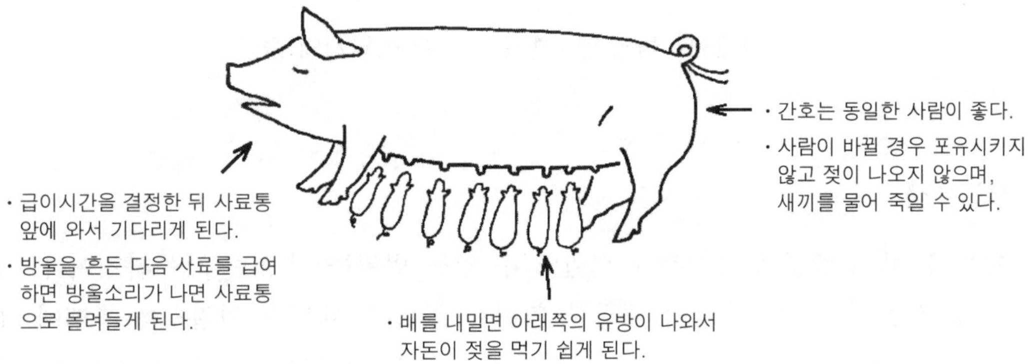

그림 6-5. 돼지의 반응

이 있다. 또한 돼지는 한선이 퇴화되어 있어서 몸을 적시기 위하여 흙탕물에 몸을 담그는 것을 좋아한다. 여름에 고온이 되면 좁은 돈사 내의 뇨 배설장소에서 자는 것도 그 때문이다.

(3) 배분 · 배뇨 습성

돼지는 깨끗한 것을 좋아해서 일정한 장소에 배분 · 배뇨하고, 잠자는 곳과 배설장소를 확실히 구별하는 습성을 가지고 있다. 이 습성은 멧돼지들 뿐만 아니라 야생동물에서도 보인다. 저온이 되면 물이 고인 곳이 배설장소가 되고, 사료가 있는 장소를 피한다. 이것은 안심하고 쉴 수 있는 장소를 외부의 적들이 알지 못하도록 하는 본능이라고 생각한다. 또 돈사 내 울타리 옆의 돼지와 경쟁관계를 가짐으로 울타리 근처에 분뇨를 배설하는 습성이 있다.

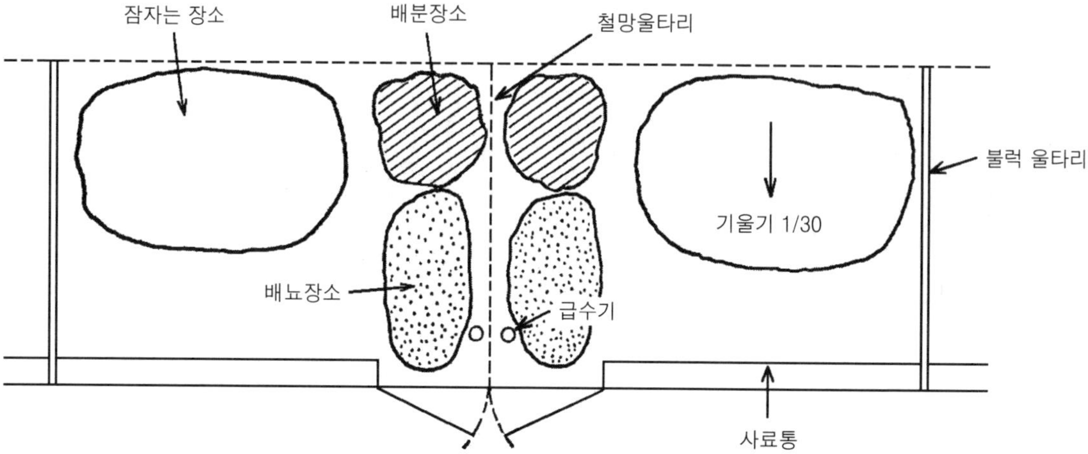

그림 6-6. 측방 변소형 돈방에서의 돼지의 습성

(4) 투쟁

이유 후 돼지 축군에서 투쟁을 식별할 수 있는 범위는 약 20~25두까지이다. 그 이상의 큰 무리에서는 투쟁이 재발할 염려가 있으며, 돼지가 커질수록 투쟁에 대한 스트레스가 커지게 된다. 성돈의 투쟁은 사고의 원인이 되므로 주의가 필요하다.

(5) 돼지의 감각

돼지는 섬세한 성격을 가지고 있고 지능지수는 소보다 더 높다. 특히 후각과 청각이 발달되어 있어 사람보다 더 훨씬 민감하다. 이러한 후각으로 자신이 낳은 자돈과 다른 모돈의 자돈을 확실히 구별해서 종종 다른 자돈을 물어 죽일 수 있다. 그러나 시각은 그다지 발달되어 있지 않아서 색채를 분별할 수는 없다. 그 때문에 다른 자돈을 옮겨 놓으려면 1~2시간 자돈과 동거를 시키고 어미의 분뇨를 발라 준다. 또 냄새가 강한 향수를 뿌려주면 품종과 모색이 다른 자돈이라도 안전하게 지낼 수 있다.

음악에 대해서도 민감하게 반응하여 갑자기 나는 소리에 심하게 놀라고 일제히 시끄럽게 떠들게 된다. 또 사육자의 목소리, 발자국 소리도 잘 기억해서 사료를 급여하러 올 때 소리가 들리면 멀리 있는 돼지도 부를 수가 있다.

3) 소화 생리

돼지의 소화기는 구강 - 식도 - 위 - 소장(십이지장 · 공장 · 회장) - 대장(맹장 · 결장 · 직장)으로 되어 있다. 먹은 사료는 차례대로 소화 · 흡수되어 소화되지 않은 내용물은 분으로 배설된다. 이 · 혀에 의해서 구강 내에 들어온 사료는 저작으로 분쇄되고, 타액과 섞이면서 부드러워진다. 말 등과 같은 초식동물은 어금니가 잘 발달되어 있지만, 돼지의 이는 짧은 모양이어서 분쇄하는 능력이 낮다.

섭취한 사료가 식도를 통해 위 내로 들어오면 유문이 닫히고 위의 긴장이 높아져서 위액분비가 시작된다. 위 내용물은 복잡한 위의 운동에 의해 위액이 작용하고 소화되며, 유문부를 통해서 소장으로 이동한다.

소장은 대부분의 영양소의 소화가 이뤄지는 부위이기 때문에 적합한 구조와 작용을 가지고 있다. 소장은 회전하는 가늘고 긴 관으로 위에서 이어져 십이지장 · 공장 · 회장으로 나뉜다. 십이지장 윗부분에는 췌장의 췌관과 간장의 담관이 열려서 췌장액과 담즙이 소장 내로 유입된다.

공장 · 회장에는 장점막의 2종류의 선에서 분비되는 혼합물이 있는데 장액은 장 내용물의 유무에는 관계없이 소량씩 분비되고, 장 내용물의 이동을 도와서 여러 종류의 효소를 함유하고 있으며, 소화작용에 중요한 역할을 담당하고 있다.

맹장 · 결장 · 직장으로 되어 있는 대장에는 내용물이 비교적 오랜 시간 동안 체류되고, 약간의 소화와 수분흡수가 이루어진다.

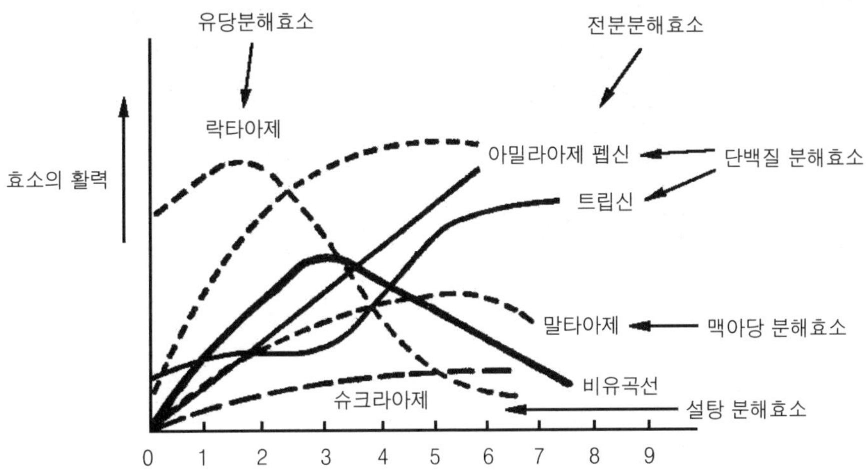

그림 6-7. 자돈의 발육에 따른 소화관의 분해효소 발달

4) 돼지의 사료급여

(1) 사료의 급여형태

급여형태에는 분말사료, 펠렛, 유동사료 등이 있고, 같은 분말사료라도 입자의 차이 및 곡류의 프레이크(flake)화는 사료 요구율과 사료 제조비용에 대한 영향할 수 있다.

유동사료는 분말 배합사료 1 kg에 대해 수분 2.5～3.0 ℓ 를 혼합하고, 파이프 라인으로 압송하는 방법으로 기호성이 좋아 사료효율이 뛰어나지만 생리적으로 필요 이상의 수분을 가하게 되면 영양소의 섭취량이 부족해지고 저작이 불충분하게 될 우려가 있다. 또한 겨울기간에는 온수를 사용할 필요가 있다.

예전의 양돈은 사료를 끓여서 급여하는 습관이 있어서 잔반류에 대해서는 살균효과를 기대할 수 있었지만 소화율이나 사료효율의 향상에는 효과가 없었다. 대두나 감자, 고구마류는 열 가공처리의 효과가 확실히 있지만 곡류에는 효과가 없어 일반적으로 경세적이지 못하다. 프레이크에 대해시도 기호성과 유동성은 효과기 있지만 소화율 개선효과는 확실하지 않다.

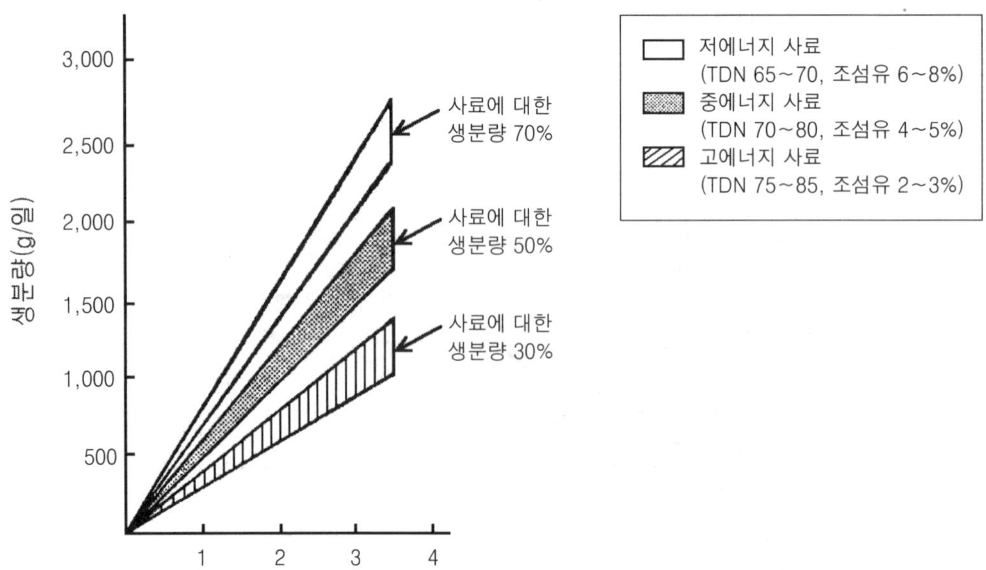

그림 6-8. 섭취 사료량과 배분량

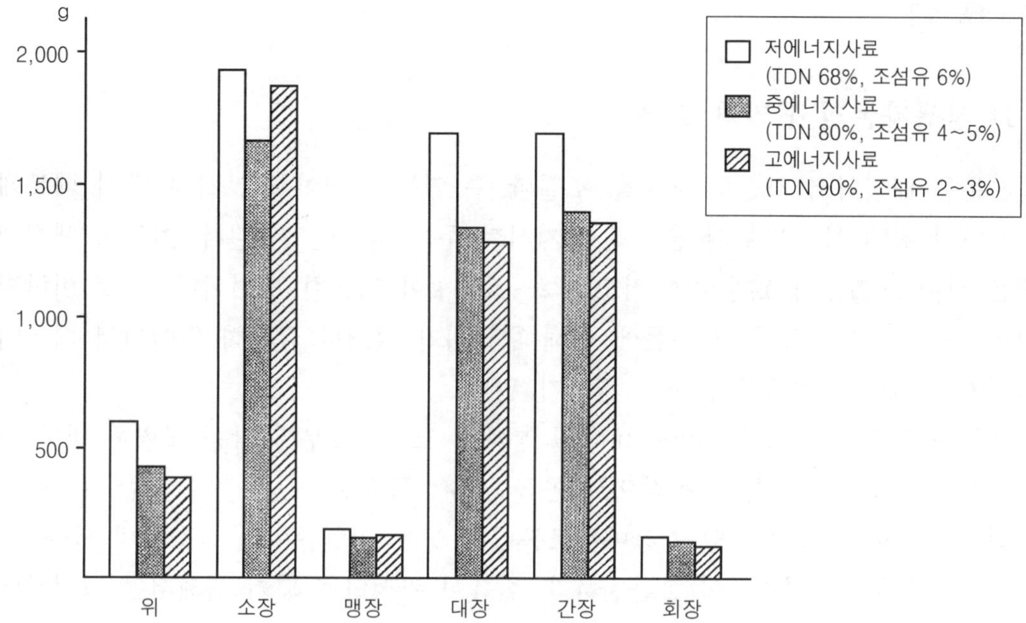

그림 6-9. 사료영양 수준과 내장무게의 관계

(2) 사료의 에너지 수준

쌀겨류와 보리를 위주로 만든 사료에는 TDN 70%, 옥수수, 대두박 등을 주원료로 한 사료에는 TDN 75%가 한도이고, 자돈용 사료와 비육용 사료의 일부에는 동물성 유지를 2～5% 첨가할 때 TDN 77～80%의 고칼로리 사료가 사용되고 있다. 이와 같이 서로 다른 영양가의 사료를 급여하면 당연히 소화율에 차이가 생기고, 배변량과 그 성상은 큰 영향을 받는다.

또한 저에너지・고섬유 사료에 비해 고에너지・저섬유 사료가 내장무게가 작지 않고, 특히 위・대장・간장 등은 현저한 차이를 볼 수 있다. 이것은 돼지고기 경우 고에너지・저섬유 사료를 급여하여도 특별한 지장은 없지만 번식용 육성돈은 분만 후의 사료 섭취량 부족으로 이유 후의 발정이 늦어지고, 번식돈의 이용 수명을 단축하는 결과를 가져온다.

3. 육 성

1) 신생자돈의 생리와 초유

자돈은 태어나서 스스로 체온을 조절할 수 있는 능력이 충분하지 않기 때문에 사육하기 위해서는 30℃의 온도를 유지시켜 주지 않으면 안 된다. 자돈의 생시체중은 한배 산자수가 많을수록 작고 1.2～1.6 kg이 적당한 범위이다. 1 kg 이하의 작은 자돈은 그 이상의 큰 자돈에 비해 혈당치가 낮거나 급속히 떨어져서 체온이 떨어지고 발육이 정체하여 죽는 경우가 많다.

포유 중인 자돈은 초유(colostrum)를 통해서 모돈으로부터 각종 질병에 대한 면역항체(감마글로블린)를 수동적으로 공급받아서 급속한 체중 증가를 할 수 있다. 그러나 초유에 함유되어 있는 감마글로블린은 생후 20일쯤이면 감소하게 된다. 포유 중의 자돈은 조혈기능이 불완전하다. 발육이 왕성하게 되기 위해서는 혈액량에 대한 적혈구 수가 감소되고, 생후 10～15일에 걸쳐 최저가 된다. 이것을 생리적

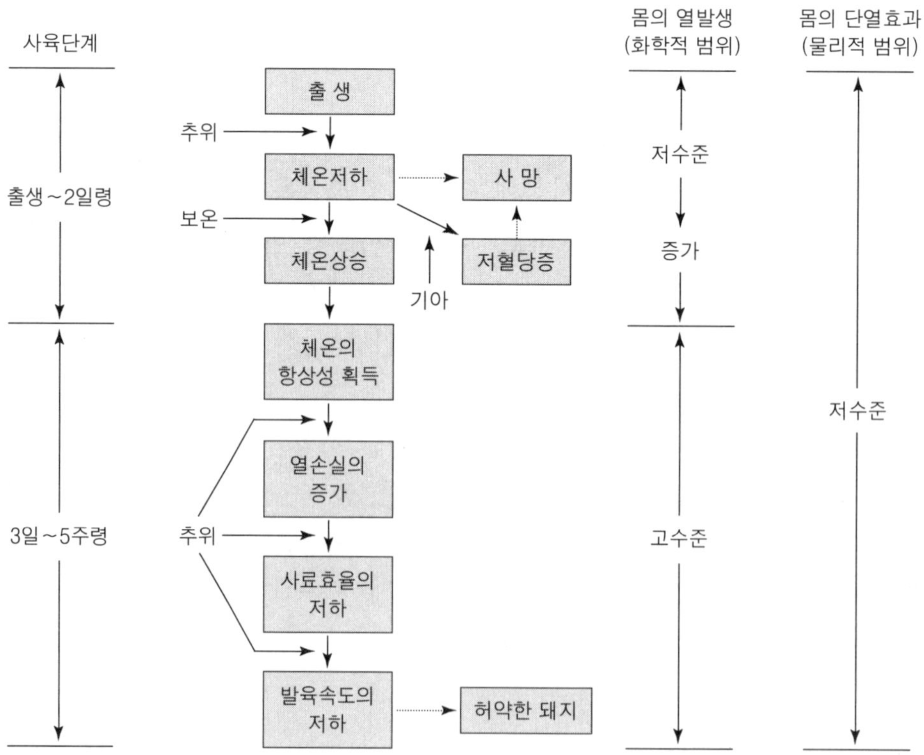

그림 6-10. 자돈의 체온조절 기능의 발달

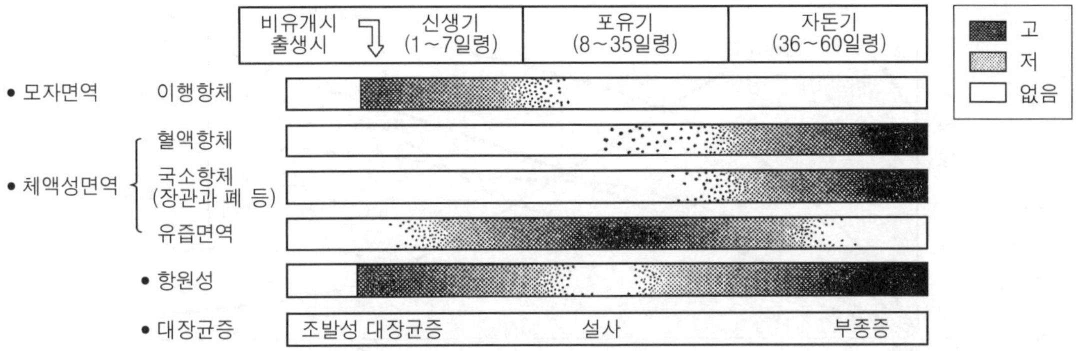

그림 6-11. 자돈의 면역기능 변화

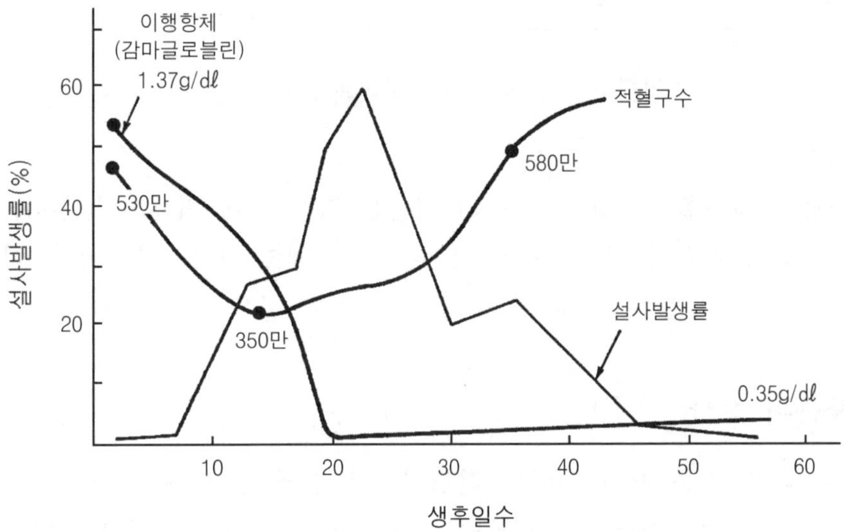

그림 6-12. 자돈의 생리적 특징

빈혈(anemia)이라고 한다. 감마글로블린의 소멸과 생리적 빈혈이 커지면 병원체에 대한 저항력이 약해져서 설사를 시작하고 여러 가지 병에 걸리기 쉽게 된다.

분만 직후부터 약 2일간의 젖을 초유라고 한다. 초유는 병원체에 대한 항체, 즉 감마글로블린을 고농도로 함유하고 있다. 신생자돈은 가능한 한 빨리 초유를 먹을 필요가 있다. 감마글로블린은 사람의 경우 임신말기에 태반을 통해서 모체로부터 태아에 이행되지만, 돼지와 소는 태아의 태반을 통과해서 초유로부터 새끼에게 이행된다. 또한 산자수가 많아서 분만 직후 모돈이 죽게 될 경우 분만 후 1~2일 이

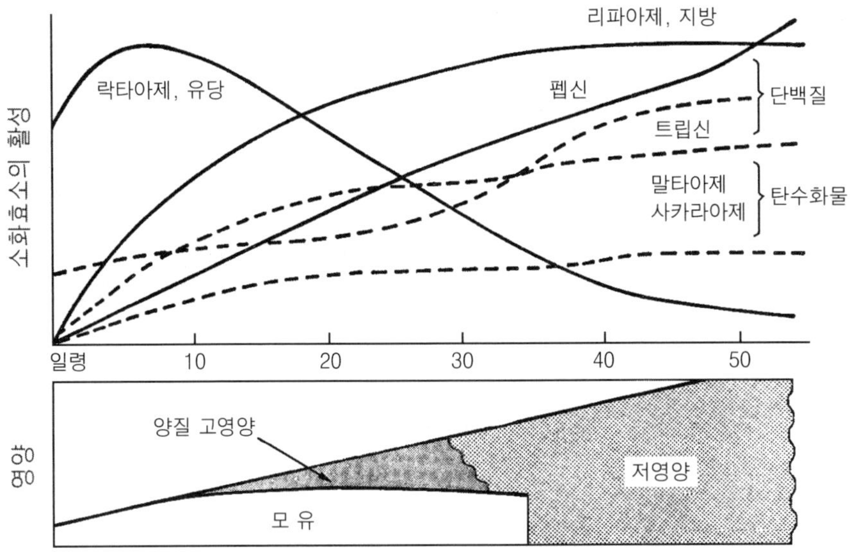

그림 6-13. 자돈의 소화력과 영양

내의 소의 초유를 급여할 수 있다. 초유의 성분은 다른 젖에 비해서 농후하고, 특히 단백질의 함량이 높으며 지방, 유당, 회분은 적지 않고 pH도 산성이다. 이처럼 초유에는 다른 젖과 비교해 볼 때 신생자돈의 생리와 발육에 적합하다.

2) 포유자돈의 설사

태아가 자궁 내에 있을 때는 무균의 환경이지만 출생 후 대장균, 구균, 유산균 등 많은 종류의 세균이 대부분 입으로부터 장관 내로 들어가서 증식하고 머물면서 장내 균이 형성된다. 장내 유익한 균이 활발하게 번식하면 외래의 병원균 침투가 어렵고, 스트레스가 생겨 항생물질을 사용하면 장내 균의 균형이 무너져 병원균의 증식을 가져올 수 있다.

그리고 지금까지 존재하고 있는 유익한 균이 감소하게 되면 유해균이 이상적으로 증식할 수 있다. 이러한 현상을 '균 교대현상'이라 하며, 유해균은 장관 내 뿐만 아니라 장관 벽을 통과해서 체내에 침입하고, 결과적으로 설사 · 폐렴 · 패혈증 등 전신감염을 일으키게 된다.

보통의 대장균과는 다른 '병원성 대장균'의 감염이 생기면 모돈이 항체를 가질 수 없고, 자돈의 초유 섭취량이 적을 때 발생하는 설사를 '이른 대장균증'이라고 하며 '돈백리'로 부른다.

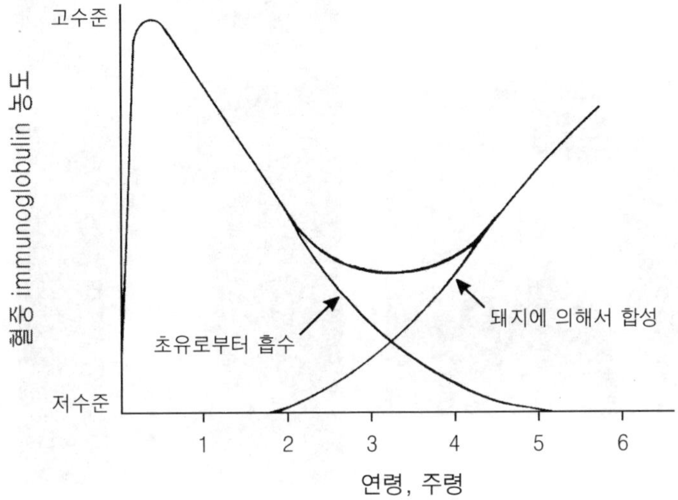

그림 6-14. 어린 돼지에서 질병 저항성의 발전

생후 2~3주령의 포유자돈에 발생하는 같은 대장균증을 '늦은 대장균증'이라고 하고, 초유 급여시 모체로부터 이행하는 항체가 떨어지게 되면 자돈 자신이 만든 항체의 생산이 적어져 면역력이 가장 약한 시기에 발생하기 쉽다. 이것이 생후 20일 정도가 되었을 때 설사가 많이 발생하게 되는 원인이다.

3) 자돈의 영양소 분해능력

자돈의 영양소 분해능력의 변화는 모유 성분의 변화와 잘 대응되며, 모유를 소화·흡수할 수 있게 되어 있다. 자돈은 발육하면서 먹는 우유의 양도 많아지고, 15~20일령이 되면 모유로는 부족하게 되어서 다른 사료를 급여해 줄 필요가 있다. 자돈의 단백질·탄수화물·지방 등 영양소를 소화하는 기능이 왕성하게 되는 것은 생후 30일령쯤부터이다. 그 때까지는 모유 중심으로 하고, 사료를 급여하는 이유 직후에 급여하는 사료의 내용은 특히 소화하기 좋은 젖먹이사료를 급여할 필요가 있다. 이 시기의 사료 단백질원은 대두박 등의 식물성 단백질보다는 탈지분유가 훨씬 소화하기 쉽고 자돈에게 적당하다.

또한 출산 직후에 유당을 분해하는 효소, 락타아제(lactase)의 활성이 높아지면 단백질을 분해하는 효소, 트립신(trypsin)의 활성이 크게 약해지고 펩신(pepsin)은 거의 없다. 이것은 초유에 함유된 단백질의 일종인 감마글로블린이 분해되어 흡수되는 효과를 발휘하기 위해서이다.

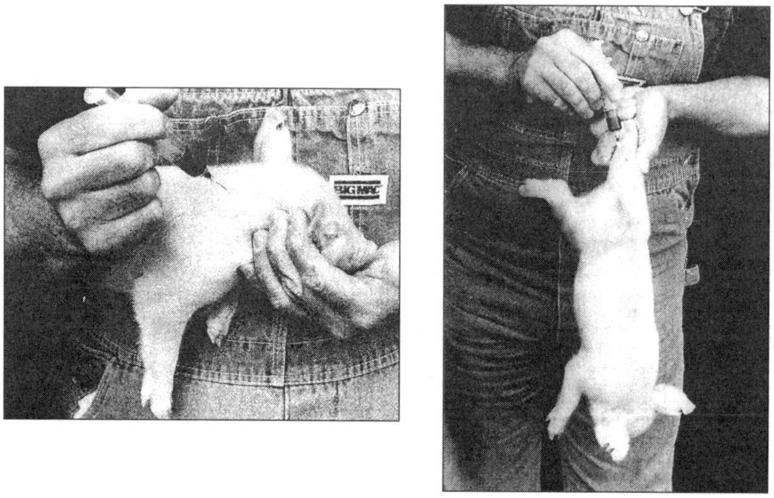

그림 6-15. 빈혈은 자돈의 목 또는 햄으로 철분 용액을 주사함으로써 예방할 수 있다

4) 사료급여와 거세

자돈은 생후 10일령쯤부터 '포유기 자돈용 사료'를 급여하고, 모유 섭취로 인한 영양소의 충족이 부족하기 시작하기 전에 사료를 급여할 필요가 있다. 또한 신선한 물을 항상 마실 수 있게 하는 것은 빨리 사료를 급여하기 위해서 필요하고, 사료급여가 빨라지면 포유 중의 설사가 절반으로 줄어들 수 있다.

거세(castration)는 생후 3일 이후에는 언제라도 실시할 수 있으나, 가장 거세하기 좋은 시기는 생후 10～15일 사이로 이 기간에는 거세용 보정틀만 있으면 보

그림 6-16. 사료급여

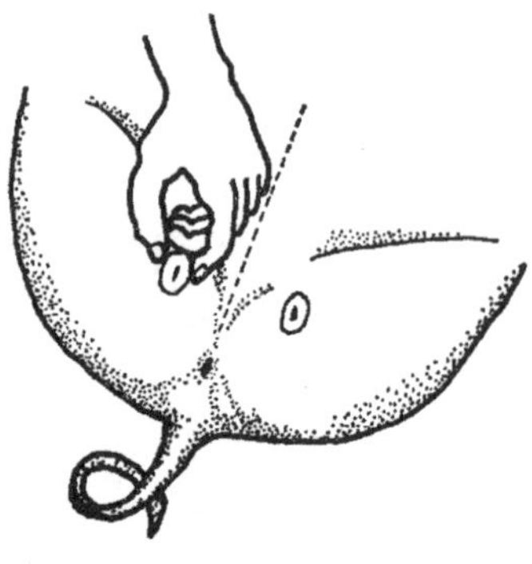

그림 6-17. 음낭의 보정

조자가 없이 거세를 실시할 수 있고, 고환에 약을 발라주면 상처의 회복도 빠르다. 이유 후의 거세, 특히 1～2개월령부터의 거세는 보정도 어렵고 상처의 회복도 늦어서 이유 1주일 전에는 반드시 거세하는 것이 중요하다.

거세할 때의 보정요령과 거세의 방법은 그림에서 보는 바와 같다. 이것은 자돈이 커졌을 경우의 것으로 생후 15일 이내에는 특히 명주실로 묶으면 되고, 가위로 절단할 필요는 없다. 또한 거세시기가 빠르거나 늦는 것은 거세 이후의 발육과 사료효율 등 생산성에 미치는 영향은 거의 없다. 거세의 목적은 돈육에서 수컷의 냄새(웅취, boar odor)를 제거하고 상품가치가 떨어지는 것을 예방하기 위함이다. 최근에는 수컷돼지를 거세하는 것이 일반적이다.

5) 육성돈의 사양관리

생후 4개월(체중 60～65 kg)까지의 육성돈은 번식 후보돈과 육성돈의 돈사 및 사료 등을 변화시킬 필요가 없다. 미래 번식돈 돈사의 환경은 콘크리트의 돈사에

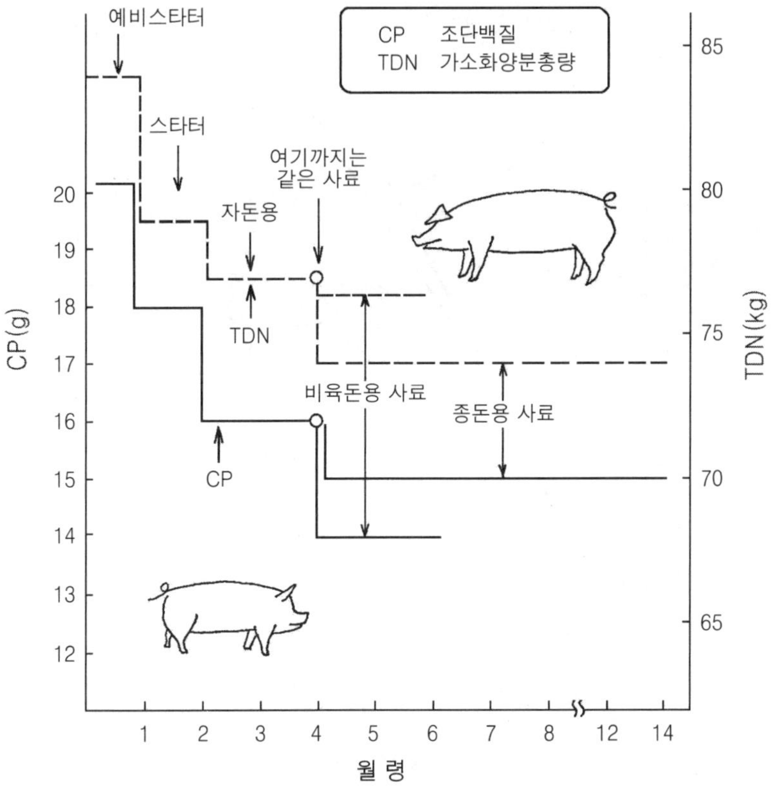

그림 6-18. 비육돈과 번식돈의 사료급여 차이

군사가 바람직하다. 생후 4개월 이후의 번식 후보돈에 대해서는 종돈용 사료를 급여해서는 안 된다. 그것은 육성돈 비육용 사료에는 일반적으로 조섬유가 2.5%도 함유되어 있지 않고, 종돈용 사료에는 4% 정도 함유되어 있기 때문에 위장의 진동운동을 촉진한다. 그리고 같은 사료라고 하더라도 용적이 크기 때문에 위를 확대시켜 사료섭취 능력을 높여 주는 효과가 있다.

번식돈은 수유기에는 하루 5～6 kg, 많을 때는 8～9 kg의 사료를 급여할 필요가 있다. 위장의 용적이 작아 사료섭취 능력이 낮은 모돈은 충분한 사료를 섭취하여도 살이 잘 안 찌고, 이유 후의 발정주기가 늦다. 육성기에 위장을 튼튼히 단련시키면 사료섭취 능력이 왕성해지고 수유기에 살이 빠지지 않는다. 특히 초산일 경우 발정주기 일수에 미치는 영향이 크다.

생후 4개월부터 6개월(약 90 kg)까지 2개월 간은 하루에 2.2～2.3 kg, 생후 6개월 이후 교배하기까지는 하루에 2.4～2.6 kg의 사료를 제한 급여해야 하고, 가능

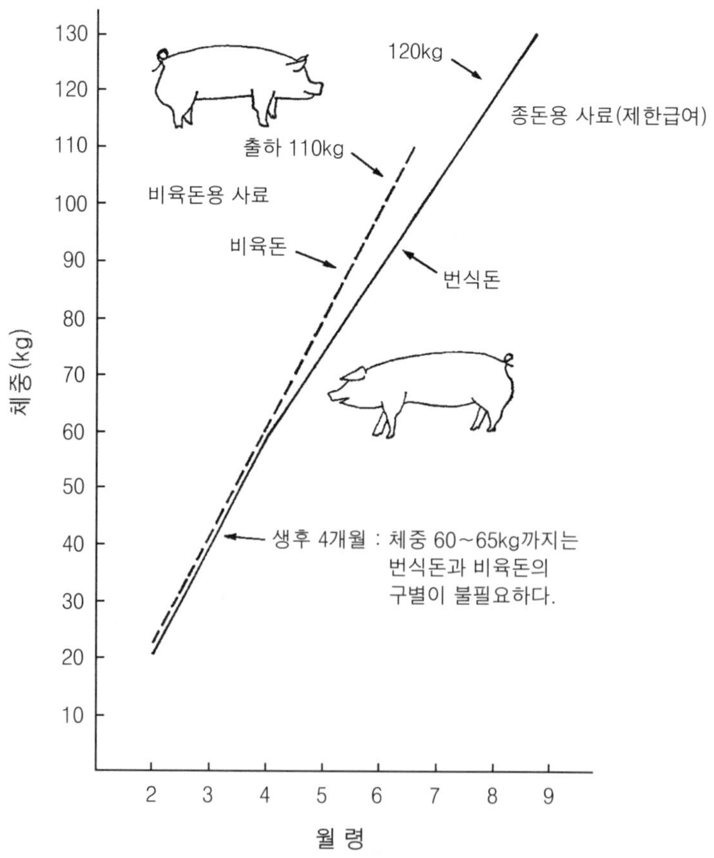

그림 6-19. 비육돈과 번식돈의 발육 차이

한 청초류 등을 충분하게 급여한다. 특히 육성기 동안 무제한 급여할 때는 넓은 운동장이 필요하다.

6) 육성돈의 선발

대체용의 어린 암컷돼지를 자가 생산할 경우 적어도 전후 3회의 선발이 필요하다. 자돈 때 선발해도 특별 사육하지 않으면 떨어지는 것이 있다.

제 1차 선발은 생후 4개월, 체중 60 kg 전후로는 가지 않고 선천적으로 모자라지 않는 것, 외음부・유두가 정상적이지 않은 것은 번식 후보돈에서 제외한다. 제 2차 선발은 생후 6개월, 체중 90 kg의 시점까지는 가지 않는다. 골격・근육을 만들기에 부적합한 것, 다리・굽・외음부・유두가 좋지 않은 것, 크기가 비대한 것, 발육이 떨어지는 것을 제외한다. 제 3차 선발은 생후 8개월, 체중 120 kg의 시점으로 발정을 하지 않는 것, 발육・영양상태가 안 좋은 것, 질병이 걸렸다고 생각되는 것은 빼고 외음부, 유두, 다리, 그리고 굽에 대해서 검토한다.

제 1차 선발에서 종부까지의 선발률은 60%를 목적으로 하고 40%는 피한다. 육성돈의 이상체형은 그림에서 보는 것처럼 골격 구성이 바르고 걸을 때 보폭이 넓을 필요가 있다. 체장・체고가 있는 것보다 적당한 길이의 흉부, 다리가 짧아 보이는 것, 번식돈으로 잘 움직일 것 같은 타입이 좋다.

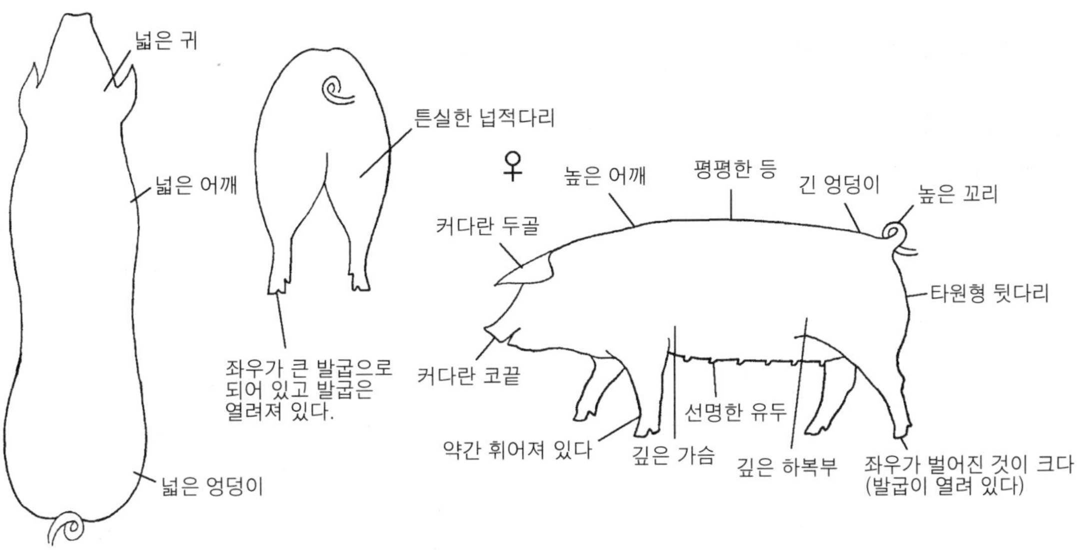

그림 6-20. 좋은 돼지를 보는 포인트

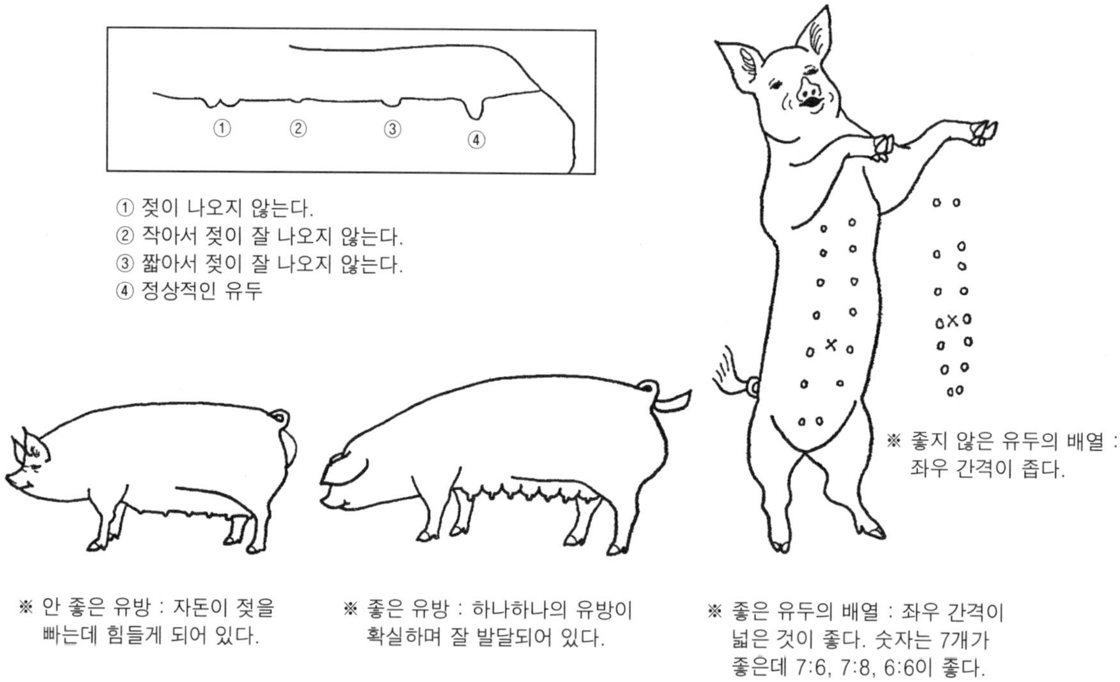

그림 6-21. 유두의 배열과 유두의 질

4. 번 식

1) 발정과 교배개시

육성 중의 어린 암컷은 5개월령에 발정의 징후를 보이고, 7개월령이 되면 수컷을 허용하며 교배하면 임신이 성립한다. 조숙한 돼지는 5～6개월령에 임신하는 경우도 있다. 그러나 빠른 교배는 모체가 미완성되었기 때문에 임신하여도 복부의 용적이 작아 산자수가 적고, 젖이 나와도 모체의 체력 소모가 커서 이유 후의 발정이 늦어진다.

교배개시의 기간은 8개월령으로 체중 120～130 kg이다. 8개월이 되면 배란수도 많아지기 때문에 산자 수도 증가하고 비유량도 많아지게 된다. 10개월령쯤이 되어서 교배를 개시하면 모체는 커지기 때문에 발정이 미약하게 되고, 임신율이 저하되며, 임신을 하여도 비만해서 사산이 많아지게 되고, 분만된 자돈을 압사하게 된다.

표 6-1. 사양환경과 발정의 관계

환 경 여 건	발정의 발현율(%)
20 kg부터 180일령까지 돈방을 바꾸지 않고 암컷만 군사	0
20 kg부터 180일령까지 한배 새끼의 암컷과 수컷을 혼사	0
돈방을 바꾸지 않고 그룹도 바꾸지 않는다	0
다른 암컷과 도중에 혼사시킨다	26
암컷과 옆 우리의 수컷을 배치시킨다	31
암컷군에 수컷을 1일 30분 간격으로 들여보낸다	62
암컷군에 옆 우리의 수컷을 1일 30분 간격으로 들여보낸다	76
A, B 그룹의 암컷과 수컷을 혼사	88

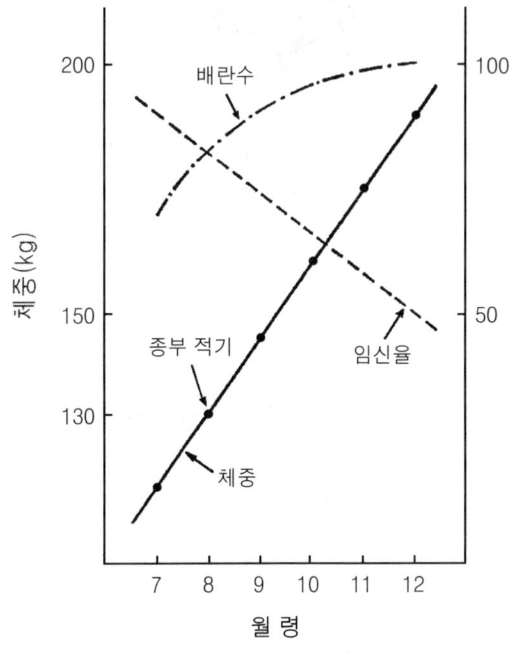

그림 6-22. 번식공용 개시 적기

2) 암컷돼지의 생식기

암컷돼지의 생식기는 난소, 난관, 자궁각, 자궁체, 자궁경, 질, 그리고 외부생식기로 되어 있다. 난소는 난자를 만들고 난포호르몬, 황체호르몬을 분비하는 일을 한다. 난소의 자성호르몬은 생식기를 발달시키고 번식을 위한 여러 가지 생식기의

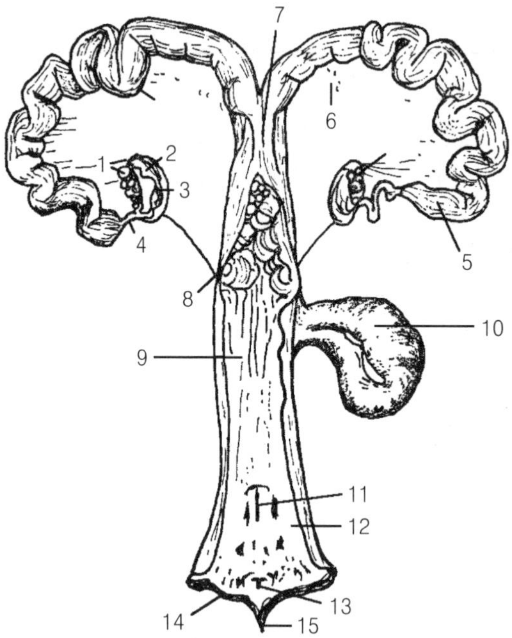

그림 6-23. 암컷돼지의 생식기

1. 난소	2. 난관누두	3. 난관평대부	4. 난관협부	5. 자궁각
6. 자궁광간막	7. 자궁체	8. 자궁경관	9. 질	10. 방광
11. 외요도	12. 질전정	13. 음핵	14. 음순	15. 복측음순교연

활동을 지배해서 유방을 발달시키고, 암컷다운 체형과 성질을 나타나게 하는 작용을 한다.

뇌하수체 전엽에서는 난소의 활동을 지배하는 호르몬이 분비되고, 난소호르몬의 일부는 간뇌시상하부에 다시 돌아와서 시상하부에서부터 뇌하수체 전엽의 활동을 지배하는 호르몬을 분비한다.

난자는 난소 중에서 성숙하고 난관의 선단에 있는 난관누두로 방출된다. 이것을 배란이라고 한다. 배란된 난자는 난관팽대부에서 정자와 결합해 수정난이 되고, 세포분열을 시작해서 5일 정도가 지나면 자궁에 도달한다.

배란을 하여도 수정되지 않을 때는 배란 시 난자가 나온 후에 황체가 만들어지고, 황체는 점점 작아지게 되며, 난포가 성장하는 21일의 주기에 다시 배란이 일어난다. 또한 임신할 때 황체는 임신황체로 되어서 남고, 임신의 유지에 필요한 황체호르몬을 분비한다.

3) 수컷돼지의 생식기

수컷돼지의 생식기는 정소와 그 부속기관으로 되어 있다. 정소는 정자를 생산하고 웅성호르몬을 분비해서 수컷의 생식기관을 발달시키며, 수컷다운 체형을 나타나게 하는 작용을 한다. 정소에서 만들어진 정자는 정소상체로 움직이고, 여기를 통과하면서 성숙한 정관에 보내져서 밖으로 사정한다.

정관은 요도에 인접한 부근의 전위선, 요도구선 등이 있고, 여러 가지 액체를 분비하며 정자와 혼합해서 정액이 된다. 이러한 분비액은 정자의 사정을 쉽게 해주고 정자의 활력을 높여 주며, 사정 후의 정자를 보호하는 등의 작용을 한다. 암컷돼지의 자궁 내에 사정된 정액이 자궁경관에서 유출되지 않게 하는 역할도 한다.

또한 이런 부생식선 주위에는 강한 근육이 있고, 정액을 급속히 사정하는 구조로 되어 있다. 수돼지에서 고환이 바깥쪽에 위치하고 있는 것은 정소에서 정자를 만들 때와 정자의 활력유지에 있어서 체온보다 낮은 온도가 적당하기 때문이다. 여름에 수돼지에게 무정자의 상태가 나타나는 것은 더운 날씨의 영향을 받기 때문이다.

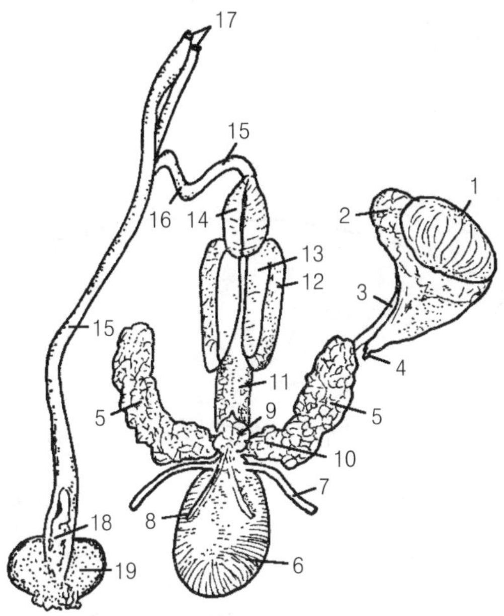

그림 6-24. 수컷의 생식기

1. 정소 2. 정소상체 3. 정관 4. 정소동선 5. 정낭 6. 방광 7. 요관 8. 정관 9. 전립선체 10. 정낭선 11. 요도근 12. 요도구선 13. 요도구선근 14. 구해면체근 15. 음경 16. 음경 S곡선 17. 음경후인근 18. 음경선단 19. 포피게실

4) 수컷돼지의 도입

수컷돼지를 자가 생산하는 것은 대규모 경영의 경우에 도입하는 것이 일반적이다. 돈육생산에는 듀록・햄프셔 등의 육용종이 이용되지만, 최근에는 수컷돼지에서 잡종강세 효과와 2품종의 상승효과를 얻으려는 일대잡종이 사용되고 있다.

도입 전 선정은 어디까지나 신중해야 하고, 유전형질 뿐만 아니라 병에 걸릴 걱정이 없는 것을 도입한다. 곧바로 사용할 것을 도입하는 것이 아니라 적어도 1～2개월은 격리, 관찰하면서 사육시켜야 하고, 생후 6개월 된 것으로 한다. 어떠한 경우에도 도입 후 2주간은 사용해서는 안 된다.

수컷돼지의 공용개시는 생후 8～9개월, 체중 130 kg으로 하고, 최근에는 어린 암컷돼지를 선택하여 교배시킨다. 노령 모돈은 역으로 학대를 당하면 승가욕을 잃어버릴 수 있다. 처음 4～5두 종부하는데 정액검사를 하지 않고 정자수, 활력 등을 검사하는 것은 매우 중요하다.

사료는 하루에 2 kg을 기준으로 하고, 빈번하게 사용될 때에는 2.5 kg으로 증가시켜 주며 비타민 A・E 등을 첨가하면 좋다. 교배횟수는 1년 미만의 수컷돼지는 주 2～3회, 1년 이상의 수컷돼지는 주 4～5주 이내로 하고, 연속으로 사용할 때에는 반드시 쉬게 해야 한다.

그림 6-25. 수컷돼지의 형질

・체장・체고・골격이 크다.　　・체적이 깊고 적육량이 좋다.
・번식성이 강하다.　　・골격구조가 적당하다.

5) 발정 증상

발정 증상은 그림에서처럼 발정전기·발정기·발정후기의 3기로 크게 나눌 수 있다. 또한 발정기를 발정적기·배란기 등으로 나눌 수 있다.

발정전기는 외음부가 빨갛게 부풀어올라 수컷의 허용을 시작하기까지의 기간으로 외음부는 빨갛게 부어오른다. 외음부에서 수분형태의 점액물질이 있고, 반투명한 점액이 나오며, 2~2.5일에는 외음부가 빨갛게 부풀어오르는 것이 최고 발정기가 된다. 그 후 다시 감퇴하고, 이 기간은 수컷을 접근시켜도 승가를 허락하지 않으며, 거동은 불안한 차이가 없게 된다.

발정기는 수컷을 허용하는 기간으로 2~2.5일 지속된다. 외음부의 부어오름이 점점 작아지게 되고 붉은색도 점점 엷어진다. 발정기 특유의 소리를 내며, 거동이 불안해지고 주위를 돌면서 걷게 된다. 외음부에서 나오는 점액은 다시 증가하고, 점액물질은 높아지며 유백색이 된다. 이 시기에 수컷돼지를 접근시키고 사람이 돼지의 엉덩이 부분을 눌러서 올라타도 귀를 쫑긋 세울 뿐 움직이지 않게 된다.

발정후기는 외음부의 커짐과 색이 더욱 퇴색되고, 수컷을 허락하지 않게 되며, 빠른 속도로 정상적인 상태로 돌아간다. 교배적기는 발정기에서부터 10~25시간으로, 이 시기가 가장 임신율이 높다.

6) 교배적기

교배적기를 선정하는 요인은 암컷돼지에 대해서는 배란의 시기와 배란 후 난자

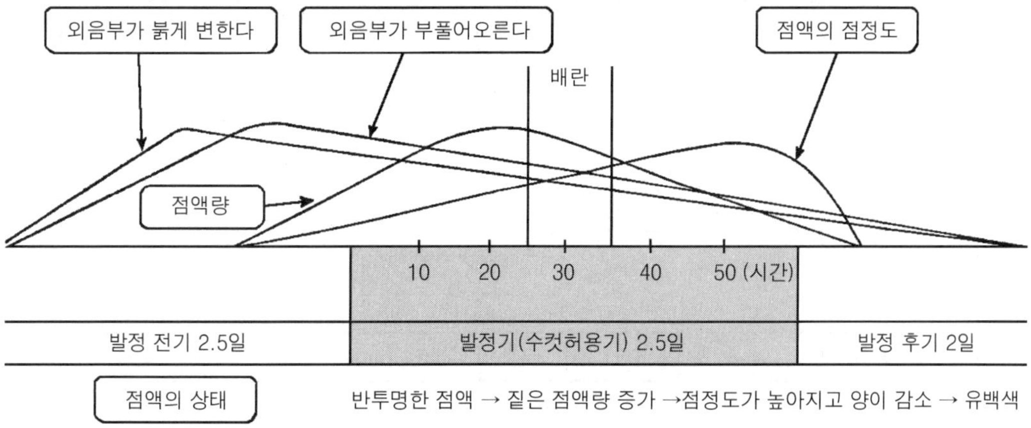

그림 6-26. 발정의 경과

의 수명(수정능력을 가지고 있는 시간), 수컷돼지에 대해서는 정자의 머무름 시간(교배 후 정자가 난관팽대부에 도달할 때까지의 시간)과 정자의 수명이 관계한다. 배란된 난자가 수정능력을 가지고 있는 동안에 정자가 난관팽대부에 도달한다. 또한 난관팽대부에 도달한 정자가 수정능력을 가지고 있는 시간에 배란이 일어나면 수정이 성립된다.

배란이 일어나는 것은 개체 차이가 있지만, 평균적으로 수컷을 허용하게 되는 20~30시간이다. 그리고 배란 후 난자가 수정능력을 가지고 있는 시간은 5~6시간으로 짧으며, 길어도 20시간 이내로 추정된다. 또 교배에 의해서 암컷의 자궁내 사정된 정자가 수정장소가 있는 난관팽대부까지 도달하는 것은 빨라도 20~30분이고, 대부분 2시간 정도가 걸린다.

수정에 필요한 다량의 정자가 난관팽대부에 도달할 때까지는 10시간 정도가 필요하다. 그리고 여기서 정자가 수정능력을 가지고 있는 것은 20~30시간 정도이다. 따라서 수컷을 허용하게 되는 12~24시간 정도쯤에 교배하면 좋다는 계산이 된다. 또한 발정기에 들어서 12시간 후에 교배하고, 12~24시긴 후에 2회 교베를 하면 임신율이 높아지고 산자수를 늘릴 수 있다.

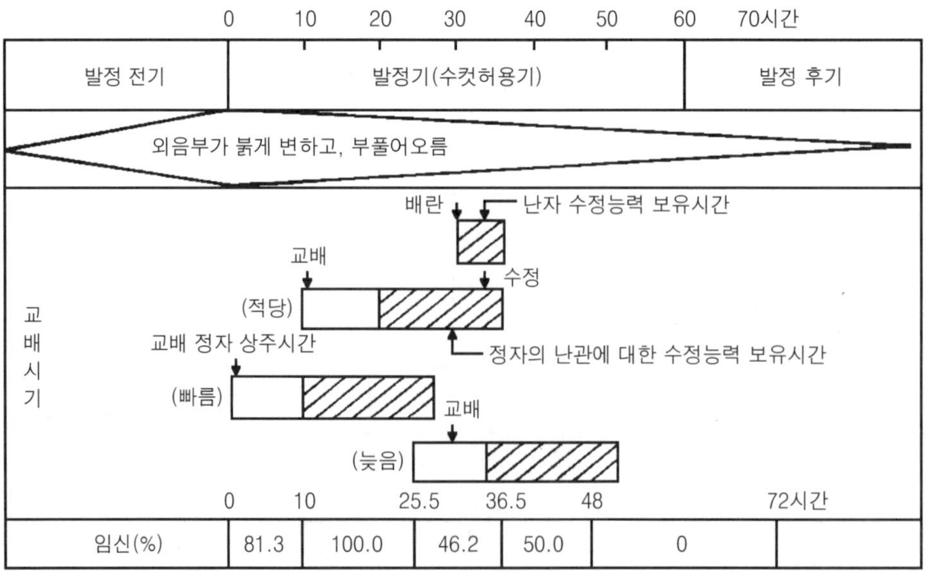

그림 6-27. 발정과 교배적기

7) 태아의 발육

교배 후 약 21일이 되어도 발정을 보이지 않으면 돼지는 임신이라고 판단해도 좋다. 임신하면 대부분의 돼지는 거동이 조용하게 되고, 식욕도 증가하며 털의 광택도 좋아진다. 임신 50일이 지나면 배도 불러지게 되고, 최초 임신돈의 경우 유방의 발육이 나타난다. 80일 정도에 복부를 자세히 관찰하면 태아의 움직임을 볼 수 있고, 배에 조심스럽게 손을 대면 태동이 느껴진다.

수정란은 분할을 계속하게 되면 난관을 하강해서 자궁각에 도달한다. 자궁각 내에 배자의 분화가 일어나고 융모막과 요막도 급속하게 발달한다. 이러한 초기단계에서는 태아가 태막에 덮여 있는 상태로 자궁 내에서 움직이지 않고 있다. 이 때문에 만약 우측 난소로 배란이 일어나지 않아도 좌측 난소에서 배란이 되어 태아가 우측 자궁각에 이동하게 되는 일이 쉬워진다.

태막이 더욱 발달해서 자궁각 내 전역에 충만하게 되면 각각의 태아는 자연히 위치가 잡히고, 그 때쯤 융모가 발육해서 태반 결합이 시작된다. 이 시기는 수정 후 약 3주간, 즉 다음 발정 예정일쯤에 일어난다. 수정 후 태아가 착상하기까지의

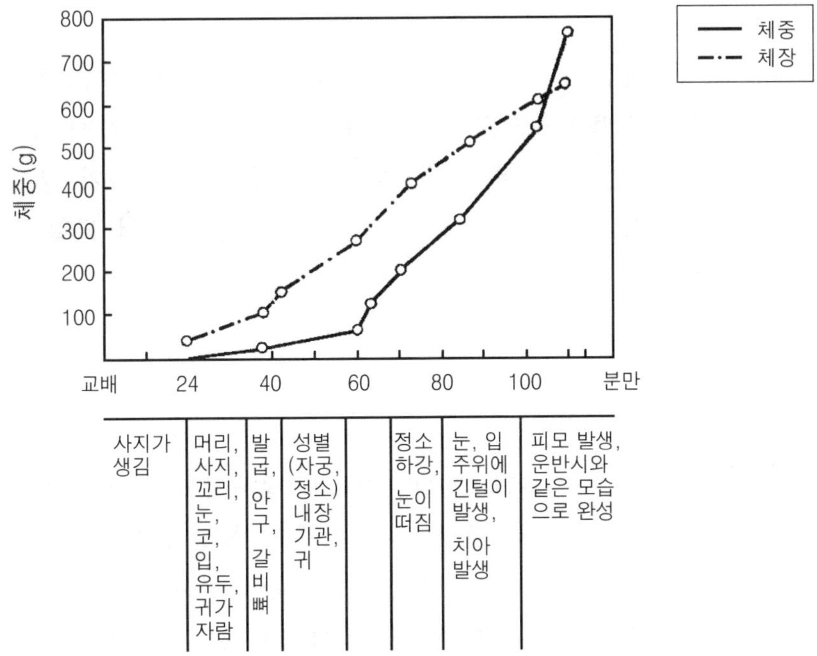

그림 6-28. 임신기간 중 태아의 발육

약 3주간은 발육 중인 태아가 가장 사망하기 쉬운 시기로 사양관리에 특히 주의를 해주지 않으면 안 된다.

태아의 발육은 임신 60일쯤부터 현저히 일어나고, 특히 최후 1개월에 체중이 약 2배 발육된다. 몸의 모든 기관의 발육은 태아의 연령 20일쯤에 다리가 확인되고 이어서 눈, 코, 꼬리도 형성된다. 임신 100일경에는 피모도 생기고, 외형적으로는 출생 시와 거의 동일한 모습이 완성된다. 임신기간은 품종, 연령 및 개체에 따라 다르지만 114일 정도이고, 2～3일 길어지거나 짧아질 수 있다.

8) 번식돈의 사양관리

교배 후 21일의 임신 여부를 확인할 때까지는 발육 중인 태아가 가장 사망하기 쉬운 시기로 사육관리에 세심한 주의가 필요하다. 교배를 시킬 때까지는 군사시키는 것이 발정이 일어나기 쉽고, 교배 후는 개체사육이 바람직하다. 그것은 돼지의 스트레스를 피하고, 한 마리의 사료 급여량을 계산대로 1.5～2.0 kg 줄 수 있기 때문이다.

특히 이 시기에 사료급여량이 많아지면 영양과잉으로 태아의 생존율이 떨어진다. 태아를 확인한 후에는 목 사슬 등을 이용하여서 한 마리의 개체사육을 하는 방법을 이용할 수 있다.

임신돈을 방목사육할 경우에는 동시에 이유하는 축군을 편성하는 중간이라도 그대로 교배 돈방에서 방목장으로 이동한다. 이동하는 도중에 돼지 무리 사이에서 투쟁이 일어나고, 그 결과로서 유산·외상·골절 등의 사고가 생길 수도 있는데 이를 방지해야 한다. 사료를 급여할 때 돼지가 떼를 지어서 모일 수 있으므로 울타리 등의 설비가 필요하다.

(1) 사료급여

임신전기의 교배 후 약 80일 간은 태아의 발육을 위해서 많은 영양소가 필요하지 않다. 또한 모체가 비만하면 태아의 발육을 방해하고 사산의 원인이 되며, 난산과 각종 증후군(자궁근 충염·유방염·무유증의 합병증)이 일어날 수 있기 때문에 사료 급여량은 하루에 2.0～2.2 kg로 제한해야 한다.

임신후기의 약 35일 간은 태아가 급속하게 커지는 시기로서 사료 급여량을 약간 늘려 주는데, 이 때 하루 0.2 kg 증가시켜서 2.2～2.4 kg을 적절한 급여량으로 한다.

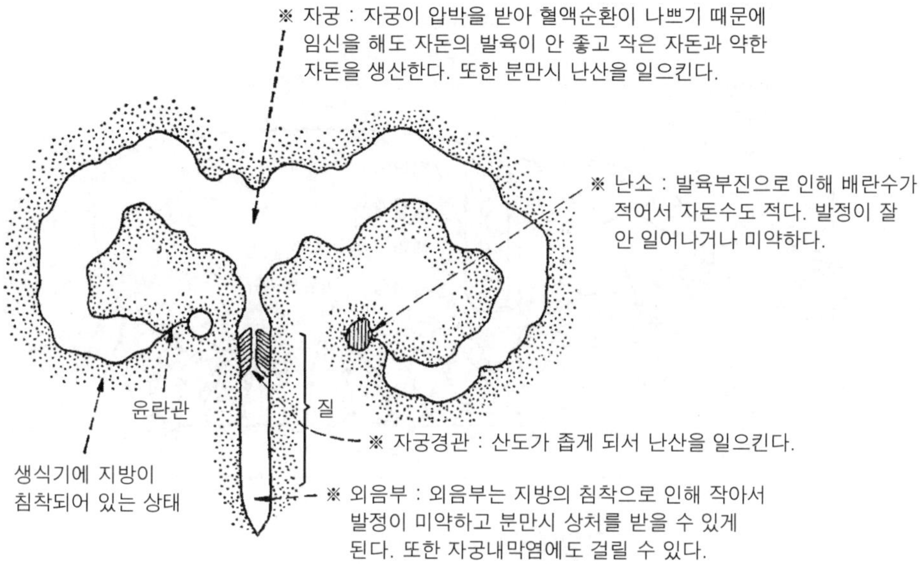

그림 6-29. 지방이 많은 돼지의 번식장해

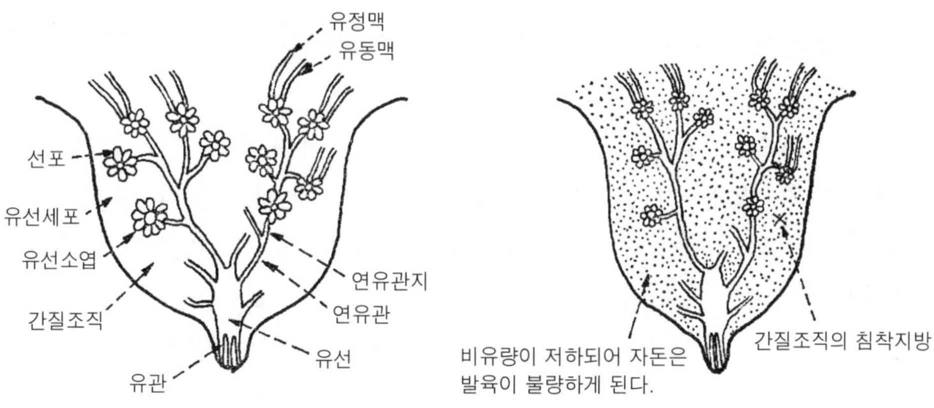

(a) 정상적인 유방 (b) 지방침착의 유방

그림 6-30. 비유량이 많은 유방과 지방이 많은 돼지의 유방

(2) 풀 급여 효과

번식돈이 원활한 번식활동을 하려면 급여되는 사료의 질이 큰 영향을 미친다. 종돈용 배합사료에는 필요한 영양소가 전부 함유되어 있어 정해진 양을 급여해 주면 결핍의 우려가 없어서 좋다. 그러나 최대의 생산을 올리고 더욱 번식돈의 활동

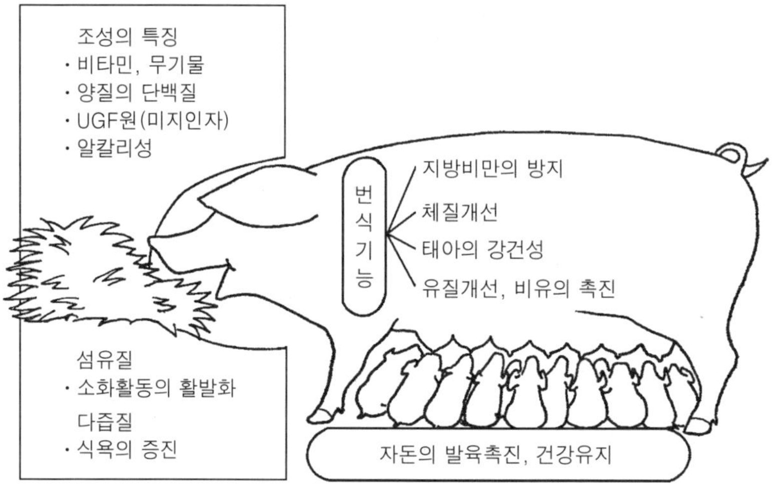

그림 6-31. 풀 급여 효과

수명을 늘려 주는 방법을 취할 필요가 있다. 풀 사료는 많은 섬유질을 함유하고 무기질과 비타민, UGF(미지성장인자, unknown growth factor)를 함유하며, 알칼리성인 다즙질로 되어 있다. 식욕증진 효과도 기대할 수 있으며, 배합사료 이외에 보충사료와 함께 급여하는 것이 바람직하다.

풀 사료는 체액의 산성화를 방지하고 체질을 개선하며 산자수를 늘려 준다. 더욱이 건강하고 활력있는 자돈을 분만시키며 변비를 예방해서 분만 시 발열과 각종 증후군의 발생을 억제하는 등의 효과가 있다. 또한 분만 후 유질의 개선, 비유촉진, 종합적인 번식성적의 향상효과가 크다.

풀 사료는 캄프리, 청예작물, 화본과 목초, 야생풀, 고구마 덩굴 등을 생초의 상태로 급여하는 것이 바람직하고 사일리지로 장기간 급여하는 것도 좋다. 또한 풀 사료는 벼를 짧게 잘라 급여하여도 상당한 효과를 기대할 수 있다.

9) 분만 전후의 관리

분만 예정일의 1주 전에는 스톨에서 분만 돈방으로 이동시킨다. 방목장에 사육하고 있는 경우는 분만 1개월 전에 분만 돈방으로 이동하는 것이 스트레스를 피하고 영양상태를 조절할 수 있다. 분만 돈방에 돼지를 집어넣기 전에 충분히 청소, 소독 및 건조시켜야 한다. 돼지는 세정·소독·살충을 해서 분만 돈방으로 이동시킨다.

사료는 분만 2～3일 전부터 줄여서 약 절반 정도를 분만 당일까지 급여하고, 다음날부터 4～5일에 걸쳐서 점차 증가시켜 주고 5～6 kg까지 늘려 준다. 비육두수에 대해서는 7～8 kg까지 급여하는 경우도 있다. 또한 분만 전후 각 1주간은 변비를 예방하기 위해 섬유질이 많은 밀기울 등을 사료에 첨가시키고 청초류를 급여하여도 효과적이다. 분만은 돈방의 구조와 보온설비가 정비되면 무간호로 놔두지 말고 가사상태로 태어난 자돈, 태막을 걸친 채로 태어난 자돈은 조산해서 육성률을 높여야 한다.

10) 갓 태어난 돼지의 관리

① 태어난 자돈의 입과 몸을 닦아 준다.

② 배꼽의 실은 자연적으로 잘릴 때까지 기다린다. 무리하게 자르면 출혈을 한다. 자연적으로 잘린 배꼽의 실은 30～40 cm 되는데 걸어 다니기 쉽게 20 cm 정도를 남기고 잘라 준다.

③ 가사상태로 태어난 자돈은 인공호흡을 해준다.

④ 출산 도중 먼저 태어난 자돈은 포유시키고 아래쪽의 유두에도 포유를 시킨다. 위쪽 유두로만 포유하면 많은 자돈을 능숙하게 사육할 수 없다.

⑤ 많은 자돈이 태어날 때는 가능한 분만일이 가까운 것을 선택해서 다른 새끼가 나오기 전에 초유(태어나서 2일째까지의 우유)를 충분히 먹인다. 자돈을 모돈으로부터 떨어뜨려서 상자 등에 집어넣어 15분 정도 함께 휴식을 시키고 포유시킨다.

⑥ 자돈의 견치는 유방에 상처를 줄 수 있으므로 니퍼, 대형가위 등으로 잘라 준다. 이 때 출혈을 할만큼 끝까지 자를 필요는 없다.

⑦ 단미는 꼬리의 1/2분～2/3분를 남기고 니퍼로 절단한다.

⑧ 후산은 자돈이 나오고 30분 정도에 다시 나오기 시작해서 2～3시간에 종료된다. 자돈 1두에 대한 후산의 체중은 태어난 자돈수에 따라서 달라지지만, 1두당 270～300 g 정도 된다. 후산이 적을 때는 자돈이 태내에 남아 있다고 생각해야 한다.

⑨ 분만간호는 같은 사람이 해야 한다. 분만 시 미숙하게 취급하면 모돈의 신경이 피로해져서 포유시키지 않게 되고, 젖이 나오지 않거나 또는 자돈을 물어 죽이는 등의 사고가 발생되기 쉽다.

5. 비 육

1) 도입자돈의 선정

비육용 돼지를 도입할 때는 자돈의 품질과 체중, 건강한 상태로 출하될 것을 선택하는 것이 중요하다. 출하 시 좋지 않으면 돈사의 이용률도 나쁘게 되고 지육의 품질에도 영향을 준다. 도입자돈의 크기는 가축시장에서 구입할 경우 25～30 kg이며, 일반적으로는 50～75 kg으로 제법 커지게 된다.

좋은 자돈은 골격이 튼튼하고 다리도 건전하며, 광택・혈색이 좋고, 활력이 넘쳐 있다. 가축시장에서 출하되는 자돈은 일반적으로 포유자돈 육성용 사료, 자돈육성용 사료로 사육된 것들이 많다. 외견상 혈색과 광택이 좋아 건강하게 보이지만 몸의 야무짐이 없고, 도입 직후에 설사를 하거나 피부병에 걸리는 사고를 일으키기 쉬운 것들은 주의해야 한다.

2) 비육돈의 관리

자돈육성 돈방에서 비육 돈방으로의 이동은 체중 30～40 kg으로 한다. 특히 케이지 돈방에서 비육할 경우의 이동체중은 40～50 kg으로 케이지사육에 대한 발육정체 및 적은 지방의 나쁜 영향을 줄여 줄 필요가 있다.

비육돈의 사고는 비교적 비육 후기에 많은데, 이것은 환기불량이 원인으로 겨울의 호흡기병에 대한 피해가 많다. 자돈육성용 사료로부터 육돈비육용 사료로의 교체는 생후 4개월, 체중 60～64 kg으로 하는데, 기후가 좋은 봄・가을에는 비교적 빨리(50 kg 전후) 해주고, 겨울에는 비교적 늦게(70 kg 전후) 교체하는 것이 사료비를 절감시키고 발육정체를 방지하는 방법이다.

자돈육성용 사료로 출하까지 사육하는 경향이 최근 전국적으로 나타나고 있는데, 비육기간은 단축될지라도 육색이 좋지 않고 지방이 많아지며, 고기가 나빠지는 등의 문제가 발생한다. 사료의 교체로 기본을 충실히 지켜 돈사환경의 개선에 힘을 넣어 주는 일이 필요하다. 돈사 내 돼지가 생활하는 장소의 거주환경을 중심으로 해서 여름에는 더위를 예방하고, 겨울에는 추위를 예방하여서 연간 환기대책 등을 생각하지 않으면 안 된다. 환경온도는 돼지의 발육에 영향을 미친다.

비육전기에 증체가 잘 이뤄지고 사료 요구율이 낮아지는 것은 20～25℃이다. 온도가 떨어지면 증체는 떨어지지 않지만 사료 요구율은 급격히 높아지게 된다.

표 6-2. 기온과 돼지 발육과의 관계(상대습도 50%)

체중	4.4℃	10.0℃	15.6℃	21.1℃	26.7℃	32.2℃	37.8℃	41.6℃
45 kg	–	617g	711g	900g	887g	630g	176g	564g
68	572g	662	788	972	817	630	-86	-1,170
90	536	707	860	999	752	513	-347	
113	495	752	936	963	680	396	-612	
135	459	797	1,008	927	612	162	-878	
158	423	842	1,085	891	545	45	-1,139	

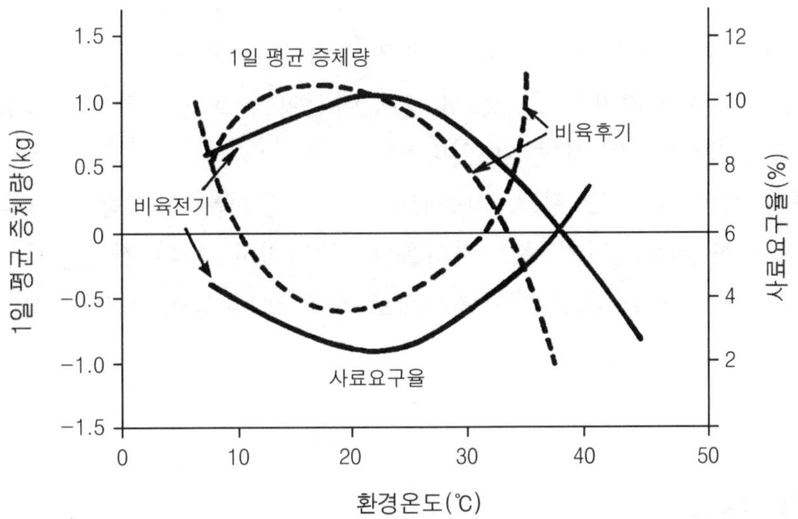

그림 6-32. 환경온도와 돼지의 성장능력

이것은 저온환경에 대해서 체온을 유지하기 위해 칼로리가 다량 소비되기 때문이고, 고온환경에서는 증체율이 급격히 낮아져서 40℃를 넘기면 체중이 감소된다. 고온환경에서는 사료의 섭취량이 감소되고 증체율이 0에 가까워지며, 사료요구율이 상승된다. 비육후기 증체와 사료요구율이 둘 다 최고점이 되는 것은 10~20℃이며, 특히 고온에서 악영향이 나타난다.

3) 돈사의 여건

돈사에는 일정한 면적과 일정한 공간이 있다. 돼지의 건강을 유지하고 순조로운 발육을 시키기 위해서는 적당한 크기의 공간이 필요하다. 한 마리당 점유면적이 좁으면 돼지는 스트레스를 받고 돈방이 더러운 공기로 오염된다. 특히 더운 계절에는 돼지의 체온도 올라가서 환경온도가 상승해 스트레스를 크게 받고 여러 가지 만성질환이 악화되어 사고가 증가한다.

사육밀도는 실제로 환기의 불량이 큰 영향을 미치고 있다. 한 마리당 필요면적의 기준은 천장의 구조에 의해서 달라진다. 또한 전면이 철망일 경우, 일부가 철망일 경우, 전면 콘크리트상의 경우 등에도 사육면적이 달라진다. 그리고 개방돈사, 여름과 겨울, 돼지의 크기에 대해서도 사육밀도의 결정방법이 달라진다. 비육돈사의 형태에는 덴마크식, 측방 변소식, 케이지식 등이 있고, 단열 및 환기구조에 대해서는 개방형 등이 있다.

돈사에서 요구되는 원칙으로는 ① 돼지의 거주성이 좋을 것, ② 사양관리 작업이 쉬울 것, ③ 분뇨처리가 쉬울 것, ④ 자연여건이 좋을 것, ⑤ 후에 개조가 쉬울 것, ⑥ 과잉 투자하지 말 것 등이 있다.

비육돈사의 설비로는 사료탱크, 자동급이기와 같은 급여시스템, 분뇨를 돈시 외로 배출하기 위한 계분제거기, 분뇨처리를 위한 퇴비사, 분의 건조장치, 오수 정화장치, 강제환기에 필요한 환풍기를 중심으로 각종 설비 등이 돈사의 설계 시 고려해야 할 중요한 요소이다.

6. 돈육과 육질

1) 돈육의 출하적기

로스햄, 베이컨을 중심으로 한 가공품의 원료가 되는 돈육의 제품 규격은 지육중량 55~60 kg, 생체중 85~90 kg이며, 조리용 고기는 지육중량 56~78 kg, 생체중 90~120 kg의 범위로 일반적인 출하체중은 100~110 kg이 적당하다. 그러나 출하 돈의 체중을 모두 측정하는 것은 힘들기 때문에 한 돈방에서 가장 체중이 큰 돼지를 측정해서 출하 일을 예정하는 것이 일반적이다.

발육이 순조로울 때는 170~180일령이면 출하체중에 도달한다. 이 경우 육질·육색·지방의 질이 양호하고, 자돈 육성용 사료로 출하시까지 사육하는 경우 160일령 전후로 출하된다.

그림 6-33. 어미돼지로부터 모든 영양소를 흡유하는 자돈

그림 6-34. 어린돼지의 사료급이기

그림 6-35. 어린돼지의 사료와 물 섭취

그림 6-36. 어린돼지의 체온유지 방법

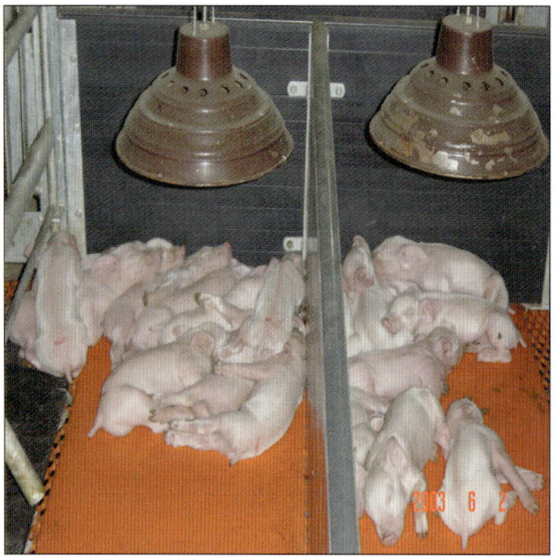

그림 6-37. 어린돼지의 휴식

그림 6-38. 현대식 육성돈사

그림 6-39. 현대식 육성돈사의 환풍시설

그림 6-40. 대규모 육성돈사

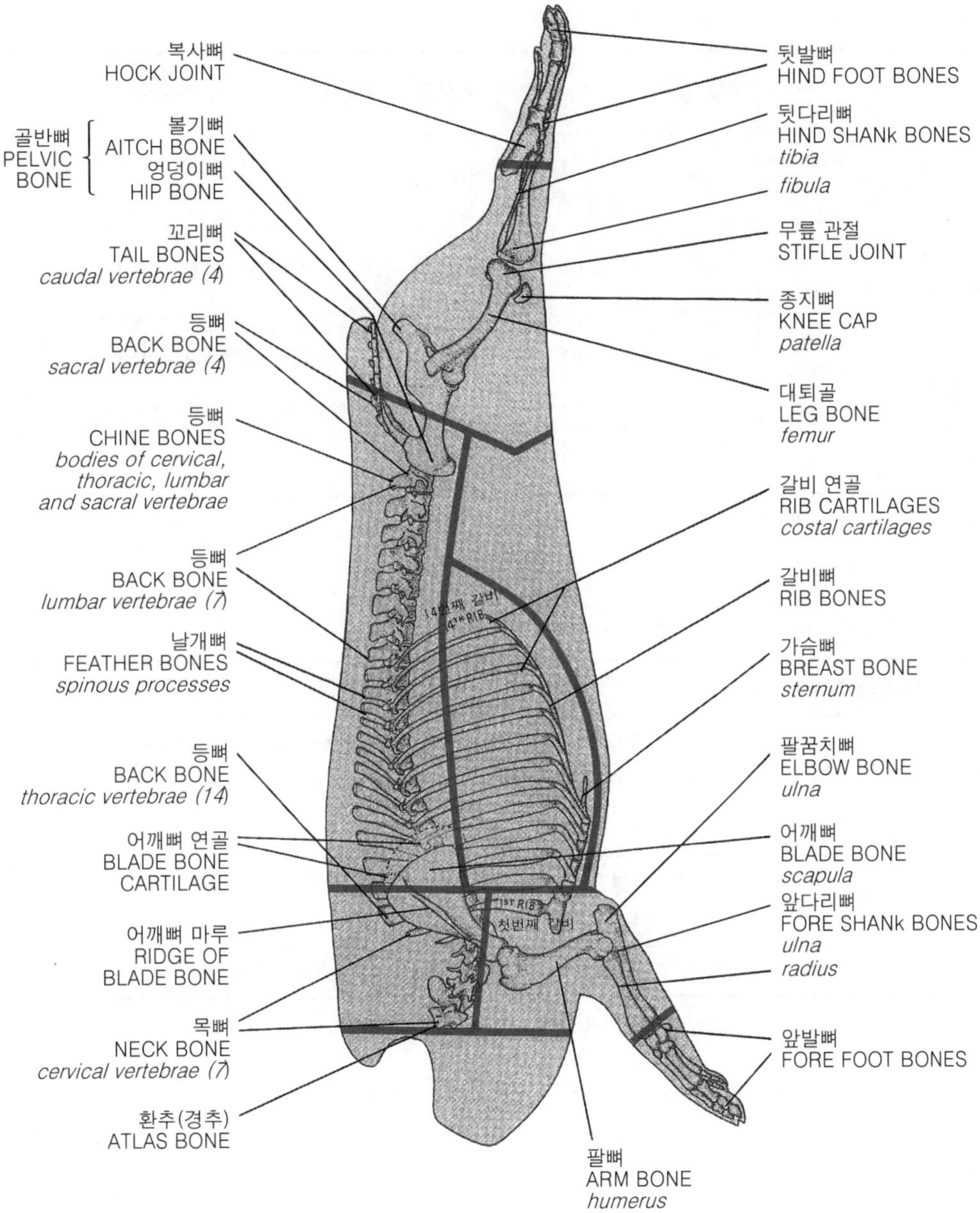

그림 6-41. 돼지고기의 해부도

2) 사료와 육질

지육은 근육(적육), 지방 및 뼈로 되어 있으며, 표준 사료급여의 경우 근육 50 ~60%, 지방 40~30%, 뼈 10%로 나눌 수 있다.

표 6-3. 사료의 성분과 산육과의 관계

종 류	CP TDN(%)	체중증가	육 질	사료요구율	사용법
고단백 고칼로리	16 80	빠름	적육이 많음 숙도 부족	낮음	능력이 높은 돼지의 능률적인 비육
고단백 저칼로리	16 70	-	적육이 많음	조금 높음	지방이 적은 돼지
저단백 고칼로리	14 76	빠름	지방이 많음	조금 낮음	지방이 많은 돼지
저단백 저칼로리	13.5 70	늦음	지방・정육이 좋음	높음	일수를 따져서 양질의 고기를 만들 때

*CP-TDN은 시판 배합사료의 예

표 6-4. 사료와 체지방의 관계

지방의 성질	사 료
순백을 띤 양질의 지방	감자류, 감자전분박, 맥류, 밀기울, 보릿겨, 탈지분유, 야자유박, 면실유박, 쌀잔반, 면류잔반
중간 지방	마일로, 옥수수, 대두박, 탈지쌀겨
안좋은 지방	대두, 쌀겨, 간장박, 어박, 유채씨박, 두부박, 아마인유박, 낙화생박, 번데기박
저지방	물고기가루, 번데기유, 어유, 다량의 번데기박・어박

골격, 근육의 발육은 유전에 높은 영향을 받지만 지방의 침착은 사료급여 등의 환경적인 요인이 좌우된다. 사료의 영양수준과 돈육생산 성적 사이에는 비례적인 관계가 있다. 또한 사료원료에 따른 육질의 차는 지방의 질에 대한 차이로서 볼 수 있다. 순백을 띤 양질의 지방을 만드는 사료로는 감자류・맥류 등이 있지만, 칼로리 함유량으로 볼 때 가격이 상대적으로 높고, 자원적으로 볼 때 양적 확보가 옥수수와 수수에 비해 어려워서 배합사료 원료로써 다량 사용할 수 없다.

육질, 특히 지방질에 나쁜 영향을 미치기 때문에 널리 사용되지 않는 것은 두부류・쌀겨・쌀・면류・빵가루 등의 전분질 이외 잔반류, 생선뼈, 브로일러 내장 등이 있다. 옥수수・수수・대두박 등 많은 종류의 원료를 배합하는 사료는 양질의 돈육을 생산한다.

3) 이상돈육의 원인과 대책

지육 품질의 이상은 소비자 기호도가 떨어지며, 조리용은 물론 가공원료로서의 이용 적합성도 낮고, 따라서 가격이 낮으며, 양돈업자의 경제적 손실이 크다. 품질관리에 대한 지식과 의욕이 있으면 이상돈육의 발생을 절반으로 낮출 수 있다.

지육의 불량과 후지 등은 양적 형질의 문제는 있어도 품질(질적 형질) 이상은 없다. 지육 품질의 이상은 골격의 이상, 흉강 내 폐의 유착 등이 있다. 골격이상은 정도의 차는 있지만 지육의 20%로 보이며, 원인은 유전적인 것과 어릴 때의 영양장해에 관한 것이 있다. 폐의 유착은 호흡기질환 등 질병에 관한 것으로, 이와 같이 지육은 지방의 품질을 저하시켜 등급도 낮춘다.

표 6-5. 여러 가지 이상돈육

구 분	설 명
PSE 돈육	일반적으로 물퇘지라고 부른다. Pale Soft Exudative의 약자. 육색이 안좋고, 근육조직이 연하고, 근육내 육즙이 나온다.
DFD 돈육	Dark Firm Dry의 약자. PSE근육과 반대되는 특징을 나타낸다. 육색이 건조해 보이는 근육
백 근 증	셀레늄과 비타민E의 결핍으로 인해 심근과 골격근이 이상을 일으켜 백색의 근육이 되는 것
연 지 돈	체지방이 너무 연한 지육
황 돈	어유와 번데기박 같은 동물성 다가불포화지방산의 많은 배합으로 인해 체지방이 황색을 띠는 것
이 상 돈	만성 영양실조와 만성질병으로 체지방의 축적이 없는 것
질 식 육	지육이 방냉 부족된 채로 많은 양이 장시간 수송되면 악성 산성발효를 일으켜 이상한 냄새가 나고, 육색은 붉은 구리색이 된다.
이 취 육	품종마다 원인에 대해서는 아직 밝혀져 있지 않다.

*근육이상 : PSE, DFD, 백근증 *지방이상 : 연지돈, 황돈, 이상돈 *기타 : 질식육, 어취육

제 7 장

젖소의 생산

1. 젖소의 일생과 활동

1) 발육과 체형 · 체격

젖소(유우, dairy cow)의 발육은 처음에는 아주 느리게 진행하다가 점차 성장의 속도를 빨리하여 최고 발육기에 이른다. 그 뒤에 다시 속도를 늦추어서 성숙하고 발육이 정지한다. 젖소의 성장곡선은 S자 형태를 나타내며, 구체적으로 몸의 부위에 따른 성장 속도는 다르다.

소의 발육이 빠르고 늦은 것이 있음에도 불구하고, 일반적으로 젖소의 발육상태는 체중을 보든가 신체에 있는 부위의 길이, 예로서 체고로 표시하는 것도 있고 흉위부터 체중을 추정하는 것도 가능하다.

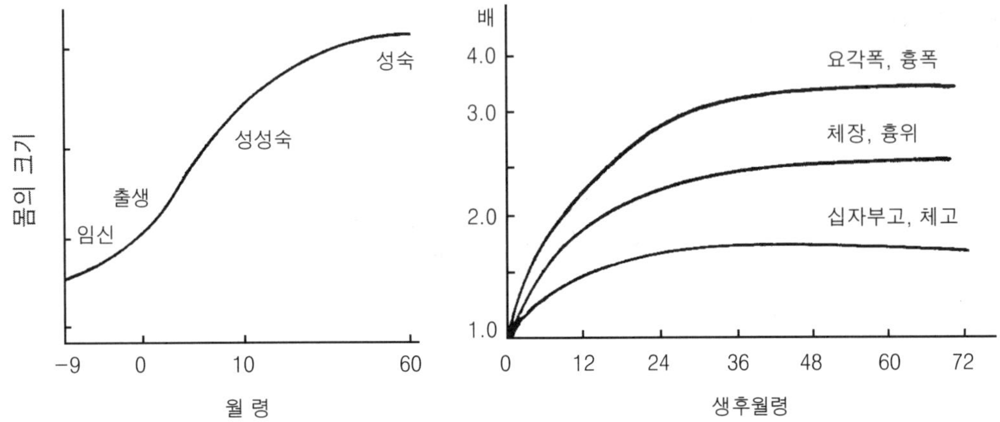

(a) 발육곡선 (b) 부위별 성장비율(출생시를 1로 한 경우)

그림 7-1. 젖소의 발육곡선과 신체 각 부위의 성장비율

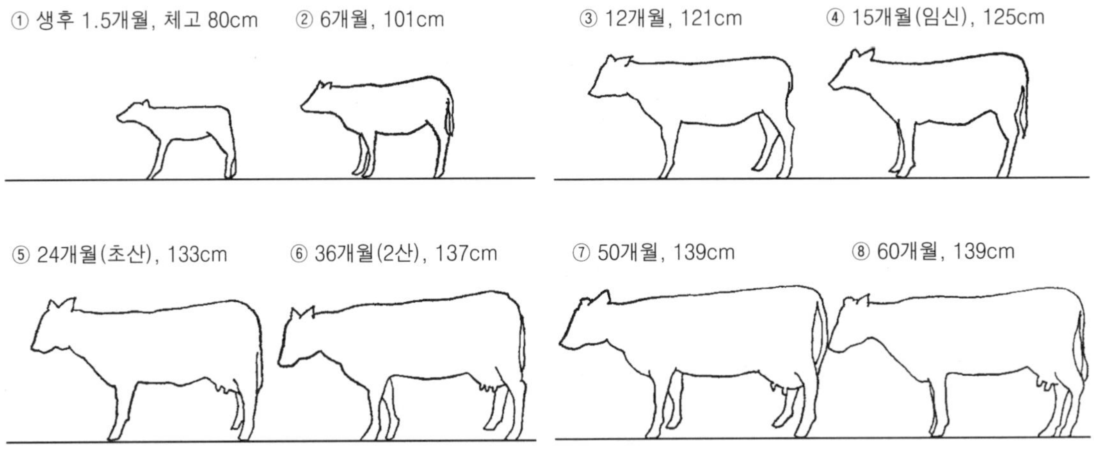

(a) 체형변화

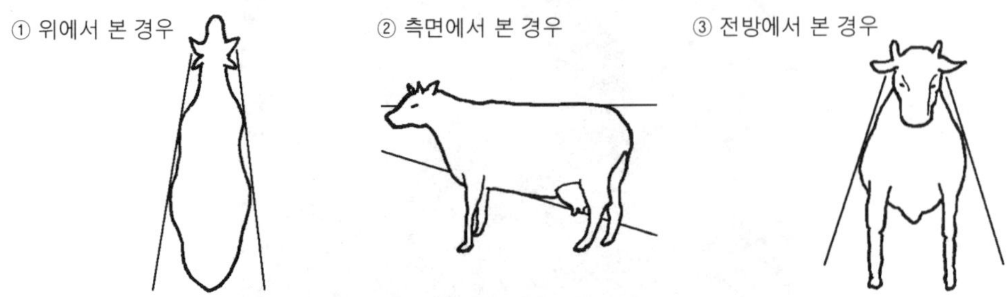

(b) 체 형

그림 7-2. 발육에 따른 체형변화와 체형

소의 일당 증체량은 생후 6～10개월 정도에 최대가 되고, 15～18개월 이후 점차 속도가 느려진다. 홀스타인의 정상 발육치는 성숙에 있어서 빠른 것은 생후 60개월이다. 발육함에 따라 체형은 변화를 나타낸다.

2) 분만과 비유주기

젖소는 우유를 생산하기 위하여 개량된 가축이기 때문에 종부를 해서 출산시키고, 10개월은 착유를 진행해야 한다. 그리고 그 뒤에 건유기(dry cow period)로써

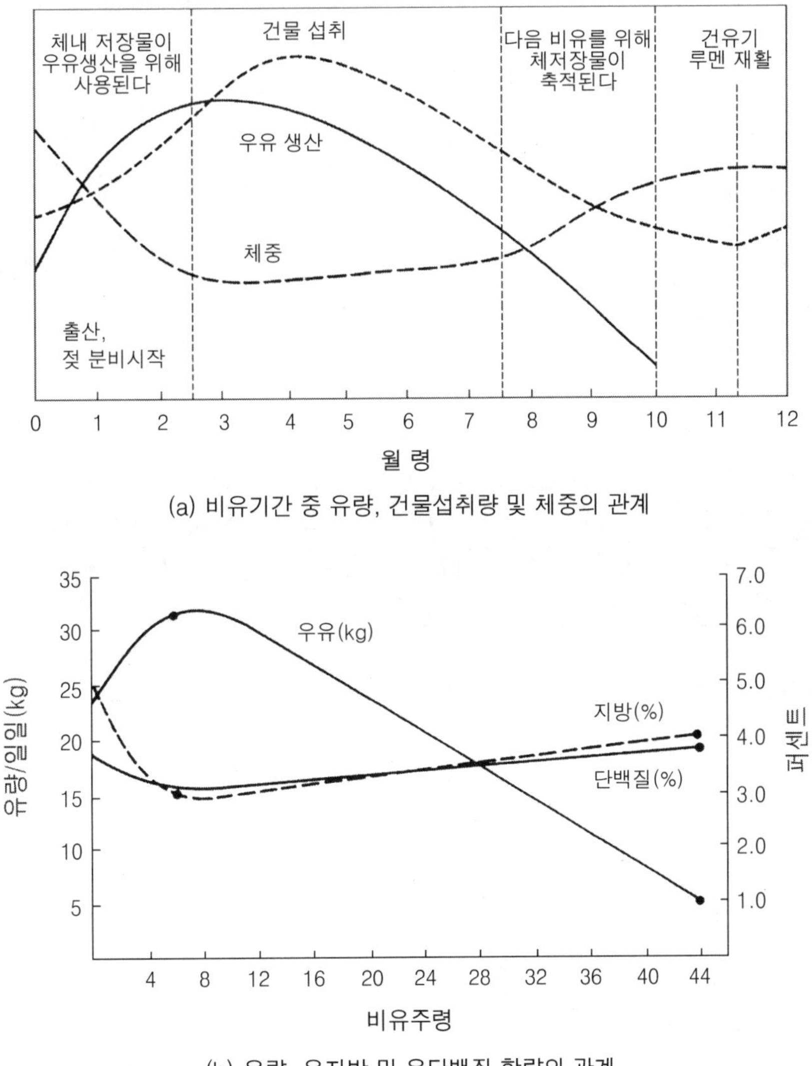

(a) 비유기간 중 유량, 건물섭취량 및 체중의 관계

(b) 유량, 유지방 및 유단백질 함량의 관계

그림 7-3. 젖소의 비유곡선(lactation curve)

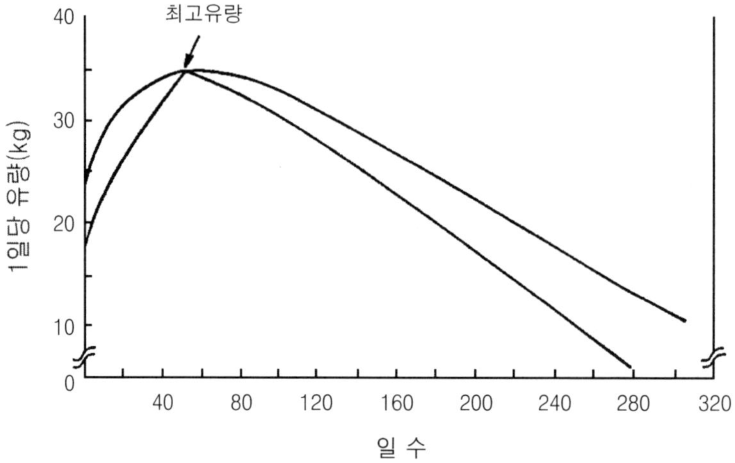

그림 7-4. 비유곡선의 2개의 형태

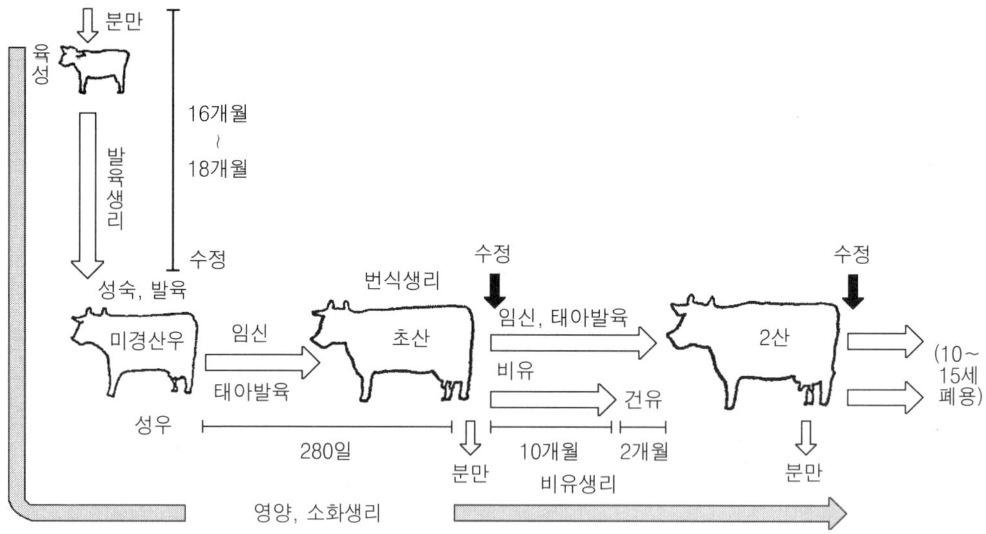

그림 7-5. 젖소의 일생과 생리

60일간 비유를 멈추고 직후 분만을 건강하게 맞이한다. 분만과 비유의 사이클은 유우의 숙명이다. 유우의 건강을 항상 지키고 가능한 한 많은 출산을 하게 하는 것이 경영적으로 없어서는 안 될 조건이 된다. 프레자라고 하는 학자가 초산과 2산의 수입은 육성비용으로 돌리고, 수익은 3산째부터라고 말하는 것을 우리는 알아야 할 것이다.

분만 후 젖을 짜기 시작해서 건유(dry milk) 할 때까지의 기간을 비유주기(lactation cycle)라고 하고, 비유기 중 젖 생산량의 변화를 나타낸 곡선을 비유곡선(lactation curve)이라 한다. 분만 후 젖 생산량은 점점 증가하여 분만 후 8～12주에 최고 비유기에 도달하고, 그 후 점점 감소하여서 분만 후 10개월이 되면 건유를 하게 된다.

비유곡선은 유량의 지속성에 따라서 2가지 형으로 나눌 수 있다. 유량을 많게 하는 것은 완만한 곡선(curve)을 유지하도록 사양하는 것이고, 최고유량(peak yield)이 높아도 급격한 곡선을 나타내는 사양은 총유량이 적다.

2. 젖소의 특성

1) 소의 소화능력

표 7-1에 표시한 것과 같이 동일한 사료에 대한 소와 돼지의 소화능력에는 큰 차이가 있다. 옥수수 알곡을 소화하는 힘은 돼지와 소가 차이가 없지만 건초를 소화하는 힘은 소가 훨씬 높다. 그것은 소의 소화기관과 돼지의 소화기관 사이에 차이가 있기 때문이다. 소의 위는 4개의 부분으로 나누어져 있다.

① 소가 섭취한 사료는 제1위(rumen)로 들어간다. 제1위에 새로운 사료가 들어오면 먼저 섭취한 사료는 토해 내어서 50분에 걸쳐서 60회 정도의 반추를 진행한 후 다시 삼킨다. 이 때 알칼리성의 타액(pH 4.8 정도)이 대량으로 나와서 제1위 내의 pH를 미생물이 활동(발효)하기 쉽도록 조절해 준다.

② 제1위 내 미생물의 작용에 의해서 발효분해된 탄수화물은 제1위 벽(rumen wall)에서 직접 흡수되고, 또 제1위에서 흡수되지 않는 단백질과 지방은 제4위와 소장을 통과하면서 분해・이용되고, 간장에서 에너지・단백질・지방으

표 7-1. 소와 돼지의 소화율의 차이 (단위, %)

	알파파 건초			옥수수 알곡		
	조단백질	조지방	조섬유	조단백질	조지방	조섬유
소	78	61	52	77	88	50
돼지	53	46	23	75	80	43

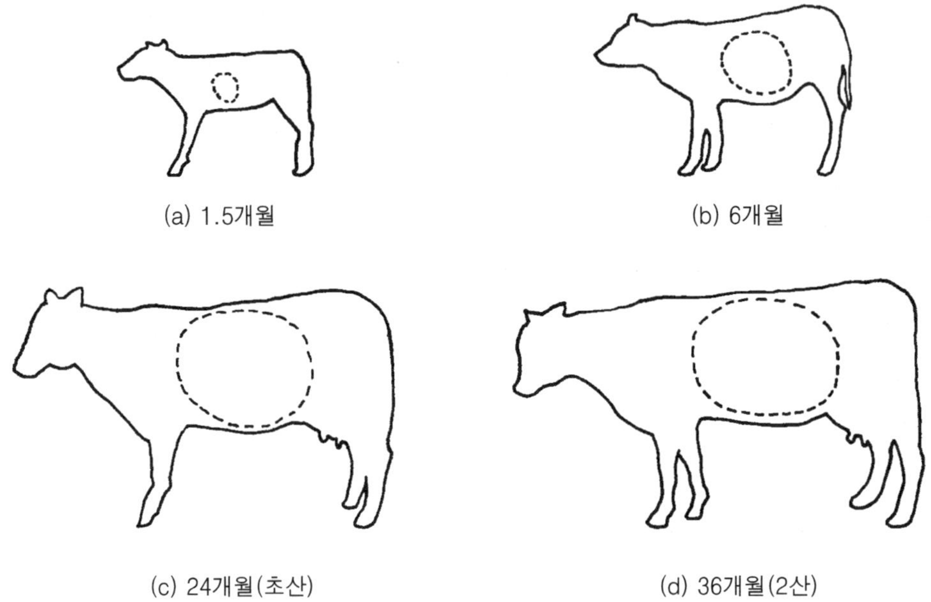

그림 7-6. 발육에 따른 소의 위 발달 (1)

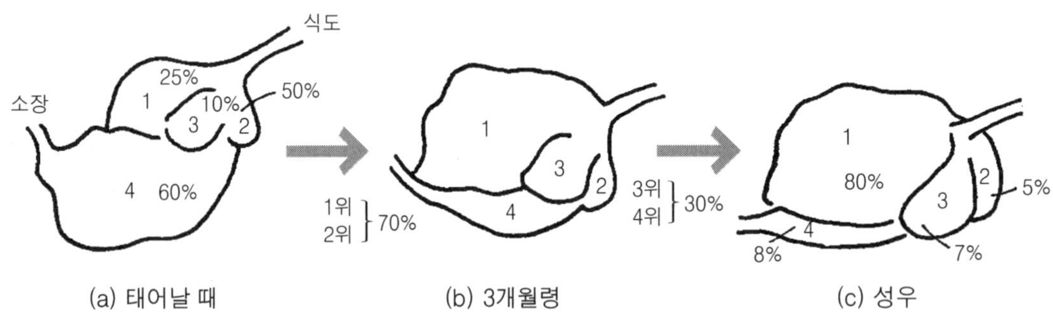

그림 7-7. 발육에 따른 소의 위 발달 (2)

로 합성되어 숙주동물에게 이용된다.

③ 조사료의 길이·크기·부피·강도 등이 적당하면 반추와 제1위의 활동이 활발하여서 정상적인 발효가 진행된다.

2) 젖소의 성질과 반응

수천 년에 걸친 사육은 야생의 소에서 볼 수 있었던 공격본능을 바꾸고, 유방의

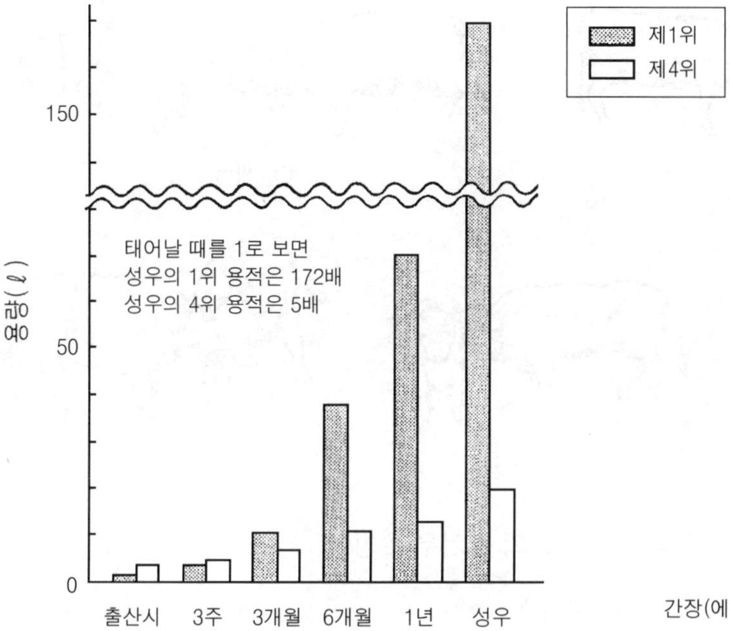

그림 7-8. 제1위와 제4위의 발달 차이

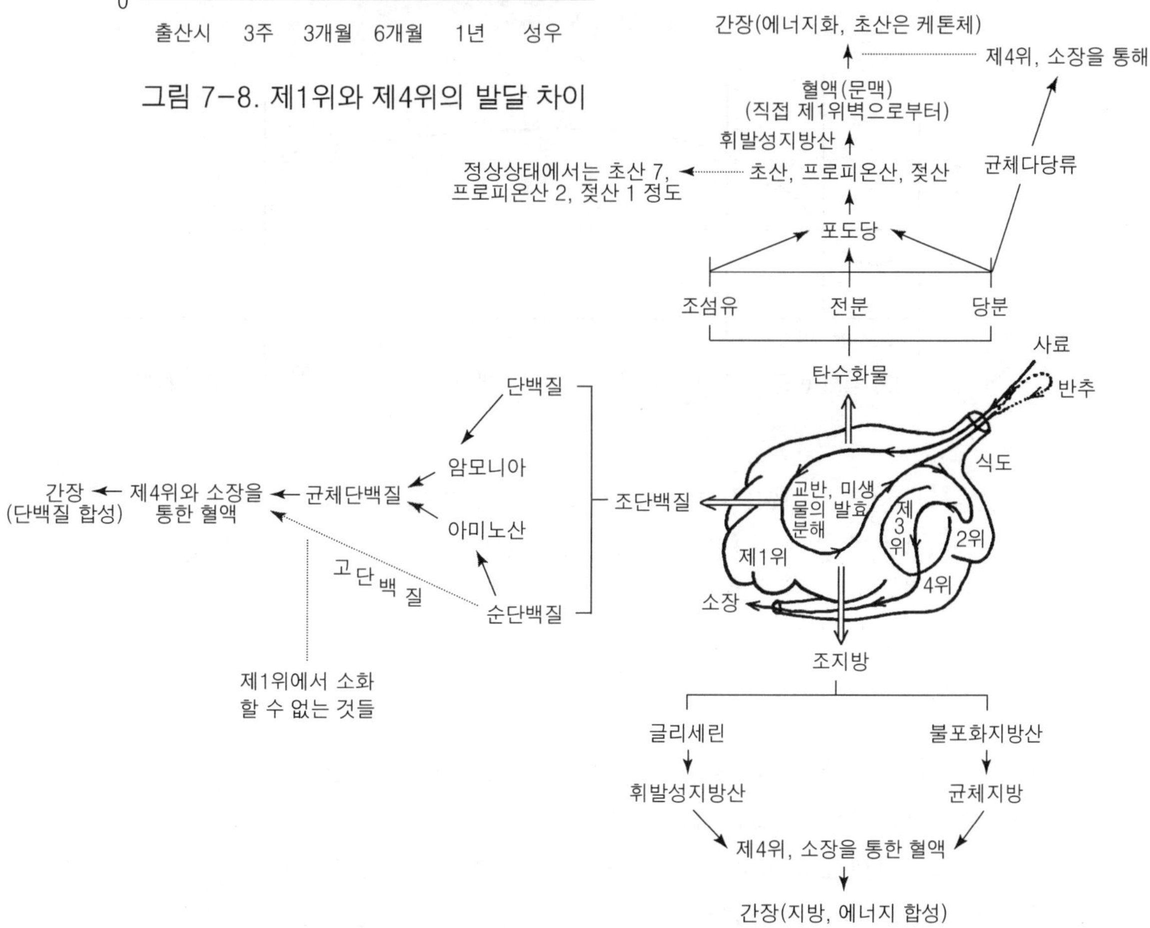

그림 7-9. 제1위를 중심으로 한 영양소의 합성

(a) 접근 (b) 싸움

(c) 몸으로 밀기(크린치) (d) 복부공격 (e) 머리 돌격

그림 7-10. 소의 힘겨루기 방법

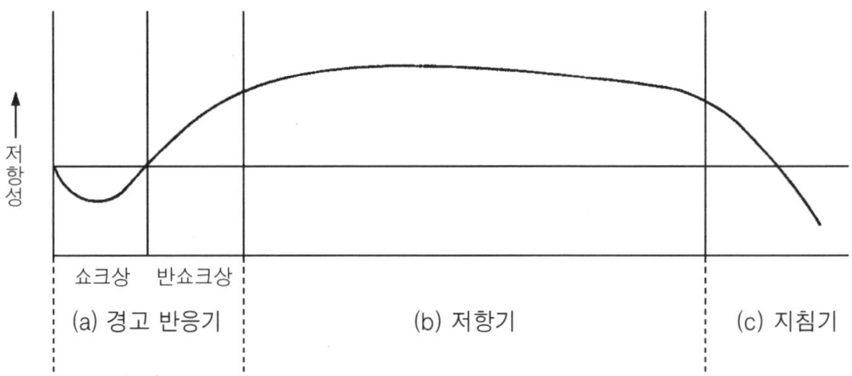

그림 7-11. 스트레스에 대한 생체의 반응

(a) 경고 반응기 : 대사면에는 저작, 단백질의 동원과 분해이용이 일어난다.
(b) 저항기 : 장해를 받았던 조직 회복과 단백질의 합성이 활발해진다.
(c) 지침기 : 분해 이용이 계속되고 조직이 완화된다.

마사지와 자유로운 운동 등의 끈질긴 훈련과 비유능력의 향상을 목적으로 한 개량에 의해서 온화하고 다루기 쉬운 적응성을 소유한 습성으로 만들었다. 그러나 야생시대부터의 습성으로 보이는 사회적 순위(뿔에 의한 순위)에 의한 행동은 사라지지 못했다. 순위를 결정하는 싸움이 일어 날 때에는 그 대책으로서 뿔을 제거하는 것을 실시해야 한다.

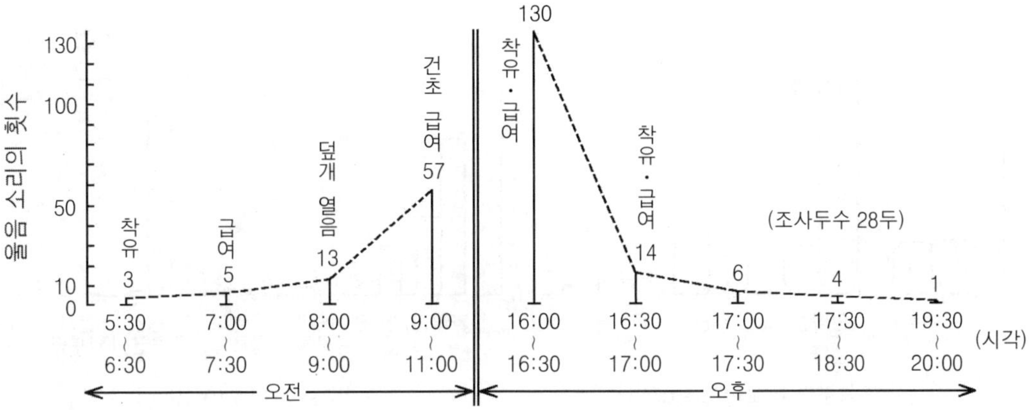

그림 7-12. 젖소는 어떤 때 우는가

그러나 젖소는 경계심이 강하고 신경이 날카롭기 때문에 젖소가 싫어하는 환경에 놓이거나 거칠게 취급하면 스트레스가 일어난다. 뇌에는 생명의 유지와 품종의 유지・보존에 부족한 것이 없을 정도의 기능이 집중되어 있으며, 이것을 지배하는 것은 간뇌라고 말하고 이곳에 시상하부가 있다. 시상하부는 뇌하수체로부터 각종 호르몬의 분비를 조절하고 있다.

스트레스를 받으면 조절기능이 혼란스러워지고 신체의 리듬이 깨진다. 젖소를 관리하기 쉽게 훈련하는 기초로써 대단히 중요한 것은 조건반사이다. 젖소의 조건반사는 훈련에 의해서 나타날 수 있으며, 젖소는 사료 급여 및 마사지 실시 여부 등에 의해서 일정하게 반응한다.

3. 육 성

1) 젖먹이 송아지

어미 소가 분만 후 3일 동안 분비하는 젖을 초유(colostrum)라고 하며, 갓 태어난 송아지는 반드시 먹여야 한다. 초유는 일반 우유와 비교할 때, 단백질(특히 면역글로블린, immunoglobulin), 탄수화물(특히 칼슘, 인), 비타민 A(카로틴)가 많다. 원래부터 소의 태반은 사람과 기니픽보다 더 원시적이지만 분만에는 상당히 좋다.

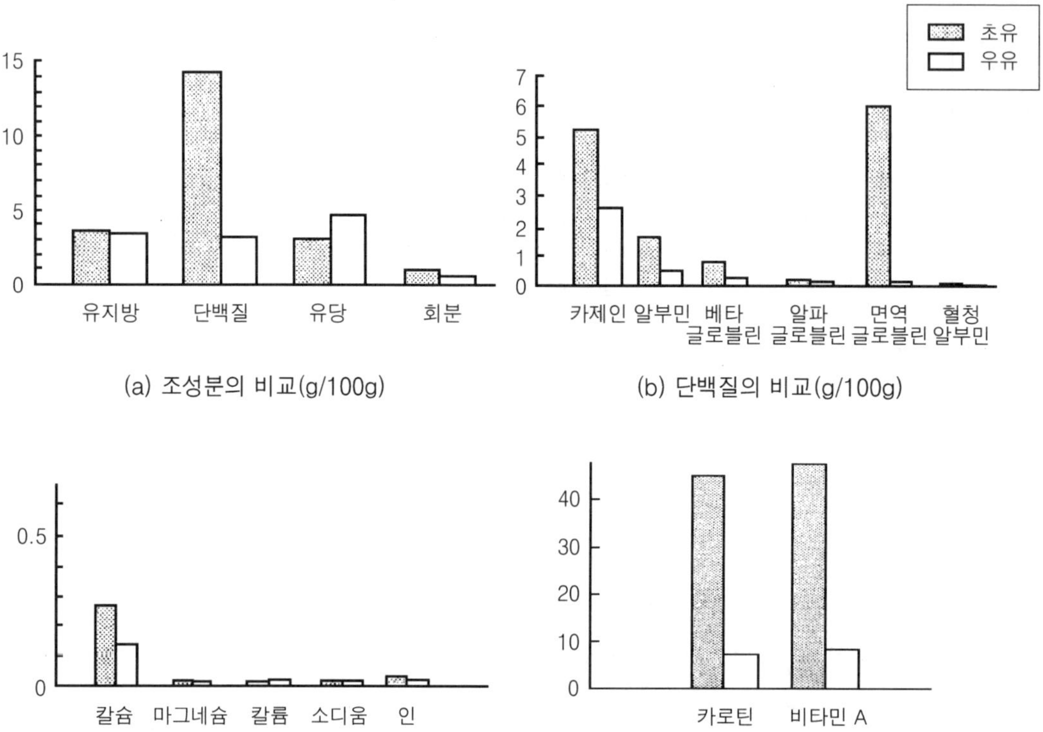

(a) 조성분의 비교(g/100g)

(b) 단백질의 비교(g/100g)

(c) 회분(g/100g)

(d) 비타민(㎍/g 지방)

그림 7-13. 초유와 우유의 성분비교

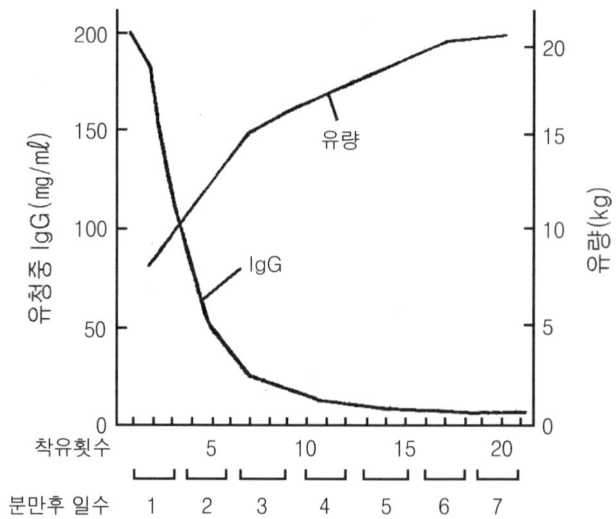

그림 7-14. 초유 중의 면역글로브린(IgG)

그러나 태반은 결합조직 융모이기 때문에 단백질과 같은 큰 분자를 통과시키는 것이 어렵다. 임신 중에 새끼소는 각종 질병에 대한 저항성을 어미소로부터 받는 것이 어렵다. 그래서 출생하자마자 곧바로 초유를 섭취함으로써 질병에 대한 면역능력을 처음으로 획득할 수 있다. 갓 태어난 소는 초유를 섭취할 때까지 혈액 중에 면역글로블린이 함유되어 있지 않다. 따라서 병원성 대장균 등에 대한 면역글로블린은 출생 후 24시간 이내에 새끼의 소장 벽으로부터 그대로 혈액으로 이동해야 한다.

초유의 급여는 반드시 출생 후 1시간 이내에 실시하는 것이 대단히 중요하다. 초유를 섭취할 수 있는 방법은 출생 후 바로 어미소로부터 분리하고, 분리된 우방에서 반드시 출생 후 30분 이내, 적어도 2시간 이내에 2ℓ의 초유를 급여한다. 그리고 또 출생 후 6시간 이내에 2ℓ를 급여해 준다. 그 뒤는 1일 3회 2ℓ씩 급여해 준다. 생후 24시간을 지나면 면역글로블린은 흡수되지 않게 되지만, 연속적으로 섭취한 초유는 흡수되지 않아도 장 점막을 보호하는 역할을 수행하기 때문에 최소 3～4일 동안은 급여해 줘야 한다.

처음에는 새끼소가 익숙하지 않아서 마시는 것이 어렵기 때문에 2개의 손가락을 사용해서 마시기 쉽도록 도와 주어야 한다.

2) 위 발달촉진

소도 사람과 돼지와 똑같이 태어나서 바로 액체의 우유를 마시는 것으로부터 시작된다. 본격적인 고형사료를 먹기 시작하는 시기는 생후 4주령이다. 액체사료와 고형사료가 위에 들어가는 방법은 서로 다르다. 액체인 젖, 대용유, 물은 특별한 식도의 반사작용에 의해서 제4위에 도달한다. 조사료와 농후사료 등의 고형물은 제1위에 들어간다.

이러한 흐름의 유형은 새끼부터 어미소가 될 때까지 정해진다. 그리고 성장에 있어서 영양소 분해의 주역은 제1위가 역할을 하고, 제1위에서 분해되지 않은 것은 제4위와 소장에서 분해되도록 하는 2단계의 영양소의 분해작용을 거친다. 또 소가 태어났을 때는 제4위가 활동하고 제1위는 미발달되어 있으며, 제1위의 발효작용을 위해서 활동하는 세균과 원충 등도 아직 살고 있지 않다.

그러나 소의 기본적인 영양소 분해의 주역은 제1위이고, 육성기의 관리도 제1위의 발달에 관심을 두고 실시해야 한다. 액체사료, 즉 전유(또는 대용유)를 장기간 급여해서 사육하면 특히 제1위의 발육지연이 눈에 띄게 나타난다. 제1위의 발달지연은 낙농에 있어서 치명적인 것이기 때문에 뒤에 서술하는 것처럼 젖만으로 새끼를 기르는 기간을 가능한 한 짧게 하고 농후사료와 조사료로 바꾸어야 한다.

제1위의 발달이라는 것은 단순히 제1위가 구조와 크기 등의 형태적인 발달뿐만 아니라 제1위의 기능, 즉 제1위에 들어온 사료를 미생물의 작용에 의해서 발효되고, 사료 내용물을 분해하여서 휘발성 지방산(volatile fetty acid, VFA)을 생산하는 기능이 발달하는 것을 말한다. 생성된 휘발성 지방산은 제1위로부터 문맥을 통해서 간장에 흡수되고 60～70%가 우유의 에너지원으로써 이용된다. 또 분해에 의해서 생성된 암모니아가 세균과 원충의 증식에 이용된다.

즉, 미생물(균체단백질)이 단백질원으로써 이용된다고 말하며, 다른 가축에서는 나타날 수 없는 특성을 살려야 한다. 따라서 제1위의 융모를 자극시키고 구조상의 발달 및 타액의 분비를 촉진하여서 발효의 항상성을 유지하기 위한 조사료의 급여가 필요하다. 또 제1위 내에서 분해하기 쉬운 농후사료 등의 급여는 미생물 분해산물에 의한 제1위에 화학적 자극을 주어서 제1위의 기능을 향상시키는 것이 가능하다.

3) 조기 이유와 사료급여

전유(whole milk) 섭취를 출생 후 7일에 멈추고, 대용유(milk replacer), 액상사료(liquid diet)와 인공유(artificial milk) 또는 건초(hay) 및 고형사료(solid diet)를 공급해 주는 것이 조기이유이다. 조기이유의 이점은 먼저 고형사료를 빨리 섭취하기 때문에 제1위의 구조적인 발달을 촉진함과 동시에 고형사료를 섭취함으로써 사료에 부착해서 제1위에 들어온 미생물이 점점 정착 증식해서 발효작용을 일어나게 한다. 이러한 미생물은 풀 사료에 들어있는 섬유소, 즉 셀룰로오스(cellulose)의 분해를 높이는 것이다. 두 번째 이점은 관행법에 비교해서 근로시간이 약 1/3분로 줄어들게 된다. 세 번째는 전유가 절약되고 우유를 판매할 수 있기 때문에 경제적이다.

사료 급여방법은 새끼는 단것을 좋아하기 때문에 대용유와 인공유의 맛에 첨가적으로 단백질을 높여 주고 비타민과 미네랄도 많이 포함되게 한다. 주의할 점은 대용유를 6～8배의 온수로 희석 시 새끼의 입에 들어 갈 때 온도를 40℃ 정도로 할 것, 새끼가 느긋하게 마실 수 있도록 반드시 대용유 급여통을 1두에 1개씩 제공할 것, 포유간격은 가능한 한 동일하게 할 것, 그리고 인공유의 일일 급여량이 700 g에 도달하지 않을 때에는 반복적으로 1주일간 포유를 늘릴 것 등이 있다. 건초급여의 초기는 길이 3～4 cm로 잘라서 급여하는 것이 좋다.

4) 포유기의 일상관리

소는 근본적으로 추위에 강하지만 포유기의 소는 충분한 방한대책을 갖는 것이 중요하다. 특히 겨울철 낮은 환경온도에 의해서 축사의 온기를 빼앗기지 않도록 해야 한다. 한편, 밖의 추운 기온에 의해서 체열을 빼앗기기 때문에 소는 그것에 대항해서(적응하는 것으로서) 갖가지 방어반응을 일으킨다.

반복적으로 혈관이 확장하고 혈액의 흐름을 많게 해서 체열을 만들고, 그 다음에는 호르몬에 의해서 체열을 생산하고, 장기적으로는 겨울철의 털이 나고 피하지방을 축적시켜서 추위에 대응할 수 있다. 단, 공기가 건조한 상태의 저온에는 소의 생리적 인내심이 강하기 때문에 겨울철의 한냉사육에 있어서 차라리 추위를 이용해서 적응된 소를 사육하는 것도 바람직하다.

새끼는 태어나면 곧바로 어미소로부터 떼어놓아서 사람에 의해 초유를 마시게 해야 한다. 어미소의 유방으로부터 젖을 흡유할 수 있도록 하는 것은 장래에 다가올 착유에 장해를 초래한다. 그러나 떼어놓음으로써 받을 수 있는 스트레스는 어미소의 비유(새끼에게 젖을 먹이려는 어미의 모성적인 습성)와 새끼의 생활에도 좋지 않기(계속 어미젖을 섭취하려는 경향을 보임) 때문에 가능한 한 어미소로부터 멀어질 수 있도록 배려해야 한다.

제각(뿔 자르기)은 뿔이 5 cm 정도 자랄 때까지 실시하는 것이 바람직하고, 결국 1개월령이 될 때까지 실시하는 것이 고통을 줄일 수 있어서 좋다. 각근부(뿔

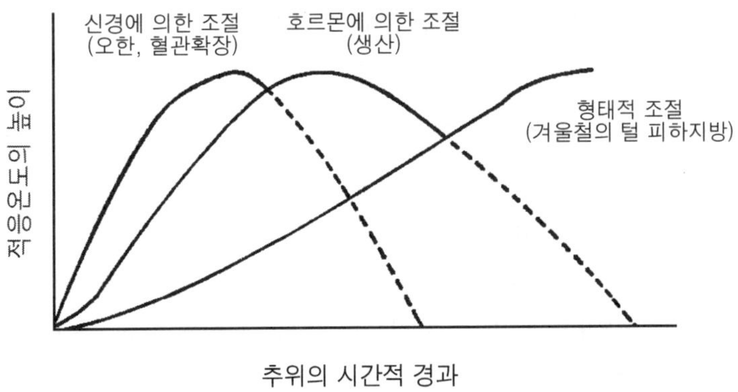

그림 7-15. 추위에 대한 적응반응 순서

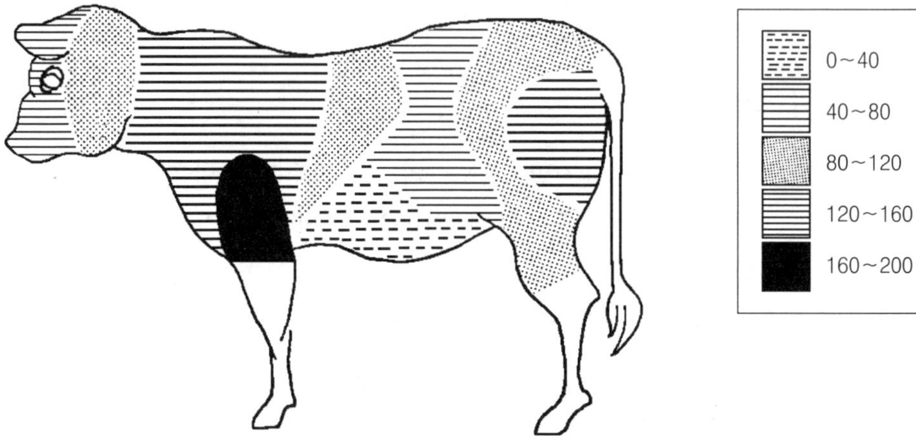

그림 7-16. 어린 송아지의 각 부위로부터 체열의 발산

(평균을 100으로서 %로 표시함)

의 밑부분)를 불에 빨갛게 달군 제각기를 이용해서 한 번에 처리한다. 제각 후의 상처 부위는 요오드를 발라 놓는다.

5) 육성의 목표

젖소 육성의 목표로는 3개의 포인트가 있다. 첫 번째는 소화능력을 뽑는다. 즉, 위가 충분히 발달할 사료를 먹이는 것이다. 두 번째는 번식능력(특히 연산성)이 좋아서 유량이 많고 게다가 산유 지속성이 좋은 소를 완성시키는 것이다. 세 번째는 운동을 충분히 하여서 내구력이 있는 소를 기르는 것이다.

육성기는 젖소가 발육에 있어서 최대의 성장속도를 보이는 기간이다. 성장이 빠른 소는 초기 발정을 일으키는 기간이 빨라진다. 소화기능 면에서 초기 발육기부터 필요한 영양소의 대부분을 농후사료에 의존하고 있던 것을 조사료의 섭취로 바꿀 수 있도록 하는 기간이다.

육성기는 농후사료의 급여량보다는 조사료의 품질이 더욱더 증체에 강하게 영향한다. 따라서 조사료의 품질이 좋고 나쁨이 섭취상태를 결정하며, 조사료의 품질이 나쁘다면 증체는 현저하게 떨어진다. 따라서 육성초기의 조사료로서는 양질의 목건초를 충분하게 급여하는 것이 중요하다.

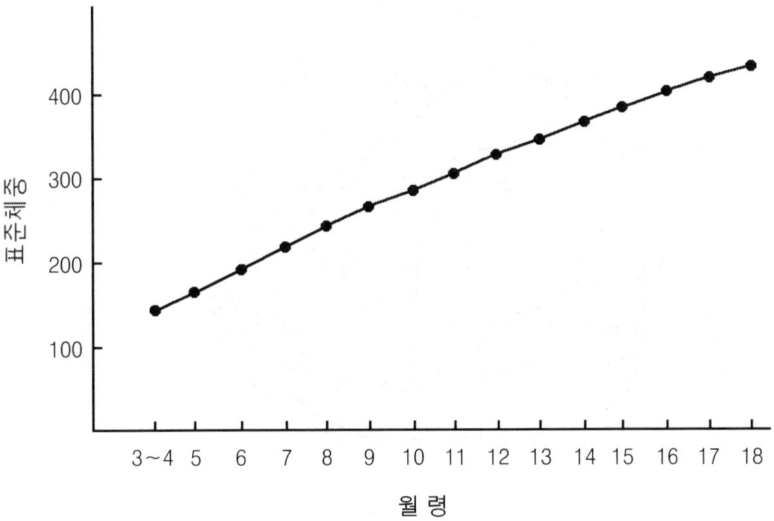

그림 7-17. 암소 육성의 표준체중

표 7-2. 성장속도의 차이에 따른 영향

구 분	빠른 성장	늦은 성장
초산월령	빠르다	늦다
육성기간	짧다	길다
노력・자본회전	이익	불리
사료구성	농후사료 다급형	조사료 다급형
육성 중 사료비	높다	일반적으로 낮다
초산유량	적다	많다
유질	-	특별히 낮은 경향이 있다
번식기능	특별히 좀더 수태에 힘든 경향	-

6) 조사료와 제1위의 기능

일반적으로 소가 사료를 섭취한 후 나타나는 제1위(rumen) 내용물의 위치 상태를 보면 사료가 위 용적의 약 80%를 차지한다. 루멘의 상단부로는 발효에 의해서 생성된 가스가 쌓여져 있다. 그리고 새로 섭취한 사료는 루멘의 상단부에 있고, 오래된 사료는 루멘의 하단부에 쌓여 있다.

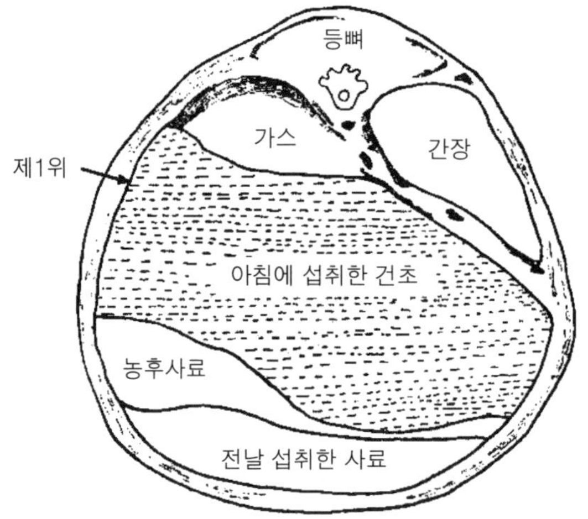

소의 신체 횡단면

그림 7-18. 제1위 내용물의 형태

섭취된 사료의 내용물은 반추위(제1위와 제2위)의 수축과 토출작용에 의해서 섞이고, 거친 용적의 조사료가 제1위벽의 융모를 자극시켜서 반추가 시작된다. 반추는 반드시 이전의 사료를 토해서 시작되고(물론 새로운 사료와 섞이는 경우도 있다), 반추시간은 조사료의 비율이 많은 쪽이 길다. 반추행위는 사료건물 1 kg당 약 50분 정도를 소비한다.

조사료를 급여할 때 주의해야 할 것은 조사료의 품질과 사료의 길이이다. 일반적으로 품질이 좋은 조사료는 기호성이 좋고 반추시간도 길며, 또 조사료의 길이가 긴 것이 짧은 것에 비해서 기호성이 좋고 반추도 좋으며 소화율도 높다. 따라서 목건초를 거칠게 분쇄하여 큐브(cube)한 것은 긴 상태 그대로(3～5 cm 정도)보다 소화율은 낮으며, 또 분쇄해서 펠렛을 한 것 역시 소화율이 낮다. 동일한 조사료 품종이라 할지라도 거칠고 용적이 있어 루멘의 자극을 주는 풀이 있지만, 너무 부드러워서 루멘의 물리적인 자극을 주지 못하는 것이 있다. 이 점에 있어서는 농후사료와 큰 차이가 없다.

다음으로 주의할 것은 조사료와 농후사료의 급여비율이다. 젖소의 능력을 최대한 발휘할 수 있는 조사료와 농후사료의 비율은 양질의 조사료일 경우 60 : 40이고, 저질 조사료의 경우 20 : 80이다. 양질의 조사료 비율이 높을 때, 에너지 생산에 필요한 휘발성 지방산의 원료가 되는 셀룰로오스(cellulose, 섬유소, fiber)의 소화율은 대단히 우수하다.

7) 방목과 운동

육성의 목표를 달성하기 위해서는 방목과 운동이 필수적이라고 할 수 있다. 따스한 햇살 아래 맑은 공기중에서 풀을 섭취하면서 자연에서 몸을 움직이는 방목은 신체를 단련함과 동시에 스트레스를 해소하는 데 커다란 도움을 준다. 풀을 섭취함으로써 소화기관을 발달시키고 온순한 소를 만들어 준다. 운동은 일정한 울타리 안에서 외부의 맑은 공기를 마시면서 방목과 동일하게 이곳저곳을 걸어 다니는 것으로서, 근육을 발달시키고, 간과 심장을 강하게 하고, 다리와 발굽을 튼튼하게 하는 데 도움이 된다.

방목에는 방목지에 구역을 만들지 않은 연속방목과 구역을 만들어서 차례대로 풀을 이용하는 순환방목 등이 있다. 육성우는 방목에 의한 사료와 환경의 급격한 변화는 발육에 크게 영향할 수 있다. 따라서 2주일 전 정도부터 방목시킬 소를 한 무리로 해서 예비방목을 실시하여서 적응을 시키고 익숙해졌을 때부터 방목으로 이동하는 것이 좋다. 방목적기는 평균기온 5℃ 이상, 풀의 길이 15～20 ㎝, 초량 0.5 kg/m^2에 도달했을 때이다. 방목했던 초지는 다음의 방목까지 휴목기간을 두고 풀의 재생을 도와 주어야 한다. 또 방목 후에 비료를 주어서 풀의 성장이 빠르게 자랄 수 있게 하는 것도 중요하다.

소는 좋아하는 풀과 양분이 많은 부분을 선택해서 먹고, 목구멍으로 넘기기 어려운 풀이나 지저분한 곳, 특히 분(feces) 주위의 풀을 채식하지 않는 경향이 강하다. 그것을 방지하기 위해서 방목 중의 배분을 적게 해야 한다. 따라서 방목시간을 제한하거나 자주 청소를 실시하는 것이 좋다.

한편, 어린 소는 몸이 무겁게 되는 어미소의 시기를 대비하여 발목을 충분히 단련해 놓는 것이 중요하다. 3개월령 이후는 자유롭게 움직일 수 있도록 반드시 우사 밖에 운동장을 설치한다. 어린 소의 운동장 크기는 1두당 3～4 m^2 이상으로

표 7-3. 채식량에 대응한 방목면적과 이용법

연간 10a당 생초수량(t)	1일 1두당 채식량(kg)	1두당 방목면적(a)	방목두수	1마리당 방목일수(일)	1회 방목 시간과 횟수
5～6	70	33	7～8	3～5	2시간, 2회
7～8	70	21	10	2～4	1시간, 3회
9～10	70	28	12	1～2	30분, 3회

어미소의 운동장과는 다르게 한다. 육성사 또는 육성방의 사이에 자유스럽게 출입할 수 있는 문을 두어서 어린 소가 자유롭게 출입할 수 있도록 하면 소가 스스로 우사 내로 들어가고, 급수시설 등도 우사 내만으로 충분하기 때문에 편리하다. 운동장은 배수를 좋게 하고 다리를 건강하게 하기 위해서 경사가 있다면 더욱 좋을 것이다.

4. 번 식

1) 발정의 구조

(1) 초기 발정

배란을 동반하는 발정이 있으며, 게다가 자궁의 상태가 임신이 가능한 상태까지 발달하는 것을 성성숙이라고 말한다.

홀스타인은 보통 12개월에 성성숙에 도달한다. 저영양 상태의 소는 초기 발정이 100일 이상 늦게 일어나는 경우가 있다. 저영양 상태의 체격은 체중의 약 10% 정도 작지만, 사실은 체고・체장・요각폭 등 거의 차이가 없다. 저영양 상태의 초기

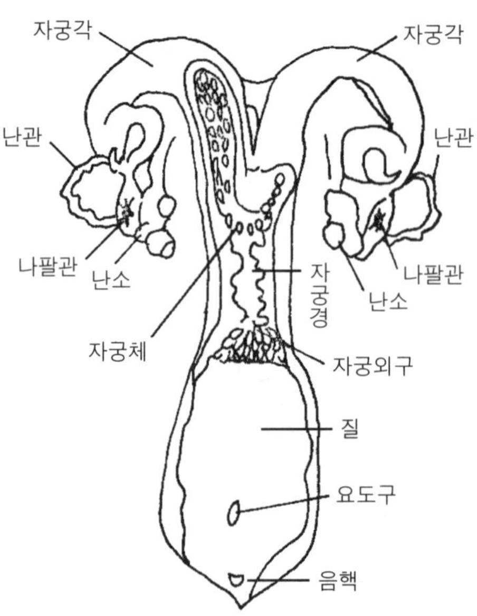

그림 7-19. 젖소 암컷의 생식기

발정은 일정한 체중에 도달하여서 출현하는 것이 아니라, 그 사이 영양수준이 향상됨으로써 일어난다고 할 수 있을 것이다.

(2) 발정증상

성성숙에 이른 소는 난소의 주기적 변화가 나타나서 발정과 배란을 반복한다. 발정이 나타나면 암소는 한군데 가만히 있지 않고 이리저리 왔다갔다하면서 거동이 매우 불안한 모습을 보여 준다. 소에 따라서는 끊임없는 울음, 식욕과 유량 변화를 초래한다. 또 운동장 등에는 승가하는 동작을 하는 것이 많다. 그 시기가 지나면 외음부의 충혈과 점액물질이 점점 백색으로 변하고 발정이 멈춘다.

성성숙은 발정의 좋고 나쁨과 강하게 관계가 있다. 영양상태가 안 좋을 때는 16개월령에 도달해도 난소가 활동하지 않는다. 반대로 영양과잉의 상태로 사육한 소는 8개월 정도에 성숙하지만 임신하지 못하는 것이 많다.

(3) 호르몬의 활동

난소 내에는 난자를 포함한 난포가 수없이 많이 존재하고, 난포는 뇌하수체 전엽의 난포자극호르몬의 작용으로 점점 발육한다. 난포가 발육하고 커지게 되면 난포호르몬(에스트로겐, estrogen)을 분비한다. 에스트로겐의 작용에 의해서 생식기가 출혈하고 발정의 징후가 나타나게 된다. 다음에 성숙했던 난포가 파열하면 배란이 일어난다.

배란이 끝난 난포는 뒤에 황체형성호르몬의 작용으로 황체를 형성한다. 형성된

표 7-4. 발정주기 동안의 자궁 및 외음부의 변화

발정 후 일수	자궁의 직장검사 소견	외음부 징후
1～3일	자궁내막에 수축 없음	· 1일째 : 발정 징후 미약, 약간의 점액배출 · 2일째 : 발정 후 출혈
3～17일	생리적 이완	· 15일째 : 질전정 점막에 약간의 출혈
18～20일	긴장하고 촉진보다 수축	· 19～20일째 : 외음부에 조금한 혹, 질전정의 발적, 질로부터 점액배출
21일	긴장, 자궁운동 중 자궁내막 혹이 촉진	· 발정기 : 외음부 혹, 다량의 점액배출, 질전정 발적, 발정 징후

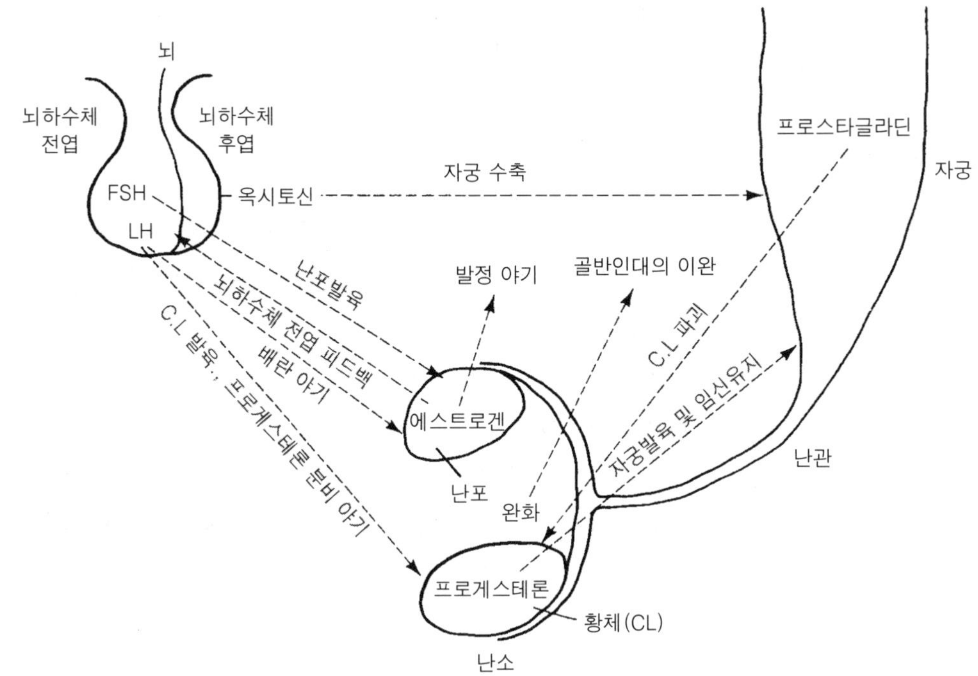

그림 7-20. 번식과정에서 난소(ovary), 뇌하수체선(pituitary gland) 및 자궁(uterus) 호르몬의 관계

황체로부터 황체호르몬(프로게스테론, progesteron)이 분비되고 자궁은 임신을 유지한다. 임신이 되면 황체는 그대로 임신황체로서 남지만, 임신이 가능하게 되지 않을 때에는 배란자극호르몬의 작용에 의해 새로운 난포가 발육하고 다시 재발정이 시작된다.

특히 소는 성성숙에 도달하다라도 신체는 미완성 상태이기 때문에 빠른 시기에 임신을 하게 되면 임신, 분만, 그리고 비유를 위해서 발육이 저해를 받게 된다.

(4) 발정주기

발정의 주기는 평균 21일(18～24일)이고, 미경산우(처녀우)는 20일, 경산우(초산 이후의 소)는 21～22일이 많다. 발정 지속시간은 평균 18시간(16～22시간)이며, 미경산우는 경산우보다 조금 더 짧다. 발정의 개시시간은 이른 아침 또는 오전중일 때가 많다. 발정은 노령우는 젊은 소보다 더욱 길고, 겨울이 여름보다 더 길다. 발정증세가 강한 소는 지속시간이 짧은 경향이 있다.

표 7-5. 발정주기의 구분

구 분	특 징
발정전기	발정증세가 나타나지만 아직 수컷을 허용하지 않는 시기의 소에서 1일 정도 개체 간의 차이가 있다. 이 시기에 혈중 에스트로겐 농도가 급격히 감소한다.
발정기	수컷을 허용하는 시기로, 발정은 16~22시간 지속한다.
발정후기	발정기의 바로 뒤에 연속되는 시기로 배란 후 수정란이 이동하는 시기이다.
발정휴지기	발정후기를 지나면서 다음의 발정전기에 이르기까지의 기간으로, 이 시기에는 혈중 에스트로겐 농도가 높아진다.

(5) 발정이상

이상발정은 일반적으로 사양관리의 불량으로 나타난다. 이상발정에서 배란은 보통 일어나지 않고, 발정의 외부 증세가 약하며, 난소 기능이 정상이고, 배란발육, 배란, 황체형성은 되지만 배란 성숙기에 외부 발정증세가 전혀 보이지 않는 순성발정, 또는 지속시간이 3~5일에 이르는 지속성 발정, 발정 외부증세는 명확하지만 배란을 동반하지 않는 무배란 발정 등이 있다.

번식장해는 많은 원인과 관련하여서 발생한다. 조사료의 섭취 부족, 농후사료의 과잉 또는 부족, 박류 급여법의 실수 및 만성질병 등이 원인이다.

젖소의 번식장해 발생률은 고단백질·고칼로리 사료를 장기간 섭취한 소에서 가장 많고, 다음으로 섭취된 사료의 부족, 저영양 상태의 소, 그리고 난소 만성질환의 소에서 많다.

2) 종부

(1) 인공수정

종부에는 자연교배와 인공수정 두 개의 방법이 있다. 젖소는 대부분이 인공수정(artificial insemination)을 실시한다. 인공수정에는 우선 인공질(외관 가운데에 45℃ 온수를 넣어서 따듯하게 해 놓는다)을 사용해서 수소의 정액을 채취한다. 정액을 채취하기 위해서는 거짓 암소의 틀을 만든다. 이 틀의 상부를 모피 등으로 덮고 그 위에 발정한 암컷의 오줌과 점액을 발라 놓으면 수컷은 틀에 올라타서 사정을 한다.

조건반사의 응용으로 몇 번의 연습을 하면 틀을 보게 되면 수컷은 올라타게 된다. 채취한 정액은 육안과 현미경으로 정액내 많은 활력이 있는 정자가 부유하고 있는 것을 확인한다. 채취한 정액을 적당한 희석액으로 희석하여 사용하거나 보존하는데, 세균의 증식을 방지할 목적으로 항생물질을 첨가하여 보존한다.

정액은 5～15배 정도 희석하고 약 60～90분에 걸쳐서 4℃로 냉각한다. 다음에 0.5～1.0 mℓ(정자 수는 1 mℓ당 0.3～1억)씩 스트로(straw)에 봉입하여 보존한다. 4℃에서 4～5일은 보존이 가능하다.

장기 보존할 경우에 동결하지만 사전에 냉동제로서 글리세린(glycerin)을 가하여 액체질소(-196℃)를 사용하여 동결한다. 그리고 암컷에 주입하기 전에는 5℃의 물에 넣어서 4～5분 녹여서 사용한다. 인공수정 방법에 의하면 몇 마리의 수컷으로 100～200두의 암컷의 교배가 가능하다.

(2) 인공수정 방법

인공수정 방법은 자궁경관 심부주입(직장질법)이 가장 좋다. 직장에 손을 넣어서 자궁경을 잡고 다른 손으로 질에 정액 주입기를 찔러 넣어서 자궁경관부에 정액을 주입한다. 정자는 자궁의 운동에 의해 흡수되고, 점액의 표면을 미끄러지면서 전진하여 아주 빠르게 난관 내에 도달해서 내려온 난자를 기다린다.

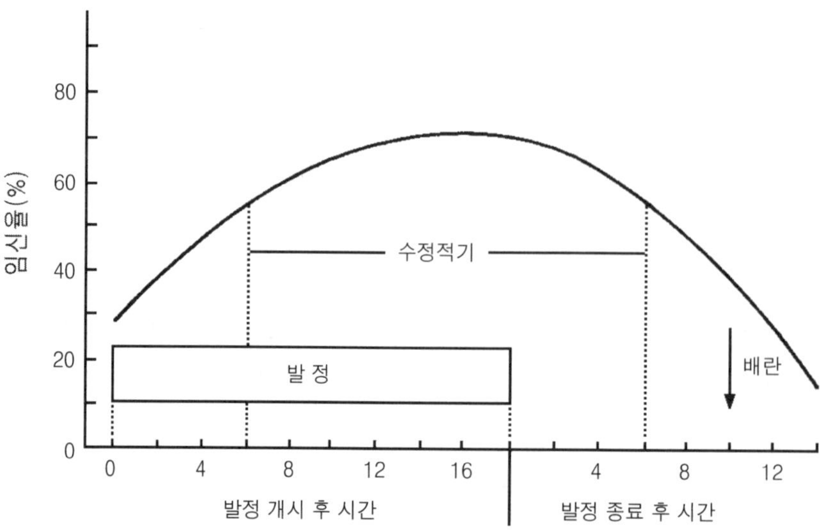

그림 7-21. 소의 발정, 배란시기와 수정적기

(3) 종부의 적기

미경산우의 경우 가장 임신하기 쉬운 월령은 15～17개월령으로, 그 월령에서 발정은 놓치지 않도록 첫 종부를 실시해야 한다. 배란시기는 소의 개체 차이도 있고, 또 발정 시작 시기를 끝까지 지켜보는 것도 어렵기 때문에 발정 개시 후 14～17시간부터 30～45시간이라고 할 수 있다.

수정적기는 발정 개시 후 6시간부터 종료 후 6시간(평균 8시간)까지이다. 또 배란된 난자는 8～12시간 정도 수정능력을 가지고, 일반 정자는 암컷의 생식기에 들어가서 3～4시간 후에 수정능력을 획득한다. 30～48시간은 수정능력을 지속한다고 말하기 때문에 수정적기는 발정후기 또는 종료 직후가 좋은 것으로 본다. 그러나 일반적으로 낙농가는 오전 중에 발정이 나타나면 그 날 중에 종부를 실시하고, 오후에 발정을 발견했다면 다음날 오전 중에 종부를 실시하며, 야간에 발정을 발견하면 다음날 오후에 종부를 실시하고 있다.

(4) 임신

난자와 정자는 난관 내에서 결합(수정)하고, 분열을 계속하면서 3～4일에 자궁에 착상한다. 수정란은 분열을 계속해서 13일이 지나면 배자(embryo)가 발육하게

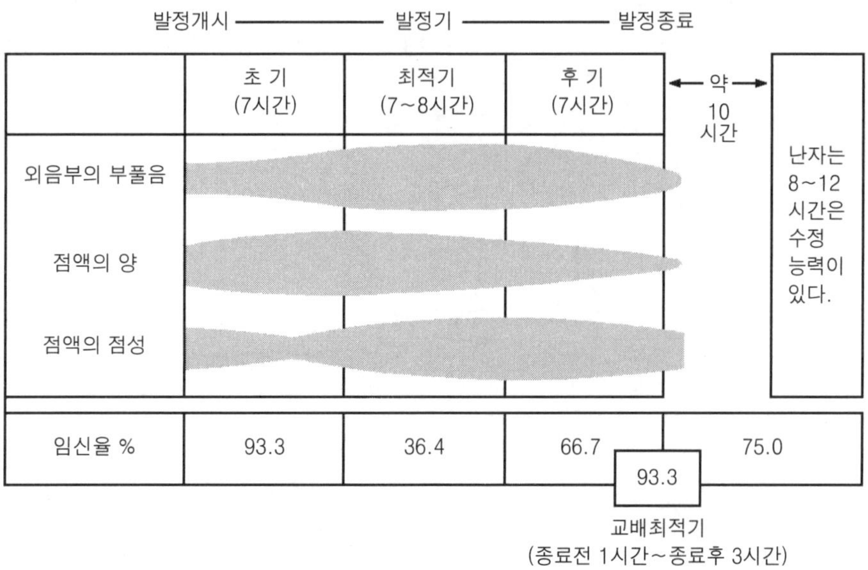

그림 7-22. 발정과 종부시기

되고, 점점 발육해서 46일이 되면 태아가 된다. 소에서는 다른 동물과는 다르게 태아가 크게 되는 것보다 먼저 태아가 들어가 있는 수막이 발달한다. 수막은 20일 정도에 15 cm 이상이 된다. 원래의 배자가 자궁벽에 정착(착상)하면 태반이 형성된다. 태아는 태막에 즉, 태아태반에서 모태반과 연결하여 모체부터 영양을 공급받아서 발달하고 있다. 너무 뚱뚱할 때에는 자궁벽에 지방이 남아있기 때문에 일시 착상되어도 분리되어서 흐르기 쉽다.

가) 임신진단

임신을 확인하는 것에는 몇 가지 방법이 있다. 우선 외부로부터 소를 관찰해서 예상을 한다. 소는 임신하면 다음 번의 발정 예정일이 와도 발정이 일어나지 않는다. 임신을 하면 소는 식욕도 생기고 영양상태가 좋게 된다. 또 외음부가 닫혀 오고 점액도 진하게 되어 끈적끈적하게 된다.

다음은 직장에 손을 넣어서 난소와 자궁의 상태를 살펴보는 방법이 있다. 임신 1～2개월이 되면 자궁 내에서는 태막이 급속히 발달하고, 태아는 자궁각의 중앙에 위치한다. 그 때 직장검사를 실시하면 태막이 만져지는 것에 의해서 임신을 확인하는 것이 가능하다. 숙련된 기술자가 있으면 수정 후 35～40일째에 거의 100% 적중률을 얻을 수 있다.

다음은 난소에 있는 임신황체의 유무를 조사해서 임신을 확인할 수 있다. 또 수정 후 50일을 지나게 되면 자궁각의 부위가 크게 되어 자궁의 표면이 매끈매끈하게 된다. 60일 후가 되면 완두콩 정도의 태반이 만져지게 된다.

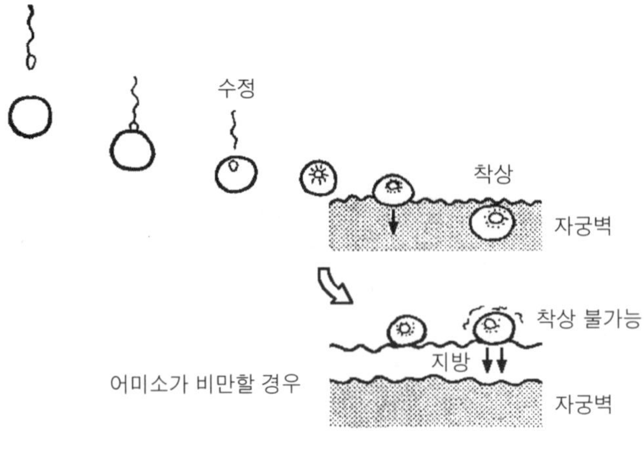

그림 7-23. 수정에서 착상까지의 모식도

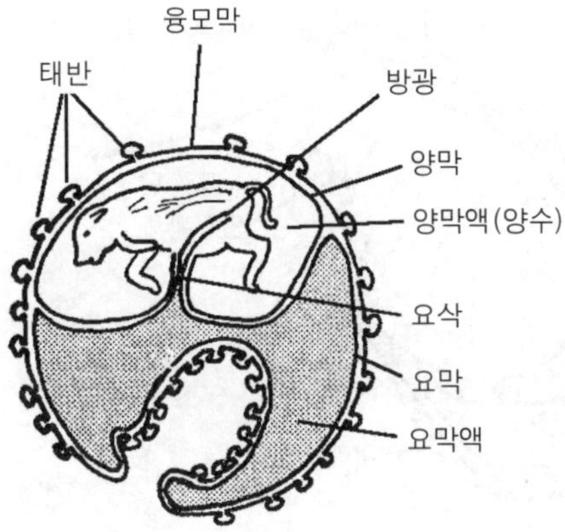

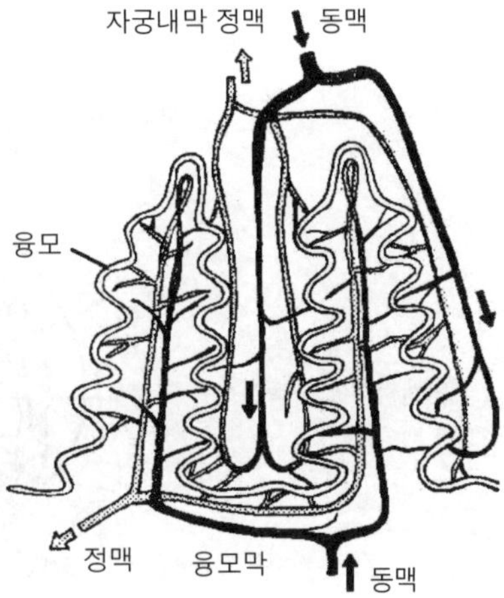

그림 7-24. 태아에 대한 영양공급의 구조

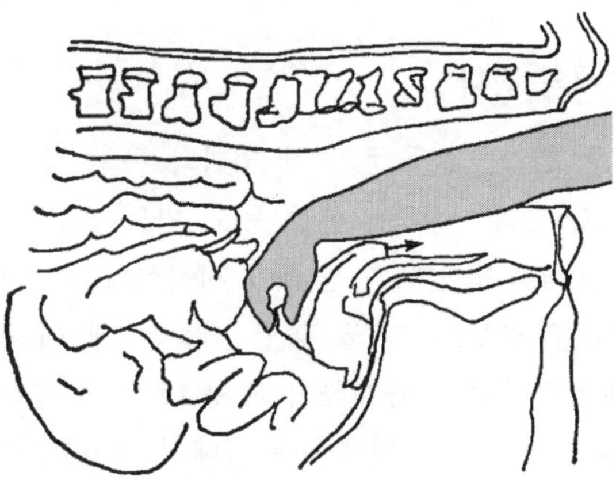

그림 7-25. 임신감정
(장을 손으로써 난소와 태막을 촉진한다)

또, 한 가지 자궁경관의 점액을 조사하는 것이 있다. 소는 발정기에는 자궁경관이 완화되어서 액상의 점액을 방출하게 되지만 임신을 하면 점액은 풀과 같은 상태가 되어서 점성이 강해진다. 자궁경관은 단단히 닫힌다. 교배 후 35일 이후, 점액을 2장의 슬라이드 글라스 틈에 2～3회씩 넣어서 보면 임신해 있으면 쭈그러져 있음을 볼 수 있다. 이 방법의 적중률도 95% 이상으로 나타난다.

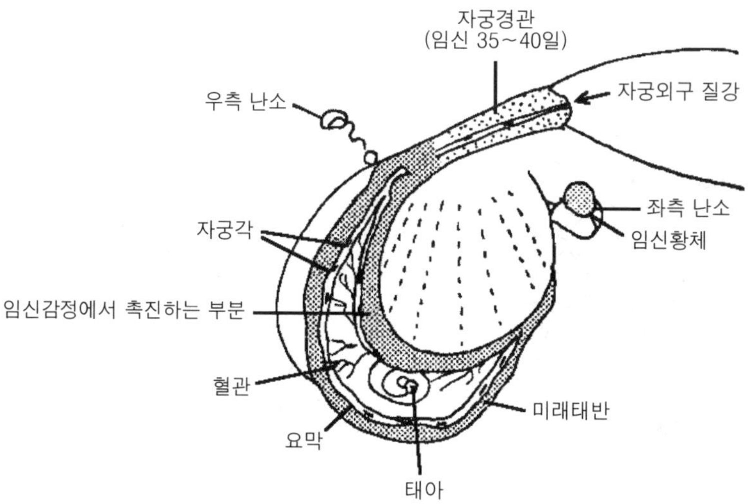

그림 7-26. 임신한 상태

(5) 태아발육과 모체의 변화

태아의 소화기관, 폐, 간장, 췌장 등의 각 기관과 몸의 각 부위가 발생하는 것은 임신 후 2~6주일이고, 근육·골격·신경 등도 만들어지기 시작한다. 심장의 박동은 임신 21일경에 시작하며 혈액의 순환이 시작한다. 태아의 발육은 후반에 눈부시게 발달하고, 임신 후반부의 2개월 동안 체중은 배 이상으로 증가한다.

난소에는 임신황체가 오랫동안 존재하고 황체호르몬이 분비되어서 임신의 유지에 큰 역할을 담당한다. 자궁은 첫 자궁유에 의해서 태아를 기르고, 곧 태아에게는 태반의 혈액순환을 통해서 영양소를 공급해 준다. 자궁경관과 외구부는 단단하게 닫혀 있고, 젤리상태의 점액으로 가득 차 있다. 또 외음부도 붙어 있고, 질점액도 건조하다.

비유와 태아의 발육이 거듭되어 어미소의 체중은 감소하고, 임신 5개월령 이후가 되면 태아가 급속히 발육함에 따라 유량은 현저하게 감소한다.

(6) 분만

가) 분만의 경과

유방의 부풀어오름은 분만 1~2주 전부터 눈에 띄게 된다. 유방의 팽창은 고단백질 농후사료와 고단백질 조사료 급여에 의해서 더욱 강해진다. 여름철 고온은

표 7-6. 소의 배자와 태아의 발육

구분	태아 발육일	특 징
초기	4	수정란의 자궁도달
	7~12	배반포의 형성
배자발육기	14	생식층의 분화
	20	체절의 출현, 신경관의 개구
	21~22	심장의 박동 개시
		간·폐·췌장의 분화
		신장, 생식기의 분화
	22~23	뇌, 척수의 형성
		두부의 확인
	25	앞다리를 볼 수 있음
	27~28	뒷다리를 볼 수 있음
	30~45	네다리 끝이 발굽으로 변형
		털의 신장, 두부의 충실
		눈과 코가 명확하게 된다.
태아기	70	뼈가 만들어짐
	110	치아의 발달개시
	150	눈과 코 주위에 발모
	180	뼈가 계속 만들어짐
	230	몸 전체에 발모
	280	출산(분만)

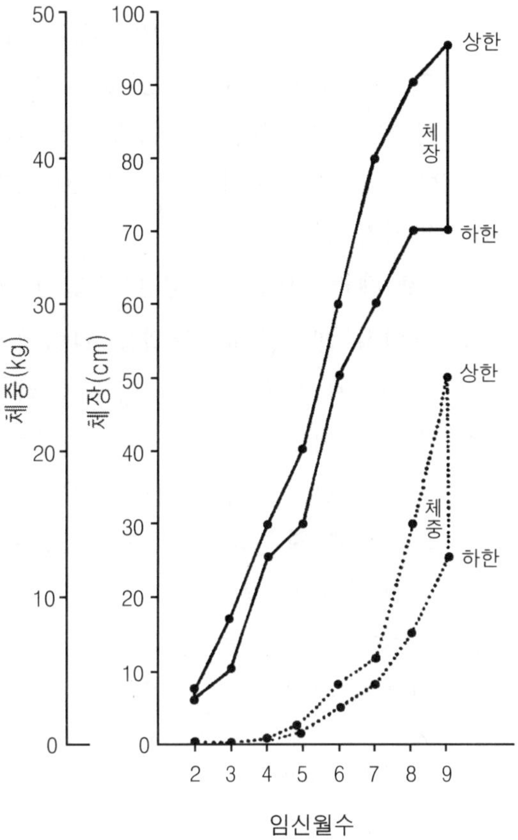

그림 7-27. 태아의 발육

유방의 증대를 촉진한다. 분만에 근접한 소를 답답한 우사에 긴 시간 서 있게 해도 강한 유방의 팽창이 일어난다.

미근부의 움푹 파인 곳은 분만 몇 일 전부터 서서히 눈에 띄게 올라온다. 그것은 산도가 느슨해진다는 증거로 미근부의 하강이 두드러지게 되면 확장한 복부는 축 늘어지게 되어서 태동도 느끼지 못하게 된다. 그렇게 되면 분만이 시작하기 직전이다.

외음부는 진통이 일어나기 전까지는 표면의 주름이 미세하게 밋밋해져 있다가 자궁이 태아 만출의 수축운동이 일어나면 깊게 주름이 나타나는 것을 볼 수 있다. 분만은 3기로 나누어지며, 제1기 자궁수축(개구기 진통까지는 표준 진통이 있음)은 무의식적으로 제2기로 들어가서 나오는 배근육의 의식적인 수축과는 다르다.

이러한 증상은 출산을 거듭함에 따라서 원만하게 되는 경향이 있다. 또 운동부족의 경산우와 고연령소는 약하다. 제 1차 양수의 터짐은 질 내에서 일어나는 것이 많고, 질 외에서 일어나는 것은 놓치기 쉽다. 제 1기의 진통은 15～30분 간격으로 있지만, 제 2기에는 1～2분 간격이 된다. 조그맣게 보이는 태막 안의 발굽 바로 뒤에 머리가 연속하고 비경이 보이고 있으면 머리가 위쪽 방향으로서 정상 분만의 위치가 된다.

난산의 때는 아래의 증상을 관찰할 수 있다.

① 분만을 개시할 때 혈액을 과다하게 흘렸을 경우
② 건강하게 숨을 쉬지만 양수가 나올 때 태아를 볼 수 없을 경우
③ 출산이 시작되고 있는데도 불구하고 사료를 먹거나 반추를 하고 있을 경우
④ 한쪽의 발, 머리, 꼬리만 나오고 있는 경우
⑤ 외음부에 작은 핏기가 있을 경우
⑥ 커진 유방이 줄어들고 있을 경우
⑦ 악취가 나고 있는 경우
⑧ 식욕과 원기가 전혀 없게 되는 경우 등이다.

나) 분만 후 경과

새끼는 출산 후 48시간 이내에 일어설 수가 있다. 추위에 약하기 때문에 깔짚을 충분히 깔아서 보온에 주의한다. 초유는 반드시 급여한다.

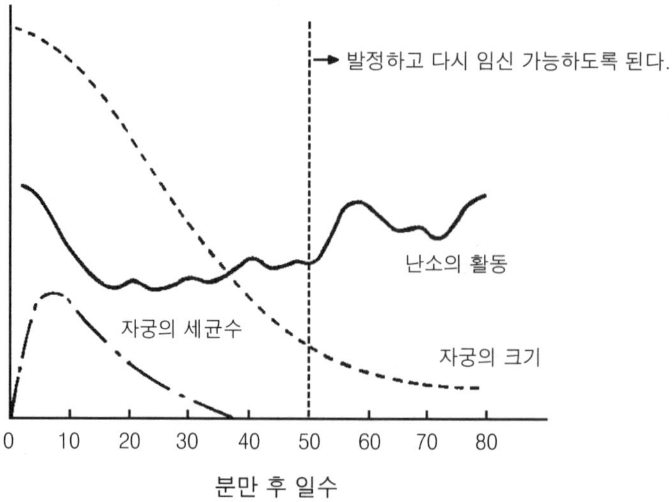

그림 7-28. 산후 자궁회복과 난소 활동의 회복

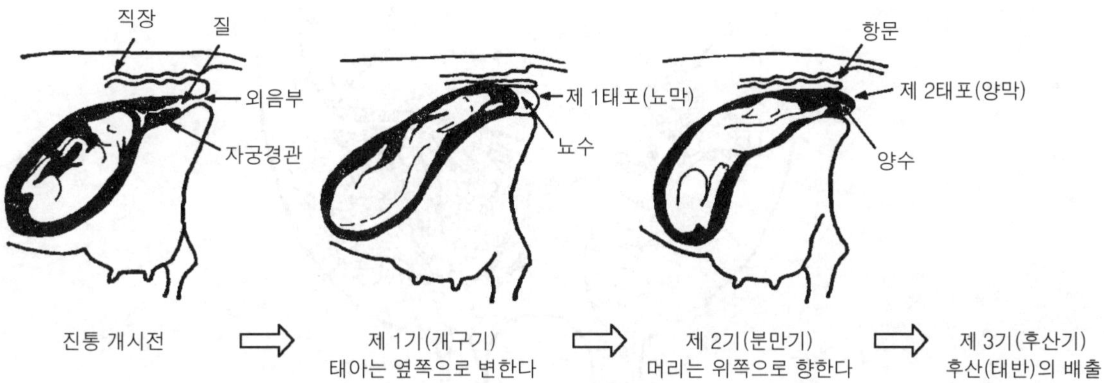

그림 7-29. 정상 분만의 진행방법과 태아 위치의 변화

분만 후 자궁이 임신 전 크기로 돌아갈 때까지는 40～60일이 걸린다. 분만 후의 부산물은 우사와 장내에 보통 존재하는 세균에 의해서 처리되며, 보통 출산 후 20일 정도면 없어진다. 분만 후 35일이 되면 자궁내의 세균도 감소해서 완전히 깨끗하게 된다. 난소는 보통 분만 후 30일까지 쉬게 되지만 40일경부터 점점 활동하기 시작하고, 50일을 지나면 활발하게 활동할 수 있다.

5. 비 유

1) 유방의 구조와 비유의 계획

유방(udder)은 유백색의 스폰지와 같은 조직으로, 유선세포(mammary gland cell), 즉 젖을 분비하는 세포가 구형으로 분포되어 있는 유선포(alveolus)이다. 유선포로부터 젖을 운반하는 유선관(mammary gland duck)이 나와 있다. 유선관이 몇 개가 모여서 유선소엽(lobule)을 만들고, 유선소엽이 모여서 유선엽(lobe)을 이룬다. 유선포의 내측에는 유선세포가 분포되어 있고, 유선세포 안으로부터 소유관이 나와 있으며, 소유관이 모여서 대유관이 되어 유조(milk cistern)에 연결되어 있다.

유방은 4개의 유구(quarter)로 나누어지며, 좌・우로 각각 구분되어 있다. 그리고 전유방보다 후유방 부분이 더 발달하고, 각 분방으로부터 나오는 유량은 좌・

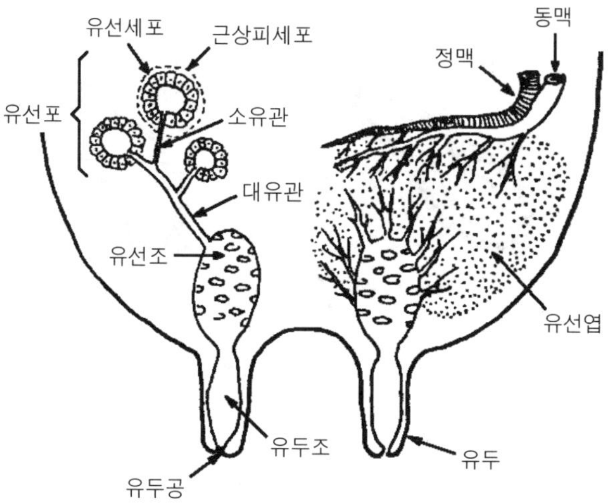

그림 7-30. 유방의 구조

표 7-7. 우유성분에 영향을 주는 사양적 요인

	유지율	무지유고형분율	유 량
에너지 급여수준	-	부족 → 감소	부족 → 감소
단백질 급여수분	-	-	부족 → 감소
조사료부족(농후사료 다급)	감소	증가	증가
조사료 분쇄	감소	증가	-
방목	이른 봄 → 감소	-	이른 봄 → 증가
사료의 가열처리	감소	증가	증가
사료중의 지방	간유 → 감소	-	-
계절	여름 → 감소	여름 → 감소	여름 → 감소
기온	고온 → 감소	고온 → 감소	고온 → 감소
산차(연속해서)	감소	감소(유당)	증가
비유기	감소(최고 유량기)	감소(고유량기)	증가 또는 감소

우의 유량이 동일하지만, 전・후에는 2 : 3 정도로 후유방 부분이 더 많은 유량을 생산한다. 유선은 난소로부터 분비되는 에스토로겐(estrogen)과 프로게스테론(progesteron) 등의 성호르몬의 작용에 의해서 발달한다.

분만 후 비유가 시작되는 것은 뇌하수체 전엽으로부터 분비되는 비유호르몬(프로락틴, prolactin)의 증가 및 황체호르몬의 감소와 관계가 있다. 비유의 지속은 프로락틴, 성장호르몬, 부질피질호르몬의 공동작용에 의해서 유지된다.

유선에서 만들어진 유즙이 밖으로 배출되는 것은 뇌하수체 전엽으로부터 분비되는 옥시토신(oxytocin) 작용에 의해서 시작된다. 착유 시에 스트레스를 생각하면 교감신경이 긴장하고, 부신수질호르몬(아드레날린, adrenalin)이 분비되어서 유즙의 배출을 방해하게 된다. 유즙은 혈액 성분을 원료로 하여서 유선 안에서 만들어지며, 젖소의 사료(영양)와 밀접한 관계가 있다.

좋은 유방은 전유방이 복부에 넓게 잘 붙어 있고, 후유방은 양다리 사이에 높고 넓게 위치한다. 몸에 바짝 달라붙어서 바닥은 평평해야 한다. 뒤쪽에서 보면 유방의 폭이 넓고 표면에 유방정맥(mammary vein)이 크고 꾸불꾸불하게 펼쳐져 있다. 반대로 나쁜 유방은 붙어 있는 것이 약하고 계속해서 젖이 나오면 유방의 형이 둥글고 용적이 작아진다.

2) 유량에 영향하는 요인

젖소는 연차・연령・분만 월・분만간격 등과 고온다습에 의해서 비유에 크게 영향을 받는다. 10～15℃가 가장 적당한 온도이지만, 27～29℃가 되면 유량은 10～20% 감소하고, 35℃에 이르면 50～75%의 유량이 감소한다.

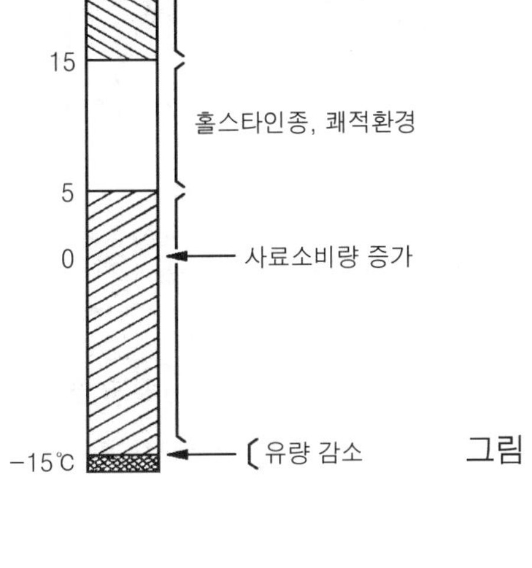

그림 7-31. 외부온도와 유량의 관계

3) 착 유

(1) 착유법과 규모

착유우가 1～2마리일 경우 손으로 착유(hand milking)해도 충분하고, 3～5마리의 경우 소규모용 물통형 착유기(bucket type)의 도입을 생각해도 좋다(동시에 2마리 착유가 가능한 능력을 갖춘 것이 좋다). 물통형 착유기는 진공배관을 사용하면 10～20마리 정도까지 사용할 수 있다.

그러나 20마리 이상일 경우 동시에 3대를 사용하는 경우가 있기 때문에 진공배관의 길이를 연장하거나, 또는 배관계통으로부터 공기누출과 공기저항이 바뀌기 때문에 용량이 큰 것을 사용하는 것이 바람직하다. 30마리를 넘어서면 기계착유기(pipeline milker)를 사용하는 경우가 많지만, 물통형 착유기 이상으로 유방염에 대한 위험성이 높기 때문에 주의가 필요하다.

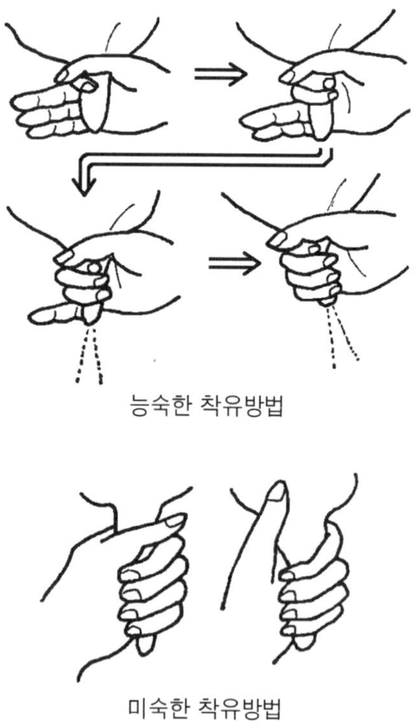

그림 7-32. 손을 이용한 착유방법

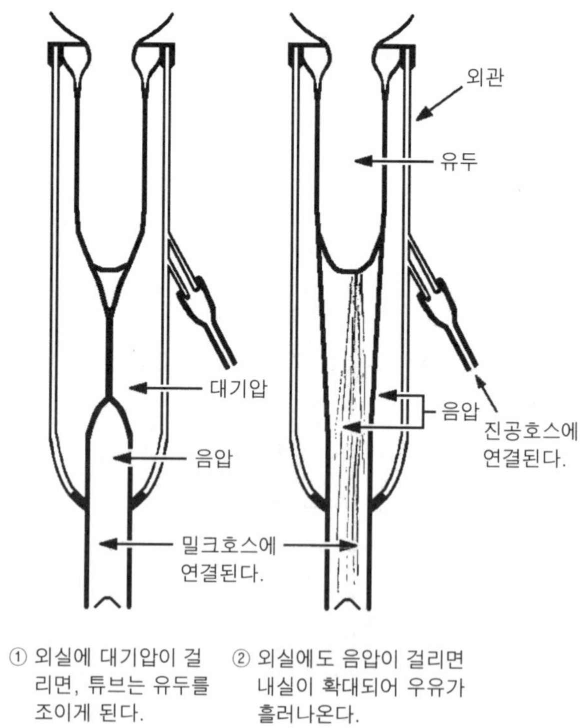

그림 7-33. 기계착유의 원리
①과 ②를 반복해서 착유한다

(2) 착유의 순서

착유란 유방에 유즙이 차서 압력이 높아질 때 유즙을 외부로 방출시키는 작업을 말한다. 착유를 맞이하는 30~60초 동안 유방의 세척과 마사지는 착유 준비자극을 주는 옥시토신(oxytocin)의 분비를 촉진하기 때문에 실시이후 신속하게 착유해야 한다. 최근에는 착유하기 전 세척을 하지 않고 곧바로 착유하는 것이 옥시토신의 분비시간과 유량을 높일 수 있음이 알려지면서 이 방법이 널리 시행되고 있다.

처음에 착유한 우유 안에는 세균이 많이 있기 때문에 처음 2~3회 착유한 우유는 반드시 버린다. 착유기(milker)의 진공압, 파동수가 적당하지 않거나 변동이 있으면 유두가 문제를 발생하기 때문에 진공펌프, 진공호스, 파이프, 맥동기(pulsater), 파지기(suspension cup), 유두컵(teat cup) 등의 점검을 정기적으로 실시해야 한다. 마지막 우유는 위로부터 압력이 적기 때문에 유두의 안까지 내려오기 어렵다.

또한 착유기를 사용할 경우, 유두컵이 유두의 기부까지 흡입하여 유조 하부의 출구를 막을 수 있기 때문에 주의가 필요하다. 착유기를 사용할 때 마지막까지 짜내는 것은 유두컵을 아래쪽으로 밀어붙여서 실시하는 것이 좋다. 한편, 손으로 유방을 문질러서 우유가 흘러내리도록 함으로써 남은 우유를 적게 한다.

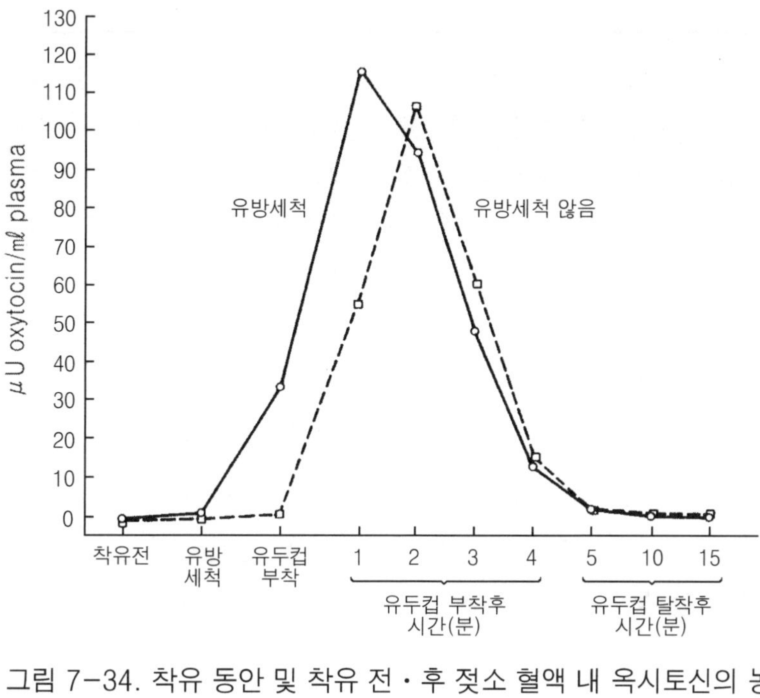

그림 7-34. 착유 동안 및 착유 전·후 젖소 혈액 내 옥시토신의 농도

표 7-8. 유방염을 예방하는 올바른 착유기 취급방법의 요점

	균의 침입 방법과 나쁜 자극의 종류	어떻게 하면 방지할 수 있는가	조작의 요점
세균의 전염을 막는다	유두로부터의 침입	축사·착유기구·손 등의 소독	기구와 손을 잘 세척, 소독하고 다음 소로 이동한다
	짓무른 유두로부터의 침입	유두를 짓무르지 않도록 필요 이상의 강한 음압을 걸지 않는다	사용 전·후의 착유기를 점검한다
	우유의 역류에 의한 침입	유두를 단단히 조이고 너무 강하게 조이는 것을 방지	기계의 적정한 착유 종료시기를 판단
나쁜 자극을 주지 않는다	직접적인 진공 자극	필요 이상의 강한 음압을 걸지 않는다	사용 전·후의 착유기를 점검한다
		너무 강하게 거는 것을 방지	조작두수의 적정화와 착유 종료시기의 적정한 판단
	우유를 남기는 것에 대한 자극	우유가 잘 내려가도록 좋은 자극을 준다	착유자극을 효과적으로 준다
		불쾌한 자극을 주지 않는다	착유 중 소가 놀라게 하지 않고, 유두컵을 적정한 시간에 착탈한다
		유두기부를 단단히 조이는 것을 방지	기계를 올바르게 사용하도록 힘쓴다

네 개의 유두에서 젖을 다 짜면 후착유(stripping)를 해야 한다. 후착유를 잘 하면 유선조직이 발달하고 유지율이 높은 젖을 생산할 수 있다. 마지막 몇 방울까지의 착유는 손으로 실시하여도 좋다. 우유가 나오지 않음에도 불구하고 착유기를 계속 달아 놓으면 유두 혈의 손상과 유두의 세균감염을 일으키기 쉽다.

4) 건 유

임신 후반기에 도달한 젖소는 태아 발육이 왕성해지면서 유량이 크게 줄어드는데, 이 때 젖소는 착유(milking)를 중지하고 건유를 실시해야 한다.

건유(dry milk)란 다음 비유기의 정상적인 유량을 도모하고 젖소의 건강을 유지하기 위하여 긴 기간 동안 활동을 한 유방을 쉬게 하고, 소모한 기능을 회복하는 것이다.

젖소는 분만 전 50～60일 간은 착유를 하지 않고 건유를 시켜야 한다. 건유요령은 젖 생산에 필요한 농후사료와 사일리지와 같은 다즙사료 급여를 중지하고, 착유횟수를 줄이면서 운동을 실시해 준다.

유즙의 배출이 없으면 유즙은 유선포 내에 모아 두고 유선포를 팽창시켜서 유선포 벽을 강하게 압박한다. 내압이 높아짐에 따라서 유선포를 둘러싸고 있는 모세

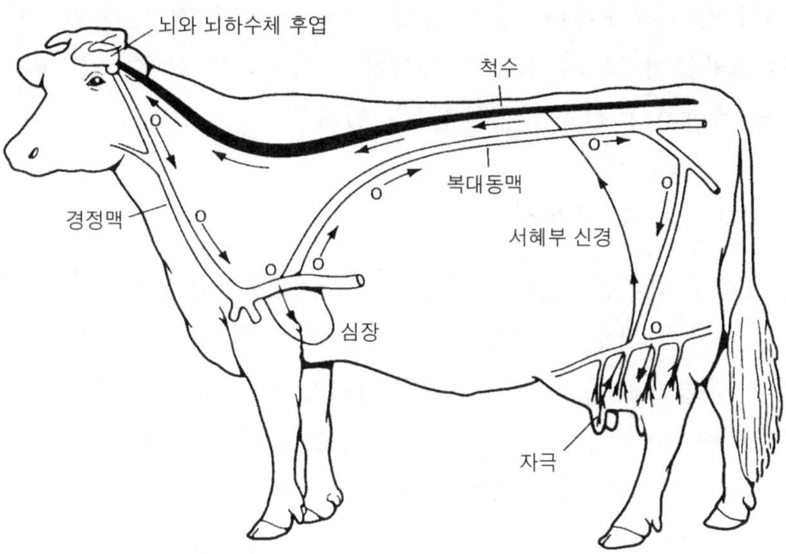

그림 7-35. 젖 내림(milk let down, milk ejection)의 신경호르몬적인 반사작용

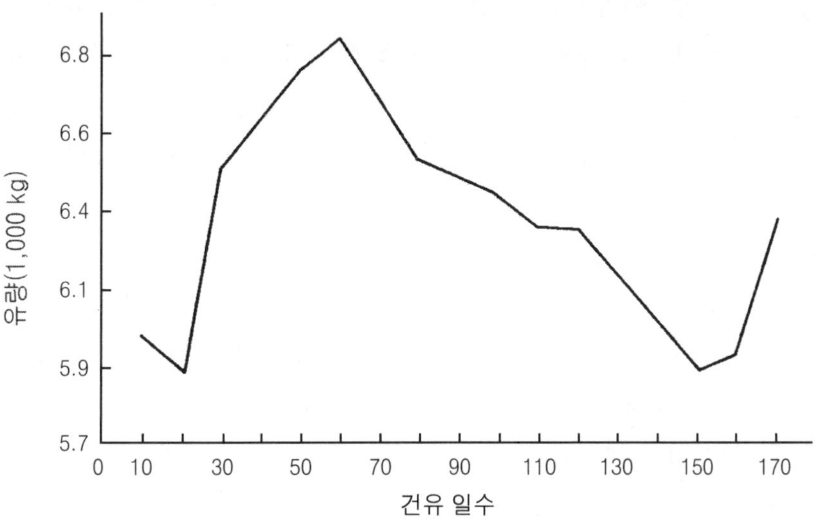

그림 7-36. 젖소의 서로 다른 건유기 이후 평균 305일 우유 생산량

혈관을 압박하게 하고, 착유를 멈춘 24~48시간 전후에 유선세포의 유즙 합성은 멈춘다. 곧바로 유선포에 모아둔 유즙은 농축되고, 지금까지 혈액으로부터 우유를 합성하고 있던 유선세포는 반대로 유즙을 흡수해서 위축해진다. 이것이 건유의 생리이다.

건유에 오랜 시간을 끌어서 1회 유량이 2~3 kg일 때 착유를 멈추는 방법은 모체의 쇠약이 심해지고 바뀐 신체의 리듬을 흐트러트리기 때문에 건유하는 방법으로는 급속 건유법이 우수하다. 일일 유량 10~15 kg의 경우, 일일 1회 착유하던 것을 격일제 착유로서 몇 회 정도 되풀이하면 쉽게 건유할 수 있으며, 성과가 나쁜 소는 물을 제한하여 건유를 유도할 수 있다.

5) 우유의 처리와 유질개선

농림부의 규격에 따르면 1등급 원유는 산도가 유산으로서 0.18% 이하, 총 세균수 1 mℓ 중 3만 마리 이하, 체세포수 1 mℓ 중 20만 마리 이하, 비중 1.028~1.24, 알콜검사(70% 알콜과 우유를 1 : 1로 혼합처리시 응집이 되지 않아야 한다), 그리고 가수검사시 -0.508℃ 이하를 기준으로 하고 있다. 무엇보다도 우선 착유부터 가공처리까지의 모든 과정에서 가능한 한 세균수를 감소시키는 것이 중요하다.

한편, 분만 후 5일 이내의 소에서 착유한 우유, 항생물질 및 젖에 영향을 주는 약제의 투약 또는 주사 후 3일 이내의 소젖, 생물학적 제제의 주사에 의한 반응을 일으키는 우유의 출하는 금지하고 있다.

유질이 이상한 생유를 이상유라고 한다. 2등유, 유방염유, 정상이 아닌 이상 성분을 함유한 우유, 정상 성분에도 그 농도가 심각하게 이상한 우유 등도 이상유이다. 초유와 말기유는 생리적 이상유이다. 2등급 우유에는 알콜검사에서 불안정한 우유, 산도가 높은 우유, 저성분유(저지방유, 저비중유), 이상한 냄새와 불쾌한 맛이 나는 우유 등이 있다.

알콜검사에서 발견이 가능한 이상유 안에 고급 2등급 우유가 포함될 수 있음은 우유의 취급불량, 저장온도의 부적절, 기구의 세척불량에 의한 잡균의 발생 등에 기인할 수 있다. 또 6세 이상 그리고 3~5세의 비유능력이 높은 소에서 많이 볼 수 있는 저산도 2등급 우유 안에 고산도 2등급 우유가 포함되며, 산도가 18% 이상인 우유 속에 신선한 것임에도 산도가 14% 이하의 우유가 포함되어 있음은 70% 알콜검사에 의해서 종종 나타날 수 있다.

이상유는 잔재성 유방염, 간 기능 이상, 골연증, 케톤증, 번식장해, 스트레스, 칼

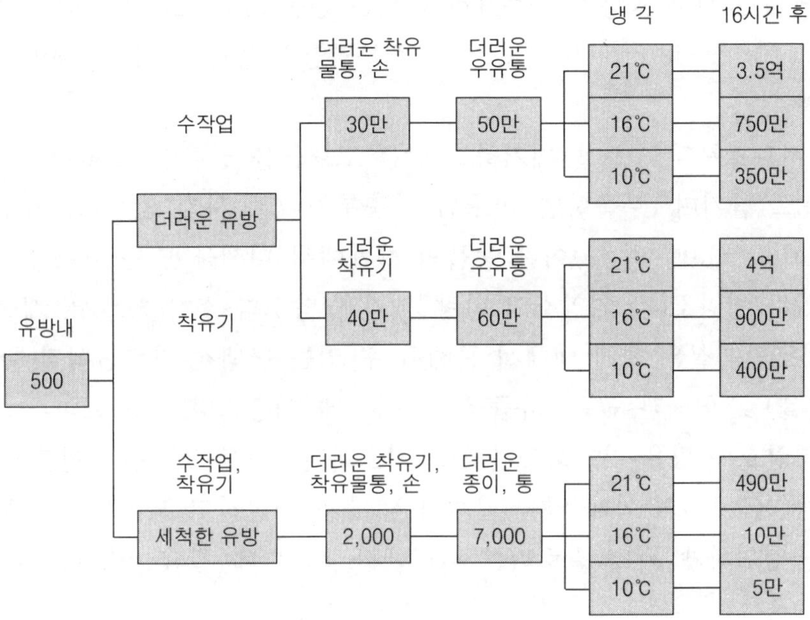

그림 7-37. 세균증식의 예

슘과다, 칼슘부족, 부패한 사일리지의 급여, 환경이상과 급변, 경악, 흥분 등에 의해서 일어난다.

저지방유는 조사료의 부족, 조사료를 너무 곱게 절단하거나, 곡류 등의 전분질 사료의 다량 혼합, 단백질의 부족 등이 원인이 되고, 무지고형분이 적은 우유는 고칼로리 사료의 부족, 건초 등의 부족, 고온다습 등이 원인이기 때문에 주의가 필요하다. 각종 장해의 원인이 되는 유방염은 체세포수를 검사하고 감수성 검사를 진행함으로써 진단하고 있다.

6. 사료급여

1) 영양소 요구량

젖소에서 사료비는 낙농경영비의 60%이다. 젖소의 두당 우유 생산량을 높이기 위해서는 소의 능력에 맞는 균형된 사료(balanced ration)를 급여하는 표준사양이 되어야 한다. 젖소에서 필요한 영양소 요구량은 NRC 사양표준에서 볼 수 있다.

사양표준에서 표시한 영양소의 주요한 단위는 건물(dry matter, DM), 가소화조단백질(digestible crude protein, DCP), 가소화영양소 총량(total digestible nutrient, TDN)이다.

건물은 사료로부터 수분을 제거하고 남은 고형물을 말한다. 건물이 많으면 사료를 섭취하고 남기며, 부족하면 반추위가 충분히 활동하지 않는다. 가소화영양소 함량(digestible nutrient, %)이란 동물의 생체에서 미생물 또는 효소에 의해서 분해될 수 있는 영양소(각 영양소의 함량 × 각 영양소의 소화율)로서, 계산할 수 있다. 가소화조단백질은 생체 내에서 분해될 수 있는 단백질(사료단백질 함량×단백질의 소화율)로 혈액과 근육, 유즙을 만드는 데 이용된다.

가소화영양소 총량은 가소화조단백질, 가소화탄수화물(조섬유 · 전분 · 당분), 가소화조지방(×2.25)의 합계 양을 말하며, 유즙을 생산하고 새끼를 생산하는 등 소의 생활을 영위하게 되는 칼로리를 나타낸다. 그 밖에 칼슘, 인, 마그네슘, 칼륨,

표 7-9. 급여사료의 영양수준과 소의 비만과의 관계

단백질 \ 칼로리	저칼로리 (TDN 100% 이하)	적당한 칼로리 (TDN 100~110%)	고칼로리 (TDN 140% 이상)
저단백질 (DCP 95% 이하)	마른다	마른다	마른다
적당한 단백질 (DCP 100~110%)	마른다	변화가 없고 건강	뚱뚱하다
고단백질 (DCP 150% 이상)	마른다	변화가 없다	뚱뚱하다

표 7-10. 홀스타인의 수분 요구량

구 분	주 령	수분요구량	구 분	주 령	수분요구량
새끼소	4	4.5~5.4 kg	어린암소	임신중	27.2~31.8
	8	5.8			
	12	8.1~9.1	암소	유량 9~23 kg	29.5~82.6
	16	11.3~12.7		36	56.2
	20	14.5~16.3		건유중	40.8
	26	15.0~21.8			

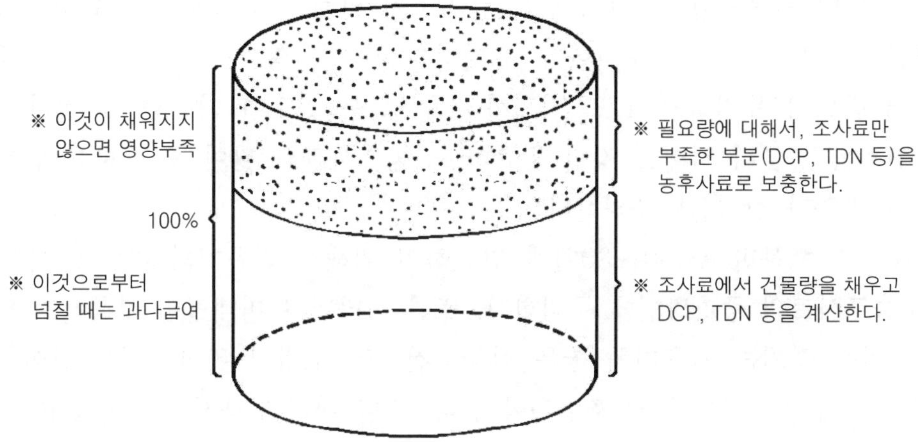

그림 7-38. 영양 대체방법

소디움, 이온 등의 무기물도 필요하다. 철, 동, 망간, 코발트, 아연 등의 미량무기물, 비타민 A・D(B군, C는 제1위에서 합성된다) 역시 필요하다.

젖소는 개체 차이가 있고 또한 관리자의 사양관리 방법도 각각 다르다. 또, 급여사료에 있어서 토질, 비료, 수확시기 등이 농가에 따라 다르기 때문에 영양소 함량이 서로 다르다. 따라서 사양표준에 제시된 영양소 요구량을 맹목적으로 추종하는 것은 위험할 수 있으므로 참고자료로 이용하는 것이 좋을 것이다. 사양가는 영양소의 이용에 있어서 농가의 사료급여 방법과 소의 상태(체중, 유량, 임신정도 등)를 잘 관찰하면서 사료급여를 해야 한다.

2) 비유단계와 사료급여

건유기(dry period)에는 전분질 사료를 멈추고 건초와 볏짚을 중심으로 한 조사료를 급여하여 주는데, 부족할 경우 농후사료를 2 kg 정도 급여해 준다. 건유의 시기는 특히 비만하지 않도록 스탄죤 우사의 경우 도식방지에 주의하고, 방목 우사의 경우 착유우와 분리하고 비만해지면 사료를 줄여야 한다. 단, 미네랄과 비타민은 필요량을 급여해 준다.

분만 2주 전 정도까지 소량의 농후사료에 익숙할 수 있도록 하고, 분만 후는 유량의 증가에 따라서 농후사료를 늘려서 급여한다. 건유기의 신체상태가 좋으면 설사나 소화기장해에 대한 걱정은 없다.

최고 비유기는 정상적인 유량을 유지하기 위해서 소정의 사료를 급여해야 하기 때문에 조사료의 질에 주의한다. 유지방의 저하를 방지하기 위해서 조섬유를 15%로서 반드시 유지하고, 17% 정도까지 높일 수 있으면 더욱 좋을 것이다. 양질의 조사료를 충분히 먹이는 것이 필요하고, 농후사료도 많이 주기 때문에 타액의 분비와 반추가 잘 되게 주의한다.

수정기는 분반 후 50～80일에 임신하기 위해서 건유기의 비만을 피하고, 분만 후 농후사료의 증가방법에 주의한다. 또한 비타민과 미네랄이 부족하지 않도록 한다. 비유 후기는 건유기를 좋은 신체조건으로 보내기 위한 표준기간이기 때문에 그 시기에 비만하지 않게 조절해야 한다. 또한 에너지 대사효율이 좋고, 유량의 저하도 크기 때문에 남는 에너지가 체지방으로 축적되기 쉽기 때문에 충분한 주의가 필요하다.

7. 자급사료 저장과 이용

제1위를 건강하게 하고 고품질의 우유를 생산할 수 있도록 하며 깨끗한 출산을 하는 소를 기르기 위해서는 양질의 조사료가 필요하다. 불행하게도 우리나라는 건목초, 건초큐브(hay cube), 알파파 펠렛(또는 분쇄사료), 기타 등등을 사료용으로 외국으로부터 수입에 의존하고 있다. 사료작물 경작은 해마다 늘어가고 있지만 아직은 부족하다.

표 7-11. 사일리지 품질의 간단한 확인방법

구분	등급	사일리지색	사일리지의 냄새	사일리지를 손으로 잡을 경우
안전	A	황금색, 올리브색	적당히 달고 신냄새	손을 씻고 싶은 생각 없음
	B	적황색	달고 신 조금 자극적인 냄새	물로 씻으면 냄새가 없어짐
위험	C	적색	달고 신 강한 암모니아냄새	온수로 씻지 않으면 냄새가 없어지지 않음
	D	녹색, 암적색	암모니아냄새와 썩는 냄새	비누와 온수로 씻지 않으면 냄새가 없어지지 않음

표 7-12. 연결 우사와 방목 우사의 비교

	연결 우사	방목 우사
대상 소	· 건유우가 살고, 육성기간 젖소 및 육우에도 이용할 수 있다	· 착유우, 건유우, 유·육우의 육성우, 번식육우 등에 이용할 수 있다
특징	· 개체 관리에 용이하다 · 소가 연결되어 있다 · 급이·착유 등은 사람이 스톨에서 하기 때문에 노력이 덜 든다 · 소의 경합이 적다 · 최고 수용두수가 고정되어 있다 · 병우, 발정우를 빨리 발견할 수 있다	· 군 관리에 적합하다 · 소의 행동이 자유롭다 · 채식·착유 등을 할 때 소 스스로 급이장, 착유실로 이동하기 때문에 노동력이 적게 든다 · 소의 경합이 적다 · 수용두수에 유동성이 있다 · 질병이나 발정의 발견이 늦어진다
적합조건	· 토지면적이 적고 조사료가 부족해도 할 수 없이 이용하는 경우 · 사양규모가 중 이하의 경우 · 소의 능력, 조건이 다소 부족해도 대응할 수 있다 · 노력에 비교적 여유가 있는 경우	· 충분한 토지를 가지고 있고, 조사료의 공급이 원만하고 저장이 용이한 경우 · 사양두수가 상당히 많은 경우 · 소의 능력, 조건이 부족해서 대응하기가 어려운 경우 · 노력에 여유가 없는 경우

야생초의 이용, 농기계의 개량과 짚의 이용, 야채와 과실 부산물, 고구마 줄기, 콩깍지 등의 농가 부존자원의 이용 등을 생각하고, 방초·옥수수·호밀 등의 청예작물을 건초와 사일리지로써 축적하려는 노력을 계속하며, 초지 조성에 힘을 쓰고 있다. 양질의 조사료 자원을 확보함과 동시에 연중 조사료가 부족하지 않는 상태를 유지하는 것이 필요하다.

제 8 장

한육우의 생산

1. 한육우의 품종

한우(Korean native cattle, Bos taurus coreanae)는 특히 경상북도, 경상남도, 전라남도, 충청남도, 강원도 순으로 많이 사육하고 있으며, 전체 한육우 중에서 90% 가깝게 차지하고 있다. 육질과 육즙도 좋고 특히 지방교잡(상강도, marbling)이 뛰어나다.

육우는 젖소육우가 97%를 차지하며, 육용우는 3% 정도에 불과하다. 젖소 비육우는 유용종잡우(홀스타인)의 비육사료와 비육방법이 개발된 이래로 급속히 향상되어 수소, 노폐우를 포함해서 육용 출하두수를 차지하고 있다. 발육이 빠르고 지방교잡은 일반적으로 크게 기대할 수 없지만 적육 생산에 적당하고, 일반육으로서 생산되고 있다. 유용종의 대부분을 차지하고 있는 홀스타인종은 우유생산을 위해

서만 개선되어 왔던 것이기 때문에 체격이 대형으로 발육속도가 빠르고, 사료의 섭취가 좋고, 성질도 온순하고 무리사육에서 이용성과 증체속도는 좋지만, 육즙보유, 지방교잡(마블링), 육색 등은 떨어진다.

2. 발육과 고기생산

1) 육우의 발육

소의 신체 발육순서는 ① 머리 → 목 → 등(가슴) → 허리로 향하는 중간발육과 ② 엉덩이 → 허리로 향하는 약한 발육이 함께 진행하면서 최종적으로 허리가 몸의 중심에 있으면서 가장 늦게 성장을 한다. 조직부위의 발육은 기능적 측면이 중요시 되어 뇌(중추신경) → 뼈 → 근육 → 지방의 순서로 발달하고, 지방조직은 신장지방 → 근간지방 → 피하지방 → 근내지방의 순으로 최대발달을 나타낸다.

소의 각 부위의 크기와 체중과는 밀접한 관계를 갖고 있다. 특히, 큰 관계가 있는 체형은 흉위, 다음으로 요각폭·관폭·고장 등 후구의 각 부위이다. 몸의 성장을 표시하는 것은 체장이다.

체형의 측정은 다음과 같다. 즉, 흉위는 3 m 정도의 헝겊 줄자로 대경선상에서 그 둘레를 조여서 잰다. 요각폭은 골반계로 좌우 요각의 제일 돌출한 부위 사이의 수평길이로 측정한다. 관폭은 골반계로 좌우 관고 관절부의 제일 돌출한 곳 사이의 수평길이로 측정한다. 고장은 골반계로 요각 전단에서 좌골단까지의 직선거리

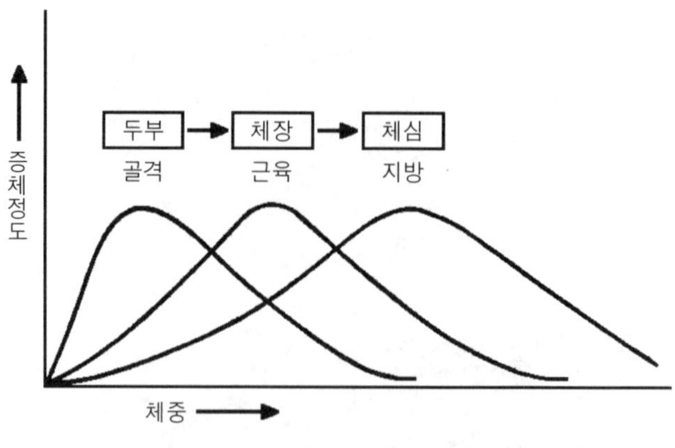

그림 8-1. 생체 각 조직의 발육순서

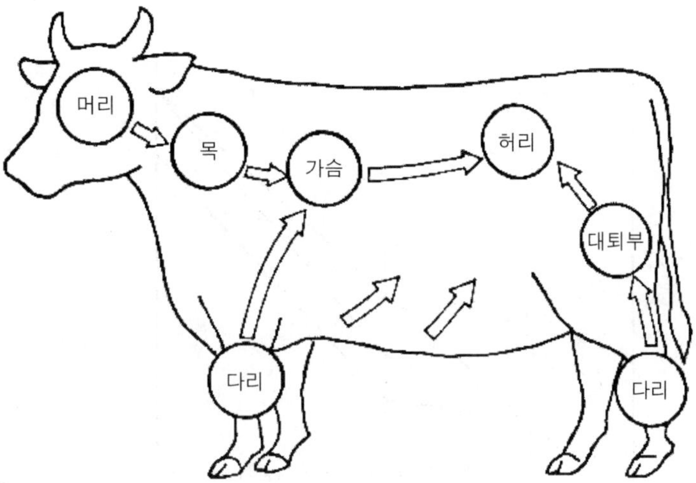

그림 8-2. 소의 발육순서

로 측정한다. 한우의 체장은 체척계로 어깨 끝에서 좌골단까지를 등선에 따라 수평체장을 잰다.

각 신체 및 조직부위의 발달속도는 소의 품종, 성, 영양조건에 의해 달라진다. 영양이 좋을 경우 부위별 성장속도가 빨라 조기에 성숙되지만, 영양이 좋지 않을 경우에는 성장속도가 저하되면서 신체와 조직의 완성에 이르는 기간이 길어지게 된다. 이와 같이 소는 생명유지와 생산활동의 중요성에 의해 사양단계별 영양소의 이용특성이 달라지므로 특히 한우고기의 육질을 고급화하고 육량을 극대화하고자 할 때에는 발육특성을 정확히 이해한 후 사양관리 기술에 응용되어야 한다.

비육에 의한 체구성의 변화에 대해서, 발육곡선에 의하면 홀스타인종은 12개월령에서, 그리고 한우는 14개월령에서 성장속도의 상승기를 멈추고 감속기로 접어든다. 적육량은 지육 전체보다 성장속도가 늦고, 성장이 멈추어진 시점에서 지육과 적육의 생산량이 일치하고 있다. 지방은 성장속도가 늦게 된 다음은 지육증가가 주체가 되고, 상당한 속도로 축적되고 있다.

저영양상태에 의한 발육정체 후에 사양방법의 개선을 통하여 발육속도를 빠르게 함으로써 월령에 상응하는 크기에 쫓아가는 보상성장(compensatory growth) 발육이라고 말하는 현상이 있다. 보상성장 발육에는 다음과 같은 요인이 있다. 즉, 저영양상태의 기간이 길면 회복할 수 없지만, 체중이 어느 정도 증가해 있으면 사육방법을 바꿔서 따라갈 수 있다. 후기에 발육하는 부위가 저영양상태에 의한 보

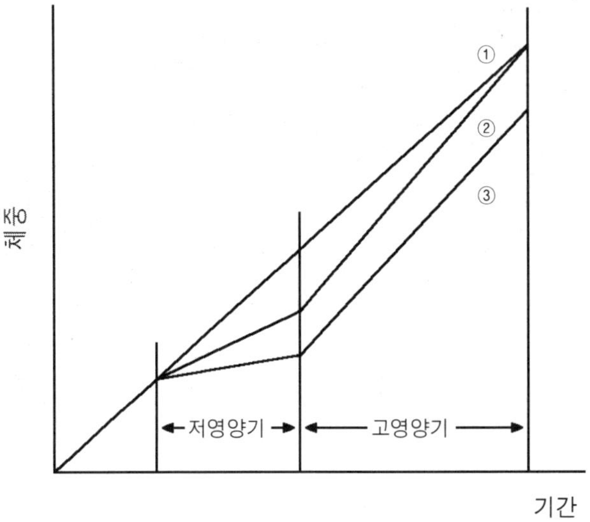

그림 8-3. 보상성장의 이용

① 정상성장
② ①에 쫓아가는 보상성장
③ ①에 쫓아가기에는 기간이 오래 걸린다.

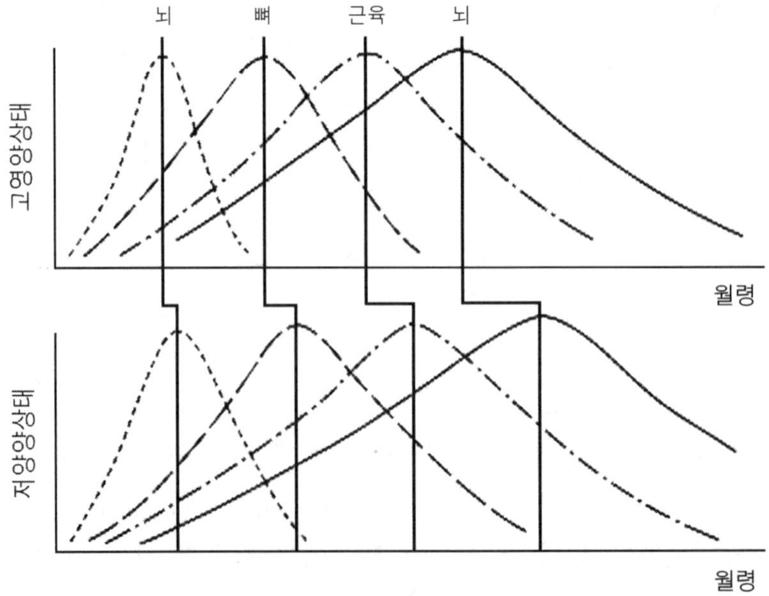

그림 8-4. 소의 영양과 발육상태

상성장 발육에 영향이 크다. 저영양상태에서 심각하게 살이 빠져 있다면 잠시 동안 증체가 잘 되지 않아도 육성기에 조사료를 다급하고, 사육방법을 바꿔서 진행하면 제1위의 기능이 향상되기 때문에 미래의 비육이 잘 된다.

육질에서 가장 중요한 기준은 등심의 지방교잡(상강도, marbling)이지만, 등심과 그 주위에 마블링이 들어가는 것은 15개월령부터이다. 그러나 지방함량의 증가에 비하면 마블링의 향상은 현저하게 적다. 육색・감촉・탄력 등을 고려하는 등급에서 높은 평가를 얻기 위해서는 18개월령 이상이 걸린다.

2) 영양을 얻는 구조

사료를 섭취하여서 체내에 얻어진 영양소는 발육순서에 따라서 각각의 기관과 조직에서 이용된다. 그 영양소는 살아가기 위해서 필요한 기관과 조직에 우선적으로 사용된다. 임신하고 있다면 태아에게 우선적으로 공급, 이용된다. 우선 순위를 갖는 기관과 조직의 발육이 끝나면 다음의 조직에 영양소가 공급된다.

만약 영양이 부족하면 각 조직으로부터 이용되는 순위가 1개씩 감소해서 발육의 속도는 떨어지지만 뇌와 중추신경계, 태아, 뼈, 근육은 계속되고, 지방의 축적이 먼저 정지한다. 한편 영양부족이 심각하게 되면 근육의 발육이 멈춘다. 그러나 실제로 뼈와 근육은 영양수준의 변화가 있어도 어느 정도는 각각의 항상성으로 일정한 균형을 유지하면서 발육하고 있다. 뼈와 근육의 발육은 특히 에너지의 수준에 따라서 영향을 받고, 그 수준이 높으면 뼈와 근육의 발달을 초과하는 지방이 생성・축적될 수 있다.

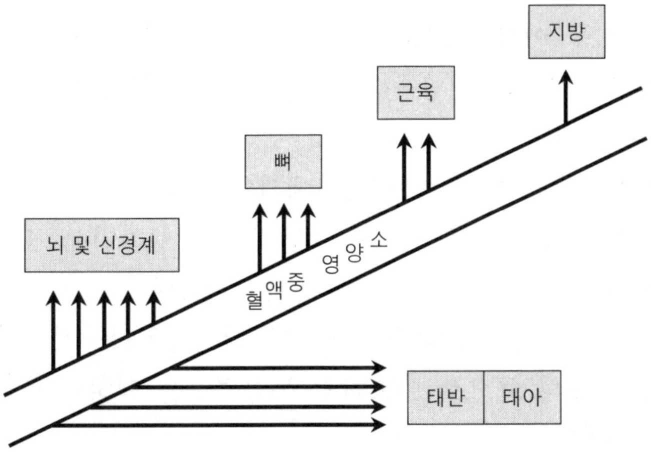

그림 8-5. 체조직에 의한 혈액 중의 영양소의 이용순위

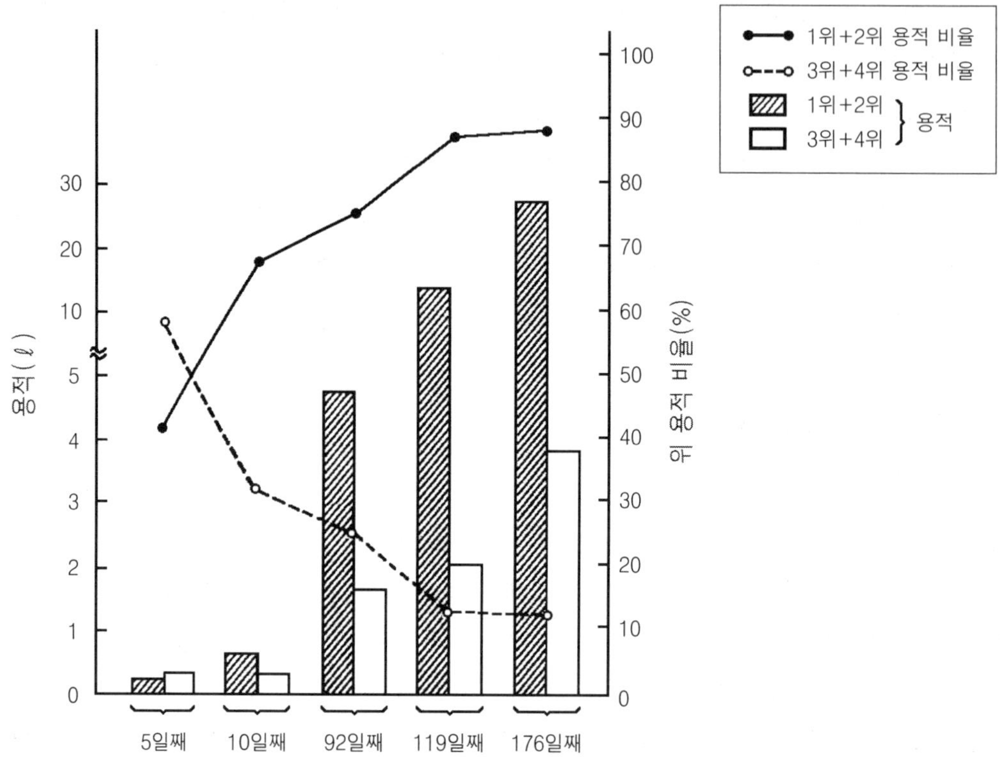

그림 8-6. 한우의 발육에 따른 반추위의 발달

3) 육우의 생산방식

번식농가에 있어서는 새끼소의 가격 불안정이 고민이다. 초지의 조건에 혜택을 받은 경우에는 100두 이상 규모도 가능하지만 역시 현장에는 50두 이하 규모에 머무르는 수박에 없다. 그리고 방목장에서 어미 소와 함께 사육하고, 이유 후 시장에 출하하는 새끼는 가격 면에서 불리함을 보상받기 위하여 방목장으로 다시 데리고 와서 사육한다. 일부 양축가는 방목장에서의 별도 사육을 위한 농후사료 보충방식을 필요로 한다. 또 2년에 걸쳐서 여름방목을 행하여서 충분한 체구의 수소 육성우에는 거세 비육해서 출하하는 것도 바람직하다.

한편, 우사에서 조사료 섭취방식(가능하면 뒷산방목)을 취한 집약적 경영에는 예를 들면, 10두 정도의 규모로 이모작의 복합경영을 행하는 땅에 자리잡은 작업방법을 생각해야 한다.

비육경영에서는 20두 정도의 규모로, 토지와 결탁한 사료기반의 확보 관점에서 되돌아가는 것이 중요하다. 비육우는 간단히 우사에서 사육이 가능하기 때문에 충분히 소가 눈에 들어오는 정도씩 무리로 사육하고, 비육기간도 종래와 같이 단축하여 비용절감을 꾀하는 방법을 고려할 만하다.

4) 한우의 발육단계

한우의 발육단계는 포유기 · 육성기 · 성숙기 · 완숙기의 4단계로 나누지만, 쇠고기 생산을 직접 목적으로 하는 어린 연령 비육의 경우 육성기는 비육기의 전기로 되고 성숙기, 완숙기는 없다.

육우는 일생을 통해서 연속적인 발육을 이어가지만, 그 발육의 방식은 일정하지 않고 단계별로 다르다. 한우 수컷에서 포육기와 육성기의 성장이 성숙시의 체중을 좌우하는 것을 알 수 있다. 그러나 비만하게 되면 그 뒤에 비육에 장해가 일어나고 늦어지기 때문에 균형 있는 발육을 유지할 수 있도록 기억해야 한다.

육우의 발육은 같은 속도로 진행되지 않으며, 한우 수컷새끼가 태어나서부터 이유하기까지의 일일 증체량을 보면 일반적으로 생후 1주일간 일일 증체량은 크다. 그러나 출생 후 1～2개월령의 증체량은 어미소로부터 얻는 영양소가 부족하고, 그 부족분을 보충사료를 통해서 충분히 보충하는 단계가 아니므로 포유기간 동안의

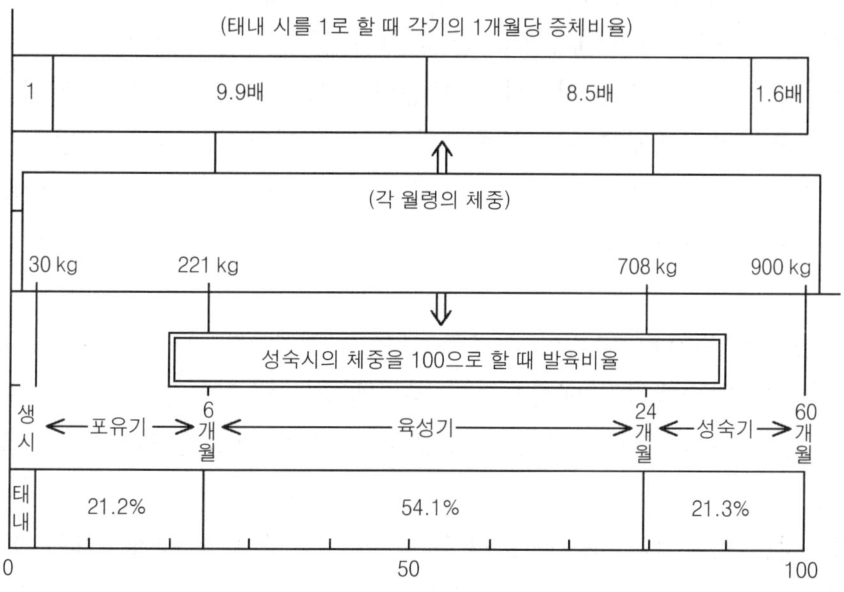

그림 8-7. 각 형태별 발육비율의 비교

발육률이 가장 작음을 알 수 있다. 결과적으로, 2개월령 이후에 어미소와 다른 사료의 사료 섭취량이 늘어나게 되고, 증체량도 점점 늘어나게 된다.

생후 1～2개월 성장의 정체는 모유 부족에 의한 것이기 때문에 어미소의 비유능력이 포유 초기의 발육에 크게 영향을 주고, 또한 포유기, 육성기를 통해서 발육에도 크게 영향을 준다.

3. 한우의 육성

1) 포유 · 육성기의 사료급여

(1) 포유기

모유 포유기간은 한우는 3～5개월(체중 80～120 kg), 육우는 4～6개월이다. 송아지에게 양질의 조사료와 배합사료 또는 이유사료를 따로 급여하는 경우는 포유기간을 3개월로 단축할 수 있다. 포유기의 시기는 암컷(번식용), 수컷(비육용)에게 동일한 사육방법을 실시한다.

한우의 경우는 젖소와 다르게 새끼에게 먹일 우유를 만들고 있지만, 6개월 동안 초산우는 약 520 kg, 경산우는 약 1,200 kg의 우유를 새끼소에 먹이는 것이 가능하다. 그러나 한우의 비유량은 분만 후 10～15일이 최고기를 나타내며, 그 후로 감소해서 3～4개월, 또는 5개월도 안 되어서 급격히 감소한다.

따라서 새끼소가 발육을 하기에는 모유만으로 영양이 부족하게 된다. 처음의 1개월 간은 좋지만 2개월부터는 부족하기 때문에 어미소의 우유의 방출을 봐서 생후 2～3개월부터 별식을 시작한다. 새끼소에게 모유 이외의 다른 양질의 건초와 농후사료를 주는 것이 필요하다. 그것은 반추위를 발달시키기 위해서도 반드시 필요하다.

새끼소는 10주령부터 별식의 사료를 보통 섭취할 수 있다. 사료는 처음에 분말형태가 좋지만 익숙해지면 배합사료와 자가배합을 해주는 것이 좋다. 처음에는 농후사료를 많이 주고, 점차로 양질의 건초를 늘린다. 사일리지는 생후 3개월까지는 주지 않는다.

주의할 것은 비만이다. 표준으로서 1일 1마리당 생후 3～4개월에는 0.4～0.8kg, 4～5개월에는 0.7～1.0 kg, 5～6개월에는 1.0～1.3 kg 정도를 준다. 수컷과 암컷

사이에 급여량의 차이가 있다.

(2) 육성기

육성기는 젖뗀 후인 3～4개월령(체중 90～110 kg)부터 12개월령(체중 280 kg 내외)까지를 말하며, 이 시기는 뼈·내장·제1위 등 소화기관과 체성장이 활발할 때이므로 조단백질 함량이 15～16%로 높고, 에너지 함량(TDN)이 69～70% 정도이면서 비타민·무기물이 풍부하게 함유된 육성용 배합사료를 체중의 약 1.5～1.7%로 제한 급여한다. 지나친 과비를 방지하기 위해 일당 증체량을 약 0.7 kg 정도 되게 하여 튼튼한 비육밑소로 기른다.

제1위의 발육을 촉진할 수 있도록 영양가가 풍부하고 기호성이 좋은 양질의 조사료를 충분히 급여하여야 하며, 특히 비육후기 성장 극대화에 필수적인 반추위의 용적 확대를 위해 1일 섭취하는 가소화양분 총량(TDN)의 40% 내외를 조사료로 공급하여야 한다.

이 시기에 적절한 양의 조사료를 섭취하지 못하면 제1위를 포함한 소화기관의 발달이 부진하여 비육기에 소화기장애, 간장장애, 요석증 등과 같은 대사성 질병이 발생하기 쉽고, 비육후기에 사료 섭취량이 늘어나지 않으므로 증체가 둔화되어 목표 체중까지 사육할 수 없게 된다.

따라서 육성기에는 지나치게 살이 찌는 것을 막으면서 소화기관과 골격을 발달시켜 튼튼한 비육밑소로 키우는 것이 가장 중요하며, 배합사료는 제한 급여했는지, 조사료는 목표대로 먹었는지, 증체는 잘 되었는지, 환경관리는 잘 했는지, 소의 건강상태는 좋은지 등을 검토하여 목표에 미치지 못할 때에는 문제점과 원인을 분석, 개선하여야 한다.

육성기에 조사료를 많이 급여하면 조사료의 거침과 부피에 의해 제1위와 소화기관 전체가 잘 발달될 뿐만 아니라 골격발달도 뒤따르면서 출하체중을 늘릴 수 있는 기초 체형을 형성시켜 장기 비육시에도 지속적인 증체가 가능한 건강한 비육밑소로 육성할 수 있다.

육성기에 조사료를 많이 급여함으로써 내장 주위나 근육과 근육 사이에 지방이 조기 부착되는 것을 예방할 수 있고, 침의 다량 분비를 촉진하여 제1위내 미생물을 활성화시켜 발효가 양호해지고 반추위의 기능을 원활하게 한다. 따라서 육성기에는 조사료를 충분히 섭취할 수 있도록 양질의 조사료를 급여하고 조사료를 배합사료보다 먼저 주는 것이 좋으며, 볏짚의 경우에도 5～10 cm 정도로 절단하여 급여해 준다.

비육기에 좋은 고기를 생산하는 사양관리 체계를 유지하기 위해서는 육성기에 양질의 조사료를 다량 급여하여 장기비육에 대비해야 하는데, 조사료로 볏짚만 급여하는 것보다는 알팔파나 옥수수 담근 먹이를 다량 급여하면 일당 증체량이 늘어날 뿐만 아니라 체중 대비 조사료 섭취량이 증가하여 반추위 등 소화기관의 발달에도 도움이 된다. 특히, 옥수수 담근 먹이를 많이 급여하면 발육과 사료 이용성도 좋아지고, 육질도 개선되는 효과가 있을 뿐만 아니라 생산비 절감도 기대할 수 있다.

최근에 육성기 동안 양질 조사료를 급여할 목적으로 건초급여 또는 방목 후 양질 조사료를 급여하였을 때에 전 기간 동안 볏짚 급여에 비해 일당 증체량이 향상되고, 배합사료 이용효율이 개선되었을 뿐만 아니라 배최장근 단면적과 육질 1등급 이상 출현율이 향상되는 바람직한 연구결과가 제시되기도 하였다.

(3) 번식우

육성기에서 번식우와 비육우로 구분하는 수컷은 급여방법이 다르다. 암컷은 길게 사육해서 순조롭게 새끼를 생산해야 하기 때문에 농후사료를 많이 주고 양질의 건초를 충분히 급여한다.

조사료는 포식하게 하고, 농후사료는 제한 급여하는 쪽이 좋다. 튼튼한 몸과 연산을 기대하는 것에는 조사료를 충분히 급여해서 제1위를 발달시키고, 농후사료를 제한해서 비만하지 않게 하는 것이 기본이다.

(4) 비육우

비육우로 돌린 수컷은 최근 8개월령의 것이 많기 때문에 이유 시와 비육기의 사이를 육성기로 보는 것도 가능하지만, 또는 육성기와 비육전기의 부분이 합쳐서 겹칠 수 있다.

그러나 그 뒤 농후사료를 많이 주어 증체를 노리는 사육방법, 그리고 압축한 보리 등을 많이 주어서 육질을 좋게 하는 비육방법의 제시로서, 비육전기에는 번식우 정도가 아니라도 좋지만 조사료를 충분히 급여하고 몸을 튼튼하게 발달시켜서 내장, 특히 제1위를 충분히 단련시켜야 한다. 즉, 번식용 암컷과 목적이 다르나 사료급여의 기본적으로 생각하는 방법은 다르지 않다.

비육전기(육성기)에 비만해진 소는 갖가지 체격적으로 비육에 들어 갈 때 증체

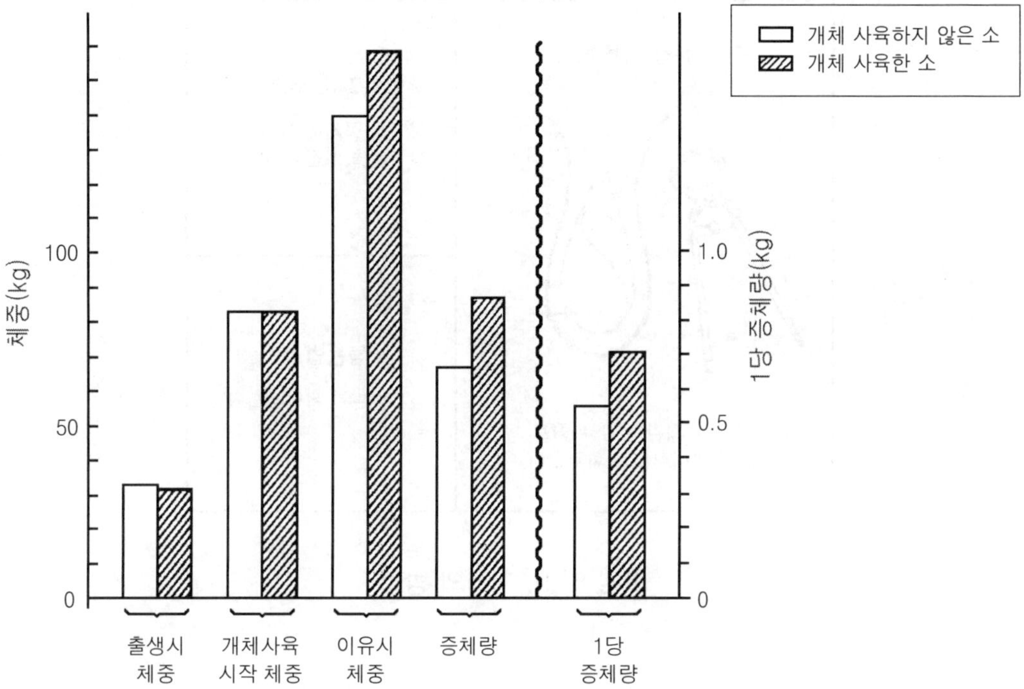

그림 8-8. 개체 사육한 어린소의 발육

가 잘 안 되고 충분히 비육의 효과를 달성할 수 없게 된다. 이유해서 비육에 들어갈 경우 2~3개월 간은 비육 준비기로서 역시 육성을 생각하는 관리를 하는 편이 안전하다.

생후 6개월째 이유 당시는 이제까지의 모유와 특식사료에 의한 발육이 좋지만, 이유 쇼크에서 몇 일간은 섭취가 나쁘기 때문에 우선 물을 충분히 먹이고, 양질의 청초와 건초를 조금씩 주며, 농후사료도 점차 늘려 간다.

2) 육성기의 관리

(1) 거세

거세는 육질의 향상과 관리, 특히 무리(herd) 관리를 쉽게 하는 것이 목적이다. 거세는 수소의 특성을 없애는 수단으로서 거세 후에는 외모상으로 암소를 닮게 되고, 성질이 온순해져서 서로 투쟁하는 일이 적어 사고발생이 적어지며, 사양관리가 매우 용이하다. 전단력과 관능검사를 통해 본 육질면에서는 고기가 부드러워지

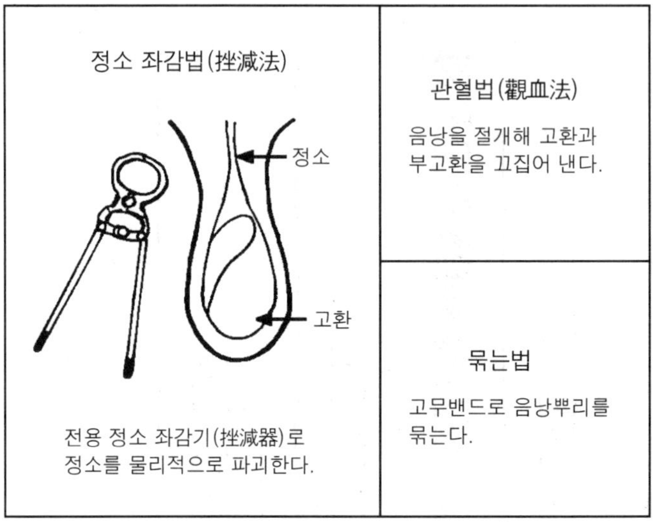

그림 8-9. 거세의 방법

고 풍미가 좋아진다는 것을 알 수 있는데, 이는 거세를 하므로 근섬유의 직경이 가늘어지고 근내 지방도가 높아지기 때문이다.

이처럼 한우는 거세를 하면 고급육 특성이 잘 나타나지만 비거세우를 가지고서 고급육을 생산한다는 것은 거의 불가능함을 알 수 있다. 도체 특성의 특징으로서 육량형질의 경우 거세우는 비거세우보다 등심 단면적이 월등히 적어지고, 등지방 두께는 훨씬 두꺼워진다.

우리나라는 송아지 거래가 4~6개월령에서 주로 이루어지기 때문에 송아지를 구입할 때가 거세적기에 해당한다. 생후 3~5개월령의 포유기 중에 실시하면 지육 유지, 피하지방의 부착, 그리고 지방교잡이 잘 된다. 거세방법은 3가지가 있으나 음낭을 아래쪽으로 당겨서 밑의 1/3 지점을 절개한 다음 고환을 노출시켜 제거하는 것이 가장 일반적이다. 고무로 음낭이 매달린 부분을 묶어서 거세하는 방법은 스트레스가 강하기 때문에 좋지 않다.

(2) 제각

굽은 소의 몸의 토대가 되는 것으로 무거운 체중을 4개의 굽으로 지탱하고 있기 때문에 항상 정상의 형을 유지하는 것이 필요하다. 이상한 형의 굽에는 지나치게 펴진 것(과장 굽), 안쪽의 발톱과 바깥쪽의 발톱이 크게 열린 것(게 굽), 안쪽의

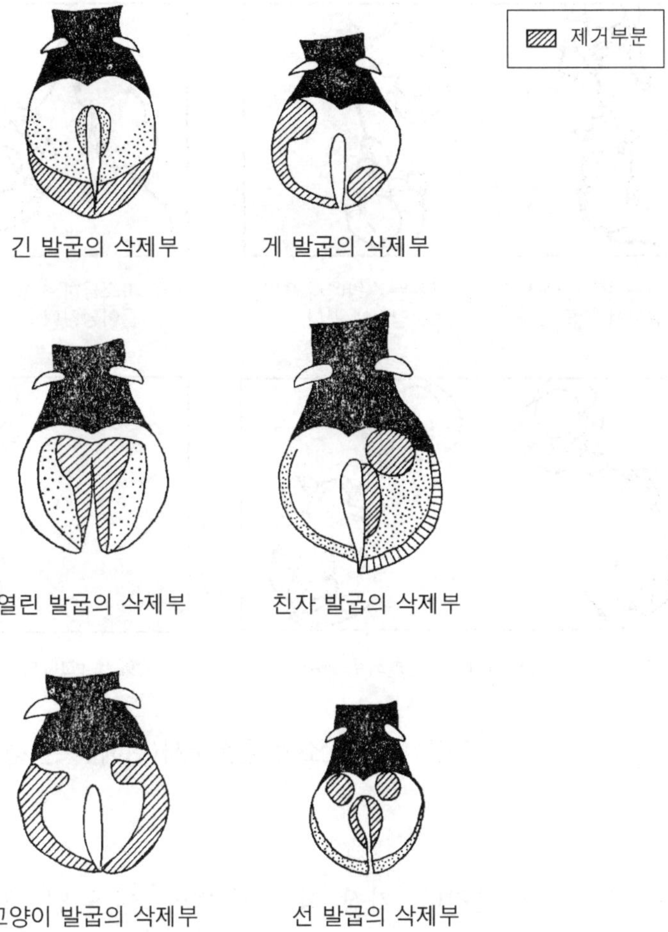

그림 8-10. 발굽의 이상과 삭제(아래에서 본 경우)

발톱과 바깥쪽의 발톱이 함께 좌우로 크게 열린 것(열린 굽), 한쪽의 발톱이 작고 양방향의 발톱의 차이가 확실하게 있는 친자 굽, 발톱의 앞쪽 폭이 좁은 고양이 굽 등이 있으며, 이들은 모두 제각이 필요하다.

(3) 소 끌기 훈련

밧줄을 이용하는 조교 방법은 최초에 소의 바로 뒤쪽에 서서 강하게 끌어당긴다. 힘을 넣는 방법은 항상 같은 힘으로 당기지 않고, 때때로 순간적으로 당겨서 신호자극을 준다. 다음은 조금 비스듬히 서서 순간적으로 힘을 주고 좌우에 몇 차례 걸쳐서 교차로 끌어당긴다. 점점 높아지는 힘의 각도를 작게 한다. 밧줄이 가볍

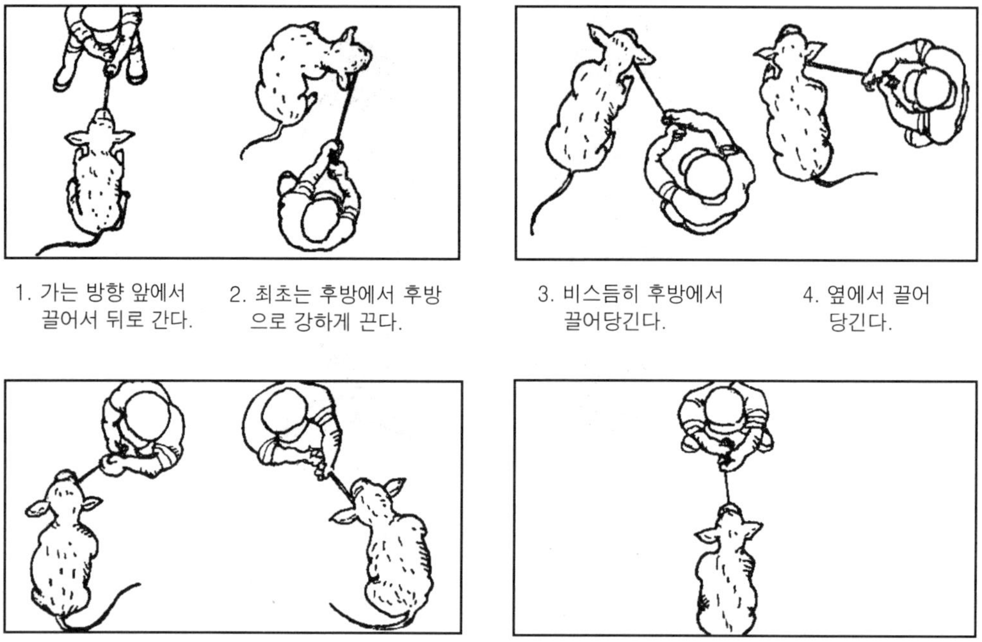

1. 가는 방향 앞에서 끌어서 뒤로 간다.
2. 최초는 후방에서 후방으로 강하게 끈다.
3. 비스듬히 후방에서 끌어당긴다.
4. 옆에서 끌어 당긴다.
5. 비스듬히 전방에서 1보 1보 좌우 교차
6. 앞에서 1보 1보..(힘을 넣었다가 뺐다가 하면서)

그림 8-11. 소의 훈련순서(위에서 본 경우)

게 되면 정면으로 당긴다. 가장 힘이 들지만 순간적인 힘을 넣어서 한 걸음 또는 몇 걸음 앞에서 강하게 끄는 힘을 당긴다. 그것을 반복하면 따라오게 된다.

4. 방 목

우사에 있던 소를 방목하러 나가면 환경도 전혀 다르고, 사료도 급속히 바뀌기 때문에 크게 스트레스를 받게 된다. 따라서 방목 전에 충분히 준비기간을 가지고, 새로운 환경과 청초에 익숙하게 할 필요가 있다. 이것을 방목적응이라고 한다. 이 기간은 방목 미경험우는 약 1개월, 경험우는 약 15일을 필요로 한다.

군사육과 기상조건에 익숙해지기 위해서는 운동장에 시간을 정해서 방목사육을 한다. 가까운 초지에 낮 방목과 야간방목을 점차로 시간을 연장하면서 진행하는 것이 좋다. 사일리지를 주는 소라면 농후사료와 함께 그 급여량을 감소하면서 점차로 청초에 익숙하도록 할 필요가 있다.

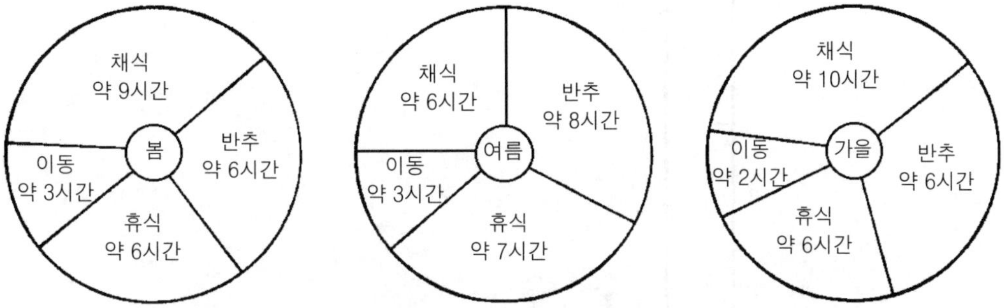

특 징	특 징	특 징
· 낮에 2회 왕성한 채식을 한다. · 야간의 채식은 거의 없다. · 채식시간은 꽤 길다.	· 야간에 왕성한 채식을 한다. · 낮에 채식은 거의 없다. · 채식시간은 짧으나 반추시간은 길다.	· 낮에 2회 왕성한 채식을 한다. · 야간도 왕성한 채식을 한다. · 채식시간은 최고로 길다.

그림 8-12. 계절과 방목우의 행동

방목초기에는 환경이 급속히 변하기 때문에 일시적으로 체중이 감소하거나 갖가지 생리적인 변화가 일어 날 수 있기 때문에 그 시기는 특별히 잘 관찰할 필요가 있다. 보통 방목 후의 체중 감소는 2～3주간에 회복되지만, 1개월이 되어도 원상태로 돌아가지 않으면 그 소는 방목에 적당하지 않은 소로 보는 것이 좋다.

번식우의 경우는 가능한 한 매일 아침저녁으로 2회 정기적인 발정을 관찰하거나 임신우에도 주의를 가지거나 해서 발정의 유무와 사산과 유산에 신경을 쓰지 않도록 할 필요가 있다. 방목은 노동력을 줄이는 사양방법이지만 노동력을 줄이는 방법을 정한다고 어리석은 것은 아니다.

5. 한우의 번식

1) 첫 종부

한우의 발정주기는 개체에 따라서 12～36일까지 차이가 심하지만, 보통 18～24

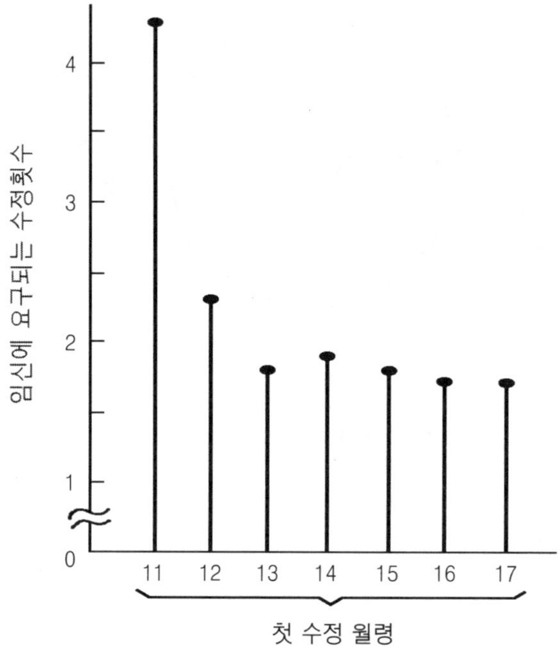

그림 8-13. 첫 수정 월령과 임신율

일로 평균 21일이다. 발정 지속시간은 평균 18~20시간이지만 개체에 따라 차이가 크다(12~36시간). 처음에 발정이 오면 자궁과 난소가 발육해 있으며, 새끼소를 낳을 수 있을 것으로 생각되지만, 생후 3~5개월과 같은 빠른 시기의 발정의 경우 배란이 따르지 않아서 수정이나 임신이 안 된다. 가끔씩 임신을 하여도 난산하거나 태어난 새끼소가 만족하게 육성되지 않는다.

어미소의 몸도 충분히 자라지 않았다는 것을 생각할 필요가 있다. 생후 12개월에서 수정하더라도 임신은 되지만 좀 더 임신하기 쉬운 것은 15개월령 전후이다. 모체의 발육을 생각해서 보면 생후 14개월 이상에서 체고 115 cm, 체중 300 kg 이상의 것이 좋고 표준이다.

2) 분만 후의 발정재귀

소는 일반적으로 30일 내외의 생리적 무발정기가 있으나, 이 기간이 지나면 자궁상태가 임신전 상태로 회복되면서 발정이 일어나게 된다. 건강한 소라면 대체적으로 30일이면 발정재귀가 되고, 45~60일에 가장 많이 일어난다.

분만 후 모체는 비정상적으로 피곤하고 체력도 소모되며, 태어난 새끼소의 포유

표 8-1. 산차에 따른 생식기능 회복

산 차	초 산	2~3산	4~7산	8~11산
자궁수축	26일	28일	29일	35일
초회 배란	45	41	34	42
2회차 배란	56	52	46	50
3회차 배란	80	72	67	72
초회 발정	53	51	46	43

도 해야 한다. 몸의 회복, 대량의 우유 생산에는 상당한 에너지를 필요로 하고, 우유의 생산에는 원료로써 단백질이 필요하다. 이를 위해서 고칼로리, 고단백질이 균형있게 배합된 사료를 주는 것이 필요하다. 그리고 비유량은 자꾸 새끼소가 어미소의 사료를 함께 섭취하기 때문에 새끼소의 체중이 늘어난다. 따라서 영양소의 보충 공급을 계속해서 실시해야 한다. 여기에 쫓아가지 못하면 어미소는 신체에 저장된 영양소를 꺼내서 비유에 우선적으로 이용한다.

그렇게 되면 어미소의 체중은 줄고, 한층 더 소모는 격해지고, 생식기능의 회복을 위해 영양소를 돌리는 것도 가능하지 않다. 이러한 영양소의 보충을 위해서 사료급여에 만전을 기해야 하는 것이 분만 후 가장 중요한 일이다.

영양소의 보충이 부족하면 자궁의 수축력도 회복되지 않고, 난포는 발육하지 않으며 배란도 일어나지 않는다. 발정이 없으며, 발정이 있다고 하더라도 강하지 않다. 영양소의 보충이 충분하게 되면 자궁도 빨리 회복하고, 자궁 내의 세균도 감소하고, 난소의 기능은 40일째부터 활동하기 시작한다. 난포가 발육해서 발정호르몬이 나오면 배란이 일어나서 임신 가능한 상태가 된다. 따라서 이러한 상태에 빨리 도달하려면 분만 후 50일을 전후해서 2번째 발정이 왔을 때에 배란을 동반한 정상적인 발육이 되어서 정확히 임신하는 것이 필요하다.

3) 일상 관리

번식우에 있어서 조사료는 중요하며, 제1위가 잘 발달해 있지 않으면 정상적인 번식과 생산은 불가능하다. 조사료는 비타민과 미네랄의 보충 공급원이다. 풀의 급여는 소의 임신율에 크게 영향을 준다. 여름철과 겨울철에 풀을 많이 주면 월등하게 좋은 임신율을 나타낸다.

연 1산, 더구나 연산성을 기대하는 것도 무리는 아니다. 이와는 반대로, 풀의 급

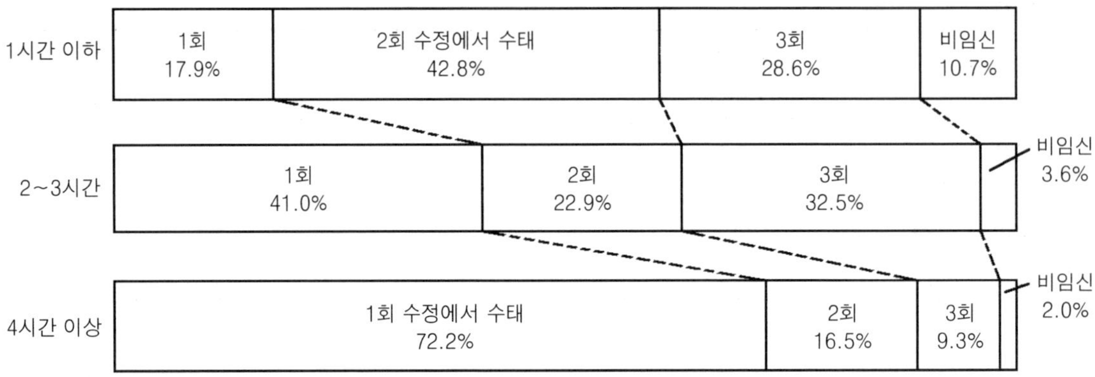

그림 8-14. 운동, 일광욕과 임신율

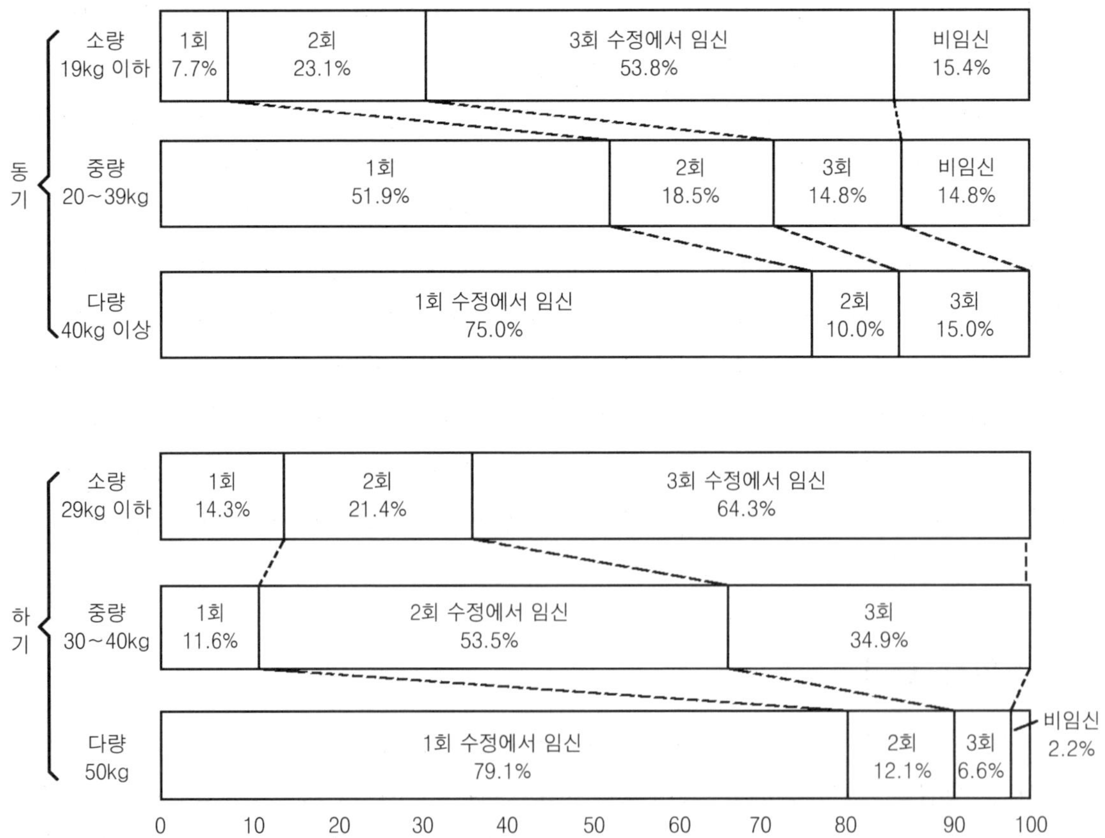

그림 8-15. 풀의 급여 일량과 임신율

여량이 적은 소는 3회 이상 수정을 하더라도 50～60%가 임신되는 상태이다. 한편, 운동과 일광욕 역시 임신율을 높이는 필수조건라고 말할 수 있다.

6. 한우의 비육

1) 비육방식

비육이란 쇠고기의 근육(적육)과 지방의 용적을 증가시켜 고급육을 생산(근내지방 교잡도, marbling)하는 것이다. 비육우의 사양 핵심은 균형된 배합사료와 양질의 조사료를 충분히 공급함으로써 육량을 높이고, 조직이 연하며, 육즙이 풍부한 고급육을 생산하는 것이다.

비육형태는 ① 이유송아지를 450 kg 이상까지 장기 비육하는 육성비육(growing fattening), ② 성장이 종료된 소에게 농후사료를 다급함으로써 보상성장 효과를 꽤하여 450 kg에 출하하는 큰소비육이 있다.

보상성장(compensatory growth)이란 저영양 수준에서 유지사양을 튼튼히 한 다음 고영양 수준으로 비육을 실시하는 것으로, 방목지에서 값이 낮고, 양질의 목초를 공급할 수 있을 때 겨울철의 고가사료를 절약하기 위해 이용할 수 있다. 보상성장에서 사료를 제한하는 기간을 저영양 사양기(store period)라고 한다.

표 8-2. 육우 비육의 양식

구 분		개시연령 (세)	개시체중 (kg)	비육기간 (일)	1일당 증체량 (kg)	완성체중 (kg)
거세우	적정비육	1～2	400～450	300～360	0.5～1.0(0.8)	650～700
	장년비육	2～3	370～420	150～180	0.7～1.5(1.1)	550～600
	어린비육	이유소	230～280	330～360	0.6～1.0(0.8)	550～600
암 소	적정비육	2～3	400～450	300～360	0.4～1.0(0.7)	600～700
	보통비육	3～6	340～370	150～180	0.7～1.4(1.0)	550～600
	노폐우비육	8～11	350～400	100	0.5～1.5(1.0)	450～500
	어린비육	이유소	200～250	360	0.7～0.9(0.8)	500～530
수 소	어린비육	이유소	250	360	1.0	600

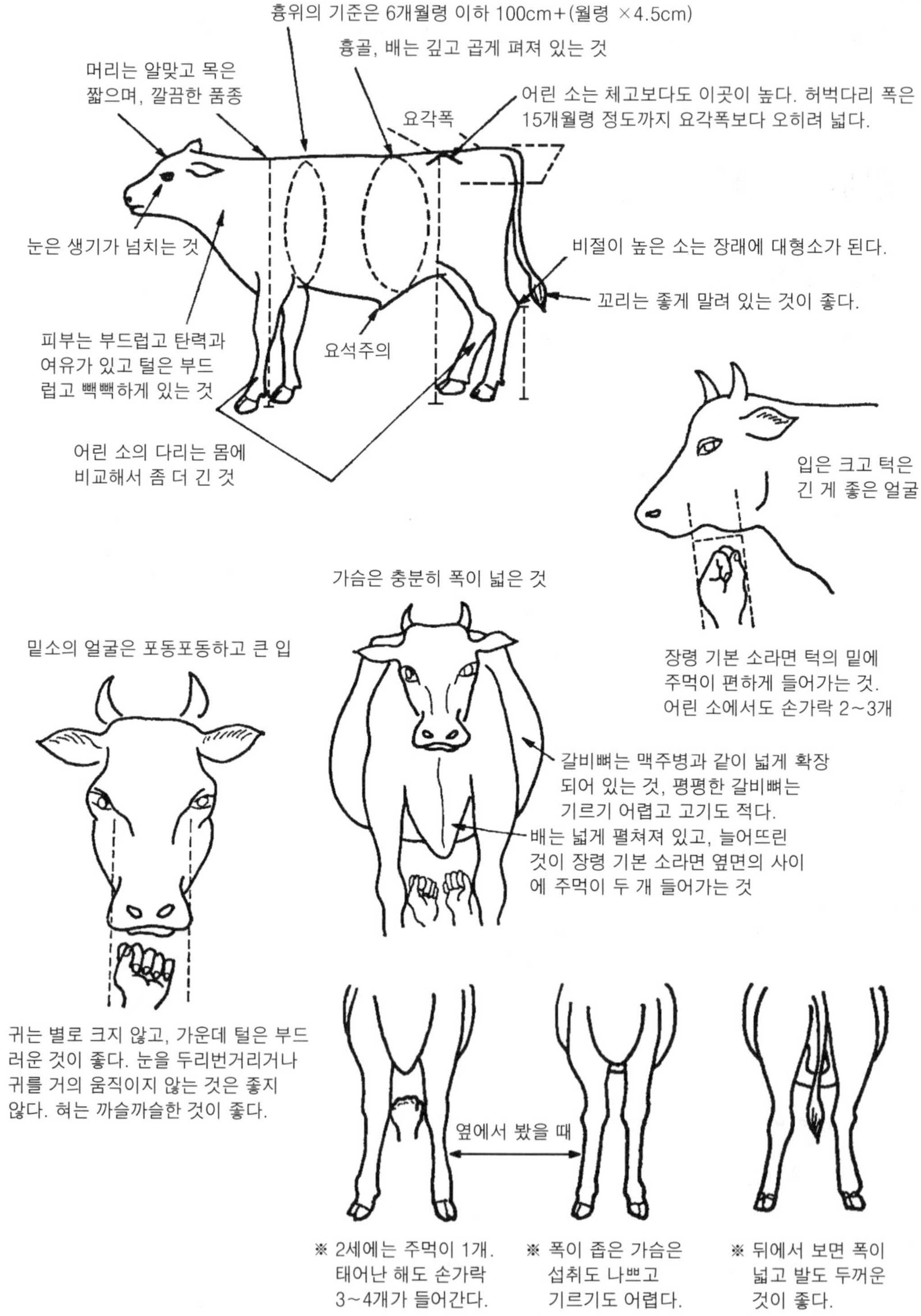

그림 8-16. 밀소의 선택방법

비육우를 성에 따라서 분류하면 거세우(steer), 미산우(heifer), 경산우(cow), 수소(bulll), 그리고 만기 거세우(stage) 등 다섯 가지가 있다. 거세우는 비육용 소로 우수하다. 거세우는 미산우보다 성장속도가 빠르고, 미산우와 같이 지방을 많이 축적하지 않은 상태에서 체중 증가가 가능하기 때문에 같은 등급이라도 단위 체중 당 높은 값을 받을 수 있다. 미산우 비육은 번식용 갱신우 두수를 충분히 확보한 후에 남은 것을 비육하는 것이다. 만기 거세우는 성성숙이 끝난 소 또는 성성숙에 달한 후에 거세한 수소를 말한다.

현실에서 볼 수 있는 비육방식은 예전이나 지금이나 다양하다. 크게 구분하면 주로 소의 연령, 성별, 비육기간, 완성체중 등에 의해서 나눌 수 있다. 일반적인 비

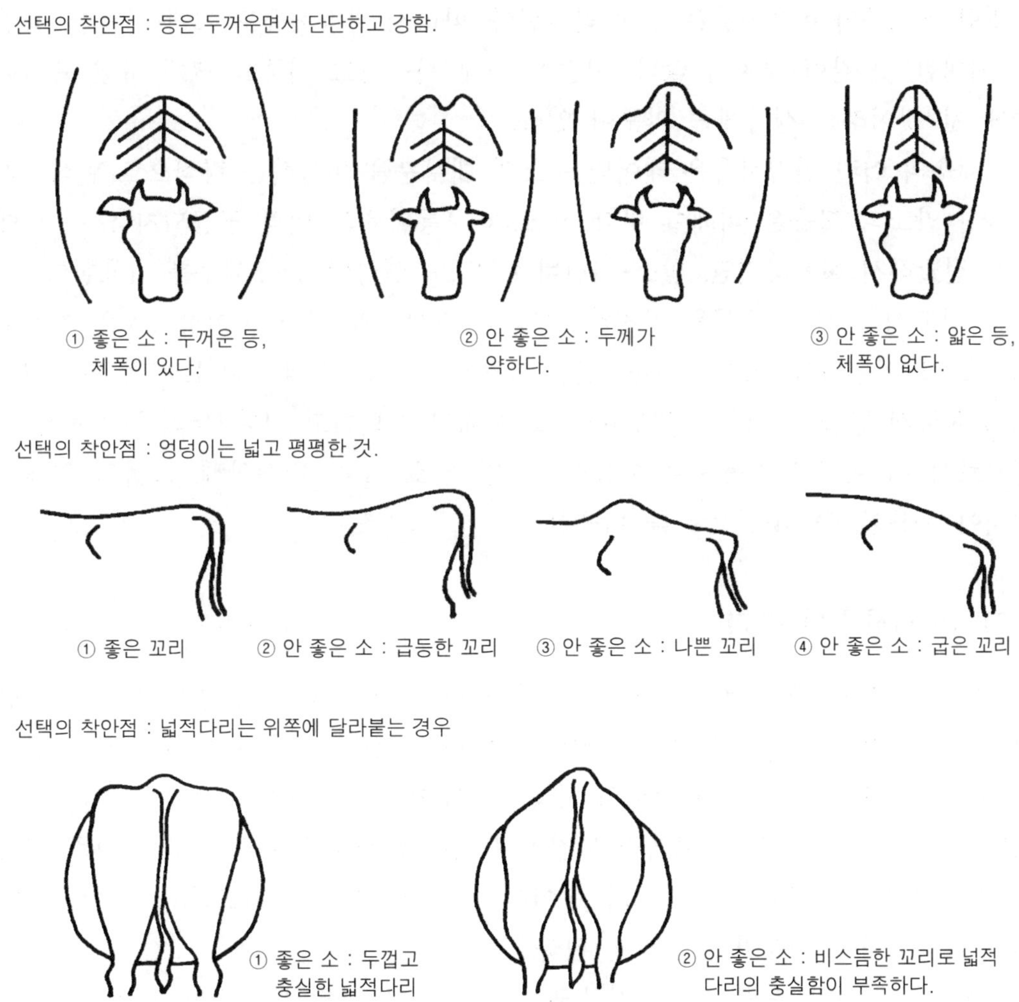

그림 8-17. 밑소 선택의 착안점

육방식으로 완성체중 450 kg 이상이 목표로 되어 있지만, 이 목표 안에서 쇠고기 생산의 중심을 고치는 것은 거세우의 어린 연령비육과 암소의 보통비육이다.

거세우의 어린 연령비육은 태어난 수소의 대부분을 대상으로 하고 있다. 한편, 암소의 보통비육은 도태한 암컷 새끼소 가운데서 선택하여 비육을 실시한다. 육우로써 가치가 별로 떨어지지 않는 범위의 연령에 도달한 소를 대상으로 하고 있다. 어린 연령비육에서는 번식우로써 사용한다.

이상적인 비육(거세소와 암컷 소)은 완성체중을 크게 해서 장기간 사육하고, 마블링을 높여서 최고급의 육질을 목표로 하여 비육하는 것이기 때문에 소의 선택방법에 의해서 성공의 여부가 약 80%는 결정된다. 거세우의 장년비육은 소의 공급이 어려워 점차 없어지고 있다.

일반 거세우의 비육기간은 길게 연장된다. 따라서 완성체중도 크게 되지만, 육질은 기대한 것 같이 좋지가 않다. 단순히 길게 사육하고 체중을 크게 하면 육질이 좋게 될 것이라는 생각에는 의문이 있다.

거세우의 어린 연령비육은 태어난 수소의 대부분을 비육하는 방식으로 번식우가 부족한 암소의 활용은 피해야 한다. 암소의 보통비육은 번식 공급되지 않는 도태우를 선발해서 비육하지만, 암소 어린비육으로도 연령이 2～3세우를 사용한다. 그것도 쇠고기 생산의 중심을 차지하고 있다. 거세우와 암소의 이상비육은 자질이 있는 소를 이용해서 최고급 우육생산을 목적으로 하는 방식으로 소의 선정이 대단히 중요하게 된다. 거세우의 장년비육 소는 적고 쇠퇴하고 있다. 노폐우 비육은 노령으로서 더 이상 번식용으로 이용할 수 없는 소, 또는 번식장해, 그밖의 장애로 번식에 사용할 수 없는 암소를 비육한다.

2) 입식 전후의 관리

송아지를 가축시장에서 구입한 경우 다음 세 가지 사항은 꼭 염두에 두어야 한다. ① 송아지가 수송 스트레스에 많이 시달렸을 것이다. ② 송아지가 전에 살았던 사육환경과 새로 입식된 축사의 사육환경이 바뀐 데 대한 스트레스가 많을 것이다. ③ 어린 송아지는 스트레스와 질환에 대해 스스로 극복하는 힘이 아주 적다는 점 등이다. 이러한 스트레스가 송아지의 면역능력을 떨어뜨리고, 바이러스나 세균에 감염되어 수송열에 걸리게 된다.

수송열은 대부분 폐렴으로 발전하게 되므로 새로 구입하는 소만 따로 키울 수 있는 격리우사를 마련하고, 방역과 함께 수송 스트레스에서 빨리 회복할 수 있도록 입식 직후 관리를 철저히 해주어야 한다. 우선, 소를 입식하기 전 격리우사에 대한 청소와 소독을 철저히 한 다음, 소가 농장에 도착하면 입식일부터 7일 후까지 소의 사양관리 및 질병예방 프로그램에 준해 관리를 해야 한다.

생후 3～4개월령(체중 100 kg 내외)에 구입한 송아지는 우선 이유 스트레스의 극복과 변화된 자연환경에 잘 적응시키면서 아직 소화기관의 발달이 충분한 상태가 아니므로 영양이 풍부한 어린송아지 사료나 육성비육 사료를 체중의 2.5% 내외를 급여하면서 양질의 조사료를 자유채식시키고 6개월령, 체중 160 kg 내외까지 일당증체 0.8～0.9 kg을 유지할 수 있도록 사양관리한다. 이 때 육성기에 사용할 조사료에 적응될 수 있는 조사료로 점차 바꾸어 급여한다.

비육과정의 시작은 비육 밑소의 구입과 함께 사료급여 개시로부터 비롯된다. 그런데 비육 밑소로 거래되는 송아지는 거래과정에서의 이동, 이동하는 동안의 절식과 절수 및 입식 후 낯선 환경과 예방접종, 구충, 거세 등과 같은 각종 처리행위 등으로 인한 많은 스트레스를 받는다. 이러한 송아지에 가해진 스트레스는 스트레스 정도에 따라 다르지만, 사료기피와 함께 송아지의 체중감소를 초래하게 되며, 스트레스가 회복되는데 약 3～4주가 걸린다. 이 기간을 보통 입식기간이라 한다.

3) 비육기

비육에 들어간 단계부터 출하까지의 기간을 비육기라고 말하지만, 사람에 따라서 차이가 있으며, 3～4기로 구분하여서 사료급여와 관리방법에 각각의 포인트를 놓고 있는 경우가 보통이다. 일반적으로 비육전기, 비육중기, 비육후기(완성기)의 3기로 나누는 경우가 많다. 그러나 비육방식도 거세우의 어린 연령비육에서부터 암소의 이상적인 비육에 이르기까지 가지가지이다. 각 비육기간도 다르기 때문에 기별 일수도 가지각색이고, 4～6개월 정도의 폭이 있다.

비육전기는 조사료를 충분히 주어서 몸을 만드는 것에 중점을 두고, 중기는 농후사료를 늘려서 증체(근육 만들기)를 목표로 하며, 후기에 들어서면 완성기로서 압축한 보리 등을 많이 주어서 육질 향상을 하는 것이 비육의 목적이다.

비육 준비기(육성기)와 비육전기에 조사료를 충분히 주는 것은 체고·체장의 길이를 좋게 한다. 양질의 조사료라면 1 kg 증체에 요구되는 사료의 양이 적게 들고 소화기 질병의 발생도 적은 이점이 생기기 때문이다. 그러나 적육의 증가 및 지방을 늘리는 마블링을 함유하는 육질의 향상을 얻기 위해서는 농후사료가 필요하다. 중기부터 후기에 걸쳐 늘려서 많이 주는 방향이 바람직하다.

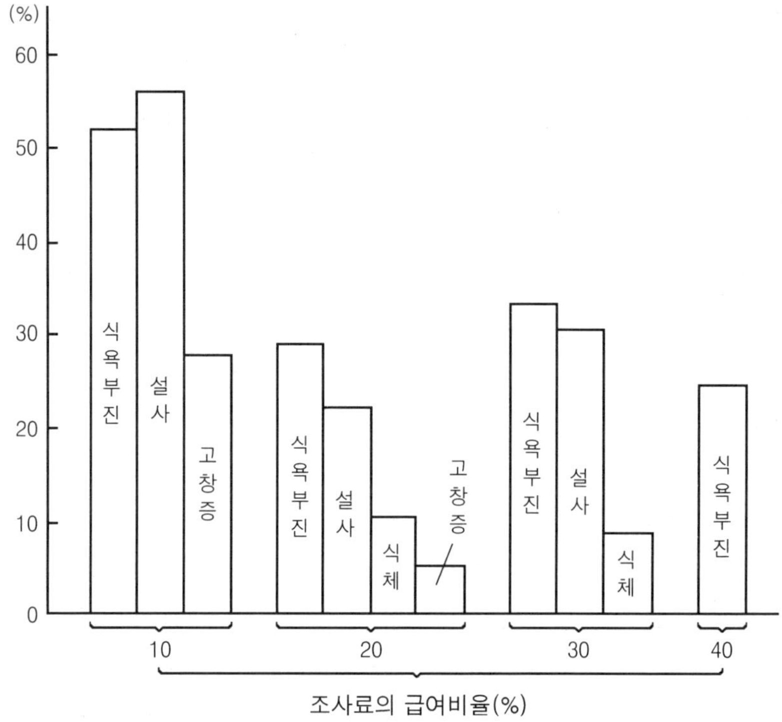

그림 8-18. 조사료 급여수준과 질병과의 관계

그러나 비육기간 중 농후사료의 과다가 장기적으로는 설사, 식욕감퇴, 고창증(bloat), 뇨도결석 또는 간농양(liver abscess) 등의 원인이 되는 식욕부진을 일으키기 때문에 최소한의 조사료 공급을 잊어서는 안 된다. 그리고 사료를 줄 때는 기호성이 높은 압축한 보리 등을 많이 이용하여서 빨리 비육을 완성하도록 하는 것이 필요하다.

4) 비육전기의 사양관리

비육전기는 일반적으로 생후 13개월령(체중 280 kg) 전후부터 18개월령(체중 450 kg) 전후까지를 말한다. 이 시기는 조사료 위주로 육성된 비육 밑소가 본격적인 근육성장을 하면서 체지방도 함께 증가하는 기간으로, 육성기 배합사료 제한급여에 따른 성장억제가 보상성장으로 이루어져 일당 증체량이 가장 높은 시기이다.

그러나 이 시기 역시 증체량을 너무 추구하여 과도하게 배합사료를 급여하게 되면 피하지방이 두꺼워지는 부작용이 있으므로 조단백질 11～12%, 가소화양분 총량(TDN)이 71～72%인 비육전기 사료를 1.7～1.8%로 제한 급여해 준다. 특히 비육전기의 후반에는 근내 지방축적이 활발하게 일어나는 반면 조사료 섭취량 감소와 배합사료 섭취량 증가로 대사성 질병인 요석증과 같은 질병이 나타날 우려가 있으므로 일광욕을 시키고, 충분한 급수로 요석증을 예방하고, 발병 시에는 조기에 발견하여 치료할 수 있도록 잘 관찰하여야 한다.

고급육 생산을 위한 거세비육은 장기간 비육을 해야 하므로 육성기에 소화기관의 충분한 발달이 필요한데, 조기육성 비육할 경우 대사성 질병 발생의 우려가 높고 불가식지방 함량이 많이 생기는 등 생산성이 떨어지는 경우가 보통이다.

배합사료의 가공형태는 사료의 기호성과 섭취량 및 소화율에 영향을 미치므로 성장단계에 따라 적절히 선택하여야 한다. 일반적으로 가공사료가 기호성이 뛰어나고 섭취량이 늘어나는 것은 사실이지만, 배합사료를 제한하고 조사료를 충분히 급여하는 육성기와 비육전기에는 후레이크와 같은 가공사료보다는 가루사료를 급여하면 사료비를 절감할 수 있다.

5) 비육후기의 사양관리

비육후기는 생후 19개월령(체중 450 kg)부터 출하까지를 말한다. 이 시기는 비육을 마무리하는 기간으로 근육 주위의 지방이 근육 속으로 골고루 축적되어 육질이 개선되도록 고에너지(열량) 사료로 가소화양분 총량이 72～73%인 비육후기 사료를 급여한다.

비육후기에는 배합사료의 자유채식이 불가피하지만, 이와 같이 배합사료를 많이 섭취하는 경우에는 반추위내 산도가 낮아져서 젖산 축적이 일어나는 경우가 자주 발생하며, 심할 경우 사료 섭취량의 저하와 산중독증을 초래하여 증체량과 사료이용률을 떨어뜨리게 된다. 일반적으로 소가 우선적으로 농후사료를 섭취하게 되면 유입된 사료에 의하여 반추위의 산도가 급격히 낮아진 후 시간이 경과함에 따라 위액과 침에 의하여 서서히 회복되어 정상치를 유지하는 것을 반복한다.

배합사료는 자유채식시켜 최대한 섭취량을 많게 하여 체중을 최대한 늘리되 조사료는 최소한의 양(전 사료의 10%)만 제한적으로 급여하여야 하며, 거세와 장기비육에 의한 대사성 질병(요석증 등)이 발생하지 않도록 세심한 주의를 한다. 육질개선을 위해 배합사료를 최대한 많이 먹을 수 있도록 보리를 공급하거나 사료급여 횟수를 늘려 주고, 사료를 남길 때에는 사료 고르기를 해주며, 적당한 운동 등의 적절한 사양관리를 해주어야 한다.

고급육을 생산하기 위해서는 거세비육이 필수적이지만, 거세를 한 경우에도 비육기간 또는 출하월령이 매우 중요하다. 이는 고급육 형질이 충분히 나타나는 데는 일정기간이 소요되어야 하기 때문이다.

일반적으로 비육기간을 연장하면 배최장근 단면적, 근내 지방도, 육질 등급 및 도체 성숙도 등을 개선시키고, 연도, 다즙성 및 풍미 등의 관능적 특성을 개선시킨다고 알려져 있지만 필요 이상의 기간 연장은 도체형질의 추가적인 개선효과를 볼 수 없을 수 있다. 그리고 등지방 두께와 같은 일부 형질은 오히려 불리해질 수도 있다. 따라서 비육기간 연장에 의한 최대 효과를 보기 위해서는 유전적 도체형질이 최대로 나타나는 적정시기를 파악하는 것이 매우 중요하다.

비육우에 대한 보리급여는 지방의 색과 경도를 좋게 한다고 알려져 있지만 이를 뒷받침하는 자료는 거의 없다. 옥수수에 비해 보리의 전분과 단백질은 반추위에서 쉽게 용해되는 특성을 가지고 있어 영양소의 효율적인 이용성 측면에서는 바람직하지 않을 수도 있다. 그러나 보리는 기호성이 좋아 비육후기와 같이 사료 섭취량이 떨어지기 쉬운 시기에 사료 섭취량을 개선시켜 궁극적으로 증체량, 지육중량, 육질을 개선하는 효과가 있으므로 사료용 보리의 수입가격이 비교적 좋을 경우 충분히 사용을 고려해 볼 수 있다.

그러나 일반 곡류사료와 같이 보리도 통보리를 분쇄 · 압편 등으로 가공처리를 해주어야 사료 섭취량, 소화율 개선 등을 통해 비육 성적이 개선된다는 것을 염두에 두어야 한다. 양질의 조사료는 β-카로틴 함량이 비교적 높아 실제 비육기 육질개선에 바람직하지는 않지만 에너지 공급량이 볏짚보다 높기 때문에 발육속도가 빠르고, 농후사료 공급량도 적게 소요된다는 장점이 있다.

7. 젖소의 육성과 비육

1) 젖소의 포육 · 육성

(1) 조기이유

암컷과 다르게 수컷은 초유(colostrum)도 충분히 먹지 못하고 밑소로서 출하되기 때문에 모유를 길게 섭취하는 것도 가능하지 않다. 그러나 그것이 비육 기본소로서 조기이유하고, 고형사료에 익숙해진 것이 아닌 것으로 제1위를 빨리 만드는 것에 큰 이점이 되고 있다. 암소(비유우)와 다르게 비육되어서 아무래도 농후사료를 많이 주기 때문에 어렸을 때부터 제1위를 튼튼히 만드는 것이 필요하다.

(2) 초유의 보존과 이용

초유는 충분히 줄 필요가 있다. 낙농가에서 남은 초유가 있는 경우에는 발효저장해서 주면 병에 대한 저항력이 생긴다. 저장은 가능한 한 청결한 20～28ℓ의 플라스틱 물통을 사용한다. 초유를 넣은 용기는 저장해서 직접 일광이 닿지 않는 곳에 놓는다. 매일 1회 잘 저어 준다. 여름은 불가능하지만 온도 10～20℃에서 4～5일 동안 자연발효한다. 1개월은 보존 가능하다. 1일째～5일째의 초유라면 초유 3에 대하여 온수 1의 비율로 엷게 혼합해서 체중의 8～10%를 먹인다.

2) 젖소의 비육

젖소의 비육방식은 조기 어린 연령비육과 어린 연령비육, 어린 연령비육과 장기비육, 어린 연령비육과 대형비육 등 각각 부르는 방법에 의해서 구별한다. 그러나 요구되는 것은 완성체중 620～630 kg 정도와 650～700 kg의 소가 있고, 최근은 대형화되는 경향을 보인다. 유용종의 비육에도 비육기의 구분은 있지만, 650～700kg에서 출하하는 경우는 12개월령을 중심으로 해서 전기와 후기로 구별하는 것이 보통이다.

사료는 무제한급여로 충분히 먹게 하는 것이 유용종 비육의 포인트이다. 비육이 장기에 걸칠 때는 육성기에 조사료를 많이 급여하지만, 방목하고 비육후기에 농후사료를 먹이게 한다. 이 경우 일시적으로 발육이 늦어지지만 제1위도 튼튼하게 되기 때문에 충분히 살찌우는 것이 가능하다. 농후사료는 후기에 들어가면 육질을 좋게 하는 압축한 보리를 처음 10% 정도 섞고, 점점 늘려서 완성말기에는 40～50% 정도가 되도록 급여하면 좋다.

8. 쇠고기와 육질

1) 지육과 부분육의 명칭

농장에서 출하되어 도축되기 전까지는 살아 있는 가축이지만 도축이라는 과정을 거치면서 비로소 우리가 먹을 수 있는 고기로 변하게 된다. 그러나 고기의 품질은 도축하기 전부터 스트레스 등으로 영향을 받게 된다. 또한 살아 있을 때의 중량(생체 중량)은 도축 후에는 도체 중량으로 표기되는데, 도체 중량에 대한 생체 중량의 백분율을 도체율(도체 중량/생체 중량×100)이라고 한다. 도체율은 비육 상

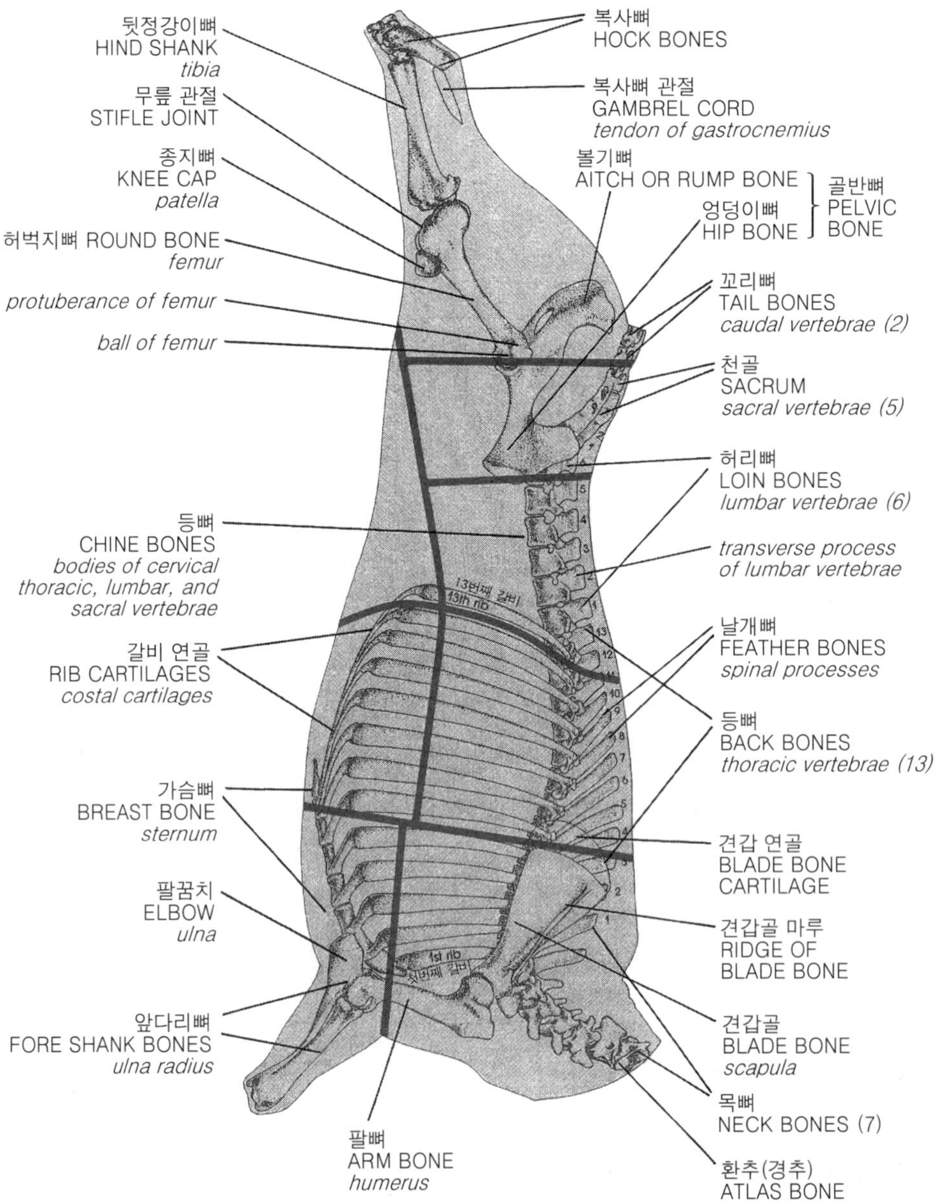

그림 8-19. 쇠고기의 해부도

태, 성(sex) 등에 따라 다르지만, 한우 500 kg의 경우 도체율은 57% 정도이다.

도축된 후 부분육으로 분할되고, 판매되어 소비자의 식탁에 오를 때까지 고기는 취급하는 환경조건에 따라서 품질의 많은 변화를 가져오게 되는데, 도축 후 가장 먼저 변화되는 현상이 사후강직이다. 그리고 부분육 생산, 보관, 판매 등의 유통과정에서 숙성과 부패, 산패 등의 변화가 발생되게 된다.

고기는 소비자의 기호성, 부위의 희소성, 조리용도에 따라 부위별로 구분되고, 거래가격도 달라지는데, 축산물가공처리법 시행규칙 제 51조에 의한 식육의 부위별・등급별 및 쇠고기의 종류별 구분방법에 의하면 쇠고기는 10개의 대분할과 29개의 소분할로 부위를 구분하고 있다.

쇠고기 지육(beef carcass)은 등뼈 아래로 분리한 다음, 이를 가로로 2등분한 4개 부분으로 나눈다. 앞다리는 12와 13번째의 갈비 사이에서 자른 부분으로, 13번째 갈비는 뒷다리에 붙는다.

(1) 등심과 지방교잡

배 최장근(등심, longissimus dorsi, loin eye, eye muscle)의 단면적은 적육량을 추정하는 지표가 된다. 등심 면적은 제 5～9늑골(갈비뼈)의 고기를 말하지만, 제 7～8 늑골육으로 절단하는 것이 많다. 등심 면적은 성장이 지속되면서 점점 직선적으로 크게 된다. 수소의 등심 면적은 거세우보다 크고, 암소보다 크지만 품종 및 생체중과 지육 중량에 의해서 다르다.

지방교잡(상강도, marbling)은 지육조직의 안에 지방이 침착되어 있는 정도를 뜻하며, 일반적으로 마블링이라고 한다. 특히 마블링의 정도는 쇠고기 육질 평가에 있어서 가장 중요하다. 마블링의 판정은 등심 면적을 잴 때와 동일한 면적에 대해서 실시한다. 지방교잡이 등심에 침착된 정도를 판단하는 시기는 육성기 이후 비육기에 접어들면서부터이며, 지방교잡의 특성은 다른 형질에 비해서 늦다.

비육일수가 많으면 마블링 역시 증가하는 경향이 있지만, 마블링은 직선적으로 증가하는 것이 아니라 단계적으로 늘어난다. 소의 연령과 비육진행에 있어서 일정한 정도까지 마블링이 많이 축적되지만, 일정한 연령에 이르면 그 이상은 늘어나지 않는다.

마블링은 유전적인 요인이 강하게 작용하며, 영양수준과 사료의 종류에 의해서도 차이가 있다. 높은 영양과 농후사료를 많이 급여하여서 비육한 것은 낮은 영양과 조사료를 많이 섭취한 소보다 마블링이 뛰어나다.

그림 8-20. 마블링

마블링은 등심의 부분에 의해서 차이가 있다. 한우 거세우에서 마블링은 등심의 앞 늑골부에서 잘 되어 있고, 등심의 중심부는 적은 경향이 있다. 등심의 중앙부에 우수하게 마블링이 들어가 있으면 등심 전체에 지방침착이 잘 된 것으로 평가한다.

(2) 육색

육색(meat color)은 도체 평가시 육질을 결정짓는 한 요소로서 색상・명도・채도로 나타내는데, 지방침착이 잘 되면 빛의 반사 깊이가 높아져 고기를 밝게 보이게 하는 간접적인 효과도 있다. 소비자가 고기를 구입할 때 품질과 신선도를 가늠하는 첫 번째 척도가 된다는 점에서 중요한 의미를 가진다. 그러나 색이 너무 진해서 특히, 암적색 육이 되면 육질등급이 떨어지는 요인으로 작용하며 상품가치가 떨어지고, 암적색 쇠고기는 소가 받은 스트레스와 깊이 관계하고 있기 때문에 주의가 필요하다.

일반적으로 육색은 근육의 색과 지방의 색이 관계하고 있다. 쇠고기의 색이 선홍색을 나타내는 것은 근육 중에 들어있는 미오글로빈(myoglobin)이라는 색소 단백질 때문이고, 이 색소의 많고 적음에 의해서 쇠고기 색의 농도가 결정된다.

미오글로빈은 철(Fe) 분자와 단백질(globin) 부분으로 나뉘어져 있는데, 근육

내에서 디옥시(deoxy-), 옥시(oxy-), 메트(met-)의 세 가지 형태로 존재하며, 각각 자주색, 선홍색, 암갈색을 띤다. 이러한 세 가지 미오글로빈의 식육 내 함유비율은 근육 중 대사작용, pH, 공기와의 접촉시간 등의 요인에 의한 산화・환원 반응에 의해 결정된다. 그래서 신선육은 공기중의 산소와 접촉하여 선홍색을 띠나 상온에 장기간 방치하게 되면 표면의 산화가 급속도로 진행되어 메트미오글로빈의 함량이 증가되므로 진한 갈색을 띠게 되는 것이다.

육색은 고기의 총 색소함량과 명도(밝고 어두움), 채도(선명함과 흐림)에 의해 결정된다. 고기의 총 색소함량은 출생하기 전부터 증가하기 시작하며, 생후 18~19개월령에 끝이 나고, 평균적인 최대 증가 월령은 8~10개월령이다. 명도는 16개월령까지는 올라가고 18개월령에서는 약간 내린 후 일정하게 유지한다. 채도는 18개월령까지 증가하고, 그 이후는 그대로 일정하다. 그러므로 쇠고기의 육색은 대체로 18~19개월령에서 완성된다.

육색은 출생 후부터 증가하며 최대 증가 월령은 8~10개월령이고, 18~19개월령에 완성되지만 환경적 요인에 의해서도 영향을 받는다. 일반적으로 육색이 진하다는 것과 암적색 육이 발생된다고 하는 것은 다소 의미가 다르다. 소의 품종, 성별, 연령 등의 요인 외에 비육후기 채식량의 급감(사료조건, 반추위 환경 악화), 사육밀도, 기온 차이, 환기 악화 등의 사육기간 동안의 환경조건에 의해서 육색이 진해지는 경우가 있고, 출하 시 도축 장소까지의 수송 및 계류기간에 의한 스트레스에 의해 암적색 육이 발생될 수가 있다.

과중한 스트레스에 의해 아드레날린(adrenalin)의 분비가 증가하고 조악한 사육, 수송, 절식, 피로 등에 의해 간장과 근육 중 글리코겐 농도가 감소하게 되면 근육 중 젖산농도의 감소에 의한 고기의 pH 저하가 억제되면서 산소가 부족하게 된다. 도축 후 이러한 근육 중 산소의 부족은 미오글로빈에 산소분자가 결합된 선홍색을 띠는 옥시미오글로빈의 생성을 방해하고, 암갈색인 메트미오글로빈으로의 산화를 촉진하여 암적색 육이 발생하게 되는 것이다. 그러므로 육색저하를 방지하기 위해서는 이러한 사육기간 동안 뿐만 아니라 수송 및 계류기간 동안 출하우가 받는 스트레스를 최소화하거나 방지할 수 있는 대책이 필요하다.

육색을 개선하려면 먼저 암적색 육 발생의 원인이라 할 수 있는 스트레스를 최소화하기 위해 수송시간을 최대한 단축시키거나 계류시간을 충분히 갖게 하는 등 스트레스를 완화시킬 수 있게 하는 것이 가장 좋다. 이를 위해서는 출하 시에 수송차량의 적재 밀도, 수송거리, 계류환경을 개선해야 한다.

사육환경 조건으로는 개체 간의 경합을 최소화하기 위해 제각 실시, 우방 내 적정한 사육밀도 유지, 우상바닥의 청결, 온도・환기관리 등 사육조건을 개선하고 비육후기 채식량이 갑자기 떨어지는 것을 막는 것이 중요하다. 육색 개선을 위해 별도의 추가적인 조치사항으로서 비육후기의 사육기간 동안에 비타민 E와 같은 영양성 물질을 급여하거나 출하 직전에 스트레스 방지를 위한 별도의 육색 개선제를 급여하여 육색저하를 방지할 수 있다.

지육의 지방색은 상품가치에 커다란 영향을 준다. 일반적으로 소비자는 황색이 강한 지방은 좋아하지 않으며, 백색지방을 가장 선호한다. 지방의 색은 유전적인 요인보다는 사료에 의해서 크게 좌우된다.

2) 한우와 젖소의 육질 차이

한우에 비해서 젖소는 체중이 크고, 등심 면적도 넓지만 마블링은 거의 들어있지 않으며, 지육 보유량도 적다. 지육 중량이 큰 것은 지육의 보유량이 적어도 체중이 크다는 것이다.

쇠고기의 성분을 보면 젖소는 한우에 비해서 수분이 많고, 고기의 물리적 성질에 있어서 보수력이 크다. 젖소고기는 다소 촉촉하다는 느낌을 주며, 눌러서 늘리면 수분이 많기 때문에 한우고기보다 늘어나고 평평하게 되는 능력이 크다. 젖소고기는 수분이 많기 때문에 삶는 탕요리보다 굽는 쪽으로 이용하고 있다.

젖소고기의 육색은 한우보다 상당히 색이 엷다. 젖소의 마블링은 어떤 노력을 하더라도 한우를 따라갈 수 없다. 따라서 젖소고기는 그 특성에 맞는 수요에 따라야 할 것이다.

제 9장

염소의 생산

염소(goat)는 세계의 지리적·기후적 지역을 통하여 광범위하게 분포되어 있는 작은 반추동물이다. 염소사육은 비록 건조한 상태, 거친 지형, 그리고 대초원 지대의 드물게 분포되어 있는 초목이 가장 적절하다고 하더라도 염소는 재빨리 적응하며, 적절하게 관리하면 대부분의 어떤 상황 하에서도 생산적일 수 있다.

염소는 낙농(dairy, 집약적임), 털(angora, 대부분 조방적임), 그리고 고기용(meat, 대부분 조방적임) 등의 목적으로 사육되고 있다. 염소는 앙고라 즉, 털(fiber, mohair)의 판매로부터 오는 수입원 및 도축용 동물로서 그 지역에서 가치가 있다. 낙농염소 산업(dairy goat industry)은 급속하게 팽창되고 있으나, 낙농젖소 산업과 비교하면 매우 적은 편이다. 대부분 대규모의 낙농염소는 대도시 근교에 위치하고 있다. 대부분의 보다 적은 염소축군(5～20마리)은 이웃이나 친척에게 판매되는 젖을 생산하기 위하여 소규모의 관리로서 유지된다.

비록 염소가 사회경제적인 공헌 때문에(미개발국에서 주로) 세계적으로 중요할지라도 염소에 대하여 가장 일정한 것은 그들의 호기심에 의한 사양행동이다.

1. 사양행동

염소는 사료를 선택하고 섭취하는 데 있어서 모든 다른 가축의 품종과 다르다. 염소는 식물의 일부분 또는 섭취하는 것과 남기는 동일한 사료 입자의 사이를 구분한다. 염소의 사료는 신선하고 깨끗하며, 그리고 먹고 남기지 않은 것이어야 한다. 염소는 사료의 선택이 까다롭다.

1) 제한된 공간의 사양

염소는 사료 통(feed trough)에서 건초 또는 혼합된 배합사료를 섭취하였을 때조차 무엇을 먹었는가에 대하여 매우 특별하다. 움직이는 입술과 정교한 혀의 운동은 염소가 제공된 사료를 통하여 선택하지 않은 식물의 분획과 사료 입자를 밀어내고 가장 좋아하는 것만 먹을 수 있게 해준다.

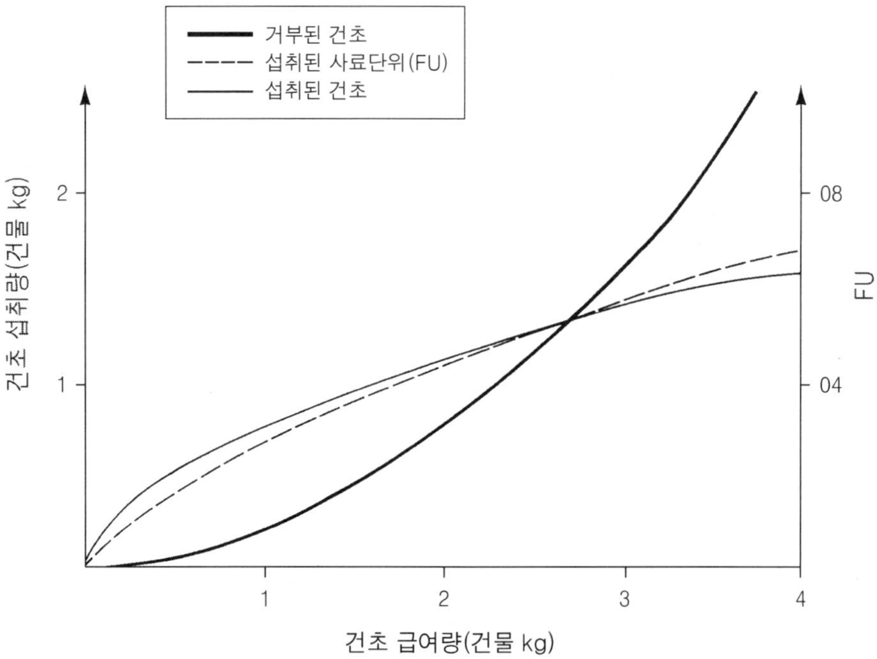

그림 9-1. 성축 알파인 염소(alpine goats)에서 알팔파 건초의 급여수준이 거부된 건초와 섭취된 건초의 상대적인 양 및 섭취된 사료단위(feed units, FU)에 미치는 영향

표 9-1. 낙농염소에 의해서 제공, 거부 및 섭취된 알팔파 건초의 사양가치

	제공됨	거부됨	섭취됨
잎, %	46.2	23.9	59.9
줄기, %	53.8	76.1	41.4
영양가치			
에너지, Mcal/kg DM	0.88	0.7	0.99
가소화조단백질, %	12.1	8.5	14.1

이와 같은 특별한 행동은 사료에 관하여 두 가지 중요한 효과를 가지고 있다. 첫 번째 효과는 사료의 조성이 제공된 사료와 다르다는 것이다. 표 9-1의 값은 제공되고 그리고 거절된 건초 조성분의 차이를 보여 준다. 이와 같은 경우에 염소의 사료는 제공된 건초보다 각각 정미에너지(net energy, NE)와 단백질이 12.5%와 16.5%가 더 높았다. 비록 고도로 발달된 선별 능력이 보통은 염소에게 좋은 점이 있다고 하더라도 낮은 생산성 또는 건강의 문제는 선택적인 섭취에 의해서 초래된 불균형으로부터의 결과임에 틀림이 없다. 펠렛화된 배합사료는 각 불균형의 위험성을 낮출 수 있다.

염소의 특별한 섭취습관의 두 번째 효과는 염소는 급여된 사료 즉, 그들이 선택할 수 있는 사료의 양이 더욱 많다면 거부된 사료의 양과 섭취된 사료의 양이 더 많아질 수 있을 것이라는 점이다.

사료 급여의 수준이 낮으면 염소는 유일하게 적은 양을 거부할 것이다. 사료의 급여비율이 증가함으로써 사료 거부와 순 섭취비율 역시 증가한다. 축적을 위하여 사료의 거부를 허락하지 않는 것은 중요하다. 한번 제공된 사료를 거부했다면 생산성에 관한 심각한 영향 없이 다음 기회에는 어느 정도 섭취할 것이다.

2) 식물분포 구역에서 사료 선택과 조성

염소는 풀을 먹는 행동(foraging behavior)에 있어서 활동적이고 호기심이 강하다. 선택할 기회가 주어지면 염소는 모든 식물형태(나무, 관목, 초본과 쌍떡잎식물 및 풀) 그리고 식물형태 내의 거의 모든 품종으로부터 풀을 먹을 것이다. 경우에 따라서 염소는 같은 품종의 한 가지 식물을 먹을 수 있는 것으로 확인할 것이고, 결국 그 식물은 염소에 의해서 섭취됨으로써 전체적으로 시들게 될 것이다.

반면에 같은 품종의 다른 식물은 염소로부터 완전하게 피할 수 있을 것이다. 그러나 이 둘은 비교적 넓은 지역으로부터 다양한 사료 선택의 일반적인 패턴에서 예외적이다. 염소는 종종 높은 절벽에 서있거나 또는 낮게 매달린 나무의 큰 가지 위에 올라가는 기민함이 있는 것으로 알려져 있다. 풀을 먹기 위한 일반적인 자세는 앞다리를 이용하고, 뒷다리에 의존해서 지탱하며, 머리는 나무의 더욱 낮은 가지 사이에 숨긴다. 풀을 먹는 경계선(browse line)의 용어는 풀을 먹는 행위가 염소에 의해서 풍부하게 일어나는 풍경의 모습을 말한다.

교목과 관목은 땅에서 4～6피트 이상의 평평한 밑줄 모습을 가지며, 그 높이는 염소가 두 발로 선 자세에서 도달할 수 있는 범위이다. 비록 염소가 무성한 잎의 모든 형태를 선택할 수 있다고 하더라도 그들은 특히 교목과 관목에 매력을 느낀다. 가축의 품종 가운데서 독특한 이러한 행동의 특성은 바람직하지 않은 삼림 또는 잡초의 품종 조절을 위해서 기여하였다.

환경에 따라서 염소는 초원에서 원치 않는 나무의 품종을 제거할 수 있고, 그것의 존재를 줄일 수 있으며, 잡식을 방지할 수 있고, 또는 다른 가축에 의해서 풀을 먹는 행위에 대한 가치를 곧바로 개선할 수 있다. 식용염소는 앙고라 염소보다 약간 더 효과적으로 풀을 먹는 동물로 보인다. 일부 경우에서 '관목림(덤불이 무성한)' 목초로부터의 수입은 염소가 풀을 먹는 상태 하에서는 가장 높으며, 여기서 관목은 염소에 의하여 유지 및 이용되어야 한다.

염소가 선택한 사료의 영양학적 가치는 보통 평균 이용 가능한 식물의 식생보다 더욱 높고 훨씬 안정적이다. 목초와 초본의 콩과식물은 일반적으로 관목과 교목의 잎보다 더 영양소가 높은 것으로 여기며, 종종 염소 사료의 중요한 원료가 된다. 서로 다른 시기에 사료는 나무로부터 대부분의 새싹과 먹을 수 있는 잎, 관목으로부터 잎의 끝, 떨어진 떡갈나무 열매, 내건성 식물의 꽃 혹은 싹, 풀 이삭의 끝 등을 포함할 것이다. 이러한 적은 식물부분의 모두는 하나 혹은 그 이상의 필요한 영양소를 높은 농도로 함유하고 있다.

만일 초원의 식물식생이 식물의 복합집단으로 구성되어 있다면 염소 사료 역시 복합적일 것이다. 게다가 사료의 조성은 식물의 성숙, 과일, 노화, 낙엽으로 떨어짐, 기타 등등으로서 종종 매일매일 급격하게 변화할 것이다. 순수한 결과는 선택된 사료가 이용 가능한 식물식생의 평균보다 더 높고, 그리고 적응력이 덜한 가축의 사료와 비교되며, 영양소의 조성에 있어서 오히려 안정적이라는 것이다. 그러나 식물의 다양성이 적거나 전혀 없는 초원이나 목초지에서 염소나 양 그리고 소에 의해서 선택된 사료는 비슷할 것이다.

2. 염소의 생산성

염소는 젖, 고기, 그리고 털(가죽)의 생산을 위해서 기른다. 비록 개개의 염소 형태(고기와 젖, 털과 고기)의 역할에서 다소 중복이 있기는 하지만, 염소는 주요한 생산물을 공급하기 위해서 특수한 형태로 발달하였다.

1) 고기 생산용 염소

고기 생산용 염소(meat goat)는 모양에 있어서 상당히 변화하기 쉬운 범주에 속한다. 세계의 일부 국가에서 고기 생산용 염소 품종은 때때로 외모적인 특성으로 육성하였다. 아프리카의 보어염소(Boer goat)는 육성된 고기 생산용 염소 품종의 예로서 기여한다. 미국에서 고기 생산용 염소는 아주 작은 조절된 유전선발을 받았다. 그러므로 그들은 무수히 많은 색깔 패턴, 뿔과 뒤뚱거리며 걷는 형태, 젖 생산능력, 털의 특성 및 형태가 있다.

번식률(reproductive rate)은 고기 생산용 염소에서 상대적으로 높으며, 3월과 4월에 두 달 동안의 발정기(anestral peroid)를 제외하면 이들 염소는 일년 정도 번식할 것이다. 쌍둥이는 자주 관찰되며, 그리고 셋 혹은 네 마리의 새끼를 봄철에 낳는다. 비록 12개월의 기간 이내에 새끼 한 쌍이 이론적으로는 가능하다고 하더라도 번식률에 대한 합리적인 기대는 일년에 암컷 100마리당 180마리의 새끼 염소이다.

암 염소는 최고 비유기(분만 후 21일)에 일일 약 2파운드의 젖을 생산하고, 그리고 비유 120일에는 일일 약 0.7파운드로 점점 젖 생산은 줄어든다. 보다 높은 젖 생산은 낙농염소 품종의 충분한 융합을 가지는 고기용 염소로부터 기대된다.

갓 태어나 새끼 염소의 무게는 5～7파운드이고, 120일령에 일일 약 0.25파운드 증체한다. 따라서 6개월령에 이유한 새끼 염소는 새끼의 성(수컷이 약간 무겁다), 한배 새끼의 수 및 환경적, 기본적으로 영양학적 조건에 따라서 35～40파운드의 무게가 나간다.

도살된 염소는 양과 비교하면 더욱 낮은 도체율(dressing percentage, 50% 이하)을 갖는데, 특히 축적지방을 더욱 낮게 하려는 경향을 갖기 때문이다. 염소의 근육은 덜 연하지만 풍미가 있으며, 특히 비엔나, 칠리 및 기타 등등과 같은 가공육에 포함되었을 때 그러하다. 많은 양의 염소고기 생산물, 특히 어린 염소의 생산물은 옥외에서 통 바베큐를 하는 데 이용된다.

이러한 염소의 털은 앙고라용 염소의 털과는 확연하게 다르다. 대부분의 고기용 염소는 두 가지 형태의 털을 생산하는 데, 매우 거친 털(guard hair)은 시장 가치가 전혀 없고, 아주 고운 부분(캐시미어, cashmere)은 현재 수요가 높다. 캐시미어 생산은 고기 생산용 염소에서 완전히 변화하기 쉬우며, 보통 생산량은 일년에 50g 이하로서 매우 낮다. 그러나 고기 생산용 염소 집단 내에서 선택된 개개의 염소로부터 캐시미어 산업의 발전에는 많은 관심이 있다.

2) 털 생산용 염소

앙고라(angora)는 털(mohair) 생산이라는 단일 형질에 대한 유전선발의 오랜 역사의 산물이다. 이러한 염소는 대부분의 다른 품종보다 작고, 영양소 특히 단백질에 대한 보다 높은 요구량을 가지며, 그리고 적정한 영양소 공급 이하로부터 빈번하게 고통을 받는다. 그들은 기생충과 거친 환경조건에 더욱 민감하다.

털 생산용 염소(angora goat)의 번식률은 고기 생산용 염소에 비해 낮다. 암컷과 수컷 모두는 제한된 번식계절(breeding season)을 갖는다. 암컷에서 발정주기(estrous cycle)의 시작과 수컷의 '발정(rutting)'은 보통 늦여름의 시원해지는 동향과 일치하여서 겨울 중반까지 계속하거나, 또는 암컷에 대해서는 임신이 일어날 때까지 계속한다.

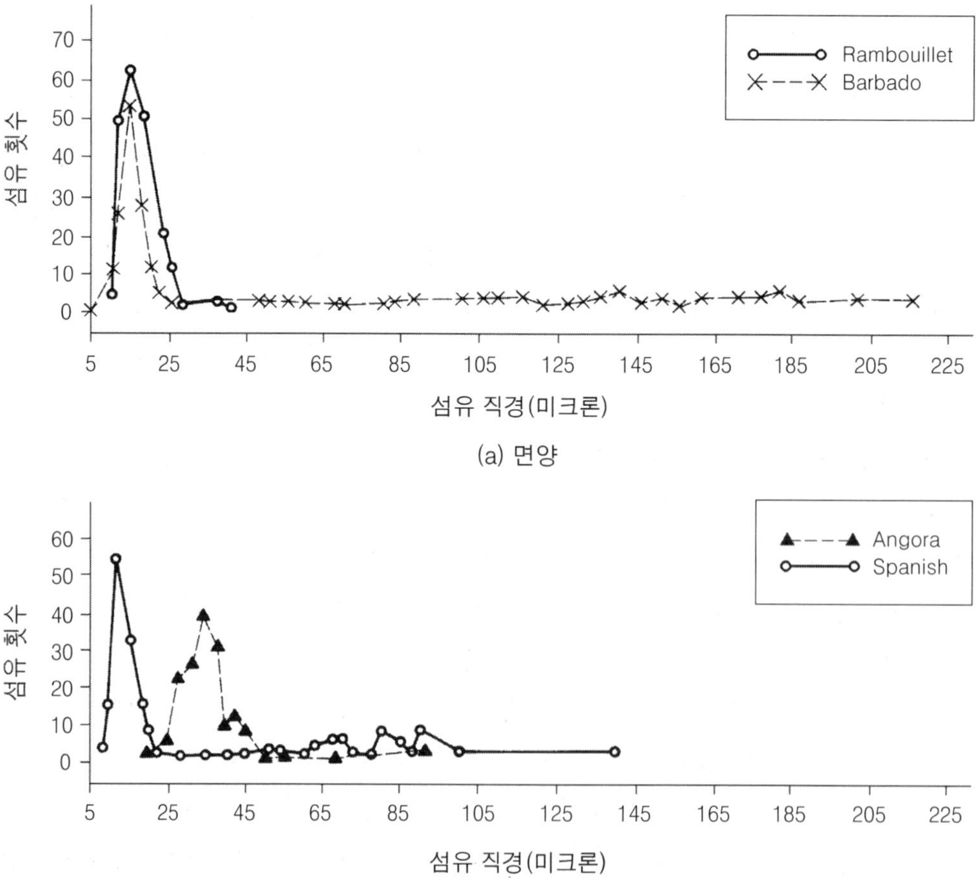

(a) 면양

(b) 산양

그림 9-2. 면양과 염소의 섬유 직경 분포

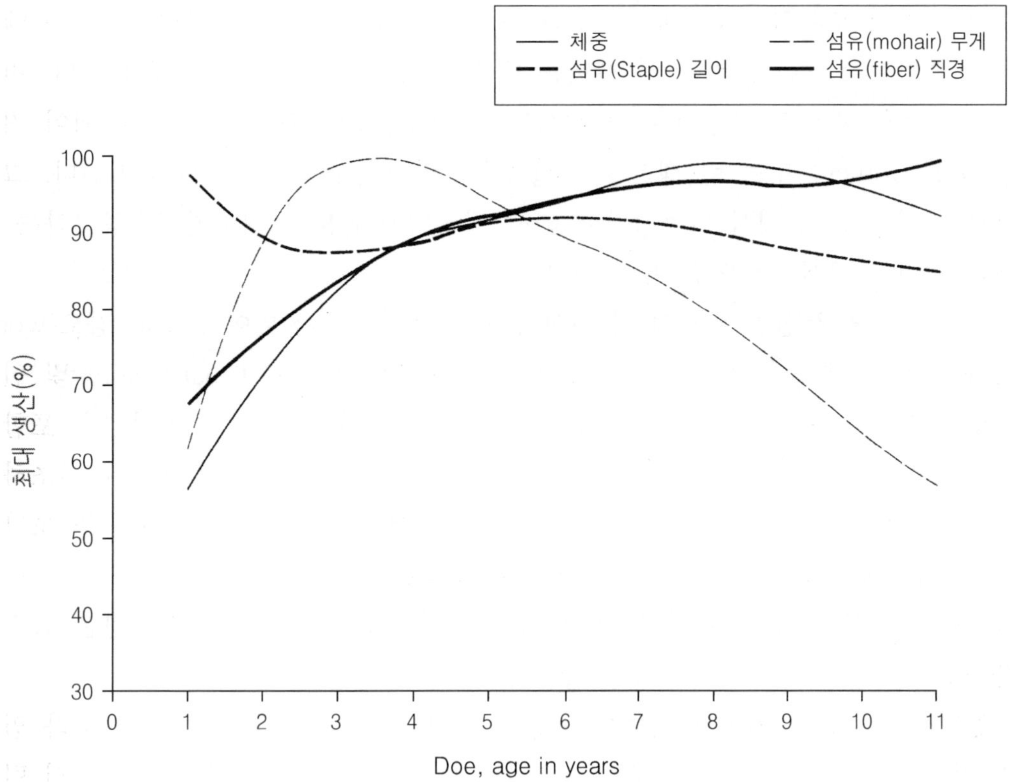

그림 9-3. 앙고라 암컷 염소에서 나이에 대한 털 무게, staple 길이, 섬유 직경 및 체중의 관계

가장 활발한 교배시기는 9월 중순과 11월 중순 사이에 발생한다. 비록 배란율(ovulation rate)이 종종 125%를 초과할지라도 몇 가지 역출현은 이유율(weaning percentage)을 배란의 약 절반으로 낮춘다. 주요한 손실은 임신에 대한 실패, 배자의 사망, 유산, 신생아의 손실(perinatal loss) 및 침입자 손실을 포함한다. 많은 이러한 손실은 우수한 영양관리에 의해서 감소되거나 피할 수 있다.

출생 시에 새끼 염소는 고기 생산용 염소의 새끼 크기(5～7파운드)와 비교될 수 있지만, 출생 시에 죽은 작고 약한 새끼는 영양소의 공급이 부족한 축군에서 일반적이다. 새끼는 이유 시(6개월)에 25～45파운드의 체중을 가질 수 있으며, 첫 번식시기(18～20개월)에는 50～60파운드의 체중을 가질 수 있을 것이다. 이유와 첫 교배 사이의 기간은 매우 중요하고, 성장발달이 미숙한 일년생 염소는 일생의 생산성이 감소하게 된다.

앙고라 염소고기의 특성은 고기 생산용 염소와 비교할 수 있다. 그러나 어린 앙고라는 거의 도살하지 않는다. 앙고라 축군에서 낮은 번식률과 높은 소모율 때문에 기본적으로 모든 어린 암컷 새끼는 대체를 위해서 그대로 유지해야 한다. 번식에 부적절할 것으로 결정된 수컷 새끼는 6~8개월령에 거세(castration)되어 거세한 숫양(wether) 또는 털 생산을 위한 '식용 양고기(mutton)'로서 유지된다. 그러므로 단지 축군 중에서 열등하다고 해서 제거되거나 또는 나이가 든 앙고라는 상당한 숫자가 육류시장으로 가게 된다.

앙고라는 털 생산을 위하여 사육한다. 이 섬유질은 캐시미어와 고운 양모(wool)보다 더욱 큰 직경을 갖지만, 고기용과 낙농염소의 가드헤어(guard hair) 및 면양(sheep)의 긴 양모 품종의 울이 성긴 것보다는 덜하다. 새끼와 일년생을 포함한 앙고라 축군의 평균 생산은 연간 염소 한 마리당 7파운드(깨끗한 섬유에 기초하여 계산된 것임)이다. 그러나 젊은 성숙한 2~5년생 염소는 이 생산 수준을 초과한다. 나이가 들어감에 따라 털의 생산(mohair weight)은 최고로 증가하다가 그 다음에는 감소하고, 섬유의 직경(fiber diameter)은 증가하지만 털 생산량은 감소율을 보이며, 섬유의 길이(staple length)는 비교적 일정하게 남는다.

앙고라 염소는 늦겨울과 늦여름 동안에 매년 두 번씩 털을 깎는다. 앙고라 염소의 털(mohair)은 섬유의 직경의 섬세함에 기초하여 판매하며, 우수한 품질의 털은 가장 높은 가격을 받는다. 세 가지 넓은 등급이 미국 모헤어 무역에서 사용되고 있다. 30 ㎛ 이하의 염소새끼 털(kid hair)은 가장 곱고 가장 높은 가격이 요구되며, 그 다음으로 30~40 ㎛의 어린 성축, 그리고 34 ㎛ 이상의 성축 순이다. 세계무역의 일부 지역에서는 섬유의 직경, 섬유의 길이, 강도 및 기타 등등의 객관적인 측정이 염소 털의 가격을 평가하기 위한 등급체계의 장소에서 사용되고 있다.

3) 젖 생산용 염소

젖 생산용 염소(milk goat)의 수는 미국에서 빠르게 증가하고 있지만, 염소의 젖은 특수한 생산물로 남아 있으며, 젖소의 우유와는 현재 경쟁하지 못한다. 평균적인 축군은 적지만, 몇몇 대규모의 염소 낙농은 대도시 근교에 위치하고 있으며, 염소에 알맞게 현대화된 시설을 쉽게 이용할 수 있다.

염소 털을 위해서 선발된 앙고라와 비슷하게 낙농염소는 다른 특성에 대한 강조를 적게 하고 젖의 생산을 위해서 선발한다. 낙농염소에서 번식률은 앙고라보다 높지만, 아마 고기 생산용 염소보다는 적을 것이다. 그러나 낙농염소의 번식은 젖이 다시 나오는 것(freshening), 그리고 젖 생산과 관련이 있다. 번식의 계절성은 액상 젖 시장에서 낙농을 위한 유의적인 제약이다. 봄철에 채광시기를 늘려 주기 위한 빛의 변형은 다른 발정기 동안에 번식을 돕는다.

새끼 염소의 출생 시 무게와 성장률은 품종 가운데서도 다르지만, 이것 모두는 고기 생산용 염소보다는 약간 높아지려는 경향이 있다. 출생 시 8~9파운드의 무게가 나가는 새끼 염소는 일일 0.28파운드의 증체를 하며, 그리고 6개월령에 55~60파운드에 도달한다. 고기의 특징은 도체(carcass)가 더 크고, 고기의 생산량이 더 높은 것을 제외하면 고기 생산용 염소와 비슷하다.

젖의 생산량은 상당히 가치가 있을 수 있다. 염소 젖의 지방함량은 4.2%로 보고되었다. 젖소에서와 같이 염소의 젖 생산량과 조성은 젖이 다시 나오기 이전과 비유기 모두에서의 영양수준에 의해서 크게 영향을 받는다.

3. 영양소 요구량

일반적으로 염소는 다른 반추가축의 사료 내 요구량과 비교하면 더 많은 건물(dry matter)을 섭취해야 하거나 또는 섭취된 건물은 더 높은 영양소를 함유해야 한다. 염소의 반추위(reticulo-rumen)는 신체의 크기에 따라서 더욱 작으며, 사료 입자의 머무름 시간(retention time)은 더 짧아지는 경향이 있다(표 9-2).

한편, 사료는 반추위에서 짧은 머무름 시간 때문에 체외배양(*in vitro*) 평가 시 비슷한 소화율(digestibility)을 가질 수 있고, 염소에서 생체(*in vivo*) 내 실제의 소화율은 더욱 낮을 수 있다. 이것은 사료입자의 빠른 이동(turn over) 및 섭취수준의 증가를 허용한다. 순수한 결과는 더 높은 섭취수준과 보다 낮아진 소화율이지만, 분해된 영양소의 높은 섭취수준은 다른 반추동물과 비교된다.

표 9-2. 소, 양, 염소에 의해서 선택된 사료의 루멘 머무른 시간(rumen retention time, RT), 이행률(turnover rate, TR) 및 소화율

품 종	RT, 시간	TR, %/시간	소화율, %	
			In vitro	*In vivo*
소	36	5.2	55	51
양	34	5.2	57	50
염소	28	7.1	56	45

1) 에너지 요구량

에너지는 신체의 유지, 성장, 번식, 비유, 섬유의 성장 및 활동에 필요하다. 이러한 동시에 발생하는 신체의 기능과 관련한 요구량은 자발적인 건물사료 섭취에 극적으로 영향을 준다(그림 9-4). 아마도 염소만큼 에너지 요구량이 많이 변하는 가축은 없을 것이다. 요구량에 있어서 이러한 변화는 형태, 생산성, 그리고 활동수준의 극단적인 결과이다.

NRC에서 발표한 염소의 요구량은 부록 표 43에 제시하였다. 에너지 요구량에 관한 접근은 이용자가 염소의 크기, 활동 수준, 생리적인 상태(임신 혹은 비임신), 성장률, 젖의 생산량과 조성 및 양털(fleece) 생산의 사이를 선별하고 채택할 수 있도록 하고 있다.

유지에너지 요구량은 신체 크기에 따라 변화하며, 활동을 위한 부가적인 에너지 비용은 제한된 공간에서 사육되는 염소는 0.25배, 비교적 작은 초원에 있는 염소는 0.50배, 거친 땅에서 조방적으로 방목시킨 염소는 0.75배 유지로서 표현한다. 반면에 스톨급여 상태와 같은 최소 활동에 있는 염소의 유지에너지 요구량은 다른 가축들과 비교될 수 있으며, 이들은 보다 넓은 조건 하에서 약간 상승한다. 이것은 염소의 풀을 뜯어 먹는 활발한 행동을 반영하고 있다.

염소의 성장을 위한 에너지 요구량은 생체중 증가로 평가된다. 다시 이러한 평

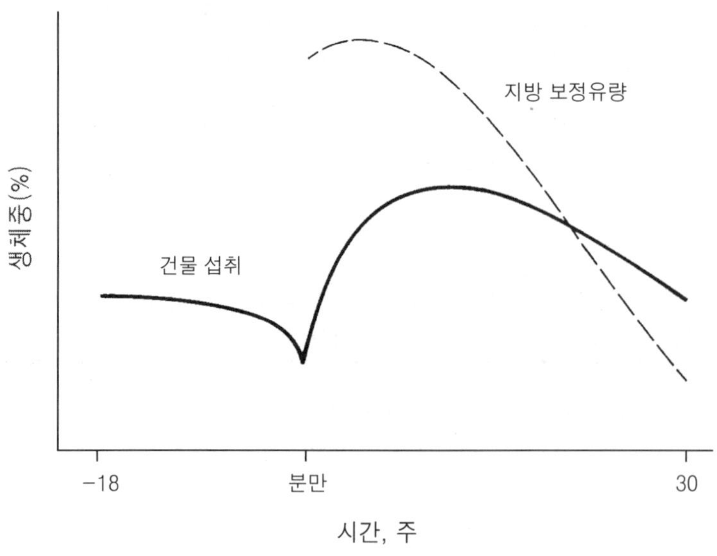

그림 9-4. 비유 750 kg 젖을 생산하는 낙농염소에서 건물섭취량의 변이

가는 염소의 형태, 환경 및 사료에 의존하고 있는 값이 상대적으로 큰 범위의 평균값으로 해석될 수 있다.

염소에서 성공적인 번식은 번식 이전과 번식 시에 충분한 에너지 섭취를 필요로 하고, 임신 마지막 2달 동안은 에너지 섭취가 상승한다. 이 두 달 동안은 앙고라 염소에게 영양적 스트레스성 유산이 일어나기 쉽기 때문에 특별히 중요한 시기이다.

비유를 위한 에너지 요구량은 2.5~6%의 지방을 함유하는 젖 kg당으로 표시하였다. 섬유 생산을 위한 에너지 요구량은 특별하게 앙고라 염소에 의해서 생산된 염소 털(mohair)로 간주한다.

2) 단백질 요구량

단백질 요구량은 부록 표 43에서 서로 다른 크기의 염소 및 서로 다른 대사기능을 위한 총 조단백(total crude protein, TP)과 가소화조단백질(digestible crude protein, DP)로서 표시하였다.

3) 미네랄 요구량

염소에 대한 미네랄의 요구량은 NRC에 의해서 제시되었으며, 부록 표 43에서 볼 수 있다.

칼슘과 인은 사료배합에 있어서 가장 주의를 기울여야 할 두 가지 미네랄이다. 이 두 가지 미네랄의 일일 권장요구량은 부록 표 43에 포함되어 있다. 이 둘 모두는 뼈의 성장 발달과 유지 그리고 젖의 생합성에 있어서 중요하다. 어린 동물에게 있어 이 둘 혹은 하나의 결핍은 빈약한 성장 발달과 기형의 뼈(구루병, ricket)를 일으킨다.

성축, 특히 비유 중인 동물에서 칼슘과 인은 일반적으로 우유합성과 같은 우선적으로 필요한 욕구를 채우기 위하여 뼈로부터 이동된다. 정상적으로 이러한 뼈의 미네랄 축적은 현재 필요한 미네랄을 사료로부터의 섭취가 초과하였을 때 충만하게 될 것이다. 사료 내 결핍증에서 뼈로부터의 연속된 제거는 뼈의 약함을 초래하면서 뼈의 얇아짐과 강도의 손실(골연화증, osteomalacia)을 초래할 수 있다.

칼슘과 인의 비율은 1.2와 2.5 사이에서 유지되어야 한다. 1:1 이하의 보다 낮은 비율은 수컷에서, 특히 요로결석증(urolithiasis, 뇨 결석 또는 kidney stone, 신장

결석)의 발달로 인하여 위험하다. 칼슘의 높은 섭취가 급성위험 효과와 연관되어 있지는 않지만, 이것은 인과 2가 양이온(마그네슘, 망간, 그리고 다른 것들)의 흡수를 방해할 수 있고, 결핍의 원인이 될 수 있다.

고능력의 낙농염소는 대사적 저칼슘증(hypocalcemia, 낮은 혈액의 칼슘)의 결과로서 분만후 마비(유열, milk fever)로 고통받을 수 있다. 비록 이 상태가 사료 내 칼슘과 관련될 수 있다고 하더라도 뼈로부터 칼슘을 유리하는 데 포함된 부갑상선 호르몬(parathyroid hormone)의 작용에 의해서 뒤섞인다.

비유의 개시와 함께 부갑상선 호르몬 작용의 실패 또는 지연은 혈액 내의 칼슘을 떨어뜨리고 유열의 출현을 초래한다. 이 상태는 젖소보다 낙농염소에서 덜 자주 관찰되지만, 관찰되면 칼슘과 포도당(glucose)을 함유하는 용액을 정맥주사에 의해서 비슷하게 치료한다.

인은 적절한 사료(조사료, forage)섭취와 반추위 내 대사의 유지를 위해서 매우 중요한 미네랄 원소이다. 방목하는 축우에서 낮은 인은 거친 털, 체중손실, 식욕억제 및 낮은 생산율과 관련이 있다. 여러 가지 무기인산염(inorganic phosphate)으로서 보충 인의 공급은 이러한 증상을 낮추거나 제거하는 데 있어서 아주 효과적이다. 염소는 낮은 인에 의해서 영향을 덜 받는 경향이 있지만, 인의 적절한 섭취는 여전히 만족스러운 생산성을 위해서 필수적으로 고려하고 있다.

염소의 집약적인 선택성은 의심할 여지없이 총 조사료의 분석으로부터 나타날 수 있는 것보다 인이 더 높은 사료를 초래하며, 그리고 판단력이 덜한 목축업자에 의해서 얻어질 수 있는 것보다 인이 더 높은 사료를 초래한다. 인의 수준(그리고 칼슘과 인의 비율)에 대한 관심은 수확되었거나 또는 배합된 사료를 이용하는 완전사료의 배합에서 더욱 중요하다.

다른 다량 미네랄은 소디움, 염소, 마그네슘, 칼슘, 그리고 황을 포함한다. 이들 가운데서 유일하게 소디움(Na)과 염소(Cl)는 대체적으로 자유채식 할 수 있도록 제공되고 있다. 마그네슘 결핍증은 풍성한 목초지에서 발생할 수 있고, 풀 파상풍(grass tetany)의 원인이 될 수 있다. 칼륨은 거의 대부분 휴지기의 초원에 방목된 동물에서 결핍증이 나타나며, 이와 같은 경우에 사료 섭취와 생산능력은 감소될 것이다. 황은 주로 함유황아미노산에 대한 높은 요구량을 가지고 있는 앙고라 염소에 대해서 낮을 수 있다. 대부분의 일반 조사료와 사료는 적절한 마그네슘, 칼륨 및 인을 함유할 것이다.

주요 관심사인 미량 미네랄은 철, 요오드, 구리, 몰리브덴, 아연, 코발트, 망간,

그리고 셀레늄을 포함한다. 미량 미네랄의 잠재적인 결핍증은 지역에 따라서 나타날 수 있고, 사료배합에 있어서 이러한 미량원소의 포함 여부는 지역적인 기초에 의해서 이루어져야 한다. 일부의 미량 미네랄은 결핍증과 독성을 나타내는 양에 있어서 차이가 거의 없기 때문에 특수한 상황은 염소사료 내 미량 미네랄의 자유로운 첨가를 하기 전에 고려되어야 한다.

4) 비타민 요구량

단위동물(monogastric animal, 비반추동물, nonruminant)에서 비타민은 사료 내에 공급되어야 한다. 염소(반추동물, ruminant)에서 대부분의 비타민은 반추위의 미생물에 의하여 합성되기 때문에 단지 몇 가지의 비타민이 주기적으로 제한될 것이다.

지용성 비타민(fat soluble vitamin)은 비타민 A, D, E, K를 포함한다. 이들 가운데서 오직 비타민 A는 염소의 생산성을 제한하는 점에서 부족할 수 있다. 비타민 B군은 코발트의 결핍증을 나타내는 지역에서 비타민 B_{12}의 결핍 가능성을 제외하면 반추위의 박테리아에 의해서 적절한 양이 모두 합성된다.

비타민 A는 식물조직에 포함되어 있지는 않지만, 식물에 존재하는 비타민 A의 전구물질(precursor)로부터 동물에서 합성된다. 이러한 전구물질은 일반적으로 식물색소(초록색, 노랑색, 기타 등등)에 함유되어 있다.

한편, 활발하게 성장하는 식물은 비타민 A 전구물질(provitamin A)의 활성도가 높고, 시든 식물식생은 매우 적은 양이 포함되어 있다. 한번 합성하면 비타민 A는 동물의 간에서 저장될 수 있고 필요에 따라서 대사될 수 있다. 조사료 성장의 계절적, 주기적인 특성과 염소에 의해서 나타난 선택적인 방목행동은 자유방목 염소에서 비타민 A의 결핍증을 거의 차단한다.

비타민 A의 결핍증은 울타리 사육 염소(pen-fed goat)와 비타민 A의 저장이 고갈되거나 거의 없는 상태 또는 녹색식물의 재료가 전혀 섭취되지 않는 건조하고 추운상태에 노출된 염소사양에서 발생할 수 있다. 비타민 A와 D에 대한 요구량은 NRC에 의해 평가되었고, 부록 표 21에 포함되어 있다.

비타민 B_{12}는 핵심구조에 있어서 코발트를 포함하고 있는 커다란 복합체이다. 따라서 비타민 B_{12}는 코발트가 낮은 사료를 섭취하는 동물에서 결핍이 일어날 수 있다. 다시 이것은 매우 지역적인 문제이고, 대부분의 상황 하에서는 발생하지 않는 것 같다.

5) 물 요구량

물의 양, 수질 그리고 물의 배치는 염소의 건강과 영양면에서 대단히 중요하다. 물의 섭취는 사료 섭취와 관련이 있고, 사료 섭취는 생산성과 관련하고 있기 때문에 일반적인 권장사항은 염소가 물의 섭취를 최대화 할 수 있도록 물에 자유롭게 접근할 수 있도록 해주는 것이다.

염소는 종종 수질에 대하여 다른 동물보다 더욱 민감하여 분과 오줌으로 오염된 물을 거부하는 경향이 있다. 이것은 흥미로운 행동학적 특성이며, 그 이유는 염소가 자신에 의해서 실제적으로 더럽혀진 사료와 물에 대하여 다른 가축에 의해서 이루어진 직접적인 배변과 배뇨 탓일 것으로 돌리기 때문이다. 급수 설계는 물이 오염되는 것을 방지하며, 염소가 물에 쉽게 접근할 수 있도록 해야 한다.

물의 섭취량과 횟수는 염소의 형태, 지역의 위치 및 관련된 사료 가운데서 크게 다르다. 염소는 일반적으로 대사적인 크기에 기초하여 양(sheep)과 소(cattle)보다 적은 수준의 물을 섭취하지만, 이것은 사료에 의해서 영향을 받을 수 있다. 염소와 양 모두에게 밀짚(wheat straw)을 급여하였을 때 염소가 양보다 적은 수준의 물을 섭취할 수 있다. 그러나 사료가 단백질과 소화율이 높은 귀리건초(oat hay)였을 때 물의 섭취는 염소에서 더 높을 수 있다. 이와 같은 상황에서 물의 섭취는 사료 섭취와 밀접한 관계를 가지며, 그것은 양에 대한 염소의 상대적인 사료섭취 수준은 저질 조사료를 섭취하였을 때보다 낮아지며, 고품질의 조사료를 급여하면 더 높아진다는 것이다.

비유는 물의 섭취에 영향을 준다. 온화한 기후에서 비유 중인 염소에 대한 유지를 위한 물의 요구량은 젖 생산을 위한 물의 요구량보다 낮다. 그러므로 젖 생산을 위해서 필요한 물은 유지를 위한 물의 요구량보다 더 많은 양의 추가적인 물의 공급이 필요하다.

식물식생의 물 함량, 염분의 섭취, 환경온도, 물의 온도, 그리고 물 속의 전해질 농도와 같은 기타 요소들이 물의 섭취에 영향을 준다. 그러나 염소는 오염 가능성이 거의 없는 깨끗하고 시원한 물에 자유롭게 접근할 수 있도록 해야 한다.

4. 사양관리

염소는 반추동물이 안전하게 섭취할 수 있는 것이라면 어떠한 사료(feedstuff)

도 이용할 수 있다. 가장 경제적인 생산성은 조사료(forage) 또는 적절하게 조환된 조사료 생산물(rouhage product)의 이용으로부터 나올 수 있다. 표 9-3에서 나타낸 사료는 사료배합에 이용되는 일반적인 원료이며, 여러 가지 영양소를 함유하는 사료의 예가 된다.

조사료(forage)는 화학적인 구성성분과 영양소 함량에 있어서 매우 다양하다. 식물식생은 상당히 계절적이다. 즉 그것은 보통 봄, 여름 기간동안의 빠르게 성장하는 시기에는 영양가가 높고 기호성이 있으며, 휴지기에는 기호성이 없으며 영양소 함량도 낮다.

조사료(roughage)는 소화장애의 위험을 낮추기 위해서 그리고 바람직한 수준으로 혼합원료의 영양소 함량을 낮추기 위한 희석제(diluent)로서 염소의 배합사료에 포함될 수 있다. 염소의 배합사료에서 조사료에 대한 절대적인 요구량은 없으나, 조사료가 사료의 약 30~40% 이하로 낮아짐으로써 소화장애에 대한 보다 큰

표 9-3. 일반사료 내 영양소의 수준

사 료	에너지		단백질		미네랄		카로틴, mg/lb
	TDN, %	DE, Mcal/lb	CP, %	DP, %	Ca, %	P, %	
건마초(forge) 또는 조사료							
버뮤다그라스 건초	50	1.0	15	11	0.43	0.16	53
일년생 라이그라스 건초	53	1.1	9	5	0.53	0.29	113
알팔파 건초	57	1.1	18	14	1.38	0.26	83
밀짚	39	0.8	4	0	0.16	0.04	1
에너지 사료							
귀리, 곡류	68	1.4	12	8	0.07	0.33	-
수수, 곡류	78	1.6	10	7	0.03	0.28	-
옥수수, 곡류	77	1.6	9	7	0.06	0.24	1
당밀, 사탕수수	54	1.1	4	2	0.75	0.08	-
단백질 사료							
어분	67	1.3	61	49	5.20	2.9	-
대두박	79	1.6	45	42	0.30	0.6	-
면실박	69	1.4	41	37	0.20	1.1	-
해바라기박	60	1.2	4.6	42	0.40	1.0	-

※ 카로틴은 일부 사료에서 보고되지 않았다. 이러한 사료 내 기대값은 보통 무시할 수 있다. 그러나 어분은 비타민 A가 비교적 높을 수 있다.

주의가 필요하다. 목화씨 껍질(cottonseed hull), 땅콩 껍질(peanut hull), 곡류의 짚(cereal straw), 그리고 옥수수 속(corn cob)과 같은 조사료 생산물은 영양소는 낮지만 우수한 조사료의 요소를 제공한다.

옥수수(corn), 보리(barley), 수수(sorghum), 기타 곡류, 그리고 당밀(molasses)과 같은 사료는 가소화에너지(digestible energy) 함량이 높은 전분, 설탕 등의 가용성 탄수화물(soluble carbohydrate)이 높다. 곡류는 최고의 활용을 위해서 분쇄(grinding) 및 파쇄(cracking)의 일부 기계적인 가공이 필요하지만, 곡류의 가공은 소(cattle)에서보다 염소에서 중요성이 덜하다. 이러한 고에너지 사료는 상대적으로 단백질 함량(일반적으로 조단백질 함량 12% 이하)이 낮다.

고단백사료(단백질 농축사료, protein concentrate)는 보통 추출과정의 부산물이다. 면실박(목화씨박, cottonseed meal), 대두박(soybean meal), 아마박(linseed meal), 땅콩박(peanut meal), 해바라기씨박(sunflower seed meal), 그리고 기타 박류는 생재료로부터 기름추출의 부산물이다. 식물성 자원으로부터 이러한 부산물(by-product)이 일반적이지만 어분(fish meal) 및 육분(meat meal)과 같은 동물성 부산물보다 항상 더 경제적이지는 않다. 어분과 육분은 염소에 의해서 효과적으로 이용될 수 있지만, 염소의 특별한 성질 때문에 불쾌한 냄세(odor)는 사료 섭취를 낮출 수 있고, 그리고 사료 내 낮은 수준으로 유지되어야 한다. 단백질 농축사료는 에너지 함량이 적당하다.

암모니아를 방출하는 복합물질은 염소에서 단백질 요구량의 일부분을 최소량 충족시키는 데 이용될 수 있다. 요소(urea)는 가장 일반적으로 이용되는 비단백태질소(nonprotein nitrogen, NPN) 화합물이다. 염소사료에서 단백질의 1/3 이하는 요소에 의해서 공급되는 것으로 권장하고 있다. 보다 높은 수준도 가능하지만 만족스러운 생산 능력을 발휘하지 못하며, 그리고 일부 상황 하에서 독성이 될 수도 있다.

섭취된 사료 내에 공급된 염소의 영양소 요구량과 영양소는 염소생산을 위해서 중요하다. 건물의 양 또는 영양소 농도의 섭취 부족(under feeding)은 동물의 생산성을 기대 이하로 낮추는 원인이 될 것이다. 과잉 섭취(over feeding)는 사료 낭비와 역시 생산성을 떨어뜨릴 것이다. 사양계획은 생산단계, 즉 건유(dry), 임신(pregnant), 비유(lactating)에 따라서 그리고 사료급여 수준 및 사료조성 또는 사료배합에 따라서 영양소 요구량을 고려해야 한다.

보통, 단백질은 낮은 수준에서 생산하는 비임신(nonpregnant) 및 비유기가 아닌

(nonlactating) 동물에 대하여 제1제한영양소(first limiting nutrient)이다. 따라서 고단백사료(32~45%)의 소량 급여(100~300g/일)가 보통 적당하다. 알팔파와 같은 양질의 조사료는 때때로 좋은 대안이 될 수 있지만, 초원에서 저질의 조사료는 거의 급여하지 않는다. 생산 능력이 높은 단계의 동물은 에너지와 단백질에 대한 보충이 필요할 것이다. 어린 새끼와 한 살 된 염소는 휴지기의 초원에서 일일 평균 30~35% 단백질 농축사료를 350 g까지 급여해야 한다. 건유 암염소(dry doe)와 번식(breeding) 및 임신 4개월 사이의 암 염소(doe)는 체중감소 방지를 위해서 표시된 것만큼 적은 양의 고단백 농축사료를 급여해야 한다.

낙농염소(dairy goat)는 일년 생산주기 내에서 영양소 요구량의 큰 변이가 있기 때문에 특별한 주의가 필요하다. 낙농염소에 있어서 우수한 영양소 관리는 조사료(forage)와 농후사료(concentrate)에 대한 예리한 이해 및 필요한 영양소 공급에서 그들의 이용이 필요하다.

영양소 요구량이 가장 낮은 시기는 건유기(젖이 나오지 않는 시기, dry stage)와 임신초기 단계이다. 가장 높은 영양소 요구량은 비유초기와 비유중기 사이에서 발생한다. 실제로 최고 비유기(peak lactation) 동안 에너지 요구량은 상당히 높아서 에너지를 취하려는 염소의 능력은 초과하게 된다. 그 결과로서, 에너지는 빠른 비율로 축적된 체지방으로부터 이동한다. 식욕은 종종 임신후기와 비유초기 동안 억압되기 때문에 지방의 저장은 비유후기와 임신초기 등의 요구량이 낮은 시기 동안에 축적되어야 한다.

우수한 사료급여 계획은 비유후기(임신초기) 동안의 체지방에 대한 정밀 조사와 함께 시작될 수 있다. 만일 암 염소가 매우 말랐다면 사료 내 영양소, 특히 에너지의 수준을 증가시킨다. 이것은 양질의 건초를 먹이고, 우수한 초지에 방목하고, 자유롭게 농후사료를 먹이거나 또는 이러한 것의 적절한 조환을 제공함으로써 이루어질 수 있다. 암 염소의 상태가 좋으면서 비만이 아닌 바람직한 수준으로 개선되면 건초의 품질을 떨어뜨리거나, 농후사료의 급여 수준을 보다 낮추거나, 기타 등등의 방법으로 위의 전략을 거꾸로 하여 영양소의 섭취 수준을 낮춰서 체중을 유지 또는 약간만 증가시킨다.

다음 결정의 포인트는 새끼가 나오기 전 약 6주이다. 다시, 영양소의 수준은 태아 발육에 필요한 요구량의 증가 및 암 염소가 낮은 식욕을 가지려는 경향에 대해서 조절하는 것으로 증가해야 한다. 양질의 건초는 농후사료와 함께 급여해야 하며, 새끼 염소 시기에 일일 약 1/3파운드를 급여하기 시작하여 서서히 일일 1파운드까지 증가시켜야 한다. 새끼 염소 시기 이후에 농후사료의 급여는 계속되어야 하며, 약 3주 후에 그것은 평균 생산자에 대해서는 일일 2파운드, 그리고 보다 높은 생산자에 대하여는 일일 3파운드에 도달해야 한다.

양질의 건초(hay) 또는 목초(pasture)를 급여하는 것은 계속되어야 한다. 분만 직전과 직후에 농후사료(concentrate)의 급여는 임신독혈증(pregnant toxemia)과 케톤증(ketosis)을 예방하기 위해서 중요하다. 최고 비유기(3~4개월) 이후에 농후사료는 서서히 감소될 수 있으며, 지속적인 젖 생산을 조장하기 위해서 사료 내 조사료의 비율을 높일 수 있다. 수컷 염소는 우수하고, 격렬한 상태이면서 비만하지 않은 상태로 번식계절로 진입해야 한다.

번식용 수컷(breeding male)은 자연적으로 사료급여 횟수를 줄이고, 따라서 그들은 체중 손실이 예측된다. 비록 일부의 체중 손실은 상관 없지만 고도로 고갈된 상태는 낮은 번식효율을 초래할 수 있다. 농후사료의 급여는 번식이 종료되거나 신체상태가 회복될 때까지 번식기의 시작 이전에 3~4주 동안 일일 1~1.5파운드를 급여해야 한다. 번식계절 사이의 사료 급여는 유지수준으로 될 수 있다.

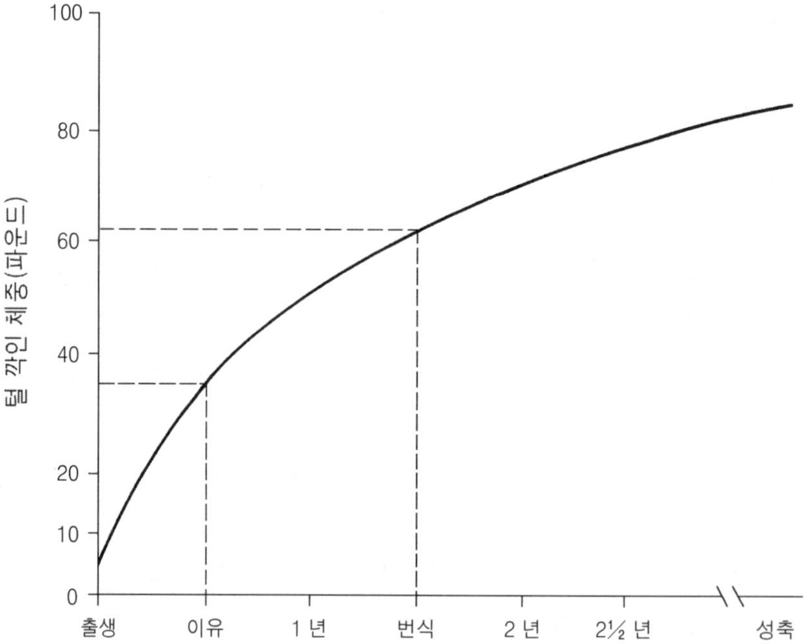

그림 9-5. 앙고라 암컷 염소에 대한 적정 성장곡선

초기의 신체 발육은 앙고라의 일생 동안 좋은 생산성을 위해서 중요하다. 어린 암컷은 6개월에 최소한 체중 35파운드(15.9 kg)에 도달해야 하고, 18개월에는 16 파운드(27.2 kg)에 도달해야 한다. 최적발육은(그림 9-5) 축군의 정상적인 성숙도에 따라서 달라질 수 있지만, 최초 번식에서 미발육된 염소는 그들의 생산적인 시기 동안 낮은 생산자가 될 것이다.

앙고라 암컷에서 번식률은 사료급여 수준을 증가시키거나 또는 번식에 앞서 약 3주의 영양상태와 번식계절 속으로 접어드는 3주 동안의 영양상태를 증가하는 사양방법(flushing)에 의해서 증가할 수 있다. 이것은 몇 가지 방법으로 이룰 수 있으며, 급여비율을 증가시키는 것, 사료 내 농후사료의 수준을 증가시키는 것, 목초 또는 목장에서 농후사료의 급여량을 증가시키는 것, 동물을 양질의 신선한 목초지로 이동시키는 것, 동물의 내부 기생충을 구제하는 것 및 기타 등등이 포함된다.

앙고라는 급격한 환경조건의 변화에 대해서 매우 민감하다. 약 4개월의 임신기간에서의 유산과 털 깎기(shearing) 이후의 저체온증(hypothermia)으로부터의 희생은 영양과 환경의 상호작용과 최소한 관련이 있다. 유산은 포도당(glucose)의 수치가 떨어지고 내분비기작이 일어날 때 발생한다.

염소는 빠른 변화에 너무 민감하기 때문에 사료의 변화, 위치, 혹은 날씨, 털 깎기, 혹은 물에 흠뻑 젖음(drenching) 등은 암컷 어미가 사료섭취 양상의 변화 또는 섭취를 거부하여 혈액 내 포도당의 수치를 떨어뜨리는 결과를 가져오는 원인이 될 수 있다. 앙고라 암컷은 임신 80일 이후부터 120일이 될 때까지 특히 사양방법을 바꿔서는 안 된다. 120일 이후에 만들어진 변화는 염소에게 영양학적인 스트레스를 증가시키지 않는다.

털 깎기 이후에 수반되는 저체온증으로부터 유발된 희생은 겨울동안 만큼이나 늦여름에도 위험하다. 쇼크는 저온이 아닌 온도의 하강변화, 젖은 상태 및 공기의 속도와 같은 결과로부터 발생한다. 8월에 쏟아지는 폭우의 추위는 70°F의 온도에서 갓 털을 깎은 염소를 희생할 수 있다. 이것은 특히 염소가 갓 털을 깎였을 때 및 쏟아지는 폭우의 추위 바로 직전에 보호대책 없이 목초지로 되돌아온 몇 시간 동안 사료를 공급받지 못한 염소에서 위험하다. 털을 갓 깎은 염소는 그늘, 날씨 및 사료 급여로부터 보호되어야 한다. 또는 자연적인 보호(굴, 동굴, 절벽, 울창한 관목지역)를 갖는 지역 및 양질의 사료 혹은 조사료를 섭취할 수 있도록 충분한 시간을 갖는 지역 속으로 되돌아와야 한다.

제 10장

토끼의 생산

토끼는 고기, 모피 및 털 제품을 얻는 데 이용되며, 실험동물, 교육도구, 동물연구 모델로서 직업 연구용으로, 그리고 애완용으로 사육한다. 토끼의 영양과 사양에 관계된 정보는 1980년대 이후로 급격히 증가하였다. 대부분의 토끼에 대한 연구는 유럽의 연구자들을 통해 이루어졌는데, 특히 프랑스에서 두드러졌다. 유럽에서의 육용 토끼 생산 연구는 산업으로 이어졌고, 토끼고기의 소비는 상당히 증가하였다. 사양과 영양은 어느 동물의 생산계획에서든지 중요한 문제이다. 사료의 비용은 전체 생산비용에서 많은 부분을 차지하므로 적절한 영양과 사양에 관한 좋은 이해는 성공적인 경제적 토끼사양을 위해서 필요하다.

1. 소화계

소화계(소화기 계통, digestive system)는 섭취된 사료를 화학적·물리적·생물학적인 과정을 통해서 변화시키는 것이고, 각 방법으로 생물체는 유지, 성장 및 생산을 위해서 필요한 영양소를 이용한다.

1) 상대적인 크기

토끼의 소화계는 조사료와 식물에서 얻어낸 사료의 활용을 위해서 잘 적응되어 있다. 소화계는 신체 용적의 상당부분을 차지한다. 4～4.5 kg인 뉴질랜드 흰토끼의 소화기관의 길이는 5 m나 된다. 소화계의 발육은 9주령에 거의 완성된다.

맹장(cecum)과 결장(colon)은 약 3～5주령에 발육을 시작하며, 우유 이외의 사

표 10-1. 토끼의 소화기관의 상대적인 비율

소화기관의 부위	무게, g	길이, cm	용량, g	건물, %	pH
위	20	-	90∼100	17	1.5∼2.0
소장	60	330	20∼40	7	7.2
맹장돌기(Cecal appendix)	10	13	1	-	-
맹장	25	40	100∼120	20	6.0
결장	30	-	10∼30	-	-
결장기부(Proximal colon)		50		20∼25	6.5
결장말단(Distal colon)		90		20∼40	-

※ 펠렛사료를 섭취한 12주령 뉴질랜드 화이트로부터의 값

료를 섭취하였을 때 성장률은 유의적으로 차이를 보이며, 그리고 미생물 집단은 맹장과 결장에 있어서 중요해지기 시작한다.

2) 위내 머무름

사료가 소화기 계통에 머무르는 시간의 양은 효소와 미생물이 섭취된 물질에 관해서 작용할 수 있는 시간의 양에 영향하며, 따라서 영양소의 흡수와 이용에 영향을 미칠 수 있다. 소화관에서 섭취된 물질이 평균 머무르는 시간(retention time)은 17∼18시간이고, 큰 입자에 대해서는 덜한 14∼16시간이며, 그리고 고운 입자는 20∼21시간이다.

가장 긴 머무름 시간은 위와 맹장에서 일어난다. 소장에서의 머무르는 시간은 비교적 낮다. 토끼의 위는 거의 항상 가득 채워져 있다. 위액의 분비는 계속되며, 염산(HCl)이 분비된 결과로서 극산성(pH 1∼2)이다. 위에서의 소화는 위 점막(gastric mucosa)이나 소장에서 바로 흡수되는 젖산(lactic acid)을 생산하는 특징이 있다.

3) 생성된 분의 형태

토끼는 딱딱한 분(hard feces)과 부드러운 분(soft feces) 또는 자가섭취분(cecotrophs)에 이용하는 2종류의 분을 생산한다. 토끼는 영양소의 미생물학적인 이용을 위해 기부의 결장(proximal colon)과 맹장에서 내용물을 유지하고, 그리고 또한 2종류의 분 형성을 허용하기 위한 특수한 기작을 갖는다.

토끼가 부드러운 분을 다시 섭취하는 것을 자가분식성(cecotrophy)이라 한다. 2 종류의 분을 생산하는 것과 이러한 분의 한 가지 형태만을 섭취하는 것은 분식성(coprophargy)으로부터 cecotrophy를 구별한다. 이 과정은 동물이 총 섭취한 영양소를 최고로 활용 및 흡수할 수 있도록 해주는 토끼의 소화·생리학적으로 가장 중요한 특성의 하나이다. 부드러운 분은 수분, 전해질, 질소 함량이 높으며, 섬유질의 함량은 낮다.

Cecotrophs의 총 질소 함량의 유의적인 비율(60～80%)은 맹장의 미생물로부터 얻어진다. Cecotrophs로부터 총 질소는 동물에게 중요한 단백질 급원이며, 토끼에서 총 질소 섭취의 20%에 해당되는 양이다. Cecotrophs는 유지를 위한 단백질의 약 20%와 에너지의 10%, 비타민과 미네랄을 제공해 준다. 토끼 사육가는 비전통적인 원료를 토끼에게 급여하기 위해서는 이러한 특징의 이점을 살려야 한다. Cecotrophs는 항문으로부터 직접적으로 제거되며 모두를 삼킨다. 분이 위에 이르렀을 때 분은 내용물의 나머지와 곧바로 섞이지 않지만 6～8시간 동안 기저부(fundic region)에서 덩어리로 있게 된다. 자가섭취분은 소화양상의 뒤를 이어서 나타나는 다른 사료섭취 행동이다.

2. 사양행동

1) 사료와 물의 섭취

사료와 물 섭취의 정량화는 토끼 사육계획의 경제성을 확인하기 위해서 중요하다. 그것은 또한 식욕부족 또는 물 섭취의 과잉에서 오는 건강문제의 조기 발견에 도움을 준다.

사료 섭취에 대한 지식은 관리자가 사료 낭비가 많은지 그렇지 않은지를 결정하는 데 도움을 준다. 사료와 물 섭취량의 값은 사료배합과 질병관리에 유용하게 이용할 수 있으며, 그래서 영양소 또는 동물약품의 농도는 요구량, 나이, 또는 체중에 따라서 배합될 수 있다.

태어난 지 처음 3주 동안 토끼는 어미의 젖만 섭취한다. 젖의 생산이 충분하지 않으면 토끼는 고형의 사료와 물을 섭취하기 시작한다. 그 다음에 토끼는 일일 1 또는 2회 사료를 섭취하는 것에서부터 24시간 이내에 몇 번 사료를 섭취하게 된다.

24시간 동안 성축 또는 육성 중인 토끼(4주령 또는 노령화된 토끼)는 사료 섭취를 위해서 보통 일당 2～4시간을 활용하면서 소량의 물과 사료를 수차례 섭취할 것이다. 1회당 사료와 물 섭취량 그램은 어두운 밤보다는 빛이 있는 낮에 더욱 낮다. 비유 중인 토끼 암컷(lactating doe)에서 사료 섭취는 대개 밤 동안에 일어난다. 이러한 행동은 사양실제를 위해서 고려되어야 한다.

평균적인 사료와 물 섭취량은 동물의 나이와 생리적인 상태에 따라서 변한다. 일반적으로 토끼는 건조사료 섭취의 2배에 가까운 양의 물을 섭취할 것이다. 체중 4 kg의 성숙한 토끼는 하루에 평균 200～300 mℓ의 물을 섭취할 것이고, 한편 비유기의 암컷은 하루에 3～4 ℓ 의 물을 마실 수 있다. 비유 중인 암컷은 젖 생산과 젖을 빠는 새끼 토끼를 위하여 그들의 사료 섭취량을 적절하게 증가한다.

물과 사료의 섭취는 주위 환경의 온도와 상대습도에 따라 변한다. 건조사료의 섭취와 물의 섭취 사이에는 직접적인 관계가 있다. 온도가 올라가면 물의 섭취는 증가되지만, 30℃ 이상의 고온에서는 사료와 물의 섭취가 줄어들고, 성장 및 비유 중인 동물의 수행능력에 영향을 준다.

3. 영양소 요구량

1) 물

물은 무제한(ad libitum)으로 공급되어야 한다. 토끼는 체중에 따라 많은 물이 요구된다. 물은 유지, 생산, 그리고 비유를 위해서 필요하다. 건조한 사료의 섭취는 물의 섭취와 관련이 있기 때문에 물을 제한하면 건물의 섭취가 떨어지는 원인이 된다. 그러나 만일 사료를 제한한다면 물의 섭취는 증가될 수 있다. 물은 깨끗하고 신선해야 하며, 생물학적·화학적인 오염이 없어야 한다.

2) 단백질

성숙한 토끼는 양질의 박테리아 단백질로서 cecotrophy로부터 총 단백질 섭취의 10～20%를 얻을 수 있다. 기덴(Gidenne)은 6주령의 어린 뉴질랜드 토끼에서 사료의 종류에 상관없이 cecotrophy는 섭취한 총 단백질의 29%에 해당한다고 하였다. 미생물에 의해서 맹장에서 생성된 아미노산 부분은 맹장 벽(cecum wall)에

표 10-2. 토끼에 대한 필수아미노산의 최소 요구량

아미노산, %	성 장	임 신	비 유
Arginine	1.00	0.80	1.11
Glycine	0.40	0.40	0.40
Histidine	0.45	0.42	0.45
Isoleucine	0.70	0.70	0.71
Leucine	1.05	1.05	1.25
Lysine	0.70	0.70	0.85
Methionine+cystine	0.60	0.60	0.95
Phenylalanine+tyrosine	1.20	1.20	1.20
Threonine	0.55	0.60	0.64
Tryptophan	0.15	0.15	0.15
Valine	0.70	0.75	0.82

의해서 직접적으로 흡수되며, 그리고 그 이후에 cecotrophy에 의해서 흡수된다. 나머지는 소장에 의해서 흡수된다.

어린 토끼(4～6주령)에 대한 미생물 단백질의 기여도는 매우 낮으며, 그리고 단계는 육성 중인 동물에 대하여 양질의 단백질을 공급해 줘야 한다. 토끼는 양과 질의 의미에서 양질의 단백질 섭취가 필요하다. 필수아미노산은 다른 품종에서와 동일하다. 글리신(glycine)은 성숙한 토끼에서 적절한 양이 합성될 수 있다. 그러나 빠르게 성장하는 토끼는 충분한 양의 글리신을 합성할 수 없기 때문에 글리신은 사료를 통해서 공급해야 한다. 아미노산 요구량은 표 10-2에 나타나 있다. 단백질의 품질은 사료 섭취와 관련되어 있기 때문에 성장능력에도 관계한다.

성숙한 토끼에 대해서 유지를 위해 필요한 조단백질 요구량은 배합사료의 13%이다. 육성 중인 토끼에 대한 가소화단백질(digestible protein, DP)의 요구량은 다음의 공식을 이용하여 계산할 수 있다.

$$\text{최소 요구량 } DP = DE/250$$
$$\text{최대 요구량 } DP = DE/230$$

비유 중인 토끼 암컷에 대한 가소화단백질의 요구량은 다음 공식에 의해서 얻어질 수 있다.

$$\text{최소 요구량 } DP = DE/200$$
$$\text{최대 요구량 } DP = DE/180$$

여기서 DP=사료 내 가소화단백질 %이고, DE=사료 내 가소화에너지, kcal/kg이다.

비유 중인 토끼 암컷에 대한 단백질 요구량은 비유(lactation) 동안 단백질의 소비에 기인해서 육성 중인 토끼보다 높다. 비유 동안 젖에서 단백질과 에너지의 분비가 높다. 이 분비는 젖 생산에 직접적으로 비례한다. 생산자는 에너지의 적절한 수준을 갖지 않는 18% 이하의 단백질 수준은 젖 생산에 관한 마이너스 효과를 가지며, 젖을 빠는 새끼 토끼의 증체율에도 마이너스 효과를 갖는다는 것을 고려해야 한다.

단백질 영양은 모피와 털 생산을 목적으로 하는 토끼에게는 특히 중요하다. 털과 가죽은 질소를 함유하는 화합물과 황을 함유하는 아미노산을 많이 함유하고 있기 때문에 사료 내 단백질의 수준은 높아야 하며, 최소한 17%의 조단백질과 0.6%의 황함유아미노산(S-containing amino acid, methionine, cystine)을 포함해야 한다. 보통의 토끼 사료에서 제1제한아미노산(first limiting amino acid)은 황함유아미노산이고, 그 다음이 라이신이다.

3) 에너지와 섬유질

토끼에서 요구되는 에너지의 대부분은 탄수화물에 의해서 공급되며, 지질에 의해서 적은 부분이 공급되고, 일부의 경우에 있어서는 과잉의 단백질에 의해서 공급된다. 대부분의 다른 동물과 같이 토끼는 비교적 일정한 에너지 섭취를 유지하기 위하여 그들의 사료 섭취를 조절한다. 그러므로 사료를 배합할 때 영양소는 에너지와 관련하여 공급해야 한다.

에너지의 요구량은 동물의 나이와 크기(어리고 작은 동물은 더 많은 에너지를 요구한다), 생리적인 상태(성장 중인 동물은 비활동적인 성숙한 동물보다 더 많은 에너지를 요구하고, 비유 중인 어미 토끼는 비유를 하지 않는 동물보다 더 많은 에너지를 요구한다), 환경온도와 습도(춥고 습한 환경에서 동물은 체온과 생산수준을 유지하기 위해서 더 많은 에너지가 필요하다), 사료 섬유질의 농도 및 기업의 형태에 따라서 다르다.

성장기간 동안 유지와 생산을 위한 일일 평균 가소화에너지(digestible energy, DE) 요구량은 다음의 공식에 의해서 평가될 수 있다.

$$DE=4MW(20-WW)+55WW+3.6DG-50$$

비유 중인 동물에 대해서 일일 평균 가소화에너지 요구량은 다음의 공식에 의해서 평가될 수 있다.

$$DE=290+65DW+35G$$

여기서 DE=일일 가소화에너지(daily digestible energy), kcal/일

MW=출하체중 계산치(estimated market weight), kg
WW=이유체중(weaning weight), kg
DG=일일 평균 증체량 기대치(expected average daily gain), g
DW=어미 토끼의 체중(doe weight), kg
G=흡유 중인 새끼 토끼의 수(number of suckling rabbits)

예로서, 이유체중이 0.6 kg이고, 일일 30 g이 증체될 것으로 예상되며, 2 kg에 출하될 예정인 토끼에 대하여 성장기간 동안 일일 가소화에너지 요구량은

$4\times 2(20-0.6)+55(0.6)+3.6(30)-50=246.2$ kcal/d로 계산된다.

만약 활용된 사료가 2,500 kcal DE/kg를 함유한다면, 일일 동물당 사료 섭취량(낭비되는 것은 포함하지 않았다)은

$246.2\times 1000/2500=98.48$ g일 것이다.

비유가 진행될수록 비유 중인 암컷은 필요한 에너지 요구량을 만족시키기 위하여 사료 섭취량을 최대로 증가시킨다. 만약 배합사료가 사료의 kg당 에너지가 높은 수준으로 함유되어 있지 않으면 암컷은 젖 생산을 유지하기 위해서 체내에 저장된 에너지의 일부를 사용할 것이다. 이것은 장래의 번식 능력과 효율성에 영향을 주는 암컷의 손실상태에 대한 원인이 될 수 있을 것이다. 게다가 사료 내 칼로리 밀도가 낮다면 어린토끼는 그들이 건식사료 섭취를 시작할 때 높은 성장률을 유지할 수 없을 것이다. 이것은 이유 후의 기간(postweaning period)에 성장률과 사료 효율성에 영향을 주는 것으로 나타났다.

사료 내 섬유질 함량이 증가하면 에너지와 유기물(organic matter)의 이용이 감소한다. 이러한 관계는 직선적일 것으로 보인다. 그러나 섬유질의 일부 최소수준은 적절한 분해와 장의 운동성을 유지하고, 그리고 설사(diarrehea)와 같은 일부 대사적 질환을 방지하기 위해서 사료 내에 존재(성장 중인 토끼에 대하여 12∼

14%의 조섬유)해야 한다. 사료 내 셀룰로오스 함량이 1% 증가되면 유기물의 소화율에 있어서 0.7 단위의 감소가 있다.

소화율은 사료 자체 통과율의 조환된 효과와 소화율 계수이다. 조섬유의 증가는 사료 섭취를 증가시킬 수 있고, 사료효율(feed efficiency)은 감소시킬 것이다. 일반적으로, 머무름 시간(retention time)의 증가는 사료의 소화율을 증가시키지만, 토끼에서 그것은 또한 소화관의 질환을 증가시킨다. 낮은 머무름 시간은 토끼에서 정상적인 특징이다. 기덴네(Gidenne)는 토끼사료 내 리그닌(lignin) 함량의 증가는 단백질의 소화율을 떨어뜨리고, 에너지와 셀룰로오스의 소화율을 보다 낮출 수 있다.

섬유소의 일부 또는 모두는 소화관 질환의 감소, 체중 손실의 감소, 장 기능을 조장하고 딱딱한 분의 형성을 위해서 커다란 입자(2～4 mm)의 형태로 공급해야 한다. 섬유소의 일부는 맹장의 머무름 시간을 길게 하고 소화율을 증가시키기 위해서 2 mm 크기 이하로 분쇄해야 한다. 성장 및 비유 중인 동물에 의해서 필요한 섬유소 길이의 최소비율을 결정할 필요가 있다.

4) 미네랄

토끼는 칼슘, 마그네슘, 인, 칼륨, 소디움, 염소, 망간, 아연, 구리, 철, 요오드, 코발트, 그리고 셀레늄을 요구한다. 포유동물에게 필요한 크롬 및 불소와 같은 기타 광물질은 토끼의 영양에서는 중요한 역할을 갖지 않는 것으로 보고되었다. 미네랄 요구량은 비유 동안에 젖으로 분비되거나 또는 젖 분비를 위해서 요구되기 때문에 더 높다. 토끼의 미네랄 영양과 요구량에 관한 이용할 수 있는 정보는 드물고 모순점이 있다. 여기에 제시된 자료는 혼합사료 kg당 2,500 kcal에 기초한 미네랄 수준이다. 각 중요한 미네랄에 대한 최소요구량은 표 10-3에 제시하였다.

칼슘과 인의 요구량은 비유 중인 암컷에서 가장 높은데, 그 이유는 젖으로 분비되는 이러한 미네랄의 함량이 더 높기 때문이다. 칼슘과 인의 권장비율을 2 : 1 이지만, 토끼는 12 : 1의 비율까지 견딜 수 있다. 비록 토끼가 사료 내 높은 칼슘의 양을 견딜 수 있다고 하더라도 이것은 성장 중인 동물에서 아연과 마그네슘의 결핍증을 가져올 수 있으며, 비유 중인 어미에서는 인의 결핍을 가져올 수 있다.

사료 칼슘의 일부는 사료에 첨가된 완충제(buffer)로부터 온다. 완충제는 맹장 내용물의 pH를 낮추고, 또한 사료 섭취를 증가시키기 위해서 토끼사료에 첨가될 수 있다. 칼슘 결핍증은 상업적인 토끼의 생산에서는 드문데, 그 이유는 토끼사료

표 10-3. 토끼에 대한 미네랄의 최소요구량※

미네랄	성 장	번 식	비 유
Calcium, %	0.9～1.0	0.9～1.0	1.0～1.2
Phosphours, %	0.6～0.7	0.6～0.7	0.8～10
Potassium, %	1.3	0.75	1.3
Sodium, %	0.4	0.25	0.4
Chloride, %	0.4	0.2～0.25	0.4
Manganese, ppm	8.5	8.5	8.5
Magnesium, ppm	400～500	400～500	400～500
Cobalt, ppm	1	1	1
Copper, ppm	5	5	5
Zinc, ppm	50～70	50～70	50～70
lodine, ppm	0.2	0.2	0.2

※ 2,500 kcal DE/kg diet.

에 이용되는 원료의 대부분은 칼슘의 양이 높기 때문이다. 칼슘은 칼슘 카르보네이트(calcium carbonate, $CaCO_3$) 또는 디칼슘 포스페이트(dicalcium phosphate, HP_4Ca_2)를 이용한 무기칼슘(inorganic Ca)으로서 공급될 수 있다.

인의 최고 공급원은 동물에서 기원한 원료이지만, 이러한 원료는 토끼사료에서 인기가 없다. 섭취된 인의 대부분은 식물에서 기원한 것이고, 동물에 의해서 거의 이용되지 않는 피틴산의 형태(phytate)로 존재한다. Cecotrophy를 통하여 이용 가능하게 만드는 인의 유리형태는 맹장에서의 미생물 작용일 수 있다. 그러나 그것은 동물의 요구량을 충족하지는 못하며, 인을 이용하여 공급하는 것이 필요하게 만든다. 가장 좋은 공급제는 칼슘염(Ca-salt)의 형태이며, 이러한 것들 가운데 가장 우수한 것은 모노칼슘 포스페이트(monocalcium phosphate)이다.

마그네슘은 적절한 성장, 임신, 그리고 비유를 위해 필요하다. 마그네슘의 요구량은 태아의 발육과 젖의 합성에 기인하여 임신과 비유기간에 증가한다. 마그네슘의 결핍증은 성장지연, 털을 씹는 행위, 털 상태의 불량, 귀가 하얗게 되는 원인이다. 아연은 정상적인 임신의 유지, 적절한 태아의 발육, 적절한 이유 전과 이유 후의 성장을 위해서 필요하다. 또한 아연은 털과 가죽의 질을 결정하는 역할을 한다. 사료 내 50～70 ppm의 수준이 적절한 것으로 볼 수 있다. 그러나 이러한 수준은 만약 사료가 칼슘을 2% 이상 함유한다면 높여야 한다.

정상적인 상태 하에서 칼륨은 토끼사료 내 제한 미네랄이 아닐 것이다. 고에너지의 사료(high-energy diet)는 곡류 함량이 높기 때문에 칼륨이 낮을 것이다. 칼륨의 일부는 젖을 경유하여 배설된다. 사료 내 칼륨의 수준은 특히 비유 중인 어미에 대하여 고온환경 하에서 최고 수준으로 높여야 한다. 만일 칼륨이 증가된다면 총 소디움(Na) 역시 증가해야 한다. 칼륨과 소디움의 불균형은 신장(renal) 질환의 원인이 될 수 있다. 2% 이상 높은 수준의 칼륨은 낮은 수정률과 낮은 배아 생존율의 원인이 될 수 있다. 토끼사료에 대한 구리, 코발트, 철, 아연, 망간, 그리고 요오드 킬레이트 염(chelated salt)의 첨가는 성장률, 치료율, 그리고 사료효율의 증가를 나타낸다.

사료가 결정화된 합성 아미노산과 함께 공급되면 사료 내 염소(Cl)와 소디움(Na)의 수준은 양과 비율에 있어서 모두가 조절되어야 한다. 이것은 합성아미노산의 대부분이 염화수소(hydrochloride) 형태이고, 따라서 과잉의 염소가 사료에 첨가된다는 사실에 기인하고 있다.

5) 비타민

성숙한 토끼에서 B군의 비타민은 맹장에서 합성된다. 그러나 모든 B군의 비타민이 빠르게 성장하는 토끼에게 필요한 양만큼 합성되는 것은 아니다. 그러므로 비타민은 일반 고기생산에 있어서 성장기의 토끼사료 내에 있어서는 높은 성장 능력을 얻기 위해서 공급되어야 한다. 사료 내에 비타민이 없거나 또는 사료 내 비타민의 불충분한 양은 낮은 성장 능력을 초래할 수 있고, 심각할 경우 특수한 결핍증상을 초래할 수 있을 것이다.

표 10-4. 성장 및 성숙토끼에 대한 비타민의 공급 권장량

비타민	Premix units/kg	비타민	Premix units/kg
Vitamin A IU	3,530,000	Choline chloride, mg	242,510
Vitami D_3, IU	353,000	Menadione SBC, mg	620
Vitamin E, IU	15,985	Thiamine mononitrate, mg	480
Vitamin B_{12}, mg	5	Pyridoxine HCI, mg	1,060
Riboflavin,mg	1,325	Biotin, mg	40
Niacin, mg	19,845	Folic acid, mg	80
d-Pantothenic acid, mg	4,765	β-Carotene	4,410

비타민은 다른 필요한 영양소의 정상적인 흡수 및 이용을 위하여 존재해야 한다. 프라이(Frye)는 성장 중인 토끼에 대한 공급제로서 사용될 수 있는 비타민 혼합제(vitamin premix)를 표 10-4와 같이 제시하여 권장하였다. 비타민 혼합제는 완전사료 1,000 kg당 2.5 kg의 최소 비율로 사용해야 한다. 비타민 C(ascorbic acid)는 스트레스를 받고 있는 토끼사료에 대하여 권장되고 있다.

사료 내 주어진 비타민의 양에 영향을 줄 수 있는 요인의 일부는 부적절한 배합, 저질 비타민의 공급제품, 사료의 저장기간, 그리고 온도와 습도와 같은 환경조건이 있다. 비타민은 고온다습 하에서 등급이 떨어질 것이다. 사료는 적절한 영양가치를 유지하기 위해서 혼합 후 최대한 3～4개월 이내에 사용해야 한다. 만약 사료가 곰팡이, 곤충 또는 설치류에 의해서 오염된다면 자가 수명은 3～4개월 이하가 될 것이다.

토끼에서 비타민의 요구량 수준에 영향을 줄 수 있는 요인은 동물의 일반적인 건강상태(기생충과 질병은 소화관의 연결부를 손상하고 요구량을 증가시킨다), 환경적인 스트레스, 약물(특히, 비타민 B군의 합성률을 낮추는 항생물질), 성장률(빠르게 성장하는 동물은 일당 더 많은 양의 비타민을 요구한다), 비타민의 급원으로서 이용될 제품의 품질(생체내 이용성, bioavailability), 그리고 생산체계 : 집약생산과 폭넓은 생산(집약 생산체계 하에서 동물은 보다 높은 요구량을 갖는다)이다.

비타민 A, D, E, 그리고 K에 대한 요구량 이하의 사료 내 지용성 비타민의 수준은 다른 동물과 비슷한 결핍증상이 나타날 수 있을 것이다. 과잉의 비타민 A와 D는 토끼에서 건강문제의 원인으로 알려져 있다. 사료 내 지용성 비타민의 공급은 필요할 것이지만 주의가 필요하다.

6) 첨가제

일부의 경우, 토끼의 사료에 첨가제를 사용하는 것이 바람직할 수 있다. 지금까지 사용해 왔던 가장 일반적인 첨가제는 항생물질(antibiotics), coccidiostats, 그리고 항산화제(antioxidant)이다. 그러나 최근 이러한 첨가제의 사료첨가는 규제를 받고 있다.

당밀(molasses)은 사료 내의 에너지 함량을 높이고, 기호성(palatability)을 증가시키며, 또는 혼합사료의 먼지를 낮추기 위하여 토끼의 사료에 첨가될 수 있다. 당밀은 6% 이상으로 높은 수준을 사용하면 설사를 일으킬 수 있으므로 당밀을 사용할 때 주의해야 한다. 완충제(buffer)와 펠렛 고착제(pellet binder) 역시 사료에 첨가되고 있다. 펠렛 고착제 가운데서 칼슘과 소디움 리그노설포네이트(Ca, Na lignosulphonate)는 결장궤양(colon ulceration)의 발생률을 높이고, 사망률도 높일 수 있다.

4. 토끼의 사료

토끼의 사료에 활용되는 주요 원료는 사료용 곡류, 곡류 도정 부산물, 단백질 공급제, 조사료, 지방, 합성 아미노산, 그리고 미네랄과 비타민 공급제가 있다. 사료 원료의 선택은 생체 내의 이용성, 신선도, 영양소 함량, 가격, 기호성을 기초로 해서 이루어져야 한다.

1) 사료용 곡류

사료용 곡류(feed grain)는 에너지원으로서 사용된다. 보리(barley), 밀(wheat), 귀리(oat), 옥수수(corn), 수수(sorghum) 및 트리티케일(triticale)이 토끼의 사료에 포함될 수 있다. 곡류 도정 부산물(grain milling by-product)은 섬유소와 단백질의 제한된 공급원으로서 토끼사료에 활용할 수 있다. 사료단백질에 대한 사료용 곡류의 기여는 제한적이다.

2) 단백질 공급제

토끼의 사료에 사용되는 단백질 공급제(protein supplement)의 대부분은 식물에서 얻어진다. 그러나 급여하였을 때 동물성 단백질 공급제(어분, fish meal, 육분, meat meal)가 토끼에 의해서 섭취될 수 있지만, 식물성 단백질 공급제보다 사용은 덜하다. 식물성 단백질 급원은 보통 동물성 단백질 급원보다 값이 저렴하다.

가장 일반적인 단백질 공급제는 대두박(콩기름을 추출한 후 압착, soybean meal), 면실박(목화씨 기름을 추출한 후 압착, cottonseed meal), 땅콩박(peanut meal), 채종박(유채박, 평지씨박, rapeseed meal, canola meal), 호마박(참깨기름을 추출 후 압착, sesame seed meal), 해바라기박(sunflower meal), 그리고 홍화씨박(잇꽃씨박, safflower meal)이 있다.

면실박과 채종박을 급여할 때는 주의해야 한다. 면실박은 사료의 기호성을 떨어뜨리며, 독성을 만드는 고시폴(gossypol)의 높은 수준을 함유할 수 있다. 또한 이

문제는 에루신산(erucic acid)이 높은 채종박을 사용하면 조장될 수 있다. 채종박은 어미 암토끼(doe)의 수정률(fertility)과 번식(reproduction) 문제의 원인이 될 수 있다. 땅콩박은 때때로 아플라톡신(aflatoxin)이 함유될 수 있기 때문에 주의해서 사용하여야 한다.

전 세계의 일부에서는 콩(bean)을 단백질의 공급원으로서 이용하였다. 생콩(raw soybean)을 포함하고 있는 일부 생콩(raw meal)은 물론 대두박은 항트립신 인자(antitrypsin factor)와 기타 성장 억제물질의 함량이 높은데 기인하여서 동물의 성장에 영향을 주는 것으로 보고되었다. 콩과 대두박의 적절한 열처리는 이러한 물질을 불활성화시킨다.

3) 조사료

조사료(forage)는 토끼의 사료에서 섬유질(fiber)과 용량제(bulk)로서 이용된다. 조사료는 완전히 펠렛화된 사료 속으로 혼합될 수 있거나 또는 펠렛에 대한 구성분으로서 직접적으로 사용될 수 있다. 펠렛에 조사료를 포함하는 것은 취급과 동물의 사료 섭취에 대한 지식의 관점에서 더욱 편리하다. 펠렛과 구별해서 급여할 때 건초(hay) 형태로 조사료를 급여하는 것이 훨씬 더 좋다. 곰팡이가 생긴 조사료(moldy forage)는 토끼에서 소화장애의 원인이 될 수 있기 때문에 피해야 한다.

모든 조사료 중 알팔파(alfalfa)는 동물에 의해서 가장 널리 사용되며 가장 선호한다. 이 콩과식물(legume)은 양질의 섬유질 공급원일 뿐만 아니라 단백질과 칼슘의 수준도 높다. 그러나 아주 어린 알팔파를 사용할 때는 주의해야 한다.

아주 일찍 잘린 알팔파는 단백질이 20% 이상으로 높으며 산토필(xanthophyll)이 많지만, 그것을 성장 중인 토끼의 사료에 사용하면 설사의 원인이 될 수 있다. 벤더(Bender)가 작성한 목록에서 바람직하지 않은 토끼사료는 다음과 같다.

고사리류(bracken fern), 화살초(arrow grass), 갈색잡초(brown weed), 칠엽수(buckeye), 우엉(burdock), 피마자(castor bean), 멀구슬나무(chinaberry), 불탄 자리에 자라는 잡초(fireweed), 디기탈리스(foxglove), 메역취속의 식물(goldenrod), 독미나리(hemlock), 박하(horehound), 흰꽃 독말풀(jimson weed), 참제비고깔속의 식물(larkspur), 월계수(laurel), 루핀(lupine), 유액을 분비하는 풀(milkweed), 작은 상추(miner's lettuce), 오크나무 잎(oak), 서양 협죽도(oleander), 양귀비(poppy), 전동싸리(sweet clover), 담배 잎(tarweed) 등이다.

4) 지 방

지방은 에너지와 필수지방산의 공급원으로서 토끼사료에 첨가될 수 있다. 토끼사료는 전형적인 사료에 활용되고 있는 서로 다른 사료로부터 오는 평균 3%의 지방을 함유할 것이다. 지방의 첨가는 사료 에너지의 농도를 증가시키지만, 또한 때때로 사료의 가격을 높인다.

성장 능력에 대한 가격을 비교하는 경제성 분석은 단위당 사료가격의 증가가 이익을 높일 수 있는지에 관한 여부를 확인하는 것이 필요할 것이다. 지방의 첨가는 성장 중인 토끼의 사료효율을 증가시키고, 이러한 증가는 6%까지의 지방 첨가를 이용하여 발표된 것이다. 그러나 높은 수준의 지방은 펠렛화(pelleting)에 대한 문제점을 나타낸다. 펠렛화는 만일 첨가된 지방이 3%를 초과하지 않는다면 적절하게 행해질 수 있는 것이다. 지방은 펠렛에서 분무될 수 있을 것이다.

5) 기타 특수사료

기타 재료들이 전통적으로 쓰인 곡류와 조사료에 대한 부분 대체로서, 또는 기본적인 급원으로서 일부 열대식물의 경우에 토끼사료로서 사용되었다. 일부 과일(사과, 포도, 토마토, 배)의 공업화 과정에서 발생하는 부산물인 찌꺼기(pomace)는 성장 중인 토끼와 성숙한 토끼사료에서 해로운 영향 없이 활용되었다. 이러한 찌꺼기는 섬유질과 가용성 탄수화물의 다양한 수준을 가지지만, 단백질 함량은 적다.

열대지방의 카사바뿌리 박(cassava root meal), 코코넛 박(coconut meal), 열대칡, 야자수 기름(팜유, palm oil), 옥수수 식물 전체의 박(whole corn plant meal), 당근 잎, 바나나, 고구마, 사탕수수(sugar cane), 가성소다(양잿물, NaOH)가 처리된 짚이 토끼사료로 이용되었다. 기타 열대지방의 콩과식물의 일부가 토끼사료로 이용되었으며, 이러한 모든 콩과식물은 단백질 수준이 높다.

5. 생산관리

토끼 생산의 성공은 얻어진 이익에 따라 좌우되며, 이것은 생산비용과 동물의 판매로부터 나타나는 전체적인 비용 사이에 차이가 있다. 생산자는 생산원가를 줄

임으로써 이러한 차이를 늘릴 수 있다. 사료는 생산비용의 커다란 비율을 차지하기 때문에 적절한 사료배합과 사양의 실제는 이익을 높이는데 도움을 줄 수 있다.

1) 사료배합

토끼의 사료배합(diet formulation)에서 고려해야 할 한 가지 중요한 요소는 원료의 품질이다. 사료 원료의 품질은 토끼의 건강과 성장수행 능력에 직접적인 충격을 가질 것이다. 사료의 품질은 자가수명(저장기간)과 영양소의 제시가 포함된다.

토끼에 대한 사료배합은 다음과 같이 접근할 수 있다.

① 의도된 사료에 대한 목표 동물(임신, 비유, 성장, 번식)을 동일시 한다.

② 적당한 영양소 요구량을 선택한다.

③ 영양학적으로 균형되고, 기호성 및 안전성이 있는 사료를 배합하기 위해서 적절한 사료원료를 선택한다.

④ 영양소, 효율성 및 비용에 기초하여 사료를 배합한다.

사료 제조업자는 시장에서 이용할 수 있는 3가지 형태의 펠렛을 가지고 있다. 즉, 모두 곡류로 제조된 펠렛, 건초로만 이루어진 펠렛, 그리고 곡류와 조사료가 함께 혼합되어 제조된 완전 펠렛이 있다. 요구된 펠렛의 형태는 토끼 사육장에서 적용된 사양관리 형태에 따라서 결정될 것이다. 모두 곡류로 제조된 펠렛은 건초의 추가 공급이 필요하며, 건초로만 이루어진 펠렛의 이용은 곡류의 추가 급여가 필요하다. 완전 펠렛은 곡류나 건초 중 어떠한 종류의 추가도 필요로 하지 않는다.

토끼사료의 배합은 동물의 정상적인 사료 섭취의 한계 내에서 에너지, 단백질, 광물질, 비타민에 대한 일일 최소 요구량의 모두를 만족시키는 최종 결과를 가져야 한다. 그러므로 추가적인 공급이 필요하지 않아야 한다. 만약 혼합이 적절하다면 여분의 공급은 부적절한 성장 능력을 수행하는 영양적인 불균형의 원인이 될 수 있을 것이다. 토끼에 대한 일부 사료의 예가 표 10-5에 제시되었다.

균일한 품질의 사료배합은 토끼 사양을 위한 이상적인 목표이다. 배합은 지역의 사료 가격 변화에 따라서 바뀔 수 있다. 만일 변화가 경제적으로 필요하다면 원료에서 짧은 기간 동안 유의적인 변화 또는 영양학적인 조성이 맹장환경을 바꿀 것이라는 마음을 유지한다. 이 변화는 맹장 박테리아의 조성과 박테리아의 부산물을 바꿀 것이고, 그리고 영양소를 활용하려는 토끼의 능력을 바꿀 것이다. 균일한 혼

표 10-5. 토끼사료의 예

원 료	유 지	성 장		비 유	
Alfalfa hay, %	52.4	40.0	45.0	36.4	34.9
Barley, %	18.1	15.9	34.0	–	–
Corn, %	–	–	2.7	32.5	41.1
Oats, %	9.6	15.8	–	–	–
Soybean meal, %	–	10.4	–	16.3	–
Sunflower meal, %	3.0	–	11.1	–	17.8
Wheat bran, %	13.0	12.5	2.1	10.2	17
Cane molasses, %	1.5	3.0	3.0	1.6	1.5
Dicalcium Phosphate, %	1.1	1.6	1.3	2.2	2.2
Salt(NACI), %	0.5	0.5	0.5	0.5	0.5
supplement, %※	0.3	0.3	0.3	0.3	0.3

※ 첨가제(supplement)는 미네랄, 비타민, 아미노산을 균형 있게 함유해야 한다.

합을 하려면 배합사료의 원료를 분쇄해야 하며, 그리고 나서 펠렛을 제조해야 한다. 펠렛은 직경이 3～4 mm이어야 하고, 8 mm 이하의 길이가 적당하다. 동물에 의한 펠렛팅 방지의 선택은 사료의 낭비를 낮추고 총 건물섭취량은 증가한다.

2) 사양계획

일반적으로 사료는 가능하면 배합 후 곧 사용해야 하며, 그리고 저장기간은 4～6주를 넘겨서는 안 된다. 토끼 경영의 유형이 어떻든 간에 토끼는 대체로 변화에 의해서 영향을 받을 수 있기 때문에 사료 급여시간은 일정해야 한다. 대체로 사료 급여에 관한 어떠한 변화는 점차적으로 바꿔서 이루어져야 한다.

사료 급여시간은 이용형태에 따라서 변할 수 있다. 만약 관리가 방대하다면 사료는 항상 동물이 이용할 수 있고, 매일 같은 시간에 사료 통은 채워져야 하며, 동물이 사료를 다시 채워 주는 사이에 토끼장 밖으로 튀어나오지 않을 수 있게 해야 한다.

관리자는 사료 섭취에 있어서 나타날 수 있는 어떠한 변화가 질병 또는 낭비와 같은 문제를 나타낼 수 있고, 그리고 이러한 것은 재빨리 수정돼야 하기 때문에 사료를 다시 채워 주는 사이의 시간에 의해서 영향한 것으로서 사료 섭취를 정당화해야 한다. 만약 동물이 하루에 수차례 사료를 섭취한다면, 이러한 사양방법이 유지되어야 한다.

토끼는 야간에 더 많이 활동하고 사료 섭취도 야간에 가장 높기 때문에 하루 중 늦게 사료를 급여해야 하는 것에 주의해야 한다. 생산자는 저녁에 토끼장을 떠나기 전에 사료 통에 적절하게 사료가 채워져 있는지를 확인해야 한다. 사료 통은 섭취를 정당화하기 위해서 아침에 검사해야 한다. 이 사양실제는 보통 사료 섭취가 줄어들기 시작하는 문제를 생산자가 파악할 수 있게 해준다.

3) 번식 동물

어린 번식동물의 적절한 사양은 동물의 일생 동안 번식능력에 영향을 미치기 때문에 매우 중요하다. 성장기간 동안의 적절한 영양과 사양은 오랫동안 높은 생산성을 초래할 것이다. 성장 중인 번식토끼는 그들이 성장하는 데 필요한 모든 요구량을 만족시키기 위해 적절한 영양소를 가져야 하지만, 이러한 수준 이상은 아니거나 또는 과체중이 시작될 수 있다. 과체중인 번식동물은 낮은 번식능력과 대사적 결함(어린 암컷 증후군)의 원인일 수 있고, 또한 사료 낭비도 가져올 수 있기 때문에 피해야 한다.

또한 과체중은 여름철의 고온기간 동안에 번식 실패의 원인이 될 수 있다. 토끼에서 온도는 21～24℃가 유지되어야 한다. 고온기간 동안 토끼의 물리적인 활동이 줄어들고, 따라서 에너지의 이용도 감소한다. 과잉의 에너지는 불필요한 체중을 초래할 수 있다.

성장 중인 번식동물은 좋은 신체상태와 정상적인 성장을 도모할 수 있는 양의 사료를 주어야 하지만, 지방으로부터 오는 과체중을 막아야 한다. 이러한 동물은 가까이서 관찰해야 하며, 그들의 사료는 적당히 조절되어야 한다. 사료의 제한은 급여되는 사료의 양을 줄이거나, 또는 조사료(건초)를 제공함으로 인해서 이루어질 수 있다.

성장 중인 번식축군을 사양할 때 충분한 바닥과 사료 통의 공간이 확보되어야 한다. 동물이 12～13주령까지 그룹으로 유지될 때 바닥공간은 동물당 최소 0.07m의 공간이 있어야 한다. 사료 통의 공간은 모든 동물이 동시에 먹을 수 있을 정도이어야 한다. 이 사양실제는 모든 동물에 대한 적절한 사료 섭취와 성장을 보장할 것이고, 질병의 위험도 줄일 수 있을 것이다.

성숙한 수컷과 임신과 비유를 하지 않은 성숙한 암컷은 신체의 과잉 컨디션을 피하기 위해서 번식적으로 활발하지 않을 때 그들의 사료 섭취를 제한해야 한다. 번식이 활발한 기간 동안 수컷(buck)과 암컷(doe)에게 제공되는 사료의 양은 적절하게 증가해야 한다. 토끼의 사료를 제한할 때 생산자는 급여할 사료의 양을 조절하기 위해서 규칙적으로 동물의 상태를 모니터해야 한다. 이상적인 상황은 과체중 또는 체중의 손실 없이 동물의 체중을 유지하는 것이다.

4) 임신한 암 토끼

임신한 암 토끼(pregnant doe) 역시 임신기간 동안 체중조절을 시키기 위해서 사료의 섭취를 제한해야 한다. 임신한 암컷에게 무제한으로 사료를 먹이는 것은 산자수의 감소, 분만장애 및 사료 낭비를 가져올 수 있다.

임신한 암컷에서 사료와 물의 섭취는 임신 10일경에 최대로 증가한다. 10일째부터 사료 섭취는 일정하게 유지되고, 그리고 나서 임신말기에 감소한다. 분만하기 1~2일 전, 일부의 암컷은 거의 사료와 물을 섭취하지 않는다. 성숙한 뉴질랜드 흰색 암컷은 처음 10일에 사료(2,500 kcal/kg)를 하루 평균 105~115 g 섭취할 것이고, 그 이후부터 분만하기까지 하루 평균 150~160 g 정도 섭취할 것이다.

5) 비유 중인 어미와 새끼

비유 중인 암컷(lactating doe)은 그들의 젖 생산수준에 기인하여서 높은 영양소를 요구한다. 젖 생산은 산자수와 영양소의 섭취와 관련하고 있다. 적절한 사료의 섭취는 젖 생산에 있어서 반영될 수 있고, 따라서 토끼의 초기 성장률에 반영될 수 있는 적절한 영양소의 섭취를 보장할 것이다.

전체적인 사료의 소화율은 비유 중인 암컷에서 비유가 진행됨에 따라서 줄어들고, 따라서 이러한 동물에게 적절한 영양밀도를 갖는 사료 제공의 중요성이 높다. 이유 이전의 성장률(preweaning rate of growth)은 이유 후(postweaning)의 성장률 및 사료효율(feed efficiency)과 직접적으로 연관되어 있다. 비유 중인 암컷의 부적절한 사료섭취는 젖의 생산과 새끼 토끼의 성장능력에 영향을 줄 뿐만 아니라 장래 암컷의 번식능력과 번식수명에 관하여 부정적인 효과를 가질 것이다.

비유 중인 암컷은 고품질의 사료를 섭취해야 한다. 이것은 젖의 생산을 위해서 요구되는 영양소의 생체내 이용률(bioavailability)을 보장할 것이다. 비유 2주 후 어린 토끼의 일부는 둥지 밖으로 나오기 시작할 것이고, 또한 어미 사료의 일부를

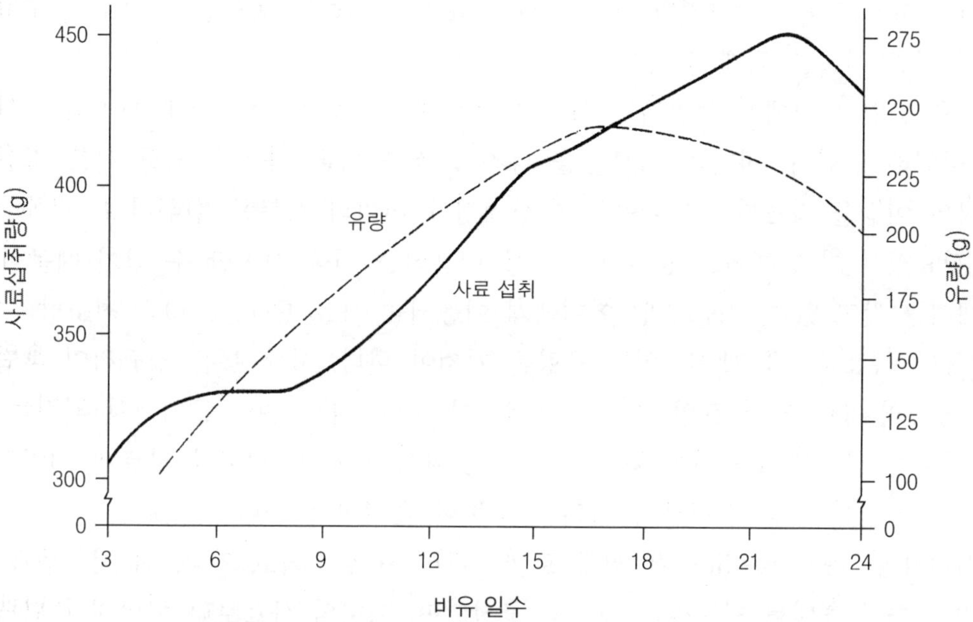

그림 10-1. 비유 동안 어미토끼(doe)의 젖 생산과 사료섭취

섭취하기 시작할 것이다. 그래서 비유 중인 어미와 새끼 토끼는 항상 섭취할 수 있는 사료를 갖는 것이 중요하다. 우수한 경영자는 하루에 몇 번씩 비유 중인 어미와 새끼의 사료 통에 있는 사료의 양을 점검한다. 성장 중인 토끼의 가장 경제적인 증체는 새끼가 어미와 함께 있는 시간 동안 만들어진다.

출산 후, 사료와 물의 섭취는 젖 생산량이 증가함으로써 높아진다(그림 10-1). 출산 직후 비유 중인 어미에게 무제한으로 사료를 급여하는 것은 탄수화물의 과잉부담 또는 유방염(mastitis)의 가능성을 증가시킬 수 있다. 출산 당일에 비유 중인 어미에게 제공되는 사료는 정상적인 양의 약 절반이어야 한다. 출산 후 2일째부터 비유 중인 어미에게 제공되는 사료는 1주일에 걸쳐 무제한으로 서서히 늘려 나가야 한다.

사료 섭취는 뉴질랜드 토끼 암컷에서 일일 500 g(2,500 kcal/kg)에 도달할 수 있다. 물과 사료의 섭취량은 암컷의 젖 생산 수준에 달려 있다. 사료 섭취는 비유의 영양소 소모를 채우기 위해서 증가할 것이지만, 동물의 물리적인 장을 채우는 한계가 있기 때문에 암컷은 이러한 영양소 요구량을 충족시키기 위한 충분한 사료를 섭취할 수 없을지도 모른다. 일부 생산자는 보다 높은 칼로리 밀도를 갖는 특수한 비유사료를 추천하였다. 고열량의 사료를 섭취하는 동물은 영양소 요구량을 얻기 위한 사료를 적게 섭취한다.

비유 중인 어미에게 제공되는 사료는 빠르게 성장하는 동물에게 제공되는 사료와 동일해야 한다. 하나의 사료만을 가지는 것은 다른 사료를 위한 사료 절감과 저장의 이점을 갖는다. 그 이유는 어린새끼가 어미의 사료를 섭취하고, 적응기간이 필요없이 이유 후에도 동일한 사료를 이용하는 것을 계속할 수 있기 때문이다.

새끼를 갖고 있는 비유 중인 어미에게 이용되는 사료 통(feeder)은 최소한 2～3일 동안 사료공급을 할 수 있는 용량을 가져야 한다. 사료 통은 정규적인 오염상태, 공급의 용이 및 사료의 수준을 점검해야 한다. 사료 통의 물리적인 위치는 작은 동물이 사료에 접근하기 쉬울 정도로 낮아야 하지만, 새끼가 사료에 기어오르거나 드러눕는 것을 방지하기 위해서 충분한 높이어야 한다.

어린사양(creep feeding)은 일부 토끼 기업에서 실행되고 있다. 이 시스템은 사료의 특수한 형태를 제공하는 것으로 구성되며, 어미의 사료보다 에너지와 단백질이 보통 많다. 이 사료는 어린 동물이 빠르게 자랄 수 있게 할 것이고, 조기이유를 할 수 있을 것이다. 어린동물의 사료(creep feed)는 어린 토끼는 섭취할 수 있으나 어미는 섭취할 수 없는 특수한 사료 통에 제공된다. 이러한 사양실제의 적용은 어린 토끼사양의 경제성에 의존한다.

이유시기에 젖 생산량이 많은 어미는 제공되는 농후사료(concentrate)의 양을 최소로 제한해야 한다. 어미의 젖이 마르면(dries off) 점진적인 방법으로 농후사료 급여를 다시 시작해야 한다. 이러한 사양실제는 고비유 능력을 가진 토끼(heavy milker)에서 유방염을 줄일 것으로 생각된다.

6) 육성토끼(이유에서 도살까지)

식용토끼(meat rabbit)의 생산에서 육성 중인 동물(성장동물, growing animal)과 비유 중인 암컷은 높은 영양소를 소모한다. 이러한 동물은 항상 이용할 수 있는 우수한 품질의 사료와 신선한 물을 섭취해야 한다.

집약적인 식용토끼의 관리를 위한 사양은 거의 지배적으로 펠렛화된 완전 혼합사료를 이용하고 있으며, 곡류 혹은 조사료 같은 추가적인 공급은 전혀 필요가 없다. 집약 정도가 적은 관리에 있어서 에너지 섭취의 제한을 위하여 동물에게 조사료를 급여할 필요가 있다. 이런 경우에 조사료를 분쇄해서는 안 된다. 최고의 결과를 위해 건초를 주며, 최소 7～10 cm로 잘라서 주도록 권장하고 있다.

5~10주령의 성장 중인 토끼는 건식사료(dry feed, 2500 kcal/kg)를 하루 평균 체중 kg당 80~95 g을 섭취할 것이다. 실제 사양을 위해서 할당량(allowance)은 구매를 하기 위하여 사료 폐기물로 만들어져야 하며, 그리고 토끼관리를 위한 적절한 사료의 양을 저장해야 한다. 일일 물 섭취량은 체중 kg당 135~150 ㎖일 것이다.

식용토끼의 사양관리는 특수한 목적에 기초하여 이루어진다. 이러한 목적은 기대된 사료요구와 일일 평균 증체량을 포함하고 있다. 사료요구(feed conversion)는 이용된 총 사료와 얻어진 총 증체량의 용어로 계산해야 한다. 사료요구는 토끼의 품종과 관리 가운데서 폭넓게 변화한다. 고기생산을 위한 토끼의 평균 사료요구는 3 : 1이어야 하는데, 즉 이것은 생체중 증가의 각 kg에 대하여 사료 3 kg이 소모된다는 것이다.

사료요구는 나이가 증가되면서, 특히 10주령 이후에 감소한다. 좋은 경제적 회수를 위해 짧은 시간에 도살 체중에 이르는 토끼의 생산이 중요하다. 총 이용된 사료는 섭취된 사료와 낭비된 사료 모두를 포함하며, 낭비는 사료효율에 관하여 마이너스 충격을 주기 때문에 후자는 토끼관리에 있어서 감소를 위한 목표의 하나이다. 우수한 사료효율(feed efficiency)과 평균 일일 증체량(average daily gain)은 우수한 동물의 유전적인 선발, 적절한 영양과 건강, 우수한 사양실제, 그리고 일정한 관리 개선을 통하려 얻어질 수 있다.

7) 모피용 토끼

털(hair)과 가죽(pelt)을 목적으로 하는 토끼 생산을 위하여 생산은 성숙한 동물을 이용해야 한다는 점을 기억해야 하며, 따라서 사양은 우수한 품질의 사료를 급여해야 하지만, 섭취량을 제한해야 한다. 관리의 이런 형태에서 이유 후의 증체율은 식용토끼 사업만큼 중요하지는 않다. 단백질 수준, 특히 함유황아미노산은 최종 생산물인 모피가 주로 단백질, 첫째로 케라틴(keratin)으로 구성되어 있기 때문에 적절한 생산능력을 위해서 중요하다. 총 단백질의 최소 권장량은 사료내 함유황아미노산 최소 0.65~0.70%와 함께 17%이다.

펠렛 섭취를 제한함과 동시에 사료 내의 높은 단백질 수준을 유지하기 위하여 양질의 알팔파와 귀리가 펠렛사료와 함께 사용될 수 있다. 그것은 일주일에 한 번씩은 최소한으로 동물을 절식시키기 위해서 권장된다. 이 사양실제는 위를 비울 수 있게 할 것이고, 섭취된 털의 유의적인 축적을 줄일 수 있을 것이다. 섭취된 털은 토끼의 유문(pylorus)을 막는 '공(ball)'으로 뭉치는 경향을 가지며, 죽음에 이르는 원인이 될 수 있다.

8) 건강문제

동물의 건강은 적절한 영양과 사양실제에 관련하고 있다. 적절한 사양과 영양은 동물에게 우수한 일의 상태에서 그들의 면역체계를 유지하고 저항력 형성을 위한 기초를 제공할 것이다.

사양과 관련된 건강문제는 영양소의 불균형, 부적절한 사료 또는 섬유질 입자의 크기, 부적절한 사양 스케줄의 결과임에 틀림이 없을 것이다. 단백질과 섬유질 사이의 유의적인 불균형은 장염(enteritis)의 위험을 증가시킬 수 있다.

단백질의 수준은 16~18%, 섬유질은 12~15% 수준을 유지할 것을 권장하고 있다. 마음에 새겨 두어야 할 기타 영양소의 균형은 칼슘과 인의 비율 및 칼륨과 소디움이다. 섬유질 입자의 크기는 그것이 너무 곱게 분쇄된다면 문제가 될 것임에 틀림이 없다. 섬유질은 소화관에서 사료의 머무름 시간을 증가시킬 것이고, 이어서 맹장의 미생물을 변화시킬 수 있다.

미생물의 변화는 맹장에서 생성되는 휘발성 지방산 비율의 결과로서 나올 수 있고, 아민과 암모니아를 생산하는 일련의 반응을 유발하며, 맹장의 pH를 변화시키고, 대장균의 증가된 결과를 가져올 것이다. 체계적이지 못한 사양은 장염을 일으킨다. 불규칙적인 일의 패턴은 동물에게 스트레스의 원인이 될 것이다. 스트레스는 특히 성장 중인 토끼에서 소디움과 칼륨의 불균형을 생성하여 설사(diarrhea)를 일으킬 수 있다. 이러한 문제를 방지하기 위해서 토끼 사육장에서의 일(사양, 번식, 청소)은 가능하면 매일 같은 시간에 해주도록 한다.

맹장울혈(cecum stasis) 또는 폐부종(lung edema)과 같은 건강과 관련된 문제에 대한 원인으로는 펠렛 크기, 사료분쇄 또는 입자 크기와 관련이 있다. 입자 크기의 대략적인 검사는 토끼에서 관련한 소화기관의 문제를 방지하는 데 도움을 줄 것이다.

토끼에게 조사료를 급여할 때 녹색사료보다는 오히려 양질의 건초 사용을 권장한다. 청초(green forage)는 비감염성 설사의 원인 될 수 있고, 따라서 동물의 생산 능력과 경제적 이익에 영향을 미친다.

부 록

I. 동물사료 원료의 영양소 함량표(NRC) / 346

II. NRC 사양표준 / 363

1. 가금의 영양소 요구량(1984)
2. 돼지의 영양소 요구량(1998, 건물 90% 기준)
3. 젖소의 영양소 요구량(1989)
4. 축우(beef cattle)의 영양소 요구량(1984)
5. 면양과 산양의 영양소 요구량
6. 말의 영양소 요구량(1989)

III. 한우의 영양소 요구량(2002) / 414

IV. 단위 환산표 / 422

I. 동물사료 원료의 영양소 함량표(NRC)

표 1. 축우(cattle), 면양(sheep), 말에게 급여된 사료의 조성

Feed Name and Description	Intl. Feed Number	Typical DM, %	Composition, Dry Basis, %						Energy Utilization, Dry Basis, Mcal/kg — Beef Cattle				
			CP	CF	NDF	ADF	Ca	P	DE	ME	NEm	NEg	TDN,[a] %
1. Alfalfa, fresh, late veg.	2-00-181	21	20.0	23	38	29	2.19	0.33	2.78	2.28	1.41	0.83	63
2. Alfalfa, fresh	2-00-196	24	20.0	26	—	—	1.96	0.30	2.69	2.27	1.31	0.61	61
3. Alfalfa, hay, S-C, early bloom	1-00-059	90	18.0	23	42	31	1.41	0.22	2.43	1.99	1.14	0.58	60
4. Alfalfa, hay, S-C, mature	1-00-071	91	13.0	38	58	44	1.13	0.18	2.21	1.81	0.97	0.42	50
5. Alfalfa, meal, dehy 17%	1-0C-023	92	18.9	26	45	35	1.52	0.25	2.69	2.21	1.34	0.77	61
6. Alfalfa, silage, wilted midbloom	3-00-217	38	15.5	30	47	35	—	—	2.56	2.10	1.24	0.68	58
7. Alfalfa, silage, 30-50% dry matter	3-08-150	43	9.8	19	—	—	1.39	0.27	—	—	—	—	—
8. Bakery waste, dried	4-00-466	92	10.7	1	18	13	0.14	0.26	3.92	3.22	2.21	1.52	89
9. Barley grain	4-00-549	88	13.5	6	19	7	0.05	0.38	3.70	3.04	2.06	1.40	84
10. Barley grain, Pacific Coast	4-07-939	89	10.8	7	21	9	0.06	0.39	3.79	3.11	2.12	1.45	86
11. Barley straw	1-00-498	91	4.3	42	80	49	0.30	0.07	1.76	1.45	0.60	0.08	40
12. Bean, Navy, seeds	5-00-623	89	25.3	5			0.18	0.59	3.70	3.04	2.06	1.40	84
13. Beet, Sugar, pulp, dehy.	4-00-669	91	9.7	20	54	33	0.69	0.10	3.26	2.68	1.76	1.14	74
14. Bermuda grass, fresh	2-00-712	34	12.0	26	—	—	0.53	0.21	2.65	2.17	1.31	0.74	60
15. Bermuda grass hay, SC	1-00-703	90	6.0	31	78	38	0.43	0.20	2.16	1.77	0.93	0.39	49
16. Bluegrass, Kentucky fresh, early veg.	2-00-777	31	17.4	25	55	29	0.50	0.44	3.17	2.60	1.70	1.08	72
17. Bluestem, fresh, early veg.	2-00-821	27	12.8	25	—	—	0.63	0.20	3.00	2.46	1.57	0.97	68
18. Brewer's grains, dehy.	5-02-141	92	29.4	14	46	24	0.33	0.55	2.91	2.39	1.51	0.91	66
19. Brome, fresh, early veg.	2-00-892	34	18.0	24	56	31	0.50	0.30	3.26	2.68	1.76	1.14	74
20. Brome hay, late bloom, S-C	1-00-888	89	10.0	37	68	43	0.30	0.35	2.43	1.99	1.14	0.58	55
21. Citrus pulp, dehy.	4-01-237	91	6.7	13	23	22	1.84	0.12	3.62	2.97	2.00	1.35	77
22. Clover, Crimson, hay, S-C	1-01-328	87	18.4	30	—	—	1.40	0.22	2.51	2.06	1.21	0.64	57
23. Clover, Ladino, fresh, early veg.	2-01-380	19	27.2	14	—	—	1.93	0.35	3.00	2.46	1.57	0.97	68
24. Clover, Ladino, hay, S-C	1-01-378	90	22.0	21	36	32	1.35	0.31	2.65	2.17	1.31	0.74	65
25. Clover, Red, fresh, early bloom	2-01-428	20	19.4	23	40	31	2.26	0.38	3.04	2.50	1.60	1.00	69
26. Clover, Red, hay, S-C	1-01-415	89	16.0	29	56	36	1.53	0.25	2.43	1.99	1.14	0.58	55
27. Corn, Dent, fodder	1-28-231	81	8.9	25	55	33	0.50	0.25	2.87	2.35	1.47	0.88	65
28. Corn, Cobs, ground	1-28-234	90	3.2	36	89	35	0.57	0.10	2.21	1.81	0.97	0.42	50
29. Corn distillers grains, dehy.	5-28-235	94	23.0	12	43	17	0.11	0.43	3.79	3.11	2.12	1.45	86
30. Corn ears, ground	4-28-238	87	9.0	9	28	11	0.07	0.27	3.66	3.00	2.03	1.37	83
31. Corn gluten, meal	5-28-241	91	46.8	5	37	9	0.16	0.50	3.79	3.11	2.12	1.45	86
32. Corn gluten feed	5-28-243	90	25.6	10	45	12	0.36	0.82	3.66	3.00	2.03	1.37	83
33. Corn grain, #2	4-02-931	88	10.1	2	9	3	0.02	0.35	3.97	3.25	2.24	1.55	90
34. Corn grain, flaked	4-28-244	86	11.2	1	9	3	0.03	0.29	4.19	3.44	2.38	1.67	95
35. Corn grain, high moisture	4-20-770	72	10.7	3	9	3	0.02	0.32	4.10	3.36	2.33	1.62	93
36. Corn silage, well-eared	3-28-250	33	8.1	24	51	28	0.23	0.22	3.09	2.53	1.63	1.03	70
37. Cotton, seed hulls	1-01-599	91	4.1	48	90	64	0.15	0.09	1.85	1.52	0.68	0.15	42
38. Cottonseeds	5-01-614	92	23.9	21	39	29	0.16	0.75	4.23	3.47	2.41	1.69	96

[a]TDN values apply to both beef and dairy cattle.

	Energy Utilization, Dry Basis, Mcal/kg											
	Dairy Cattle					Sheep					Horses	
	DE	ME	NEm	NEg	NEl	DE	ME	NEm	NEg	TDN, %	DE	TDN, %
1.	—	—	—	—	—	—	—	—	—	—	2.94	—
2.	—	—	—	—	—	2.56	2.10	1.24	0.68	58	2.51	57
3.	2.65	2.22	1.31	0.74	1.35	2.47	2.03	1.18	0.61	56	2.48	55
4.	—	—	—	—	—	2.38	1.95	1.11	0.55	54	—	—
5.	2.69	2.27	1.34	0.77	1.38	2.65	2.17	1.34	0.77	60	2.36	—
6.	—	—	—	—	—	—	—	—	—	—	—	—
7.	—	—	—	—	—	2.56	2.10	1.24	0.68	58	—	—
8.	3.92	3.51	2.20	1.52	2.06	—	—	—	—	—	—	—
9.	3.70	3.29	2.06	1.40	1.94	3.79	3.11	2.12	1.45	86	3.60	82
10.	3.79	3.38	2.12	1.45	1.99	3.88	3.18	2.18	1.50	88	3.68	79
11.	2.16	1.73	0.93	0.53	1.08	2.12	1.74	0.90	0.35	48	1.62	37
12.	3.70	3.29	2.06	1.40	1.94	3.84	3.15	2.15	1.48	87	—	—
13.	3.44	3.02	1.88	1.24	1.79	2.96	2.43	1.60	1.04	67	2.56	65
14.	—	—	—	—	—	—	—	—	—	—	2.07	50
15.	—	—	—	—	—	1.97	1.62	0.85	0.35	45	—	—
16.	3.17	2.76	1.69	1.08	1.64	2.87	2.35	1.47	0.88	65	2.09	56
17.	—	—	—	—	—	—	—	—	—	—	—	—
18.	2.91	2.49	1.51	0.91	1.50	3.09	2.53	1.63	1.03	70	2.75	68
19.	3.26	2.85	1.75	1.13	1.69	3.53	2.89	1.94	1.30	80	3.00	68
20.	2.60	2.18	1.27	0.70	1.33	—	—	—	—	—	2.38	54
21.	3.40	2.98	1.86	1.22	1.77	3.70	3.04	2.06	1.40	84	2.99	68
22.	2.51	2.09	1.21	0.64	1.28	2.43	1.99	1.14	0.58	55	2.16	49
23.	3.00	2.58	1.57	0.97	1.55	—	—	—	—	—	2.50	—
24.	2.87	2.45	1.47	0.88	1.47	2.91	2.39	1.51	0.91	66	2.56	51
25.	3.04	2.62	1.60	1.00	1.57	3.00	2.46	1.57	0.47	68	2.01	57
26.	2.43	2.00	1.14	0.58	1.23	2.65	2.17	1.31	0.74	60	2.22	49
27.	—	—	—	—	—	2.78	2.28	1.41	0.83	63	2.06	—
28.	2.21	1.78	0.97	0.42	1.11	2.25	1.84	1.07	0.45	51	1.36	31
29.	3.79	3.38	2.12	1.45	1.99	3.84	3.15	2.12	1.48	87	3.08	70
30.	3.66	3.25	2.03	1.37	1.91	3.66	3.00	2.03	1.37	83	3.49	74
31.	3.79	3.38	2.12	1.45	1.99	3.88	3.18	2.18	1.50	88	3.29	—
32.	3.66	3.25	2.03	1.37	1.91	3.66	3.00	2.03	1.37	83	—	—
33.	3.53	3.12	1.94	1.30	1.84	3.84	3.15	2.15	1.48	87	3.84	88
34.	3.88	3.47	2.18	1.50	2.04	—	—	—	—	—	—	—
35.	3.88	3.47	2.18	1.50	2.06	—	—	—	—	—	—	—
36.	3.09	2.67	1.63	1.03	1.60	3.09	2.53	1.63	1.03	70	2.68	—
37.	1.98	1.55	0.78	0.25	0.98	2.16	1.77	0.93	0.39	49	1.89	33
38.	4.23	3.83	2.41	1.69	2.23	—	—	—	—	—	—	—

Feed Name and Description	Intl. Feed Number	Typical DM, %	Composition, Dry Basis, %						Energy Utilization, Dry Basis, Mcal/kg — Beef Cattle				TDN,[a] %
			CP	CF	NDF	ADF	Ca	P	DE	ME	NEm	NEg	
39. Cottonseed, meal, mech. extd., 41% protein	5-01-617	93	44.3	13	28	20	0.21	1.16	3.44	2.82	1.88	1.24	78
40. Cottonseed, meal, solv. extd., 41% protein	5-01-621	91	45.2	13	26	19	0.18	1.21	3.35	2.75	1.82	1.19	76
41. Fat, animal-poultry	4-00-409	99	—	—	—	—	—	—	7.80	6.40	4.75	3.51	177
42. Fescue, Kentucky 31, fresh, early veg.	2-01-900	28	22.1	21	—	—	0.53	0.39	—	—	—	—	67
43. Fescue hay, S-C, early bloom	1-09-186	91	20.2	25	59	32	0.35	0.24	—	—	—	—	64
44. Fescue hay, S-C, late bloom	1-01-871	92	9.5	37	72	39	0.30	0.26	2.12	1.74	0.90	0.35	48
45. Flax, seed, solvent extd. (linseed meal)	5-02-048	90	38.3	10	25	19	0.43	0.89	3.44	2.82	1.88	1.24	78
46. Grass-legume silage	3-02-303	29	11.3	32	—	—	0.25	0.08	—	—	—	—	—
47. Lespedeza, common fresh, late veg.	2-26-028	32	16.4	32	—	—	—	—	2.60	2.13	1.28	0.71	—
48. Milk, cattle, fresh	5-01-168	12	26.7	—	—	—	0.95	0.76	5.60	5.43	3.80	3.80	129
49. Milk, sheep, fresh	5-08-510	19	24.7	—	—	—	1.05	0.79	—	—	—	—	—
50. Millet, Foxtail, fresh	2-03-101	28	9.5	32	—	—	0.32	0.19	2.78	2.28	1.41	0.83	63
51. Molasses, beet	4-00-668	78	8.5	—	—	—	0.17	0.03	3.48	2.86	1.91	1.27	75
52. Molasses, citrus	4-01-241	68	8.2	—	—	—	1.72	0.13	3.31	2.71	1.79	1.16	75
53. Molasses, sugarcane	4-04-696	75	5.8	6	—	—	1.00	0.11	3.17	2.60	1.70	1.08	72
54. Oats, grain	4-03-309	89	13.3	12	32	16	0.07	0.38	3.40	2.78	1.85	1.22	77
55. Oats, grain, Pacific Coast	4-07-999	91	10.0	12	—	—	0.11	0.34	3.44	2.82	1.88	1.24	78
56. Oat hay, S-C	1-03-280	91	9.3	30	66	42	0.24	0.22	2.43	1.99	1.14	0.58	55
57. Oat silage, dough stage	3-03-296	35	10.0	33	—	—	0.47	0.33	2.51	2.06	1.21	0.64	—
58. Oat straw	1-03-283	92	4.4	40	70	54	0.24	0.06	1.98	1.63	0.79	0.25	45
59. Orchard grass, fresh, early, veg.	2-03-439	23	18.4	25	55	31	0.58	0.54	3.17	2.60	1.70	1.08	72
60. Orchard grass, hay, late bloom	1-03-428	91	8.4	37	72	45	0.26	0.30	2.38	1.95	1.11	0.55	54
61. Pea seeds	5-03-600	89	25.3	7	—	—	0.15	0.44	3.84	3.15	2.15	1.48	87
62. Potato, tubers, fresh	4-03-787	23	9.5	2	—	—	0.04	0.24	3.57	2.93	1.97	1.32	81
63. Potato, tubers, silage	4-03-768	25	7.6	4	—	—	0.04	0.23	3.62	2.97	2.00	1.35	82
64. Poultry feathers, hydrolyzed	5-03-795	93	91.3	1	—	—	0.28	0.72	3.09	2.53	1.63	1.03	—
65. Poultry manure, dehy.	5-14-015	90	28.2	13	38	15	9.31	2.52	2.29	1.88	1.04	0.49	—
66. Prairie plants, midwest, hay, S-C	1-03-191	92	5.8	34	—	—	0.43	0.15	2.25	1.84	1.00	0.45	51
67. Rape, fresh, early bloom	2-03-866	11	23.5	16	—	—	—	—	3.31	2.71	1.79	1.16	75
68. Rape, seed, meal, solvent extd.	5-03-871	91	40.6	13	—	—	0.67	1.04	3.04	2.50	1.60	1.00	69
69. Redtop, fresh	2-03-897	29	11.6	27	64	—	0.46	0.29	2.78	2.28	1.41	0.83	63
70. Redtop, hay, S-C, midbloom	1-03-886	94	11.7	31	—	—	0.63	0.35	2.51	2.06	1.21	0.64	57
71. Rice, bran	4-03-928	91	14.1	13	33	18	0.08	1.70	3.09	2.53	1.63	1.03	70
72. Rice, ground	4-03-938	89	8.9	10	—	—	0.07	0.32	3.48	2.86	1.91	1.27	79
73. Rice, straw	1-03-925	91	4.3	35	71	55	0.21	0.08	1.81	1.48	0.64	0.11	41
74. Rye, fresh	2-04-018	24	15.9	28	—	—	0.39	0.33	3.04	2.50	1.60	1.00	69
75. Rye, grain	4-04-047	88	13.8	3	—	—	0.07	0.37	3.70	3.04	2.06	1.40	84
76. Rye, straw	1-04-007	90	3.0	43	—	—	0.24	0.09	1.37	1.12	0.26	—	31

[a]TDN values apply to both beef and dairy cattle.

	Energy Utilization, Dry Basis, Mcal/kg											
	Dairy Cattle					Sheep					Horses	
	DE	ME	NEm	NEg	NEℓ	DE	ME	NEm	NEg	TDN, %	DE	TDN, %
39.	3.44	3.02	1.88	1.24	1.79	3.31	2.71	1.79	1.16	75	—	—
40.	3.35	2.93	1.82	1.19	1.74	3.13	2.57	1.67	1.06	71	3.01	—
41.	7.30	7.30	5.84	5.84	5.84	—	—	—	—	—	8.00	—
42.	2.91	2.49	1.51	0.92	1.50	3.22	2.64	1.73	1.11	73	2.22	—
43.	2.82	2.40	1.44	0.85	1.45	2.73	2.24	1.38	0.80	62	—	—
44.	2.12	1.69	0.90	0.36	1.06	—	—	—	—	—	—	—
45.	3.44	3.02	1.88	1.24	1.79	3.48	2.86	1.91	1.27	79	3.04	69
46.	—	—	—	—	—	2.73	2.24	1.38	0.80	62	—	—
47.	—	—	—	—	—	—	—	—	—	—	1.89	—
48.	5.69	5.29	3.34	2.16	3.04	—	—	—	—	—	—	—
49.	—	—	—	—	—	6.00	5.82	4.07	161	—	—	—
50.	2.78	2.36	1.41	0.83	1.42	—	—	—	—	—	—	—
51.	3.31	2.89	1.79	1.16	1.72	3.40	2.78	1.85	1.22	77	3.40	72
52.	3.31	2.89	1.79	1.16	1.72	—	—	—	—	—	3.40	—
53.	3.17	2.76	1.69	1.08	1.64	3.48	2.86	1.91	1.27	79	3.50	74
54.	3.40	2.98	1.86	1.22	1.77	3.40	2.78	1.85	1.22	77	3.36	76
55.	3.44	3.02	1.88	1.24	1.79	3.44	2.82	1.88	1.24	78	3.20	77
56.	2.43	2.00	1.14	0.58	1.23	2.34	1.92	1.14	0.58	53	1.92	47
57.	—	—	—	—	—	—	—	—	—	—	—	—
58.	—	—	—	—	—	2.07	1.70	0.79	0.25	47	1.76	40
59.	3.17	2.76	1.69	1.08	1.64	2.95	2.42	1.54	0.94	67	2.42	55
60.	2.38	1.96	1.11	0.55	1.20	—	—	—	—	—	1.90	—
61.	3.84	3.42	2.16	1.48	2.01	—	—	—	—	—	3.45	—
62.	3.57	3.16	1.97	1.32	1.87	—	—	—	—	—	—	—
63.	3.62	3.20	2.01	1.35	1.89	—	—	—	—	—	—	—
64.	—	—	—	—	—	—	—	—	—	—	—	—
65.	—	—	—	—	—	—	—	—	—	—	—	—
66.	—	—	—	—	—	—	—	—	—	—	1.62	46
67.	—	—	—	—	—	3.31	2.71	1.79	1.16	75	—	—
68.	3.04	2.62	1.60	1.00	1.57	3.26	2.68	1.76	1.14	74	—	—
69.	2.78	2.36	1.41	0.83	1.42	—	—	—	—	—	—	—
70.	2.51	2.09	1.21	0.64	1.28	2.47	2.03	1.18	0.61	56	1.97	—
71.	3.09	2.67	1.63	1.03	1.60	3.26	2.68	1.76	1.14	74	—	—
72.	3.48	3.07	1.91	1.27	1.82	—	—	—	—	—	2.51	—
73.	—	—	—	—	—	—	—	—	—	—	—	—
74.	—	—	—	—	—	—	—	—	—	—	—	—
75.	3.70	3.29	2.06	1.40	1.94	3.75	3.07	2.09	1.43	85	3.84	80
76.	—	—	—	—	—	1.98	1.63	0.79	0.25	45	—	—

Feed Name and Description	Intl. Feed Number	Typical DM, %	Composition, Dry Basis, %						Energy Utilization, Dry Basis, Mcal/kg				
									Beef Cattle				
			CP	CF	NDF	ADF	Ca	P	DE	ME	NEm	NEg	TDN,[a] %
77. Ryegrass, Italian, fresh	2-04-073	25	14.5	24	—	—	0.65	0.41	2.65	2.17	1.31	0.74	60
78. Ryegrass, Italian, hay, S-C, early bloom	1-04-066	88	11.4	36	69	45	0.62	0.34	2.38	1.95	1.11	0.55	54
79. Ryegrass, perennial, fresh	2-04-086	27	10.4	23	—	—	0.55	0.27	3.00	2.46	1.57	0.97	68
80. Ryegrass, perennial, hay, S-C	1-04-077	86	8.6	30	41	30	0.65	0.32	2.65	2.17	1.31	0.74	60
81. Safflower seeds, meal, solvent extd.	5-04-110	92	25.4	32	58	41	0.37	0.81	2.51	2.06	1.21	0.64	57
82. Safflower seeds w/o hulls, meal, solvent extd.	5-07-959	92	46.9	15	—	—	0.38	1.40	3.22	2.64	1.73	1.11	73
83. Sage, Black, browse, fresh	2-05-564	65	8.5	—	—	—	0.81	0.17	2.16	1.77	0.93	0.39	49
84. Saltgrass, hay, S-C	1-04-168	89	8.9	32	—	—	—	—	2.25	1.84	1.00	0.45	51
85. Sedge, hay, S-C	1-04-193	89	9.4	32	—	—	—	—	2.29	1.88	1.04	0.49	52
86. Sorghum, fodder	1-07-960	89	7.5	27	—	—	0.52	0.13	2.56	2.10	1.24	0.68	58
87. Sorghum, grain 8–10% protein	4-20-893	87	10.1	3	18	9	0.04	0.34	3.70	3.04	2.06	1.40	84
88. Sorghum, grain, flaked	4-16-295	85	10.1	3	—	—	0.04	0.34	4.06	3.33	2.30	1.60	92
89. Sorghum, grain, reconstituted	4-16-296	70	10.1	3	—	—	0.04	0.34	4.10	3.36	2.33	1.62	93
90. Sorghum, milo, heads	4-04-446	90	10.0	9	—	—	0.13	0.25	—	—	—	—	—
91. Sorghum, silage	3-04-323	30	7.5	28	—	38	0.35	0.21	2.65	2.17	1.31	0.74	60
92. Sorghum, Sudan grass, fresh, early veg.	2-04-484	18	16.8	23	55	29	0.43	0.41	3.09	2.53	1.63	1.03	70
93. Sorghum, Sudan grass, hay, S-C	1-04-480	91	8.0	36	68	42	0.55	0.30	2.47	2.03	1.18	0.61	56
94. Sorghum, Sudan grass, silage	3-04-499	28	10.8	33	—	—	0.46	0.21	2.43	1.99	1.14	0.58	55
95. Soybean, hay, S-C	1-04-538	94	17.8	30	—	40	1.26	0.27	—	—	—	—	53
96. Soybean, hulls	1-04-560	91	12.1	40	67	50	0.49	0.21	2.34	1.92	1.07	0.52	57
97. Soybean, seeds	5-04-610	92	42.8	6	—	10	0.27	0.65	4.01	3.29	2.27	1.57	91
98. Soybean, meal, solvent extd., 44% protein	5-20-637	89	49.9	7	—	10	0.33	0.71	3.70	3.04	2.06	1.40	84
99. Soybean, straw	1-04-567	88	5.2	44	70	54	1.59	0.06	1.85	1.52	0.68	0.15	42
100. Sunflower, seeds, meal, solvent extd.	5-09-340	90	25.9	35	40	33	0.23	1.03	1.94	1.59	0.75	0.22	44
101. Sunflower, seeds w/o hulls, solvent extd.	5-04-739	93	49.8	12	—	—	0.44	0.98	2.87	2.35	1.47	0.88	65
102. Timothy, fresh, late veg.	2-04-903	26	18.0	32	—	—	0.39	0.32	3.17	2.60	1.70	1.08	72
103. Timothy, hay, S-C, late veg.	1-04-881	89	17.0	27	55	29	0.66	0.34	2.73	2.24	1.38	0.80	62
104. Timothy, hay, S-C, midbloom	1-04-883	89	9.1	31	67	36	0.48	0.22	2.51	2.06	1.21	0.64	57
105. Trefoil, Birdsfoot, fresh	2-20-786	24	21.0	25	—	—	1.91	0.22	2.91	2.39	1.51	0.91	66
106. Triticale, grain	4-20-362	90	17.6	4	—	8	0.06	0.33	3.70	3.04	2.06	1.40	84
107. Turnip, roots, fresh	4-05-067	9	11.8	12	44	34	0.59	0.26	3.75	3.07	2.09	1.43	85

[a]TDN values apply to both beef and dairy cattle.

	Energy Utilization, Dry Basis, Mcal/kg											
	Dairy Cattle					Sheep					Horses	
	DE	ME	NEm	NEg	NEℓ	DE	ME	NEm	NEg	TDN, %	DE	TDN, %
77.	—	—	—	—	—	—	—	—	—	—	1.73	—
78.	2.38	1.96	1.11	0.55	1.20	2.51	2.06	1.21	0.64	57	1.94	—
79.	—	—	—	—	—	—	—	—	—	—	—	—
80.	2.82	2.40	1.44	0.85	1.45	—	—	—	—	—	—	—
81.	2.51	2.09	1.21	0.64	1.28	2.47	2.03	1.18	0.61	56	—	—
82.	3.22	2.80	1.73	1.11	1.67	—	—	—	—	—	—	—
83.	—	—	—	—	—	2.16	1.77	0.93	0.39	49	—	—
84.	—	—	—	—	—	2.25	1.84	1.00	0.45	51	—	—
85.	—	—	—	—	—	—	—	—	—	—	—	—
86.	2.56	2.13	1.25	0.68	1.30	2.56	2.10	1.24	0.68	58	—	—
87.	3.53	3.12	1.94	1.30	1.84	—	—	—	—	—	3.56	80
88.	—	—	—	—	—	—	—	—	—	—	—	—
89.	—	—	—	—	—	—	—	—	—	—	—	—
90.	—	—	—	—	—	3.70	3.04	2.06	1.40	84	—	—
91.	2.65	2.22	1.31	0.74	1.35	2.51	2.06	1.21	0.64	57	—	—
92.	3.09	2.67	1.63	1.03	1.60	2.78	2.28	1.41	0.83	63	—	—
93.	2.47	2.04	1.18	0.62	1.25	2.43	1.99	1.14	0.58	55	—	—
94.	2.43	2.00	1.14	0.58	1.23	2.34	1.92	1.07	0.52	53	—	—
95.	2.34	1.91	1.08	0.52	1.18	—	—	—	—	—	—	—
96.	—	—	—	—	—	2.51	2.06	1.21	0.64	57	1.88	48
97.	4.01	3.60	2.27	1.57	2.11	4.14	3.40	2.35	1.65	94	4.05	92
98.	3.70	3.29	2.06	1.40	1.94	3.88	3.18	2.18	1.50	88	3.52	82
99.	—	—	—	—	—	1.90	1.56	0.72	0.18	43	—	—
100.	1.94	1.51	0.75	0.22	0.96	1.98	1.63	0.75	0.25	45	—	—
101.	2.87	2.45	1.47	0.88	1.47	3.35	2.75	1.82	1.19	76	3.12	71
102.	—	—	—	—	—	2.69	2.21	1.34	0.77	61	1.70	—
103.	2.91	2.49	1.51	0.92	1.50	2.87	2.35	1.47	0.88	65	—	—
104.	2.56	2.13	1.25	0.68	1.30	2.65	2.17	1.31	0.74	60	1.99	45
105.	2.91	2.49	1.31	0.92	1.50	2.78	2.28	1.41	0.83	63	2.18	—
106.	3.70	3.29	2.06	1.40	1.94	—	—	—	—	—	—	—
107.	3.75	3.34	2.10	1.43	1.96	3.79	3.11	2.12	1.45	86	—	—

Feed Name and Description	Intl. Feed Number	Typical DM, %	Composition, Dry Basis, %						Energy Utilization, Dry Basis, Mcal/kg: Beef Cattle				
			CP	CF	NDF	ADF	Ca	P	DE	ME	NEm	NEg	TDN,[a] %
108. Urea, 281% protein equivalent	5-05-070	99	280.0	—	—	—	—	—	—	—	—	—	—
109. Vetch, fresh, late veg.	2-05-108	22	20.8	28	—	—	—	—	—	—	—	—	—
110. Vetch, hay, S-C	1-05-106	89	20.8	31	48	33	1.18	0.32	2.51	2.06	1.21	0.64	57
111. Wheat, bran	4-05-190	89	17.1	11	51	15	0.13	1.38	3.09	2.53	1.63	1.03	70
112. Wheat, flour by-product (middlings)	4-05-205	89	18.4	8	37	10	0.13	0.99	3.04	2.50	1.60	1.00	69
113. Wheat, fresh, early veg.	2-05-176	22	28.6	17	52	30	0.42	0.40	3.22	2.64	1.73	1.11	73
114. Wheat, grain, hard red spring	4-05-258	88	17.2	3	—	—	0.04	0.43	3.92	3.22	2.21	1.52	89
115. Wheat, grain, hard red winter	4-05-268	88	14.4	3	—	4	0.05	0.43	3.88	3.18	2.18	1.50	88
116. Wheat, grain, soft red winter	4-05-294	88	13.0	2	—	—	0.05	0.43	3.92	3.22	2.21	1.52	89
117. Wheat, grain, soft white winter	4-05-337	89	11.3	3	14	4	0.07	0.36	3.92	3.22	2.21	1.52	89
118. Wheat, grain, soft white winter, Pacific Coast	4-08-555	89	11.2	3	—	—	0.10	0.34	3.88	3.18	2.18	1.50	88
119. Wheat, mill run	4-05-206	90	17.2	9	—	—	0.11	0.13	3.48	2.86	1.91	1.27	79
120. Wheat, silage, full bloom	3-05-185	25	8.1	31	—	—	—	—	2.60	2.13	1.28	0.71	59
121. Wheat, straw	1-05-175	89	3.6	42	70	54	0.18	0.05	1.81	1.48	0.64	0.11	41
122. Wheatgrass, Crested													
fresh, early veg.	2-05-420	28	21.5	22	—	—	0.46	0.34	3.31	2.71	1.79	1.16	75
fresh, post ripe	2-05-428	80	3.1	40	—	—	0.27	0.07	2.16	1.77	0.93	0.39	49
hay, S-C	1-05-418	93	12.4	33	—	36	0.33	0.21	2.34	1.92	1.07	0.52	53
123. Whey, cattle, dehy.	4-01-182	93	14.2	—	—	—	0.92	0.82	3.57	2.93	1.97	1.32	81
124. Whey, cattle, fresh	4-08-134	7	13.0	—	—	—	0.73	0.65	4.14	3.40	2.35	1.65	94
125. Yeast, Brewers, dehy.	7-05-527	93	46.9	3	—	—	0.13	1.49	3.48	2.86	1.91	1.27	79

[a]TDN values apply to both beef and dairy cattle.

	Energy Utilization, Dry Basis, Mcal/kg											
	Dairy Cattle					Sheep					Horses	
	DE	ME	NEm	NEg	NEℓ	DE	ME	NEm	NEg	TDN, %	DE	TDN, %
108.	—	—	—	—	—	—	—	—	—	—	—	—
109.	—	—	—	—	—	2.60	2.13	1.28	0.71	59	—	—
110.	2.51	2.09	1.21	0.64	1.28	2.43	1.99	1.14	0.58	55	—	—
111.	3.09	2.67	1.63	1.03	1.60	3.13	2.57	1.67	1.06	71	2.94	67
112.	3.04	2.62	1.60	1.00	1.57	3.62	2.97	2.00	1.35	82	3.42	—
113.	3.22	2.80	1.73	1.11	1.67	3.31	2.71	1.79	1.16	75	2.88	—
114.	—	—	—	—	—	3.97	3.25	2.24	1.55	90	—	—
115.	3.88	3.47	2.18	1.50	2.04	3.88	3.18	2.18	1.50	88	3.86	87
116.	3.92	3.51	2.20	1.52	2.06	3.88	3.18	2.18	1.50	88	3.86	87
117.	3.92	3.51	2.20	1.52	2.06	—	—	—	—	—	3.92	87
118.	—	—	—	—	—	3.92	3.22	2.21	1.52	89	—	—
119.	3.48	3.07	1.91	1.27	1.82	—	—	—	—	—	—	—
120.	—	—	—	—	—	—	—	—	—	—	—	—
121.	1.94	1.51	0.75	0.22	0.96	1.81	1.48	0.64	0.11	41	1.62	34
122.	—	—	—	—	—	3.31	2.71	1.79	1.16	75	2.54	—
	—	—	—	—	—	2.38	1.95	1.11	0.55	54	—	—
	—	—	—	—	—	2.34	1.92	1.07	0.52	53	—	—
123.	3.57	3.16	1.97	1.32	1.87	—	—	—	—	—	4.06	—
124.	3.57	3.16	1.97	1.32	1.87	—	—	—	—	—	—	—
125.	3.48	3.07	1.91	1.27	1.82	—	—	—	—	—	3.30	75

표 2. 사료 단백질의 루멘 미분해율(undegradability)(젖소, 1989)

Feed	Number of Determinations	Undegradability		
		Mean	S.D.[a]	C.V.[b]
Alfalfa, dehydrated	8	0.59	0.17	29
Alfalfa hay	12	0.28	0.07	25
Alfalfa silage	6	0.23	0.08	36
Alfalfa-bromegrass	1	0.21		
Barley	16	0.27	0.10	37
Barley, flaked	1	0.67		
Barley, micronized	1	0.47		
Barley silage	1	0.27		
Bean meal, field	1	0.46		
Beans	2	0.16	0.02	14
Beet pulp	4	0.45	0.14	30
Beet pulp molasses	2	0.35	0.03	8
Beets	3	0.20	0.03	16
Blood meal	2	0.82	0.01	1
Brewers dried grains	9	0.49	0.13	27

Feed	Number of Determinations	Undegradability		
		Mean	S.D.[a]	C.V.[b]
Bromegrass	1	0.44		
Casein	3	0.19	0.06	32
Casein, HCHO[c]	2	0.72	0.08	11
Clover, red	3	0.31	0.04	12
Clover, red, silage	1	0.38		
Clover, white	1	0.33		
Clover-grass	2	0.54	0.11	21
Clover-grass silage	7	0.28	0.06	22
Coconut	1	0.57		
Coconut meal	5	0.63	0.07	11
Corn	11	0.52	0.18	34
Corn, 0% cottonseed hulls	1	0.46		
Corn, 7% cottonseed hulls	1	0.43		
Corn, 14% cottonseed hulls	1	0.59		
Corn, 21% cottonseed hulls	1	0.48		
Corn, 10.5% protein, 0% $NaHCO_3$	1	0.36		
Corn, 10.5% protein, 3.5% $NaHCO_3$	1	0.30		
Corn, 12% protein, 0% $NaHCO_3$	1	0.29		
Corn, 12% protein, 3.5% $NaHCO_3$	1	0.24		
Corn, dry-rolled	6	0.60	0.07	12
Corn, dry-rolled, 0% roughage	1	0.54		
Corn, dry-rolled, 21% roughage	1	0.49		
Corn, flaked	1	0.58		
Corn, flakes	1	0.65		
Corn, high-moisture acid	1	0.56		
Corn, high-moisture ground	1	0.80		
Corn, micronized	1	0.29		
Corn, steam-flaked	1	0.68		
Corn, steam-flaked, 0% roughage	1	0.51		
Corn, steam-flaked, 21% roughage	1	0.47		
Corn gluten feed	1	0.25		
Corn gluten feed dry	2	0.22	0.11	51
Corn gluten feed wet	1	0.26		
Corn gluten meal	3	0.55	0.08	14
Corn silage	3	0.31	0.06	20
Cottonseed meal	21	0.43	0.11	25
Cottonseed meal, HCHO[c]	2	0.64	0.15	23
Cottonseed meal, prepressed	2	0.36	0.02	6
Cottonseed meal, screwpressed	2	0.50	0.10	20
Cottonseed meal, solvent	6	0.41	0.13	32
Distillers dried grain with solubles	4	0.47	0.18	39
Distillers dried grains	1	0.54		
Distillers wet grains	1	0.47		
Feather meal, hydrolyzed	1	0.71		
Fish meal	26	0.60	0.16	26
Fish meal, stale	1	0.48		
Fish meal, well-preserved	1	0.78		
Grapeseed meal	1	0.45		
Grass	4	0.40	0.10	26
Grass pellets	2	0.46	0.05	11
Grass silage	20	0.29	0.06	20
Guar meal	1	0.34		
Linseed	1	0.18		
Linseed meal	5	0.35	0.10	27
Lupin meal	1	0.35		
Manoic meal	1	0.36		

Feed	Number of Determinations	Undegradability		
		Mean	S.D.[a]	C.V.[b]
Meat and bone meal	5	0.49	0.18	37
Meat meal	1	0.76		
Oats	4	0.17	0.03	15
Palm cakes	6	0.66	0.06	9
Peanut meal	8	0.25	0.11	45
Peas	4	0.22	0.03	15
Rapeseed meal	10	0.28	0.09	31
Rapeseed meal, protected	1	0.70		
Rye	1	0.19		
Ryegrass, dehydrated	4	0.22	0.14	66
Ryegrass, dried artifically	1	0.71		
Ryegrass, dried artificially, chopped	1	0.30		
Ryegrass, dried artificially, ground	1	0.73		
Ryegrass, dried artifically, pelleted	1	0.54		
Ryegrass, fresh	1	0.48		
Ryegrass, fresh or frozen	3	0.41	0.18	44
Ryegrass, frozen	1	0.52		
Ryegrass silage, HCHO[c]	1	0.93		
Ryegrass silage, HCHO[c] dried	1	0.83		
Ryegrass silage, unwilted	1	0.22		
Sanfoin	1	0.81		
Sorghum grain	2	0.54	0.02	4
Sorghum grain, dry-ground	1	0.49		
Sorghum grain, dry-rolled	2	0.64	0.08	12
Sorghum grain, micronized	1	0.64		
Sorghum grain, reconstituted	2	0.42	0.32	75
Sorghum grain, steam-flaked	2	0.47	0.07	15
Soybean meal	39	0.35	0.12	33
Soybean meal, dried 120 C	1	0.59		
Soybean meal, dried 130 C	1	0.71		
Soybean meal, dried 140 C	1	0.82		
Soybean meal, 35% concentrate	1	0.18		
Soybean meal, 65% concentrate	1	0.46		
Soybean meal, HCHO[c]	3	0.80	0.11	14
Soybean meal, unheated	1	0.14		
Soybean-rapeseed meal, HCHO[c]	2	0.78	0.02	3
Soybeans	2	0.26	0.11	40
Subterranean clover	2	0.40	0.18	45
Sunflower meal	9	0.26	0.05	20
Timothy, dried artificially, chopped	1	0.32		
Timothy, dried artificially, pelleted	1	0.53		
Wheat	4	0.22	0.06	27
Wheat bran	4	0.29	0.10	34
Wheat gluten	1	0.17		
Wheat middlings	3	0.21	0.02	11
Yeast	1	0.42		
Zein	1	0.60		

[a]S.D. = standard deviation.
[b]C.V. = coefficient of variation.
[c]HCHO = formaldehyde treatment.

표 3. 닭과 돼지에게 급여된 사료의 조성

Feed Class and Ingredient Name	Int'l. Feed Number	Composition, As Fed: Dry Matter, %	Crude Protein, %	Crude Fiber, %	Ca, %	P, %	As Fed Basis: Poultry ME, kcal/kg	Swine: Digest. Protein, %	DE, kcal/kg	ME, kcal/kg	TDN, %
Roughage											
Alfalfa, dehy, mn 15% CP	1-00-022	93.1	15.2	26.4	1.23	0.22	1587	7.0	1436	1331	32
Alfalfa, dehy, mn 17% CP	1-00-023	93.0	17.9	24.3	1.33	0.24	1653	8.3	1435	1322	32
Alfalfa, dehy, mn 20% CP	1-00-024	93.1	20.6	20.2	1.52	0.27	1720	12.6	2217	2029	50
Alfalfa, dehy, mn 22% CP	1-00-851	92.9	22.5	18.5	1.48	0.28	1764	13.7	2253	2052	51
Alfalfa hay, s-c, grnd	1-00-111	92.2	16.7	25.8	—	—	—	7.7	1382	1276	31
Alfalfa leaf meal	1-00-246	88.8	21.3	14.6	2.11	0.26	1580	13.0	2192	2000	50
Pasture grass, closely grazed		20.0	5.2	3.4	—	—	—	3.5	517	—	12
Energy sources (<20% CP)											
Animal fat	4-00-409	99.5	—	—	—	—	7090	—	8130	7900	199
Barley grain	4-00-530	89.0	11.6	5.0	0.08	0.42	2646	8.2	3080	2876	70
Buckwheat grain	4-00-994	88.0	11.1	9.0	0.11	0.33	2712	8.0	3026	2829	69
Corn germ meal	5-02-898	93.0	18.0	12.0	0.10	0.40	1700	—	—	—	—
Corn grain	4-02-935	86.0	8.8	2.0	0.03	0.27	3417	7.0	3488	3275	79
Corn hominy feed	4-02-887	90.6	10.7	5.0	0.05	0.53	2866	8.5	3595	3365	82
Millet grain	4-03-098	90.0	12.0	8.0	0.05	0.28	—	8.8	2897	2703	66
Molasses, beet	4-00-668	77.0	6.7	—	0.16	0.03	1962	—	—	—	—
Molasses, cane	4-04-696	75.0	3.2	—	0.89	0.08	1962	—	2464	2343	56
Oats, grain	4-03-309	89.0	11.8	11.0	0.10	0.35	2535	9.9	2860	2668	65
Oats, groats	4-03-331	91.0	16.7	3.0	0.07	0.43	3549	14.0	3250	2999	74
Potatoes, cooked	4-03-784	22.5	2.2	0.7	0.01	0.05	—	1.6	863	811	20
Potato meal	4-07-850	90.3	5.9	1.4	0.07	0.20	3527	5.0	3345	3168	76
Rice bran	4-03-928	91.0	13.5	11.0	0.06	1.82	1630	10.2	3256	3028	74
Rice grain w/hulls, grnd	4-03-938	89.0	7.3	9.0	0.04	0.26	2668	5.5	2511	2367	57
Rye grain	4-04-047	89.0	11.9	2.0	0.06	0.34	2888	9.6	3300	3079	75
Sorghum grain, milo	4-04-444	89.0	11.0	2.0	0.04	0.29	3250	7.8	3453	3229	78
Wheat bran	4-05-190	89.0	16.0	10.0	0.14	1.17	1146	12.2	2512	2321	57
Wheat grain	4-05-211	89.0	12.7	3.0	0.05	0.36	3071	11.7	3520	3277	80
Wheat middlings	4-05-203	89.0	18.0	2.0	0.08	0.52	2756	16.0	3212	2952	73
Wheat mill run	4-05-206	90.0	15.3	8.0	0.09	1.02	1764	12.2	3168	2934	72
Wheat shorts	4-05-201	90.0	18.4	5.0	0.11	0.76	2646	15.4	3168	2912	72
Whey, dried	4-01-182	94.0	13.8	—	0.87	0.79	1852	12.6	3432	3191	78

Feed Class and Ingredient Name	Int'l. Feed Number	Composition, As Fed					As Fed Basis				
								Swine			
		Dry Matter, %	Crude Protein, %	Crude Fiber, %	Ca, %	P, %	Poultry ME, kcal/kg	Digest. Protein, %	DE, kcal/kg	ME, kcal/kg	TDN, %
Plant protein sources (>20% CP)											
Barley malt sprouts	5-00-545	93.0	26.2	14.0	0.22	0.73	1411	20.7	1558	1406	35
Brewer's dried grains	5-02-141	92.0	25.9	15.0	0.27	0.50	2513	20.4	1892	1708	43
Coconut meal, solv. extd	5-01-573	92.0	21.3	15.0	0.17	0.61	1540	15.5	3123	2852	71
Corn distillers grains w/solubles, dehy.	5-02-843	92.0	27.4	9.0	0.09	0.37	2425	—	—	—	—
Corn dist. sol., dehy	5-02-844	92.0	26.9	4.0	0.35	1.37	2932	16.1	3300	2976	75
Corn gluten meal	5-02-900	91.0	42.9	4.0	0.16	0.40	3307	—	—	—	—
Cottonseed meal, prepress solv. extd.	5-07-874	92.5	50.0	8.5	0.16	1.01	2150	45.0	3018	2569	68
Pea seed, grnd	5-03-598	91.0	22.5	9.0	0.17	0.50	2601	19.3	3531	3213	80
Peanut meal, solv. extd.	5-04-650	92.0	47.4	13.0	0.20	0.65	2205	44.5	3408	2920	77
Rapeseed meal, solv. extd.	5-03-871	90.3	39.4	13.8	0.40	0.90	—	32.3	2747	2396	62
Soybean meal, solv. extd.	5-04-604	89.0	45.8	6.0	0.32	0.67	2249	41.7	3300	2825	75
Soybean meal, dehulled, solv. extd.	5-04-612	89.8	50.9	2.8	0.26	0.62	2425	46.3	3405	2881	77
Sunflower meal, solv. extd.	5-04-739	93.0	46.8	11.0	0.40	1.00	1760	42.1	3034	2604	69
Wheat germ meal	5-05-218	90.0	26.2	3.0	0.07	1.04	3086	23.6	3770	3397	86
Yeast, brewer's dried	7-05-527	93.0	44.6	3.0	0.13	1.43	2425	39.2	3076	2654	70
Animal and fish protein sources											
Blood meal	5-00-380	91.0	79.9	1.0	0.28	0.22	2844	62.3	2684	2101	61
Blood flour	5-00-381	91.0	82.2	1.0	0.45	0.37	—	64.1	2608	2029	59
Buttermilk, dried	5-01-160	93.0	32.0	—	1.34	0.94	2756	29.8	3388	3015	77
Casein, dried	5-01-162	90.0	81.8	—	0.61	0.99	4120	76.0	3532	2740	80
Fish meal, anchovy	5-02-985	93.0	66.0	1.0	4.50	2.85	2900	60.7	2994	2446	68
Fish meal, herring	5-02-000	92.0	70.6	1.0	2.94	2.20	2976	66.3	3650	2938	83
Fish meal, menhaden	5-02-009	92.0	61.3	1.0	5.49	2.81	2866	56.4	3123	2580	71
Fish solubles, dried	5-01-971	92.0	62.8	1.0	—	—	2866	60.3	3408	2801	77
Liver meal	5-00-389	92.6	66.5	1.3	0.50	1.25	—	64.4	3920	3195	89
Meat meal	5-00-385	93.5	53.4	2.4	7.94	4.03	1984	47.5	3010	2543	68
Meat meal tankage	5-00-386	92.0	59.8	2.0	5.94	3.17	2646	37.1	2475	2052	56
Meat and bone meal	5-00-388	94.0	50.6	2.2	10.57	5.07	1984	45.0	2859	2434	65
Milk, dried skim	5-01-175	94.0	33.5	—	1.26	1.03	2513	32.8	3784	3360	86

표 4. 사료의 아미노산 조성

	Crude Protein	Amino Acids, As Fed Basis, %												
		Arginine	Cystine	Glycine	Histidine	Isoleucine	Leucine	Lysine	Methionine	Phenylalanine	Threonine	Tryptophan	Tyrosine	Valine
Forage-roughage														
Alfalfa, dehy, 15% CP	15.2	0.60	0.17	0.70	0.30	0.68	1.10	0.60	0.20	0.80	0.60	0.40	0.40	0.70
Alfalfa, dehy, 20% CP	20.6	0.90	—	1.00	0.40	0.80	1.50	0.90	0.30	1.10	0.90	0.50	0.70	1.19
Alfalfa leaf meal, s-c	21.3	0.90	0.34	0.90	0.33	0.90	1.25	0.95	0.30	0.80	0.70	0.25	0.60	0.90
Grass, dehy	14.8	0.99	0.19	0.72	0.46	1.38	1.98	1.06	0.31	1.30	0.89	0.31	0.46	1.57
Energy feeds														
Barley grain	11.6	0.53	0.18	0.36	0.27	0.53	0.80	0.53	0.18	0.62	0.36	0.18	0.36	0.62
Corn hominy feed	10.7	0.50	0.18	0.50	0.20	0.40	0.80	0.40	0.18	0.30	0.40	0.10	0.50	0.50
Corn germ meal	18.0	1.20	0.32	—	—	—	1.70	0.90	0.35	0.80	0.90	0.30	1.50	1.30
Corn grain	8.8	0.50	0.09	0.43	0.20	0.40	1.10	0.20	0.17	0.50	0.40	0.10	—	0.40
Millet grain	12.0	0.35	0.08	—	0.23	1.23	0.49	0.25	0.30	0.59	0.44	0.17	—	0.62
Oats grain	11.8	0.71	0.18	—	0.18	0.53	0.89	0.36	0.18	0.62	0.36	0.18	0.53	0.62
Potato meal	8.2	0.43	—	—	0.11	0.48	0.30	0.47	0.07	0.29	0.21	0.15	—	0.39
Rice grain w/hulls	7.3	0.53	0.10	0.80	0.09	0.27	0.53	0.27	0.17	0.27	0.18	0.10	0.60	0.51
Rye grain	11.9	0.53	0.18	—	0.27	0.53	0.71	0.45	0.18	0.62	0.36	0.09	0.27	0.62
Sorghum grain, milo	11.0	0.36	0.18	0.40	0.27	0.53	1.42	0.27	0.09	0.45	0.27	0.09	0.36	0.53
Wheat grain	12.7	0.71	0.18	0.89	0.27	0.53	0.89	0.45	0.18	0.62	0.36	0.18	0.45	0.53
Wheat shorts	18.4	0.95	0.20	0.40	0.32	0.70	1.20	0.70	0.18	0.70	0.50	0.20	0.40	0.77
Whey dried	13.8	0.40	0.30	0.30	0.20	0.90	1.40	1.10	0.20	0.40	0.80	0.20	0.30	0.70
Plan protein sources														
Brewers dried grains	25.9	1.30	—	—	0.50	1.50	2.30	0.90	0.40	1.30	0.90	0.40	1.20	1.60
Corn dist. solv., dehy	26.9	1.00	0.60	1.10	0.70	1.50	2.10	0.90	0.60	1.50	1.00	0.20	0.70	1.50
Corn gluten meal	42.9	1.40	0.60	1.50	1.00	2.30	7.60	0.80	1.00	2.90	1.40	0.20	1.00	2.20
Cottonseed meal, solv.	50.0	4.75	1.00	2.35	1.25	1.85	2.80	2.10	0.80	2.75	1.70	0.70	0.80	2.05
Peanut meal, solv.	47.4	4.69	—	—	1.00	2.00	3.10	1.30	0.60	2.30	1.40	0.50	—	2.20
Rapeseed meal, solv.	39.4	2.16	—	1.88	1.05	1.43	2.63	2.09	0.76	1.49	1.65	0.48	0.83	1.90
Soybean meal, solv.	45.8	3.20	0.67	2.10	1.10	2.50	3.40	2.90	0.60	2.20	1.70	0.60	1.40	2.40
Sunflower meal, solv.	46.8	3.50	0.70	2.70	1.10	2.10	2.60	1.70	1.50	2.20	1.50	0.50	—	2.30
Yeast, brewer's dried	44.6	2.20	0.50	1.70	1.10	2.10	3.20	3.00	0.70	1.80	2.10	0.50	1.50	2.30
Animal and fish protein sources														
Blood meal	79.9	3.50	1.40	3.40	4.20	1.00	10.30	6.90	0.90	6.10	3.70	1.10	1.80	6.50
Buttermilk, dried	32.0	1.10	0.40	0.60	0.90	2.70	3.40	2.40	0.70	1.50	1.60	0.50	1.00	2.80
Casein, dried	81.8	3.40	0.30	1.50	2.50	5.70	8.60	7.00	2.70	4.60	3.80	1.00	4.70	6.80
Fish meal, anchovy	66.0	4.46	1.00	5.10	1.84	3.40	7.01	5.40	2.19	2.48	3.04	0.80	1.77	3.54

Fish meal, herring	70.6	4.00	1.60	5.00	1.30	3.20	5.10	7.30	2.00	2.60	2.60	0.90	2.10	3.20
Fish meal, menhaden	61.3	4.00	0.94	4.40	1.60	4.10	5.00	5.30	1.80	2.70	2.90	0.60	1.60	3.60
Liver meal	66.5	4.10	0.90	5.60	1.50	3.40	5.40	4.80	1.30	2.90	2.60	0.60	1.70	4.20
Meat meal	53.4	3.70	0.60	2.20	1.10	1.90	3.50	3.80	0.80	1.90	1.80	0.30	0.90	2.60
Meat and bone meal	50.6	4.00	0.60	6.60	0.90	1.70	3.10	3.50	0.70	1.80	1.80	0.20	0.80	2.40
Meat meal tankage	59.8	3.60	—	—	1.90	1.90	5.10	4.00	0.80	2.70	2.40	0.70	—	4.20
Milk, dried skim	33.5	1.20	0.50	0.20	0.90	2.30	3.30	2.80	0.80	1.50	1.40	0.40	1.30	2.20

표 5. 사료의 비타민 함량(ppm)

	Carotene	Vitamin E	Choline	Niacin	Pantothenic acid	Riboflavin	Thiamin	Vitamin B_6	Vitamin B_{12}
Plant sources									
Alfalfa, dehy., 15% CP	102	98	1550	42	21	11	3.0	6.5	—
Alfalfa leaf meal, s-c	62	—	1600	55	33	15	—	11	—
Barley grain	—	11	1030	57	6.5	2.0	5.1	2.9	—
Brewers dried grains	—	—	1587	43	8.6	1.5	0.7	0.7	—
Corn dist. sol., dehy.	1	55	4818	115	21	17	6.8	10	—
Corn grain	4	22	537	23	5	1.1	4.0	7.2	—
Cottonseed meal, solv., 41% CP	—	15	2860	40	14	5.0	6.5	6.4	—
Oats grain	—	36	1073	16	13	1.6	6.2	1.2	—
Peanut meal, solv.	—	3	2000	170	53	11	7.3	10	—
Rice grain w/hulls	—	14	800	30	3.3	1.1	2.8	—	—
Rye grain	—	15	—	1.2	6.9	1.6	3.9	—	—
Sorghum grain, milo	—	12	678	43	11	1.2	3.9	4.1	—
Soybean meal, solv., 45% CP	—	3	2743	27	14	3.3	6.6	8.0	—
Wheat grain	—	34	830	57	12	1.2	4.9	—	—
Wheat middlings	—	58	1100	53	14	1.5	19	11	—
Yeast, brewers dried	—	—	3885	447	110	35	92	43	—
Animal sources									
Buttermilk, dried	—	6	1808	9	30	31	3.5	2.4	0.02
Fish meal, herring	—	27	4004	89	11	9.0	—	3.7	219
Fish meal, menhaden	—	9	3080	56	9	4.8	0.7	—	0.1
Meat meal	—	1	1955	57	4.8	5.3	0.2	3.0	51
Meat and bone meal	—	1	2189	48	3.7	4.4	1.1	2.5	45
Liver meal	—	—	—	204	45	46	0.2	—	501
Milk, cow's, dried skim	—	9	1426	11	34	20	3.5	3.9	42
Whey, dried	—	—	20	11	48	30	3.7	2.5	0.03

표 6. 동물사료용 미네랄 공급제의 조성(건물기준, 젖소, 1989)

Feed Name Description	International Feed Number	Dry Matter, %	Protein Equivalent— N × 6.25, %	Macrominerals, %							Microminerals, mg/kg							
				Calcium	Chlorine	Magnesium	Phosphorus	Potassium	Sodium	Sulfur	Cobalt	Copper	Fluorine	Iodine	Iron	Manganese	Selenium	Zinc
Ammonium																		
Phosphate, monobasic, $(NH_4)H_2PO_4$	6-09-338	97	70.9	0.28	—	0.46	24.74	0.01	0.06	1.46	10	10	2500	—	17,400	400	—	100
Phosphate, dibasic, $(NH_4)_2HPO_4$	6-00-370	97	115.9	0.52	—	0.46	20.60	0.01	0.05	2.16	—	10	2100	—	12,400	400	—	100
Sulfate	6-09-339	100	134.1	—	—	—	—	—	—	24.10	—	1	—	—	10	1	—	—
Bone																		
Charcoal (bone black, bone char)	6-00-402	90	9.4	30.11	—	0.59	14.14	0.16	—	—	—	—	—	—	—	—	—	—
Meal, steamed	6-00-400	97	13.2	30.71	—	0.33	12.86	0.19	5.69	2.51	—	—	—	—	26,700	—	—	100
Calcium																		
Carbonate, $CaCO_3$	6-01-069	100	—	39.39	—	0.05	0.04	0.06	0.06	—	—	—	—	—	300	300	—	—
Phosphate, monobasic, from defluorinated phosphoric acid	6-01-082	97	—	16.40	—	0.61	21.60	0.08	0.06	1.22	10	10	2100	—	15,800	360	—	90
Phosphate, dibasic, from defluorinated phosphoric acid (dicalcium phosphate)	6-01-080	97	—	22.00	—	0.59	19.30	0.07	0.05	1.14	10	10	1800	—	14,400	300	—	100
Sulfate, dihydrate, $CaSO_4 \cdot 2H_2O$, cp[b]	6-01-089	97	—	23.28	—	—	—	—	—	18.62	—	—	—	—	—	—	—	—
Colloidal clay																		
Clay (soft rock phosphate); see also phosphate	6-03-947	100[c]	—	17.00	—	0.38	9.00	—	0.10	—	—	—	15,000	—	19,000	1000	—	—
Cobalt																		
Carbonate, $CoCO_3$	6-01-566	99[c]	—	—	—	—	—	—	—	0.20	460,000	—	—	—	500	—	—	—
Copper (cupric)																		
Sulfate, pentahydrate, $CuSO_4 \cdot 5H_2O$, cp[b]	6-01-720	100	—	—	—	—	—	—	—	12.84	—	254,500	—	—	—	—	—	—
Curacao																		
Phosphate	6-05-586	99[c]	—	34.34	—	0.81	14.14	—	0.20	—	—	—	5500	—	3500	—	—	—
Ethylenediamine																		
Dihydroiodide	6-01-842	98[c]	—	—	—	—	—	—	—	—	—	—	—	803,400	—	—	—	—
Iron (ferrous)																		
Sulfate, heptahydrate	6-20-734	98[c]	—	—	—	—	—	—	—	12.35	—	—	—	—	218,400	—	—	—
Limestone																		
Limestone, ground	6-02-632	100	—	34.00	0.03	2.06	0.02	0.12	0.06	0.04	—	—	—	—	3500	—	—	—
Magnesium (dolomitic)	6-02-633	99[c]	—	22.30	0.12	9.99	0.04	0.36	—	—	—	—	—	—	770	—	—	—
Magnesium																		
Carbonate, $MgCO_3Mg(OH)_2$	6-02-754	98[c]	—	0.02	—	30.81	—	—	—	—	—	—	—	—	220	—	—	—
Oxide, MgO	6-02-756	98	—	3.07	—	56.20	—	—	—	—	—	—	200	—	—	100	—	—

Feed Name Description	International Feed Number	Dry Matter, %	Protein Equivalent— N × 6.25, %	Macrominerals, %							Microminerals, mg/kg							
				Calcium	Chlorine	Magnesium	Phosphorus	Potassium	Sodium	Sulfur	Cobalt	Copper	Fluorine	Iodine	Iron	Manganese	Selenium	Zinc
Manganese (manganous)																		
Oxide, MnO, cp[b]	6-03-056	99[c]	—	—	—	—	—	—	—	—	—	—	—	—	—	774,500	—	—
Carbonate, $MnCO_3$	6-03-036	97	—	—	—	—	—	—	—	—	—	—	—	—	—	478,000	—	—
Oystershell																		
Ground (flour)	6-03-481	99	—	38.00	0.01	0.30	0.07	0.10	0.21	—	—	—	—	—	2870	100	—	—
Phosphate																		
Defluorinated	6-01-780	100	—	32.00	—	0.42	18.00	0.08	4.90	—	10	20	1800	—	6700	200	—	60
Rock	6-03-945	100	—	35.00	—	0.41	13.00	0.06	0.03	—	10	10	35,000	—	16800	200	—	100
Rock, low-fluorine	6-03-946	100	—	36.00	—	—	14.00	—	—	—	—	—	—	—	—	—	—	—
Rock, soft (see also Calcium)	6-03-947	100	—	17.00	—	0.38	9.00	—	0.10	—	—	—	15,000	—	19,000	1000	—	—
Phosphate, monobasic, monohydrate, $NaH_2PO_4 \cdot H_2O$ (see also Sodium)	6-04-288	97	—	—	—	—	22.50	—	16.68	—	—	—	—	—	—	—	—	—
Phosphoric acid																		
H_3PO_4	6-03-707	75	—	0.05	—	0.51	31.60	0.02	0.04	1.55	10	10	3100	—	17,500	500	—	130
Potassium																		
Bicarbonate, $KHCO_3$, cp[b]	6-29-493	99[c]	—	—	—	—	—	39.05	—	—	—	—	—	—	—	—	—	—
Chloride, KCl	6-03-755	100	—	0.05	47.30	0.34	—	50.00	1.00	0.45	—	—	—	—	600	—	—	—
Iodide, KI	6-03-759	100[c]	—	—	—	—	—	21.00	—	—	—	—	—	681,700	—	—	—	—
Sulfate, K_2SO_4	6-06-098	98[c]	—	0.15	1.55	0.61	—	41.84	0.09	17.35	—	—	—	—	710	10	—	—
Sodium																		
Bicarbonate, $NaHCO_3$	6-04-272	100	—	—	—	—	—	—	27.00	—	—	—	—	—	—	—	—	—
Chloride, NaCl	6-04-152	100	—	—	60.66	—	—	—	39.34	—	—	—	—	—	—	—	—	—
Phosphate, monobasic, monohydrate, $NaH_2PO_4 \cdot H_2O$ (see also Phosphate)	6-04-288	97	—	—	—	—	22.50	—	16.68	—	—	—	—	—	—	—	—	—
Selenite, Na_2SeO_3	6-26-013	98[c]	—	—	—	—	—	—	26.60	—	—	—	—	—	—	—	456,000	—
Sulfate, decahydrate, $Na_2SO_4 \cdot 10H_2O$, cp[b]	6-04-292	97[c]	—	—	—	—	—	—	14.27	9.95	—	—	—	—	—	—	—	—
Tripolyphosphate, $Na_5P_3O_{10}$	6-08-076	96	—	—	—	—	25.00	—	31.00	—	—	—	—	—	40	—	—	—
Zinc																		
Oxide, ZnO	6-05-533	100	—	—	—	—	—	—	—	—	—	—	—	—	—	—	—	780,000
Sulfate, monohydrate, $ZnSO_4 \cdot H_2O$	6-05-555	99[c]	—	0.02	0.015	—	—	—	—	17.68	—	—	—	—	10	10	—	363,600

[a]*Note:* The compositions of hydrated mineral ingredients (e.g., $CaSO_4 \cdot 2H_2O$) are shown including the waters of hydration. Mineral compositions of feed-grade mineral supplements vary by source, mining site, and manufacturer. The manufacturer's analysis should be used when it is available.

[b]cp = Chemically pure.

[c]Dry matter values have been estimated for these minerals.

표 7. 활성원료의 미량영양소, 사료첨가제 및 농도

Active Ingredient	*Concentration from the Manufacturer*	*Concentration Typical of Premix Use*
Fat-soluble vitamins		
Vitamin A acetate,[a] gelatin-coated feed grade	325,000, 500,000, or 600,000 IU/g	same, 30,000 IU/g
Vitamin A palmitate,[a] gelatin-coated	325,000 IU/g	same
Vitamin D_3 acetate dry feed grade	500,000 ICU/g[b]	same, 26,455 ICU/g
Vitamin E acetate, dry feed grade	250 IU/g	same, 44 IU/g
Vitamin K, menadione Na bisulfate complex	pure	same, 16 g/lb
Vitamin A acetate & vitamin D_3 acetate mix	500,000 IU/g of A 167,000 IU/g of D_3	50,000 IU/g 16-20,000 IU/g
Vitamin A, D_3, E premix		40-50,000 IU/g A 10,000 IU/g D_3 50 IU/g E
B-complex vitamins		
Riboflavin	0.50 g/g	same, 60 g/lb
Thiamin	pure	same
Pridoxine	pure	same
Niacin	0.98 g/g	same
Pantothenate, Ca DL	0.414 g/g of D pantho. acid	same
Choline chloride	0.435 g/g of choline	same
Cyanocobalamin (B_{12})	1.32 mg/g	same
Folic acid	0.45 g/g	same
Biotin	pure	various
Amino acids		
Methionine, DL	0.995 g/g	same
Methionine hydroxy analog, Ca salt	0.93 g/g	same
Lysine, L	0.769 g/g	same
Antibiotics		
Terramycin	10, 50 g/lb	same
Aureomycin	10, 50 g/lb	same
Neoterramycin	20 g/lb	same
Zinc bacitracin	40 g/lb	same
Erythromycin	50 g/lb	same
Penicillin	136 g/lb	same
Rumensin (Na monensin)	60 g/lb	same
Tylosin phosphate	10 g/lb	same
Miscellaneous		
Arsanilic acid	20, 40, 227 g/lb	same
Sodium arsanilate	pure	same
Roxarsone	45.4 g/lb	same
Ethylenediamine dihydriodide	0.99 g/g	42 g/lb
Melengestrol acetate	100, 500 mg/lb	0.4, 0.5 mg/lb

[a]Other concentrations available from manufacturers; vitamin A is also available in water-dispersible and gelatin-coated preparations, water miscible, in oil, or in injectable preparations.

[b]ICU = international chick units.

II. NRC 사양표준

1. 가금의 영양소 요구량(1984)

표 1. 레그혼종의 영양소 요구량(%, 사료 kg당 mg 또는 unit)

Energy Base kcal ME/kg Diet[a] →	Growing 0-6 Weeks 2900	Growing 6-14 Weeks 2900	Growing 14-20 Weeks 2900	Laying 2900	Laying Daily Intake per Hen, mg[b]	Breeding 2900
Protein, %	18	15	12	14.5	16,000	14.5
Arginine, %	1.00	0.83	0.67	0.68	750	0.68
Glycine and Serine, %	0.70	0.58	0.47	0.50	550	0.50
Histidine, %	0.26	0.22	0.17	0.16	180	0.16
Isoleucine, %	0.60	0.50	0.40	0.50	550	0.50
Leucine, %	1.00	0.83	0.67	0.73	800	0.73
Lysine, %	0.85	0.60	0.45	0.64	700	0.64
Methionine + cystine, %	0.60	0.50	0.40	0.55	600	0.55
Methionine, %	0.30	0.25	0.20	0.32	350	0.32
Phenylalanine + tyrosine, %	1.00	0.83	0.67	0.80	880	0.80
Phenylalanine, %	0.54	0.45	0.36	0.40	440	0.40
Threonine, %	0.68	0.57	0.37	0.45	500	0.45
Tryptophan, %	0.17	0.14	0.11	0.14	150	0.14
Valine, %	0.62	0.52	0.41	0.55	600	0.55
Linoleic acid, %	1.00	1.00	1.00	1.00	1100	1.00
Calcium, %	0.80	0.70	0.60	3.40	3750	3.40
Phosphorus, available, %	0.40	0.35	0.30	0.32	350	0.32
Potassium, %	0.40	0.30	0.25	0.15	165	0.15
Sodium, %	0.15	0.15	0.15	0.15	165	0.15
Chlorine, %	0.15	0.12	0.12	0.15	165	0.15
Magnesium, mg	600	500	400	500	55	500
Manganese, mg	60	30	30	30	3.30	60
Zinc, mg	40	35	35	50	5.50	65
Iron, mg	80	60	60	50	5.50	60
Copper, mg	8	6	6	6	0.88	8
Iodine, mg	0.35	0.35	0.35	0.30	0.03	0.30
Selenium, mg	0.15	0.10	0.10	0.10	0.01	0.10
Vitamin A, IU	1500	1500	1500	4000	440	4000
Vitamin D, ICU	200	200	200	500	55	500
Vitamin E, IU	10	5	5	5	0.55	10
Vitamin K, mg	0.50	0.50	0.50	0.50	0.055	0.50
Riboflavin, mg	3.60	1.80	1.80	2.20	0.242	3.80

Energy Base kcal ME/kg Diet[a] →	Growing			Laying		Breeding
	0-6 Weeks 2900	6-14 Weeks 2900	14-20 Weeks 2900	2900	Daily Intake per Hen, mg[b]	2900
Pantothenic acid, mg	10.0	10.0	10.0	2.20	0.242	10.0
Niacin, mg	27.0	11.0	11.0	10.0	1.10	10.0
Vitamin B_{12}, mg	0.009	0.003	0.003	0.004	0.00044	0.004
Choline, mg	1300	900	500	?	?	?
Biotin, mg	0.15	0.10	0.10	0.10	0.011	0.15
Folacin, mg	0.55	0.25	0.25	0.25	0.0275	0.35
Thiamin, mg	1.8	1.3	1.3	0.80	0.088	0.80
Pyridoxine, mg	3.0	3.0	3.0	3.0	0.33	4.50

[a]These are typical dietary energy concentrations.
[b]Assumes an average daily intake of 110 g of feed/hen daily.

표 2. 레그혼 암평아리(pullet)와 암탉의 체중과 사료 요구량

Age, Weeks	*Body Weight[a], g*	*Feed Consumption[b], g/week*	*Typical Egg Production, hen-day %*
0	35	45	—
2	135	90	—
4	270	180	—
6	450	260	—
8	620	325	—
10	790	385	—
12	950	430	—
14	1,060	460	—
16	1,160	460	—
18	1,260	460	—
20	1,360	460	—
22	1,425	525	10
24	1,500	595	38
26	1,575	665	64
30	1,725	770	88
40	1,815	770	80
50	1,870	765	74
60	1,900	755	68
70	1,900	740	62

[a]Pullets and hens of leghorn-type strains are generally fed ad libitum but are occasionally control-fed to limit body weights. Values shown are typical but will vary with strain differences, season, and lighting. Specific breeder guidelines should be consulted for desired schedules of weights and feed consumption.

[b]Based on diets containing 2,900 kcal ME/kg. Consumption will vary depending upon the caloric density of the diet, environmental temperature, and rate of production (see Appendix Table 34).

표 3. 브로일러의 영양소 요구량(%, 사료 kg당 mg 또는 unit)

Energy Base kcal ME/kg Diet[a] →	*Weeks 0–3 3200*	*Weeks 3–6 3200*	*Weeks 6–8 3200*
Protein, %	23.0	20.0	18.0
Arginine, %	1.44	1.20	1.00
Glycine + Serine, %	1.50	1.00	0.70
Histidine, %	0.35	0.30	0.26
Isoleucine, %	0.80	0.70	0.60
Leucine, %	1.35	1.18	1.00
Lysine, %	1.20	1.00	0.85
Methionine + Cystine, %	0.93	0.72	0.60
Methionine, %	0.50	0.38	0.32
Phenylalanine + Tyrosine, %	1.34	1.17	1.00
Phenylalanine, %	0.72	0.63	0.54
Threonine, %	0.80	0.74	0.68
Tryptophan, %	0.23	0.18	0.17
Valine, %	0.82	0.72	0.62
Linoleic acid, %	1.00	1.00	1.00
Calcium, %	1.00	0.90	0.80
Phosphorus, available, %	0.45	0.40	0.35
Potassium, %	0.40	0.35	0.30

Energy Base kcal ME/kg Diet[a] →	Weeks 0–3 3200	Weeks 3–6 3200	Weeks 6–8 3200
Sodium, %	0.15	0.15	0.15
Chlorine, %	0.15	0.15	0.15
Magnesium, mg	600	600	600
Manganese, mg	60.0	60.0	60.0
Zinc, mg	40.0	40.0	40.0
Iron, mg	80.0	80.0	80.0
Copper, mg	8.0	8.0	8.0
Iodine, mg	0.35	0.35	0.35
Selenium, mg	0.15	0.15	0.15
Vitamin A, IU	1500	1500	1500
Vitamin D, ICU	200	200	200
Vitamin E, IU	10	10	10
Vitamin K, mg	0.50	0.50	0.50
Riboflavin, mg	3.60	3.60	3.60
Pantothenic acid, mg	10.0	10.0	10.0
Niacin, mg	27.0	27.0	11.0
Vitamin B_{12}, mg	0.009	0.009	0.003
Choline, mg	1300	850	500
Biotin, mg	0.15	0.15	0.10
Folacin, mg	0.55	0.55	0.25
Thiamin, mg	1.80	1.80	1.80
Pyridoxine, mg	3.0	3.0	2.5

[a]These are typical dietary energy concentrations.

표 4. 브로일러의 체중과 사료 요구량

Age, weeks	Body Weights, g		Weekly Feed Consumption, g		Cumulative Feed Consumption, g		Weekly Energy Consumption, kcal ME/bird		Cumulative Energy Consumption, kcal ME/bird	
	M	F	M	F	M	F	M	F	M	F
1	130	120	120	110	120	110	385	350	385	350
2	320	300	260	240	380	350	830	770	1215	1120
3	560	515	390	355	770	705	1250	1135	2465	2255
4	860	790	535	500	1305	1205	1710	1600	4175	3855
5	1250	1110	740	645	2045	1850	2370	2065	6545	5920
6	1690	1430	980	800	3025	2650	3135	2560	9680	8480
7	2100	1745	1095	910	4120	3560	3505	2910	13,185	11,390
8	2520	2060	1210	970	5330	4530	3870	3105	17,055	14,495
9	2925	2350	1320	1010	6650	5540	4225	3230	21,280	17,725

[a]Typical for broilers fed well-balanced diets containing 3200 kcal ME/kg.

표 5. 번식용 육용계 암닭의 영양소 요구량

Energy Base *kcal ME/kg Diet* ⟶	*2850*[b]	*Daily Intake Per Hen, mg*
Protein, %	14.5	22,000
Arginine, %	0.74	1110
Glycine + serine, %	0.62	932
Histidine, %	0.14	205
Isoleucine, %	0.57	850
Leucine, %	0.83	1250
Lysine, %	0.51	765
Methionine + cystine, %	0.55	820
Methionine, %	0.35	520
Phenylalanine + tyrosine, %	0.75	1112
Phenylalanine, %	0.41	610
Threonine, %	0.48	720
Tryptophan, %	0.13	190
Valine, %	0.63	950
Calcium, %	2.75	4125
Phosphorus, available, %	0.25	375
Sodium, %	0.10	150

[a]Diets are generally fed on a limited intake basis to control body weight gains. Adjust quantity of feed offered based on desired body weights and egg production levels for specific breed or strain.

[b]Diets for laying hens generally are fed to provide daily energy intakes of 375–450 kcal ME/d based on body weight, environmental temperature, and rate of egg production. Percentage of nutrients shown is typical of hens given 425 kcal ME/d.

표 6. 암수 육용계(대체계군)에 대한 체중과 사료 할당량

Age, weeks	Male Body Weight[b], g	Male Feed Consumption[c], g/week	Female Body Weight[b], g	Female Feed Consumption[c], g/week	Typical Egg Production, hen-day %
0	40	100	40	75	—
2	250	250	225	225	—
4	545	350-385	455	315-330	—
6	795	390-425	660	330-350	—
8	1020	405-475	840	350-400	—
10	1250	475-550	1000	385-445	—
12	1480	540-625	1180	425-480	—
14	1700	575-700	1360	460-550	—
16	1930	625-765	1550	495-600	—
18	2150	665-825	1730	525-670	—
20	2400	—[d]	1930	570-730	—
22	2640	—	2110	635-795	10
24	3200	—	2450	800-925	15
26	3540	—	2730	950-1050	30
28	3750	—	2880	1078-1141	56
30	3900	—	3000	1078-1141	75
32	4090	—	3090	1078-1141	80
34	4220	—	3130	1078-1141	78
36	4340	—	3160	1078-1141	76
38	4450	—	3180	1071-1134	73
40	4540	—	3180	1064-1127	72

[a]Broiler-breeder strains must be grown on a controlled feeding program to limit weight. Values shown are typical but will vary according to strain. Specific breeder guidelines should be consulted for desired schedule of weights and feed allotments.

[b]Values are typical for fall-hatched chicks. Spring-hatched chicks will have decreasing natural daylight during the time of sexual maturity and usually need to be heavier to attain sexual maturity at the desired age.

[c]Adjust as required to maintain desired body weight.

[d]Males and females intermingled.

표 7. 체중과 난생산에 관련한 닭의 일일 대사에너지 요구량

Body Weight, kg	Rate of Egg Production, %					
	0	50	60	70	80	90
	Metabolizable Energy/Hen Daily, kcal[b]					
1.0	130	192	205	217	229	242
1.5	177	239	251	264	276	289
2.0	218	280	292	305	317	330
2.5	259	321	333	346	358	371
3.0	296	358	370	383	395	408
3.5	333	395	408	420	432	445

[a]A number of formulas have been suggested for prediction of the daily energy requirements of chickens. The formula used here was derived from that in *Effect of Environment on Nutrient Requirements of Domestic Animals* (NRC, 1981).

$$\text{ME/hen daily} = W^{0.75}(173 - 1.95T) + 5.5\Delta W + 2.07EE$$

where: W = body weight (kg),
T = ambient temperature (°C),
ΔW = change in body weight in g/d, and
EE = daily egg mass (g).

[b]Temperature of 22°, egg weight of 60 g, and no change in body weight were used in calculations.

표 8. 칠면조의 영양소 요구량(사료 kg당 % 또는 mg)

	Age (weeks)							
	M: 0-4	4-8	8-12	12-16	16-20	20-24		Breeding
Energy Base	F: 0-4	4-8	8-11	11-14	14-17	17-20	Holding	Hens
kcal ME/kg Diet[a] →	2800	2900	3000	3100	3200	3300	2900	2900
Protein, %	28	26	22	19	16.5	14	12	14
Arginine, %	1.6	1.5	1.25	1.1	0.95	0.8	0.6	0.6
Glycine + serine, %	1.0	0.9	0.8	0.7	0.6	0.5	0.4	0.5
Histidine, %	0.58	0.54	0.46	0.39	0.35	0.29	0.25	0.3
Isoleucine, %	1.1	1.0	0.85	0.75	0.65	0.55	0.45	0.5
Leucine, %	1.9	1.75	1.5	1.3	1.1	0.95	0.5	0.5
Lysine, %	1.6	1.5	1.3	1.0	0.8	0.65	0.5	0.6
Methionine + cystine, %	1.05	0.9	0.75	0.65	0.55	0.45	0.4	0.4
Methionine, %	0.53	0.45	0.38	0.33	0.28	0.23	0.2	0.2
Phenylalanine + tyrosine, %	1.8	1.65	1.4	1.2	1.05	0.9	0.8	1.0
Phenylalanine, %	1.0	0.9	0.8	0.7	0.6	0.5	0.4	0.55
Threonine, %	1.0	0.93	0.79	0.68	0.59	0.5	0.4	0.45
Tryptophan, %	0.26	0.24	0.2	0.18	0.15	0.13	0.1	0.13
Valine, %	1.2	1.1	0.94	0.8	0.7	0.6	0.5	0.58
Linoleic acid, %	1.0	1.0	0.8	0.8	0.8	0.8	0.8	1.0
Calcium, %	1.2	1.0	0.85	0.75	0.65	0.55	0.5	2.25
Phosphorus, available, %	0.6	0.5	0.42	0.38	0.32	0.28	0.25	0.35
Potassium, %	0.7	0.6	0.5	0.5	0.4	0.4	0.4	0.6
Sodium, %	0.17	0.15	0.12	0.12	0.12	0.12	0.12	0.15
Chlorine, %	0.15	0.14	0.14	0.12	0.12	0.12	0.12	0.12
Magnesium, mg	600	600	600	600	600	600	600	600
Manganese, mg	60	60	60	60	60	60	60	60
Zinc, mg	75	65	50	40	40	40	40	65
Iron, mg	80	60	60	60	50	50	50	60
Copper, mg	8	8	6	6	6	6	6	8
Iodine, mg	0.4	0.4	0.4	0.4	0.4	0.4	0.4	0.4
Selenium, mg	0.2	0.2	0.2	0.2	0.2	0.2	0.2	0.2
Vitamin A, IU	4000	4000	4000	4000	4000	4000	4000	4000
Vitamin D[b], ICU	900	900	900	900	900	900	900	900
Vitamin E, IU	12	12	10	10	10	10	10	25
Vitamin K, mg	1.0	1.0	0.8	0.8	0.8	0.8	0.8	1.0
Riboflavin, mg	3.6	3.6	3.0	3.0	2.5	2.5	2.5	4.0
Pantothenic acid, mg	11.0	11.0	9.0	9.0	9.0	9.0	9.0	16.0
Niacin, mg	70.0	70.0	50.0	50.0	40.0	40.0	40.0	30.0
Vitamin B_{12}, mg	0.003	0.003	0.003	0.003	0.003	0.003	0.003	0.003
Choline, mg	1900	1600	1300	1100	950	800	800	1000
Biotin, mg	0.2	0.2	0.15	0.125	0.100	0.100	0.100	0.15
Folacin, mg	1.0	1.0	0.8	0.8	0.7	0.7	0.7	1.0
Thiamin, mg	2.0	2.0	2.0	2.00	2.0	2.0	2.0	2.0
Pyridoxine, mg	4.5	4.5	3.5	3.5	3.0	3.0	3.0	4.0

[a]These are typical ME concentrations for corn-soy diets. Different ME values may be appropriate if other ingredients predominate.

[b]These concentrations of vitamin D are satisfactory when the dietary concentrations of calcium and available phosphorus conform with those in this table.

표 9. 대형 칠면조의 성장률, 사료 및 에너지 섭취량

Age, weeks	Body Weight, kg		Feed Consumption per Week, kg		Cumulative Feed Consumption, kg		ME Consumption per Week, Mcal	
	M	F	M	F	M	F	M	F
1	0.11	0.11	0.10	0.10	0.10	0.10	0.30	0.30
2	0.27	0.24	0.20	0.17	0.30	0.27	0.60	0.50
3	0.58	0.47	0.45	0.39	0.75	0.66	1.1	0.80
4	1.0	0.70	0.61	0.46	1.36	1.12	1.7	1.2
5	1.5	1.1	0.70	0.60	2.06	1.72	2.3	1.6
6	2.0	1.6	0.86	0.76	2.92	2.48	2.9	2.1
7	2.6	2.1	1.08	0.89	4.00	3.37	3.5	2.6
8	3.3	2.6	1.30	1.04	5.30	4.41	4.1	3.1
9	4.0	3.1	1.51	1.18	6.81	5.59	4.8	3.6
10	4.7	3.7	1.78	1.34	8.59	6.93	5.2	4.1
11	5.5	4.3	1.99	1.47	10.58	8.40	5.7	4.6
12	6.3	4.8	2.25	1.59	12.83	9.99	6.3	5.1
13	7.1	5.3	2.51	1.70	15.34	11.69	7.1	5.5
14	8.0	5.8	2.66	1.75	18.00	13.44	7.8	5.8
15	8.8	6.3	2.89	1.82	20.89	15.26	8.4	6.1
16	9.7	6.7	3.05	1.92	23.94	17.18	8.8	6.4
17	10.5	7.1	3.13	2.03	27.03	19.21	9.6	6.7
18	11.3	7.5	3.27	2.07	30.34	21.28	10.2	6.9
19	12.1	7.8	3.43	2.15	33.77	23.43	10.9	7.1
20	12.8	8.1	3.60	2.23	37.37	25.66	11.6	7.3
21	13.5	—	3.71	—	41.08	—	12.5	—
22	14.2	—	3.82	—	44.90	—	12.9	—
23	14.8	—	3.94	—	48.84	—	13.2	—
24	15.4	—	4.05	—	52.89	—	13.5	—

표 10. 보존 및 번식기간 동안 대형 칠면조의 체중 및 사료섭취량

Age, weeks	Hens			Toms	
	Weight, kg	Egg Production, %	Feed / Day, g	Weight, kg	Feed / Day, g
20	7.0	—	200	12.0	400
25	8.0	—	215	13.5	420
30	9.0	Start light stimulation	230	16.0	440
35	9.5	66	260	17.0	450
40	9.3	63	255	18.0	460
45	9.1	60	250	18.2	480
50	9.0	50	240	18.5	500
55	9.0	40	230	18.8	510
60	9.0	35	220	19.0	520

[a]These values are based on experimental data involving "in season" egg production (i.e., November through July) of commercial stock. It is estimated that summer breeders would produce 70–90% as many eggs and consume 60–80% as much feed, respectively, as "in season" breeders.

표 11. 서로 다른 나이의 닭과 칠면조에 의한 일일 물 섭취량

Age, week	Chicken Broilers[b] Liters	Chicken Broilers[b] Gallons[c]	Leghorn-Type Pullets Liters	Leghorn-Type Pullets Gallons[c]	Turkeys[b] Liters	Turkeys[b] Gallons[c]
	Amounts per 1000 Birds					
1	20	5	19	5	38	10
2	50	13	38	10	76	20
3	90	24	45	12	114	30
4	140	37	64	17	151	40
5	200	53	83	22	189	50
6	260	69	95	25	227	60
7	320	85	106	28	284	75
8	380	100	114	30	360	95
9			132	35	435	115
10			144	38	473	125
12			151	40	568	150
15			158	42	606	160
20			170	45	757	200
			Laying or Breeding			
35			189	50	M 908	240
					F 492	130

[a]Will vary considerably depending on temperature and diet composition.
[b]Mixed sexes.
[c]U.S. measure.

표 12. 거위의 영양소 요구량(%, 사료 kg당 mg 또는 unit)

Energy Base, kcal ME/kg Diet[b] →	Starting (0–6 Weeks) 2900	Growing (after 6 Weeks) 2900	Breeding 2900
Protein, %	22.0	15.0	15.0
Lysine, %	0.9	0.6	0.6
Methionine + cystine, %	0.75	—	—
Calcium, %	0.8	0.6	2.25
Phosphorus, available, %	0.4	0.3	0.3
Vitamin A, IU	1500	1500	4000
Vitamin D, ICU	200	200	200
Riboflavin, mg	4.0	2.5	4.0
Pantothenic acid, mg	15.0	—	—
Niacin, mg	55.0	35.0	20.0

[a]For nutrients not listed, see requirements for chickens as a guide.
[b]These are typical dietary energy concentrations.

표 13. 펙킨오리(peckin duck)의 영양소 요구량(%, 사료 kg당 mg 또는 unit)

Energy base, kcal ME/kg Diet[b] →	Starting (0-2 weeks) 2900	Growing (2-7 weeks) 2900	Breeding 2900
Protein, %	22.0	16.0	15.0
Arginine, %	1.1	1.0	—
Lysine, %	1.1	0.9	0.7
Methionine + cystine, %	0.8	0.6	0.55
Calcium, %	0.65	0.6	2.75
Phosphorus, available, %	0.40	0.35	0.35
Sodium, %	0.15	0.15	0.15
Chlorine, %	0.12	0.12	0.12
Magnesium, mg	500	500	500
Manganese, mg	40.0	40.0	25.0
Zinc, mg	60.0	60.0	60.0
Selenium, mg	0.14	0.14	0.14
Vitamin A, IU	4000	4000	4000
Vitamin D, ICU	220	220	500
Vitamin K, mg	0.4	0.4	0.4
Riboflavin, mg	4.0	4.0	4.0
Pantothenic acid, mg	11.0	11.0	10.0
Niacin, mg	55.0	55.0	40.0
Pyridoxine, mg	2.6	2.6	3.0

[a]For nutrients not listed, see requirements for chickens as a guide.

[b]These are typical dietary energy concentrations.

표 14. 8주령에 대한 펙킨오리의 체중과 사료 섭취량

Age, weeks	Body Weight, kg		Feed Consumption by 1-week periods, kg		Cumulative Feed Consumption, kg	
	M	F	M	F	M	F
0	0.05	0.05	—	—	—	—
1	0.27	0.27	0.22	0.22	0.22	0.22
2	0.78	0.74	0.77	0.73	0.99	0.95
3	1.38	1.28	1.12	1.11	2.11	2.05
4	1.96	1.82	1.28	1.28	3.40	3.33
5	2.49	2.30	1.48	1.43	4.87	4.76
6	2.96	2.73	1.63	1.59	6.50	6.35
7	3.34	3.06	1.68	1.63	8.18	7.98
8	3.61	3.29	1.68	1.63	9.86	9.61

표 15. 꿩과 북미산 메추리(bobwhite)의 영양소 요구량(%, 사료 kg당 mg 또는 unit)

	Pheasant			Bobwhite Quail		
Energy Base, kcal ME/kg Diet[c] →	*Starting* *2800*	*Growing* *2700*	*Breeding* *2800*	*Starting* *2800*	*Growing* *2800*	*Breeding* *2800*
Protein, %	30.0	16.0	18.0	28.0	20.0	24.0
Glycine + serine, %	1.8	1.0	—	—	—	—
Lysine, %	1.5	0.8	—	—	—	—
Methionine + cystine, %	1.1	0.6	0.6	—	—	—
Linoleic acid, %	1.0	1.0	1.0	1.0	1.0	1.0
Calcium, %	1.0	0.7	2.5	0.65	0.65	2.3
Phosphorus available, %	0.55	0.45	0.40	0.55	0.45	0.50
Sodium, %	0.15	0.15	0.15	0.15	0.15	0.15
Chlorine, %	0.11	0.11	0.11	0.11	0.11	0.11
Iodine, mg	0.30	0.30	0.30	0.30	0.30	0.30
Riboflavin, mg	3.5	3.0	—	3.8	—	4.0
Pantothenic acid, mg	10.0	10.0	—	13.0	—	15.0
Niacin, mg	60.0	40.0	—	30.0	—	20.0
Choline, mg	1500.0	1000.0	—	1500.0	—	1000.0

[a]For values not listed see requirements for turkeys as a guide.

[b]For values not listed see requirements for leghorn-type chickens as a guide.

[c]These are typical dietary energy concentrations.

표 16. 일본 메추리의 영양소 요구량(%, 사료 kg당 mg 또는 unit)

Energy Base, kcal ME/kg Diet[a] ⟶	*Starting and Growing 3000*	*Breeding 3000*
Protein, %	24.0	20.00
Arginine, %	1.25	1.26
Glycine + serine, %	1.20	1.17
Histidine, %	0.36	0.42
Isoleucine, %	0.98	0.90
Leucine, %	1.69	1.42
Lysine, %	1.30	1.15
Methionine + cystine, %	0.75	0.76
Methionine, %	0.50	0.45
Phenylalanine + tyrosine, %	1.80	1.40
Phenylalanine, %	0.96	0.78
Threonine, %	1.02	0.74
Tryptophan, %	0.22	0.19
Valine, %	0.95	0.92
Linoleic acid, %	1.0	1.0
Calcium, %	0.8	2.5
Phosphorus, available, %	0.45	0.55
Potassium, %	0.4	0.4
Magnesium, mg	300	500
Sodium, %	0.15	0.15
Chlorine, %	0.20	0.15
Manganese, mg	90	70
Zinc, mg	25	50
Iron, mg	100	60
Copper, mg	6	6
Iodine, mg	0.3	0.3
Selenium, mg	0.2	0.2
Vitamin A, IU	5000	5000
Vitamin D, ICU	1200	1200
Vitamin E, IU	12	25
Vitamin K, mg	1	1
Riboflavin, mg	4	4
Pantothenic acid, mg	10	15
Niacin, mg	40	20
Vitamin B_{12}, mg	0.003	0.003
Choline, mg	2000	1500
Biotin, mg	0.3	0.15
Folacin, mg	1	1
Thiamin, mg	2	2
Pyridoxine, mg	3	3

[a]These are typical dietary energy concentrations.

2. 돼지의 영양소 요구량(1998, 건물 90% 기준)

표 17. 무제한 급여 육성돈의 사료 내 아미노산 요구량

	Body Weight (kg)					
	3-5	5-10	10-20	20-50	50-80	80-120
Average weight in range (kg)	4	7.5	15	35	65	100
DE content of diet (kcal/kg)	3,400	3,400	3,400	3,400	3,400	3,400
ME content of diet (kcal/kg)[b]	3,265	3,265	3,265	3,265	3,265	3,265
Estimated DE intake (kcal/day)	855	1,690	3,400	6,305	8,760	10,450
Estimated ME intake (kcal/day)[b]	820	1,620	3,265	6,050	8,410	10,030
Estimated feed intake (g/day)	250	500	1,000	1,855	2,575	3,075
Crude protein (%)[c]	26.0	23.7	20.9	18.0	15.5	13.2
			Amino acid requirements[d]			
			True ileal digestible basis (g/day)			
Arginine	1.4	2.4	4.2	6.1	6.2	4.8
Histidine	1.1	1.9	3.2	4.9	5.5	5.1
Isoleucine	1.8	3.2	5.5	8.4	9.4	8.8
Leucine	3.4	6.0	10.3	15.5	7.2	15.8
Lysine	3.4	5.9	10.1	15.3	17.1	15.8
Methionine	0.9	1.6	2.7	4.1	4.6	4.3
Methionine + cystine	1.9	3.4	5.8	8.8	10.0	9.5
Phenylalanine	2.0	3.5	6.1	9.1	10.2	9.4
Phenylalanine + tyrosine	3.2	5.5	9.5	14.4	16.1	15.1
Threonine	2.1	3.7	6.3	9.7	11.0	10.5
Tryptophan	0.6	1.1	1.9	2.8	3.1	2.9
Valine	2.3	4.0	6.9	10.4	11.6	10.8
			Apparent ileal digestible basis (g/day)			
Arginine	1.3	2.3	3.9	5.7	5.7	4.3
Histidine	1.0	1.8	3.1	4.6	5.2	4.8
Isoleucine	1.7	3.0	5.2	7.8	8.7	8.0
Leucine	3.2	5.7	9.8	14.8	16.5	15.3
Lysine	3.2	5.5	9.4	14.2	15.8	14.4
Methionine	0.9	1.5	2.6	3.9	4.4	4.1
Methionine + cystine	1.8	3.1	5.3	8.2	9.3	8.8
Phenylalanine	1.9	3.3	5.7	8.5	9.4	8.6
Phenylalanine + tyrosine	3.0	5.2	8.9	13.4	15.0	13.9
Threonine	1.9	3.3	5.6	8.5	9.6	9.1
Tryptophan	0.5	1.0	1.6	2.4	2.7	2.5
Valine	2.1	3.7	6.3	9.5	10.6	9.8
			Total basis (g/day)[e]			
Arginine	1.5	2.7	4.6	6.8	7.1	5.7
Histidine	1.2	2.1	3.7	5.6	6.3	5.9
Isoleucine	2.1	3.7	6.3	9.5	10.7	10.1
Leucine	3.8	6.6	11.2	16.8	18.4	16.6
Lysine	3.8	6.7	11.5	17.5	19.7	18.5
Methionine	1.0	1.8	3.0	4.6	5.1	4.8
Methionine + cystine	2.2	3.8	6.5	9.9	11.3	10.8
Phenylalanine	2.3	4.0	6.8	10.2	11.3	10.4
Phenylalanine + tyrosine	3.5	6.2	10.6	16.1	18.0	16.8
Threonine	2.5	4.3	7.4	11.3	13.0	12.6
Tryptophan	0.7	1.2	2.1	3.2	3.6	3.4
Valine	2.6	4.6	7.9	11.9	13.3	12.4

[a]Mixed gender (1:1 ratio of barrows to gilts) of pigs with high-medium lean growth rate (325 g/day of carcass fat-free lean) from 20 to 120 kg body weight.

[b]Assumes that ME is 96% of DE. In corn-soybean meal diets of these crude protein levels, ME is 94-96% of DE.

[c]Crude protein levels apply to corn-soybean meal diets. In 3-10 kg pigs fed diets with dried plasma and/or dried milk products, protein levels will be 2-3% less than shown.

[d]Total amino acid requirements are based on the following types of diets: 3-5 kg pigs, corn-soybean meal diet that includes 5% dried plasma and 25-50% dried milk products; 5-10 kg pigs, corn-soybean meal diet that includes 5 to 25% dried milk products; 10-120 kg pigs, corn-soybean meal diet.

[e]The total lysine estimates for 3-20 kg pigs are calculated by multiplying the percentages in Table 10-1 (estimated from empirical data) by the estimated feed intake. The other amino acids for 3-20 kg pigs are based on the ratios of amino acids to lysine (true digestible basis); however, there are very few empirical data to support these ratios. The estimates for 20-120 kg pigs are from the growth model.

표 18. 무제한 급여 육성돈의 일일 아미노산 요구량

Body weight range:	50–80 kg Body Weight						80–120 kg Body Weight					
Lean gain (g/day)	300	300	325	325	350	350	300	300	325	325	350	350
Gender	Barrow	Gilt	Barrow	Gilt	Barrow	Gilt	Barrow	Gilt	Barrow	Gilt	Barrow	Gilt
Average weight in range (kg)	65	65	65	65	65	65	100	100	100	100	100	100
DE content of diet (kcal/kg)	3,400	3,400	3,400	3,400	3,400	3,400	3,400	3,400	3,400	3,400	3,400	3,400
ME content of diet (kcal/kg)[b]	3,265	3,265	3,265	3,265	3,265	3,265	3,265	3,265	3,265	3,265	3,265	3,265
Estimated DE intake (kcal/day)	9,360	8,165	9,360	8,165	9,360	8,165	11,150	9,750	11,150	9,750	11,150	9,750
Estimated ME intake (kcal/day)[b]	8,985	7,840	8,985	7,840	8,985	7,840	10,705	9,360	10,705	9,360	10,705	9,360
Estimated feed intake (g/day)	2,750	2,400	2,755	2,400	2,755	2,400	3,280	2,865	3,280	2,865	3,280	2,865
Crude protein (%)[c]	14.2	15.5	14.9	16.3	15.6	17.1	12.2	13.2	12.7	13.8	13.2	14.4
						Amino acid requirements[d]						
						True ileal digestible basis (%)						
Arginine	0.20	0.23	0.22	0.26	0.25	0.28	0.13	0.15	0.15	0.17	0.16	0.19
Histidine	0.18	0.21	0.20	0.23	0.21	0.24	0.14	0.16	0.15	0.18	0.17	0.19
Isoleucine	0.32	0.36	0.34	0.39	0.37	0.42	0.25	0.29	0.27	0.31	0.29	0.33
Leucine	0.58	0.66	0.62	0.72	0.67	0.77	0.45	0.51	0.48	0.55	0.52	0.59
Lysine	0.58	0.66	0.62	0.71	0.67	0.76	0.45	0.51	0.48	0.55	0.52	0.59
Methionine	0.16	0.18	0.17	0.19	0.18	0.21	0.12	0.14	0.13	0.15	0.14	0.16
Methionine + cystine	0.34	0.39	0.36	0.42	0.39	0.44	0.27	0.31	0.29	0.33	0.31	0.35
Phenylalanine	0.34	0.39	0.37	0.42	0.40	0.46	0.27	0.30	0.29	0.33	0.31	0.35
Phenylalanine + tyrosine	0.54	0.62	0.59	0.67	0.63	0.72	0.43	0.49	0.46	0.52	0.49	0.56
Threonine	0.37	0.43	0.40	0.46	0.43	0.49	0.30	0.34	0.32	0.37	0.34	0.39
Tryptophan	0.11	0.12	0.11	0.13	0.12	0.14	0.08	0.10	0.09	0.10	0.10	0.11
Valine	0.39	0.45	0.42	0.48	0.45	0.52	0.30	0.35	0.33	0.38	0.35	0.40
						Apparent ileal digestible basis (%)						
Arginine	0.19	0.21	0.21	0.24	0.23	0.26	0.12	0.13	0.13	0.15	0.15	0.17
Histidine	0.17	0.20	0.19	0.21	0.20	0.23	0.14	0.15	0.15	0.17	0.16	0.18
Isoleucine	0.29	0.34	0.31	0.36	0.34	0.39	0.23	0.26	0.24	0.28	0.26	0.30
Leucine	0.56	0.64	0.60	0.69	0.65	0.74	0.43	0.50	0.47	0.53	0.50	0.57
Lysine	0.53	0.61	0.57	0.66	0.61	0.71	0.41	0.47	0.44	0.51	0.47	0.54
Methionine	0.15	0.17	0.16	0.18	0.17	0.20	0.12	0.13	0.13	0.14	0.13	0.15
Methionine + cystine	0.31	0.36	0.34	0.39	0.36	0.41	0.25	0.29	0.27	0.31	0.29	0.33
Phenylalanine	0.32	0.36	0.34	0.39	0.37	0.42	0.24	0.28	0.26	0.30	0.28	0.32
Phenylalanine + tyrosine	0.50	0.58	0.54	0.62	0.58	0.67	0.39	0.45	0.42	0.49	0.45	0.52
Threonine	0.32	0.37	0.35	0.40	0.37	0.43	0.26	0.30	0.28	0.32	0.30	0.34
Tryptophan	0.09	0.10	0.10	0.11	0.10	0.12	0.07	0.08	0.07	0.09	0.08	0.09
Valine	0.36	0.41	0.38	0.44	0.41	0.47	0.28	0.32	0.30	0.34	0.32	0.37
						Total basis (%)[c]						
Arginine	0.24	0.27	0.26	0.29	0.28	0.32	0.16	0.18	0.18	0.20	0.19	0.22
Histidine	0.21	0.24	0.23	0.26	0.24	0.28	0.17	0.19	0.18	0.20	0.19	0.22
Isoleucine	0.36	0.41	0.39	0.45	0.42	0.48	0.29	0.33	0.31	0.35	0.33	0.37
Leucine	0.61	0.71	0.67	0.77	0.72	0.83	0.46	0.54	0.50	0.58	0.54	0.63
Lysine	0.67	0.76	0.72	0.82	0.77	0.88	0.53	0.60	0.57	0.64	0.60	0.69
Methionine	0.17	0.20	0.19	0.21	0.20	0.23	0.14	0.15	0.15	0.17	0.16	0.18
Methionine + cystine	0.38	0.44	0.41	0.47	0.44	0.50	0.31	0.35	0.33	0.38	0.35	0.40
Phenylalanine	0.38	0.44	0.41	0.47	0.44	0.51	0.29	0.34	0.32	0.36	0.34	0.39
Phenylalanine + tyrosine	0.61	0.70	0.65	0.75	0.70	0.80	0.48	0.54	0.51	0.59	0.55	0.63
Threonine	0.44	0.50	0.47	0.54	0.51	0.58	0.36	0.41	0.38	0.44	0.41	0.46
Tryptophan	0.12	0.14	0.13	0.15	0.14	0.16	0.10	0.11	0.10	0.12	0.11	0.13
Valine	0.45	0.51	0.48	0.55	0.52	0.59	0.35	0.40	0.38	0.43	0.40	0.46

[a]Average lean growth rates of 300, 325, and 350 g/day of carcass fat-free lean represent pigs with medium, high-medium, and high lean growth rates from 20 to 120 kg body weight.

[b]Assumes that ME is 96% of DE.

[c]Crude protein and total amino acid requirements are based on a corn–soybean meal diet.

[d]Estimated from the growth model.

표 19. 서로 다른 살코기 성장률의 수퇘지와 암퇘지의 사료 내 아미노산 요구량 (무제한 급여)

Body weight range:	50-80 kg Body Weight						80-120 kg Body Weight					
Lean gain (g/day)	300	300	325	325	350	350	300	300	325	325	350	350
Gender	Barrow	Gilt	Barrow	Gilt	Barrow	Gilt	Barrow	Gilt	Barrow	Gilt	Barrow	Gilt
Average weight in range (kg)	65	65	65	65	65	65	100	100	100	100	100	100
DE content of diet (kcal/kg)	3,400	3,400	3,400	3,400	3,400	3,400	3,400	3,400	3,400	3,400	3,400	3,400
ME content of diet (kcal/kg)[b]	3,265	3,265	3,265	3,265	3,265	3,265	3,265	3,265	3,265	3,265	3,265	3,265
Estimated DE intake (kcal/day)	9,360	8,165	9,360	8,165	9,360	8,165	11,150	9,750	11,150	9,750	11,150	9,750
Estimated ME intake (kcal/day)[b]	8,985	7,840	8,985	7,840	8,985	7,840	10,705	9,360	10,705	9,360	10,705	9,360
Estimated feed intake (g/day)	2,750	2,400	2,755	2,400	2,755	2,400	3,280	2,865	3,280	2,865	3,280	2,865
Crude protein (%)[c]	14.2	15.5	14.9	16.3	15.6	17.1	12.2	13.2	12.7	13.8	13.2	14.4
						Amino acid requirements[d]						
						True ileal digestible basis (%)						
Arginine	0.20	0.23	0.22	0.26	0.25	0.28	0.13	0.15	0.15	0.17	0.16	0.19
Histidine	0.18	0.21	0.20	0.23	0.21	0.24	0.14	0.16	0.15	0.18	0.17	0.19
Isoleucine	0.32	0.36	0.34	0.39	0.37	0.42	0.25	0.29	0.27	0.31	0.29	0.33
Leucine	0.58	0.66	0.62	0.72	0.67	0.77	0.45	0.51	0.48	0.55	0.52	0.59
Lysine	0.58	0.66	0.62	0.71	0.67	0.76	0.45	0.51	0.48	0.55	0.52	0.59
Methionine	0.16	0.18	0.17	0.19	0.18	0.21	0.12	0.14	0.13	0.15	0.14	0.16
Methionine + cystine	0.34	0.39	0.36	0.42	0.39	0.44	0.27	0.31	0.29	0.33	0.31	0.35
Phenylalanine	0.34	0.39	0.37	0.42	0.40	0.46	0.27	0.30	0.29	0.33	0.31	0.35
Phenylalanine + tyrosine	0.54	0.62	0.59	0.67	0.63	0.72	0.43	0.49	0.46	0.52	0.49	0.56
Threonine	0.37	0.43	0.40	0.46	0.43	0.49	0.30	0.34	0.32	0.37	0.34	0.39
Tryptophan	0.11	0.12	0.11	0.13	0.12	0.14	0.08	0.10	0.09	0.10	0.10	0.11
Valine	0.39	0.45	0.42	0.48	0.45	0.52	0.30	0.35	0.33	0.38	0.35	0.40
						Apparent ileal digestible basis (%)						
Arginine	0.19	0.21	0.21	0.24	0.23	0.26	0.12	0.13	0.13	0.15	0.15	0.17
Histidine	0.17	0.20	0.19	0.21	0.20	0.23	0.14	0.15	0.15	0.17	0.16	0.18
Isoleucine	0.29	0.34	0.31	0.36	0.34	0.39	0.23	0.26	0.24	0.28	0.26	0.30
Leucine	0.56	0.64	0.60	0.69	0.65	0.74	0.43	0.50	0.47	0.53	0.50	0.57
Lysine	0.53	0.61	0.57	0.66	0.61	0.71	0.41	0.47	0.44	0.51	0.47	0.54
Methionine	0.15	0.17	0.16	0.18	0.17	0.20	0.12	0.13	0.13	0.14	0.13	0.15
Methionine + cystine	0.31	0.36	0.34	0.39	0.36	0.41	0.25	0.29	0.27	0.31	0.29	0.33
Phenylalanine	0.32	0.36	0.34	0.39	0.37	0.42	0.24	0.28	0.26	0.30	0.28	0.32
Phenylalanine + tyrosine	0.50	0.58	0.54	0.62	0.58	0.67	0.39	0.45	0.42	0.49	0.45	0.52
Threonine	0.32	0.37	0.35	0.40	0.37	0.43	0.26	0.30	0.28	0.32	0.30	0.34
Tryptophan	0.09	0.10	0.10	0.11	0.10	0.12	0.07	0.08	0.07	0.09	0.08	0.09
Valine	0.36	0.41	0.38	0.44	0.41	0.47	0.28	0.32	0.30	0.34	0.32	0.37
						Total basis (%)[c]						
Arginine	0.24	0.27	0.26	0.29	0.28	0.32	0.16	0.18	0.18	0.20	0.19	0.22
Histidine	0.21	0.24	0.23	0.26	0.24	0.28	0.17	0.19	0.18	0.20	0.19	0.22
Isoleucine	0.36	0.41	0.39	0.45	0.42	0.48	0.29	0.33	0.31	0.35	0.33	0.37
Leucine	0.61	0.71	0.67	0.77	0.72	0.83	0.46	0.54	0.50	0.58	0.54	0.63
Lysine	0.67	0.76	0.72	0.82	0.77	0.88	0.53	0.60	0.57	0.64	0.60	0.69
Methionine	0.17	0.20	0.19	0.21	0.20	0.23	0.14	0.15	0.15	0.17	0.16	0.18
Methionine + cystine	0.38	0.44	0.41	0.47	0.44	0.50	0.31	0.35	0.33	0.38	0.35	0.40
Phenylalanine	0.38	0.44	0.41	0.47	0.44	0.51	0.29	0.34	0.32	0.36	0.34	0.39
Phenylalanine + tyrosine	0.61	0.70	0.65	0.75	0.70	0.80	0.48	0.54	0.51	0.59	0.55	0.63
Threonine	0.44	0.50	0.47	0.54	0.51	0.58	0.36	0.41	0.38	0.44	0.41	0.46
Tryptophan	0.12	0.14	0.13	0.15	0.14	0.16	0.10	0.11	0.10	0.12	0.11	0.13
Valine	0.45	0.51	0.48	0.55	0.52	0.59	0.35	0.40	0.38	0.43	0.40	0.46

[a]Average lean growth rates of 300, 325, and 350 g/day of carcass fat-free lean represent pigs with medium, high-medium, and high lean growth rates from 20 to 120 kg body weight.

[b]Assumes that ME is 96% of DE.

[c]Crude protein and total amino acid requirements are based on a corn-soybean meal diet.

[d]Estimated from the growth model

표 20. 서로 다른 살코기 성장률의 수퇘지와 암퇘지의 일일 아미노산 요구량(무제한 급여)

Body weight range:	50-80 kg Body Weight						80-120 kg Body Weight					
Lean gain (g/day)	300	300	325	325	350	350	300	300	325	325	350	350
Gender	Barrow	Gilt	Barrow	Gilt	Barrow	Gilt	Barrow	Gilt	Barrow	Gilt	Barrow	Gilt
Average weight in range (kg)	65	65	65	65	65	65	100	100	100	100	100	100
DE content of diet (kcal/kg)	3,400	3,400	3,400	3,400	3,400	3,400	3,400	3,400	3,400	3,400	3,400	3,400
ME content of diet (kcal/kg)[b]	3,265	3,265	3,265	3,265	3,265	3,265	3,265	3,265	3,265	3,265	3,265	3,265
Estimated DE intake (kcal/day)	9,360	8,165	9,360	8,165	9,360	8,165	11,150	9,750	11,150	9,750	11,150	9,750
Estimated ME intake (kcal/day)[b]	8,985	7,840	8,985	7,840	8,985	7,840	10,705	9,360	10,705	9,360	10,705	9,360
Estimated feed intake (g/day)	2,755	2,400	2,755	2,400	2,755	2,400	3,280	2,865	3,280	2,865	3,280	2,865
Crude protein (%)[c]	14.2	15.5	14.9	16.3	15.6	17.1	12.2	13.2	12.7	13.8	13.2	14
Amino acid requirements[d]												
True ileal digestible basis (g/day)												
Arginine		5.6		6.2		6.8		4.2		4.8		5.3
Histidine		5.1		5.5		5.9		4.7		5.1		5.4
Isoleucine		8.7		9.4		10.1		8.2		8.8		9.4
Leucine		15.9		17.2		18.5		14.6		15.8		16.9
Lysine		15.9		17.1		18.4		14.7		15.8		17.0
Methionine		4.3		4.6		5.0		4.0		4.3		4.6
Methionine + cystine		9.3		10.0		10.7		8.9		9.5		10.1
Phenylalanine		9.4		10.2		10.9		8.7		9.4		10.1
Phenylalanine + tyrosine		15.0		16.1		17.3		14.0		15.1		16.1
Threonine		10.3		11.0		11.8		9.9		10.5		11.2
Tryptophan		2.9		3.1		3.4		2.7		2.9		3.2
Valine		10.8		11.6		12.5		10.0		10.8		11.5
Apparent ileal digestible basis (g/day)												
Arginine		5.1		5.7		6.3		3.8		4.3		4.8
Histidine		4.8		5.2		5.5		4.4		4.8		5.1
Isoleucine		8.0		8.7		9.3		7.5		8.0		8.6
Leucine		15.3		16.5		17.7		14.2		15.3		16.4
Lysine		14.6		15.7		16.9		13.4		14.4		15.5
Methionine		4.1		4.4		4.7		3.8		4.1		4.4
Methionine + cystine		8.6		9.3		9.9		8.3		8.8		9.4
Phenylalanine		8.7		9.4		10.1		8.0		8.6		9.3
Phenylalanine + tyrosine		13.9		15.0		16.1		12.9		13.9		14.9
Threonine		8.9		9.6		10.3		8.5		9.1		9.7
Tryptophan		2.5		2.7		2.9		2.3		2.5		2.6
Valine		9.8		10.6		11.4		9.1		9.8		10.5
Total basis (g/day)[c]												
Arginine		6.4		7.1		7.7		5.1		5.7		6.3
Histidine		5.8		6.3		6.7		5.5		5.9		6.3
Isoleucine		10.0		10.7		11.5		9.4		10.1		10.7
Leucine		16.9		18.4		19.8		15.3		16.6		17.9
Lysine		18.3		19.7		21.1		17.3		18.5		19.7
Methionine		4.8		5.1		5.5		4.4		4.8		5.1
Methionine + cystine		10.5		11.3		12.1		10.1		10.8		11.5
Phenylalanine		10.5		11.3		12.2		9.7		10.4		11.2
Phenylalanine + tyrosine		16.7		18.0		19.3		15.6		16.8		18.0
Threonine		12.2		13.0		13.9		11.8		12.6		13.3
Tryptophan		3.3		3.6		3.8		3.2		3.4		3.6
Valine		12.4		13.3		14.3		11.5		12.4		13.2

[a]Average lean growth rates of 300, 325, and 350 g/day of carcass fat-free lean represent pigs with medium, high-medium, and high lean growth rates from 20 to 12 body weight.

[b]Assumes that ME is 96% of DE.

[c]Crude protein and total amino acid requirements are based on a corn-soybean meal diet.

[d]Estimated from the growth model

표 21. 무제한 급여 육성돈의 사료 내 미네랄, 비타민 및 지방산 요구량

	Body Weight (kg)					
	3–5	5–10	10–20	20–50	50–80	80–120
Average weight in range (kg)	4	7.5	15	35	65	100
DE content of diet (kcal/kg)	3,400	3,400	3,400	3,400	3,400	3,400
ME content of diet (kcal/kg)[b]	3,265	3,265	3,265	3,265	3,265	3,265
Estimated DE intake (kcal/day)	855	1,690	3,400	6,305	8,760	10,450
Estimated ME intake (kcal/day)[b]	820	1,620	3,265	6,050	8,410	10,030
Estimated feed intake (g/day)	250	500	1,000	1,855	2,575	3,075
	Requirements (% or amount/kg of diet)					
Mineral elements						
Calcium (%)[c]	0.90	0.80	0.70	0.60	0.50	0.45
Phosphorus, total (%)[c]	0.70	0.65	0.60	0.50	0.45	0.40
Phosphorus, available (%)[c]	0.55	0.40	0.32	0.23	0.19	0.15
Sodium (%)	0.25	0.20	0.15	0.10	0.10	0.10
Chlorine (%)	0.25	0.20	0.15	0.08	0.08	0.08
Magnesium (%)	0.04	0.04	0.04	0.04	0.04	0.04
Potassium (%)	0.30	0.28	0.26	0.23	0.19	0.17
Copper (mg)	6.00	6.00	5.00	4.00	3.50	3.00
Iodine (mg)	0.14	0.14	0.14	0.14	0.14	0.14
Iron (mg)	100	100	80	60	50	40
Manganese (mg)	4.00	4.00	3.00	2.00	2.00	2.00
Selenium (mg)	0.30	0.30	0.25	0.15	0.15	0.15
Zinc (mg)	100	100	80	60	50	50
Vitamins						
Vitamin A (IU)[d]	2,200	2,200	1,750	1,300	1,300	1,300
Vitamin D_3 (IU)[d]	220	220	200	150	150	150
Vitamin E (IU)[d]	16	16	11	11	11	11
Vitamin K (menadione) (mg)	0.50	0.50	0.50	0.50	0.50	0.50
Biotin (mg)	0.08	0.05	0.05	0.05	0.05	0.05
Choline (g)	0.60	0.50	0.40	0.30	0.30	0.30
Folacin (mg)	0.30	0.30	0.30	0.30	0.30	0.30
Niacin, available (mg)[e]	20.00	15.00	12.50	10.00	7.00	7.00
Pantothenic acid (mg)	12.00	10.00	9.00	8.00	7.00	7.00
Riboflavin (mg)	4.00	3.50	3.00	2.50	2.00	2.00
Thiamin (mg)	1.50	1.00	1.00	1.00	1.00	1.00
Vitamin B_6 (mg)	2.00	1.50	1.50	1.00	1.00	1.00
Vitamin B_{12} (μg)	20.00	17.50	15.00	10.00	5.00	5.00
Linoleic acid (%)	0.10	0.10	0.10	0.10	0.10	0.10

[a]Pigs of mixed gender (1:1 ratio of barrows to gilts). The requirements of certain minerals and vitamins may be slightly higher for pigs having high lean growth rates (>325 g/day of carcass fat-free lean), but no distinction is made.

[b]Assumes that ME is 96% of DE. In corn-soybean meal diets, ME is 94–96% of DE, depending on crude protein level of the diet.

[c]The percentages of calcium, phosphorus, and available phosphorus should be increased by 0.05 to 0.1 percentage points for developing boars and replacement gilts from 50 to 120 kg body weight.

[d]Conversions: 1 IU vitamin A = 0.344 μg (g retinyl acetate; 1 IU vitamin D_3 = 0.025 μg cholecalciferol; 1 IU vitamin E = 0.67 mg of D-α-tocopherol or 1 mg of DL-α-tocopheryl acetate.

[e]The niacin in corn, grain sorghum, wheat, and barley is unavailable. Similarly, the niacin in by-products made from these cereal grains is poorly available unless the by-products have undergone a fermentation or wet-milling process.

표 22. 무제한 급여 육성돈의 일일 미네랄, 비타민 및 지방산 요구량

	Body Weight (kg)					
	3–5	5–10	10–20	20–50	50–80	80–120
Average weight in range (kg)	4	7.5	15	35	65	100
DE content of diet (kcal/kg)	3,400	3,400	3,400	3,400	3,400	3,400
ME content of diet (kcal/kg)[b]	3,265	3,265	3,265	3,265	3,265	3,265
Estimated DE intake (kcal/day)	855	1,690	3,400	6,305	8,760	10,450
Estimated ME intake (kcal/day)[b]	820	1,620	3,265	6,050	8,410	10,030
Estimated feed intake (g/day)	250	500	1,000	1,855	2,575	3,075
	Requirements (amount/day)					
Mineral elements						
Calcium (g)[c]	2.25	4.00	7.00	11.13	12.88	13.84
Phosphorus, total (g)[c]	1.75	3.25	6.00	9.28	11.59	12.30
Phosphorus, available (g)[c]	1.38	2.00	3.20	4.27	4.89	4.61
Sodium (g)	0.63	1.00	1.50	1.86	2.58	3.08
Chlorine (g)	0.63	1.00	1.50	1.48	2.06	2.46
Magnesium (g)	0.10	0.20	0.40	0.74	1.03	1.23
Potassium (g)	0.75	1.40	2.60	4.27	4.89	5.23
Copper (mg)	1.50	3.00	5.00	7.42	9.01	9.23
Iodine (mg)	0.04	0.07	0.14	0.26	0.36	0.43
Iron (mg)	25.00	50.00	80.00	111.30	129.75	123.00
Manganese (mg)	1.00	2.00	3.00	3.71	5.15	6.15
Selenium (mg)	0.08	0.15	0.25	0.28	0.39	0.46
Zinc (mg)	25.00	50.00	80.00	111.30	129.75	153.75
Vitamins						
Vitamin A (IU)[d]	550	1,100	1,750	2,412	3,348	3,998
Vitamin D_3 (IU)[d]	55	110	200	278	386	461
Vitamin E (IU)[d]	4	8	11	20	28	34
Vitamin K (menadione) (mg)	0.13	0.25	0.50	0.93	1.29	1.54
Biotin (mg)	0.02	0.03	0.05	0.09	0.13	0.15
Choline (g)	0.15	0.25	0.40	0.56	0.77	0.92
Folacin (mg)	0.08	0.15	0.30	0.56	0.77	0.92
Niacin, available (mg)[e]	5.00	7.50	12.50	18.55	18.03	21.53
Pantothenic acid (mg)	3.00	5.00	9.00	14.84	18.03	21.53
Riboflavin (mg)	1.00	1.75	3.00	4.64	5.15	6.15
Thiamin (mg)	0.38	0.50	1.00	1.86	2.58	3.08
Vitamin B_6 (mg)	0.50	0.75	1.50	1.86	2.58	3.08
Vitamin B_{12} (μg)	5.00	8.75	15.00	18.55	12.88	15.38
Linoleic acid (g)	0.25	0.50	1.00	1.86	2.58	3.08

[a]Pigs of mixed gender (1:1 ratio of barrows to gilts). The daily requirements of certain minerals and vitamins may be slightly higher for pigs having high lean growth r (>325 g/day of carcass fat-free lean), but no distinction is made.

[b]Assumes that ME is 96% of DE. In corn-soybean meal diets, ME is 94–96% of DE, depending on crude protein level of the diet.

[c]The daily amounts of calcium, phosphorus, and available phosphorus are slightly higher in developing boars and gilts from 50 to 120 kg body weight.

[d]Conversions: 1 IU vitamin A = 0.344 μg (g retinyl acetate; 1 IU vitamin D_3 = 0.025 μg cholecalciferol; 1 IU vitamin E = 0.67 mg of D-α-tocopherol or 1 mg of] α-tocopheryl acetate.

[e]The niacin in corn, grain sorghum, wheat, and barley is unavailable. Similarly, the niacin in by-products made from these cereal grains is poorly available unless the products have undergone a fermentation or wet-milling process.

표 23. 임신 암퇘지의 사료 내 아미노산 요구량

	Body Weight at Breeding (kg)					
	125	150	175	200	200	200
	Gestation Weight Gain (kg)[b]					
	55	45	40	35	30	35
	Anticipated Pigs in Litter					
	11	12	12	12	12	14
DE content of diet (kcal/kg)	3,400	3,400	3,400	3,400	3,400	3,400
ME content of diet (kcal/kg)[c]	3,265	3,265	3,265	3,265	3,265	3,265
Estimated DE intake (kcal/day)	6,660	6,265	6,405	6,535	6,115	6,275
Estimated ME intake (kcal/day)[c]	6,395	6,015	6,150	6,275	5,870	6,025
Estimated feed intake (kg/day)	1.96	1.84	1.88	1.92	1.80	1.85
Crude protein (%)[d]	12.9	12.8	12.4	12.0	12.1	12.4
			Amino acid requirements			
			True ileal digestible basis (%)			
Arginine	0.04	0.00	0.00	0.00	0.00	0.00
Histidine	0.16	0.16	0.15	0.14	0.14	0.15
Isoleucine	0.29	0.28	0.27	0.26	0.26	0.27
Leucine	0.48	0.47	0.44	0.41	0.41	0.44
Lysine	0.50	0.49	0.46	0.44	0.44	0.46
Methionine	0.14	0.13	0.13	0.12	0.12	0.13
Methionine + cystine	0.33	0.33	0.32	0.31	0.32	0.33
Phenylalanine	0.29	0.28	0.27	0.25	0.25	0.27
Phenylalanine + tyrosine	0.48	0.48	0.46	0.44	0.44	0.46
Threonine	0.37	0.38	0.37	0.36	0.37	0.38
Tryptophan	0.10	0.10	0.09	0.09	0.09	0.09
Valine	0.34	0.33	0.31	0.30	0.30	0.31
			Apparent ileal digestible basis (%)			
Arginine	0.03	0.00	0.00	0.00	0.00	0.00
Histidine	0.15	0.15	0.14	0.13	0.13	0.14
Isoleucine	0.26	0.26	0.25	0.24	0.24	0.25
Leucine	0.47	0.46	0.43	0.40	0.40	0.43
Lysine	0.45	0.45	0.42	0.40	0.40	0.42
Methionine	0.13	0.13	0.12	0.11	0.12	0.12
Methionine + cystine	0.30	0.31	0.30	0.29	0.30	0.31
Phenylalanine	0.27	0.26	0.24	0.23	0.23	0.24
Phenylalanine + tyrosine	0.45	0.44	0.42	0.40	0.41	0.43
Threonine	0.32	0.33	0.32	0.31	0.32	0.33
Tryptophan	0.08	0.08	0.08	0.07	0.07	0.08
Valine	0.31	0.30	0.28	0.27	0.27	0.28
			Total basis (%)[d]			
Arginine	0.06	0.03	0.00	0.00	0.00	0.00
Histidine	0.19	0.18	0.17	0.16	0.17	0.17
Isoleucine	0.33	0.32	0.31	0.30	0.30	0.31
Leucine	0.50	0.49	0.46	0.42	0.43	0.45
Lysine	0.58	0.57	0.54	0.52	0.52	0.54
Methionine	0.15	0.15	0.14	0.13	0.13	0.14
Methionine + cystine	0.37	0.38	0.37	0.36	0.36	0.37
Phenylalanine	0.32	0.32	0.30	0.28	0.28	0.30
Phenylalanine + tyrosine	0.54	0.54	0.51	0.49	0.49	0.51
Threonine	0.44	0.45	0.44	0.43	0.44	0.45
Tryptophan	0.11	0.11	0.11	0.10	0.10	0.11
Valine	0.39	0.38	0.36	0.34	0.34	0.36

[a] Daily intakes of DE and feed and the amino acid requirements are estimated by the gestation model.
[b] Weight gain includes maternal tissue and products of conception.
[c] Assumes that ME is 96% of DE.
[d] Crude protein and total amino acid requirements are based on a corn–soybean meal diet.

표 24. 임신 암퇘지의 일일 아미노산 요구량

	Body Weight at Breeding (kg)					
	125	150	175	200	200	200
	Gestation Weight Gain (kg)[b]					
	55	45	40	35	30	35
	Anticipated Pigs in Litter					
	11	12	12	12	12	14
DE content of diet (kcal/kg)	3,400	3,400	3,400	3,400	3,400	3,400
ME content of diet (kcal/kg)[c]	3,265	3,265	3,265	3,265	3,265	3,265
Estimated DE intake (kcal/day)	6,660	6,265	6,405	6,535	6,115	6,275
Estimated ME intake (kcal/day)[c]	6,395	6,015	6,150	6,275	5,870	6,025
Estimated feed intake (kg/day)	1.96	1.84	1.88	1.92	1.80	1.85
Crude protein (%)[d]	12.9	12.8	12.4	12.0	12.1	12.4
	Amino acid requirements					
	True ileal digestible basis (g/day)					
Arginine	0.8	0.1	0.0	0.0	0.0	0.0
Histidine	3.1	2.9	2.8	2.7	2.5	2.7
Isoleucine	5.6	5.2	5.1	5.0	4.7	5.0
Leucine	9.4	8.7	8.3	7.9	7.4	8.1
Lysine	9.7	9.0	8.7	8.4	7.9	8.5
Methionine	2.7	2.5	2.4	2.3	2.2	2.3
Methionine + cystine	6.4	6.1	6.1	6.0	5.7	6.1
Phenylalanine	5.7	5.2	5.0	4.8	4.6	4.9
Phenylalanine + tyrosine	9.5	8.9	8.6	8.4	7.9	8.5
Threonine	7.3	7.0	6.9	6.9	6.6	7.0
Tryptophan	1.9	1.8	1.7	1.7	1.6	1.7
Valine	6.6	6.1	5.9	5.7	5.4	5.8
	Apparent ileal digestible basis (g/day)					
Arginine	0.6	0.0	0.0	0.0	0.0	0.0
Histidine	2.9	2.7	2.6	2.5	2.4	2.6
Isoleucine	5.1	4.8	4.7	4.5	4.3	4.6
Leucine	9.2	8.4	8.1	7.7	7.3	7.9
Lysine	8.9	8.2	7.9	7.6	7.2	7.7
Methionine	2.5	2.4	2.3	2.2	2.1	2.2
Methionine + cystine	6.0	5.7	5.7	5.6	5.3	5.7
Phenylalanine	5.2	4.8	4.6	4.4	4.2	4.5
Phenylalanine + tyrosine	8.8	8.2	8.0	7.7	7.3	7.9
Threonine	6.3	6.0	6.0	6.0	5.7	6.1
Tryptophan	1.6	1.5	1.4	1.4	1.3	1.4
Valine	6.0	5.6	5.4	5.2	4.9	5.3
	Total basis (g/day)[d]					
Arginine	1.3	0.5	0.0	0.0	0.0	0.0
Histidine	3.6	3.4	3.3	3.2	3.0	3.2
Isoleucine	6.4	6.0	5.9	5.7	5.4	5.8
Leucine	9.9	9.0	8.6	8.2	7.7	8.3
Lysine	11.4	10.6	10.3	9.9	9.4	10.0
Methionine	2.9	2.7	2.6	2.6	2.4	2.6
Methionine + cystine	7.3	7.0	6.9	6.8	6.5	6.9
Phenylalanine	6.3	5.8	5.6	5.4	5.0	5.4
Phenylalanine + tyrosine	10.6	9.9	9.6	9.4	8.9	9.5
Threonine	8.6	8.3	8.3	8.2	7.8	8.3
Tryptophan	2.2	2.0	2.0	1.9	1.8	2.0
Valine	7.6	7.0	6.8	6.6	6.2	6.7

[a]Daily intakes of DE and feed and the amino acid requirements are estimated by the gestation model.

[b]Weight gain includes maternal tissue and products of conception.

[c]Assumes that ME is 96% of DE.

[d]Crude protein and total amino acid requirements are based on a corn-soybean meal diet.

표 25. 비유중인 암퇘지의 사료 내 아미노산 요구량

	Sow Postfarrowing Weight (kg)					
	175	175	175	175	175	175
	Anticipated Lactational Weight Change (kg)[a]					
	0	0	0	−10	−10	−10
	Daily Weight Gain of Pigs (g)[b]					
	150	200	250	150	200	250
DE content of diet (kcal/kg)	3,400	3,400	3,400	3,400	3,400	3,400
ME content of diet (kcal/kg)[c]	3,265	3,265	3,265	3,265	3,265	3,265
Estimated DE intake (kcal/day)	14,645	18,205	21,765	12,120	15,680	19,240
Estimated ME intake (kcal/day)[c]	14,060	17,475	20,895	11,635	15,055	18,470
Estimated feed intake (kg/day)	4.31	5.35	6.40	3.56	4.61	5.66
Crude protein (%)[d]	16.3	17.5	18.4	17.2	18.5	19.2
	Amino acid requirements					
	True ileal digestible basis (%)					
Arginine	0.36	0.44	0.49	0.35	0.44	0.50
Histidine	0.28	0.32	0.34	0.30	0.34	0.36
Isoleucine	0.40	0.44	0.47	0.44	0.48	0.50
Leucine	0.80	0.90	0.96	0.87	0.97	1.03
Lysine	0.71	0.79	0.85	0.77	0.85	0.90
Methionine	0.19	0.21	0.22	0.20	0.22	0.23
Methionine + cystine	0.35	0.39	0.41	0.39	0.42	0.43
Phenylalanine	0.39	0.43	0.46	0.42	0.46	0.49
Phenylalanine + tyrosine	0.80	0.89	0.95	0.88	0.97	1.02
Threonine	0.45	0.49	0.52	0.50	0.53	0.56
Tryptophan	0.13	0.14	0.15	0.15	0.16	0.17
Valine	0.60	0.67	0.72	0.66	0.73	0.77
	Apparent ileal digestible basis (%)					
Arginine	0.34	0.41	0.46	0.33	0.41	0.47
Histidine	0.27	0.30	0.32	0.29	0.32	0.34
Isoleucine	0.37	0.41	0.44	0.41	0.44	0.47
Leucine	0.77	0.86	0.92	0.83	0.92	0.98
Lysine	0.66	0.73	0.79	0.72	0.79	0.84
Methionine	0.18	0.20	0.21	0.19	0.21	0.22
Methionine + cystine	0.33	0.36	0.38	0.36	0.39	0.40
Phenylalanine	0.36	0.40	0.43	0.39	0.43	0.46
Phenylalanine + tyrosine	0.75	0.83	0.89	0.82	0.90	0.96
Threonine	0.40	0.43	0.46	0.44	0.47	0.49
Tryptophan	0.11	0.12	0.13	0.13	0.14	0.14
Valine	0.55	0.61	0.66	0.61	0.67	0.71
	Total basis (%)[d]					
Arginine	0.40	0.48	0.54	0.39	0.49	0.55
Histidine	0.32	0.36	0.38	0.34	0.38	0.40
Isoleucine	0.45	0.50	0.53	0.50	0.54	0.57
Leucine	0.86	0.97	1.05	0.95	1.05	1.12
Lysine	0.82	0.91	0.97	0.89	0.97	1.03
Methionine	0.21	0.23	0.24	0.22	0.24	0.26
Methionine + cystine	0.40	0.44	0.46	0.44	0.47	0.49
Phenylalanine	0.43	0.48	0.52	0.47	0.52	0.55
Phenylalanine + tyrosine	0.90	1.00	1.07	0.98	1.08	1.14
Threonine	0.54	0.58	0.61	0.58	0.63	0.65
Tryptophan	0.15	0.16	0.17	0.17	0.18	0.19
Valine	0.68	0.76	0.82	0.76	0.83	0.88

[a]Daily intakes of DE and feed and the amino acid requirements are estimated by the lactation model.
[b]Assumes 10 pigs per litter and a 21-day lactation period.
[c]Assumes that ME is 96% of DE. In corn-soybean meal diets of these crude protein levels, ME is 95-96% of DE.
[d]Crude protein and total amino acid requirements are based on a corn-soybean meal diet.

표 26. 비유중인 암퇘지의 일일 아미노산 요구량

	Sow Postfarrowing Weight (kg)					
	175	175	175	175	175	175
	Anticipated Lactational Weight Change (kg)[b]					
	0	0	0	−10	−10	−10
	Daily Weight Gain of Pigs(g)[b]					
	150	200	250	150	200	250
DE content of diet (kcal/kg)	3,400	3,400	3,400	3,400	3,400	3,400
ME content of diet (kcal/kg)[c]	3,265	3,265	3,265	3,265	3,265	3,265
Estimated DE intake (kcal/day)	14,645	18,205	21,765	12,120	15,680	19,240
Estimated ME intake (kcal/day)[c]	14,060	17,475	20,895	11,635	15,055	18,470
Estimated feed intake (kg/day)	4.31	5.35	6.40	3.56	4.61	5.66
Crude protein (%)[d]	16.3	17.5	18.4	17.2	18.5	19.2
			Amino acid requirements *True ileal digestible basis (g/day)*			
Arginine	15.6	23.4	31.1	12.5	20.3	28.0
Histidine	12.2	17.0	21.7	10.9	15.6	20.3
Isoleucine	17.2	23.6	30.1	15.6	22.1	28.5
Leucine	34.4	48.0	61.5	31.0	44.5	58.1
Lysine	30.7	42.5	54.3	27.6	39.4	51.2
Methionine	8.0	11.0	14.1	7.2	10.2	13.2
Methionine + cystine	15.3	20.6	26.0	13.9	19.2	24.5
Phenylalanine	16.8	23.3	29.7	14.9	21.4	27.9
Phenylalanine + tyrosine	34.6	47.9	61.1	31.4	44.6	57.8
Threonine	19.5	26.4	33.3	17.7	24.6	31.5
Tryptophan	5.5	7.6	9.7	5.2	7.3	9.4
Valine	25.8	35.8	45.8	23.6	33.6	43.6
			Apparent ileal digestible basis (g/day)			
Arginine	14.6	22.0	29.3	11.7	19.1	26.4
Histidine	11.5	16.0	20.5	10.2	14.7	19.2
Isoleucine	15.9	21.9	27.9	14.5	20.5	26.5
Leucine	33.0	45.9	58.7	29.7	42.6	55.4
Lysine	28.4	39.4	50.4	25.5	36.5	47.5
Methionine	7.6	10.5	13.4	6.8	9.7	12.6
Methionine + cystine	14.2	19.2	24.1	12.9	17.8	22.8
Phenylalanine	15.5	21.6	27.6	13.8	19.9	25.9
Phenylalanine + tyrosine	32.3	44.7	57.1	29.3	41.7	54.1
Threonine	17.1	23.1	29.2	15.5	21.6	27.7
Tryptophan	4.7	6.6	8.4	4.5	6.3	8.1
Valine	23.6	32.8	42.0	21.6	30.8	40.0
			Total basis (g/day)[d]			
Arginine	17.4	25.8	34.3	14.0	22.4	30.8
Histidine	13.8	19.1	24.4	12.2	17.5	22.8
Isoleucine	19.5	26.8	34.1	17.7	25.0	32.3
Leucine	37.2	52.1	67.0	33.7	48.6	63.5
Lysine	35.3	48.6	61.9	31.6	44.9	58.2
Methionine	8.8	12.2	15.6	7.9	11.3	14.6
Methionine + cystine	17.3	23.4	29.4	15.7	21.7	27.8
Phenylalanine	18.7	25.9	33.2	16.6	23.9	31.1
Phenylalanine + tyrosine	38.7	53.4	68.2	35.1	49.8	64.6
Threonine	23.0	31.1	39.1	20.8	28.8	36.9
Tryptophan	6.3	8.6	11.0	5.9	8.2	10.6
Valine	29.5	40.9	52.3	26.9	38.4	49.8

[a]Daily intakes of DE and feed and the amino acid requirements are estimated by the lactation model.

[b]Assumes 10 pigs per litter and a 21-day lactation period.

[c]Assumes that ME is 96% of DE. In corn–soybean meal diets of these crude protein levels, ME is 95–96% of DE.

[d]Crude protein and total amino acid requirements are based on a corn–soybean meal diet.

표 27. 임신과 비유중인 돼지사료 내 미네랄, 비타민 및 지방산 요구량

	Gestation	Lactation
DE content of diet (kcal/kg)	3,400	3,400
ME content of diet (kcal/kg)[b]	3,265	3,265
DE intake (kcal/day)	6,290	17,850
ME intake (kcal/day)[b]	6,040	17,135
Feed intake (kg/day)	1.85	5.25
	Requirements (% or amount/kg of diet)	
Mineral elements		
Calcium (%)	0.75	0.75
Phosphorus, total (%)	0.60	0.60
Phosphorus, available (%)	0.35	0.35
Sodium (%)	0.15	0.20
Chlorine (%)	0.12	0.16
Magnesium (%)	0.04	0.04
Potassium (%)	0.20	0.20
Copper (mg)	5.00	5.00
Iodine (mg)	0.14	0.14
Iron (mg)	80	80
Manganese (mg)	20	20
Selenium (mg)	0.15	0.15
Zinc (mg)	50	50
Vitamins		
Vitamin A (IU)[c]	4,000	2,000
Vitamin D_3 (IU)[c]	200	200
Vitamin E (IU)[c]	44	44
Vitamin K (menadione) (mg)	0.50	0.50
Biotin (mg)	0.20	0.20
Choline (g)	1.25	1.00
Folacin (mg)	1.30	1.30
Niacin, available (mg)[d]	10	10
Pantothenic acid (mg)	12	12
Riboflavin (mg)	3.75	3.75
Thiamin (mg)	1.00	1.00
Vitamin B_6 (mg)	1.00	1.00
Vitamin B_{12} (μg)	15	15
Linoleic acid (%)	0.10	0.10

[a]The requirements are based on the daily consumption of 1.85 and 5.25 kg of feed, respectively. If lower amounts of feed are consumed, the dietary percentage may need to be increased.

[b]Assumes that ME is 96% of DE.

[c]Conversions: 1 IU vitamin A = 0.344 μg retinyl acetate; 1 IU vitamin D_3 = 0.025 μg cholecalciferol; 1 IU vitamin E = 0.67 mg of D-α-tocopherol or 1 mg of DL-α-tocopheryl acetate.

[d]The niacin in corn, grain sorghum, wheat, and barley is unavailable. Similarly, the niacin in by-products made from these cereal grains is poorly available unless the by-products have undergone a fermentation or wet-milling process.

표 28. 임신과 비유중인 돼지의 일일 미네랄, 비타민 및 지방산 요구량

	Gestation	Lactation
DE content of diet (kcal/kg)	3,400	3,400
ME content of diet (kcal/kg)[b]	3,265	3,265
DE intake (kcal/day)	6,290	17,850
ME intake (kcal/day)[b]	6,040	17,135
Feed intake (kg/day)	1.85	5.25
	Requirements (amount/day)	
Mineral elements		
Calcium (g)	13.9	39.4
Phosphorus, total (g)	11.1	31.5
Phosphorus, available (g)	6.5	18.4
Sodium (g)	2.8	10.5
Chlorine (g)	2.2	8.4
Magnesium (g)	0.7	2.1
Potassium (g)	3.7	10.5
Copper (mg)	9.3	26.3
Iodine (mg)	0.3	0.7
Iron (mg)	148	420
Manganese (mg)	37	105
Selenium (mg)	0.3	0.8
Zinc (mg)	93	263
Vitamins		
Vitamin A (IU)[c]	7,400	10,500
Vitamin D_3 (IU)[c]	370	1,050
Vitamin E (IU)[c]	81	231
Vitamin K (menadione) (mg)	0.9	2.6
Biotin (mg)	0.4	1.1
Choline (g)	2.3	5.3
Folacin (mg)	2.4	6.8
Niacin, available (mg)[d]	19	53
Pantothenic acid (mg)	22	63
Riboflavin (mg)	6.9	19.7
Thiamin (mg)	1.9	5.3
Vitamin B_6 (mg)	1.9	5.3
Vitamin B_{12} (μg)	28	79
Linoleic acid (g)	1.9	5.3

[a]The daily amounts of minerals and vitamins are based on the daily consumption of 1.85 and 5.25 kg of feed, respectively. If lower amounts of feed are consumed, dietary percentages may need to be increased.

[b]Assumes that ME is 96% of DE.

[c]Conversions: 1 IU vitamin A = 0.344 μg retinyl acetate; 1 IU vitamin D_3 = 0.025 μg cholecalciferol; 1 IU vitamin E = 0.67 mg of D-α-tocopherol or 1 mg of DL tocopheryl acetate.

[d]The niacin in corn, grain sorghum, wheat, and barley is unavailable. Similarly, the niacin in by-products made from these cereal grains is poorly available unless the products have undergone a fermentation or wet-milling process.

표 29. 성적으로 활성 수퇘지의 사료 내 및 일일 아미노산, 미네랄, 비타민 그리고 지방산의 요구량

DE content of diet (kcal/kg)	3,400		3,400	
ME content of diet (kcal/kg)	3,265		3,265	
DE intake (kcal/day)	6,800		6,800	
ME intake (kcal/day)	6,530		6,530	
Feed intake (kg/day)	2.00		2.00	
Crude protein (%)[b]	13.0		13.0	
	Requirements			
	% or amount/kg of diet		amount/day	
Amino acids (total basis)[b]				
Arginine	—		—	
Histidine	0.19	%	3.8	g
Isoleucine	0.35	%	7.0	g
Leucine	0.51	%	10.2	g
Lysine	0.60	%	12.0	g
Methionine	0.16	%	3.2	g
Methionine + cystine	0.42	%	8.4	g
Phenylalanine	0.33	%	6.6	g
Phenylalanine + tyrosine	0.57	%	11.4	g
Threonine	0.50	%	10.0	g
Tryptophan	0.12	%	2.4	g
Valine	0.40	%	8.0	g
Mineral elements				
Calcium	0.75	%	15.0	g
Phosphorus, total	0.60	%	12.0	g
Phosphorus, available	0.35	%	7.0	g
Sodium	0.15	%	3.0	g
Chlorine	0.12	%	2.4	g
Magnesium	0.04	%	0.8	g
Potassium	0.20	%	4.0	g
Copper	5	mg	10	mg
Iodine	0.14	mg	0.28	mg
Iron	80	mg	160	mg
Manganese	20	mg	40	mg
Selenium	0.15	mg	0.3	mg
Zinc	50	mg	100	mg
Vitamins				
Vitamin A[c]	4,000	IU	8,000	IU
Vitamin D_3[c]	200	IU	400	IU
Vitamin E[c]	44	IU	88	IU
Vitamin K (menadione)	0.50	mg	1.0	mg
Biotin	0.20	mg	0.4	mg
Choline	1.25	g	2.5	g
Folacin	1.30	mg	2.6	mg
Niacin, available[d]	10	mg	20	mg
Pantothenic acid	12	mg	24	mg
Riboflavin	3.75	mg	7.5	mg
Thiamin	1.0	mg	2.0	mg
Vitamin B_6	1.0	mg	2.0	mg
Vitamin B_{12}	15	μg	30	μg
Linoleic acid	0.1	%	2.0	g

[a]The requirements are based on the daily consumption of 2.0 kg of feed. Feed intake may need to be adjusted, depending on the weight of the boar and the amount of weight gain desired.

[b]Assumes a corn-soybean meal diet. The lysine requirement was set as 0.60% (12.0 g/day). Other amino acids were calculated using ratios (total basis) similar to those for gestating sows.

[c]Conversions: 1 IU vitamin A = 0.344 μg retinyl acetate; 1 IU vitamin D_3 = 0.025 μg cholecalciferol; 1 IU vitamin E = 0.67 mg of D-α-tocopherol or 1 mg of DL-α-tocopheryl acetate.

[d]The niacin in corn, grain sorghum, wheat, and barley is unavailable. Similarly, the niacin in by-products made from these cereal grains is poorly available unless the by-products have undergone a fermentation or wet-milling process.

3. 젖소의 영양소 요구량(1989)

표 30. 육성중인 젖소와 성숙한 수소의 일일 영양소 요구량

Live Weight, kg	Gain, g	Dry Matter Intake[a], kg	Energy NEm, Mcal	NEg, Mcal	ME, Mcal	DE, Mcal	TDN, kg	Protein UIP, g	DIP, g	CP, g	Minerals Ca, g	P, g	Vitamins A, 1000 IU	D, 1000 IU
Growing large-breed calves fed only milk or milk replacer														
40	200	0.48	1.37	0.41	2.54	2.73	0.62	–	–	105	7	4	1.70	0.26
45	300	0.54	1.49	0.56	2.86	3.07	0.70	–	–	120	8	5	1.94	0.30
Growing large-breed calves fed milk plus starter mix														
50	500	1.30	1.62	0.72	5.90	6.42	1.46	–	–	290	9	6	2.10	0.33
75	800	1.98	2.19	1.30	8.98	9.78	2.22	–	–	435	16	8	3.20	0.50
Growing small-breed calves fed only milk or milk replacer														
25	200	0.38	0.96	0.37	2.01	2.16	0.49	–	–	84	6	4	1.10	0.16
30	300	0.51	1.10	0.52	2.70	2.90	0.66	–	–	112	7	4	1.30	0.20
Growing small-breed calves fed milk plus starter mix														
50	500	1.43	1.62	0.72	6.49	7.06	1.60	–	–	315	10	6	2.10	0.33
75	600	1.76	2.19	0.96	7.98	8.69	1.97	–	–	387	14	8	3.20	0.50
Growing veal calves fed only milk or milk replacer														
40	200	0.45	1.37	0.55	1.89	2.07	0.47	–	–	100	7	4	1.70	0.26
50	400	0.57	1.62	0.57	2.39	2.63	0.59	–	–	125	9	5	2.10	0.33
60	540	0.80	1.85	0.81	2.84	3.17	0.71	–	–	176	13	8	2.60	0.40
75	900	1.36	2.19	1.47	4.82	5.39	1.21	–	–	300	16	9	3.20	0.50
100	1,250	2.00	2.72	2.26	6.22	7.06	1.58	–	–	440	20	11	4.20	0.66
125	1,250	2.38	3.21	2.44	7.40	8.40	1.88	–	–	524	22	13	5.30	0.82
150	1,100	2.72	3.69	2.29	8.46	9.60	2.15	–	–	598	24	15	6.40	0.99
Large-breed growing females														
100	600	2.63	2.72	1.22	7.03	8.13	1.84	317	57	421	17	9	4.24	0.66
100	700	2.82	2.72	1.44	7.54	8.72	1.98	346	75	452	18	9	4.24	0.66
100	800	3.02	2.72	1.66	8.06	9.32	2.11	374	92	483	18	10	4.24	0.66
150	600	3.51	3.69	1.45	9.14	10.61	2.41	283	150	562	19	11	6.36	0.99
150	700	3.75	3.69	1.71	9.76	11.33	2.57	307	173	600	19	12	6.36	0.99
150	800	3.99	3.69	1.97	10.39	12.07	2.74	331	196	639	20	12	6.36	0.99
200	600	4.39	4.57	1.65	11.14	12.99	2.95	254	239	631	20	14	8.48	1.32
200	700	4.68	4.57	1.95	11.87	13.84	3.14	274	267	686	21	14	8.48	1.32
200	800	4.97	4.57	2.25	12.62	14.71	3.34	294	295	741	22	15	8.48	1.32
250	600	5.31	5.41	1.84	13.10	15.33	3.48	229	326	637	22	16	10.60	1.65
250	700	5.65	5.41	2.18	13.94	16.32	3.70	246	359	678	23	17	10.60	1.65
250	800	5.99	5.41	2.51	14.79	17.32	3.93	263	393	726	24	17	10.60	1.65
300	600	6.26	6.20	2.02	15.05	17.69	4.01	209	413	752	23	17	12.72	1.98
300	700	6.66	6.20	2.39	16.00	18.81	4.27	223	452	799	24	18	12.72	1.98
300	800	7.06	6.20	2.77	16.97	19.95	4.52	236	490	848	25	19	12.72	1.98
350	600	7.29	6.96	2.20	17.01	20.09	4.56	193	501	874	24	18	14.84	2.31
350	700	7.75	6.96	2.60	18.09	21.36	4.84	204	545	930	25	19	14.84	2.31
350	800	8.21	6.96	3.01	19.18	22.64	5.14	214	590	985	26	20	14.84	2.31
400	600	8.39	7.69	2.37	19.03	22.58	5.12	182	592	1007	25	19	16.96	2.64
400	700	8.92	7.69	2.80	20.23	24.00	5.44	190	641	1070	26	20	16.96	2.64
400	800	9.46	7.69	3.24	21.44	25.44	5.77	198	692	1135	26	21	16.96	2.64
450	600	9.59	8.40	2.53	21.12	25.18	5.71	176	686	1151	28	19	19.08	2.97
450	700	10.20	8.40	2.99	22.46	26.78	6.07	182	742	1224	28	20	19.08	2.97
450	800	10.82	8.40	3.46	23.81	28.40	6.44	187	799	1298	29	21	19.08	2.97
500	600	10.93	9.09	2.69	23.32	27.96	6.34	175	785	1311	28	20	21.20	3.30
500	700	11.63	9.09	3.18	24.81	29.74	6.75	179	848	1395	28	20	21.20	3.30
500	800	12.33	9.09	3.68	26.32	31.55	7.16	182	913	1480	29	21	21.20	3.30
550	600	12.42	9.77	2.84	25.67	30.95	7.02	180	891	1490	28	20	23.32	3.63
550	700	13.22	9.77	3.37	27.33	32.95	7.47	183	963	1587	28	20	23.32	3.63
550	800	14.04	9.77	3.90	29.02	34.99	7.94	185	1035	1685	29	21	23.32	3.63
600	600	14.11	10.43	3.00	28.23	34.24	7.77	193	1007	1694	28	20	25.44	3.96
600	700	15.05	10.43	3.55	30.09	36.50	8.28	194	1088	1805	28	21	25.44	3.96
600	800	15.99	10.43	4.11	31.98	38.79	8.80	195	1170	1919	29	21	25.44	3.96
Small-breed growing females														
100	400	2.41	2.72	0.91	6.34	7.35	1.67	249	38	386	15	8	4.24	0.66
100	500	2.64	2.72	1.16	6.92	8.03	1.82	275	59	422	16	8	4.24	0.66
100	600	2.86	2.72	1.40	7.51	8.71	1.98	300	80	458	17	9	4.24	0.66
150	400	3.31	3.69	1.09	8.39	9.78	2.22	222	129	512	17	10	6.36	0.99
150	500	3.60	3.69	1.39	9.12	10.63	2.41	243	156	567	18	11	6.36	0.99
150	600	3.89	3.69	1.69	9.86	11.50	2.61	263	185	622	19	11	6.36	0.99
200	400	4.24	4.57	1.26	10.38	12.16	2.76	201	217	513	19	13	8.48	1.32

Live Weight, kg	Gain, g	Dry Matter Intake[a], kg	Energy					Protein			Minerals		Vitamins	
			NEm, Mcal	NEg, Mcal	ME, Mcal	DE, Mcal	TDN, kg	UIP, g	DIP, g	CP, g	Ca, g	P, g	A, 1000 IU	D, 1000 IU
200	500	4.60	4.57	1.60	11.25	13.19	2.99	217	251	562	20	13	8.48	1.32
200	600	4.96	4.57	1.95	12.14	14.23	3.23	232	286	611	20	14	8.48	1.32
250	400	5.24	5.41	1.41	12.36	14.57	3.30	185	305	629	21	15	10.60	1.65
250	500	5.68	5.41	1.80	13.38	15.78	3.58	197	346	681	21	16	10.60	1.65
250	600	6.12	5.41	2.20	14.43	17.01	3.86	209	389	735	22	16	10.60	1.65
300	400	6.34	6.20	1.56	14.38	17.06	3.87	176	395	761	22	16	12.72	1.98
300	500	6.87	6.20	1.99	15.57	18.48	4.19	184	445	824	23	17	12.72	1.98
300	600	7.40	6.20	2.43	16.79	19.92	4.52	192	495	888	23	17	12.72	1.98
350	400	7.57	6.96	1.71	16.50	19.71	4.47	173	490	909	23	17	14.84	2.31
350	500	8.20	6.96	2.18	17.87	21.35	4.84	178	548	985	23	18	14.84	2.31
350	600	8.85	6.96	2.66	19.28	23.03	5.22	183	608	1062	24	18	14.84	2.31
400	400	8.98	7.69	1.84	18.77	22.58	5.12	177	592	1078	24	18	16.96	2.64
400	500	9.74	7.69	2.35	20.36	24.50	5.56	181	661	1169	24	19	16.96	2.64
400	600	10.52	7.69	2.87	21.98	26.45	6.00	183	730	1263	25	19	16.96	2.64
450	400	10.64	8.40	1.98	21.27	25.80	5.85	191	706	1276	27	18	19.08	2.97
450	500	11.56	8.40	2.52	23.12	28.04	6.36	193	786	1387	28	19	19.08	2.97
450	600	12.50	8.40	3.08	25.01	30.33	6.88	194	867	1500	28	19	19.08	2.97
Large-breed growing males														
100	800	2.80	2.72	1.42	7.48	8.66	1.96	401	65	448	18	10	4.24	0.66
100	900	2.97	2.72	1.60	7.92	9.16	2.08	433	79	475	19	10	4.24	0.66
100	1000	3.13	2.72	1.79	8.36	9.67	2.19	465	93	501	20	11	4.24	0.66
150	800	3.60	3.69	1.64	9.52	11.03	2.50	364	155	576	20	12	6.36	0.99
150	900	3.80	3.69	1.85	10.03	11.63	2.64	393	172	607	21	13	6.36	0.99
150	1000	3.99	3.69	2.07	10.55	12.22	2.77	422	190	639	22	13	6.36	0.99
200	800	4.43	4.57	1.84	11.48	13.34	3.03	333	241	709	22	15	8.48	1.32
200	900	4.66	4.57	2.08	12.06	14.02	3.18	359	262	745	23	15	8.48	1.32
200	1000	4.89	4.57	2.33	12.66	14.71	3.34	385	284	782	24	16	8.48	1.32
250	800	5.27	5.41	2.03	13.37	15.58	3.53	305	325	778	24	17	10.60	1.65
250	900	5.53	5.41	2.30	14.03	16.35	3.71	329	350	837	25	18	10.60	1.65
250	1000	5.80	5.41	2.57	14.70	17.13	3.89	352	375	897	26	18	10.60	1.65
300	800	6.13	6.20	2.21	15.22	17.80	4.04	281	408	771	25	19	12.72	1.98
300	900	6.43	6.20	2.51	15.96	18.66	4.23	302	436	827	25	19	12.72	1.98
300	1000	6.73	6.20	2.80	16.70	19.53	4.43	323	464	884	26	20	12.72	1.98
350	800	7.02	6.96	2.38	17.06	20.02	4.54	261	490	843	26	20	14.84	2.31
350	900	7.36	6.96	2.70	17.88	20.98	4.76	280	522	883	26	20	14.84	2.31
350	1000	7.70	6.96	3.02	18.70	21.94	4.98	298	554	924	27	21	14.84	2.31
400	800	7.96	7.69	2.55	18.91	22.27	5.05	244	572	955	26	21	16.96	2.64
400	900	8.34	7.69	2.89	19.80	23.32	5.29	260	608	1001	27	21	16.96	2.64
400	1000	8.72	7.69	3.24	20.71	24.39	5.53	277	644	1046	28	22	16.96	2.64
450	800	8.95	8.40	2.71	20.78	24.56	5.57	230	656	1074	29	21	19.08	2.97
450	900	9.37	8.40	3.08	21.76	25.72	5.83	245	696	1125	29	22	19.08	2.97
450	1000	9.80	8.40	3.44	22.75	26.89	6.10	259	736	1176	29	23	19.08	2.97
500	800	10.00	9.09	2.87	22.69	26.92	6.11	220	742	1201	29	21	21.20	3.30
500	900	10.48	9.09	3.25	23.76	28.19	6.39	233	786	1257	29	22	21.20	3.30
500	1000	10.95	9.09	3.64	24.84	29.47	6.68	246	830	1314	29	23	21.20	3.30
550	800	11.14	9.77	3.02	24.66	29.38	6.66	213	831	1336	29	21	23.32	3.63
550	900	11.66	9.77	3.43	25.82	30.76	6.98	225	879	1399	29	22	23.32	3.63
550	1000	12.19	9.77	3.84	27.00	32.16	7.29	236	927	1463	30	23	23.32	3.63
600	800	12.36	10.43	3.17	26.71	31.95	7.25	211	923	1483	29	21	25.44	3.96
600	900	12.95	10.43	3.60	27.97	33.47	7.59	221	976	1554	29	22	25.44	3.96
600	1000	13.54	10.43	4.03	29.25	34.99	7.94	231	1029	1624	30	23	25.44	3.96
650	800	13.69	11.07	3.32	28.86	34.67	7.86	212	1020	1643	29	21	27.56	4.29
650	900	14.35	11.07	3.77	30.24	36.33	8.24	222	1078	1722	29	22	27.56	4.29
650	1000	15.01	11.07	4.22	31.63	38.00	8.62	230	1137	1801	30	23	27.56	4.29
700	800	15.16	11.70	3.46	31.14	37.59	8.52	219	1124	1820	29	22	29.68	4.62
700	900	15.90	11.70	3.93	32.64	39.40	8.94	227	1187	1907	29	22	29.68	4.62
700	1000	16.63	11.70	4.40	34.16	41.23	9.35	235	1252	1996	30	23	29.68	4.62
750	800	16.79	12.33	3.60	33.59	40.73	9.24	232	1235	2015	29	22	31.80	4.95
750	900	17.62	12.33	4.09	35.23	42.73	9.69	239	1305	2114	29	23	31.80	4.95
750	1000	18.45	12.33	4.58	36.89	44.74	10.15	246	1376	2213	30	23	31.80	4.95
800	800	17.56	12.94	3.74	35.12	42.59	9.66	216	1303	2107	29	22	33.92	5.28
800	900	18.41	12.94	4.25	36.83	44.67	10.13	221	1377	2210	29	23	33.92	5.28
800	1000	19.28	12.94	4.76	38.55	46.76	10.61	227	1451	2313	30	23	33.92	5.28

Live Weight, kg	Gain, g	Dry Matter Intake[a], kg	Energy: NEm, Mcal	NEg, Mcal	ME, Mcal	DE, Mcal	TDN, kg	Protein: UIP, g	DIP, g	CP, g	Minerals: Ca, g	P, g	Vitamins: A, 1000 IU	D, 1000 IU
Small-breed growing males														
100	500	2.45	2.72	1.02	6.54	7.56	1.72	287	41	392	16	8	4.24	0.66
100	600	2.64	2.72	1.23	7.04	8.15	1.85	316	58	422	17	9	4.24	0.66
100	700	2.83	2.72	1.45	7.55	8.74	1.98	345	75	453	18	9	4.24	0.66
150	500	3.28	3.69	1.20	8.55	9.92	2.25	257	129	525	18	11	6.36	0.99
150	600	3.52	3.69	1.46	9.16	10.64	2.41	282	151	563	19	11	6.36	0.99
150	700	3.76	3.69	1.71	9.78	11.36	2.58	306	174	601	19	12	6.36	0.99
200	500	4.12	4.57	1.37	10.45	12.18	2.76	232	213	573	20	13	8.48	1.32
200	600	4.40	4.57	1.66	11.17	13.02	2.95	252	241	629	20	14	8.48	1.32
200	700	4.69	4.57	1.96	11.90	13.87	3.15	273	268	684	21	14	8.48	1.32
250	500	4.99	5.41	1.53	12.31	14.41	3.27	210	296	598	21	16	10.60	1.65
250	600	5.32	5.41	1.86	13.14	15.38	3.49	228	328	638	22	16	10.60	1.65
250	700	5.66	5.41	2.19	13.97	16.35	3.71	245	361	679	23	17	10.60	1.65
300	500	5.89	6.20	1.68	14.15	16.64	3.77	193	378	707	23	17	12.72	1.98
300	600	6.28	6.20	2.04	15.09	17.74	4.02	207	415	754	23	17	12.72	1.98
300	700	6.68	6.20	2.41	16.04	18.85	4.28	221	453	801	24	18	12.72	1.98
350	500	6.86	6.96	1.82	16.01	18.91	4.29	180	461	823	23	18	14.84	2.31
350	600	7.31	6.96	2.22	17.06	20.15	4.57	191	503	877	24	18	14.84	2.31
350	700	7.76	6.96	2.62	18.13	21.41	4.86	203	547	932	25	19	14.84	2.31
400	500	7.90	7.69	1.96	17.91	21.25	4.82	171	545	947	24	19	16.96	2.64
400	600	8.41	7.69	2.39	19.08	22.64	5.14	180	594	1010	25	19	16.96	2.64
400	700	8.94	7.69	2.82	20.27	24.06	5.46	189	644	1073	26	20	16.96	2.64
450	500	9.03	8.40	2.10	19.87	23.70	5.37	166	634	1083	28	19	19.08	2.97
450	600	9.62	8.40	2.55	21.18	25.26	5.73	174	689	1155	28	19	19.08	2.97
450	700	10.23	8.40	3.01	22.51	26.84	6.09	180	744	1227	28	20	19.08	2.97
500	500	10.28	9.09	2.23	21.93	26.29	5.96	167	726	1233	28	19	21.20	3.30
500	600	10.96	9.09	2.71	23.39	28.04	6.36	173	788	1315	28	20	21.20	3.30
500	700	11.65	9.09	3.20	24.87	29.81	6.76	177	851	1398	28	20	21.20	3.30
550	500	11.67	9.77	2.36	24.12	29.08	6.60	174	825	1400	28	19	23.32	3.63
550	600	12.46	9.77	2.87	25.75	31.05	7.04	178	895	1495	28	20	23.32	3.63
550	700	13.26	9.77	3.39	27.40	33.03	7.49	181	966	1591	28	20	23.32	3.63
600	500	13.25	10.43	2.48	26.50	32.14	7.29	187	933	1590	28	19	25.44	3.96
600	600	14.16	10.43	3.02	28.32	34.35	7.79	190	1012	1699	28	20	25.44	3.96
600	700	15.08	10.43	3.57	30.17	36.59	8.30	192	1091	1810	28	21	25.44	3.96
Maintenance of mature breeding bulls														
500	—	7.89	9.09	—	15.79	19.15	4.34	161	472	789	20	12	21.20	3.30
600	—	9.05	10.43	—	18.10	21.95	4.98	155	573	905	24	15	25.44	3.96
700	—	10.16	11.70	—	20.32	24.64	5.59	148	670	1016	28	18	29.68	4.62
800	—	11.23	12.94	—	22.46	27.24	6.18	142	764	1123	32	20	33.92	5.28
900	—	12.27	14.13	—	24.53	29.76	6.75	135	854	1227	36	22	38.16	5.94
1000	—	13.28	15.29	—	26.55	32.20	7.30	129	943	1328	41	25	42.40	6.60
1100	—	14.26	16.43	—	28.52	34.59	7.85	122	1029	1426	45	28	46.64	7.26
1200	—	15.22	17.53	—	30.44	36.92	8.37	115	1113	1522	49	30	50.88	7.92
1300	—	16.16	18.62	—	32.32	39.21	8.89	108	1196	1616	53	32	55.12	8.58
1400	—	17.09	19.68	—	34.17	41.45	9.40	102	1277	1709	57	35	59.36	9.24

Note: The following abbreviations were used: NEm, net energy for maintenance; NEg, net energy for gain; ME, metabolizable energy; DE, digestible energy; TDN, total digestible nutrients; UIP, undegraded intake protein; DIP, degraded intake protein; CP, crude protein.

[a]The data for DMI are not requirements per se, unlike the requirements for net energy maintenance, net energy gain, and absorbed protein. They are not intended to be estimates of voluntary intake but are consistent with the specified dietary energy concentrations. The use of diets with decreased energy concentrations will increase dry-matter intake needs; metabolizable energy, digestible energy, and total digestible nutrient needs; and crude protein needs. The use of diets with increased energy concentrations will have opposite effects on these needs.

표 31. 비유 및 임신 암소의 일일 영양소 요구량

Live Weight, kg	Energy NEℓ, Mcal	Energy ME, Mcal	Energy DE, Mcal	Energy TDN, kg	Total Crude Protein, g	Minerals Ca, g	Minerals P, g	Vitamins A, 1000 IU	Vitamins D, 1000 IU
Maintenance of mature lactating cows[a]									
400	7.16	12.01	13.80	3.13	318	16	11	30	12
450	7.82	13.12	15.08	3.42	341	18	13	34	14
500	8.46	14.20	16.32	3.70	364	20	14	38	15
550	9.09	15.25	17.53	3.97	386	22	16	42	17
600	9.70	16.28	18.71	4.24	406	24	17	46	18
650	10.30	17.29	19.86	4.51	428	26	19	49	20
700	10.89	18.28	21.00	4.76	449	28	20	53	21
750	11.47	19.25	22.12	5.02	468	30	21	57	23
800	12.03	20.20	23.21	5.26	486	32	23	61	24
Maintenance plus last 2 months of gestation of mature dry cows[b]									
400	9.30	15.26	18.23	4.15	890	26	16	30	12
450	10.16	16.66	19.91	4.53	973	30	18	34	14
500	11.00	18.04	21.55	4.90	1,053	33	20	38	15
550	11.81	19.37	23.14	5.27	1,131	36	22	42	17
600	12.61	20.68	24.71	5.62	1,207	39	24	46	18
650	13.39	21.96	26.23	5.97	1,281	43	26	49	20
700	14.15	23.21	27.73	6.31	1,355	46	28	53	21
750	14.90	24.44	29.21	6.65	1,427	49	30	57	23
800	15.64	25.66	30.65	6.98	1,497	53	32	61	24
Milk production—nutrients/kg of milk of different fat percentages									
(Fat %)									
3.0	0.64	1.07	1.23	0.280	78	2.73	1.68	—	—
3.5	0.69	1.15	1.33	0.301	84	2.97	1.83	—	—
4.0	0.74	1.24	1.42	0.322	90	3.21	1.98	—	—
4.5	0.78	1.32	1.51	0.343	96	3.45	2.13	—	—
5.0	0.83	1.40	1.61	0.364	101	3.69	2.28	—	—
5.5	0.88	1.48	1.70	0.385	107	3.93	2.43	—	—
Liveweight change during lactation—nutrients/kg of weight change[c]									
Weight loss	−4.92	−8.25	−9.55	−2.17	−320	—	—	—	—
Weight gain	5.12	8.55	9.96	2.26	320	—	—	—	—

Note: The following abbreviations were used: NEℓ, net energy for lactation; ME, metabolizable energy; DE, digestible energy; TDN, total digestible nutrients.

[a]To allow for growth of young lactating cows, increase the maintenance allowances for all nutrients except vitamins A and D by 20% during the first lactation and 10% during the second lactation.

[b]Values for calcium assume that the cow is in calcium balance at the beginning of the last 2 months of gestation. If the cow is not in balance, then the calcium requirement can be increased from 25 to 33%.

[c]No allowance is made for mobilized calcium and phosphorus associated with liveweight loss or with liveweight gain. The maximum daily nitrogen available from weight loss is assumed to be 30 g or 234 g of crude protein.

표 32. 흡수가능 단백질(absorbable protein)을 사용한 비유 젖소의 일일 영양소 요구량

Live Weight, kg	Fat, %	Milk, kg	Live Weight Change, kg	Dry Matter Intake, kg	Energy			Protein		Minerals	
					NEℓ, Mcal/kg DM	NEℓ, Mcal	TDN, kg	UIP, g	DIP, g	Ca, g	P, g
Intake at 100% of the requirement for maintenance, lactation, and weight gain											
400	4.5	8.0	0.220	10.14	1.43	14.55	6.44	511	753	44	28
400	4.5	14.0	0.220	12.66	1.52	19.26	8.48	710	1052	65	41
400	4.5	20.0	0.220	14.91	1.61	23.96	10.51	880	1355	85	54
400	4.5	26.0	0.220	16.94	1.69	28.67	12.54	1026	1662	106	67
400	4.5	32.0	0.220	19.41	1.72	33.37	14.58	1220	1962	127	80
400	5.0	8.0	0.220	10.36	1.44	14.94	6.60	525	778	46	30
400	5.0	14.0	0.220	13.00	1.53	19.93	8.77	730	1096	68	43
400	5.0	20.0	0.220	15.35	1.62	24.93	10.93	902	1419	90	57
400	5.0	26.0	0.220	17.44	1.72	29.92	13.07	1048	1745	112	71
400	5.0	32.0	0.220	20.30	1.72	34.91	15.25	1277	2061	134	84
400	5.5	8.0	0.220	10.57	1.45	15.32	6.77	538	803	48	31
400	5.5	14.0	0.220	13.33	1.55	20.61	9.07	748	1140	71	45
400	5.5	20.0	0.220	15.77	1.64	25.89	11.34	923	1483	95	60
400	5.5	26.0	0.220	18.13	1.72	31.17	13.62	1091	1826	118	75
400	5.5	32.0	0.220	21.20	1.72	36.45	15.92	1334	2160	142	89
500	4.0	9.0	0.275	11.59	1.42	16.49	7.30	540	883	49	32
500	4.0	17.0	0.275	14.78	1.51	22.38	9.86	797	1257	75	48
500	4.0	25.0	0.275	17.62	1.61	28.27	12.40	1015	1635	101	64
500	4.0	33.0	0.275	20.14	1.70	34.15	14.93	1201	2018	126	80
500	4.0	41.0	0.275	23.29	1.72	40.04	17.49	1453	2392	152	95
500	4.5	9.0	0.275	11.84	1.43	16.92	7.49	556	911	51	33
500	4.5	17.0	0.275	15.20	1.53	23.20	10.21	821	1310	79	50
500	4.5	25.0	0.275	18.16	1.62	29.47	12.92	1043	1715	107	68
500	4.5	33.0	0.275	20.79	1.72	35.74	15.61	1230	2124	134	85
500	4.5	41.0	0.275	24.44	1.72	42.02	18.35	1526	2519	162	102
500	5.0	9.0	0.275	12.08	1.44	17.36	7.68	571	939	53	35
500	5.0	17.0	0.275	15.60	1.54	24.01	10.57	844	1364	83	53
500	5.0	25.0	0.275	18.68	1.64	30.67	13.44	1069	1795	113	71
500	5.0	33.0	0.275	21.71	1.72	37.33	16.31	1289	2226	142	89
500	5.0	41.0	0.275	25.58	1.72	43.99	19.21	1599	2646	172	108
600	3.0	10.0	0.330	12.52	1.42	17.79	7.87	533	974	52	34
600	3.0	20.0	0.330	16.20	1.49	24.18	10.67	845	1375	79	51
600	3.0	30.0	0.330	19.37	1.58	30.58	13.43	1102	1784	106	68
600	3.0	40.0	0.330	22.21	1.67	36.98	16.19	1323	2198	133	84
600	3.0	50.0	0.330	25.23	1.72	43.38	18.95	1565	2608	161	101
600	3.5	10.0	0.330	12.86	1.42	18.27	8.08	557	1004	54	35
600	3.5	20.0	0.330	16.70	1.51	25.15	11.08	874	1438	84	54
600	3.5	30.0	0.330	20.04	1.60	32.03	14.06	1137	1879	113	72
600	3.5	40.0	0.330	23.00	1.69	38.90	17.01	1360	2326	143	90
600	3.5	50.0	0.330	26.63	1.72	45.78	20.00	1654	2763	173	109
600	4.0	10.0	0.330	13.20	1.42	18.75	8.30	581	1034	56	37
600	4.0	20.0	0.330	17.19	1.52	26.11	11.50	902	1501	89	57
600	4.0	30.0	0.330	20.69	1.62	33.47	14.68	1170	1975	121	77
600	4.0	40.0	0.330	23.78	1.72	40.83	17.84	1395	2454	153	96
600	4.0	50.0	0.330	28.03	1.72	48.19	21.05	1744	2918	185	116
700	3.0	12.0	0.385	14.46	1.42	20.54	9.09	607	1154	61	40
700	3.0	24.0	0.385	18.75	1.50	28.21	12.44	968	1638	94	60
700	3.0	36.0	0.385	22.48	1.60	35.89	15.76	1269	2129	127	81
700	3.0	48.0	0.385	25.80	1.69	43.57	19.05	1525	2627	159	101
700	3.0	60.0	0.385	29.81	1.72	51.25	22.39	1857	3114	192	121
700	3.5	12.0	0.385	14.86	1.42	21.11	9.34	636	1190	64	42
700	3.5	24.0	0.385	19.34	1.52	29.37	12.94	1002	1713	100	64
700	3.5	36.0	0.385	23.26	1.62	37.62	16.50	1309	2244	135	86
700	3.5	48.0	0.385	26.72	1.72	45.88	20.04	1567	2781	171	108
700	3.5	60.0	0.385	31.48	1.72	54.13	23.65	1964	3300	207	130
700	4.0	12.0	0.385	15.20	1.43	21.69	9.60	658	1227	67	44
700	4.0	24.0	0.385	19.92	1.53	30.52	13.44	1035	1789	105	68

Live Weight, kg	Fat, %	Milk, kg	Live Weight Change, kg	Dry Matter Intake, kg	Energy			Protein		Minerals	
					NEℓ, Mcal/kg DM	NEℓ, Mcal	TDN, kg	UIP, g	DIP, g	Ca, g	P, g
700	4.0	36.0	0.385	24.02	1.64	39.35	17.25	1347	2359	144	91
700	4.0	48.0	0.385	28.03	1.72	48.19	21.05	1648	2930	182	115
700	4.0	60.0	0.385	33.16	1.72	57.02	24.91	2071	3485	221	139
800	3.0	14.0	0.440	16.36	1.42	23.24	10.29	682	1331	71	46
800	3.0	27.0	0.440	20.93	1.51	31.56	13.91	1064	1857	106	68
800	3.0	40.0	0.440	24.95	1.60	39.88	17.50	1388	2390	142	90
800	3.0	53.0	0.440	28.54	1.69	48.20	21.08	1665	2928	177	112
800	3.0	66.0	0.440	32.87	1.72	56.51	24.69	2022	3457	213	134
800	3.5	14.0	0.440	16.78	1.42	23.92	10.58	710	1374	74	49
800	3.5	27.0	0.440	21.59	1.52	32.86	14.47	1102	1942	113	72
800	3.5	40.0	0.440	25.82	1.62	41.80	18.33	1432	2517	151	96
800	3.5	53.0	0.440	29.57	1.72	50.75	22.17	1711	3099	190	120
800	3.5	66.0	0.440	34.72	1.72	59.69	26.07	2140	3661	228	144
800	4.0	14.0	0.440	17.17	1.43	24.59	10.88	734	1418	77	51
800	4.0	27.0	0.440	22.24	1.54	34.16	15.03	1139	2027	119	76
800	4.0	40.0	0.440	26.66	1.64	43.73	19.16	1474	2644	161	102
800	4.0	53.0	0.440	31.00	1.72	53.29	23.28	1800	3263	203	128
800	4.0	66.0	0.440	36.56	1.72	62.86	27.46	2259	3865	244	154
Intake at 85% of the requirement for maintenance and lactation											
400	4.5	20.0	−0.696	11.62	1.67	19.41	8.49	687	1066	85	54
400	4.5	26.0	−0.840	14.02	1.67	23.41	10.24	931	1310	106	67
400	4.5	32.0	−0.983	16.41	1.67	27.41	11.99	1187	1554	127	80
400	5.0	20.0	−0.726	12.11	1.67	20.23	8.85	720	1118	90	57
400	5.0	26.0	−0.878	14.65	1.67	24.47	10.71	987	1377	112	71
400	5.0	32.0	−1.030	17.20	1.67	28.72	12.56	1255	1635	134	84
400	5.5	20.0	−0.755	12.60	1.67	21.05	9.21	761	1169	95	60
400	5.5	26.0	−0.916	15.29	1.67	25.54	11.17	1042	1443	118	75
400	5.5	32.0	−1.077	17.98	1.67	30.03	13.14	1323	1717	142	89
500	4.0	25.0	−0.819	13.67	1.67	22.83	9.99	810	1286	101	64
500	4.0	33.0	−0.998	16.67	1.67	27.83	12.18	1134	1590	126	80
500	4.0	41.0	−1.178	19.66	1.67	32.84	14.37	1458	1894	152	95
500	4.5	25.0	−0.856	14.28	1.67	23.85	10.44	864	1350	107	68
500	4.5	33.0	−1.047	17.48	1.67	29.18	12.77	1205	1674	134	85
500	4.5	41.0	−1.238	20.67	1.67	34.52	15.10	1546	1998	162	102
500	5.0	25.0	−0.892	14.89	1.67	24.87	10.88	917	1414	113	71
500	5.0	33.0	−1.095	18.28	1.67	30.53	13.36	1275	1758	142	89
500	5.0	41.0	−1.298	21.67	1.67	36.19	15.83	1633	2103	172	108
600	3.0	30.0	−0.881	14.71	1.67	24.56	10.74	860	1399	106	68
600	3.0	40.0	−1.076	17.96	1.67	30.00	13.12	1223	1728	133	84
600	3.0	50.0	−1.271	21.22	1.67	35.44	15.50	1585	2057	161	101
600	3.5	30.0	−0.925	15.44	1.67	25.79	11.28	924	1476	113	72
600	3.5	40.0	−1.135	18.94	1.67	31.63	13.84	1308	1830	143	90
600	3.5	50.0	−1.344	22.44	1.67	37.48	16.40	1692	2184	173	109
600	4.0	30.0	−0.969	16.17	1.67	27.01	11.82	988	1552	121	77
600	4.0	40.0	−1.193	19.92	1.67	33.27	14.55	1393	1932	153	96
600	4.0	50.0	−1.418	23.67	1.67	39.52	17.29	1798	2311	185	116
700	3.0	36.0	−1.034	17.26	1.67	28.83	12.61	1054	1669	127	81
700	3.0	48.0	−1.268	21.17	1.67	35.36	15.47	1489	2064	159	101
700	3.0	60.0	−1.502	25.08	1.67	41.88	18.32	1924	2458	192	121
700	3.5	36.0	−1.087	18.15	1.67	30.30	13.26	1131	1761	135	86
700	3.5	48.0	−1.339	22.35	1.67	37.32	16.33	1591	2186	171	108
700	3.5	60.0	−1.590	26.55	1.67	44.34	19.40	2052	2611	207	130
700	4.0	36.0	−1.140	19.03	1.67	31.78	13.90	1208	1853	144	91
700	4.0	48.0	−1.409	23.52	1.67	39.28	17.19	1694	2308	182	115
700	4.0	60.0	−1.678	28.02	1.67	46.79	20.47	2180	2764	221	139
800	3.0	40.0	−1.147	19.15	1.67	31.98	13.99	1176	1871	142	90
800	3.0	50.0	−1.342	22.41	1.67	37.42	16.37	1538	2200	169	107
800	3.0	60.0	−1.537	25.66	1.67	42.86	18.75	1900	2529	196	124
800	3.5	40.0	−1.206	20.13	1.67	33.62	14.71	1261	1973	151	96

Live Weight, kg	Fat, %	Milk, kg	Live Weight Change, kg	Dry Matter Intake, kg	Energy NEℓ, Mcal/kg DM	Energy NEℓ, Mcal	Energy TDN, kg	Protein UIP, g	Protein DIP, g	Minerals Ca, g	Minerals P, g
800	3.5	50.0	−1.416	23.63	1.67	39.46	17.27	1645	2327	181	114
800	3.5	60.0	−1.625	27.13	1.67	45.31	19.82	2028	2682	211	133
800	4.0	40.0	−1.264	21.11	1.67	35.25	15.42	1346	2075	161	102
800	4.0	50.0	−1.489	24.86	1.67	41.51	18.16	1751	2455	193	122
800	4.0	60.0	−1.713	28.60	1.67	47.76	20.90	2156	2835	225	142

Note: The following abbreviations were used: NEℓ, Mcal/kg DM net energy for lactation/kg of dry matter; NEℓ, net energy for lactation; TDN, total digestible nutrients; UIP, undegraded intake protein; DIP, degraded intake protein.

표 33. 비유 중기, 후기 동안 유지, 유생산 및 정상적인 체중 증체용 영양소 할당량을 채우기 위한 건물 섭취 요구량

4% FCM,[a] kg	Live Weight,[b,c] kg 400	500	600	700	800
10	2.7	2.4	2.2	2.0	1.9
15	3.2	2.8	2.6	2.3	2.2
20	3.6	3.2	2.9	2.6	2.4
25	4.0	3.5	3.2	2.9	2.7
30	4.4	3.9	3.5	3.2	2.9
35	5.0	4.2	3.7	3.4	3.1
40	5.5	4.6	4.0	3.6	3.3
45	—	5.0	4.3	3.8	3.5
50	—	5.4	4.7	4.1	3.7
55	—	—	5.0	4.4	4.0
60	—	—	5.4	4.8	4.3

Note: The following assumptions were made in calculating DMI requirements shown in this table:

1. The reference cow used for the calculations weighed 600 kg and produced milk with 4% milk fat. Other live weights in the table and corresponding fat percentages were 400 kg and 5%; 500 kg and 4.5%; and 700 and 800 kg and 3.5% fat.
2. The concentrations of energy in the diet for the cow was 1.42 Mcal of NEℓ/kg of DM for milk yields equal to or less than 10 kg/d. It increased linearly to 1.72 Mcal of NEℓ/kg for milk yields equal to or greater than 40 kg/d.
3. The energy concentrations of the diets for all other cows were assumed to change linearly as their energy requirements for milk production, relative to maintenance, changed in a manner identical to that of the 600-kg cow as she increased in milk yield from 10 to 40 kg/d.
4. Enough DM to provide sufficient energy for cows to gain 0.055% of their body weight daily was also included in the total. If cows do not consume as much DM as they require, as calculated in this table, their energy intake will be less than their requirements. The result will be a loss of body weight, reduced milk yields, or both. If cows consume more DM than what is projected as required from the table, the energy concentration of their diet should be reduced or they may become overly fat.

[a] 4% fat-corrected milk (kg) = (0.4) (kg of milk) + (15) (kg of milk fat).

[b] The probable DMI may be up to 18% less in early lactation.

[c] DMI as a percentage of live weight may be 0.02% less per 1% increase in diet moisture content above 50% if fermented feeds constitute a major portion of the diet.

표 34. 젖소용 사료의 권장 영양소 함량

Cow wt, kg / Fat, % / Wt gain, kg/d	Lactating Cow Diets, Milk Yield, kg/d					Early lactation, wks 0-3	Dry, pregnant cows	Calf milk replacer	Calf starter mix	Growing Heifers and Bulls[a]			Mature bulls	Maximum tolerable levels[b,c]
										3-6 mos	6-12 mos	12 mos		
400 5.0 0.220	7	13	20	26	33									
500 4.5 0.275	8	17	25	33	41									
600 4.0 0.330	10	20	30	40	50									
700 3.5 0.385	12	24	36	48	60									
800 3.5 0.440	13	27	40	53	67									
Energy														
NEℓ, Mcal/kg	1.42	1.52	1.62	1.72	1.72	1.67	1.25	—	—	—	—	—	—	—
NEm, Mcal/kg	—	—	—	—	—	—	—	2.40	1.90	1.70	1.58	1.40	1.15	—
NEg, Mcal/kg	—	—	—	—	—	—	—	1.55	1.20	1.08	0.98	0.82	—	—
ME, Mcal/kg	2.35	2.53	2.71	2.89	2.89	2.80	2.04	3.78	3.11	2.60	2.47	2.27	2.00	—
DE, Mcal/kg	2.77	2.95	3.13	3.31	3.31	3.22	2.47	4.19	3.53	3.02	2.89	2.69	2.43	—
TDN, % of DM	63	67	71	75	75	73	56	95	80	69	66	61	55	—
Protein equivalent														
Crude protein, %	12	15	16	17	18	19	12	22	18	16	12	12	10	—
UIP, %	4.4	5.2	5.7	5.9	6.2	7.0	—	—	—	8.2	4.4	2.1	—	—
DIP, %	7.8	8.7	9.6	10.3	10.4	9.7	—	—	—	4.6	6.4	7.2	—	—
Fiber content (min.)[d]														
Crude fiber, %	17	17	17	15	15	17	22	—	—	13	15	15	15	—
Acid detergent fiber, %	21	21	21	19	19	21	27	—	—	16	19	19	19	—
Neutral detergent fiber, %	28	28	28	25	25	28	35	—	—	23	25	25	25	—
Ether extract (min.), %	3	3	3	3	3	3	3	10	3	3	3	3	3	—
Minerals														
Calcium, %	0.43	0.51	0.58	0.64	0.66	0.77	0.39[e]	0.70	0.60	0.52	0.41	0.29	0.30	2.00
Phosphorus, %	0.28	0.33	0.37	0.41	0.41	0.48	0.24	0.60	0.40	0.31	0.30	0.23	0.19	1.00
Magnesium, %[f]	0.20	0.20	0.20	0.25	0.25	0.25	0.16	0.07	0.10	0.16	0.16	0.16	0.16	0.50
Potassium, %[g]	0.90	0.90	0.90	1.00	1.00	1.00	0.65	0.65	0.65	0.65	0.65	0.65	0.65	3.00
Sodium, %	0.18	0.18	0.18	0.18	0.18	0.18	0.10	0.10	0.10	0.10	0.10	0.10	0.10	—
Chlorine, %	0.25	0.25	0.25	0.25	0.25	0.25	0.20	0.20	0.20	0.20	0.20	0.20	0.20	—
Sulfur, %	0.20	0.20	0.20	0.20	0.20	0.25	0.16	0.29	0.20	0.16	0.16	0.16	0.16	0.40
Iron, ppm	50	50	50	50	50	50	50	100	50	50	50	50	50	1000
Cobalt, ppm	0.10	0.10	0.10	0.10	0.10	0.10	0.10	0.10	0.10	0.10	0.10	0.10	0.10	10.00
Copper, ppm[h]	10	10	10	10	10	10	10	10	10	10	10	10	10	100
Manganese, ppm	40	40	40	40	40	40	40	40	40	40	40	40	40	1000
Zinc, ppm	40	40	40	40	40	40	40	40	40	40	40	40	40	500
Iodine, ppm[i]	0.60	0.60	0.60	0.60	0.60	0.60	0.25	0.25	0.25	0.25	0.25	0.25	0.25	50.00[j]
Selenium, ppm	0.30	0.30	0.30	0.30	0.30	0.30	0.30	0.30	0.30	0.30	0.30	0.30	0.30	2.00

Cow wt, kg	Fat, %	Wt gain, kg/d	Lactating Cow Diets, Milk Yield, kg/d					Early lactation, wks 0-3	Dry, pregnant cows	Calf milk replacer	Calf starter mix	Growing Heifers and Bulls[a]			Mature bulls	Maximum tolerable levels[b,c]
												3-6 mos	6-12 mos	12 mos		
400	*5.0*	*0.220*	*7*	*13*	*20*	*26*	*33*									
500	*4.5*	*0.275*	*8*	*17*	*25*	*33*	*41*									
600	*4.0*	*0.330*	*10*	*20*	*30*	*40*	*50*									
700	*3.5*	*0.385*	*12*	*24*	*36*	*48*	*60*									
800	*3.5*	*0.440*	*13*	*27*	*40*	*53*	*67*									
Vitamins[k]																
A, IU/kg			3200	3200	3200	3200	3200	4000	4000	3800	2200	2200	2200	2200	3200	66,000
D, IU/kg			1000	1000	1000	1000	1000	1000	1200	600	300	300	300	300	300	10,000
E, IU/kg			15	15	15	15	15	15	15	40	25	25	25	25	15	2000

Note: The values presented in this table are intended as guidelines for the use of professionals in diet formulation. Because of the many factors affecting such values, they are not intended and should not be used as a legal or regulatory base.

[a]The approximate weight for growing heifer and bulls at 3–6 mos is 150 kg; at 6–12 mos, it is 250 kg; and at more than 12 mos, it is 400 kg. The approximate average daily gain is 700 g/d.

[b]The maximum safe levels for many of the mineral elements are not well defined and may be substantially affected by specific feeding conditions. Additional information is available in *Mineral Tolerance of Domestic Animals* (NRC, 1980).

[c]Vitamin tolerances are discussed in detail in *Vitamin Tolerance of Animals* (NRC, 1987).

[d]It is recommended that 75% of the NDF in lactating cow diets be provided as forage. If this recommendation is not followed, a depression in milk fat may occur.

[e]The value for calcium assumes that the cow is in calcium balance at the beginning of the dry period. If the cow is not in balance, then the dietary calcium requirement should be increased by 25–33%.

[f]Under conditions conducive to grass tetany (see text), magnesium should be increased to 0.25 or 0.30 %.

[g]Under conditions of heat stress, potassium should be increased to 1.2 %.

[h]The cow's copper requirement is influenced by molybdenum and sulfur in the diet.

[i]If the diet contains as much as 25 % strongly goitrogenic feed on a dry basis, the iodine provided should be increased two times or more.

[j]Although cattle can tolerate this level of iodine, lower levels may be desirable to reduce the iodine content of milk.

[k]The following minimum quantities of B-complex vitamins are suggested per unit of milk replacer: niacin, 2.6 ppm; pantothenic acid, 13 ppm; riboflavin, 6.5 ppm; pyridoxine, 6.5 ppm; folic acid, 0.5 ppm; biotin, 0.1 ppm; vitamin B_{12}, 0.07 ppm; thiamin, 6.5 ppm; and choline, 0.26 %. It appears that adequate amounts of these vitamins are furnished when calves have functional rumens (usually at 6 weeks of age) by a combination of rumen synthesis and natural feedstuffs.

4. 축우(beef cattle)의 영양소 요구량(1984)

표 35. 육성 및 비육후기 축우의 정미에너지 요구량(Mcal/일)

Body Weight, kg:	*150*	*200*	*250*	*300*	*350*	*400*	*450*	*500*	*550*	*600*
NEm Required:	*3.30*	*4.10*	*4.84*	*5.55*	*6.24*	*6.89*	*7.52*	*8.14*	*8.75*	*9.33*
Daily gain, kg	NEg Required									
Medium-frame steer calves										
0.2	0.41	0.50	0.60	0.69	0.77	0.85	0.93	1.01	1.08	
0.4	0.87	1.08	1.28	1.47	1.65	1.82	1.99	2.16	2.32	
0.6	1.36	1.69	2.00	2.29	2.57	2.84	3.11	3.36	3.61	
0.8	1.87	2.32	2.74	3.14	3.53	3.90	4.26	4.61	4.95	
1.0	2.39	2.96	3.50	4.02	4.51	4.98	5.44	5.89	6.23	
1.2	2.91	3.62	4.28	4.90	5.50	6.69	6.65	7.19	7.73	
Large-frame steers, compensating medium-frame yearling steers, and medium-frame bulls										
0.2	0.36	0.45	0.53	0.61	0.68	0.75	0.82	0.89	0.96	1.02
0.4	0.77	0.96	1.13	1.30	1.46	1.61	1.76	1.91	2.05	2.19
0.6	1.21	1.50	1.77	2.03	2.28	2.52	2.75	2.98	3.20	3.41
0.8	1.65	2.06	2.43	2.78	3.12	3.45	3.77	4.08	4.38	4.68
1.0	2.11	2.62	3.10	3.55	3.99	4.41	4.81	5.21	5.60	5.98
1.2	2.58	3.20	3.78	4.34	4.87	5.38	5.88	6.37	6.84	7.30
1.4	3.06	3.79	4.48	5.14	5.77	6.38	6.97	7.54	8.10	8.64
1.6	3.53	4.39	5.19	5.95	6.68	7.38	8.07	8.73	9.38	10.01
Large-frame bull calves and compensating large-frame yearling steers										
0.2	0.32	0.40	0.47	0.54	0.60	0.67	0.73	0.79	0.85	0.91
0.4	0.69	0.85	1.01	1.15	1.29	1.43	1.56	1.69	1.82	1.94
0.6	1.07	1.33	1.57	1.80	2.02	2.23	2.44	2.64	2.83	3.02
0.8	1.47	1.82	2.15	2.47	2.77	3.06	3.34	3.62	3.88	4.15
1.0	1.87	2.32	2.75	3.15	3.54	3.91	4.27	4.62	4.96	5.30
1.2	2.29	2.84	3.36	3.85	4.32	4.77	5.21	5.64	6.06	6.47
1.4	2.71	3.36	3.97	4.56	5.11	5.65	6.18	6.68	7.18	7.66
1.6	3.14	3.89	4.60	5.28	5.92	6.55	7.15	7.74	8.31	8.87
1.8	3.56	4.43	5.23	6.00	6.74	7.45	8.13	8.80	9.46	10.10
Medium-frame heifer calves										
0.2	0.49	0.60	0.71	0.82	0.92	1.01	1.11	1.20	1.29	
0.4	1.05	1.31	1.55	1.77	1.99	2.20	2.40	2.60	2.79	
0.6	1.66	2.06	2.44	2.79	3.13	3.46	3.78	4.10	4.40	
0.8	2.29	2.84	3.36	3.85	4.32	4.78	5.22	5.65	6.07	
1.0	2.94	3.65	4.31	4.94	5.55	6.14	6.70	7.25	7.79	
Large-frame heifer calves and compensating medium-frame yearling heifers										
0.2	0.43	0.53	0.63	0.72	0.81	0.90	0.98	1.06	1.14	1.21
0.4	0.93	1.16	1.37	1.57	1.76	1.95	2.13	2.31	2.47	2.64
0.6	1.47	1.83	2.16	2.47	2.78	3.07	3.35	3.63	3.90	4.16
0.8	2.03	2.62	2.98	3.41	3.83	4.24	4.63	5.01	5.38	5.74
1.0	2.61	3.23	3.82	4.38	4.92	5.44	5.94	6.43	6.91	7.37
1.2	3.19	3.97	4.69	5.37	5.03	6.67	7.28	7.88	8.47	9.03

표 36. 육성 및 비육후기 축우의 단백질 요구량(g/일)

Body Weight, kg:	*150*	*200*	*250*	*300*	*350*	*400*	*450*	*500*	*550*	*600*
Medium-frame steer calves										
Daily gain, kg										
0.2	343	399	450	499	545	590	633	675	715	
0.4	428	482	532	580	625	668	710	751	790	
0.6	503	554	601	646	688	728	767	805	842	
0.8	575	621	664	704	743	780	815	849	883	
1.0	642	682	720	755	789	821	852	882	911	
1.2	702	735	766	794	822	848	873	897	921	
Large-frame steer calves and compensating medium-frame yearling steers										
0.2	361	421	476	529	579	627	673	719	762	805
0.4	441	499	552	603	651	697	742	785	827	867
0.6	522	576	628	676	722	766	809	850	890	930
0.8	598	650	698	743	786	828	867	906	944	980
1.0	671	718	762	804	843	881	918	953	988	1021
1.2	740	782	822	859	895	929	961	993	1023	1053
1.4	806	842	877	908	938	967	995	1022	1048	1073
1.6	863	892	919	943	967	989	1011	1031	1052	1071
Medium-frame bulls										
0.2	345	401	454	503	550	595	638	680	721	761
0.4	430	485	536	584	629	673	716	757	797	835
0.6	509	561	609	655	698	740	780	819	856	893
0.8	583	632	677	719	759	798	835	871	906	940
1.0	655	698	739	777	813	849	881	914	945	976
1.2	722	760	795	828	860	890	919	947	974	1001
1.4	782	813	841	868	893	917	941	963	985	1006
Large-frame bull calves and compensating large-frame yearling steers										
0.2	355	414	468	519	568	615	661	705	747	789
0.4	438	494	547	597	644	689	733	776	817	857
0.6	519	574	624	672	718	761	803	844	884	923
0.8	597	649	697	741	795	826	866	905	942	979
1.0	673	721	765	807	847	885	922	958	994	1027
1.2	745	789	830	868	904	939	973	1005	1037	1067
1.4	815	854	890	924	956	986	1016	1045	1072	1099
1.6	880	912	943	971	998	1024	1048	1072	1095	1117
1.8	922	942	962	980	997	1013	1028	1043	1057	1071
Medium-frame heifer calves										
0.2	323	374	421	465	508	549	588	626	662	
0.4	409	459	505	549	591	630	669	706	742	
0.6	477	522	563	602	638	674	708	741	773	
0.8	537	574	608	640	670	700	728	755	781	
1.0	562	583	603	621	638	654	670	685	700	
Large-frame heifer calves and compensating medium-frame yearling heifers										
0.2	342	397	449	497	543	588	631	672	712	751
0.4	426	480	530	577	622	665	707	747	787	825
0.6	500	549	596	639	681	721	759	796	832	867
0.8	568	613	654	693	730	765	799	833	865	896
1.0	630	668	703	735	767	797	826	854	881	907
1.2	680	708	734	758	781	803	824	844	864	883

표 37. 육성 및 비육후기 축우의 칼슘과 인 요구량(g/일)

Body Weight, kg	*Mineral*	*150*	*200*	*250*	*300*	*350*	*400*	*450*	*500*	*550*	*600*
Medium-frame steer calves											
Daily gain, kg											
0.2	Ca	11	12	13	14	15	16	17	19	20	
	P	7	9	10	12	13	15	16	18	19	
0.4	Ca	16	17	17	18	19	19	20	21	22	
	P	9	10	12	13	14	16	17	18	20	
0.6	Ca	21	21	21	22	22	22	22	23	23	
	P	11	12	13	14	15	17	18	19	20	
0.8	Ca	27	26	25	25	25	25	24	24	24	
	P	12	13	14	15	16	17	19	20	21	
1.0	Ca	32	31	29	29	28	27	26	26	25	
	P	14	15	16	16	17	18	19	20	21	
1.2	Ca	37	35	33	32	31	29	28	27	26	
	P	16	16	17	17	18	19	20	21	21	
1.4	Ca	42	39	37	35	33	32	30	29	27	
	P	17	18	18	19	19	20	20	21	22	
Large-frame steer calves, compensating medium-frame yearling steers, and medium-frame bulls											
0.2	Ca	11	12	13	14	16	17	18	19	20	22
	P	7	9	10	12	13	15	16	18	20	21
0.4	Ca	17	17	18	19	19	20	21	22	23	24
	P	9	10	12	13	15	16	17	19	20	22
0.6	Ca	22	22	23	23	23	24	24	24	25	25
	P	11	12	13	15	16	17	18	20	21	22
0.8	Ca	28	27	27	27	27	27	27	27	27	27
	P	13	14	15	16	17	18	19	20	22	23
1.0	Ca	33	32	31	31	30	30	29	29	29	28
	P	14	15	16	17	18	19	20	21	22	23
1.2	Ca	38	37	36	35	34	33	32	31	30	30
	P	16	17	18	18	19	20	21	22	23	24
1.4	Ca	44	42	40	38	37	36	34	33	32	31
	P	18	18	19	20	20	21	22	22	23	24
1.6	Ca	49	47	44	42	40	38	37	35	34	32
	P	20	20	20	21	21	22	22	23	24	24
Large-frame bull calves and compensating large-frame yearling steers											
0.2	Ca	11	12	13	15	16	17	18	20	21	22
	P	7	9	10	12	13	15	17	18	20	21
0.4	Ca	17	18	19	19	20	21	22	23	24	25
	P	9	11	12	13	15	16	18	19	21	22
0.6	Ca	23	23	23	24	24	25	25	26	27	27
	P	11	12	14	15	16	18	19	20	22	23
0.8	Ca	28	28	28	28	28	29	29	29	29	30
	P	13	14	15	16	18	19	20	21	22	24
1.0	Ca	34	34	33	33	32	32	32	32	32	32
	P	15	16	17	18	19	20	21	22	23	24
1.2	Ca	40	39	38	37	36	36	35	35	34	34
	P	17	17	18	19	20	21	22	23	24	25
1.4	Ca	45	44	42	41	40	39	38	37	36	36
	P	18	19	20	20	21	22	23	24	25	26
1.6	Ca	51	49	47	45	44	42	41	40	39	38
	P	20	21	21	22	23	23	24	25	25	26
1.8	Ca	56	54	51	49	47	45	44	42	41	39
	P	22	22	22	23	23	24	25	25	26	26

Body Weight, kg	Mineral	150	200	250	300	350	400	450	500	550	600
Medium-frame heifer calves											
0.2	Ca	10	11	12	13	14	16	17	18	19	
	P	7	9	10	11	13	14	16	17	19	
0.4	Ca	15	16	16	16	17	17	18	19	19	
	P	9	10	11	12	14	15	16	18	19	
0.6	Ca	20	20	19	19	19	19	19	19	19	
	P	10	11	12	13	14	16	17	18	19	
0.8	Ca	25	23	23	22	21	20	20	19	19	
	P	12	12	13	14	15	16	17	18	19	
1.0	Ca	29	27	26	24	23	22	20	19	19	
	P	13	14	14	15	16	16	17	18	19	
Large-frame heifer calves and compensating medium-frame yearling heifers											
0.2	Ca	11	12	13	14	15	16	17	18	20	21
	P	7	9	10	12	13	15	16	18	19	21
0.4	Ca	16	16	17	17	18	19	19	20	21	22
	P	9	10	11	13	14	15	17	18	20	21
0.6	Ca	21	21	21	21	21	21	21	21	22	22
	P	10	12	13	14	15	16	17	19	20	21
0.8	Ca	26	25	24	24	23	23	23	22	22	22
	P	12	13	14	15	16	17	18	19	20	21
1.0	Ca	31	29	28	27	26	25	24	23	23	22
	P	14	14	15	16	17	18	18	19	20	21
1.2	Ca	35	33	31	30	28	27	25	24	23	22
	P	15	16	16	17	17	18	19	20	20	21

표 38. 축우의 일일 총 물 섭취량

Weight		Temperature in °F (°C)[a]											
		40 (4.4)		50 (10.0)		60 (14.4)		70 (21.1)		80 (26.6)		90 (32.2)	
kg	lb	liter	gal	liter	gal	liter	gal	liter	gal	liter	gal	liter	gal
Growing heifers, steers, and bulls													
182	400	15.1	4.0	16.3	4.3	18.9	5.0	22.0	5.8	25.4	6.7	36.0	9.5
273	600	20.1	5.3	22.0	5.8	25.0	6.6	29.5	7.8	33.7	8.9	48.1	12.7
364	800	23.8	6.3	25.7	6.8	29.9	7.9	34.8	9.2	40.1	10.6	56.8	15.0
Finishing cattle													
273	600	22.7	6.0	24.6	6.5	28.0	7.4	32.9	8.7	37.9	10.0	54.1	14.3
364	800	27.6	7.3	29.9	7.9	34.4	9.1	40.5	10.7	46.6	12.3	65.9	17.4
454	1000	32.9	8.7	35.6	9.4	40.9	10.8	47.7	12.6	54.9	14.5	78.0	20.6
Wintering pregnant cows[b]													
409	900	25.4	6.7	27.3	7.2	31.4	8.3	36.7	9.7	–	–	–	–
500	1100	22.7	6.0	24.6	6.5	28.0	7.4	32.9	8.7	–	–	–	–
Lactating cows													
409+	900+	43.1	11.4	47.7	12.6	54.9	14.5	64.0	16.9	67.8	17.9	61.3	16.2
Mature bulls													
636	1400	30.3	8.0	32.6	8.6	37.5	9.9	44.3	11.7	50.7	13.4	71.9	19.0
727+	1600+	32.9	8.7	35.6	9.4	40.9	10.8	47.7	12.6	54.9	14.5	78.0	20.6

[a]Water intake of a given class of cattle in a specific management regime is a function of dry matter intake and ambient temperature. Water intake is quite constant up to 40° F (4.4° C).

[b]Dry matter intake has a major influence on water intake. Heavier cows are assumed to be higher in body condition and to require less dry matter and, thus, less water intake.

표 39. 번식우의 영양소 요구량

			Energy								Total Protein		Calcium		Phosphorus		Vitamin A[d]
			Daily				In Diet DM				In Diet						
Weight[a], kg	Daily Gain[b], kg	Daily DM[c], kg	ME, Mcal	TDN, kg	NEm, Mcal	NEg, Mcal	ME, Mcal/kg	TDN, %	NEm, Mcal/kg	NEg, Mcal/kg	Daily, g	DM, %	Daily, g	DM, %	Daily, g	DM, %	Daily, 1000 IU
Pregnant yearling heifers—Last third of pregnancy																	
325	0.4	7.1	14.2	3.9	8.04	NA[e]	2.00	55.2	1.15	NA[e]	591	8.4	19	0.27	14	0.20	20
325	0.6	7.3	15.7	4.3	8.04	0.77	2.15	59.3	1.29	0.72	649	8.9	23	0.32	15	0.21	20
325	0.8	7.3	17.2	4.8	8.04	1.67	2.35	64.9	1.47	0.88	697	9.5	27	0.37	16	0.22	20
350	0.4	7.5	14.8	4.1	8.38	NA	1.99	55.0	1.14	NA	616	8.3	20	0.27	15	0.21	21
350	0.6	7.7	16.5	4.6	8.38	0.81	2.14	59.1	1.28	0.71	674	8.8	24	0.32	16	0.21	22
350	0.8	7.8	18.1	5.0	8.38	1.76	2.34	64.6	1.46	0.88	720	9.3	27	0.35	17	0.22	22
375	0.4	7.8	15.5	4.3	8.71	NA	1.98	54.7	1.13	NA	641	8.2	21	0.27	15	0.19	22
375	0.6	8.1	17.2	4.8	8.71	0.86	2.13	58.8	1.27	0.70	697	8.6	25	0.31	17	0.21	23
375	0.8	8.2	19.0	5.2	8.71	1.86	2.32	64.1	1.45	0.86	743	9.1	27	0.33	18	0.22	23
400	0.4	8.2	16.1	4.5	9.04	NA	1.97	54.4	1.12	NA	664	8.1	22	0.27	16	0.20	23
400	0.6	8.5	18.0	5.0	9.04	0.90	2.12	58.6	1.26	0.69	721	8.5	25	0.30	18	0.21	24
400	0.8	8.6	19.8	5.5	9.04	1.95	2.31	63.8	1.44	0.85	764	8.9	28	0.33	18	0.20	24
425	0.4	8.6	16.8	4.6	9.36	NA	1.96	54.1	1.11	NA	687	8.0	23	0.27	17	0.20	24
425	0.6	8.9	18.7	5.2	9.36	0.94	2.11	58.3	1.25	0.69	743	8.4	26	0.30	18	0.20	25
425	0.8	9.0	20.7	5.7	9.36	2.04	2.30	63.5	1.43	0.84	786	8.8	28	0.31	19	0.21	25
450	0.4	8.9	17.3	4.8	9.67	NA	1.95	53.9	1.10	NA	710	8.0	23	0.26	18	0.20	25
450	0.6	9.2	19.4	5.4	9.67	0.98	2.10	58.0	1.25	0.68	765	8.3	26	0.29	19	0.21	26
450	0.8	9.4	21.5	5.9	9.67	2.13	2.29	63.3	1.42	0.84	807	8.6	28	0.30	20	0.21	26
Dry pregnant mature cows—Middle third of pregnancy																	
350	0.0	6.8	11.9	3.3	6.23	NA	1.76	48.6	0.92	NA	478	7.1	12	0.16	12	0.18	19
400	0.0	7.5	13.1	3.6	6.89	NA	1.76	48.6	0.92	NA	525	7.0	13	0.17	13	0.17	21
450	0.0	8.2	14.3	4.0	7.52	NA	1.76	48.6	0.92	NA	570	7.0	15	0.17	15	0.18	23
500	0.0	8.8	15.5	4.3	8.14	NA	1.76	48.6	0.92	NA	614	7.0	17	0.19	17	0.19	25
550	0.0	9.5	16.7	4.6	8.75	NA	1.76	48.6	0.92	NA	657	6.9	18	0.19	18	0.19	27
600	0.0	10.1	17.8	4.9	9.33	NA	1.76	48.6	0.92	NA	698	6.9	20	0.20	20	0.20	28
650	0.0	10.7	18.9	5.2	9.91	NA	1.76	48.6	0.92	NA	739	6.9	22	0.21	22	0.21	30
Dry pregnant mature cows—Last third of pregnancy																	
350	0.4	7.4	14.7	4.1	8.38	NA	1.98	54.7	1.13	NA	609	8.2	20	0.27	15	0.20	21
400	0.4	8.2	16.0	4.4	9.04	NA	1.96	54.1	1.11	NA	657	8.0	22	0.27	16	0.20	23
450	0.4	8.9	17.2	4.8	9.67	NA	1.94	53.6	1.10	NA	703	7.9	23	0.26	18	0.21	24
500	0.4	9.5	18.3	5.1	10.29	NA	1.92	53.1	1.08	NA	746	7.8	25	0.26	20	0.21	27
550	0.4	10.2	19.5	5.4	10.90	NA	1.91	52.8	1.07	NA	790	7.8	26	0.25	21	0.21	29
600	0.4	10.8	20.6	5.7	11.48	NA	1.90	52.5	1.06	NA	832	7.7	28	0.26	23	0.21	30
650	0.4	11.5	21.7	6.0	12.06	NA	1.89	52.2	1.05	NA	872	7.6	30	0.26	25	0.22	32
Two-year-old heifers nursing calves—First 3–4 months postpartum—5.0 kg milk/d																	
300	0.2	6.9	16.6	4.6	9.30[f]	0.72	2.41	66.6	1.53	0.93	814[g]	11.8	26	0.38	17	0.25	27
325	0.2	7.3	17.4	4.8	9.64[f]	0.77	2.37	65.5	1.49	0.90	841[g]	11.5	27	0.37	18	0.25	28
350	0.2	7.8	18.1	5.0	9.98[f]	0.81	2.34	64.6	1.46	0.88	866[g]	11.2	27	0.35	19	0.24	30
375	0.2	8.2	18.9	5.2	10.31[f]	0.86	2.31	63.8	1.44	0.85	892[g]	10.9	28	0.34	19	0.23	32

Weight[a], kg	Daily Gain[b], kg	Daily DM[c], kg	Energy: Daily ME, Mcal	Daily TDN, kg	Daily NEm, Mcal	Daily NEg, Mcal	In Diet DM ME, Mcal/kg	In Diet DM TDN, %	In Diet DM NEm, Mcal/kg	In Diet DM NEg, Mcal/kg	Total Protein Daily, g	Total Protein DM, % (In Diet)	Calcium Daily, g	Calcium DM, % (In Diet)	Phosphorus Daily, g	Phosphorus DM, % (In Diet)	Vitamin A[d] Daily, 1000 IU
400	0.2	8.6	19.7	5.4	10.64[f]	0.90	2.29	63.3	1.42	0.84	916[g]	10.7	28	0.33	20	0.23	34
425	0.2	9.0	20.4	5.6	10.96[f]	0.94	2.27	62.7	1.40	0.82	939[g]	10.5	29	0.32	21	0.23	35
450	0.2	9.4	21.1	5.8	11.27[f]	0.98	2.25	62.2	1.38	0.80	963[g]	10.3	29	0.31	22	0.23	37
Cows nursing calves—Average milking ability—First 3-4 months postpartum—5.0 kg milk/d																	
350	0.0	7.7	16.6	4.6	9.98	NA	2.15	59.4	1.29	NA	814[g]	10.6	23	0.30	18	0.23	30
400	0.0	8.5	17.9	4.9	10.64[f]	NA	2.11	58.3	1.25	NA	864[g]	10.2	25	0.29	19	0.22	33
450	0.0	9.2	19.1	5.3	11.27[f]	NA	2.08	57.5	1.23	NA	911[g]	9.9	26	0.28	21	0.23	36
500	0.0	9.9	20.3	5.6	11.89[f]	NA	2.05	56.6	1.20	NA	957[g]	9.7	28	0.28	22	0.22	39
550	0.0	10.6	21.5	5.9	12.50[f]	NA	2.03	56.1	1.18	NA	1001[g]	9.5	29	0.27	24	0.23	41
600	0.0	11.2	22.6	6.2	13.08[f]	NA	2.01	55.5	1.16	NA	1044[g]	9.3	31	0.28	26	0.23	44
650	0.0	11.9	23.9	6.6	13.66[f]	NA	2.00	55.3	1.15	NA	1086[g]	9.1	33	0.28	27	0.23	46
Cows nursing calves—Superior milking ability—First 3-4 months postpartum—10.0 kg milk/d																	
350	0.0	6.2	18.5	5.1	13.73[f]	NA	3.00	82.9	2.03	NA	1009[g]	16.4	36	0.58	24	0.39	24
400	0.0	7.6	21.4	5.9	14.39[f]	NA	2.80	77.4	1.86	NA	1099[g]	14.4	37	0.49	25	0.33	30
450	0.0	9.1	23.2	6.4	15.02[f]	NA	2.56	70.7	1.66	NA	1186[g]	13.1	39	0.43	26	0.29	35
500	0.0	10.0	24.6	6.8	15.64[f]	NA	2.45	67.7	1.56	NA	1246[g]	12.4	40	0.40	28	0.28	39
550	0.0	10.9	25.8	7.1	16.25[f]	NA	2.38	65.8	1.50	NA	1299[g]	12.0	42	0.39	30	0.27	42
600	0.0	11.6	27.0	7.5	16.83[f]	NA	2.32	64.1	1.45	NA	1348[g]	11.6	43	0.37	31	0.27	45
650	0.0	12.4	28.2	7.8	17.41[f]	NA	2.28	63.0	1.41	NA	1394[g]	11.3	45	0.36	33	0.26	48
Bulls, maintenance and regaining body condition																	
<650	For growth and development use requirements for bulls in Appendix Tables 8, 9, and 10																
650	0.4	12.3	24.3	6.7	9.91	2.06	1.98	54.8	1.13	0.57	904	7.4	25	0.20	23	0.19	48
650	0.6	12.6	26.7	7.4	9.91	3.21	2.11	58.4	1.25	0.69	957	7.6	27	0.21	24	0.19	49
650	0.8	12.8	28.7	7.9	9.91	4.40	2.24	62.0	1.37	0.79	998	7.8	29	0.23	25	0.20	50
700	0.4	13.0	25.7	7.1	10.48	2.18	1.98	54.8	1.13	0.57	942	7.3	26	0.20	25	0.20	51
700	0.6	13.4	28.2	7.8	10.48	3.40	2.11	58.4	1.25	0.69	994	7.4	29	0.22	26	0.20	52
700	0.8	13.5	30.3	8.4	10.48	4.66	2.24	62.0	1.37	0.79	1032	7.6	30	0.22	26	0.19	53
800	0.0	12.9	22.6	6.3	11.58	NA	1.75	48.4	0.91	NA	882	6.8	27	0.21	27	0.21	50
800	0.2	13.7	25.5	7.1	11.58	1.12	1.86	51.5	1.02	0.47	956	7.0	27	0.20	27	0.20	53
900	0.0	14.1	24.7	6.8	12.65	NA	1.75	48.4	0.91	NA	958	6.8	30	0.21	30	0.21	55
900	0.2	15.0	27.9	7.7	12.65	1.23	1.86	51.5	1.02	0.47	1031	6.9	31	0.21	31	0.21	58
1000	0.0	15.3	26.8	7.4	13.69	NA	1.75	48.4	0.91	NA	1032	6.8	33	0.22	33	0.22	60

[a]Average weight for a feeding period.

[b]Approximately 0.4 ± 0.1 kg of weight gain/d over the last third of pregnancy is accounted for by the products of conception. Daily 2.15 Mcal of NEm and 55 g of protein are provided for this requirement for a calf with a birth weight of 36 kg.

[c]Dry matter consumption should vary depending on the energy concentration of the diet and environmental conditions. These intakes are based on the energy concentration shown in the table and assuming a thermoneutral environment without snow or mud conditions. If the energy concentrations of the diet to be fed exceed the tabular value, limit feeding may be required.

[d]Vitamin A requirements per kilogram of diet are 2800 IU for pregnant heifers and cows and 3900 IU for lactating cows and breeding bulls.

[e]Not applicable.

[f]Includes 0.75 Mcal NEm/kg of milk produced.

[g]Includes 33.5 g protein/kg of milk produced.

5. 면양과 산양의 영양소 요구량

표 40. 면양(sheep)의 일일 영양소 요구량(100% 건물기준, 1985)

Body Weight		Gain or Loss		Dry Matter[a]			Nutrients per Animal										
				Per Animal		% Live Wt	Energy			Total Protein, g	DP,[c] g	Grams DP per Mcal DE	Ca, g	P, g	Carotene, mg	Vitamin A, IU	Vitamin D, IU
kg	lb	g	lb	kg	lb		TDN, kg	DE,[b] Mcal	ME, Mcal								
Ewes[d]																	
Maintenance																	
50	110	10	0.02	1.0	2.2	2.0	0.55	2.42	1.98	89	48	20	3.0	2.8	1.9	1275	278
60	132	10	0.02	1.1	2.4	1.8	0.61	2.68	2.20	98	53	20	3.1	2.9	2.2	1530	333
70	154	10	0.02	1.2	2.6	1.7	0.66	2.90	2.38	107	58	20	3.2	3.0	2.6	1785	388
80	176	10	0.02	1.3	2.9	1.6	0.72	3.17	2.60	116	63	20	3.3	3.1	3.0	2040	444
Nonlactating and first 15 weeks of gestation																	
50	110	30	0.07	1.1	2.4	2.2	0.60	2.64	2.16	99	54	20	3.0	2.8	1.9	1275	278
60	132	30	0.07	1.3	2.9	2.1	0.72	3.17	2.60	117	64	20	3.1	2.9	2.2	1530	333
70	154	30	0.07	1.4	3.1	2.0	0.77	3.39	2.78	126	69	20	3.2	3.0	2.6	1785	388
80	176	30	0.07	1.5	3.3	1.9	0.82	3.61	2.96	135	74	20	3.3	3.1	3.0	2040	444
Last 6 weeks of gestation or last 8 weeks of lactation suckling singles[e]																	
50	110	175(+45)	0.39	1.7	3.7	3.3	0.99	4.36	3.58	158	88	20	4.1	3.9	6.2	4250	278
60	132	180(+45)	0.40	1.9	4.2	3.2	1.10	4.84	3.97	177	99	20	4.4	4.1	7.5	5100	333
70	154	185(+45)	0.41	2.1	4.6	3.0	1.22	5.37	4.40	195	109	20	4.5	4.3	8.8	5950	388
80	176	190(+45)	0.42	2.2	4.8	2.8	1.28	5.63	4.62	205	114	20	4.8	4.5	10.0	6800	444
First 8 weeks of lactation suckling singles or last 8 weeks of lactation suckling twins[f]																	
50	110	−25(+80)	−0.06	2.1	4.6	4.2	1.36	5.98	4.90	218	130	22	10.9	7.8	6.2	4250	278
60	132	−25(+80)	−0.06	2.3	5.1	3.9	1.50	6.60	5.41	239	143	22	11.5	8.2	7.5	5100	333
70	154	−25(+80)	−0.06	2.5	5.5	3.6	1.63	7.17	5.88	260	155	22	12.0	8.6	8.8	5950	388
80	176	−25(+80)	−0.06	2.6	5.7	3.2	1.69	7.44	6.10	270	161	22	12.6	9.0	10.0	6800	444
First 8 weeks of lactation suckling twins																	
50	110	−60	−0.13	2.4	5.3	4.8	1.56	6.86	5.63	276	173	25	12.5	8.9	6.2	4250	278
60	132	−60	−0.13	2.6	5.7	4.3	1.69	7.44	6.10	299	187	25	13.0	9.4	7.5	5100	333
70	154	−60	−0.13	2.8	6.2	4.0	1.82	8.01	6.57	322	202	25	13.4	9.5	8.8	5950	388
80	176	−60	−0.13	3.0	6.6	3.7	1.95	8.58	7.04	345	216	25	14.4	10.2	10.0	6800	444
Replacement lambs and yearlings[g]																	
30	66	180	0.40	1.3	2.9	4.3	0.81	3.56	2.92	130	75	21	5.9	3.3	1.9	1275	166
40	88	120	0.26	1.4	3.1	3.5	0.82	3.61	2.96	133	74	20	6.1	3.4	2.5	1700	222
50	110	80	0.18	1.5	3.3	3.0	0.83	3.65	2.99	133	73	20	6.3	3.5	3.1	2125	278
60	132	40	0.09	1.5	3.3	2.5	0.82	3.61	2.96	133	72	20	6.5	3.6	3.8	2550	333

Body Weight		Gain or Loss		Dry Matter[a] Per Animal		Dry Matter[a] % Live Wt	Nutrients per Animal: Energy TDN, kg	Energy DE,[b] Mcal	Energy ME, Mcal	Total Protein, g	DP,[c] g	Grams DP per Mcal DE	Ca, g	P, g	Carotene, mg	Vitamin A, IU	Vitamin D, IU
kg	lb	g	lb	kg	lb												
Rams																	
Replacement lambs and yearlings[g]																	
40	88	250	0.55	1.8	4.0	4.5	1.17	5.15	4.22	184	108	21	6.3	3.5	2.5	1700	222
60	132	200	0.44	2.3	5.1	3.8	1.38	6.07	4.98	219	122	20	7.2	4.0	3.8	2550	333
80	176	150	0.33	2.8	6.2	3.5	1.54	6.78	5.56	249	134	20	7.9	4.4	5.0	3400	444
100	220	100	0.22	2.8	6.2	2.8	1.54	6.78	5.56	249	134	20	8.3	4.6	6.2	4250	555
120	265	50	0.11	2.6	5.7	2.2	1.43	6.29	5.16	231	125	20	8.5	4.7	7.5	5100	666
Lambs																	
Finishing[h]																	
30	66	200	0.44	1.3	2.9	4.3	0.83	3.65	2.99	143	87	24	4.8	3.0	1.1	765	166
35	77	220	0.48	1.4	3.1	4.0	0.94	4.14	3.39	154	94	23	4.8	3.0	1.3	892	194
40	88	250	0.55	1.6	3.5	4.0	1.12	4.93	4.04	176	107	22	5.0	3.1	1.5	1020	222
45	99	250	0.55	1.7	3.7	3.8	1.19	5.24	4.30	187	114	22	5.0	3.1	1.7	1148	250
50	110	220	0.48	1.8	4.0	3.6	1.26	5.54	4.54	198	121	22	5.0	3.1	1.9	1275	278
55	121	200	0.44	1.9	4.2	3.5	1.33	5.85	4.80	209	127	22	5.0	3.1	2.1	1402	305
Early-weaned[i]																	
10	22	250	0.55	0.6	1.3	6.0	0.44	1.94	1.59	96	69	36	2.4	1.6	1.2	850	67
20	44	275	0.60	1.0	2.2	5.0	0.73	3.21	2.63	160	115	36	3.6	2.4	2.5	1700	133
30	66	300	0.66	1.4	3.1	4.7	1.02	4.49	3.68	196	133	30	5.0	3.3	3.8	2550	200

[a]To convert dry matter to an as-fed basis, divide dry matter by percentage of dry matter.

[b]1 kg TDN = 4.4 Mcal DE (digestible energy). DE may be converted to ME (metabolizable energy) by multiplying by 82%.

[c]DP = digestible protein.

[d]Values are for ewes in moderate condition, not excessively fat or thin. Fat ewes should be fed at the next lower weight, thin ewes at the next higher weight. Once maintenance weight is established, such weight would follow through all production phases.

[e]Values in parentheses for ewes suckling singles last 8 weeks of lactation.

[f]Values in parentheses are for ewes suckling twins last 8 weeks of lactation.

[g]Requirements for replacement lambs (ewe and ram) start when the lambs are weaned.

[h]Maximum gains expected. If lambs are held for later market, they should be fed as replacement ewe lambs are fed. Lambs capable of gaining faster than indicated should be fed at a higher level. Lambs finish at the maximum rate if they are self-fed.

[i]A 40-kg early-weaned lamb should be fed the same as a finishing lamb of the same weight.

표 41. 면양용 사료의 영양소 함량(사료 건물내 영양소 함량, 1985)

Body Weight		Daily Gain or Loss		Daily Dry Matter[a]			Energy									
				Per Animal		% Live Wt	TDN, kg	DE,[b] Mcal/kg	ME, Mcal/kg	Total Protein, %	DP,[c] %	Ca, %	P, %	Carotene, mg/kg	Vitamin A, IU/kg	Vitamin D, IU/kg
kg	lb	g	lb	kg	lb											
Ewes[d]																
Maintenance																
50	110	10	0.02	1.0	2.2	2.0	55	2.4	2.0	8.9	4.8	0.30	0.28	1.9	1275	278
60	132	10	0.02	1.1	2.4	1.8	55	2.4	2.0	8.9	4.8	0.28	0.26	2.0	1391	303
70	154	10	0.02	1.2	2.6	1.7	55	2.4	2.0	8.9	4.8	0.27	0.25	2.2	1488	323
80	176	10	0.02	1.3	2.9	1.6	55	2.4	2.0	8.9	4.8	0.25	0.24	2.3	1569	342
Nonlactating and first 15 weeks of gestation																
50	110	30	0.07	1.1	2.4	2.2	55	2.4	2.0	9.0	4.9	0.27	0.25	1.7	1159	253
60	132	30	0.07	1.3	2.9	2.1	55	2.4	2.0	9.0	4.9	0.24	0.22	1.7	1177	256
70	154	30	0.07	1.4	3.1	2.0	55	2.4	2.0	9.0	4.9	0.23	0.21	1.9	1275	277
80	176	30	0.07	1.5	3.3	1.9	55	2.4	2.0	9.0	4.9	0.22	0.21	2.0	1369	296
Last 6 weeks of gestation or last 8 weeks of lactation suckling singles[e]																
50	110	175(+45)	0.39	1.7	3.7	3.3	58	2.6	2.1	9.3	5.2	0.24	0.23	3.6	2500	164
60	132	180(+45)	0.40	1.9	4.2	3.2	58	2.6	2.1	9.3	5.2	0.23	0.22	3.9	2684	175
70	154	185(+45)	0.41	2.1	4.6	3.0	58	2.6	2.1	9.3	5.2	0.21	0.20	4.2	2833	185
80	176	190(+45)	0.42	2.2	4.8	2.8	56	2.6	2.1	9.3	5.2	0.21	0.20	4.5	3091	202
First 8 weeks of lactation suckling singles or last 8 weeks of lactation suckling twins[f]																
50	110	−25(+80)	−0.06	2.1	4.6	4.2	65	2.9	2.4	10.4	6.2	0.52	0.37	3.0	2024	132
60	132	−25(+80)	−0.06	2.3	5.1	3.9	65	2.9	2.4	10.4	6.2	0.50	0.36	3.3	2217	145
70	154	−25(+80)	−0.06	2.5	5.5	3.6	65	2.9	2.4	10.4	6.2	0.48	0.34	3.5	2380	155
80	176	−25(+80)	−0.06	2.6	5.7	3.2	65	2.9	2.4	10.4	6.2	0.48	0.34	3.8	2615	171
First 8 weeks of lactation suckling twins																
50	110	−60	−0.13	2.4	5.3	4.8	65	2.9	2.4	11.5	7.2	0.52	0.37	2.6	1771	116
60	132	−60	−0.13	2.6	5.7	4.3	65	2.9	2.4	11.5	7.2	0.50	0.36	2.9	1962	128
70	154	−60	−0.13	2.8	6.2	4.0	65	2.9	2.4	11.5	7.2	0.48	0.34	3.1	2125	139
80	176	−60	−0.13	3.0	6.6	3.7	65	2.9	2.4	11.5	7.2	0.48	0.34	3.3	2267	148
Replacement lambs and yearlings[g]																
30	66	180	0.40	1.3	2.9	4.3	62	2.7	2.2	10.0	5.8	0.45	0.25	1.5	981	128
40	88	120	0.26	1.4	3.1	3.5	60	2.6	2.1	9.5	5.3	0.44	0.24	1.8	1214	159
50	110	80	0.18	1.5	3.3	3.0	55	2.4	2.0	8.9	4.8	0.42	0.23	2.1	1417	185
60	132	40	0.09	1.5	3.3	2.5	55	2.4	2.0	8.9	4.8	0.43	0.24	2.5	1700	222

Body Weight		Daily Gain or Loss		Daily Dry Matter[a]			Energy			Total Protein,	DP,[c]	Ca,	P,	Caro-tene,	Vita-min A,	Vita-min D,
				Per Animal		% Live										
kg	lb	g	lb	kg	lb	Wt	TDN, kg	DE,[b] Mcal/kg	ME, Mcal/kg	%	%	%	%	mg/kg	IU/kg	IU/kg
Rams																
Replacement lambs and yearlings[g]																
40	88	250	0.55	1.8	4.0	4.5	65	2.9	2.4	10.2	6.0	0.35	0.19	1.4	944	123
60	132	200	0.44	2.3	5.1	3.8	60	2.6	2.1	9.5	5.3	0.31	0.17	1.7	1109	145
80	176	150	0.33	2.8	6.2	3.5	55	2.4	2.0	8.9	4.8	0.28	0.16	1.8	1214	159
100	220	100	0.22	2.8	6.2	2.8	55	2.4	2.0	8.9	4.8	0.30	0.17	2.2	1518	198
120	265	50	0.11	2.6	5.7	2.2	55	2.4	2.0	8.9	4.8	0.33	0.18	2.9	1962	256
Lambs																
Finishing[h]																
30	66	200	0.44	1.3	2.9	4.3	64	2.8	2.3	11.0	6.7	0.37	0.23	0.8	588	128
35	77	220	0.48	1.4	3.1	4.0	67	3.0	2.4	11.0	6.7	0.34	0.21	0.9	637	139
40	88	250	0.55	1.6	3.5	4.0	70	3.1	2.5	11.0	6.7	0.31	0.19	0.9	638	139
45	99	250	0.55	1.7	3.7	3.8	70	3.1	2.5	11.0	6.7	0.29	0.18	1.0	675	147
50	110	220	0.48	1.8	4.0	3.6	70	3.1	2.5	11.0	6.7	0.28	0.17	1.1	708	154
55	121	200	0.44	1.9	4.2	3.5	70	3.1	2.5	11.0	6.7	0.26	0.16	1.1	738	161
Early-weaned[i]																
10	22	250	0.55	0.6	1.3	6.0	73	3.2	2.6	16.0	11.5	0.40	0.27	2.0	1417	112
20	44	275	0.60	1.0	2.2	5.0	73	3.2	2.6	16.0	11.5	0.36	0.24	2.5	1700	133
30	66	300	0.66	1.4	3.1	4.7	73	3.2	2.6	14.0	9.5	0.36	0.24	2.7	1821	143

[a] To convert dry matter to an as-fed basis, divide dry matter by percentage of dry matter.

[b] 1 kg TDN = 4.4 Mcal DE (digestible energy). DE may be converted to ME (metabolizable energy) by multiplying by 82%. Because of rounding errors, calculations between Appendix Table 18 and 19 may not give the same values.

[c] DP = digestible protein.

[d] Values are for ewes in moderate condition, not excessively fat or thin. Fat ewes should be fed at the next lower weight, thin ewes at the next higher weight. Once maintenance weight is established, such weight would follow through all production phases.

[e] Values in parentheses for ewes suckling singles last 8 weeks of lactation.

[f] Values in parentheses are for ewes suckling twins last 8 weeks of lactation.

[g] Requirements for replacement lambs (ewe and ram) start when the lambs are weaned.

[h] Maximum gains expected. If lambs are held for later market, they should be fed as replacement ewe lambs are fed. Lambs capable of gaining faster than indicated should be fed at a higher level. Lambs finish at the maximum rate if they are self-fed.

[i] A 40-kg early-weaned lamb should be fed the same as a finishing lamb of the same weight.

표 42. 60kg 암양(ewe)의 년간 건물, 에너지, 및 단백질 요구량(1975)

	Maintenance, 15 wk	*Early Gestation, 15 wk*	*Late Gestation, 6 wk*	*Early Lactation, 8 wk*[b]	*Late Lactation, 8 wk*[b]	*Yearly Total*
Dry matter,						
kg/day	1.1	1.3	1.9	2.3 (S) 2.6 (T)	1.9 (S) 2.3 (T)	
kg/period	115.5	136.5	79.8	128.8 (S) 145.6 (T)	106.4 (S) 128.8 (T)	567.0 606.2
Metabolizable energy,						
Mcal/day	2.20	2.60	3.97	5.41 (S) 6.10 (T)	3.97 (S) 5.41 (T)	
Mcal/period	231.0	273.0	166.7	303.0 (S) 341.6 (T)	222.3 (S) 303.0 (T)	1196.0 1312.3
Digestible protein,						
g/day	53	64	99	143 (S) 187 (T)	99 (S) 143 (T)	
kg/period	5.6	6.7	4.2	8.0 (S) 10.5 (T)	5.5 (S) 8.0 (T)	30.0 35.0

[a]Refer to Fig. 1 in the NRC publication for daily and cumulative weight changes.
[b]S = ewes suckling singles; T = ewes suckling twins.

표 43. 산양(염소, goat)의 일일 영양소 요구량(1981)

Body weight, kg	Feed Energy: TDN, g	DE, Mcal	ME, Mcal	NE, Mcal	Crude protein: TP, g	DP, g	Ca, g	P, g	Vitamin A, 1000 IU	Vitamin D, IU	Dry Matter per Animal, 1 kg = 2.0 Mcal ME: Total, kg	% of BW	1 kg = 2.4 Mcal ME: Total, kg	% of BW
Maintenance only (includes stable feeding conditions, minimal activity, and early pregnancy)														
10	159	0.70	0.57	0.32	22	15	1	0.7	0.4	84	0.28	2.8	0.24	2.4
20	267	1.18	0.96	0.54	38	26	1	0.7	0.7	144	0.48	2.4	0.40	2.0
30	362	1.59	1.30	0.73	51	35	2	1.4	0.9	195	0.65	2.2	0.54	1.8
40	448	1.98	1.61	0.91	63	43	2	1.4	1.2	243	0.81	2.0	0.67	1.7
50	530	2.34	1.91	1.08	75	51	3	2.1	1.4	285	0.95	1.9	0.79	1.6
60	608	2.68	2.19	1.23	86	59	3	2.1	1.6	327	1.09	1.8	0.91	1.5
70	682	3.01	2.45	1.38	96	66	4	2.8	1.8	369	1.23	1.8	1.02	1.5
80	754	3.32	2.71	1.53	106	73	4	2.8	2.0	408	1.36	1.7	1.13	1.4
90	824	3.63	2.96	1.67	116	80	4	2.8	2.2	444	1.48	1.6	1.23	1.4
100	891	3.93	3.21	1.81	126	86	5	3.5	2.4	480	1.60	1.6	1.34	1.3
Maintenance plus low activity (= 25% increment, intensive management, tropical range, and early pregnancy)														
10	199	0.87	0.71	0.40	27	19	1	0.7	0.5	108	0.36	3.6	0.30	3.0
20	334	1.47	1.20	0.68	46	32	2	1.4	0.9	180	0.60	3.0	0.50	2.5
30	452	1.99	1.62	0.92	62	43	2	1.4	1.2	243	0.81	2.7	0.67	2.2
40	560	2.47	2.02	1.14	77	54	3	2.1	1.5	303	1.01	2.5	0.84	2.1
50	662	2.92	2.38	1.34	91	63	4	2.8	1.8	357	1.19	2.4	0.99	2.0
60	760	3.35	2.73	1.54	105	73	4	2.8	2.0	408	1.36	2.3	1.14	1.9
70	852	3.76	3.07	1.73	118	82	5	3.5	2.3	462	1.54	2.2	1.28	1.8
80	942	4.16	3.39	1.91	130	90	5	3.5	2.6	510	1.70	2.1	1.41	1.8
90	1030	4.54	3.70	2.09	142	99	6	4.2	2.8	555	1.85	2.1	1.54	1.7
100	1114	4.91	4.01	2.26	153	107	6	4.2	3.0	600	2.00	2.0	1.67	1.7
Maintenance plus medium activity (= 50% increment, semiarid rangeland, slightly hilly pastures, and early pregnancy)														
10	239	1.05	0.86	0.48	33	23	1	0.7	0.6	129	0.43	4.3	0.36	3.6
20	400	1.77	1.44	0.81	55	38	2	1.4	1.1	216	0.72	3.6	0.60	3.0
30	543	2.38	1.95	1.10	74	52	3	2.1	1.5	294	0.98	3.3	0.81	2.7
40	672	2.97	2.42	1.36	93	64	4	2.8	1.8	363	1.21	3.0	1.01	2.5
50	795	3.51	2.86	1.62	110	76	4	2.8	2.1	429	1.43	2.9	1.19	2.4
60	912	4.02	3.28	1.84	126	87	5	3.5	2.5	492	1.64	2.7	1.37	2.3

Body weight, kg	Feed Energy				Crude protein		Ca, g	P, g	Vitamin A, 1000 IU	Vitamin D, IU	Dry Matter per Animal			
											1 kg = 2.0 Mcal ME		1 kg = 2.4 Mcal ME	
	TDN, g	DE, Mcal	ME, Mcal	NE, Mcal	TP, g	DP, g					Total, kg	% of BW	Total, kg	% of BW
70	1023	4.52	3.68	2.07	141	98	6	4.2	2.8	552	1.84	2.6	1.53	2.2
80	1131	4.98	4.06	2.30	156	108	6	4.2	3.0	609	2.03	2.5	1.69	2.1
90	1236	5.44	4.44	2.50	170	118	7	4.9	3.3	666	2.22	2.5	1.85	2.0
100	1336	5.90	4.82	2.72	184	128	7	4.9	3.6	723	2.41	2.4	2.01	2.0
Maintenance plus high activity (= 75% increment, arid rangeland, sparse vegetation, mountainous pastures, and early pregnancy)														
10	278	1.22	1.00	0.56	38	26	2	1.4	0.8	150	0.50	5.0	0.42	4.2
20	467	2.06	1.68	0.94	64	45	2	1.4	1.3	252	0.84	4.2	0.70	3.5
30	634	2.78	2.28	1.28	87	60	3	2.1	1.7	342	1.14	3.8	0.95	3.2
40	784	3.46	2.82	1.59	108	75	4	2.8	2.1	423	1.41	3.5	1.18	3.0
50	928	4.10	3.34	1.89	128	89	5	3.5	2.5	501	1.67	3.3	1.39	2.7
60	1064	4.69	3.83	2.15	146	102	6	4.2	2.9	576	1.92	3.2	1.60	2.7
70	1194	5.27	4.29	2.42	165	114	6	4.2	3.2	642	2.14	3.0	1.79	2.6
80	1320	5.81	4.74	2.68	182	126	7	4.9	3.6	711	2.37	3.0	1.98	2.5
90	1442	6.35	5.18	2.92	198	138	8	5.6	3.9	777	2.59	2.9	2.16	2.4
100	1559	6.88	5.62	3.17	215	150	8	5.6	4.2	843	2.81	2.8	2.34	2.3
Additional requirements for late pregnancy (for all goat sizes)														
					82	57	2	1.4	1.1	213	0.71		0.59	
Additional requirements for growth—weight gain at 50 g per day (for all goat sizes)														
	100	0.44	0.36	0.20	14	10	1	0.7	0.3	54	0.18		0.15	
Additional requirements for growth—weight gain at 100 g per day (for all goat sizes)														
	200	0.88	0.72	0.40	28	20	1	0.7	0.5	108	0.36		0.30	
Additional requirements for growth—weight gain at 150 g per day (for all goat sizes)														
	300	1.32	1.08	0.60	42	30	2	1.4	0.8	162	0.54		0.45	

Body weight, kg	Feed Energy				Crude protein		Ca, g	P, g	Vitamin A, 1000 IU	Vitamin D, IU	Dry Matter per Animal			
											1 kg = 2.0 Mcal ME		1 kg = 2.4 Mcal ME	
	TDN, g	DE, Mcal	ME, Mcal	NE, Mcal	TP, g	DP, g					Total, kg	% of BW	Total, kg	% of BW
Additional requirements for milk production per kg at different fat percentages (including requirements for nursing single, twin, or triplet kids at the respective milk production level)														
(% Fat)														
2.5	333	1.47	1.20	0.68	59	42	2	1.4	3.8	760				
4.0	346	1.53	1.25	0.70	72	51	3	2.1	3.8	760				
4.5	351	1.55	1.26	0.71	77	54	3	2.1	3.8	760				
5.0	356	1.57	1.28	0.72	82	57	3	2.1	3.8	760				
5.5	360	1.59	1.29	0.73	86	60	3	2.1	3.8	760				
6.0	365	1.61	1.31	0.74	90	63	3	2.1	3.8	760				
Additional requirements for mohair production by Angora at different production levels														
Annual Fleece Yield (kg)														
2	16	0.07	0.06	0.03	9	6								
4	34	0.15	0.12	0.07	17	12								
6	50	0.22	0.18	0.10	26	18								
8	66	0.29	0.24	0.14	34	24								

6. 말의 영양소 요구량(1989)

표 44. 말의 일일 영양소 요구량

Item	Weight, kg	Weight, lb	DE, Mcal	C. Protein, g	Lysine, g	Calcium, g	Phos., g	Mg, g	K, g	Na, g
Maintenance										
	400	880	13.4	536	18.8	16.0	11.2	6.0	20	6.7
	500	1100	16.4	656	23.0	20.0	14.0	7.5	25	8.2
	600	1320	19.4	776	27.2	24.0	16.8	9.0	30	9.7
Preg. mare										
9th mo.	400	880	14.9	654	22.9	28.3	21.4	7.1	24	6.6
	500	1100	18.2	801	28.0	34.6	26.2	8.7	29	8.1
	600	1320	21.5	947	33.2	40.9	31.0	10.3	34	9.6
10th mo.	400	880	15.1	666	23.3	28.8	21.8	7.3	24	6.7
	500	1100	18.5	815	28.5	35.2	26.7	8.9	30	8.2
	600	1320	21.9	965	33.8	41.7	31.6	10.5	35	9.7
11th mo.	400	880	16.1	708	24.8	30.6	23.2	7.7	26	6.7
	500	1100	19.7	866	30.3	37.4	28.3	9.4	31	8.2
	600	1320	23.3	1024	35.9	44.2	33.5	11.2	37	9.7
Lact. mare										
Early lact.	400	880	22.9	1141	39.9	44.8	28.9	8.7	37	8.8
	500	1100	28.3	1427	49.9	56.0	36.1	10.9	46	10.9
	600	1320	33.7	1712	59.9	67.2	43.3	13.0	55	12.9
Late lact.	400	880	19.7	839	29.4	28.8	17.8	6.9	26	8.1
	500	1100	24.3	1049	36.7	36.0	22.2	8.6	33	9.9
	600	1320	28.9	1259	44.1	43.2	26.7	10.3	40	11.8
Working horse										
Light work	400	880	16.7	670	23.4	20.4	14.6	7.7	25	20.5
	500	1100	20.5	820	28.7	25.0	17.8	9.4	31	25.1
	600	1320	24.2	970	33.9	29.6	21.1	11.2	37	29.7
Moderate work	400	880	20.1	804	28.1	24.5	17.5	9.2	31	22.8
	500	1100	24.6	984	34.4	30.0	21.4	11.3	37	27.8
	600	1320	29.1	1164	40.7	35.5	25.3	13.4	44	32.9
Intense work	400	880	26.8	1072	37.5	32.7	23.3	12.3	41	28.2
	500	1100	32.8	1312	45.9	40.0	28.5	15.1	50	34.5
	600	1320	38.8	1552	54.3	47.3	33.8	17.8	59	40.8

표 45. 말의 일일 영양소 요구량

Item	Weight kg	Weight lb	Fe, mg	Mn, mg	Zn, mg	Cu, mg	Co, mg	I, mg	Se, mg	Vit A, IU	Vit D, IU	Vit E, IU
Maintenance	400	880	268	268	268	67	0.7	0.7	0.7	12,000	2010	335
	500	1100	328	328	328	82	0.8	0.8	0.8	15,000	2460	410
	600	1320	388	388	388	97	1.0	1.0	1.0	18,000	2910	485
Preg. mare												
9th mo.	400	880	331	264	264	66	0.7	0.7	0.7	24,000	3966	529
	500	1100	405	324	324	81	0.8	0.8	0.8	30,000	4854	647
	600	1320	479	383	383	96	1.0	1.0	1.0	36,000	5742	766
10th mo.	400	880	336	269	269	67	0.7	0.7	0.7	24,000	4038	538
	500	1100	412	329	329	82	0.8	0.8	0.8	30,000	4942	659
	600	1320	487	390	390	97	1.0	1.0	1.0	36,000	5846	779
11th mo.	400	880	335	268	268	67	0.7	0.7	0.7	24,000	4020	536
	500	1100	410	328	328	82	0.8	0.8	0.8	30,000	4920	656
	600	1320	485	388	388	97	1.0	1.0	1.0	36,000	5820	776
Lact. mare												
Early lact.	400	880	440	352	352	88	0.9	0.9	0.9	24,000	5286	705
	500	1100	544	435	435	109	1.1	1.1	1.1	30,000	6526	870
	600	1320	647	518	518	129	1.3	1.3	1.3	36,000	7767	1036
Late lact.	400	880	403	322	322	81	0.8	0.8	0.8	24,000	4833	644
	500	1100	496	397	397	99	1.0	1.0	1.0	30,000	5956	794
	600	1320	590	472	472	118	1.2	1.2	1.2	36,000	7079	944
Working horse												
Light work	400	880	273	273	273	68	0.7	0.7	0.7	12,000	2051	547
	500	1100	335	335	335	84	0.8	0.8	0.8	15,000	2510	669
	600	1320	396	396	396	99	1.0	1.0	1.0	18,000	2969	792
Moderate work	400	880	303	303	303	76	0.8	0.8	0.8	12,000	2275	607
	500	1100	371	371	371	93	0.9	0.9	0.9	15,000	2785	743
	600	1320	439	439	439	110	1.1	1.1	1.1	18,000	3294	878
Intense work	400	880	376	376	376	94	0.9	0.9	0.9	12,000	2821	752
	500	1100	460	460	460	136	1.4	1.4	1.4	18,000	4084	1089
	600	1320	545	545	545	136	1.4	1.4	1.4	18,000	4084	1089

표 46. 육성중인 말의 일일 영양소 요구량

Age, Mo.	Weight, kg	D. Gain, kg	DE, Mcal	C. Pro, g	Lysine, g	Calcium, g	Phos., g	Mg, g	K, g	Na, g
4	145[a]	0.75	12.6	630	26.4	29.8	16.5	3.1	9	4.3
6	180[a]	0.55	12.9	643	27.0	24.8	13.7	3.4	11	4.4
		0.70	14.5	725	30.5	29.6	16.4	3.6	11	5.0
12	265[a]	0.40	15.6	700	29.6	23.4	12.9	4.5	14	5.6
		0.50	17.1	770	32.5	26.6	14.7	4.6	15	6.1
18	330[a]	0.25	15.9	716	30.2	21.2	11.7	5.3	17	6.4
4	175[b]	0.85	14.4	720	30.2	34.2	19.0	3.7	11	5.0
6	215[b]	0.65	15.0	750	31.5	29.4	16.3	4.0	13	5.2
		0.85	17.2	860	36.1	35.8	19.9	4.3	13	5.9
12	325[b]	0.50	18.9	851	35.9	29.0	16.0	5.5	18	6.8
		0.65	21.2	956	40.4	33.8	18.7	5.7	18	7.6
18	400[b]	0.35	19.8	893	37.7	27.2	15.0	6.4	21	7.9
4	200[c]	1.00	16.5	826	34.7	40.0	22.2	4.2	13	5.7
6	245[c]	0.75	17.0	850	35.7	33.8	18.7	4.6	14	5.9
		0.95	19.2	960	40.3	40.2	22.3	4.9	15	6.6
12	375[c]	0.65	22.7	1024	43.2	35.8	19.8	6.4	21	8.1
		0.80	25.1	1129	47.7	40.6	22.5	6.6	21	9.0
18	475[c]	0.45	23.9	1077	45.5	33.4	18.5	7.7	25	9.6

[a]Expected mature weight 400 kg.
[b]Expected mature weight 500 kg.
[c]Expected mature weight 600 kg.

표 47. 육성중인 말의 일일 영양소 요구량

Age, mo.	Weight, kg	D. Gain, kg	Fe, mg	Mn, mg	Zn, mg	Cu, mg	Co, mg	I, mg	Se, mg	Vit a, IU	Vit D, IU	Vit E, IU
4	145[a]	0.75	217	174	174	43	0.4	0.4	0.4	4350	3474	347
6	180[a]	0.55	222	177	177	44	0.4	0.4	0.4	5400	3545	355
		0.70	250	200	200	50	0.5	0.5	0.5	5400	4000	400
12	265[a]	0.40	278	222	222	56	0.6	0.6	0.6	7950	4447	445
		0.50	306	245	245	61	0.6	0.6	0.6	7950	4891	489
18	330[a]	0.25	318	254	254	64	0.6	0.6	0.6	9900	5089	509
4	175[b]	0.85	248	199	199	50	0.5	0.5	0.5	5250	3973	397
6	215[b]	0.65	259	207	207	52	0.5	0.5	0.5	6450	4138	414
		0.85	297	237	237	59	0.6	0.6	0.6	6450	4745	475
12	325[b]	0.50	338	270	270	68	0.7	0.7	0.7	9750	5405	541
		0.65	379	304	304	76	0.8	0.8	0.8	9750	6071	607
18	400[b]	0.35	397	318	318	79	0.8	0.8	0.8	12,000	6351	635
4	200[c]	1.00	285	228	228	57	0.6	0.6	0.6	6000	4558	456
6	245[c]	0.75	293	235	235	59	0.6	0.6	0.6	7350	4690	469
		0.95	331	265	265	66	0.7	0.7	0.7	7350	5297	530
12	375[c]	0.65	406	325	325	81	0.8	0.8	0.8	11,250	6500	650
		0.80	448	358	358	90	0.9	0.9	0.9	11,250	7166	717
18	475[c]	0.45	479	383	383	96	1.0	1.0	1.0	14,250	7660	766

[a]Expected mature weight 400 kg.
[b]Expected mature weight 500 kg.
[c]Expected mature weight 600 kg.

III. 한우의 영양소 요구량(2002)

표 1. 거세우 육성, 비육에 필요한 영양소 요구량

체중	일당 증체	건물량	조단 백질	가소화 영양소 총량	대사 에너지	가소화 에너지	가소화 영양소 총량	대사단 백질	조단 백질	칼슘	인	비타민 A	비타민 D
BW	DG	DMI	CP	TDN	ME	DE	TDN	MP	CP	Ca	P	Vit. A	Vit. D
(kg)	(kg/d)	(kg)	(%)	(%)	(Mcal)	(Mcal)	(kg)	(g)	(g)	(g)	(g)	(1000 IU)	(1000 IU)
150	0.6	3.3	13.9	70	8.37	10.21	2.32	373	458	21	10	6.4	0.9
	0.8	3.6	14.9	72	9.28	11.31	2.57	441	532	26	12	6.4	0.9
	1.0	3.8	16.0	74	10.14	12.36	2.80	511	605	31	14	6.4	0.9
	1.2	4.0	16.8	75	10.96	13.36	3.03	581	678	36	15	6.4	0.9
200	0.6	4.1	12.2	70	10.39	12.67	2.87	396	501	21	11	8.5	1.2
	0.8	4.4	12.9	72	11.51	14.04	3.18	457	569	26	13	8.5	1.2
	1.0	4.7	13.6	74	12.58	15.34	3.48	520	638	31	15	8.5	1.2
	1.2	5.0	14.1	75	13.59	16.58	3.76	583	706	36	16	8.5	1.2
250	0.6	4.9	12.0	70	12.28	14.98	3.40	416	540	21	13	10.6	1.5
	0.8	5.2	12.0	72	13.61	16.59	3.76	427	604	26	14	10.6	1.5
	1.0	5.6	12.0	74	14.87	18.13	4.11	472	667	31	16	10.6	1.5
	1.2	5.9	12.3	75	16.07	19.60	4.44	517	731	35	17	10.6	1.5
300	0.6	5.6	12.0	70	14.08	17.17	3.89	406	577	22	14	12.7	1.8
	0.8	6.0	12.0	72	15.60	19.03	4.31	442	635	26	15	12.7	1.8
	1.0	6.4	12.0	74	17.05	20.79	4.71	482	694	30	17	12.7	1.8
	1.2	6.8	12.0	75	18.43	22.47	5.10	521	752	35	18	12.7	1.8
350	0.6	6.2	12.0	70	15.81	19.28	4.37	427	611	22	15	14.8	2.1
	0.8	6.7	12.0	72	17.51	21.36	4.84	457	665	26	17	14.8	2.1
	1.0	7.2	12.0	74	19.14	23.34	5.29	491	718	30	18	14.8	2.1
	1.2	7.6	12.0	75	20.68	25.22	5.72	524	772	34	19	14.8	2.1
400	0.6	6.9	12.0	70	17.47	21.31	4.83	472	644	23	17	17.0	2.4
	0.8	7.4	12.0	72	19.36	23.61	5.35	504	692	26	18	17.0	2.4
	1.0	7.9	12.0	74	21.15	25.80	5.85	541	741	30	19	17.0	2.4
	1.2	8.4	12.0	75	22.86	27.88	6.32	577	790	34	20	17.0	2.4

주) CP 함량이 12% 이하인 경우, 최저 농도를 전부 12%로 하였다.

체중	일당 증체	건물량	조단 백질	가소화 영양소 총량	대사 에너지	가소화 에너지	가소화 영양소 총량	대사단 백질	조단 백질	칼슘	인	비타민 A	비타민 D
BW	DG	DMI	CP	TDN	ME	DE	TDN	MP	CP	Ca	P	Vit. A	Vit. D
(kg)	(kg/d)	(kg)	(%)	(%)	(Mcal)	(Mcal)	(kg)	(g)	(g)	(g)	(g)	(1000 IU)	(1000 IU)
450	0.6	7.5	12.0	70	19.08	23.27	5.28	488	675	23	18	19.1	2.7
	0.8	8.1	12.0	72	21.15	25.79	5.85	514	719	27	19	19.1	2.7
	1.0	8.6	12.0	74	23.11	28.18	6.39	543	762	30	20	19.1	2.7
	1.2	9.2	12.0	75	24.97	30.46	6.91	573	806	33	21	19.1	2.7
500	0.6	8.2	12.0	70	20.65	25.19	5.71	504	705	24	19	21.2	3.0
	0.8	8.8	12.0	72	22.88	27.91	6.33	523	744	27	20	21.2	3.0
	1.0	9.3	12.0	74	25.01	30.50	6.92	546	782	29	21	21.2	3.0
	1.2	10.0	12.0	75	27.03	32.96	7.47	569	821	32	22	21.2	3.0
550	0.4	8.0	12.0	68	19.66	23.98	5.44	514	699	22	20	23.3	3.3
	0.6	8.8	12.0	70	22.18	27.05	6.13	519	733	24	21	23.3	3.3
	0.8	9.4	12.0	72	24.58	29.98	6.80	531	767	27	21	23.3	3.3
	1.0	10.0	12.0	74	26.86	32.75	7.43	547	801	29	22	23.3	3.3
600	0.4	8.5	12.0	68	20.99	25.59	5.80	536	732	23	21	25.4	3.6
	0.6	9.4	12.0	70	23.68	28.88	6.55	534	761	25	22	25.4	3.6
	0.8	10.1	12.0	72	26.24	32.00	7.26	538	790	27	22	25.4	3.6
	1.0	10.7	12.0	74	28.67	34.96	7.93	548	819	29	23	25.4	3.6
650	0.4	9.1	12.0	68	22.29	27.18	6.16	558	764	24	23	27.6	3.9
	0.6	9.9	12.0	70	25.15	30.66	6.95	548	788	25	23	27.6	3.9
	0.8	10.7	12.0	72	27.86	33.98	7.70	546	812	27	24	27.6	3.9
	1.0	11.4	12.0	74	30.44	37.13	8.42	549	836	29	24	27.6	3.9
700	0.4	9.6	12.0	68	23.56	28.73	6.52	579	795	24	24	29.7	4.2
	0.6	10.5	12.0	70	26.58	32.42	7.35	561	814	26	24	29.7	4.2
	0.8	11.3	12.0	72	29.45	35.92	8.14	552	834	27	25	29.7	4.2

주) CP 함량이 12% 이하인 경우, 최저 농도를 전부 12%로 하였다.

표 2. 수소 육성, 비육에 필요한 영양소 요구량

체중	일당 증체	건물량	조단백질	가소화 영양소 총량	대사 에너지	가소화 에너지	가소화 영양소 총량	대사단 백질	조단 백질	칼슘	인	비타민 A	비타민 D
BW	DG	DMI	CP	TDN	ME	DE	TDN	MP	CP	Ca	P	Vit. A	Vit. D
(kg)	(kg/d)	(kg)	(%)	(%)	(Mcal)	(Mcal)	(kg)	(g)	(g)	(g)	(g)	(1000 IU)	(1000 IU)
150	0.4	3.6	12.0	58	7.55	9.21	2.09	293	390	16	8	6.4	0.9
	0.6	3.8	12.0	61	8.40	10.24	2.32	366	466	21	10	6.4	0.9
	0.8	4.0	13.5	63	9.17	11.18	2.54	439	542	27	12	6.4	0.9
	1.0	4.1	15.3	66	9.88	12.05	2.73	515	617	32	14	6.4	0.9
	1.2	4.2	17.2	69	10.53	12.84	2.91	592	693	38	16	6.4	0.9
200	0.6	4.7	12.0	61	10.42	12.71	2.88	387	511	22	12	8.5	1.2
	0.8	5.0	12.0	63	11.38	13.88	3.15	455	583	27	13	8.5	1.2
	1.0	5.1	12.7	66	12.26	14.95	3.39	526	654	32	15	8.5	1.2
	1.2	5.2	14.1	69	13.07	15.94	3.61	598	726	37	17	8.5	1.2
	1.4	5.3	15.5	72	13.81	16.85	3.82	671	798	43	18	8.5	1.2
250	0.6	5.6	12.0	61	12.32	15.03	3.41	407	552	22	13	10.6	1.5
	0.8	5.9	12.0	63	13.45	16.41	3.72	469	620	27	15	10.6	1.5
	1.0	6.1	12.0	66	14.49	17.67	4.01	535	688	32	16	10.6	1.5
	1.2	6.2	12.4	69	15.45	18.84	4.27	602	755	37	18	10.6	1.5
	1.4	6.3	13.6	72	16.33	19.91	4.52	670	823	42	19	10.6	1.5
300	0.6	6.4	12.0	61	14.13	17.23	3.91	425	591	23	14	12.7	1.8
	0.8	6.8	12.0	63	15.42	18.81	4.27	481	655	28	16	12.7	1.8
	1.0	7.0	12.0	66	16.61	20.26	4.59	542	718	32	17	12.7	1.8
	1.2	7.1	12.0	69	17.71	21.60	4.90	605	782	37	19	12.7	1.8
	1.4	7.2	12.1	72	18.72	22.83	5.18	669	845	41	20	12.7	1.8
350	0.6	7.2	12.0	61	15.86	19.34	4.39	442	628	24	16	14.8	2.1
	0.8	7.6	12.0	63	17.31	21.11	4.79	493	688	28	17	14.8	2.1
	1.0	7.8	12.0	66	18.65	22.74	5.16	549	747	32	18	14.8	2.1
	1.2	8.0	12.0	69	19.88	24.25	5.50	607	806	37	20	14.8	2.1
	1.4	8.1	12.0	72	21.02	25.63	5.81	666	866	41	21	14.8	2.1

주) CP 함량이 12% 이하인 경우, 최저 농도를 전부 12%로 하였다.

체중	일당 증체	건물량	조단 백질	가소화 영양소 총량	대사 에너지	가소화 에너지	가소화 영양소 총량	대사단 백질	조단 백질	칼슘	인	비타민 A	비타민 D
BW	DG	DMI	CP	TDN	ME	DE	TDN	MP	CP	Ca	P	Vit. A	Vit. D
(kg)	(kg/d)	(kg)	(%)	(%)	(Mcal)	(Mcal)	(kg)	(g)	(g)	(g)	(g)	(1000 IU)	(1000 IU)
400	0.6	7.9	12.0	61	17.53	21.38	4.85	459	663	24	17	17.0	2.4
	0.8	8.4	12.0	63	19.14	23.34	5.29	504	719	28	18	17.0	2.4
	1.0	8.6	12.0	66	20.62	25.14	5.70	555	774	32	20	17.0	2.4
	1.2	8.8	12.0	69	21.98	26.80	6.08	608	829	36	21	17.0	2.4
	1.4	8.9	12.0	72	23.23	28.33	6.42	663	885	40	22	17.0	2.4
450	0.6	8.7	12.0	61	19.15	23.35	5.29	474	697	25	18	19.1	2.7
	0.8	9.2	12.0	63	20.91	25.49	5.78	514	748	29	20	19.1	2.7
	1.0	9.4	12.0	66	22.52	27.46	6.23	560	799	32	21	19.1	2.7
	1.2	9.6	12.0	69	24.01	29.27	6.64	609	851	36	22	19.1	2.7
	1.4	9.7	12.0	72	25.38	30.95	7.02	659	902	40	23	19.1	2.7
500	0.6	9.4	12.0	61	20.72	25.27	5.73	489	729	26	20	21.2	3.0
	0.8	9.9	12.0	63	22.62	27.59	6.26	523	776	29	21	21.2	3.0
	1.0	10.2	12.0	66	24.37	29.72	6.74	565	824	32	22	21.2	3.0
	1.2	10.4	12.0	69	25.98	31.68	7.18	608	871	36	23	21.2	3.0
550	0.6	10.1	12.0	61	22.26	27.14	6.15	503	761	26	21	23.3	3.3
	0.8	10.7	12.0	63	24.30	29.64	6.72	532	804	29	22	23.3	3.3
	1.0	11.0	12.0	66	26.18	31.92	7.24	569	847	33	23	23.3	3.3
	1.2	11.2	12.0	69	27.90	34.03	7.72	608	890	36	24	23.3	3.3
600	0.6	10.8	12.0	61	23.76	28.97	6.57	517	791	27	22	25.4	3.6
	0.8	11.4	12.0	63	25.94	31.63	7.17	540	830	30	23	25.4	3.6
	1.0	11.7	12.0	66	27.94	34.08	7.73	572	869	33	24	25.4	3.6
	1.2	11.9	12.0	69	29.79	36.32	8.24	606	908	35	25	25.4	3.6

주) CP 함량이 12% 이하인 경우, 최저 농도를 전부 12%로 하였다.

체중 BW (kg)	일당 증체 DG (kg/d)	건물량 DMI (kg)	조단백질 CP (%)	가소화 영양소 총량 TDN (%)	대사 에너지 ME (Mcal)	가소화 에너지 DE (Mcal)	가소화 영양소 총량 TDN (kg)	대사단백질 MP (g)	조단백질 CP (g)	칼슘 Ca (g)	인 P (g)	비타민 A Vit. A (1000 IU)	비타민 D Vit. D (1000 IU)
650	0.4	10.8	12.0	58	22.69	27.67	6.27	514	785	25	23	27.6	3.9
	0.6	11.4	12.0	61	25.23	30.76	6.98	531	820	28	24	27.6	3.9
	0.8	12.1	12.0	63	27.54	33.59	7.62	548	855	30	25	27.6	3.9
	1.0	12.4	12.0	66	29.67	36.18	8.21	575	890	33	25	27.6	3.9
700	0.4	11.4	12.0	58	23.99	29.25	6.63	532	818	26	24	29.7	4.2
	0.6	12.1	12.0	61	26.67	32.52	7.37	543	849	28	25	29.7	4.2
	0.8	12.8	12.0	63	29.12	35.51	8.05	555	880	30	26	29.7	4.2
	1.0	13.1	12.0	66	31.37	38.25	8.67	578	910	33	27	29.7	4.2
750	0.2	11.1	12.0	55	22.16	27.02	6.13	554	823	25	25	31.8	4.5
	0.4	12.0	12.0	58	25.26	30.81	6.99	550	850	27	26	31.8	4.5
	0.6	12.7	12.0	61	28.08	34.25	7.77	556	877	29	27	31.8	4.5
	0.8	13.5	12.0	63	30.67	37.40	8.48	562	903	31	27	31.8	4.5
800	0.2	11.7	12.0	55	23.26	28.36	6.43	578	859	26	27	33.9	4.8
	0.4	12.6	12.0	58	26.51	32.33	7.33	568	881	28	27	33.9	4.8
	0.6	13.4	12.0	61	29.48	35.95	8.15	568	904	30	28	33.9	4.8
	0.8	14.1	12.0	63	32.19	39.25	8.90	569	927	31	28	33.9	4.8

주) CP 함량이 12% 이하인 경우, 최저 농도를 전부 12%로 하였다.

표 3. 암소 육성에 필요한 영양소 요구량

체중	일당 증체	건물량	조단 백질	가소화 영양소 총량	대사 에너지	가소화 에너지	가소화 영양소 총량	대사단 백질	조단 백질	칼슘	인	비타민 A	비타민 D
BW	DG	DMI	CP	TDN	ME	DE	TDN	MP	CP	Ca	P	Vit. A	Vit. D
(kg)	(kg/d)	(kg)	(%)	(%)	(Mcal)	(Mcal)	(kg)	(g)	(g)	(g)	(g)	(1000 IU)	(1000 IU)
150	0.4	3.8	12.0	58	7.89	9.62	2.18	252	378	15	8	6.4	0.9
	0.6	4.0	12.0	62	9.05	11.04	2.50	305	447	20	10	6.4	0.9
	0.8	4.2	12.2	66	10.09	12.30	2.79	361	517	25	11	6.4	0.9
	1.0	4.4	13.9	69	11.01	13.43	3.05	417	587	30	13	6.4	0.9
	1.2	4.5	15.5	73	11.85	14.45	3.28	476	656	35	15	6.4	0.9
200	0.4	4.7	12.0	58	9.79	11.94	2.71	276	423	15	10	8.5	1.2
	0.6	5.0	12.0	62	11.23	13.70	3.11	322	486	20	11	8.5	1.2
	0.8	5.2	12.0	66	12.52	15.26	3.46	371	550	25	13	8.5	1.2
	1.0	5.5	12.0	69	13.67	16.67	3.78	421	613	29	14	8.5	1.2
	1.2	5.6	12.9	73	14.71	17.93	4.07	474	677	34	16	8.5	1.2
250	0.2	4.9	12.0	55	9.65	11.77	2.67	269	407	12	10	10.6	1.5
	0.4	5.5	12.0	58	11.57	14.11	3.20	298	464	16	11	10.6	1.5
	0.6	5.9	12.0	62	13.28	16.19	3.67	337	522	20	12	10.6	1.5
	0.8	6.2	12.0	66	14.80	18.04	4.09	380	579	24	14	10.6	1.5
300	0.2	5.6	12.0	55	11.06	13.49	3.06	307	452	13	11	12.7	1.8
	0.4	6.3	12.0	58	13.27	16.18	3.67	318	503	17	12	12.7	1.8
	0.6	6.8	12.0	62	15.22	18.56	4.21	350	554	20	13	12.7	1.8
	0.8	7.1	12.0	66	16.96	20.69	4.69	387	605	24	15	12.7	1.8
350	0.2	6.2	12.0	55	12.42	15.14	3.43	326	495	14	13	14.8	2.1
	0.4	7.1	12.0	58	14.90	18.17	4.12	338	540	17	14	14.8	2.1
	0.6	7.6	12.0	62	17.09	20.84	4.73	363	585	21	15	14.8	2.1
	0.8	8.0	12.0	66	19.04	23.22	5.27	393	630	24	16	14.8	2.1
400	0.2	6.9	12.0	55	13.73	16.74	3.80	354	536	15	14	17.0	2.4
	0.4	7.9	12.0	58	16.47	20.08	4.55	357	575	18	15	17.0	2.4
	0.6	8.4	12.0	62	18.89	23.04	5.22	374	614	21	16	17.0	2.4

주) CP 함량이 12% 이하인 경우, 최저 농도를 전부 12%로 하였다.

체중	일당증체	건물량	조단백질	가소화영양소총량	대사에너지	가소화에너지	가소화영양소총량	대사단백질	조단백질	칼슘	인	비타민 A	비타민 D
BW (kg)	DG (kg/d)	DMI (kg)	CP (%)	TDN (%)	ME (Mcal)	DE (Mcal)	TDN (kg)	MP (g)	CP (g)	Ca (g)	P (g)	Vit. A (1000 IU)	Vit. D (1000 IU)
450	0.2	7.5	12.0	55	14.99	18.29	4.15	380	576	16	16	19.1	2.7
	0.4	8.6	12.0	58	17.99	21.93	4.97	375	609	19	16	19.1	2.7
	0.6	9.2	12.0	62	20.63	25.16	5.71	385	641	21	17	19.1	2.7

주) CP 함량이 12% 이하인 경우, 최저 농도를 전부 12%로 하였다.

표 4. 성빈우 유지에 필요한 영양소 요구량

체중 BW (kg)	건물량 DMI (kg)	조단백질 CP (%)	가소화 영양소 총량 TDN (%)	대사 에너지 ME (Mcal)	가소화 에너지 DE (Mcal)	가소화 영양소 총량 TDN (kg)	대사 단백질 MP (g)	조단백질 CP (g)	칼슘 Ca (g)	인 P (g)	비타민 A Vit. A (1000 IU)	비타민 D Vit. D (1000 IU)
350	6.1	12.0	50.0	10.99	13.40	3.04	562	661	11	12	14.84	2.1
400	6.7	12.0	50.0	12.15	14.81	3.36	569	669	12	13	16.96	2.4
450	7.3	12.0	50.0	13.27	16.18	3.67	576	677	14	15	19.08	2.7
500	7.9	12.0	50.0	14.36	17.51	3.97	582	684	15	16	21.2	3.0
550	8.5	12.0	50.0	15.42	18.81	4.27	587	691	17	18	23.32	3.3
600	9.1	12.0	50.0	16.46	20.08	4.55	593	698	18	20	25.44	3.6

주) CP 함량이 12% 이하인 경우, 최저 농도를 전부 12%로 하였다.

표 5. 임신말기 2개월 동안 유지에 더해주어야 할 영양소 요구량

대사 에너지 ME (Mcal)	가소화 에너지 DE (Mcal)	가소화 영양소총량 TDN (kg)	조단백질 CP (g)	칼슘 Ca (g)	인 P (g)
2.71	3.30	0.75	166	13.7	4.5

표 6. 수유 중 유지에 더해주어야 할 영양소 요구량(영양소/우유 1kg)

대사 에너지 ME (Mcal)	가소화 에너지 DE (Mcal)	가소화 영양소총량 TDN (kg)	조단백질 CP (g)	칼슘 Ca (g)	인 P (g)
1.31	1.59	0.36	66	2.5	1.0

주) 수유중 암소가 우유 1kg 생산하기 위해 필요한 영양소 요구량.

IV. 단위 환산표

Volume	
1 cubic inch	= 16.387 cubic centimeters
1 cubic foot	= 1728.0 cubic inches = 0.0283 cubic meters
1 cubic yard	= 27.0 cubic feet = 0.7646 cubic meters
1 cubic centimeter	= 1.0 milliliter = 0.061 cubic inch
1 cubic meter	= 35.315 cubic feet = 1.308 cubic yards
1 liquid pint (US)	= 28.875 cubic inches = 0.5 liquid quart = 0.47316 liter
1 liquid quart (US)	= 57.75 cubic inches = 0.9463 liter
1 liquid gallon (US)	= 231 cubic inches = 4.0 quarts = 3.7853 liters
1 liter	= 1.057 liquid quarts (US) = 0.2642 liquid gallons (US)
1 bushel	= 2150.42 cubic inches = 1.244 cubic feet
	= 9.309 liquid gallons (US) = 4 pecks
Weight	
1 ounce (avdp.)	= 28.50 grams = 16 drams
1 pound (avdp.)	= 16.0 ounces = 453.6 grams = 7000 grains
1 kilogram	= 1000 grams = 2.205 pounds
1 ton	= 2000 pounds = 907.0 kilograms
1 metric ton	= 1000 kilograms = 2205 pounds = 1.102 tons
Length	
1 inch	= 2.54 centimeters = 25.4 millimeters
1 foot	= 12.0 inches = 30.48 centimeters = 0.3048 meters
1 yard	= 3.0 feet = 0.9144 meters
1 millimeter	= 0.03937 inches
1 centimeter	= 0.3937 inches = 10 millimeters
1 meter	= 39.37 inches = 3.2808 feet = 1.09361 yards = 100 centimeters
1 kilometer	= 1000 meters = 0.6412 miles
1 mile	= 1.6093 kilometers
Area	
1 square inch	= 6.452 square centimeters
1 square centimeter	= 0.155 square inches
1 square foot	= 0.929 square meter
1 square meter	= 1550.0 square inches = 10.764 square feet
1 square yard	= 9.0 square feet = 0.8361 square meters
1 acre	= 43,560 square feet = 4840.0 square yards = 0.4047 hectares
1 square mile	= 640.0 acres = 259.0 hectares
1 hectare	= 10,000 square meters = 2.471 acres
1 square kilometer	= 247.1 acres = 0.386 square miles
Temperature	
Degrees Centigrade	= 5/9 (Degrees Fahrenheit − 32)
Degrees Fahrenheit	= (9/5 × Degrees Centigrade) + 32

참고문헌

1. Alexander, G. 1974. Ciba Foundation Symp. 27. London.
2. Alexander, F., and A. K. Chowdury. 1958. Brit. J. Nutr. 12:65.
3. Anderson, K. L., T. G. Nagaraja, and J. L. Mor-rill. 1987. J.Dairy Sci. 70:1000.
4. Anon. 1974, 1989. Poultry management and business analysis manual for the 80's. Coop. Ext. Ser., Univ. of Maine, N. Hampshire, Mass., Conn., Rhode Island, and Vermont Bul. 566(revised).
5. Anon. 1989. Feed additive compendium. Minnetonka, MN: Miller Pub. Co.
6. Anwer, M. S., et al. 1975. J. Animal Sci. 41:179.
7. ARC. 1980. The nutrient requirements of ruminant livestock. London: Commonwealth Age. Bureaux.
9. Arscott, G. H. 1957, Oregon Agr. Exp. Sta. Misc. Paper 35.
10. Arscott, G. H. 1960. In: Proc. 18th Oregon Animal Industry Conf., Feb. 4～5. Oregon State Univ., Corvallis, OR.
11. Arscott, G. H., and J. E. Parker. 1966. Poultry Sci. 45:1266.
12. Ashbrook, P. F. 1982. Proc. 3d Int. Cont Prod. Dis.: 153.
13. Aurousseau, B., M. Theriez, and M. Daniel. 1973. Ann. Biol. Anim. Biochim Biophysics. 13:93
14. Baucus, K. L., et al. 1987. Proc. 10th Equine Nutr. Physiol. Soc. Sym., p 179. Ft. Collins CO.
15. Bender, M. E. 1987. rabbit production. Un-publised notes. Modesto Junior College. nodesto, CA.
16. Bendich, A., E. Gabriel, and L. J. Machlin. 1986. J. Nutr. 116:675.
17. Bergin, W. C., et al 1867. Proc. Amer. Assoc. Equine Pract., December, p. 179.
18. Bhattacharya. A. N., and R .G. Warner. 1968. J. Animal sci. 27:1418
19. Bonomi, A., et al. 1982. Aninali della Facolta di Medicina Veterinaria di Parma. 2:179

20. Bowling, R. A., et al. 1976. Tex. Agr. Exp. Sta. Res. Bull. 291.

21. Bouman, H., and W. Van der Schee. 1978. Z. Tierphysiol, Tierer nahrg. U. Futtermittelkde. 40:39.

22. Breedveld, L., S. G. Jackson, and J. P. baker. 1987. Proc. 10th Equine Nutr. Physiol. Soc. ym., p. 159. Ft. Collins, CO.

23. Brethour, J. R. 1966. Kansas Agr. Exp. Sta. Bul. 487.

24. CAST. 1981. Antibiotics in animal feeds. Council Agri. Sci. Tech. Rpt. No. 88. Iowa State Univ., Ames, IA.

25. Cheeke, P. R. 1971. Can. J. Animal Sci. 51:621.

26. Church, D. C. 1988. The ruminant animal. Englewood Cliffs, NJ: Prentice Hall.

27. Church, D. C., and W. G. Pond. 1988. Basic animal nutrition and feeding. 3d ed. New York: Wiley.

28. Church, D. C. 1989. Livestock feeds and feeding. Prentice-Hall International, Inc.

29. Church, D. C. 1972. Digestive physiology. Second edition. Oregon. USA.

30. Clandinin, D. R. 1981. Canola meal for livestock and poulltry. Canola Council of Canada Pub. 59.

31. Coffey, M. T., W. M. Hagler, Jr., and J. M. Cullen. 1989. J. Animal Sci. 67:465. Pettigrew, J. E. 1981. J. Animal Sci. 53:107.

32. Cole, N. A., and D. P. Hutcheson. 1988. J. Animal Sci. 66:1764

33. Colin, M. 1974. Alimentation et techniques d'elevage du lapin de chair, mise au point sur les acides amines du lapin en croissance. France: ITAVI

34. Colin, M. 1975. Le Lapin: regles d'elevage et d'hygiene. Minnistere de l'agriculture, France: In-formations Techniques des Directions des Services Veterinaires.

35. Combs, G. F., and N. . Helbacka. 1960. Feedstuffs 32(40):32.

36. Couch, J. R. 1968. Proc. Distiller Feed Res. Coun. 25:35.

37. Cromwell, G. L.1989. Proc. Pitman-Moore Nutrition Conf. Terre Haute, IN.

38. Cromwell, G. L., T. S. Stahly, and H. J. Monegue. 1984. J. Animal Sci.

59(Suppl. 1):103(abstr.).

39. Cromwell, G. L., et al. 1981. J. Animal Sci. 53(Suppl. 1):95(adstr.).
40. Cromwell, G. L., W. D. Williams, and T. S. Stahly. 1981. Proc. Distillers Feed Res. Conf. Cinainnati, OH.
41. Danielson, M. 1985. Pig News Info. 6(1):35.
42. Darlington, J. M., and T. V. Hershberger. 1968. J. Animal Sci. 27:1572.
43. Davis, G. D., L. E. Bartell, and C. W. Cook. 1975. J. Range Manage. 28:216.
44. Dawson, D. P., et al. 1988. J. Dairy Sci. 71:1301.
45. Doxey, D. L. 1975. In: Perinatal losses in lambs. A collection of papers from a symposium at Stirling University(Feb. 1966): 35～37.
46. El Shorafa, W. M., er al. 1979. J. Animal Sci. 48:8892.431p
47. Feed Additive Compendium. 1990. Minnetonka, MN: Miller Publ. Co.
48. Fonnesbeck, P. V., and L. D. Symons. 1967. J. Animal Sci. 26:1030.
49. Frye, T. M. 1987, pp. 16-18. summaries. 1987 Rabbit Conference. Mar 20-21, 1987. College of Agriculture, Pennsylvania State University
50. Fulton, W. R., et al. 1979. J. Animal Sci. 49:775
51. Gallagher, J. R., and Maurice Shelton. 1973. Tex. Agr. Exp. Sta. PR-3190:36.
52. Gathuka, Z. G., et al. 1982. Tex. Agr. Exp. Sta. CPR-4026:23.
53. Gaudreault, M., and A. Sylvstre. 1980. Sym-posium en Production cunicole "Situation Actuelleen Cuniculture." 6 Dec. 1980. Institut de Tech. Agr. de st-Hyacinte. Canada: Conseil des produc-tions animals du Quebec. M.A.P.A.Q
54. Ghoosh, T. K. 1987. Proc. IV Int. Conf. on Goats 2:1267. Brazil.
55. Gibbs, P. D., et al. 1982. J. Animal Sci. 54:496.
56. Gidenne, T. 1987. Ann. Zootech. 36:85.
57. Giger, Sylvie, et al. 1981. In: P. Morand-Fehr, A. Bourbouze, and M. de Simiane, eds. Nutrition and systems of goat feeding. Proc. Int. Symp. (May 12～15):254. Tours, France.
58. Guyer, P. G., et al. 1984. Nebr. Beef Cattle Rpt. MP 44:24

59. Haelein, G. F. W., R. D. Holdren, and Y. M Yoon. 1966. J. Aniaml Sci. 25:740.

60. Haenlein, G. F.W. 1980. Goat and Sheep Res.

61. Haenlein, G. F. W. 1980. Nutrient reqirements of dairy goats-past and present. Int. Goat and Sheep Res. 1:79.

62. Harper, J. A. and G. A Arscott. 1974. In: Proc. 9th Pac. N. W. Animal Nutrition Conf. Victoria, BC.

63. Harper, J. A. 1973. Oregon Agr. Exp. Sta. Spec. Rpt. 397.

64. Hays, V. W. 1977. The Hays Report. Long Beach, CA: Rachelle Laboratories, Inc.

65. Hintz, H. F., and R. G. Loy. 1966. J. Aniaml Sci. 25:1059.

66. Hintz, H. F., et al. 1971. J. Aniaml Sci. 32:100.

67. Hintz, H. F., et al. 1973. J. Aniaml Sci. 36:522.

68. Hodge, R. W. 1966. Aust. J. Exp. Agr. Animal Husb. 21:139.

69. Holloran, H. R., and G. C. Cavanagh. 1960. Pouotry Sci. 39:18.

70. Hunt, L. J., et al. 1987. Influence of supplemental feeding on voluntary forage intake and on reproductive efficiency in Angora doas. SID Research Digest(summer):18.

71. Huston, J. E. 1978. J. Dairy Sci. 61:988.

72. Huston, J. E. Maurice Shelton, and W. C. Ellis. 1971. Tex. Agr. Exp. Sta. Bull. 1105.

73. Huston, J. E., et al. 1981. Tex. Agr. Exp. Sta. Bull. B-1357:16.

74. Huston, J. E., et al. 1986. J. Animal Sci. 62:208.

75. Huston, J. E., E., B. S. English, and K. W. Bales. 1988. Small Ruminant Res. 1:81.

76. Huston, J. E. 1989. Unpublished data.

77. INRA. 1985. Nutrient requirements of sheep, 6th ed. Washington, D.C.: Nat. Acad. Press.

78. Jones, L. R., A. W. Taylor, and H. C. Hines. 1987. J. Dairy Sci. 70:1941.

79. Kent, O. B. 1953. Feedstuffs 25(39):32.

80. Kertz, A. F., L. F. Reutzel, and J. H. Mahoney. 1984, J. Dairy Sci.

67:2964.

81. Kesler, E. M. 1981. J. Dairy Sci. 64:719.

82. Klein, R. D., et al. 1987. J. Dairy Sci. 70:2095

83. Klopfenstein, T. J. 1985. Prof. Animal Scientist 1;27

84. Klosterman, H. J., G. L. Lamoureaux, and J. L. Parsons. 1967. Biochem. 6:170.

85. Knapka, J. J. 1987. Summaries. 1987 Rabbit Conference, Mar 20～21, 1987, pp. 24～25. College of Agriculture, Pennsylvania State University.

86. Knight, C. M., M C. Wilkening, and W. H. Gosset. 1965. Feedstuffs 37(43):30.

87. Kreikemeier, k., et al. 1987. Beef Cattle Rpt

88. Krider, J. L., J.H. Conrad, and W. E. Carroll. 1982. Swine production. New York: McCraw-Hill.

89. Laffolay, B. 1985. Bull. Soc. Vet. Prat. de France. 69:117

90. Lambert, C. 1984. Kansas State U. Rept. of Progress 448:118

91. Lambert, M. G., D. A. Clark, and K. Betteridge. 1987. Proc. IV Int. Conf. on Goats 2:1307. Brasilia, Brazil.

92. Lang, J. 1981. Nutr. Abstr. Rev. Ser. B 51:197.

93. Lang, J. 1981. Nutr. Abstr. Rev. Ser. B 51:287

94. Lappke, H., W. C. Ellis, and B. F. Jacobs. 1986. J. Dairy Sci. 69:403.

95. Lawson, J. L., D. W. Forrest, and Maurice Shelton. 1983. Tex. Agr. Exp. Sta. CR-4171:3.

96. Lebas, F. 1975. Ann. Zootech. 24:281.

97. Lebas, F. 1987. Reprod. Nutr. Develop. 27:207

98. Lebas, F., and J. P. Laplace. 1974. Ann. Zootech. 23:577

99. Lebas, F., et al. 1984. Le Lapin. Elevage et Pathologie. Collection FAO: Production et sante animales. No. 21. Rome: Food and Agriculture Organization of the United Nations.

100. Lee, R. W., et al. 1982. J. Animal Sci. 55:475.

101. Lewis, M., et al. 1989. Nebr. Beef Cattle Rpt. MP 54:34.

102. Lindemann, M. D., et al. 1989. J. Animal Sci. 67(Suppl. 2):36(abstr.).

103. Lindemann, M. D., and E. T. Kornegay. 1989. J. Animal Sci. 67:459.

104. Lu, C. D., T. Sahlu, and Marcos Fernandez. 1987. Proc. IV Int. Conf. on Goats 2:1229. Brasilia, Brazil.

105. Lukas, V. K., et al. 1972. J. Aniaml Sci. 34:350(Abstr.)

106. Mahler, C. 1945. East Afr. J. 11:115.

107. Marcus, S. N., and J. Watt. 1977. vet. Rec. 100:452

108. Marshall, W H.,et al Tex. Agr. Exp. sta. PR-3410:51

109. Martinez parra, R. A., et al. Proc. Int. Symp. Nutr. Goat Feer:

110. Marty, J., P. Raynaud, and J. Carles. 1973. Ann. Biol. Anim. Bioch. Biophys. 13:429.

111. McCall, M. A., G. D. Potter, and J. L. Kreider. 1981. Proc. 7th Equine Nutri. & Physiol. Symp., p. 82.

112. McGee, A. C. 1957. Tex. Agr. Exp. sta. MP-208:8.

113. Mercier, P. 1978. Le Courrier Avicole. France No. 708, p.12

114. Meyer. 1987. In:Equine exercise physiology2. San Diego, CA: ICEEP Pudlications.

115. Morand-Fehr, P. 1981. In: C. Gall, ed, Goat production:193. New York: Academic Press.

116. Moran, E.T. 1982. Comparative nutrition of fowl and swine. The gastrointestinal systems. Canada.

117. Morand-Fehr, P., and D. Sauvant. 1985. In: D.C.Church, ed., Livrstock feeds and feeding. 2nd ed.: 372. Englewood Cliffs, NJ: Prentic Hall.

118. Morand-Fehr, P.,and D. Sauvant. 1987. Proc.4th Int.Conf. Goat:1275.

119. Nakaue, H. S., J. A. Harper, and R. J. Metzger. 1981. In: Proc. 16th Annual Pac. N. W. Animail Nutr. Conf., Nov. 4～5. Boise, ID.

120. National Pork Producers Council. 1990. Po가 industy handbook. Cooperative Exten. Serv., Purdue Univ., W. Lafaytte, IN.

121. Nesheim, M. C., R. E. Austic, and L. E. Card. 1979. Poultry production. Philadelphia: Lea and Febiger.

122. North Central Region-42 Committee on Swine Nutrition. 1976. J. Animal Sci. 42:1211.

123. North, M. O. 1984. Commercial chicken production manual. 3d ed. Westport, CT: AVI Pub. Co.

124. NRC. 1980. Mineral tolerance of domestic animals. Washington, D.C.: Nat. Academy Press.

125. NRC. 1989. Nutrient requirements of dairy cattle. Washingon, D.C.: Nat. Acad. Press.

126. NRC. 1978. Nutrient requirements of dairy cattle. 5th ed. Washington, D.C.:Nat. Acad. Press.

127. NRC. 1988. Nutrient requirements of swine. 8th ed, Washington, D.C.: Nat. Acad. Press.

128. NRC. 1984. Nutrient requirements of poulltry. 8th ed Washington, D.C.: Nat. Acad. Press.

129. NRC. 1982. United States-Canadian tables of feed composition, 3d ed. Washington, D.C.: Nat. Acad. Press.

130. NRC. 1998. Nutrient requirements of swine. 8th ed Washington, D.C.: Nat. Acad. Press.

131. Oates, A. V. 1956. Rhodesia Agr. J. 53:68.

132. Orskov, E. R., et al. 1971. J. Agr. Sci. 77:351.

133. Parker, D.S., and A. J. Mould. 1977. Proc. Nutr. Soc. 36:5A

134. Parrish, D. B., et al. 1950. J. Dairy Sci.

135. Peart, J. N., R. A. Edwards, and E. Donaldson. 1975. J. Agr. Sci. 85:315.

136. Penning, P. D., and M. J. Gibb. 1979. Animal Prod 29:53.

137. Pond, W. G., and J H. Maner. 1974. Swine production in temperate and tropical environments. San Francisco, CA: W. H. Freeman.

138. Provenza, F. D.,et al. 1983. Utah Science(Winter):91.

139. Protr, V. 1980. Coniglicoltura. 17:17

140. Prud'hon, M. 1976. I Intern. Rabbit Congress, Communication No. 14. Dijon, France.

141. Rector, B. S. 1983. Diet selection and dietary forage intake by cattle, sheep and goats grazing in different combinations. Ph. D. dissertation: 173. Texas A&M Univ., College Station.

142. Reddy, P. G., et al. 1987. J. Dairy Sci. 70:993.

143. Reddy, P. G., J. L. Morrill, and R. A. Frey. 1987. J. Dairy Sci. 70:123.

144. Reinhold, J, G. 1960. Aduances Clin. Chem. 3:83.

145. Riera, S 1982. Proc.3rd Int Conf. Goat Prod. Dis.:162.

146. Salse, A. 1984. Cuni Sciences. 1:28.

147. Schnidler, G. E., and S. D. Farlin. 1979. Nebr. Beef Cattle Rpt. EC 79～218:8.

148. Scott, M. L., M. C. Nesheim, and R. J. Young. 1982. Nutririon of the chicken. 3d ed. Ithaca, NY: M. L. Scott and Assoc.

149. Scott, M. L. 1987. Feedstuffs Reference Issue 59(31):72, 74.416p

150. Sell, J. L. 1989. Turkey World 56(1):8.

151. Shelton, M. 1961. Tex. Agr. Exp. Sta. MP-496.

152. Shelton, M., and J. R. Stewart. 1973. Tex. Agr. Exp. Sta. PR-3187:28.

153. Sheiton, M., and D. Spiller. 1977. Tex. Agr. Exp. Sta. PR-3445:1.

154. Sheiton, M., et al. 1982. Tex. Agr. Exp. Sta. CPR-4026:83

155. Sheiton, M., and J. Groff. 1984. Tex. Agr. Exp. Sta. B-1485.

156. Shkolnik, A., and N. Silanikove. 1981. In: P. Morand-Fehr, A. Bourbouze, and M. de Simiane, eds. Nutrition and systems, of goat feeding:236. Proc. Int. Symp. (May 12～15). Tours, France.

157. Sindt, M., et al. 1987. Nebr. Beef Cattle Rpt. MP 52:9

158. Slee, J. 1977. In: Perinatal losses in lambs. A collection of papers from a symposium at Stirling Universtity (Fed. 1975): 30～34.

159. Smith, G. C. A., Jr. 1983. Foraging strategies of goats as influenced by season, vegetation and management. Ph.D. dissertation: 129. Texas A&M Univ., College station.

160. Smith, G. C., B. W. Berry, and Z. L. Carpenter. 1972. Tex, Agr. Exp. Sta. PR-34027:31.

161. Smith, G. C., Z. L. Carpenter, and Maurice Shelton. 1978. J. Animal. Sci. 46:1229.

162. Stahly, T. S., G. L. Cromwell, and H. J. Monebue. 1985. J. Animal Sci. 61:1485.

163. Stillions, M.C., and A. Cooper. 1987. Summaries. 1987 Rabbit Conference, Mar 20～21, 1987, pp. 19～20. College of Agriculture, Pennsylvania State University.

164. Stock, R., et al. 1985. Nebr. Beef Cattle Rpt. MP 48:32

165. Swenson, M. J. (ed.). 1987. Dukes' physiology of domestic animals. 10th ed. Ithaca, NY: Cornell University Press.

166. Taylor, C. A., Jr. 1983. Foraging strategies of goats as influenced by season, vegetation and managamet. PD.D. dissertation:129. Taxas A&M Univ., College Station.

167. Taylor, C. A., Jr. 1985. Multispecies grazing research overview. Proc. Conf. on Multispecies Grazing:65. Morrilton, AR: Qinrock Int.

168. TDA. 1985. Tex. livestock, dairy and poultry statistics. Austin, TX: Tex. Dept. Agr.

169. Theriez, M.1975. In: L'allaitement artificiel des agneaux et des chevreaux, 78000

170. Thomas, V. M. 1987. Beef cattle production. Philadelphia: Lea & Febiger.

171. Tomaszewski, M. A., and R. W. Blake. 1982. Txe. Agr. Exp. Sta. CPR-4026:42.

172. Trenkle, A., and R. Arnold. 1978. Iowa State A.S. Leaflet R 277.

173. Tribble, L.R., J. D. Hancok, and D. E. Orr, Jr. 1984. J. Animal Sci. 59 (Suppl. 1):245(adstr).

174. Turgeon, A., et al. 1985. Nebr. Beef Cattle Rpt. MP 48:20

175. Underwood, E. J. 1981. the mineral nutrition of livestock. 2d ed. London, UK: Commonwealth Agr. Bureaux.

176. USMARC. 1976. Germ Plasm Evaluation Pro-gram, Prog. Rpt. 4.

177. Van Soest, P. J., R. H. Wine, and L. A. Moore. 1966. Proc. 10th Int. Grassl. Congr. 10:438.

178. Verde, M. T., and J. G. Piquer. 1986. J. Appl. rabbit Res. 9:181

179. Varela-Alvarez, H. 1985. Summaries. 1985 Rab-bit Conference. June 14-15, 1985. pp. 13～23, Col-lege of Agriculture, Pennsylvania State University.

180. Varela-Alvarez, H. E. Grobet, and A. Gomez-de-Varela. 1975. J. Animal Sci. 41:239.

181. Versailles: INRA Publicarions (route de St. Cyr): 21～44.

182. Villette, Y., and A. Brealurut. 1980. Bull. Techn. CRZV Theix. INRA

40:5.

183. Villerre, Y., and D. Levieux. 1981. Ann. Rech. Vet. 12:227.

184. Villerre, Y., and M. Theriez. 1982. Ann. Zoot. 30:151.

185. Waldo, D. R., A. V. Capuco, and C. E. Rexroad, Jr. 1988. Proc. of Southwest Nutrition Conf.

186. Wadrop, I. D., and J. B. Coombe. 1960. J. Agr. Sci. 54:140.

187. Wetzel, D. 1987. Proc. of the IV Int. Conf. on Goats 2:571. Brasilia, Brazil.

188. Whittemore, C. T., and F. W. H. Elsley. 1977. Practical pig production. Ipswich, Suffolk, England: Farming Press Ltd.

189. Woods, W., etal. 1969. Nebr. Beef Cattle Rpt. EC 69～128:14.

190. Zimmerman, D. R. 1986. J. Animal Sci. 62(Suppl.3):6.

191. 가축사육의 기초지식. 1994. 농산어촌문화협회. 일본.

191. 한국축산연감. 2005. 농수축산신문.

192. 축산관측월보. 2006. 한국농촌경제연구원. http://www.krei.re.kr

찾아보기

ㄱ

가금 67
가금 인플루엔자 47
가금인플루엔자 61
가반추 초식동물 18
가소화 영양소 총량 125
가소화에너지 124, 328
가소화영양소 총량 266
가소화조단백질 266
가축 15, 38
가축 사육두수 53
가축통계 53
각약증 119
간 63
간농양 294
갈기 120
감마지방산 23
거세 204, 281, 310
건물 266
건유 233, 262, 318
건유기 231, 267, 268, 319
건유요령 263
건초큐브 268
결장 72
겹주름위 76
계란 155, 166
계분 151
고급육 296
고시폴 334
고에너지 곡류 178
고창증 87, 294
골다공증 118
골연화증 313
곰팡이 독소 48
공역화 리놀레인산 23
과잉 단백질 106, 107
광우병 45, 46, 46, 46, 48, 56, 59
교배 216, 253
구루병 118, 123, 313
굴토성 194
근내지방 교잡도 289
근위 67
근육 강직성 경련 118
근육의 영양실조증 119
글리코겐 110
기계착유기 260
기낭 142
기능성 축산물 22
기온 161
기초대사 19
기초대사율 134
기호성 21, 98, 333
깃털 138, 144

ㄴ

난관 155, 209, 210, 251
난산 256
난소 155, 209, 210, 215, 247
농후사료 85

ㄷ

다이옥신 46, 58
단계사양 187, 188
단백질 100
단백질 결핍증 106
단백질 효율성 비율 104
단세포단백질 94
단위동물 18, 65, 76, 87
단위잡식성 동물 69, 72
닭 18, 53, 60

닭 이 173
닭똥집 67, 142
담즙 63, 64, 197
담즙작용 113
당지질 113
대두박 179, 318, 334
대사에너지 125, 171
대장 64, 67, 197
독성 98
동물권리 32
동물권리론 32
동물보호법 34
동물복지 21, 26, 32, 39
동물복지법 33
동물사양 19, 20, 35
동물생산 18
동물이용 30
돼지 35, 53, 58, 64, 65, 66
되새김질 18
둔성발정 134
등심 299

ㄹ

루멘 88, 89
루멘 미생물 89, 95, 114
루멘 박테리아 89
루멘 발효 75
루멘 원생동물 93
루멘 프로토조아 93
리그노셀룰로오스 20
리그닌 20, 111, 330
리놀레인산 23

ㅁ

마블링 300
매쉬 184
맥동기 261
맹장 72, 142, 323
먹이당기기 81
메탄가스 75
며느리발톱 138
면실박 334
면역글로블린 237, 239
면역기구 144
명관 144
모델동물 17
모래주머니 142, 182
모이주머니 67, 142
목화씨박 180, 318
무창계사 175
물 97, 316, 326
미생물 67
미생물 체단백질 93
미지선 138
미지성장인자 218
밑소 선택의 착안점 291
밑소의 선택방법 290

ㅂ

박테리아 105
반추 82, 83
반추동물 18, 64, 74, 75, 76, 80, 84, 87, 89, 90, 103, 111, 114, 303
반추위 23, 76, 78, 80, 83, 88, 244, 295, 311
반추위내 미생물 75
반추행위 82, 83, 111
발정 213, 248, 308
발정기 213, 253, 307
발정재귀 286
발정전기 213
발정주기 285
방목 284
방목 우사 269
배란 155, 160, 210, 213, 214, 215, 246, 249, 309
배란시기 251
백색근육질병 119
번식우 280
번식장해 249

벌집위 76
변이종 49
볏짚 19
병아리 147, 150
병원미생물 44
병원성 미생물 48, 51
보상성장 132, 273, 289
보충사양 185
보호지방 23
부리자르기 151
부신수질호르몬 259
부전각화증 119
분만 255
분쇄사료 268
분해 63
브랜드 축산물 25
브랜드화 24
브로일러 54
비단백태 질소화합물 105
비단백태질소 318
비반추 초식동물 18, 72
비유 318
비유곡선 233
비유주기 233
비유호르몬 258
비육 준비기 293
비육기 293
비육우 280
비필수 아미노산 102
빈혈 119, 201

ㅅ

사료 265
사료배합 178
사양표준 128, 171, 176, 265
사육밀도 222
사일리지 품질 268
산란 153, 156, 160
산란계 60, 184
산란율 166
산란주기 156
삼원교잡종 191
상강도 271, 275, 299
색맹 123
생리활성 물질 23
생물가 104
생물학적 이용성 103
생식기능 회복 287
생의학 16
생체경화 23
생체내 이용률 340
생체내 이용성 333
선위 67, 142
설치류 17, 64
섭취행위 84, 85
성성숙 165, 247, 248
셀룰로오스 20, 90, 109, 110, 240, 244
소 해면상 뇌증 46
소 해면성 뇌증 48
소낭 67, 142
소독 146
소의 상태 267
소의 치식 82
소장 66, 67, 197
소화관 63
소화관의 통과속도 85
소화율 20, 85
수용성 비타민 121
수정기 268
수정능력 251
수질 98, 316
수퇘지 냄새 24
순 단백질가 104
슈퍼내성균 49
스트레스 34, 37, 38, 39
습도 150, 168
식도구 76, 78
식물 세포벽 구성물질 84
식품 위해성분 중점관리기준 22

식품 위해요소 중점관리 기준 42
식품안정성 50
실험동물 15, 16, 17
싸움닭 177
씹는 행위 81, 111

ㅇ

아드레날린 259
아마박 318
아마씨박 180
아미노산 100, 103
안락사 30, 37
안전축산물 42
알콜검사 264
암모니아 101, 107, 151, 240
암모니아 중독 107
애완동물 15, 16
야맹증 123
야생동물 15, 16, 17
어린 양 120
어린사양 342
어분 181, 318
에너지 124
에르고스테롤 122
에스토로겐 258
연결 우사 269
열 증가 126
열량 113
염 중독 99
염분 98
영양 대체방법 267
옥내사양 29
옥시토신 259, 261
옥외사양 29
온도 154, 168, 176
완전배합사료 20
요산 103, 142
요소 21, 105, 107, 318
요소 중독 107
우회 78
우회지방 23
울대 144
웅취 205
원생동물 105
위 18, 64, 65
위의 용적비율 80
위해분석 43
유구 257
유기산 91
유기축산 38, 39, 40
유기축산물 37, 40
유두돌기 81
유두컵 261
유방 257
유방염 341
유방의 구조 258
유방정맥 259
유선 258, 259
유선관 257
유선세포 257
유선소엽 257
유선엽 257
유선포 257
유열 314
유전물질 100
유조 257
유지 130
육계 60, 167
육색 300, 301
육성기 279
육식성 동물 17, 64
육우 비육의 양식 289
육추 146
융모 67
2등급 우유 264
이상돈육 227
이상유 264
이식증 118
이용성 178
인공수정 249, 250

인지질 113
1등급 원유 264
임신 318
임신돈 216
임신진단 252

ㅈ

자가분식성 65, 325
자가섭취분 324
자유채식 185
잡식성 단위동물 64
잡식성 동물 17, 18
잡종강세 192
장내 미생물 103
저작행위 82
저지방유 265
전분 109, 111
전위 18
점등 165
점등 조절 154
정관 211
정미에너지 125, 305
정상 분만 257
정소 211
젖 내림 263
젖소 35, 53, 56
제1위 76, 80, 90, 103, 110, 233, 239, 243, 268, 279, 296
제2위 76, 80
제3위 76, 80
제4위 76, 80
제각 282
제한급여 154
제한사양 186
조류 17, 64, 67, 175, 176, 178
조류 인플루엔자 48
조류독감 45, 46, 47, 59, 61
조명 169
조명시간 159, 165
조사료 84, 107, 113, 125, 242, 244, 279, 314, 317, 319, 335
조효소 121
종부 251
주름위 76
중금속 21, 48, 50, 51, 99
중독증 21
중성지방 113, 114
중점관리 43
중점관리점 44
지단백질 111
지렁이 16
지방교잡 271, 275, 299
지방산 113, 114
지방의 흡수율 114
지선 138
지용성 비타민 121, 315
지질 111

ㅊ

착유 260, 262
착유기 260, 261
채종박 21, 180
첫 수정 월령 286
체단백질 104
체온 97
체지방 115
초생우 146
초생추 146, 148
초식동물 18, 64, 72, 111
초식성 동물 17
초유 122, 132, 200, 202, 237, 239, 296
총 에너지 124
총배설강 67, 69, 142
축산물의 안전성 47
축산식품 19, 20
출혈 123
췌장 64, 109, 111, 113
친환경 축산물 37

ㅋ

카니발리즘 183
카로틴 121
카페테리아 사양 185
칼로리 124
콕시듐증 172
크럼블 184

ㅌ

타액 85, 86, 87, 87
타액 분비량 88
타액분비 88
타액선 86
탄수화물 107
태아 위치의 변화 257
태아발육 254
토끼 72
트란스지방산 23
특수동물 16

ㅍ

파쇄 182
파지기 261
패브리셔스 낭 144
펠렛 183, 184, 186, 198, 338
펠렛팅 182
포도당 107, 109, 110, 314, 321
포유기 278
포유기간 278
풀 파상풍 314
풀의 급여 일량 288
프로게스테론 258
프로락틴 258
프리온 단백질 46
필수아미노산 101, 105

ㅎ

한선 138, 144, 195
한우 271
한육우 53, 55
항생물질 49, 51
항온동물 127
혈액응고 121
호흡 144, 161
혹위 76
환기 150, 154
환우 145, 146
회장 64, 66
후착유 262
휘발성 지방산 240
휘발성지방산 72, 73, 110
휴산 146, 154, 156, 164
흡수 64

Index

A

abomasum 76
absorption 64
adrenalin 259
air sac 142
alveolus 257
ammonia 101
anemia 119, 201
anestral peroid 307
animal welfare 21, 26
animal well-being 26
artificial insemination 249
availability 178
avian influenza 47
avian species 67

B

balanced ration 265
basal metabolic rate 134
basic metabolism 19
bioavailability 333, 340
biohydrogenation 23
biological value, BV 104
Biomedical science 16
bloat 87, 294
blood clotting 121
boar odor 205
Bos taurus coreanae 271
bovine spongiform encephalophathy, BSE 46
brand 24
broiler 167
brooding 146
bucket type 260
bypass fat 23
by-pass 78

C

cafeteria feeding 185
calorie 124
canibalism 183
carnivore 17
carotene 121
castration 204, 310
CCP 51
cecotrophs 324, 325
cecotrophy 325, 326, 327, 331
cecum 72, 142, 323
cell wall constituents, CWC 84
cellulose 20, 109, 240, 244
chewing 82, 111
chicken lice 173
cloaca 67, 69, 142
clutch 156
coccidiosis 172
coenzyme 121
colon 72
color blindness 123
colostrum 122, 132, 200, 237, 296
companion animal 15
compensatory growth 132, 273, 289
completed mixed ration, CMR 20
conjugated linoleic acid, CLA 23
coprophagy 65
cottonseed meal 318, 334
creep feeding 342
critical control points, CCP 43
crop 67, 142
crumble 184
crumbling 182

D

debeaking 151
deoxyribonucleic acid, DNA 100
digestible crude protein, DCP 266
digestible energy, DE 124, 328
digestion 63
dihomo gamma linolenic acid, GLA 23
dioxin 46
dispensable amino acid 102
docosahexaenoic acid, DHA 23
domestic animal 15
dry 318
dry cow period 231
dry matter, DM 266
dry milk 233, 262
dry period 267
dystrophy 119

E

earth warm 16
egg laying 156
ergosterol 122
esophageal groove 76
essential 101
estrogen 258
experimental animal 15

F

fat soluble vitamin 315
fat-soluble vitamin 121
feathers 138
feces eating 65
feeding standard 128
fish meal 181, 318
forage 107, 125, 314, 317, 319, 335
fore gut 18
free choice 185

G

game bird 177
gamma linolenic acid 23
gastrointestinal tract, GI tract 63
gizzard 67, 142, 182
glucose 107, 314, 321
glycogen 110
glycolipid 113
gossypol 334
grass tetany 118, 314
gross energy, GE 124

H

HACCP 25
hand milking 260
hay cube 268
hazard analysis critical control points, HACCP 22, 42
hazard analysis, HA 43
heat increment 126
heavy metal 99
hemorrhaging 123
herbivore 17, 111
homotherm 127
honeycomb 76

I

ileum 64, 66
immunoglobulin 237
in door feeding 29
intestinal microorganism 103

K

Korean native cattle 271

L

laboratory animal 15
lactating 318
lactation curve 233

lactation cycle 233
lamb 120
large intestine 67
layer 184
lignin 20, 111, 330
lignocellulose 20
linoleic acid 23
linseed meal 180, 318
lipoprotein 111
liver abscess 294
livestock animal 15
lobe 257
lobule 257

M

mad cow disease 46
maintenance 130
mammary gland cell 257
mammary gland duck 257
mammary vein 259
mane 120
marbling 271, 275, 289, 299
mash 184
mastication 81
mastitis 341
meat color 300
metabolizable energy, ME 125, 171
milk cistern 257
milk ejection 263
milk fever 314
milk let down 263
milker 261
milking 262
molting 145
monogastric 18
mutants 49

N

n-3 지방산 22
net energy, NE 125, 305
net protein value, NPV 104
night blindness 123
nondispensable amino acid 101
nonessential 102
nonprotein nitrogen compound, NPN 105
nonprotein nitrogen, NPN 318
non-ruminant animal 18
non-ruminant herbivore 18
novel functional animal food 22

O

oil gland 138
omasum 76
omnivore 17
organic livestock farming 38
osteomalacia 313
osteoporosis 118
out door feeding 29
oviduct 155
oviposition 156
ovulation 155
oxytocin 259, 261

P

paired gland 87
palatability 98, 333
pancreas 109
panting 144, 161
papillae 81
parakeratosis 119
passage rate 85
paunch 76
pellet 184, 186
perosis 119
pet animal 15
phase feeding 187, 188
phospholipid 113
pica 118
pipeline milker 260

poultry 67
preen gland 138
pregnant 318
prehension 81
prion protein 46
progesteron 258
prolactin 258
protected fat 23
protein efficiency ratio, PER 104
protozoa 105
proventriculus 67, 142
pseudo ruminant 18
pulsater 261

Q

quarter 257

R

restricted feeding 186
reticular groove 76
reticulo-rumen 76, 311
reticulum 76
ricket 118, 313
riket 123
rumen 76, 103, 110, 233, 243
rumen protozoa 93
ruminant animal 18
ruminants 74
ruminare 18
ruminating 83
rumination 82, 111
rumino-reticulum 23, 76
rutting 308

S

saline salts 98
saliva 85
silent estrus 134
simple stomach 18
simple stomached omnivores 72
single cell protein, SCP 94
skatole 24
small intestine 66
soybean meal 179, 318, 334
spur 138
stripping 262
superbugs 49
supplemental feeding 185
suspension cup 261
sweat gland 138
syrinx 144

T

TDN 199, 279, 294
teat cup 261
total digestible nutrient, TDN 266
total digestible nutrients, TDN 125
total mixed ration, TMR 20
trans fatty acids 23

U

udder 257
unknown growth factor, UGF 218
urea 21, 105, 107, 318
uric acid 103, 142

V

villi 67
volatile fatty acid, VFA 110
volatile fatty acids, VFA 72
volatile fetty acid, VFA 240

W

water-soluble vitamin 121
white muscle disease 119
wild animal 15

β

β-glucan 182

저자 소개

박 병 성 (농학박사)

· 강원대학교 동물생명과학대학 동물생명공학과 교수

동물생산의 원리와 이해

2006년 6월 5일 초판 인쇄
2006년 6월 10일 초판 발행

저 자 : 박병성
펴낸이 : 천승배
펴낸곳 : 도서출판 유한문화사

주소 : (157-801) 서울시 강서구 가양동 146-63
전화 : 2668-2055~6
팩스 : 2668-2565
http://www.yuhansa.com
E-mail : yuhansa@paran.com
등록 : 제 5-31호. 1979. 3. 6.

값 25,000 원

ISBN : 89-7722-628-7 93490